規格書解説から物理層のしくみ，
基板・FPGA・ソフトウェア設計，コンプライアンス・テストまで

USB 3.0 設計のすべて

野崎 原生，畑山 仁，永尾 裕樹　編著

カバーストーリ

　特徴のサイド・マフラが隠れていて分かりにくいのですが，表紙は某独国メーカのハイブリッド・スポーツ・カー(をデフォルメしたもの)です．高速性とエコ(省エネ)を兼ね備え，USB 3.0 のイメージにぴったり！　ということでクルマに精通している監修メンバの永尾氏が選びました．また，USB 3.0 も HighSpeed/FullSpeed/LowSpeed(USB 2.0) と SuperSpeed の双方を併せ持つハイブリッドという点でも掛けています．

まえがき

　本シリーズの前書「PCI Express 設計の基礎と応用」に続いて，今回は USB 3.0 の本を出版する運びとなりました．前書の作業が終わるころから「次は USB 3.0 ですね」という話はしていたのですが，それがこうして実際の書籍になったのは，日本テクトロニクス株式会社(当時)営業技術統括部 シニア・テクニカル・エキスパート 畑山 仁氏が CQ 出版社へ働きかけて，さらに氏の豊富な人脈を活かして業界のキーパーソンの方々に執筆を依頼した，という行動力のたまものです．本来ならば，この「まえがき」も畑山氏が書かれるべきなのですが，今回は私に書くようにと畑山氏からのご指名があったことと，USB 3.0 に関しては個人的な思い入れのあるため，僭越ながら今回は私が「まえがき」を書かせていただきます．

　私事ですが，私の米国赴任中にタイミングよく USB 3.0 の規格化の話が持ち上がり，NEC (当時)もそのプロモータの 1 社として規格策定に参加することになりました．私もその一員として参加し，1 年半以上の長きにわたって規格の議論を業界のトップ・エンジニア達と戦わせてきました．そのようないきさつもあって，日本での USB 3.0 の解説本をぜひ出版したいという思い込みにも似た気持ちがありました．そんな折，前書「PCI Express 設計の基礎と応用」の執筆者の末席に加えてもらい，その縁で今回 USB 3.0 の書籍を出版でき，大変光栄に思っております．

　本書も前書に引き続き，規格や技術の解説だけでなく，実際の設計事例も多数取り上げ，設計者の皆さんを理論と実践の両面からサポートできるものができたと自負しております．特に USB 2.0 から USB 3.0 へジャンプアップされたい方には有益な情報が多々あるはずです．USB 3.0 は，従来の USB 2.0 の 480Mbps から信号速度を単に 5Gbps へ上げただけでなく，

- 半 2 重通信から全 2 重通信へ
- ポーリングを廃止し，デバイスからデータ転送の開始を要求可能とする
- バースト転送の追加
- ストリーム転送の追加，それにより非同期転送も可能となる(UAS)
- パワーマネジメントの強化，特にリンク・レベルのパワー・マネジメントの追加

- ホスト・コントローラ・アーキテクチャの大幅な変更（xHCI）

と，上位層も機能強化されています．そのため，基板，ケーブル，そしてコネクタといった物理層はもちろんのこと，ソフトウェアも含む上位層でも従来とは違った設計手法が必要になります．しかし，恐れる必要はありません．本書では具体的な設計事例を通してそれらを説明しています．本書に書かれていることを守り細心の注意を払って設計すれば，5Gbps 恐れるに足らずと思っていただけるはずです．

また，規格に関しても USB 3.0 Rev.1.0 が発行された後に発行されたエラッタや ECN（Engineering Change Notice：規格変更）に対応した解説も行っています．場合によっては，全く逆の意味に変更したと取られかねないエラッタや ECN もあり，そのようなものに関しては Rev.1.0 から変わっていることが明確に分かるように記述にしましたので，USB 3.0 はもう理解したという方にももう一度本書を確認していただけたらと思います．

最後に，お忙しい中を本書のために原稿を書き下ろされた執筆者の方々と，Interface 誌編集でお忙しい中をぬって編集にご尽力され，さらに締切りを遅れに遅れた私に対して辛抱強くサポート頂いた高橋 舞氏に心よりお礼を申し上げます．

2011 年 7 月　野崎 原生

CONTENTS

まえがき ……………………………………………………………………………… 3

第1章　USBの概要

1.1　USB規格の特徴 …………………………………………………………… 13
　　▶1996年1月　USB 1.0　▶2000年4月　USB 2.0　▶2008年11月　USB 3.0

1.2　USBアーキテクチャ ……………………………………………………… 15
　　▶USBシステムの構成　▶USBの通信モデル　▶エンドポイントの特長
　　▶実際の通信

1.3　転送の種類 ………………………………………………………………… 23
　　▶コントロール転送　▶アイソクロナス転送　▶インタラプト（割り込み）
　　転送　▶バルク転送

1.4　USBデバイスの詳細 ……………………………………………………… 27
　　▶コンフィグレーション　▶インターフェース　▶ファンクション　▶デ
　　フォルト・エンドポイント

1.5　USBデバイスの状態 ……………………………………………………… 31

1.6　デバイス・クラス ………………………………………………………… 34

1.7　USBホスト ………………………………………………………………… 35
　　▶ファンクション・ドライバ　▶ハブ・ドライバ　▶ホスト・コントロー
　　ラ・ドライバ　▶ホスト・コントローラ

　　コラム1.A　ファンクションとデバイスの使い分け …………………………… 18

5

第2章 物理層と論理層の役割

2.1 5Gbpsを実現する物理層の特徴 ……………………………………………… 40
　▶差動信号のペアが追加された　▶全2重通信ができる　▶ACKを待たずにデータを転送する

2.2 物理層における処理 ……………………………………………………………… 44
　▶符号化方式：8b/10b 変換　▶クロック再生の精度を上げる　▶EMI対策
　▶イコライズで高速信号波形を復活させる　▶LFPS (Low Frequency Periodic Signaling)　▶レシーバ検出の方法

2.3 リンク層の役割 …………………………………………………………………… 58
　▶パケットのフレーミング　▶リンク・コマンド　▶パケットのエラー・チェック，再送処理　▶フロー・コントロール　▶リンク・パワー・マネジメント　▶LTSSM (Link Training Sequence State Machine)

2.4 プロトコル層のパケット構成 …………………………………………………… 80
　▶パケットのフォーマット　▶リンク・マネジメント・パケット　▶トランザクション・パケット　▶データ・パケット　▶アイソクロナス・タイムスタンプ・パケット

2.5 トランザクションの詳細 ………………………………………………………… 93
　▶エンドポイントの指定方法　▶フロー制御状態　▶ショート・パケット　▶トランザクションの制御　▶DPの再送処理

2.6 ストリーム・プロトコル ………………………………………………………… 108
　▶コントロール転送　▶割り込み転送　▶アイソクロナス転送　▶TPとDPに対するホストとデバイスのレスポンス

　コラム 2.A　USB 3.0のトランザクション ………………………………………… 106
　コラム 2.B　UAS (USB Attached SCSI) ………………………………………… 122

第3章 デバイスとハブの動作

3.1 バス・エニュメレーション ……………………………………………………… 131

3.2 パワー・マネジメント（電力管理） …………………………………………… 133

6

▶パワー・バジェッティング　▶デバイス・サスペンド　▶ファンクション・サスペンド

3.3 リクエストの種類 ……………………………………………………… 134
　▶標準リクエスト　▶クラス固有リクエスト　▶ベンダ固有リクエスト

3.4 標準ディスクリプタ ……………………………………………………… 139
　▶デバイス・ディスクリプタ　▶BOSディスクリプタ　▶コンフィグレーション・ディスクリプタ　▶ストリング・ディスクリプタ

3.5 ハブの構造 ……………………………………………………………… 149
　▶パケット・ルーティング　▶パケット延期　▶ハブ・デバイス・クラス

第4章 コネクタとケーブルの形状と特性

4.1 ケーブルとコネクタの形状 ……………………………………………… 159
　▶ケーブルの構造　▶コネクタの構造

4.2 ケーブルの伝送特性 ……………………………………………………… 164
　▶伝送特性の測定方法　▶レセプタクルとプラグ・ケーブルに求められる伝送特性　▶伝送特性の重要性

4.3 USBインターフェースの機器内配線 ………………………………… 175

4.4 コネクタ実装のポイント ………………………………………………… 176

第5章 リンク層の詳細

5.1 リンク層の役割 …………………………………………………………… 180
　▶リンク・コマンドの構造と種類　▶状態遷移と電源管理リンク・コマンド

5.2 リンク層の状態遷移 ……………………………………………………… 183
　▶正常にデバイスが認識されるフロー　▶電源管理フロー（U0 → U1）
　▶電源管理フロー（U1 → U0，Recovery経由）

5.3 パケットの送受信イメージ ……………………………………………… 187
　▶デバイスの接続からパケットの送受信まで　▶送受信パケットの構成

▶HPとLCWの構造　▶正常なフロー　▶HPのCRCエラーの場合　▶HSEQ#エラーの場合　▶トランスミット・タイマがタイムアウトの場合　▶DPのCRCエラーの場合　▶リンク・コントロール・ワードのDFフラグの使用例

5.4 リンク層テストの概要 …………………………………………………………198
5.5 リンク層テストの解析例 …………………………………………………………199
▶Pass事例（Test No. 5 Header Packet Framing Test）　▶Fail事例（Test No.9 PENDING_HP_TIMER Deadline Test）

コラム5.A　USB 3.0のテスト・ツール ── Ellisys EX280 ………………………206

第6章　ハードウェア設計

6.1 USBデバイスのハードウェアの実現方法 ……………………………………209
▶USBデバイスの機能ブロック
6.2 FPGAを使ったビデオ・クラスの実装 ………………………………………214
▶FPGAボードの構成　▶FPGA内部機能のブロック構成　▶データ制御
6.3 高速転送を実現するためのデータ・バス設計 ………………………………247
▶性能見積もり　▶データ・バスの設計方法

コラム6.A　PIPE3インターフェース …………………………………………212
コラム6.B　ACタイミングを考慮したPIPE3インターフェース ……………218
コラム6.C　回路化に有利なRGB→YUV変換計算式 …………………………236

第7章　プリント基板の設計

7.1 SuperSpeed信号の特徴 …………………………………………………………253
7.2 パターン設計のポイント ………………………………………………………255
▶差動信号パターン　▶差動線路間の間隔　▶差動信号線路の曲げ方　▶ペア線間の長さを合わせる　▶ACコンデンサの配置とパターン設計　▶差動信号とビア　▶基板絶縁層のガラス繊維の影響　▶パターンは分岐させない

コラム 7.A	ギガビット信号の伝わり方	256
コラム 7.B	特性インピーダンスとは	264
コラム 7.C	コモン・モード・フィルタ	276

第8章 コンプライアンス・テスト

8.1 コンプライアンス・テストの概要 …… 283

8.2 コンプライアンス・テストを行う前に …… 285
▶ノーマティブとインフォマーティブの二つの仕様がある　▶アイ・ダイアグラムで総合的な評価を行う　▶許容度限界を同時に判定するマスク・テスト　▶高速シリアル・インターフェースにおけるジッタは時間間隔エラー　▶クロック・リカバリの特性を理解する　▶USB 3.0 の測定条件とクロック・リカバリ　▶ランダム・ジッタとデターミニスティック・ジッタ　▶コンプライアンス・テスト・パターン　▶スペクトラム拡散クロッキング　▶チャネル・トポロジ　▶レシーバ・テストでのエラー検出

8.3 計測に必要な測定器 …… 313
▶中心的な測定器はオシロスコープ　▶コンプライアンス・テスト・ソフトウェア　▶ジッタ解析ソフトウェア　▶自動統合測定環境　▶信号ジェネレータ　▶エラー・ディテクタ　▶SMAペア・ケーブル　▶テスト・フィクスチャ

8.4 トランスミッタ・テストの実際 …… 330
▶アイ・ダイアグラム，ジッタ・テスト（TD.1.3）　▶SSC プロファイル測定（TD.1.4）　▶LFPSテスト（TD.1.1）　▶必要な機材と接続，測定の手順

8.5 レシーバ・テストの実際 …… 342
▶ジッタ耐性テスト（TD.1.5）　▶LFPS テスト（TD1.2）　▶必要な機材と接続，測定の手順　▶レシーバ・テストにおける校正　▶差動信号極性　▶将来をにらんだテストの必要性

コラム 8.A	データ・レートとその周波数成分	285
コラム 8.B	コンプライアンス・テストは必要か？　ワークショップとインテグレーターズ・リスト	289
コラム 8.C	伝送路の高周波損失と信号品質改善技術	294
コラム 8.D	トランスミッタ測定	313

コラム8.E	伝送路チャネル/イコライザ・シミュレーション	321
コラム8.F	サンプリング・オシロスコープ	328
コラム8.G	SIGTESTのみによる測定	340
コラム8.H	ジッタ・マージン・テスト	344
コラム8.I	ループバックBERT	349
コラム8.J	レシーバ・ジッタ耐性テストの重要性	350

Appendix

ランダム・ジッタとデターミニスティック・ジッタ ……353
▶長期間で大きなジッタが発生する可能性があるランダム・ジッタ　▶トータル・ジッタとデュアル-ディラック・モデル　▶バスタブ曲線　▶BER測定と信頼度

第9章　USBソフトウェアのしくみ

- **9.1** USBのハードウェアとソフトウェア ……363
- **9.2** USBのソフトウェア階層 ……364
- **9.3** パソコン向けUSBホスト・ソフトウェア ……366
  ▶WindowsのUSBサポート　▶LinuxのUSBサポート
- **9.4** 組み込み向けUSBホスト・ソフトウェア ……373
  ▶USBホスト・コントローラとデバイス・コントローラ　▶組み込みOSのUSBホスト・サポート
- **9.5** USBデバイス・ソフトウェア ……376
- **9.6** USBのソフトウェア階層と機能 ……380
  ▶USB 3.0 ホスト・ソフトウェア　▶USB 3.0 デバイス・ソフトウェア

コラム9.A	IntelチップセットのUSBポート・サポート	368
コラム9.B	PCI Express バスへの対応	378
コラム9.C	xHCIレジスタとMMIO空間レジスタへのアクセス	384

CONTENTS

第10章 USBホスト・コントローラの制御

10.1 USB ホスト・コントローラ評価用のシステム構成 ……………397
10.2 システムの初期化 ……………………………………………………398
　▶PCI Express バスの初期設定　▶xHC 制御レジスタと初期設定　▶ホスト・コントローラの初期化シーケンス
10.3 xHCI のデータ制御構造 ……………………………………………415
　▶リング・データ構造　▶リング・ポインタ制御　▶データ転送用TRB（Transfer TRB）　▶イベント通知用TRB（Event TRB）　▶コマンド制御用TRB（Command TRB）　▶そのほかのTRB
10.4 デバイス認識と転送準備 ……………………………………………437
　▶USB デバイスの認識　▶ステート遷移　▶デバイス管理用データ構造体　▶エニュメレーション処理
10.5 データ転送 ……………………………………………………………444
　▶コントロール転送　▶バルク転送とインタラプト転送　▶アイソクロナス転送
10.6 マス・ストレージ・クラス・ドライバとファイル・システム ……453
　▶ファイル・システム（TKSE FAT32 ファイル・システム）　▶マス・ストレージ・クラス・ドライバ

　コラム10.A　UASP プロトコル ……………………………………460

第11章 USBデバイス・コントローラ制御

11.1 USB デバイス評価システムの構成 ………………………………465
　▶評価システムのハードウェア　▶評価システムのソフトウェア
11.2 システムの初期化 ……………………………………………………471
11.3 エニュメレーションのシーケンス …………………………………472
11.4 データ転送 ……………………………………………………………474
　▶コントロール転送　▶バルク転送

11

11.5	DMAの制御フロー ………………………………………………	480
11.6	バス・ドライバ制御 ………………………………………………	483
	▶ディスクリプタ設定　▶標準リクエスト処理	
11.7	クラス・ドライバ制御 ……………………………………………	490
	▶マス・ストレージ・クラス・ドライバ　▶ビデオ・クラス・ドライバ	
11.8	USB 1.1/2.0規格との互換性 …………………………………	497
11.9	性能向上のポイント ………………………………………………	498

参考・引用文献 ………………………………………………………………	502
索　引 …………………………………………………………………………	504
著者紹介 ………………………………………………………………………	511

第1章

野崎 原生

USBの概要

1.1 USB規格の特徴

　1990年代の前半，USB(Universal Serial Bus)が登場する前は，キーボードやマウスにはPS/2ポート，プリンタにはパラレル・ポート，モデムにはシリアル・ポート，そしてハード・ディスクやCD-ROMにはSCSI(Small Computer System Interface)といった具合に，接続するデバイス(装置)ごとにインターフェースやコネクタが違うのが当たり前でした．当時，Personal Computer(以下，PC)は一部の専門家が使うものだったため，これでも特に問題はなかったのですが，Windows 95の登場によってより多くの人がPCを使うようになってくると，これが問題となってきました．

　この状況を解決するために，1種類のコネクタでさまざまな種類のデバイスをサポートすることを目的として，USBは，次のような特徴を持つインターフェースとして考え出されました．

(1) 汎用的に使える
(2) 簡単に使える
(3) 低コスト
(4) つなぐとすぐに実行できる(プラグ・アンド・プレイ機能)
(5) 電源を入れたまま接続できる(ホット・プラグ機能)
(6) デバイスに電源を供給できる

● 1996年1月 USB 1.0

　USB 1.0の規格は1996年1月に発行されました．この規格では1.5Mbps(Low Speedモード)と12Mbps(FullSpeedモード)の転送速度をサポートしており，マウスやキーボードに使用するPS/2ポートのような低速な用途と，パラレル・ポートやシリアル・ポートのような中速な用途に使用することを目的としていました．

第1章　USBの概要

しかし，当時は Operating System（以下，OS）側で USB のサポートが十分に行われていなかったので，その目的は十分に達成できませんでした．

その後，Windows 98 や Windows 2000 において USB が標準的にサポートされるようになり，さらに Apple 社が 1998 年に発売した PC の iMac などは，外部インターフェースとして USB のみをサポートしたこともあり，USB 対応のデバイスが一気に増えていきました．

● 2000年4月　USB 2.0

そして，2000 年 4 月には 480Mbps（HighSpeed モード）という高速な転送速度を実現する USB 2.0 の仕様が公開され，低速から高速までサポートされるようになりました．さらに，USB のライバルであった高速シリアル・バス規格の IEEE 1394 を推進していた Apple 社も USB へ軸足を移したこともあって，PC の外部 I/O 用のインターフェースとして USB が文字どおりユニバーサルなバスになりました．

現在，USB は携帯電話やゲーム機，TV など，PC 以外の用途にも広く用いられています．例えば，調査会社の In-Stat 社によると，USB に対応した機器の年間出荷台数は 2005 年には 14 億台だったものが，2010 年には 28 億台と倍増しています．これらは年間出荷台数なので，世の中に出回っている USB 対応機器の累計の総出荷台数は膨大な数になります．

このように大きく普及した USB ですが，近年はデバイスの性能が著しく向上してきたため，USB の転送速度がボトルネックになるケースが出てきました．特に，フラッシュ・ドライブや SSD（Solid State Drive）などの性能向上は目覚ましく，200MB/s = 1600Mbps を超えるものも珍しくなくなってきました．また，扱うデータのサイズも大きくなり，USB 2.0 の速度では転送が完了するまでに長時間待たされることもあります．例えば，SD（Standard Definition）画質の 2 時間のビデオ・データの場合，データ・サイズは 6G バイト程度なので，USB 2.0 を使ってメディア・プレーヤに転送すると約 3 分かかります．さらに，これがHD（High Definition）画質のビデオになるとデータ・サイズは 25G バイト程度になり，転送に 10 分以上必要になります．

● 2008年11月　USB 3.0

そこで，USB 2.0 の転送速度をさらに向上させた後継規格として，USB 3.0 が 2008 年 11 月に公開されました．USB 3.0 は今後 10 年間，アプリケーションが必

表 1.1　USB 転送速度の比較

	音楽 / 画像 (4Mバイト)	USB Flash (256Mバイト)	USB Flash (1Gバイト)	SD 動画 (6Gバイト)	USB Flash (16Gバイト)	HD 動画 (25Gバイト)
USB 1.0	5.3 秒	5.7 分	22 分	22 時間	5.9 時間	9.3 時間
USB 2.0	0.1 秒	8.5 秒	33 秒	3.3 分	8.9 分	13.9 分
USB 3.0	0.01 秒	0.8 秒	3.3 秒	20 秒	53.3 秒	70 秒

要とする性能を満足するものとして規格が考えられ，次のような特徴があります．
　(1) USB 2.0 と完全に上位互換
　(2) 従来の十倍の転送速度として 5Gbps（SuperSpeed モード）に対応
　(3) バス・プロトコルのオーバーヘッドを減らし，実効転送速度を向上
　(4) ノート PC や携帯機器などを考慮し，パワー・マネジメントを強化
　さきほどの HD ビデオの転送例では，USB 2.0 では 10 分以上かかっていたものが，USB 3.0 では 1 分程度で終わります（表 1.1）．
　なお，USB 3.0 は USB 2.0 の後継と述べましたが，仕様書の上では少し事情が違っています．USB 2.0 の仕様書の正式名称は，Universal Serial Bus Specification, Revision 2.0 となっているのに対して，USB 3.0 の仕様書の正式名称は，Universal Serial Bus 3.0 Specification, Revision 1.0 となっています．すなわち，USB 3.0 は USB 仕様の Revision 3.0 ではなく，USB 3.0 という名前のバス仕様の Revision 1.0 というのが正式な位置づけになります．そのため，USB 2.0 の仕様書は現役の仕様として USB 3.0 とは別に存在しています．
　実際，USB 3.0 では SuperSpeed USB 仕様の Revision 1.0 という名前にして，USB とは別であることを際立たせようという案もあったそうです．しかし，USB 2.0 と完全な後方互換性があり，USB 仕様として連続性もあることから，USB 3.0 という名前になりました．
　以上の話は厳密に言えばということであって，USB 3.0 は USB 2.0 の後継と考えて差し支えありませんし，事実そのように使うことが可能になっています．そのため本書では，USB 3.0 は USB 2.0 の後継として説明をします．

1.2　USB アーキテクチャ

　USB 3.0 は USB 2.0 と互換性があるように作られているため，基本的なアーキテクチャは共通です．本節では，その USB アーキテクチャについて説明します．
　前節で説明したように，USB 3.0 と USB 2.0 は別々の仕様書になっています．

第1章　USBの概要

USB 3.0の仕様書では，同じ説明を繰り返すことを避けるためにUSB 2.0の仕様書で記載，規定されていることに関しては，「USB 2.0仕様を参照」とだけ書かれていて説明されていない項目が多々あります．そして，基本的なアーキテクチャについても同じ扱いで，USB 2.0仕様を参照することになっています．

しかし，当然ながらUSB 2.0の仕様書はUSB 3.0を考慮して書かれていませんから，基本アーキテクチャの説明のうち，2.0と3.0はどこからどこまでが共通で，どこからが2.0だけに適用されるのか理解するのがちょっと難しいことになっています．そこで，まずUSB 2.0とUSB 3.0とで共通するアーキテクチャについて説明します．

● USBシステムの構成

図1.1は，USBシステムの構成を示したものです．図を見ると分かるように，USBシステムの中にはUSBホストが唯一つだけ存在します．そして，USBデバイスが使用するリソースの管理や，USBデバイスとのデータ転送のスケジューリングといったことをUSBホストが制御することになっています．

一方，USBデバイスは最大127個までUSBホストへ接続可能です．USBデバイスには，ポートの個数を拡張してUSBデバイスの数を増やすために使われ

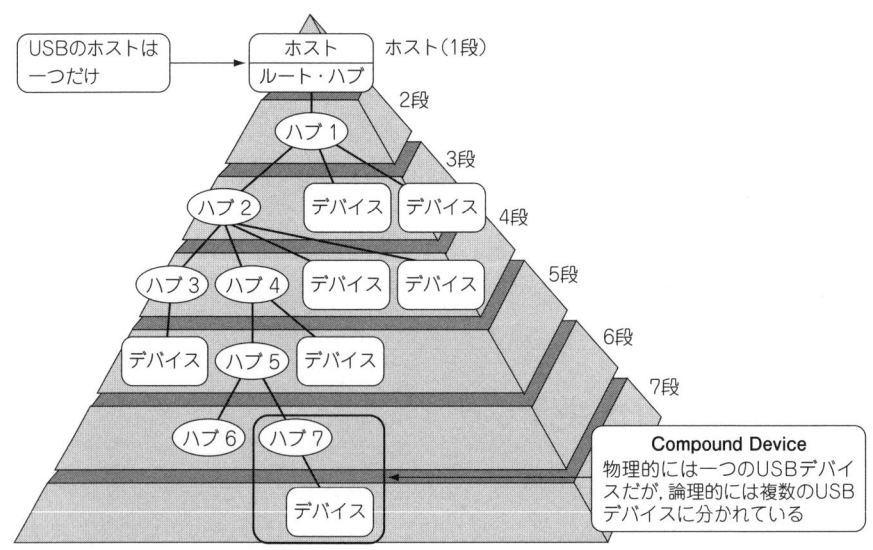

図1.1　USBシステムの構成

るハブと，ある特定の機能を実現するためのペリフェラル・デバイスの2種類が存在します．通常，USBホストには2～3個，多くても5～6個のポートしかなく，それ以上のUSBデバイスをつなぐには，USBホストとUSBデバイスとの間にハブを入れてポート数を増やす必要があります．ハブはUSBホストに直接つなぐだけでなく，ハブ同士をカスケードに接続できます．ただし，カスケードの段数には制限があり，図1.1に示したように最大5個までのハブをカスケードに接続できます．

各USBデバイスにはデバイス・アドレスと呼ばれる番号が割り当てられており，その番号によって各デバイスを区別します．デバイス・アドレスはデフォルトでは0番になっていますが，初期化処理によってUSBデバイスごとに一意な値が割り当てられます．

● USBの通信モデル

USBの通信モデルで基本的な単位となるのは，エンドポイントとパイプ，そして転送（トランスファ）と呼ばれるものです（図1.2）．

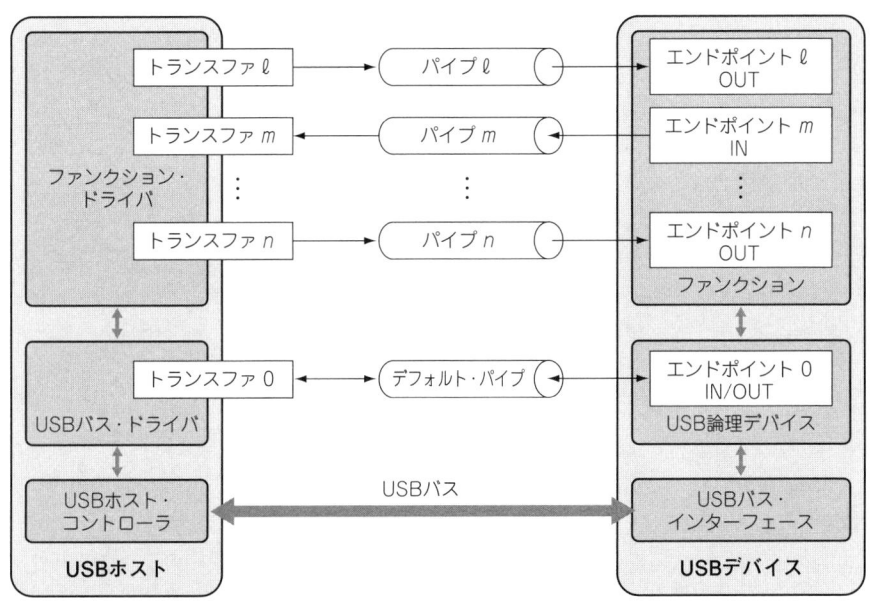

図1.2 USBの通信モデル

● エンドポイント

　エンドポイントは USB デバイス中に存在し，USB デバイスの機能を実現するために，コマンドやステータスといった制御情報の送受信，およびデータをリード / ライトするポートあるいは FIFO のようなものです．通常，USB デバイスは複数のエンドポイントで構成されます．

　エンドポイントのデータ転送方向は単方向なので，データの送受信が必要なファンクションでは，送信用と受信用の二つのエンドポイントが必要になり，さらにはコマンド送信やステータス受信のためのエンドポイントが必要になることもあります．また，全ての USB デバイスは，デフォルト・エンドポイントと呼

> **コラム 1.A　ファンクションとデバイスの使い分け**
>
> 　本書でもそうですが，USB 仕様書でもデバイスとファンクションという単語は，あるときは同一のものとして，またあるときは別ものとして扱われます．そこで混乱しないように，この二つの用語について説明しましょう．
>
> 　デバイスとは USB のコネクタに物理的に接続されて，USB ホストと通信を行うもののことです．キーボードやマウス，フラッシュ・ドライブ，プリンタ，Web カメラなどの USB に接続されるものが USB デバイスです．
>
> 　上記で示したデバイスがユーザに提供する機能がファンクションです．USB キーボードでは文字を入力すること，USB フラッシュ・ドライブではデータを保存したり保存したデータを読むこと，USB プリンタでは文字や絵を印刷することが，それぞれのデバイスの提供するファンクションになります．
>
> 　ほとんどのデバイスは一つの機能のみを提供する，シングル・ファンクション・デバイスです．そのため，デバイスとファンクションを同一視しても問題がありません．しかし，一つのデバイスが複数の機能を提供するもの，つまりマルチファンクション・デバイスでは，デバイスとファンクションは同じものではありません．例えば複合プリンタでは，一つのデバイスの中にプリンタのファンクション，スキャナのファンクション，FAX のファンクションなどが含まれます．
>
> 　このようなデバイスには，デバイス全体で共通のことを表す場合には「デバイス」，個々の機能に特有のことを表す場合には「ファンクション」という呼び方をします．例えばホストと通信を行う USB インターフェースはデバイスで共通なためハードウェア的な話をする場合にはデバイスと呼ぶことが多く，ドライバのように個々の機能について考慮が必要な場合はファンクションと呼ぶことが多いようです．

ばれるエンドポイントを必ず持たなければなりません．

● パイプ

　パイプは，ファンクション・ドライバとエンドポイントとの間で通信を行うための仮想的なチャネルです．エンドポイントの一つ一つに対応するパイプが存在します．ファンクション・ドライバがUSBバス・ドライバに対して各エンドポイントに対応したパイプのオープンを要求し，オープンされたパイプに対してリード/ライトを行う，というソフトウェア・モデルになっています．

　デバイス・クラス（1.6節参照）に対応したUSBデバイスを除けば，これらのパイプの本数やそこを流れるデータのフォーマットなどは各USBデバイス固有のもので，ファンクション・ドライバとファンクションのみが，その詳細を知っています．

● 転送（トランスファ）

　転送は，ファンクション・ドライバから転送されるデータの単位で，パイプを通してエンドポイントにリード/ライトされます．

● エンドポイントの特長

　エンドポイントは，以下の三つの特性を持ちます．
　　（1）エンドポイント番号
　　（2）転送方向
　　（3）転送タイプ
　各エンドポイントには，エンドポイント番号と呼ばれるあらかじめ決められた一意の番号が振られています．USBデバイスを利用するファンクション・ドライバがエンドポイントをアクセスするときは，このエンドポイント番号を指定して所望するエンドポイントへアクセスします．エンドポイント番号は0～15までの値を使用できますが，0番はデフォルト・エンドポイントのエンドポイント0に予約されているため，そのほかのエンドポイントでは1～15までが割り当て可能です．この値はUSBデバイスを設計したときに設計者が任意の値を割り当てるもので，USBデバイスの動作中に途中で値が変わることはありません．

　データの転送方向は，エンドポイントごとにあらかじめ決まっています．エンドポイントからファンクション・ドライバへデータをリードするINエンドポイント，ファンクション・ドライバからエンドポイントへデータをライトするOUTエンドポイント，そしてリード/ライトのどちらも行える双方向エンドポイントの3種類が存在します．双方向エンドポイントは，通常はデフォルト・エ

ンドポイントのみに用いられ，それ以外のエンドポイントはINまたはOUTのどちらかになります．

各エンドポイントへ転送するデータの特性に合わせて，次の4種類の転送タイプのうちのどれか一つをエンドポイントのタイプとします．

(1) コントロール
(2) バルク
(3) インタラプト(割り込み)
(4) アイソクロナス

各エンドポイントのタイプに応じて転送のタイプも4種類あります．

デフォルト・エンドポイントはコントロール・エンドポイントでなければならず，また逆にコントロール・エンドポイントは事実上デフォルト・エンドポイント専用のエンドポイント・タイプとなっています．ほかのタイプと違って，コントロール・エンドポイントのみ，転送方向が双方向です．

コントロール・エンドポイントは，USBデバイスがどのような種類のUSBデバイスであるのかを示すディスクリプタと呼ばれる情報を読み出したり，その情報を元にデバイスを使用可能な状態にコンフィグレーションするためのリクエストを送ったりするものです．これらのディスクリプタやリクエストのフォーマットはUSBの仕様で決まっていて，デバイスの種類によらず共通です．そのため，USBデバイス接続時にUSBデバイスの種類を判別して適切なコンフィグレーションを行うエニュメレーションという処理を，USBデバイスの種類によらず一つのソフトウェア，すなわちUSBバス・ドライバによって行うことが可能になっています．

バルク・エンドポイントは，大量のデータをエラーなく転送するためのものです．特別な用途のUSBデバイス以外はコントロール・エンドポイント以外のエンドポイントとして，普通はバルク・エンドポイントを使用します．バルク・エンドポイントの転送方向は，INまたはOUTのいずれかです．

インタラプト・エンドポイントは，大量のデータは転送できませんが，エンドポイントが指定する一定時間以内に必ずアクセスされることと，エラー・フリーの転送も保証されています．名前のとおり，インタラプト(割り込み)を発生するエンドポイントへの使用を想定していますが，それに限定されているわけではありません．インタラプト・エンドポイントの転送方向は，INまたはOUTのいずれかになります．

アイソクロナス・エンドポイントは，一定時間以内に必ずアクセスされること

が保証され，かつ大量のデータ転送も可能です．しかし，その代わりにエラー・フリーが保証されず，エラーがあった転送は破棄されます．ビデオやオーディオ・データを再生するときに用いられることを想定しています．ビデオやオーディオの再生では，多少データにエラーがあっても全体として大きな破綻をきたすことはなく，それよりも必要なデータが必要なときにリアルタイムで転送されることの方が重要なためです．

インタラプト・エンドポイントとアイソクロナス・エンドポイントでは，上記に示した特性に加えてサービス・インターバルという特性もあります．先ほど，一定時間内にアクセスされると説明しましたが，その時間を指定するのがサービス・インターバルです．

● 実際の通信

USBホストのファンクション・ドライバとUSBデバイス中のエンドポイントとの間の転送は，USBバス・ドライバの制御によって，ホスト・コントローラとデバイスのバス・インターフェースとの間で実際の通信が行われます．このとき，ファンクション・ドライバから要求された転送を一度に全て実行してしまうのではなく，幾つかのトランザクションと呼ばれる単位に分割して実際の転送を行います．

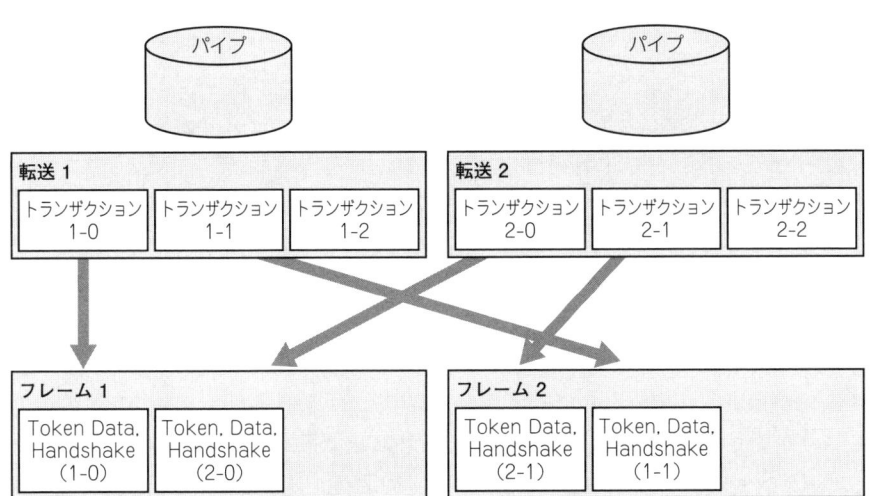

図1.3 転送のトランザクションへの分割

USB バスは複数の USB デバイスやエンドポイントで共有されているため，一つの USB デバイス / エンドポイントが長時間バスを占有せず，なるべく公平にバスを使用できるようにするために，転送を小さな単位に分割して，それを各デバイス / エンドポイント間で順番に実行していきます．例えば，**図1.3** は二つの転送をそれぞれ 3 個のトランザクションに分割し，それらを後述するフレームで一つずつ実行する様子を示しています．

　USB バス上を流れる各トランザクションが，どの USB デバイスのどのエンドポイントに対するものかを識別するための情報として，デバイス・アドレス，エンドポイント番号，およびトランザクションの転送方向が用いられます．トランザクションの転送方向は，USB デバイスから USB ホストへのデータ転送を IN 転送，USB ホストから USB デバイスへのデータ転送を OUT 転送と呼びます．

　エンドポイントを識別する情報の一つとして転送の方向が使われていることから分かるように，各エンドポイントのデータ転送方向は一方向だけで，かつその方向は常に一定です．つまり，IN エンドポイントが OUT になったり，その逆といったことは起こりません．しかし，コントロール・エンドポイントは例外で，これだけは双方向のエンドポイントとして定義されています．

　ここで注意する点は，双方向のエンドポイントと，同じエンドポイント番号を持った IN と OUT のエンドポイントは違うということです．双方向のエンドポイントは一つのエンドポイントなのに対して，同じエンドポイント番号の IN と OUT は二つのエンドポイントです．そのため，例えば双方向のエンドポイントでは，IN 転送でこれ以上データを転送できないフロー制御状態になった場合は OUT の転送も行えなくなります．しかし，同じエンドポイント番号の IN と OUT は独立した二つのエンドポイントなので，IN がフロー・コントロール状態になったとしても，OUT 転送は継続できます．

　デバイス・アドレスは可変な値で，初期値は 0 ですが，USB デバイスをポートに挿入したときにホストから 1 〜 127 のいずれかの値が設定されます．このデバイス・アドレスの設定は，該当デバイスのエンドポイント 0 に対して SetAddress というコントロール転送を送ることで行います．ここで疑問に思われた人もいると思いますが，このときのコントロール転送ではデバイス・アドレスに何が指定されているのでしょうか．答えは，「デフォルト・アドレスのアドレス 0 が指定されている」です．つまり，各転送で指定するデバイス・アドレスとして，SetAddress のときだけデフォルトのデバイス・アドレス 0 が使われて，SetAddress でデバイス・アドレスが設定された後では，その設定されたアドレ

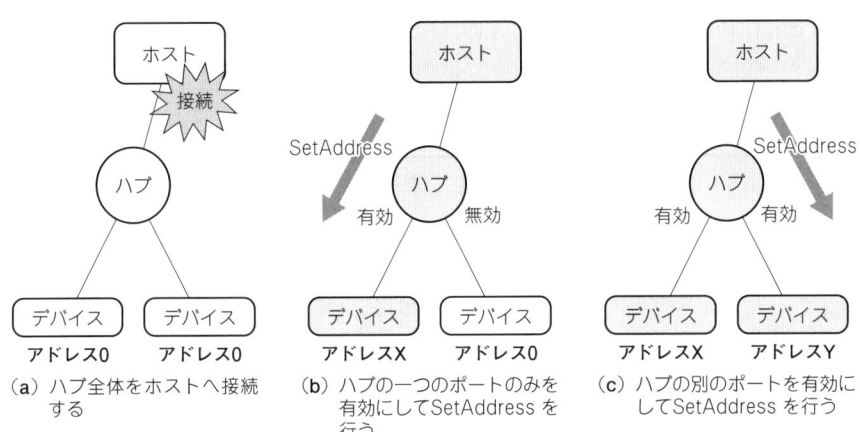

図1.4　複数デバイスの同時接続

スが使われます．

　さてここで，複数の USB デバイスが同時に接続された場合に，アドレス 0 が複数存在することになるがどうやって区別するのか，とさらに疑問に思われたのではないでしょうか．その場合は，USB デバイスが接続されたポートを一つずつ有効にすることによって，アドレス 0 を持ったデバイスが一度に一つしか見えないようにします．そして，SetAddress で 0 でないアドレスを設定した後に，別のポートを有効にして再度 SetAddress を実行します（**図 1.4**）．

1.3　転送の種類

　転送とは，ファンクション・ドライバがエンドポイントに対して，コマンドやデータを送受信する単位のことです．転送には，次の四つのタイプがあります．
　(1)　コントロール転送
　(2)　アイソクロナス転送
　(3)　インタラプト（割り込み）転送
　(4)　バルク転送
　転送は，実際の USB バス上ではトランザクションという単位に分割されて実行されます．トランザクションのフォーマットやプロトコルなどは，USB 仕様で規定されています．
　これらのトランザクションが，バス上で「いつ実行されるのか」，「どのような

順番で実行されるのか」ということは，USBホストが全て決めています．これがほかの一般的なバスとUSBの大きく違うところです．ほかのバスでは，USBホストとUSBデバイスといった区別がなく，全てのデバイスが対等な立場であったり，区別があったとしてもかなりの部分でお互いが独立して動いたりしているため，どのデバイスが「いつ」，「どのような順番」で動くのかをあらかじめ知ることはできません．しかし，USBではUSBホストのみがトランザクションを開始することができ，デバイスは単にそのトランザクションに対してレスポンスを返すことのみが許されています．USB 3.0ではこの関係が多少改善されましたが，基本的な構造は変わらず，トランザクションはホスト主導で実行されます．

　トランザクションのスケジュールを決めるために，ある決まった間隔でバスの時間を区切って，その時間単位ごとに「どのトランザクション」を「いつ」，「どのような順番」で行うのかを決めます．FS(FullSpeed)転送やLS(LowSpeed)転送では1msのフレームと呼ばれる単位，HS(HighSpeed)転送では$125\mu s$のマイクロフレームと呼ばれる単位，そしてSS(SuperSpeed)転送では同じく$125\mu s$のバス・インターバルと呼ばれる単位で管理されます．

　フレームとマイクロフレームは，時間間隔以外は同じもので，バス上の時間をその時間間隔で明確に分割します．そのために，フレームもしくはマイクロフレームの始まる時刻にSOF(Start Of Frame)もしくはマイクロSOFと呼ばれる(マイクロ)フレームの始まりを示す特殊なパケットをホストから送信し，また(マイクロ)フレームの境界をまたぐようなトランザクションが起きないように，USBホストはトランザクションの開始時刻を制限します．もし，境界間近になっても終了しないトランザクションがあった場合は，ホストやハブはそのトランザクションを強制終了します．

　一方，SS転送のバス・インターバルは，HS転送のマイクロフレームと時間間隔は同じで，スケジュールの基本単位という考え方も同じなのですが，バス上の時間管理はもう少し緩やかなものになっています．マイクロSOFに相当するものとしてITP(Isochronous Timestamp Packet)がありますが，名前のように時間の境界を示すものというよりは，主にアイソクロナス・エンドポイントへ時刻情報を通知するためのパケットという位置づけになっています．そのため，境界の始まる時間に必ず送られるものではなく，しかも，時刻情報を必要とするかもしれないアイソクロナス・エンドポイントやインタラプト・エンドポイントが存在しない場合は，送らなくてもよいことになっています．また，境界の開始時刻に必ず送らなくてもよいため，境界をまたぐようなトランザクションも許されて

おり，LS, FS, HS の転送で起こるような強制終了もありません．以上の理由から，SS 転送ではマイクロフレームではなくバス・インターバルという呼び方をしていますが，基本的には同じものだと理解してかまいません．

● コントロール転送

　コントロール転送は，通常はエンドポイント 0 のみが使用する転送タイプです．これは仕様で決まっているわけではなくて，エンドポイント 0 以外にもコントロール・エンドポイントを持たせてコントロール転送を使うことは可能です．しかし，世の中にあるほぼ 100% の USB デバイスはエンドポイント 0 のみがコントロール転送を使用しており，ほかのエンドポイントはコントロール転送以外を使用する，という実装になっています．

　これは，コントロール転送の用途がリクエストと呼ばれるコマンドのようなものの転送にほぼ限られているためだと思います．これも仕様で決まっているわけではありませんが，事実上コントロール転送はリクエスト専用となっています．リクエストは，USB デバイスのコンフィグレーションを行ったり，USB デバイスのディスクリプタやステータスを読む，といったことに使用されるので，エンドポイント 0 以外でコントロール転送を使用する意味があまりないからだと思います．

　コントロール転送はほかの転送とは違って，どのようにトランザクションに分割されるかが明確に仕様で決められています．コントロール転送は，二つまたは三つのフェーズに分割されます．セットアップ・フェーズとステータス・フェーズの二つか，あるいはセットアップ・フェーズ，データ・フェーズ，そしてステータス・フェーズの三つかです．

　一つ目のセットアップ・フェーズは，USB ホストから USB デバイスに対してセットアップ・トランザクションが送られます．セットアップ・トランザクションでは，通信相手を指定するためにデバイス・アドレスやエンドポイントで番号を指定すると同時に，これから実行しようとするリクエストが何かという情報も指定します．さらに，もしそのリクエストがデータの送受信を必要とする場合は，データの転送方向も指定します．ほかのエンドポイントとは違い，コントロール・エンドポイントは双方向なので，エンドポイントを指定しただけではデータの転送方向は決まりません．そのため，セットアップ・トランザクションでデータの転送方向を指定します．

　データ転送があるコントロール転送の場合は，次にデータ・フェーズが続きます．データ・フェーズでは IN または OUT のトランザクションが一つ以上実行

25

されます．データの転送方向はセットアップ・トランザクションで指定された転送方向であり，途中で方向が変わることはありません．

そして最後に，転送が正常に終了したかどうかを示すためにステータス・フェーズでステータス・トランザクションが実行されます．ステータス・トランザクションは USB 3.0 で新しく定義されたもので，USB 2.0 と違いステータスは常に USB デバイスから USB ホストへ通知されます．

● アイソクロナス転送

アイソクロナス転送とは，サービス・インターバルと呼ばれる決められた時間内に必ずデータ転送が行われることを保証する転送です．しかしその代わり，データが確実に転送されることは保証されません．例えば，Web カメラやスピーカのように，ビデオ・データやオーディオ・データを転送するアプリケーションで，ある時間内に必ず転送が完了する必要があるが，時々ならばデータの損失が起きても全体の動作に大きな破綻が起きないようなアプリケーションに使用されます．

● インタラプト(割り込み)転送

インタラプト転送は，割り込みやイベント通知のように，発生頻度も一度に転送されるデータ量もあまり多くない場合に使われます．アイソクロナス転送と同様，決められた時間内に必ずデータ転送が行われることが保証されていて，かつデータが確実に転送されることも保証されている，つまり転送エラーが起きた場合には再送処理が行われるものです．

ただし，これらの相反する二つの要求を同時に保証することは実際には不可能なので，データの再送処理が起きた場合には再送処理の次のデータ転送がサービス・インターバル以内に実行されないこともあり得ます．現実的には，インタラプト転送は 1 回のデータ量が少ない場合や，サービス・インターバルが長い場合に使われるので，再送処理が起きたとしても次のサービス・インターバルに影響が及ぶことはまずありません．

なお，インタラプトという名前が付いていますが，USB デバイス側から自発的にトランザクションを発生するわけではありません．ほかの USB の転送と同じく，USB ホスト主導です．サービス・インターバル以内に USB ホストからアクセスがあることが保証されていて，USB デバイス側で何かイベントが起きた場合に，そのイベントを最悪でもサービス・インターバル以内に USB ホストへ通知でき，割り込みのように使えるためインタラプト転送と呼ばれています．

● バルク転送

バルク転送は，いわゆる普通のデータ転送です．任意のバイト数で大量のデータを転送できます．決められた時間内に転送が行われる保証はありませんが，もしエラーが起きた場合は再送処理を行って必ず正しいデータが転送されることが保証されます．すなわち，通常のデータ転送に必要となる機能や特性を備えていること以外には，特にこれといった特徴のない普通のデータ転送です．ただし，これは欠点ではなく，特に使い方に癖がなく汎用的に使うことができるので，ほとんどのエンドポイントではバルク転送が使われています．

1.4 USBデバイスの詳細

USBデバイスの詳細を見ていきましょう．USBの通信の基本的な単位としてエンドポイントがあると説明しましたが，実際のUSBデバイスではエンドポイントの機能や役割に応じて階層構造を作り，一つ一つのエンドポイントを個々に制御するのではなく，上位階層でまとめて制御できるようにしています．

例えば，図1.5に示すような階層構造になっています．これによって，コンフィグレーションをイネーブル/ディセーブルすることによって，そこに含まれるインターフェースやエンドポイントをまとめてイネーブル/ディセーブルすることや，インターフェースをイネーブル/ディセーブルすることによって，そこに含

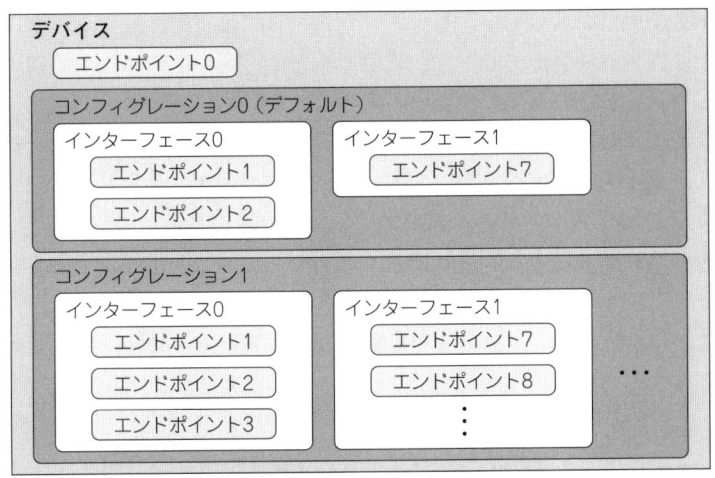

図1.5　USBデバイスの階層構造

まれるエンドポイントをまとめてイネーブル／ディセーブルできます．

● コンフィグレーション

　コンフィグレーションとは，USB デバイスの機能や構成の組み合わせをあらかじめ幾つか用意し，USB デバイス接続時にホストがその中から適切なものを一つ選んで USB デバイスを設定するためのしくみです．例えば，音楽プレーヤをホストに接続したときに，単なるマス・ストレージ・デバイスとして MP3 ファイルを読み書きするだけにしたり，オーディオ・デバイスとして音楽の再生を可能にしたり，あるいはその二つを同時に使えるようにする，といった機能の切り替えに使用できます．しかし，普通はそこまでせず，1 デバイスに付き 1 コンフィグレーションとなっている USB デバイスがほとんどです．

　USB デバイスがあらかじめ用意しているコンフィグレーションは，コンフィグレーション・ディスクリプタに記述されています．そして，コンフィグレーション・ディスクリプタが幾つあるかは，デバイス・ディスクリプタに記載されています．

　コンフィグレーションが複数ある場合，個々のコンフィグレーションは排他使用となり，同時には使えません．

● インターフェース

　インターフェースとは，あるまとまった機能を実現するために一つ以上のエンドポイントを束ねたものです．インターフェースには，デフォルト設定以外に代替設定が存在する場合があります．代替設定とは，エンドポイントの構成や設定を一時的に変更したいときに使用するものです．

　コンフィグレーションの変更との違いは，コンフィグレーションはデバイス全体の構成を変えるもので，デバイス内の全てのファンクションとインターフェース，およびエンドポイントが影響を受けて，構成変更後には USB デバイス全体がリセットされます．それに対して，インターフェースの代替設定の変更は，そのインターフェースに属するエンドポイントだけが影響を受け，それ以外のファンクションやインターフェース，およびエンドポイントの動作には影響を与えません．

　代替設定の典型的な例を紹介しましょう．アイソクロナス・デバイスにおけるデフォルト設定はデータ転送をしないようになっていて，代替設定でデータ転送します．これは，アイソクロナス・デバイスはバスの帯域をあらかじめ予約して

確保してしまうため，本当にデータ転送が必要なときだけ代替設定を使ってバスの帯域を確保し，データ転送がないときはデフォルト設定に戻してほかのUSBデバイスにバスを明け渡し，バスを有効に使えるようにするためです．例えば，WindowsではUSBスピーカを音が鳴るときだけ代替設定にして，無音部分ではデフォルト設定にする，という制御をしています．

　また，ある一つのコンフィグレーションの中に，複数のインターフェースを含むことが可能です．この場合，コンフィグレーションが排他使用だったのに対し，それらのインターフェースは同時に動作させられます．そのため，あるインターフェースに含まれるエンドポイントは，同じコンフィグレーション内の別のインターフェースに含めることはできません．一方，別のコンフィグレーションの場合は，お互いに排他使用なので，あるコンフィグレーションに含まれるインターフェースやエンドポイントが別のコンフィグレーションに含まれても問題はありません．

　インターフェースの情報は，インターフェース・ディスクリプタに記述され，インターフェースのデバイス・クラスやどのエンドポイントが含まれるか，といった情報が記述されています．エンドポイント0以外のエンドポイントは，必ずどれかのインターフェースに含まれなければなりませんが，上で説明したように複数のインターフェースに含まれることは許されず，唯一つのインターフェースに属します．

● ファンクション

　ファンクションとは，USBデバイスが提供する機能そのもののことです．例えば，USBプリンタならばプリンタの機能ですし，USBハード・ディスクならばハード・ディスクの機能になります．

　このように，ファンクションはUSBデバイスの最も重要なものですが，これまでの階層構造の説明にはファンクションが出てきませんでした．ファンクションは，この階層のどこに相当するのでしょうか．その答えは，USBデバイスに依存するです．

　もともとUSB仕様の策定段階ではファンクション＝インターフェースを想定しており，実際にファンクション＝インターフェースとなることが多いのですが，一つのファンクションが二つ以上のインターフェースを使う場合もあります．例えば，コミュニケーション・デバイス・クラスでは，データ通信を行うエンドポイントを束ねたインターフェースと，回線の制御を行うエンドポイントを束ねた

インターフェースの二つを使ってコミュニケーション・クラスという一つのファンクションを実現しています．

さらに，一つのUSBデバイスで複数の機能を持ったマルチファンクション・デバイスも存在します．複合機でプリンタ，スキャナ，FAXの機能を持っているようなものがその1例です．

ただし，マルチファンクション・デバイスには2種類あります．一つはコンパウンド・デバイス(Compound Device)と呼ばれるもので，物理的には一つのUSBデバイスでありながら，論理的には複数のUSBデバイスに分かれていて，論理的なハブの下に複数の論理的なペリフェラル・デバイスが接続されている，という構成になります．これをソフトウェアから見た場合は，USBデバイスがハブから着脱可能かどうかという違いを除けば，普通のハブに普通のUSBデバイスがつながっている場合と同じです．

一方，もう一つのマルチファンクション・デバイスはコンポジット・デバイス(Composite Device)と呼ばれ，こちらは物理的にも論理的にも一つのデバイスに複数のファンクションが含まれています．この場合，USBデバイスには複数のインターフェースが存在し，それぞれのインターフェースが決められたファンクションに属します．例えば，インターフェース0～2の三つがあった場合に，ファンクション0はインターフェース0と1から構成されて，ファンクション1はインターフェース2から構成される，といった具合です．

どのインターフェースが，どのファンクションに属しているかを示すためのファンクション・ディスクリプタというものはありません．どのインターフェースを使うのかは該当するファンクションとそのファンクション・ドライバが認識していれば十分なので，ファンクション・ディスクリプタは存在しません．

しかし，これは簡略化し過ぎということで，途中で仕様が追加され，インターフェース・アソシエーション・ディスクリプタという，どのインターフェースが組になっていて，その組がどのデバイス・クラスに属するか，という情報を提供できるようになりました．

● デフォルト・エンドポイント

前節で説明したように，USBデバイスにどのようなエンドポイントがあり，それらがどのように分割されてコンフィグレーションやインターフェースを構成しているか，という情報はディスクリプタによって提供されます．それらの情報を読み出したり，その情報に基づいてUSBデバイスのコンフィグレーションを

行ったり，それに必要な情報を提供するためにエンドポイント0があります．

　エンドポイント0とはエンドポイント番号0のエンドポイントのことで，デフォルト・エンドポイントとも呼ばれ，全てのUSBデバイスが必ず持たなければならず，コンフィグレーションを行っていない状態でも常にアクセスできなければなりません．コンフィグレーションなどのために必要なUSBデバイスやエンドポイントの各種パラメータ情報はディスクリプタと呼ばれるデータに格納され，そのフォーマットや読み書きのための方法もUSBで規定されています．

　また，エンドポイント0は必ずコントロール・エンドポイントでなければなりません．そして，通常は唯一のコントロール・エンドポイントとなります．USB仕様ではコントロール・エンドポイントを二つ以上持つことを禁止してはいませんが，エンドポイント0だけで用が足りるので普通はこれ一つだけです．

　新しいUSBデバイスがホストに接続されると，ホストはエンドポイント0に対してSetAddressでデバイス・アドレスを設定した後，ディスクリプタを読みにいきます．ディスクリプタには，このUSBデバイスがどこのメーカの何という製品かを示すID情報や，このUSBデバイスがどのデバイス・クラスに対応しているのかといった情報が含まれるデバイス・ディスクリプタ，このUSBデバイスに含まれるエンドポイントの個数などを示すインターフェース・ディスクリプタ，あるエンドポイントの転送タイプや転送方向といった情報が含まれるエンドポイント・ディスクリプタなどがあります．

1.5　USBデバイスの状態

　USBデバイスには，次のような状態があります．
（1）Attached
（2）Powered
（3）Default
（4）Address
（5）Configured
（6）Suspend

表1.2に，各状態においてUSBデバイスが動作可能かどうかを示します．また，図1.6に各状態が遷移する様子を示します．

　Attached状態は，USBデバイスがポートに接続されているがVBUSはまだ供給されていない状態です．USBデバイスの電源としてVBUSを使用するもの，

第 1 章　USB の概要

表 1.2　各状態における USB デバイスの動作状況

Attached	Powered	Default	Address	Configured	Suspended	状　態
						デバイスは USB に接続されておらずほかの属性に意味はない．
→						デバイスは USB に接続されているが，電源は印加されていない．ほかの属性に意味はない．
	→					デバイスが USB に接続され，電源も印加されているが，通信可能になっていない(USB 2.0 の場合はリセットされていない，USB 3.0 の場合はリンク・トレーニングが完了していない)
		→				デバイスが USB に接続されて電源も印加され，さらに通信可能になっているが，ユニークなアドレスはアサインされていない．デバイスはデフォルト・アドレスに応答する．
			→			デバイスが USB に接続されて電源も印加され，さらに通信可能になり，ユニークなアドレスがアサインされているが，デバイスはコンフィグレーションされていない．
				→		デバイスが USB に接続されて電源も印加され，通信可能になり，ユニークなアドレスがアサインされているがサスペンドになっていない．ホストはデバイスにより提供されたファンクションを使用する．
→		－	－	－	★	デバイスが USB に接続されて電源が印加され，さらに通信可能になった後に，ポートがサスペンド状態になった(USB 2.0 の場合は 3ms 以上のバス・アクティビティがない，USB 3.0 の場合は U3 への遷移を要求された)．デバイスはユニークなアドレスを持ち，使用するためにコンフィグレーションされていても，サスペンドになっているので，ホストはデバイスのファンクションを使わない．

　つまりバス・パワード・デバイスがこの状態では動作できないのはもちろんですが，VBUS 以外に専用の電源を持っているセルフ・パワード・デバイスも，この状態では動作してはならずリセットがかかっている状態と同様に扱われます．
　接続後，VBUS が供給されると Powered 状態になり，USB デバイスは動作を開始します．といっても，USB デバイス本来の動作ではなく，その前準備です．

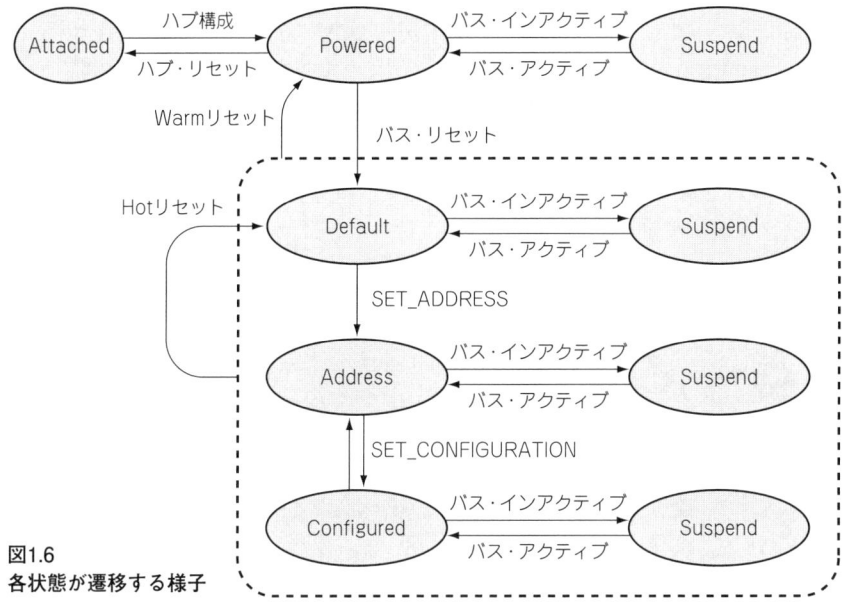

図1.6
各状態が遷移する様子

具体的には，LS, FS, HS デバイスではバス・リセットを行い，SS デバイスではリンク・トレーニングを行います．

これらの処理が終わってホストと通信可能になった状態が，Default 状態です．この状態では論理デバイス，つまりエンドポイント0と各種ディスクリプタのみがアクセス可能です．また，デバイス・アドレスはデフォルト・アドレスのアドレス0となっています．その後，ホストは SetAddress リクエストを送信して，デバイス・アドレスを設定します．デバイス・アドレスが設定された状態が Address 状態です．

その次に，ホストはデバイスからディスクリプタを読み，デバイスの種別を認識して，デバイスの必要とするリソースが割り当て可能な場合，デバイスに対して SetConfiguration リクエストを送信してデバイスを Configured 状態にします．Configured 状態になるとデバイス中の各エンドポイントが有効になり，デバイスが使用可能になります．

デバイスや USB バスの消費電力を抑えるために，デバイスやバスを未使用時に一時的に用いられるロー・パワー状態が Suspend 状態です．Suspend 状態へは，Attached 状態以外の任意の状態から遷移することができます．

USB 3.0 のリセットには 2 種類あります．図 1.6 で Default 状態へ遷移する矢印が Hot リセットで，Powered 状態まで戻るのが Warm Reset のときです．

一方，USB 2.0 のセルフ・パワード・デバイスは VBUS 以外に自前の電源を持っています．そのため電源の組み合わせとして，VBUS のみ，ローカル電源のみ，VBUS とローカル電源の両方，の 3 種類が存在します．このいずれの電源供給でも同じように動作できるデバイスなら問題ないのですが，ローカル電源があるときにはフル機能が使えるけれど，VBUS だけのときには一部の機能しか使えない，というデバイスもあります．このようなデバイスの場合は，動作中にローカル電源がなくなると Powered 状態へ遷移します．

1.6　デバイス・クラス

広く一般的に使われている USB デバイスについては，それらの機能ごとにデバイス・クラスというものが定義されて，具体的なインターフェースやエンドポイントの構成，それぞれの機能や制御方法，データのフォーマットなどに共通する仕様が定義されています．これは，一般的に使われる USB デバイスについて共通の仕様を決め，そのドライバを OS の一部として提供し，個々にドライバをインストールしなくても USB デバイスをホストに挿すだけで使えるようにするためです．

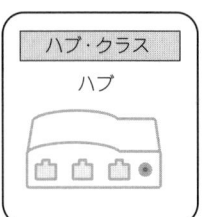

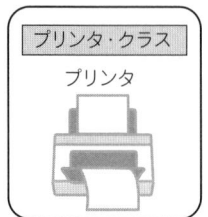
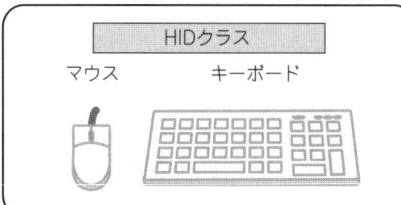

図1.7　主要なデバイス・クラス

図 1.7 は，主要なデバイス・クラスを示したものです．USB では，これら以外にももっと多くのデバイス・クラスが定義されていますが，実際に OS が標準ドライバを提供しているのは図 1.7 に示すものに限られることが多いようです．

1.7　USB ホスト

次に，USB ホストについて説明します．図 1.8 は，USB ホストの詳細を示したものです．USB ホストはソフトウェアとハードウェアで構成され，以下のような階層構造になっています．

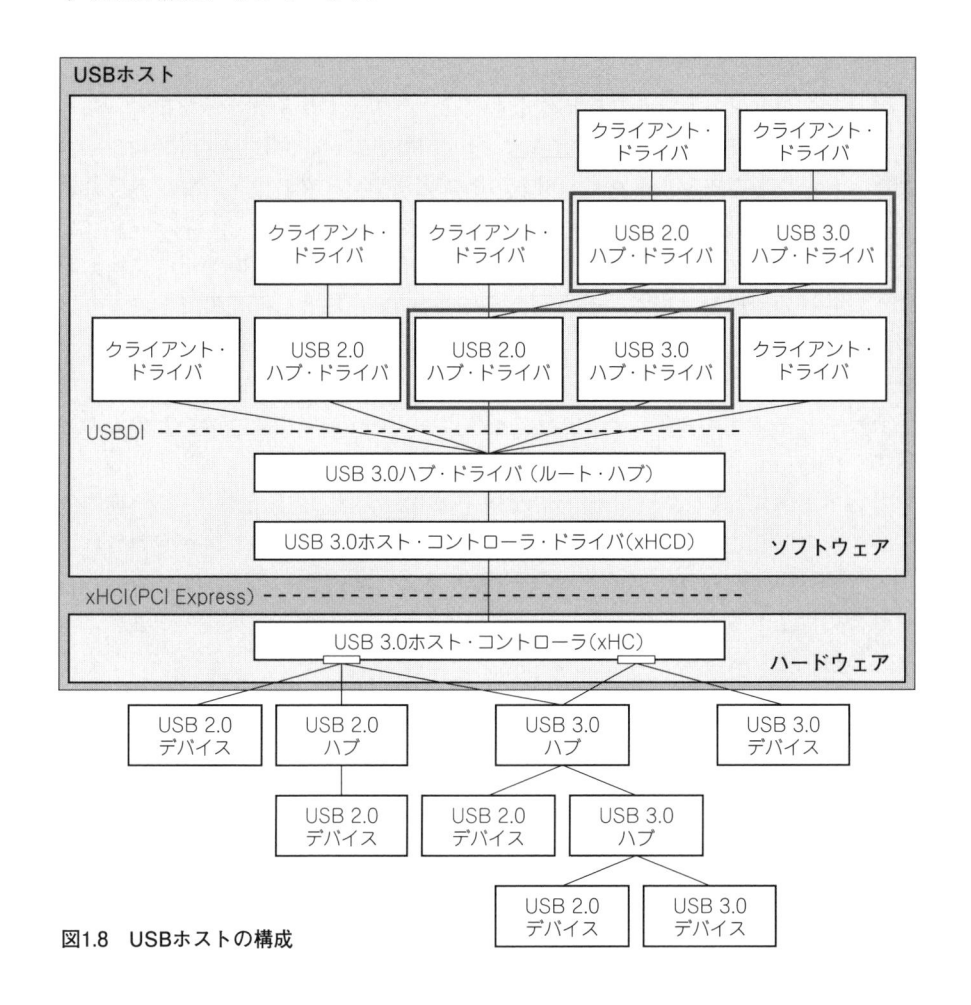

図1.8　USBホストの構成

(1) ファンクション・ドライバ/クラス・ドライバ
(2) ハブ・ドライバ
(3) ホスト・コントローラ・ドライバ
(4) ホスト・コントローラ

● ファンクション・ドライバ

　ファンクション・ドライバはクライアント・ドライバとも呼ばれ，USB デバイスの機能を制御するためのデバイス・ドライバです．例えば，USB プリンタのファンクション・ドライバはプリンタとしての機能を制御するドライバになり，USB スキャナのファンクション・ドライバはスキャナとしての機能を制御するドライバになります．

　ファンクション・ドライバの特殊なものをクラス・ドライバと呼びます．広く一般的に使われている USB デバイスについては，それらの機能ごとにデバイス・クラスというものが定義されて，機能の制御方法やデータのフォーマットに共通の仕様が定義されています．これは，一般的に使われる USB デバイスについては，ドライバをインストールしなくても USB デバイスをホストに挿すだけで使えるように共通の仕様を決めて，そのドライバを OS の一部として提供できるようにするためです．このようなデバイス・クラスに対応した USB デバイスで共通に使えるドライバのことをクラス・ドライバと呼びます．

　デバイス・クラス/クラス・ドライバには，キーボードやマウスなどの入力機器の HID(Human Interface Device)クラスや HDD，DVD，フラッシュ・ドライブといったマス・ストレージ・クラスがあります．実は，先ほどファンクション・ドライバの例として挙げたプリンタやスキャナもデバイス・クラスが定義されていて，Windows にはクラス・ドライバが組み込まれています．しかし，デバイス・クラスでは基本的な動作のみを規定しているため，デバイス・メーカが独自に付加する機能を制御するためのドライバが必要になり，USB デバイスをつなぐだけで使えるということにはなっていないようです．

● ハブ・ドライバ

　ハブ・ドライバは，ハブを制御するためのドライバです．ハブはデバイスの一種であり，ハブ・クラスというデバイス・クラスの仕様もあります．そのため，ハブ・ドライバはクラス・ドライバ，すなわちファンクション・ドライバの一つといってもよいのですが，ハブはほかのデバイスの抜き挿しの検出や，ポートの

電源制御という USB バスを構成する重要な部品の一つであるため，通常はホスト・コントローラ・ドライバと合わせて USB システムの中核となるドライバ，つまり USB ドライバの一部として位置づけられています．

● ホスト・コントローラ・ドライバ

　ホスト・コントローラ・ドライバは，文字どおりホスト・コントローラを制御するドライバです．ホスト・コントローラは，以下で説明するように幾つかの種類があります．全てのコントローラで共通する制御を行うポート・ドライバと，各コントローラ個別の制御を行うミニポート・ドライバという二つの階層に分かれていることが多いようです．

　USB 2.0 まではホスト・コントローラ・ドライバの最大の仕事として，ファンクション・ドライバから要求された転送をトランザクションに分割して，個々のトランザクションのスケジューリングを行うというものがありました．しかし，USB 3.0 用のホスト・コントローラの xHCI では，これがホスト・コントローラの作業になったため，ホスト・コントローラ・ドライバ，特にポート・ドライバで実行する作業が大幅に低減されました．

● ホスト・コントローラ

　ホスト・コントローラは，USB バスの制御を行うハードウェアです．USB 2.0 までは USB デバイスのスピードによって別々のホスト・コントローラが使われていましたが，USB 3.0 では一つのコントローラが全スピードをサポートするように変更されました．

　USB 1.0/1.1 で，LS と FS しかなかったころは，ホスト・コントローラとして UHCI(Universal Host Controller Interface)，または OHCI(Open Host Controller Interface)が用いられていました．UHCI も OHCI も LS と FS のどちらにも対応したコントローラなので本来は一つあれば十分だったのですが，UHCI を開発した Intel 社が当初 UHCI の仕様を公開しなかったため，それに対抗する形で Microsoft 社や Compaq 社(現 Hewlett-Packard 社)などが中心になって OHCI を策定しました．

　USB 2.0 で HS が追加されたとき，それに対応するホスト・コントローラとして EHCI(Enhanced Host Controller Interface)が策定されました．USB 1.0/1.1 で UHCI と OHCI の二つに分かれてしまった反省を踏まえて，EHCI では Intel 社が仕様を公開して一つのコントローラで済むようにしました．しかし，過去と

の互換性を重視した結果，LS/FSは従来どおりUHCI/OHCIが制御を行い，EHCIはHSのみを制御することになっています．そして，同じUSBコネクタ/ポートにUHCIまたはOHCIとEHCIの両方がつながる形となり，LS/FSのデバイスがつながった場合にはUHCI/OHCIが動作し，HSのUSBデバイスがつながった場合にはEHCIが動作するようになっています．

しかし，いざドライバを実装しようとしたときに，この構成ではいろいろと難しい面があることが分かり，USB 2.0では何とか実装されましたがUSB 3.0では改善するようにソフトウェア開発側から強く求められていました．そこで，USB 3.0でxHCI(eXtensible Host Controller Interface)を決めるときに一つのコントローラでLSからSSまで全てのスピードを制御するようにしました．また，ドライバの開発負荷を減らすため，ホスト・コントローラ・ドライバの大きな仕事となっていたトランザクションのスケジューリングをホスト・コントローラ自身が行うように変更されました．

なお，余談になりますが，xHCIのeXtensible，つまり「拡張可能」という意味は，xHCIはUSB 3.0専用ではなく，将来USB 4.0などのもっと速いバスが出てきても同じホスト・コントローラのアーキテクチャを使えるようにするというものです．従来は，新しいバスの規格ができるたびにホスト・コントローラも新しい仕様のものが必要になっていました．しかし，USB 3.0以降はxHCIで全て対応できるようにしようと，もっと速いバスにも対応できるようにアーキテクチャが決められていたり，新しい機能を追加することが簡単にできるように仕様が決められています．

本節で説明した内容はUSBの仕様で決まっているものではなく，このような実装方法になっていることが多い，というように理解してください．PCなどでは，WindowsやLinuxといったOSの違いで若干の相違はありますが，本節で説明したものとほぼ同じ構成になっています．しかし，組み込み機器や家電製品では，そうでないものも存在します．例えば，EHCIやxHCIといったホスト・コントローラの仕様は，USBの仕様とは別のもので，これらとは違った仕様のホスト・コントローラを使ったUSBシステムも存在します．また，USBドライバやファンクション・ドライバの構成も，この通りでないといけないわけではありません．

のざき・はじめ
ルネサス エレクトロニクス(株)

第2章

野崎 原生

物理層と論理層の役割

　本章では，USB 3.0の物理層と論理層について詳しく説明します．USB 3.0では，USB 2.0の特徴が引き継がれた上で，5Gbpsの転送スピードが追加されました．表2.1に，USB 3.0とUSB 2.0の比較をまとめます．

　USBには，USB 1.0/1.1で定義された1.5Mbpsと12Mbps，USB 2.0で定義された480Mbps，そしてUSB 3.0で新しく追加された5Gbpsという四つの転送速度があります．それぞれ，ロー・スピード（LS；LowSpeed），フル・スピード（FS；FullSpeed），ハイ・スピード（HS；HighSpeed），スーパ・スピード（SS；SuperSpeed）と呼ばれます．

表2.1　USB 3.0とUSB 2.0の比較

特　徴	USB 3.0	USB 2.0
データ・レート	LowSpeed（1.5Mbps） FullSpeed（12Mbps） HighSpeed（480Mbps） SuperSpeed（5Gbps）	LowSpeed（1.5Mbps） FullSpeed（12Mbps） HighSpeed（480Mbps）
データ信号	SuperSpeed用の送信差動信号1ペアと受信用差動信号1ペアを追加（全2重通信）	差動信号1ペアを送信と受信とで時分割（半2重通信）
コネクタ信号数	2本：USB 2.0用D+/D− 3本：VBUS, GND×2 4本：SuperSpeed用	2本：USB 2.0用D+/D− 2本：VBUS, GND
符号化方式	8b/10b	NRZI（Non Return to Zero Inverted）
EMI対策	SSC，データ・スクランブル	特になし
ホストからデバイスへのパケット送信方法	ユニキャスト	ブロードキャスト
データ転送可能状態の通知	デバイスからホストへレディ状態を通知	ホストからデバイスを常にポーリング
低消費電力制御	個々のリンク・レベルで独立に制御	ポート単位のSuspend/Resume
バスへの電源供給	最大900mA	最大500mA

2.1 5Gbps を実現する物理層の特徴

● 差動信号のペアが追加された

USB 2.0 では，図 2.1 (a) に示すように 2 本の差動信号対 D + と D − を使って双方向にデータを送受信します．また，ケーブルには USB 機器へ電源を供給する VBUS と呼ばれる 5V 電源と GND があります．この構成は，USB 1.0/1.1 ができた当初から基本的には変わっていません．

しかし，USB 3.0 では 5Gbps という高速伝送を実現するので，従来のケーブルやコネクタでは無理があり，そのままでは使用できません．そこで，従来との互換性も確保するため，図 2.1 (b) のように従来のケーブル・コネクタに 5Gbps で伝送するための新規の差動信号ペア SSTx +，SSTx −，SSRx +，SSRx − の 4 本の信号線が追加されました．

USB 3.0 のコネクタやケーブル・プラグは，従来と互換性があります(図 2.2)．USB 3.0 対応のホストに USB 2.0 のデバイスをつなぐことや，USB 3.0 対応のデバイスを USB 2.0 のホストにつなぐことが可能です．もちろん，それらの場合は USB 2.0 のスピードまでに制限され，5Gbps で動作できるのは USB 3.0 のホスト，USB 3.0 のケーブル，そして USB 3.0 のデバイスの組み合わせだけです(図 2.3)．

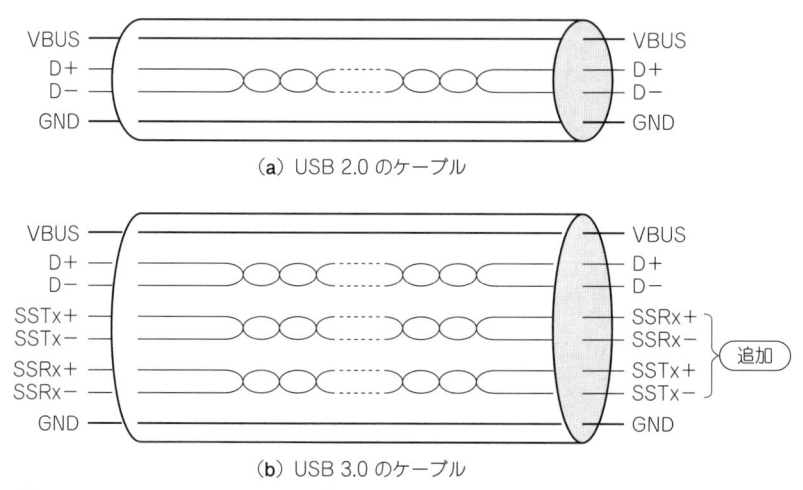

図2.1　USB 3.0とUSB 2.0のケーブル

2.1 5Gbpsを実現する物理層の特徴

● 全2重通信ができる

　USB 2.0 では双方向の差動信号だったため，2本の信号線で済みました〔図2.4(a)〕．その反面，
- 半2重通信

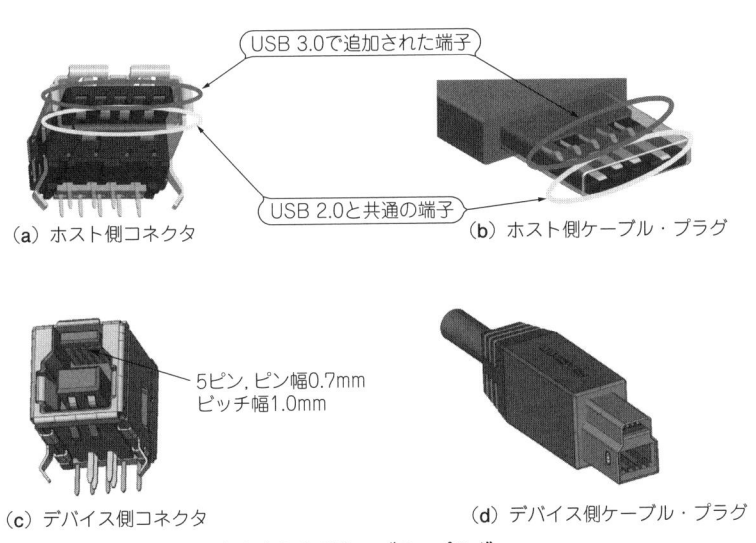

図2.2　USB 3.0のコネクタおよびケーブル・プラグ
(a) ホスト側コネクタ
(b) ホスト側ケーブル・プラグ
(c) デバイス側コネクタ
(d) デバイス側ケーブル・プラグ

USB 3.0で追加された端子
USB 2.0と共通の端子
5ピン，ピン幅0.7mm　ピッチ幅1.0mm

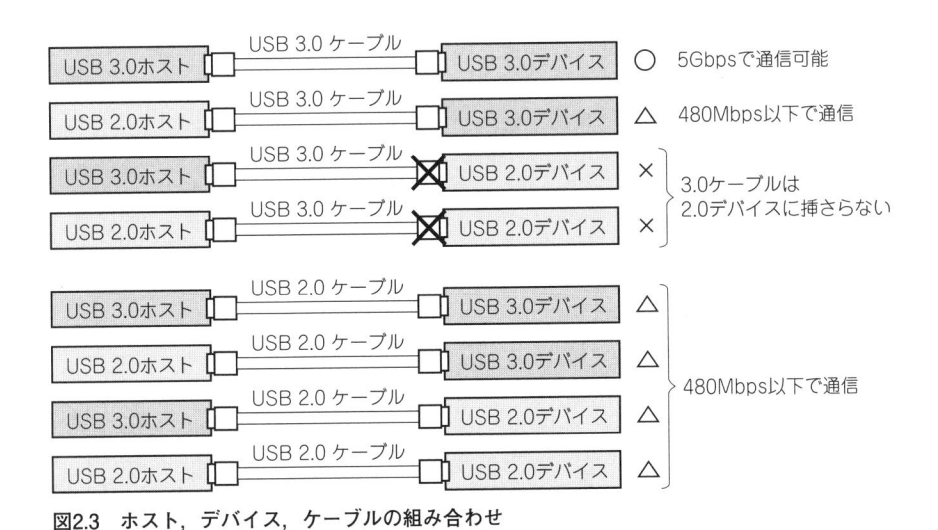

図2.3　ホスト，デバイス，ケーブルの組み合わせ

○ 5Gbpsで通信可能
△ 480Mbps以下で通信
× 3.0ケーブルは2.0デバイスに挿さらない
△ 480Mbps以下で通信

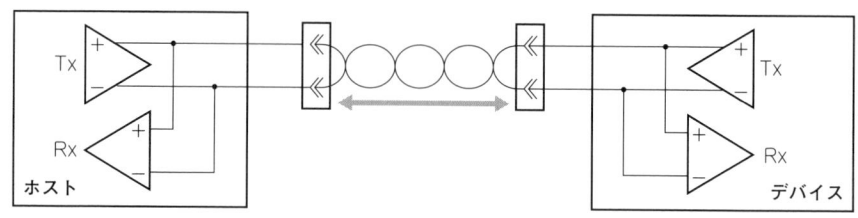

(a) USB 2.0は双方向の差動信号が1組

(b) USB 3.0は単方向の差動信号が2組

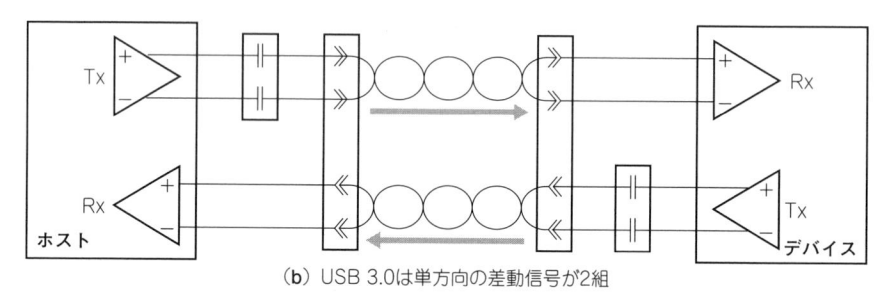

図2.4　USB 3.0とUSB 2.0の信号線

- 送信と受信を切り替えるたびにSYNCを送り，ビット同期／ワード同期を行う必要がある

という問題点がありました．

USB 3.0では5Gbpsの転送速度になり，同期のために必要な時間が増大しました．そのため，パケットごとに通信の同期を取り直すような方式では，ほとんどの時間が同期パターンを送ることに費やされてしまい，実用的ではありません．

そこで，送信と受信とは別々の差動信号を使って合計4本の信号線にして，転送方向の切り替えを不要にしました〔**図2.4 (b)**〕．これにより，ホストからデバイス，そしてデバイスからホストへの両方向のデータ通信を同時に行うことが可能になりました(全2重通信)．

● ACKを待たずにデータを転送する

図2.5に，USB 2.0とUSB 3.0それぞれの通信時の波形を示します．**図2.5 (a)** のUSB 2.0では，パケットとパケットの間に0でも1でもないコモン・モード電圧になっている期間が挿入されています．さらにUSB 2.0では，データを送った後は相手からのACK応答を待たないと次のデータを送れませんでした．USB 2.0は半2重通信のためそれでも特に問題はなかったのですが，全2重通信になった

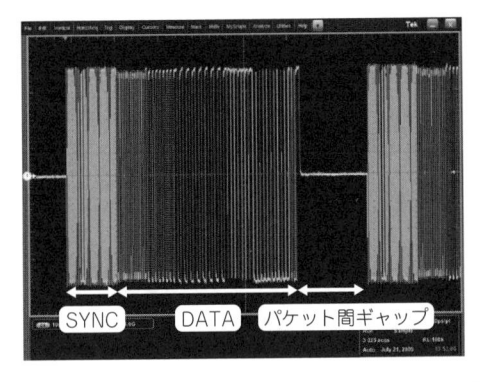

2.1 5Gbpsを実現する物理層の特徴

```
D+/D−  ······⟨ SYNC × DATA ⟩······⟨ SYNC × ACK ⟩······⟨ SYNC × DATA ⟩······
              ホスト→デバイス        デバイス→ホスト        ホスト→デバイス
```
(a) USB 2.0 の転送

(ホストとデバイスとの間で転送方向が切り替わるときには，切り替えのための空き時間と再同期のためのSYNCが必要)

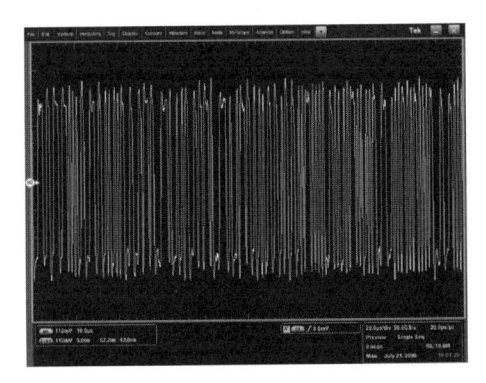

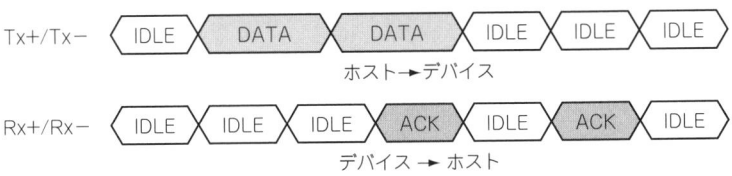

```
Tx+/Tx−  ⟨ IDLE × DATA × DATA × IDLE × IDLE × IDLE ⟩
                        ホスト→デバイス

Rx+/Rx−  ⟨ IDLE × IDLE × IDLE × ACK × IDLE × ACK × IDLE ⟩
                        デバイス→ホスト
```
(b) USB 3.0 の転送

(ホストからデバイス，およびデバイスからホストへの転送のための専用の信号線があるため切り替え不要．同期は初期化のときのみ行い，送るデータがないときにはダミーのIDLEデータを送り続けて同期を維持する)

図2.5　USB 2.0とUSB 3.0の通信時の波形

USB 3.0でそれをすると，上りと下りのリンクが交互にしか使われず効率が半分になります．

そこで，ACK応答を待たずに次のデータを送り始められるようにしたものがバースト転送です．図2.5(b)で，ホストからデバイスに二つのデータ・パケットを送信して，デバイスからはそれに対するACKを二つ送り返していますが，二つ目のデータ・パケットと一つ目のデータに対するACKとが同時に送られて無駄な待ち時間がなくなっているのが確認できます．

2.2 物理層における処理

USB 3.0で5Gbpsの通信を可能にするために，どのような手法が用いられているかをもう少し詳しく見ていきます．図2.6は，一般的なUSB 2.0とUSB 3.0の物理層の送受信回路のブロック図を示したものです．

USB 3.0ではUSB 2.0と比較して，以下の点が変更されています．
 (1) スクランブルの追加
 (2) 符号化方式を変更(NRZI → 8b/10b)
 (3) レシーバ・イコライズの追加
 (4) スペクトル拡散クロック(Spectrum Spread Clock；SSC)の追加
    (図2.6には描かれていない)

以下，それぞれについて説明します．

● 符号化方式：8b/10b変換

USBなどのシリアル通信では，シリアル・データのビット列にクロックを埋め込むエンベデッド・クロックと呼ばれる通信方法が用いられています．受信側では，図2.7のようにデータからクロックを抽出して，そのクロックでデータをサンプリングします．

受信側で埋め込まれたクロックを再生できるように，送信側では0, 1の変化を多数含むビット・パターンに変換して送信します．この変換を符号化と呼びます．

USB 2.0とUSB 3.0では，符号化方式が変更されました．USB 2.0では，データは図2.8に示すようなNRZIで符号化されるのに対して，USB 3.0では図2.9に示すような8b/10bという符号化方式が使われます．8b/10bは，Serial ATAやPCI Expressなどでも用いられている符号化方式で，既存のPHYをUSB 3.0

2.2 物理層における処理

(a) USB 2.0の送信回路のブロック図

NRZIエンコード → パラレル→シリアル → ディエンファシス →

(b) USB 2.0の受信回路のブロック図

→ クロック・データ・リカバリ → シリアル→パラレル → エラスティック・バッファ → NRZIデコード

リカバリ・クロック

(c) USB 3.0の送信回路のブロック図

スクランブル → 8b/10bエンコード → パラレル→シリアル → ディエンファシス →

(d) USB 3.0の受信回路のブロック図

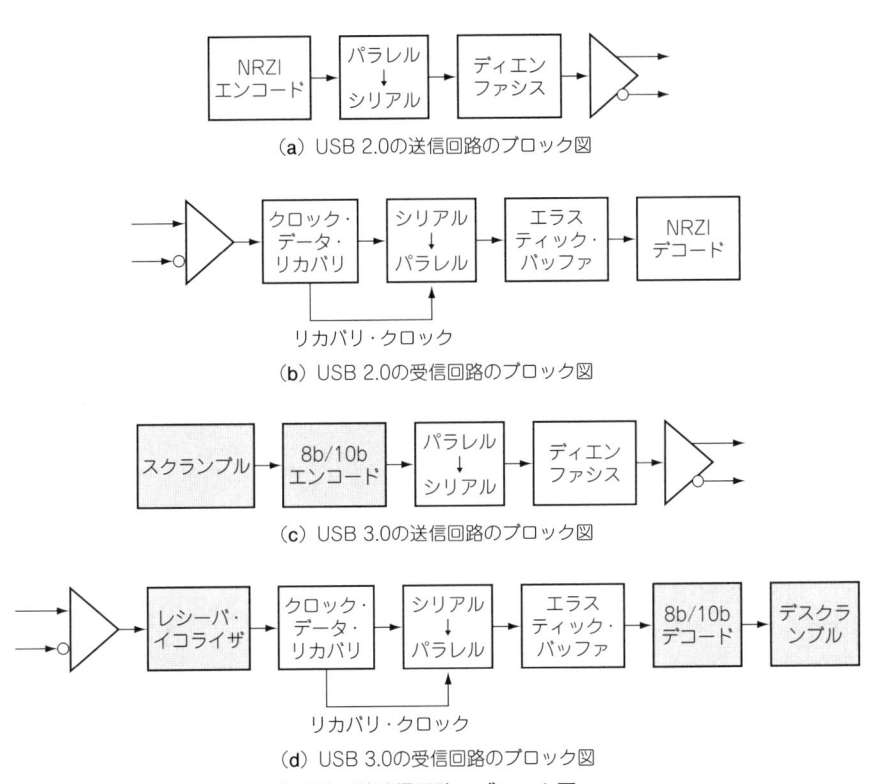

→ レシーバ・イコライザ → クロック・データ・リカバリ → シリアル→パラレル → エラスティック・バッファ → 8b/10bデコード → デスクランブル

リカバリ・クロック

図2.6　USB 2.0とUSB 3.0の物理層の送受信回路のブロック図

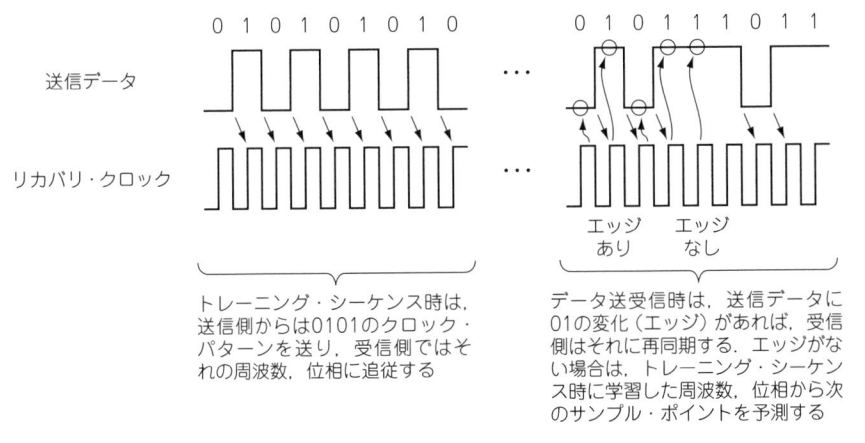

送信データ：0 1 0 1 0 1 0 1 0 ／ 0 1 0 1 1 1 0 1 1

リカバリ・クロック

エッジあり　エッジなし

トレーニング・シーケンス時は、送信側からは0101のクロック・パターンを送り、受信側ではそれの周波数、位相に追従する

データ送受信時は、送信データに01の変化（エッジ）があれば、受信側はそれに再同期する．エッジがない場合は、トレーニング・シーケンス時に学習した周波数、位相から次のサンプル・ポイントを予測する

図2.7　エンベデッド・クロックによる通信

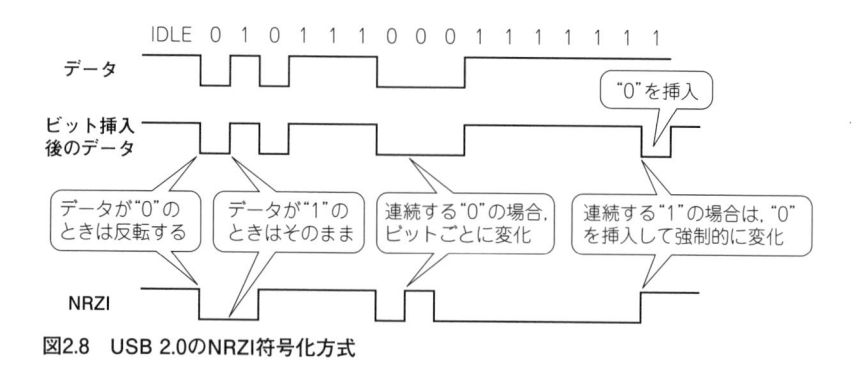

図2.8 USB 2.0のNRZI符号化方式

へ流用することが容易になっています．

NRZIは，送信するデータ・ビットが'0'のときは現在の信号レベルを変化させ(例えば，現在が'0'レベルならば'1'レベルへ，逆に'1'レベルならば'0'レベルへ変化させる)，データ・ビットが'1'のときは現在の信号レベルを保持するという符号化方法です．

NRZIでは，1が六つ連続した場合に送信側では0を挿入し，受信側ではその0を削除する処理が行われます(ビット・スタッフと呼ぶ)．これによって，6ビット以内に必ず0/1の反転が起きることを保証して，受信側で確実にクロックの再生ができるようにします．

USB 3.0で用いられる8b/10bは，8ビットのデータを10ビットへ変換して送受信するもので，以下のような特徴があります．

(1) 0や1の連続したデータでも，0と1との変化を多く含むビット・パターンに符号化されるため，受信側でクロック再生が容易に行える
(2) 0と1の数が同じになるように符号化されるので，DCバランスがとれAC結合が可能
(3) 符号空間が広がったため8ビット256種類のデータ以外に，Kコードと呼ばれる制御用の符号が追加された
(4) 符号に冗長性があるため(1024通りのうち256 + Kコードの数しか使わない)，ある程度のエラー検出が可能
(5) データ転送効率は80%(10ビットを使って8ビットのデータを送る)

図2.9は，8b/10b変換の概要を表したものです．8ビットのデータをビット0からビット7まで順にA, B, C,…, Hとして，それに制御用の1ビットのZを合わせたものを10ビットのビット列，a, b, c, d, e, i, f, g, h, jに変換して，それをa

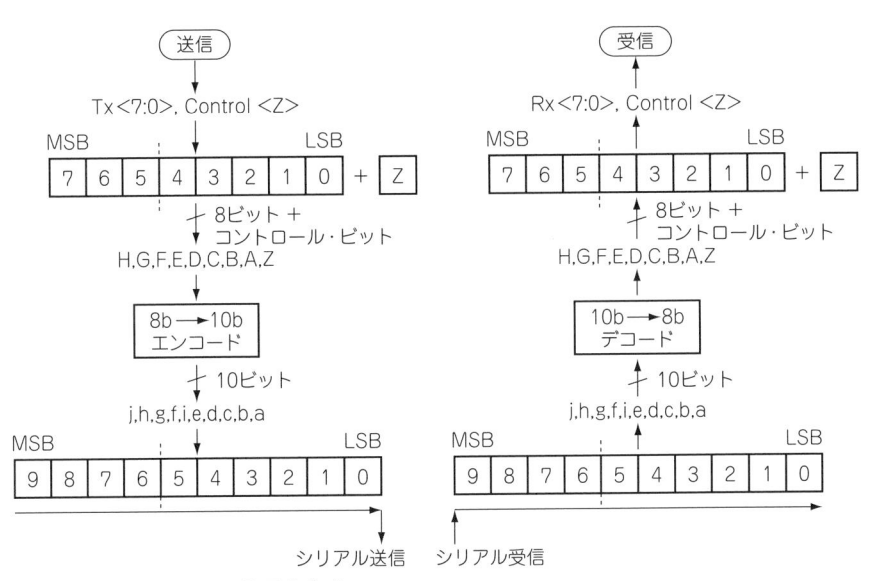

図2.9 USB 3.0の8b/10b符号化方式

からjの順に送信します．受信側では逆の操作を行って，aからjの10ビットをAからHの8ビットとZの1ビットへ変換します．

次に，8b/10bの詳細を説明します．上で説明したように8b/10bでは8ビットのデータをビット0からビット7まで順にA, B, C, …, Hと呼び，それに制御用の1ビットZを付加します．Zは，このキャラクタがデータなのか制御用の特殊なキャラクタなのかを示し，データ・キャラクタの場合はZ = "D"となり，制御キャラクタの場合はZ = "K"となります．

AからHまでの8ビットは，AからEまでの5ビットとFからHまでの3ビットの二つのグループに分けられて，ある一つのキャラクタはその二つのグループの値のペアで呼ばれます．例えば，4Ahというデータ・キャラクタは2進数では01001010bなので，HGF = 010, EDCBA = 01010, Z = Dとなります．これを，Zの値，EDCBAの10進数値，HGFの10進数値の順で読み，D10.2と呼ばれます．同様に，BChという制御キャラクタは，HGF = 101, EDCBA = 11100, Z = KなのでK28.5と呼ばれます．

このように二つのグループに分かれているのは，グループごとに別々に処理するためです．8b/10b変換は，5b/6b変換と3b/4b変換の二つのフェーズに分かれており，5b/6b変換でEDCBAの5ビットをiedcbaの6ビットに変換し，

3b/4b 変換で 3 ビットの HGF を 4 ビットの jhgf に変換します.

表 2.2 は,5b/6b と 3b/4b の変換方法を表したものです.ここで rd という新たなパラメータが出てきましたが,これはランニング・ディスパリティと呼ばれるものです.あるキャラクタに含まれる 0 となるビットの個数と,1 となるビットの個数とでどちらが多いかをディスパリティと呼びます.0 の個数が多い場合

表 2.2　5b/6b と 3b/4b の変換方法

入力		abcdei 出力		入力		abcdei 出力	
Dx	EDCBA	rd+	rd−	D/Kx	EDCBA	rd+	rd−
D0	00000	011000	100111	D16	10000	100100	011011
D1	00001	100010	011101	D17	10001	100011	
D2	00010	010010	101101	D18	10010	010011	
D3	00011	110001		D19	10011	110010	
D4	00100	001010	110101	D20	10100	001011	
D5	00101	101001		D21	10101	101010	
D6	00110	011001		D22	10110	011010	
D7	00111	000111	111000	D/K23	10111	000101	111010
D8	01000	000110	111001	D24	11000	001100	110011
D9	01001	100101		D25	11001	100110	
D10	01010	010101		D26	11010	010110	
D11	01011	110100		D/K27	11011	001001	110110
D12	01100	001101		D28	11100	001110	
D13	01101	101100		D/K29	11101	010001	101110
D14	01110	011100		D/K30	11110	100001	011110
D15	01111	101000	010111	D31	11111	010100	101011
				K28	11100	110000	001111

(a) 5b/6b 変換

入力		fghj 出力		入力		fghj 出力	
Dx.y	HGF	rd+	rd−	Kx.y	HGF	rd+	rd−
Dx.0	000	0100	1011	Kx.0	000	0100	1011
Dx.1	001	1001		Kx.1	001	1001	0110
Dx.2	010	0101		Kx.2	010	0101	1010
Dx.3	011	0011	1100	Kx.3	011	0011	1100
Dx.4	100	0010	1101	Kx.4	100	0010	1101
Dx.5	101	1010		Kx.5	101	1010	0101
Dx.6	110	0110		Kx.6	110	0110	1001
Dx.P7	111	0001	1110	Kx.7	111	1000	0111
Dx.A7	111	1000	0111				

(注)(rd>0 and e=i=0) or (rd<0 and e=i=1)の場合,Dx.P7 の代わりに Dx.A7 を用いる

(b) 3b/4b 変換

にはディスパリティはネガティブとなり，1の個数が多い場合にはポジティブとなります．また，0と1の個数が同じ場合はニュートラルです．5b/6bと3b/4b，そして8b/10bでは，どのキャラクタでもディスパリティが−2, 0, +2のいずれかになるように符号が選ばれています．

このディスパリティを累積したものがランニング・ディスパリティで，現在までに出力した，あるいは入力されたビット列に0と1のどちらが多く含まれていたかを示します．ランニング・ディスパリティの値は，本来は+2, 0, −2のいずれかになるはずですが，便宜上ポジティブかネガティブかの二つの状態しかないものとして扱われます．これを+1あるいは−1で表すこともあります．それによって，現在のランニング・ディスパリティに送受信したキャラクタのディスパリティを足せば送受信後のランニング・ディスパリティを求めることができます（**表2.3**）．

ランニング・ディスパリティの初期値は，送信側ではポジティブかネガティブかを任意に選択できます．一方，受信側では一番初めに受信したポジティブある

表2.3 ディスパリティ

現在のランニング・ディスパリティ	送受信するキャラクタのディスパリティ	送受信後のランニング・ディスパリティ
ポジティブ(+1)	+2	禁止
ポジティブ(+1)	0	ポジティブ(+1)
ポジティブ(+1)	−2	ネガティブ(−1)
ネガティブ(−1)	+2	ポジティブ(+1)
ネガティブ(−1)	0	ネガティブ(−1)
ネガティブ(−1)	−2	禁止

表2.4 Kキャラクタ

Kキャラクタ	シンボル	名　称	説　明
K28.1	SKP	Skip	リンク間の速度差を吸収するために用いられる
K28.2	SDP	Start Data Packet	データ・パケットの開始
K28.3	EDB	End Bad	無効化されたパケットの終了
K28.4	SUB	Decode Error Substitution	8b/10bデコーダがデコード・エラーを検出した場合に置き換えられる
K28.5	COM	Comma	シンボル・アライメントに用いる
K28.6	−	−	予備
K27.7	SHP	Start Header Packet	ヘッダ・パケットの開始
K29.7	END	End	パケットの終了
K30.7	SLC	Start Link Command	リンク・コマンドの開始
K23.7	EPF	End Packet Framing	パケット・フレーミングの終了

いはネガティブなキャラクタのディスパリティをランニング・ディスパリティの初期値とします．

表2.2で，rd+またはrd-は現在のランニング・ディスパリティがポジティブあるいはネガティブであることを示します．同じデータでも，現在のランニング・ディスパリティの値によって別のビット列に変換される場合があることに注意してください．

USB 3.0では，8b/10bで定義される全てのKキャラクタを使用せず，表2.4に示すものだけを使用し，それ以外のKキャラクタを受信した場合はコード・エラーとして扱います．

● クロック再生の精度を上げる

スクランブルとは，仮に同じデータを出力し続けたとしても同じビット・パターンの繰り返しにならないようにするものです．データと乱数とをXORすることで実現しますが，もちろん本当の乱数とXORしてしまうと受信側で元のデータに戻せなくなります．実際には，疑似乱数列〔LFSR(Linear Feedback Shift Registor)を使って生成〕が使われます．

スクランブルによって，以下の効果があります．
(1) 出力される信号の周波数スペクトルが特定の周波数に偏ることなく分散される
(2) '1'と'0'が均等に散らばるため，クロック・データ・リカバリ回路のビット追従性がよくなる
(3) その結果，ジッタも低減される

例えば，図2.10は，00h(D0.0)をスクランブルなしとありで出力した場合の周波数スペクトラムです．スクランブルなしでは特定の周波数にピークが発生していますが，スクランブルをかけるとそれが分散されています．

スクランブルがない場合は，00h，00h，00h，00h，…と同じデータを連続で出力するためビット・パターンも一定のものになり，周波数にピークが見られます．一方，09h，E5h，72h，3Dh，…という乱数列とスクランブル(XOR)した場合，出力されるデータは09h，E5h，72h，3Dh，…となり，ビット変化のパターンもランダムになるため，周波数分布が広がります．

● EMI対策

USB 2.0では，SerDes(Serialization/Deserialization)用に±500ppmのクロック

(a) スクランブルなし
特定の周波数に
ピークがある

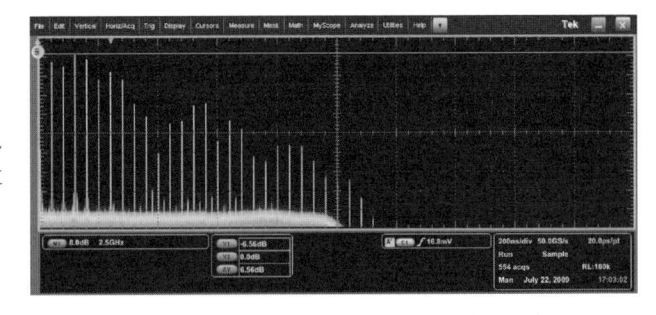

(b) スクランブルあり
周波数のピークが
分散されている

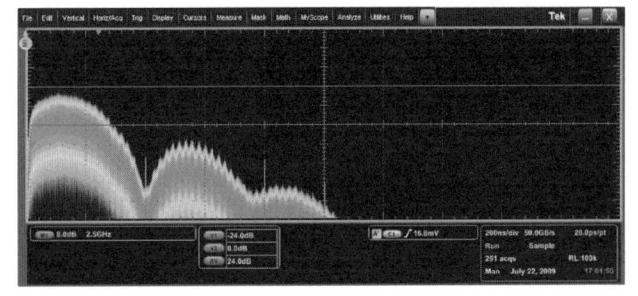

図2.10　00hをスクランブルなしとありで出力した場合の周波数スペクトラム

を用いる必要がありました．USB 3.0 では EMI（Electro-Magnetic Interference）対策のため，スペクトル拡散クロック（SSC）を使うことが必須になっています．

前述のスクランブルによって，信号列に含まれる周波数成分は，ある程度分散されます．送信に使うクロックの周波数をわざと変動させることによって，さらに周波数成分を拡散させ，EMI 対策をより容易にするのが SSC の目的です．そのためにクロックの周波数を ＋0ppm から −5000ppm まで 30kHz 〜 33kHz 周期で周期的に変化させます．クロックの中心周波数そのものの周波数偏差は ±300ppm まで許容されるため，SSC による変化と合わせると最大 ＋300ppm 〜 −5300ppm の範囲で周波数が変化することになります．

図 2.11 は，USB 3.0 ホストから出力される信号の 1 ビット当たりの周期（UI：Unit Interval）の時間変化をプロットしたもので，タイム・トレンドと呼ばれるグラフになります．UI が 200ps と 201ps との間を周期的に変化しているのが分かります．

USB 3.0 では，PCI Express の PHY を流用しやすいように規格が定められています．しかし，この非同期 SSC と後述するレシーバ・イコライズの 2 点は

第 2 章　物理層と論理層の役割

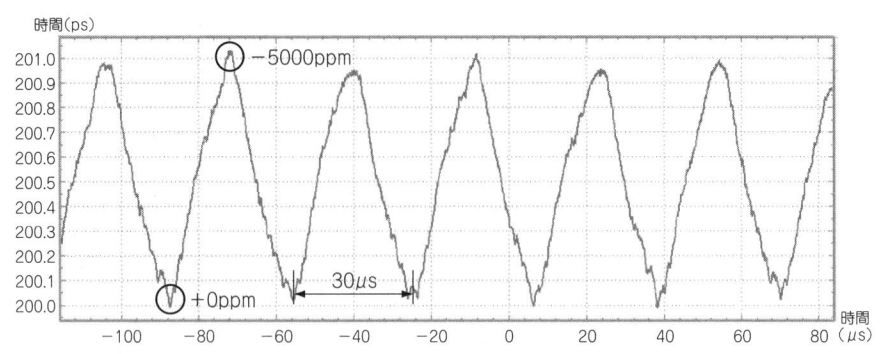

図2.11　ホストから出力される信号の1ビット当たりの周期の時間変化

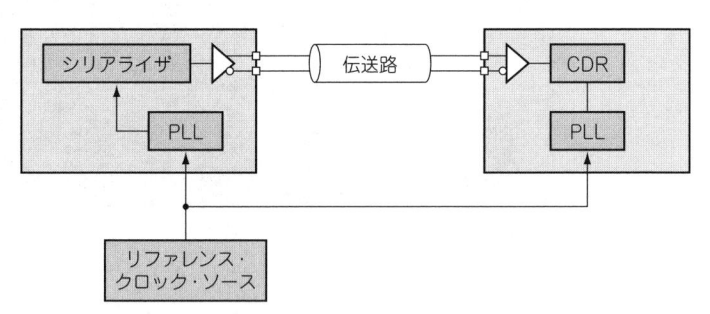

(a) PCI Expressでは共通のリファレンス・クロックを使い，SSCが同期しているため，送信側と受信側とで大きな周波数の相違はない

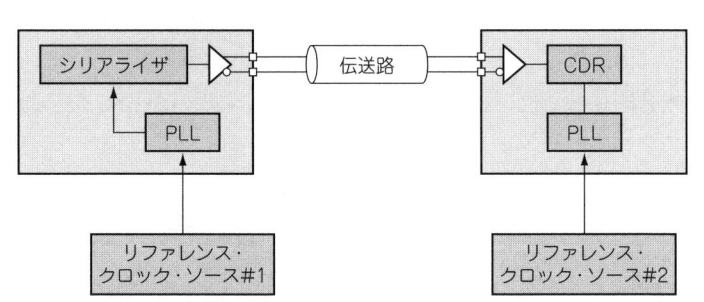

(b) USB 3.0では別々のリファレンス・クロックを使い，SSCが非同期のため，送信側と受信側とで大きな周波数差が起こり得る

図2.12　PCI ExpressとUSB 3.0の違い

PCI Express と大きく違うので，USB 3.0 の設計を行う際に注意が必要です（図2.12）．

● イコライズで高速信号波形を復活させる

　伝送線路には，等価的に信号の進行方向とは直列に L が，並列に C が入っています．そのため，信号の周波数が高くなると本来の経路は通りづらく，逆にグラウンドへは漏れやすくなり，高周波になるほど損失が大きくなります．

　伝送線路での高周波成分の減衰を補償するために，高速通信では送信側でディエンファシスをかけるのが一般的です．ディエンファシスは，図2.13のように信号の値が変化したときの出力を値が変化しないときよりも強くすることで減衰分を補償します．

図2.13 ディエンファシス

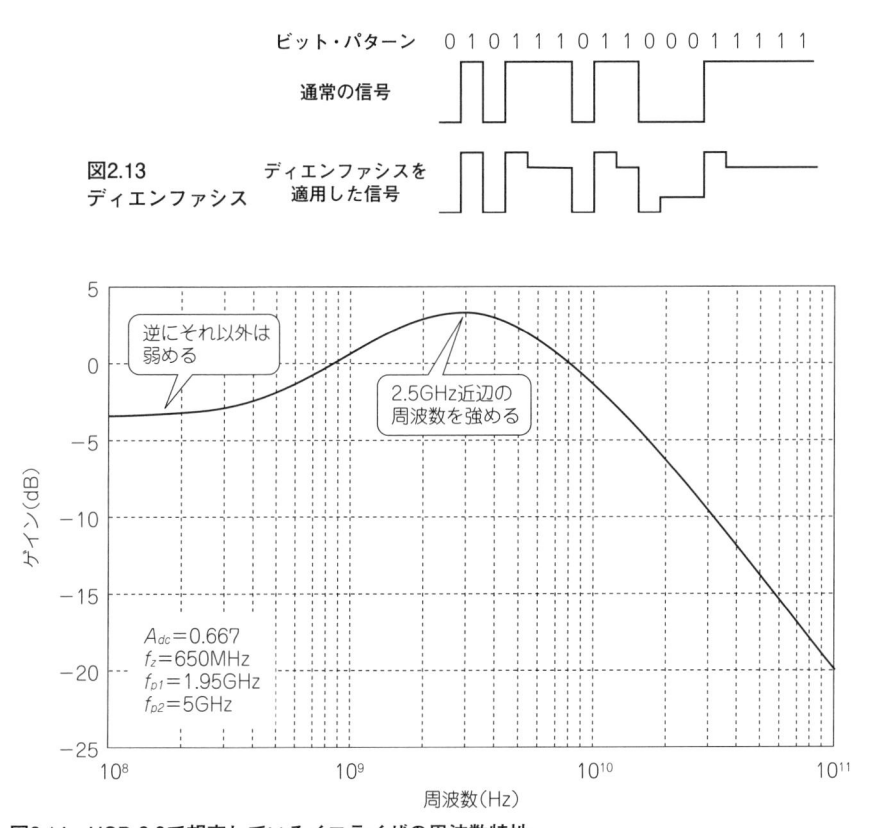

図2.14 USB 3.0で想定しているイコライザの周波数特性

USB 3.0では，それに加えて受信側でイコライズを行い，伝送路の損失を補償することが要求されています．ただし，CとRを組み合わせた単純なリニア・イコライザでも十分なように仕様が決められています．

図2.14は，USB 3.0で想定しているイコライザの周波数特性です．2.5GHz近辺の信号を増幅することによって，伝送路上で減衰した分を補償します．

図2.15 (a)は，USB 3.0ホスト・コントローラIC「μPD720200（ルネサス エレクトロニクス）」からのUSB 3.0の出力信号を3mのケーブルと30cmの基板上のトレースを通した後の波形です．

ホスト・コントローラICから出力されるときにはディエンファシスが行われていますが，伝送路での損失がそれ以上に大きく，信号の'1'と'0'が明確ではありません（アイが完全につぶれている）．このままでは正常に通信できません．

この波形に対して，リファレンスのイコライザを適用したものが図2.15 (b)の波形です．十分に'1'と'0'が分かる（アイが開いている）ので，これなら安定した通信が可能です．

● LFPS（Low Frequency Periodic Signaling）

ここまでの説明は，実際のデータ通信に使われる5Gbpsの信号について行っ

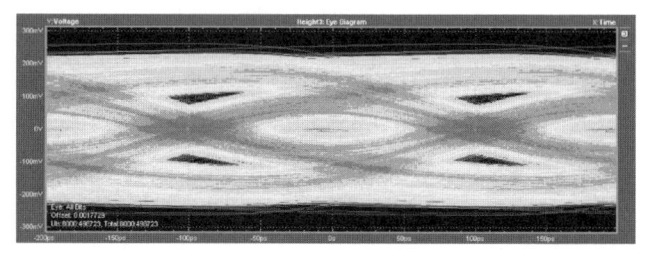

(a) イコライザ適用前

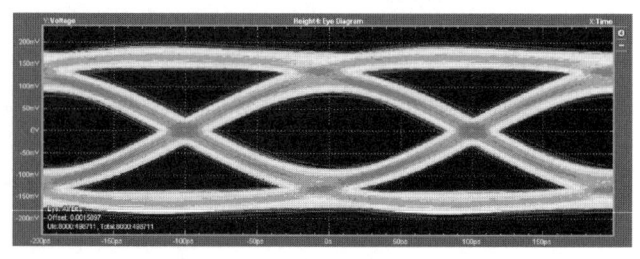

図2.15
USB 3.0の出力信号　　(b) イコライザ適用後

2.2 物理層における処理

てきましたが，バスの動作には実際の通信以外に，次のような操作が必要になります．

(1) リセット
(2) コネクト／ディスコネクトの検出
(3) ロー・パワー状態からのウェイクアップ要求

ほかのバス規格では，サイドバンド信号を使ってこれらの操作を行うものもありますが，USB 3.0 では信号線の本数を増やさないために，LFPS(Low Frequency Periodic Signaling)と呼ばれる低周波数，具体的には10MHzから50MHzの周期的なクロック・パターンをTx, Rxの信号線へ送受信することによって，これらの操作を行います．5Gbpsの信号を使わずに低周波数の信号を使うのは，以下の理由からです．

- 常に5Gbpsの信号を動かすことになり，消費電力が大きくなる
- 電源投入直後やロー・パワー状態のように何も信号が送られていない電気的アイドル状態から通信を始める場合，DC状態から5Gbpsの信号を検出しなければならないが，そのような回路を作るのが難しかったり，回路規模や消費電力が大きかったりするため現実的でない

そのため，比較的低周波数の信号を使うことによって消費電力を下げ，検出回路の簡易化を図っています．また，周波数の範囲も10MHzから50MHzと制約を緩くして，リング・オシレータのような発振周波数に幅があるようなものも使用可能にしています．

図2.16に示すように，LFPSは，低周波数のクロック・パターンを出力している期間(t_{Burst})と何も出力していない電気的アイドルの状態(Electrical Idle)を周期的にt_{Repeat}ごとに繰り返します．ただし，後述するリセットやウェイクアップのように電気的アイドルの期間がなく，低周波数のクロック・パターンを送信し続けるものもあります．

表2.5のように，用途によって複数のLFPSの使用法があり，t_{Burst}の値によっ

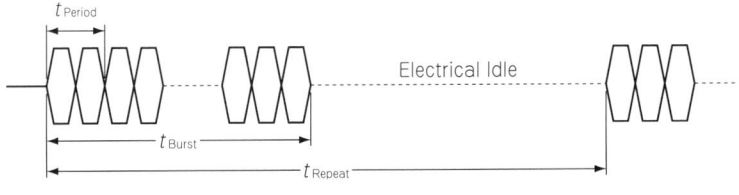

図2.16 LFPSのクロック周期

表 2.5 LFPS の使用法

使用法	t_{Burst} Min	t_{Burst} Typ	t_{Burst} Max	Minimum Number of LFPS Cycles[2]	t_{Repeat} Min	t_{Repeat} Typ	t_{Repeat} Max
Polling. LFPS	$0.6\mu s$	$1.0\mu s$	$1.4\mu s$		$6\mu s$	$10\mu s$	$14\mu s$
Ping. LFPS	40 ns		200 ns	2	160 ms	200 ms	240 ms
Warm Reset	80 ms	100 ms	120 ms				
U1 Exit	600 ns		2 ms				
U2 / Loopback Exit	$80\mu s$		2 ms				
U3 Wakeup	$80\mu s$		10 ms				

てどの LFPS かを識別します．

ここで，Polling.LFPS は，電源投入後やリセット後の初期化処理のときに，電気的アイドル状態から通信を始めるときに用いられます．

Ping.LFPS は，U1 ステートのときにデバイスやハブのアップストリーム・ポートから送信されます．ホストやハブのダウンストリーム・ポートは，周期的な Ping.LFPS の受信によって，デバイスがディスコネクトされていないことを認識します．

Warm Reset はダウンストリーム・ポートからアップストリーム・ポートに向かって送信され，t_{Reset} 期間 LFPS を出力し続けることによって実現されます．デバイスは，リンクが SS.Disabled を除いたどのようなステートのときでも LFPS を受信できなければならず，LFPS が t_{Reset} 続いた場合は自身をリセットしなければなりません．

U1 Exit, U2 Exit, U3 Wakeup は，ロー・パワー・ステートから U0 への復帰要求を表します．

● レシーバ検出の方法

リンクの初期化において一番初めに行う作業は，レシーバ検出です．USB は活線挿抜に対応しており，常に通信相手が存在するとは限らないため，まず対向デバイスが存在するかどうかを確認する必要があります．そのための作業がレシーバ検出です．

図 2.17 は，レシーバ検出の原理を示したものです．レシーバ検出を行うデバイスのトランスミッタからステップ波形を送信して，それのステップ・レスポンスによって対向デバイスが存在するかどうかを判定します．図 2.17 (a) が対向デ

2.2 物理層における処理

(a) 対向デバイスが存在しない場合

チャージ時定数 $\cong (X)(C_{pad}+C_{Interconnect})$
＝式(1)より小さい値

(b) 対向デバイスが存在する場合

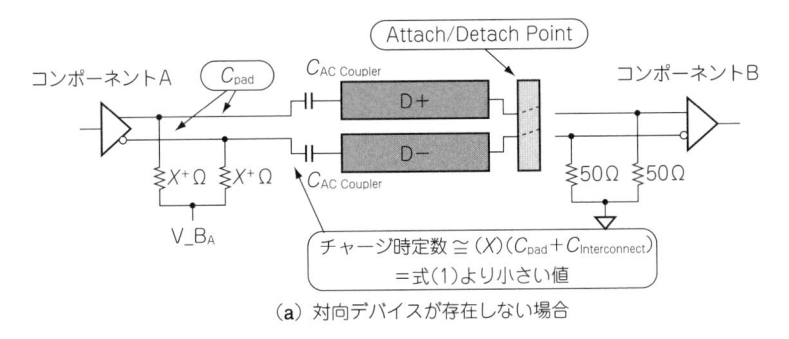

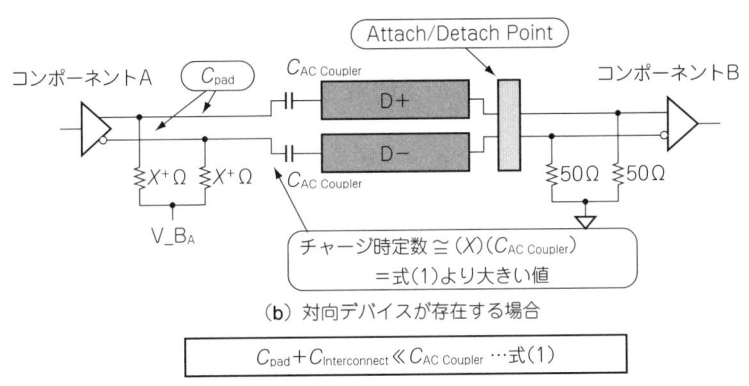

チャージ時定数 $\cong (X)(C_{AC\ Coupler})$
＝式(1)より大きい値

$$C_{pad}+C_{Interconnect} \ll C_{AC\ Coupler} \cdots 式(1)$$

図2.17 レシーバ検出の原理

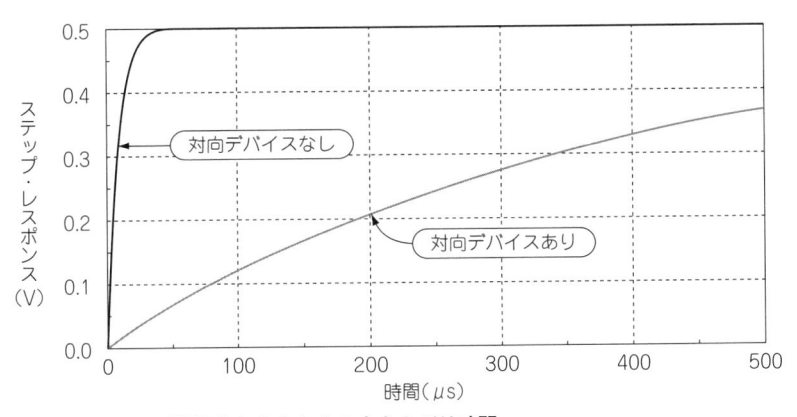

図2.18 ステップ波形を加えたときの立ち上がり時間

バイスが存在しない場合，図2.17(b)が存在する場合を示します．対向デバイスの有無によってトランスミッタの負荷が変わり，図2.18のようにステップ波形を加えたときに立ち上がり時間に差が出ます．この立ち上がり時間の差によって対向デバイスの有無を判定します．

2.3 リンク層の役割

　リンク層は，隣り合ったデバイス間の通信を制御するものです．例えば，ホスト⇔ハブ⇔ペリフェラル・デバイスと三つのデバイスが接続されている場合，リンク層では，ホストとハブ，あるいはハブとペリフェラル・デバイスとの間の通信に特化した制御を行います．この場合，本当に通信を行っているのはホストとペリフェラル・デバイスであって，ハブはそれをただ中継しているだけですが，その事情を知っているのはリンク層よりも上の層であって，現在通信を行っているパケットの最終的な届け先が自分の隣のデバイスなのか，それともそこからさらに別のデバイスへ転送されるのかは一切関係なく，ただ隣のデバイスとの通信を黙々とこなす，というのがリンク層の役割です．

　それらの仕事を行うために，リンク層では次の処理を行います．
　　(1) パケットのフレーミング
　　(2) リンク・コマンド
　　(3) パケットのエラー・チェック，再送処理
　　(4) フロー・コントロール
　　(5) リンク・パワー・マネジメント
　　(6) リンク・トレーニング(LTSSM)

以下で，これらのリンク層の処理の詳細を説明します．

● パケットのフレーミング
　上位層から受け取ったパケットを送信するときに，パケットの先頭や末尾を識別しやすくするために，パケットの前や後にある決まったデータ列を付加することをフレーミングといいます．USBでは，トランザクションをスケジューリングするときに1msごとに時間を区切ってスケジュールを決定し，その1ms期間を1フレームと呼びますが，このフレームとは違うので注意してください．ここでいうフレームは，パケットを送る際の文字通り"枠"の意味で，USBに限らず通信処理で一般的に用いられている用語です．パケットという荷物をフレームと

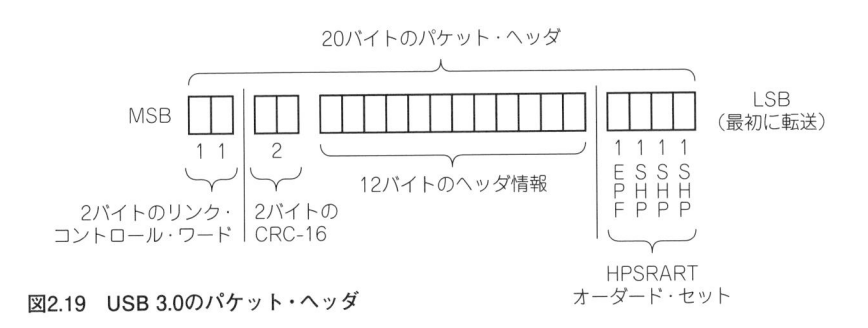

2.3 リンク層の役割

```
                    20バイトのパケット・ヘッダ
        ┌─────────────────────────────────┐
MSB    ┌─┬─┬─┬─┬─┬─┬─┬─┬─┬─┬─┐           LSB
       │ │ │ │ │ │ │ │ │ │ │ │          (最初に転送)
       └─┴─┴─┴─┴─┴─┴─┴─┴─┴─┴─┘
        1 1  2       12バイトのヘッダ情報   1 1 1 1
                                          E S S S
                                          P H H H
                                          F P P P
                                            F
       2バイトのリンク・  2バイトの
       コントロール・ワード CRC-16
                                          HPSRART
                                        オーダード・セット
```

図2.19 USB 3.0のパケット・ヘッダ

いう梱包箱に詰めて送るイメージです．

USB 3.0では，パケットのヘッダ部とデータ・ペイロード部とで違うフレーミングを行います．

パケット・ヘッダでは，図2.19のようなフレーミングを行います．パケット・ヘッダの初めには，HPSTARTオーダード・セットと呼ばれる特殊なデータ列が送られます．

HPSTARTは，3個の連続したSHPシンボル（Start Header Packet：K27.7）にEPFシンボル（End Packet Framing：K23.7）が続く，4個のKシンボルから構成されます．また，ビット・エラーなどが起きたときでもパケットをロストしないように，4個のシンボルのうち3個が合っていれば正しいHPSTARTと見なします．つまり，

エラー	SHP	SHP	EPF
SHP	エラー	SHP	EPF
SHP	SHP	エラー	EPF
SHP	SHP	SHP	エラー

のいずれかを受信した場合です．

HPSTARTの後は，12バイトのヘッダ情報，2バイトのCRC-16，そして2バイトのリンク・コントロール・ワード（LCW）が続き，合わせて20バイトになります．この構成は，パケット・ヘッダの種類によらず常に同じで，ヘッダ長も20バイトに固定されているので，HPSTARTの最初の1バイト目から20バイト目までをパケット・ヘッダと判断し，ヘッダの末尾を示すオーダード・セットは存在しません．

LCWには，図2.20に示すようにヘッダ・シーケンス番号，ハブ深度（Hub Depth），ディレイド・ビット（DL），ディファード・ビット（DF），CRC-5が含

59

第 2 章 物理層と論理層の役割

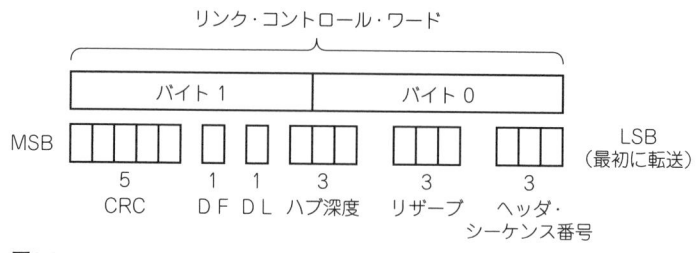

図2.20 USB 3.0のリンク・コントロール・ワード（LCW）

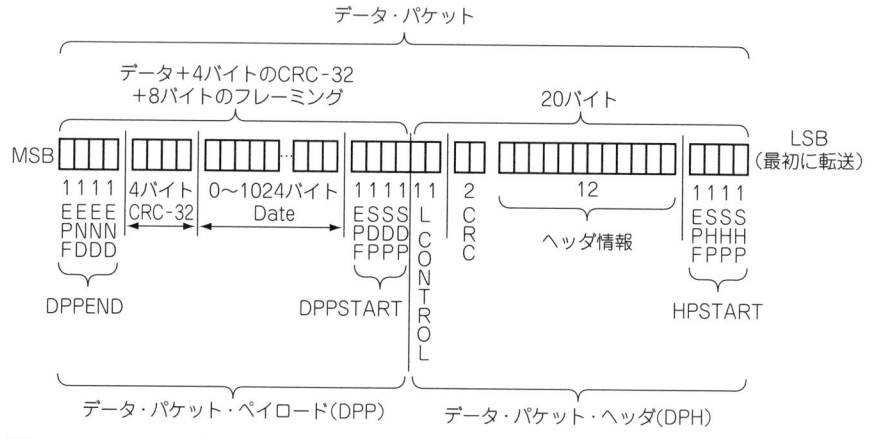

図2.21 USB 3.0のデータ・パケット

まれます．これらの用途については，後で説明します．

データ・パケット（DP）は，ヘッダ部とペイロード部の二つのパケットによって構成されます（**図 2.21**）．ヘッダ部をデータ・パケット・ヘッダ（DPH）と呼び，ペイロード部をデータ・パケット・ペイロード（DPP）と呼びます．

DPHは，前に説明したパケット・ヘッダと同じものです．一方，DPPは0バイトから1024バイトまでの可変長のデータを含むパケットで，データ本体に加えてDPPの開始と末尾を示すオーダード・セットとCRC-32が存在します．DPPの開始はDPPSTARTオーダード・セットと呼ばれ，三つの連続したSDPとEPFの4ビットで構成されます．

また，HPSTARTと同様に，これら四つのシンボルのうち一つにエラーがあっても正しいオーダード・セットと判断します．DPPの末尾はエラーの有無によってDPPENDオーダード・セットあるいはDPPABORTオーダード・セットが使

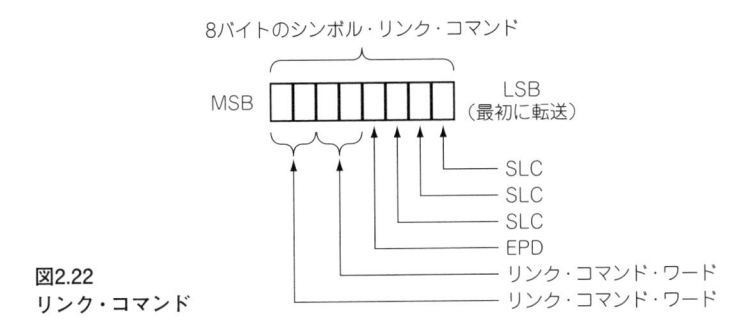

図2.22 リンク・コマンド

8バイトのシンボル・リンク・コマンド
MSB / LSB（最初に転送）
- SLC
- SLC
- SLC
- EPD
- リンク・コマンド・ワード
- リンク・コマンド・ワード

われます．DPPEND はエラーがない場合に用いられ，三つの連続した END と EPF によって構成されます．DPPABORT はエラーが起きた場合に用いられ，三つの連続した EDB と EPF によって構成されます．ここで想定しているエラーは，ハブなどがパケットを転送するときに発生し得るエラーです．例えば，DPPの途中で K シンボルを受信した場合や，DPPEND で 2 シンボル以上にエラーがあり DPPEND を認識できないような場合です．

● リンク・コマンド

リンク・コマンドとは，フロー・コントロール，再送処理，パワー・マネジメントなどの処理をリンク層が行う際に使われるコマンドのことで，4バイトの LCSTART オーダード・セットと 2 バイトのリンク・コマンド・ワード，そして同じリンク・コマンド・ワードの繰り返しの計 8 バイトから構成されます（**図 2.22**）．

LCSTART オーダード・セットは，三つの SLC (Start Link Command) とそれに続く EPF から構成され，HPSTART などと同様に，一つまでのシンボルにエラーがあっても正しい LCSTART と見なします．つまり，

エラー	SLC	SLC	EPF
SLC	エラー	SLC	EPF
SLC	SLC	エラー	EPF
SLC	SLC	SLC	エラー

のいずれかを受信した場合も正しい LCSTART と見なします．

リンク・コマンド・ワードは，ビット 0～10 の 11 ビットのリンク・コマンド本体と，ビット 11～15 の 5 ビットの CRC-5 によって構成されます（**図 2.23**）．二つあるリンク・コマンド・ワードの両方とも CRC エラーがなく，全く同じも

図2.23
リンク・コマンド・ワード

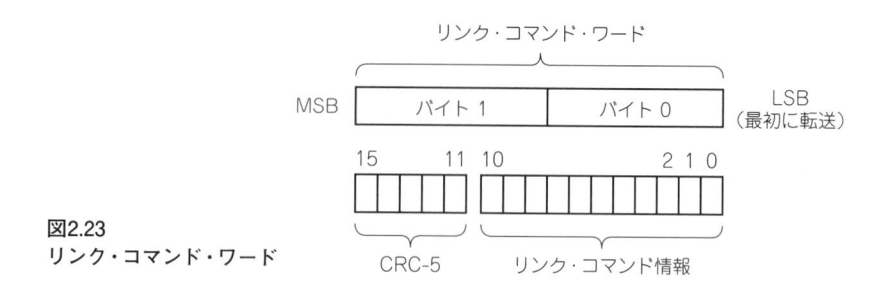

のを受信したときのみ正しいリンク・コマンドと見なします．これは，Rev1.0ではどちらか一方が正しければよいとされていたのですが，これは間違いで後にエラッタが発行されています．

リンク・コマンドの本体は，**表2.6**のように定義されています．リンク・コマンドは大きく四つのクラスに分けられ，現状ではそのうちの三つが使用されています．

一つ目のクラスは，パケットを正しく受信できたかどうかや受信バッファの空き情報を示すもので，以下のリンク・コマンドがあります．

LGOOD_n：パケットを正しく受信できたことを示す

LBAD　　：CRCエラーなどでパケットを正しく受信できなかったことを示し，パケットの再送を要求する

LRTY　　：パケットの再送処理開始を示す

LCRD_x　：受信バッファに空きができ，次のパケットを送信してもよいことを示す

二つ目のクラスは，リンク・パワー・マネジメントに用いられるもので，次のリンク・コマンドがあります．

LGO_Ux　：ロー・パワー状態への遷移を要求する

LAU　　　：ロー・パワー状態への遷移を受け付ける

LXU　　　：ロー・パワー状態への遷移を拒否する

LPMA　　：LAUを受け取り，実際にロー・パワー状態へ遷移することを示す

三つ目のクラスは，デバイス（のリンク層）が正しく動作していることをリンク・パートナに知らせるために定期的に送られるもので，以下のリンク・コマンドがあります．

LUP　　　：ペリフェラル・デバイスやハブのアップストリーム・ポートが正しく動作していることを示す

表2.6 リンク・コマンドの定義

クラス b10, 9	タイプ b8, 7	b6～4	サブタイプ b3～0	説 明
00： フロー・ コントロール	00：LGOOD_n	リザーブ (000)	0000：LGOOD_0 ⋮ 0111：LGOOD_7	**Link Good** HPを正常に受信したときに送信．サブタイプ b2..0でヘッダ・シーケンス番号 $n (n=0\sim7)$ を指定
	01：LCRD_x		0000：LCRD_A ⋮ 0011：LCRD_D	**Link Credit** 受信用ヘッダ・バッファが使用可能であることを通知するときに送信．サブタイプ b1..0でクレジット A，B，C，D を指定
	10：LRTY		リザーブ(0000)	**Link Retry** LBAD 受診後に，その応答として HP を再送信する前に送信
	11：LBAD		リザーブ(0000)	**Link Bad** 受信したHPが不正のときに送信
01： パワー・ マネジメント	00：LGO_Ux		0001：LGO_U1 0010：LGO_U2 0011：LGO_U3	**Link Go to Ux** リンクを Ux ステートに遷移させたいときに送信．サブタイプでUx(U1, U2, U3)を指定
	01：LAU		リザーブ(0000)	**Link Accept U-State** リンクのUステート遷移要求(LGO_Ux)を受け付けるときに送信
	10：LXU		リザーブ(0000)	**Link Reject U-State** リンクのUステート遷移要求(LGO_Ux)を拒否するときに送信．U3への要求は拒否できない
	11：LPMA		リザーブ(0000)	**Link Power Management Ack** LAU を受け取ったことを伝えるときに送信
10： ハート・ ビート	00：LUP		リザーブ(0000)	**Link Upstream** リンクに何も転送していない場合，リンクが U0 を維持するときに，アップストリーム・ポートが $10\mu s$ ごとに送信
	11：LDN		リザーブ(0000)	**Link Downstream** リンクに何も転送していない場合，リンクが U0 を維持するときに，ダウンストリーム・ポートが $10\mu s$ ごとに送信
11：リザーブ	リザーブ(00)		リザーブ(0000)	

LDN ：ホストやハブのダウンストリーム・ポートが正しく動作していることを示す．ECN で追加された

リンク層が，どのようにこれらのリンク・コマンドを使ってフロー・コントロールやパワー・マネジメントなどの処理を行っているかを以下に説明します．

● パケットのエラー・チェック，再送処理

　USB 2.0 では，パケットのエラー・チェックや再送などのリカバリ処理は End-to-End で行う，つまりホストやデバイスがそれらの処理を行い，途中のハブではエラー・チェック・リカバリは行われなかったのに対して，USB 3.0 では，Link-to-Link のエラー・チェック・リカバリが一部追加になりました．ここで一部と言ったのは，DPH を含むパケット・ヘッダに関しては Link-to-Link のエラー・チェック・リカバリを行いますが，データ・ペイロードに関しては Link-to-Link では行わず，USB 2.0 と同様に End-to-End のエラー・チェック・リカバリになるためです．

　そこで，本節ではパケット・ヘッダのエラー・チェック・リカバリについて説明し，データ・ペイロードを含んだデータ・パケットのエラー・チェック・リカバリについては次節であらためて説明します．

● CRC-5，CRC-16，ヘッダ・シーケンス番号

　エラー処理において重要な役割を持っているのが，CRC-5 と CRC-16，そしてヘッダ・シーケンス番号です．CRC-5 および CRC-16 は，受信したパケットの内容にエラーがないかどうかをチェックするために用いられ，ヘッダ・シーケンス番号は正しい順番でパケットを受信しているかどうか，途中で抜けが発生していないかどうかをチェックするために用いられます．

　CRC が 2 種類あるのは，それぞれの CRC によってカバーされるフィールドが違い，さらにそのフィールドを生成するデバイスやレイヤが違うためです．

　CRC-16 は 12 バイトのヘッダ情報をカバーしますが，このヘッダ情報はホストやデバイスのリンク層よりも上位層で生成され，CRC-16 もそのときに同時に計算されて，ヘッダ情報と一緒にリンク層へ渡されます．そして，リンク層以降は途中にあるハブも含めて，ヘッダ情報の 12 バイトはもちろんのこと，CRC-16 の 2 バイトも再計算せずに受け取ったものをそのまま転送します．

　これによって，ハブの内部でソフト・エラーなどによって受信したヘッダ情報が壊れてしまったような場合でも，後段のハブやデバイスなどがエラーを検出できるようにしています．この場合，もしハブが壊れたヘッダ情報を元に CRC-16 を再計算して送信してしまうと，後段のデバイスではハブ内部でのソフト・エラーを検出できなくなります．

　一方，CRC-5 は LCW のみをカバーをします．LCW に含まれる，ヘッダ・シーケンス番号やハブ深度，DL ビット，そして DF ビットは，Link-to-Link の情報でリンクごとに変化する，または変化する可能性があるため，リンクごとに

CRC-5 が計算されます．

● エラー発生時の再送処理

　リンク層は，HPSTART を認識してパケット・ヘッダを受信すると，まず CRC-16 と CRC-5 のチェックを行います．たった一つでもエラーが起きた場合は，LBAD を返信して送信側にパケットの再送を要求します．また，LBAD を送った後は，後続のパケットは全て無視されます．送信側は再送時に再送要求を受けたパケットだけでなく後続のパケットも含めて全て再送するため，それでも問題ないからです．また，それによって送信側も受信側もインオーダ処理にすることができます．

　送信側では，再送時にパケットの再送が始まることを示す LRTY をまず送ります．その後に，再送要求を受けたパケットと後続のパケットを再送します．

　もし，再送したパケットで再度 CRC エラーが起きた場合は，もう一度 LBAD を返して上記の処理を繰り返します．そして，さらに同じパケットで3度目の CRC エラーが起きた場合，リンクの送受信状態が正常でない可能性があるため，今度は LBAD を返さずにリンク・トレーニングをもう一度やり直して送受信状態を正常な状態に戻すことを試みるためにリカバリ・ステートへ状態遷移を行い，リンクを再確立した後に再度送信処理を行います．

● パケットの消失などのチェック

　受信したパケットにエラーがなかった場合，次項で説明するように正常応答として LGOOD_0 から LGOOD_7 までのいずれかを返送しますが，ここでヘッダ・シーケンス番号が重要な役割を果たします．ヘッダ・シーケンス番号は0番から7番までパケット・ヘッダを送信するたびに一つずつインクリメントされたものが送られます．また，7番の次は再び0番に戻ってインクリメントを続けます．そして，受信側でも期待するヘッダ・シーケンス番号を0番から順にパケット・ヘッダを受信するたびにインクリメントして，その期待値と実際に受信した番号とを比較して，途中でパケットの消失などが生じていないかどうかをチェックします．もし，期待値と違っていた場合は，LBAD などの再送要求を行わず，直接リカバリ・ステートへ遷移します．

● フロー・コントロール

● 正常にパケットを受信した場合（図 2.24）

　上記のチェックで何も問題がなかった場合，つまり
　　(1) 正常な HPSTART を受信し

(2) CRC-5, CRC-16にエラーがなく
(3) ヘッダ・シーケンス番号が期待値と一致した

場合に，正常なパケット・ヘッダを受信したと認識します．このとき，受信側は正しくパケット・ヘッダを受信できたことを送信側へ通知するためLGOOD_0からLGOOD_7のいずれかを返信します．どのLGOODを返信するのかは，受信したパケット・ヘッダのヘッダ・シーケンス番号に依存します．つまり，ヘッダ・シーケンス番号が0番だった場合はLGOOD_0を返信し，1番の場合はLGOOD_1，2番の場合はLGOOD_2と，0番から7番までの対応するLGOODを返信します．

ただし，ここで注意してほしいのは，送信側はLGOODを受信するまで次のパケットを送らないわけではないことです．送信側はLGOOD応答を待たずに最大四つまでのパケットを送信できます．そのため，受信側では四つのパケット・ヘッダを受信できる受信バッファを持つことが要求されます．

一方，送信側も，送信済みのパケット・ヘッダを四つまで保持しておく送信バッファを持つ必要があります．これは，LBADを受信した場合にパケット・ヘッダを再送する必要があるためです（再送時に該当パケットを上位層から再送してもらうようにして，リンク層には送信バッファを持たないような実装も可能だが，レイヤ間の独立性を保つためUSB 3.0仕様ではリンク層に送信バッファを持ってリンク層で独立して再送処理が行えることを想定している）．

パケットを送信したときに，そのパケットのパケット・ヘッダだけが送信バッファに格納され，データ・ペイロードは格納されません．これは，リンク層ではパケット・ヘッダの再送処理だけが行われ，データ・ペイロードの再送処理は上位層，具体的にはプロトコル層の役割となっているためです．

LGOODを受信すると，送信バッファの先頭のパケット・ヘッダのヘッダ・シーケンス番号に対応したLGOODかどうかがチェックされます．ビット・エラーなどによってLGOODの消失が起きていないかどうかをチェックするためです．もしLGOODの番号が一致しなかった場合，リカバリ・ステートへ遷移します．

正しいLGOODだった場合，送信バッファの先頭からパケット・ヘッダを削除します．これによって送信バッファには空きができますが，この段階では次のパケットを送ってよいかどうかはまだ分かりません．LGOODは，受信側がパケットを正しく受信できたことを示すだけで，次のパケットを送ってもよいかどうか，つまり受信バッファに空きがあるかどうかを必ずしも意味しないためです．受信バッファの空きは，この後で説明するLCRDという別のリンク・コマンドによっ

2.3 リンク層の役割

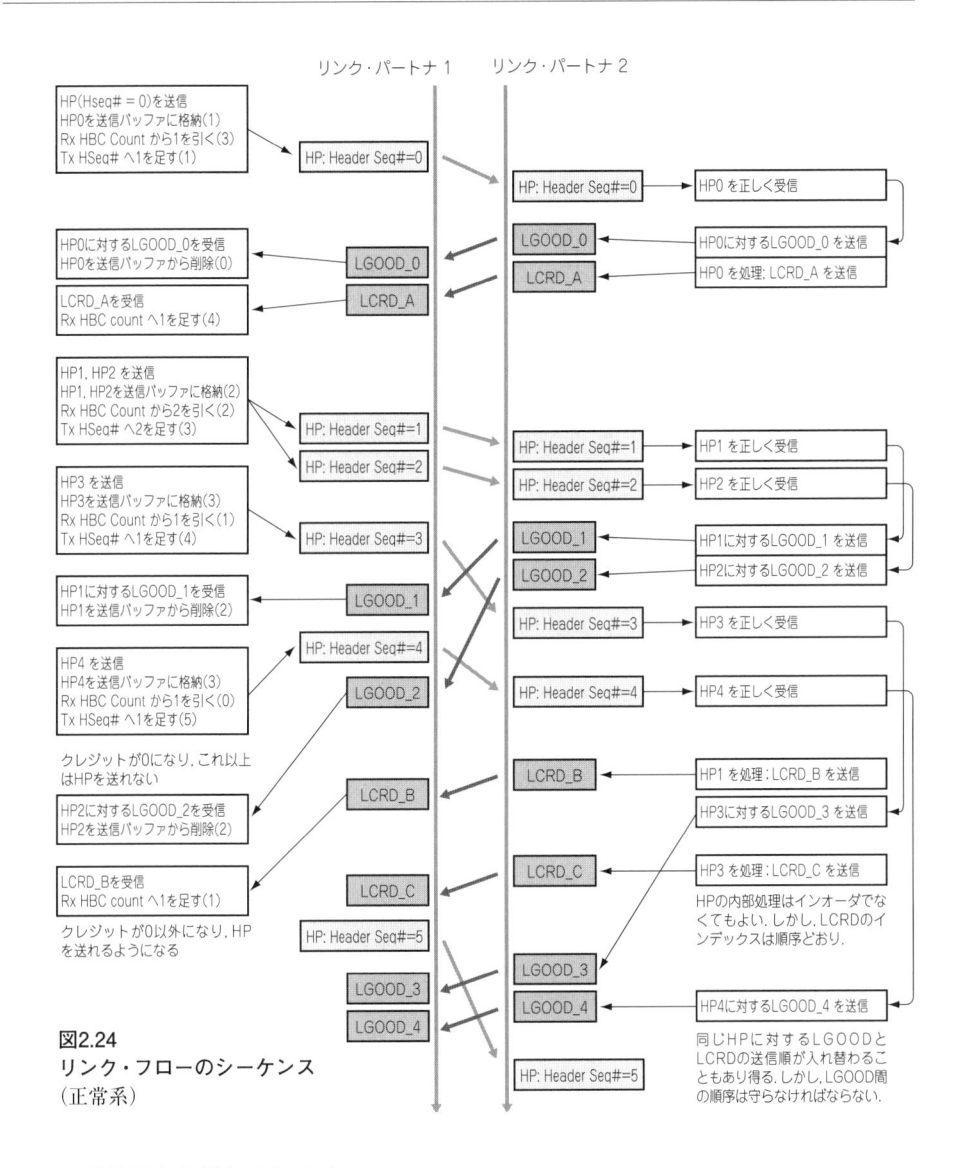

図2.24
リンク・フローのシーケンス
（正常系）

[図中テキスト]

リンク・パートナ1／リンク・パートナ2

- HP(Hseq# = 0)を送信
- HP0を送信バッファに格納(1)
- Rx HBC Count から1を引く(3)
- Tx HSeq# へ1を足す(1)

HP: Header Seq#=0 → HP: Header Seq#=0 → HP0 を正しく受信

- HP0に対するLGOOD_0を受信
- HP0を送信バッファから削除(0)

LGOOD_0 ← LGOOD_0 ← HP0に対するLGOOD_0を送信

- LCRD_Aを受信
- Rx HBC count へ1を足す(4)

LCRD_A ← LCRD_A ← HP0を処理：LCRD_Aを送信

- HP1, HP2 を送信
- HP1, HP2を送信バッファに格納(2)
- Rx HBC Count から2を引く(2)
- Tx HSeq# へ2を足す(3)

HP: Header Seq#=1 → HP: Header Seq#=1 → HP1を正しく受信
HP: Header Seq#=2 → HP: Header Seq#=2 → HP2を正しく受信

- HP3 を送信
- HP3を送信バッファに格納(3)
- Rx HBC Count から1を引く(1)
- Tx HSeq# へ1を足す(4)

HP: Header Seq#=3

LGOOD_1 ← LGOOD_1 ← HP1に対するLGOOD_1を送信
LGOOD_2 ← LGOOD_2 ← HP2に対するLGOOD_2を送信

- HP1に対するLGOOD_1を受信
- HP1を送信バッファから削除(2)

LGOOD_1

HP: Header Seq#=3 → HP3を正しく受信
HP: Header Seq#=4

- HP4 を送信
- HP4を送信バッファに格納(3)
- Rx HBC Count から1を引く(0)
- Tx HSeq# へ1を足す(5)

LGOOD_2

HP: Header Seq#=4 → HP4を正しく受信

クレジットが0になり，これ以上はHPを送れない

- HP2に対するLGOOD_2を受信
- HP2を送信バッファから削除(2)

LCRD_B ← LCRD_B ← HP1を処理：LCRD_Bを送信

LCRD_C ← HP3に対するLGOOD_3を送信

- LCRD_Bを受信
- Rx HBC count へ1を足す(1)

LCRD_C ← HP3を処理：LCRD_Cを送信

HPの内部処理はインオーダでなくてもよい．しかし，LCRDのインデックスは順序どおり．

クレジットが0以外になり，HPを送れるようになる

HP: Header Seq#=5

LGOOD_3 ← LGOOD_3
LGOOD_4 ← LGOOD_4 ← HP4に対するLGOOD_4を送信

HP: Header Seq#=5

同じHPに対するLGOODとLCRDの送信順が入れ替わることもあり得る．しかし，LGOOD間の順序は守らなければならない．

て受信側から通知されます．

● **受信したパケットがエラーの場合（図 2.25）**

受信側が受信したパケットにエラーを検出してLBADを返してきた場合，送信側はエラーとなったパケットの再送を行います．LBADはLGOODと違いインデックスがなく，どのヘッダ・シーケンス番号を持ったヘッダを再送するのか

67

指定ができないように見えますが，どのパケットを，あるいはどのパケットから再送するのかは一意に決まるため指定する必要はありません．LGOODはパケットを受信した順番に必ず返されてくるので，LBADが返ってきた場合は本来ならばLGOODが返ってくるはずだったパケット，つまり送信バッファの先頭のパケットを再送することになります．パケットの再送を行う場合は，どこから再送処理が始まったかを識別しやすくするために，初めにLRTYを送ります．その後に送信バッファに残っているパケットを順番に再送します．

● リンク・コマンドの役割 LCRD

上位層などが受信したパケットを処理するためにパケットを受信バッファから取り出してバッファに空きが生じた場合に，受信側はLCRD_AからLCRD_Dのいずれかのリンク・コマンドを送って，次のパケットを送信してもよいことを送信側へ通知します．AからDの4種類があるのは，途中でLCRDの消失が起きたかどうかをチェックするためで，パケットの受信側はLCRD_AからLCRD_Dまでを順番に送り，Dの後はAからまた送る，そしてパケットの送信側では受信したLCRDが順番どおりかどうかをチェックします．

ただし，LCRDのAからDのインデックスとヘッダ・シーケンス番号やLGOODの番号とは相関がないことに注意が必要です．例えば，あるパケットNとその次のパケット$N+1$に対するLGOODは，パケットNに対するLGOOD，パケット$N+1$に対するLGOODの順に返らなければなりませんが，LCRDはパケット$N+1$に対するものが先に返ることもあり得ます．上位側が受信バッファからパケットを取り出すのを，アウト・オブ・オーダーで行うかもしれないからです．

また，同一のパケットに対するLGOODとLCRDも，LCRDが先に返ることもあり得ます．もちろん，内部処理の流れとしては，パケットにエラーがなく正しく受け取れてLGOODを返す，そしてそのパケットを上位層に渡して受信バッファに空きができてLCRDを返す，という順番になるのですが，LGOODやLCRDの送信要求を作る回路と実際にそれらのリンク・コマンドを送信する回路との間のレイテンシの差分のために，LCRDの要求の方が先に届くかもしれないからです．なお，Rev1.0のUSB 3.0仕様では，LGOOD, LCRDの順番に送信しなければならないと誤って書かれていましたが，これはエラッタで訂正されています．

● リカバリ・ステートへ遷移した場合（図2.26）

パケットや，LGOODやLCRDなどのリンク・コマンドの消失，3回目の

2.3 リンク層の役割

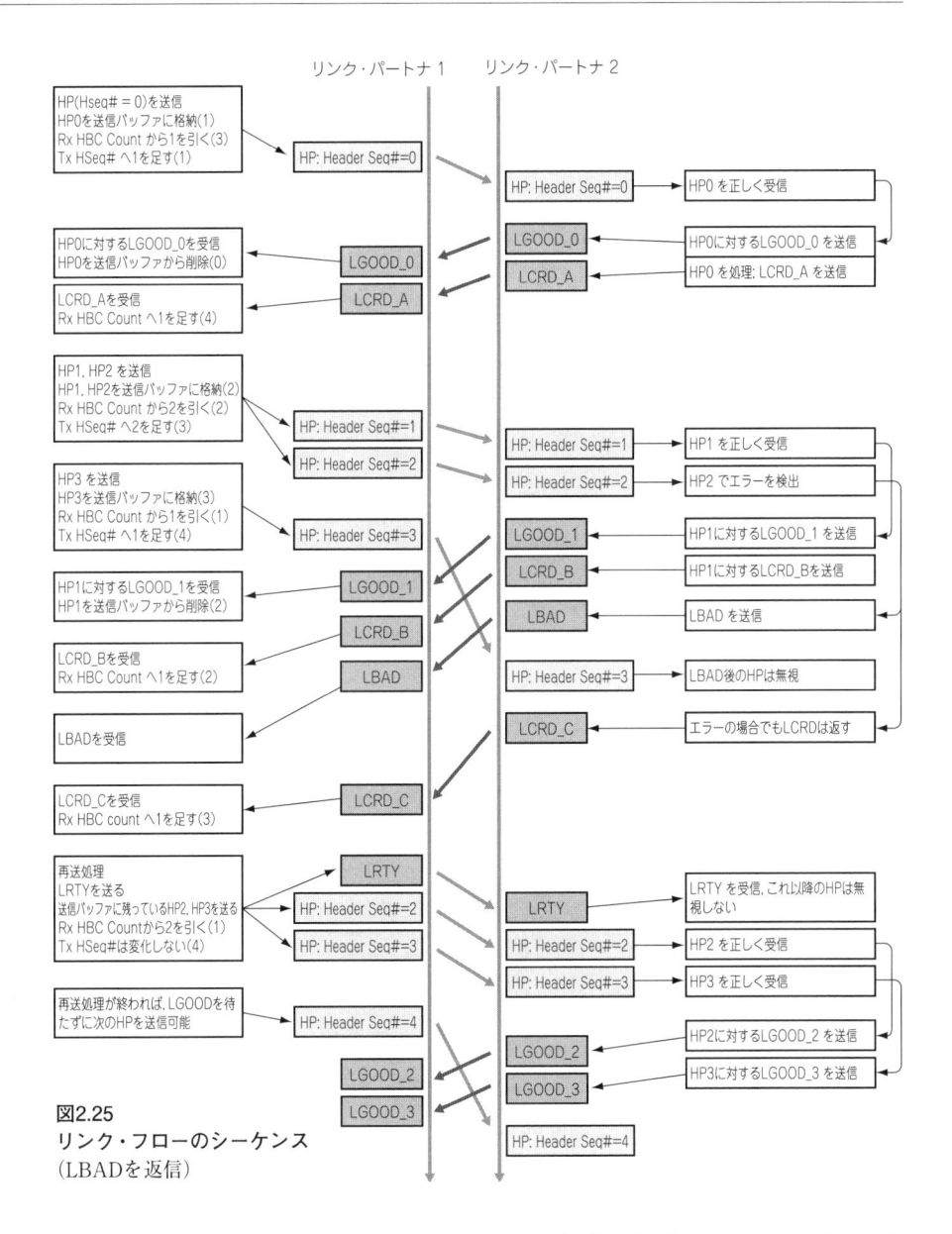

図2.25
リンク・フローのシーケンス
（LBADを返信）

CRCエラーなどが起きてリカバリ・ステートへ遷移した場合は，U0へ戻った直後にリンク・アドバタイズメントという処理を行って，リカバリの前にどのヘッダ・シーケンス番号のパケットまでを正しく受け取ったのか，および自分の受信

第 2 章　物理層と論理層の役割

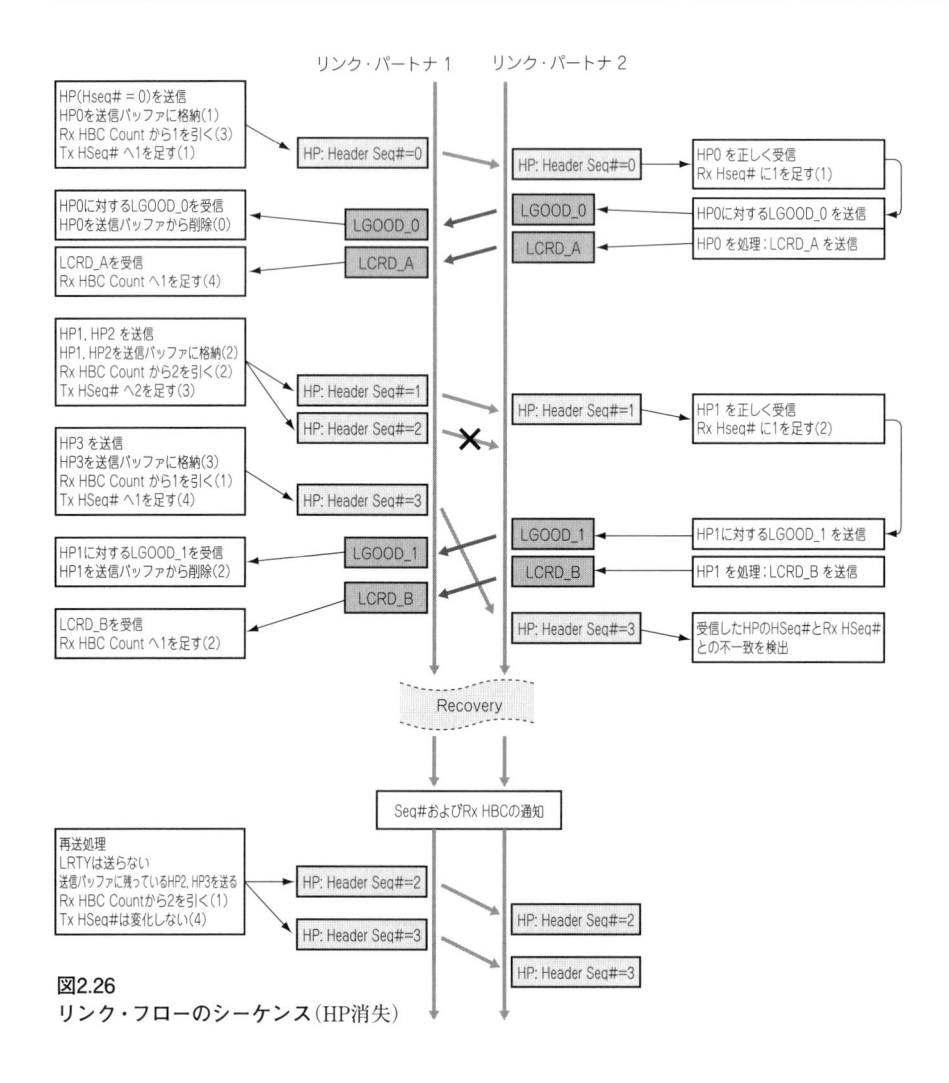

図2.26
リンク・フローのシーケンス（HP消失）

バッファの空きがどれくらいあるのかをお互いに通知します．具体的にはヘッダ・シーケンス番号に対応するLGOODを送り，そして受信バッファの空きと同じ個数のLCRDをLCRD_Aから順に送ります．リンク・パートナからのリンク・アドバタイズメントを受け取ると次の処理を行います．

- 送信バッファに残っている各パケットのヘッダ・シーケンス番号を受信したLGOODの番号を比較して，LGOODの番号以下のヘッダ・シーケンス番号を持ったパケットを削除する（それらはリンク・パートナが正しく受

信済みのため)
- 次に送るパケットのヘッダ・シーケンス番号を，受信した LGOOD の番号をインクリメントしたものにする(送信バッファにパケットが残っている場合，これは自動的に満たされる)
- リンク・パートナの受信バッファの空きを管理するカウントを，受信した LCRD の個数に設定する

以上を行った後に，もしまだ送信バッファにパケットが残っていた場合，それらの再送処理を行います．ただし，LBAD のときの再送処理と違って再送の前に LRTY は送られません．なお，リンク・アドバタイズメントはリカバリから U0 の復帰後だけでなく，電源投入後やリセット後に U0 になった場合にも行われます．この場合は，LGOOD_7 と LCRD_A から LCRD_D までの四つが送られることになります．初期状態なので前に受け取っていたヘッダはないのですが，一番初めのヘッダ・シーケンス番号が 0 から始まるように LGOOD_7 を送ります．初期状態では受信バッファには必ず四つの空きがあるので，LCRD は A から D までの四つが送られます．

● リンク・パワー・マネジメント

USB 2.0 のロー・パワー状態はサスペンド状態しかなく，デバイスをある一定時間使用する予定がない場合には，ソフトウェアが明示的にそのデバイスをサスペンド状態に入れることによって制御していました．そのため，数 100ms から数秒以上の未使用期間が見込まれる場合でないと，サスペンドに入れる処理に必要な時間とサスペンドに入ってロー・パワー状態となっている時間との比較で，費用対効果を期待できませんでした．

USB 3.0 では，サスペンド状態に加えて，リンク層や物理層のみをロー・パワー状態に入れて，リンク層より上位層は動作状態のままとするリンク・パワー・マネジメントと呼ばれる機能が追加されました．USB 3.0 では通信速度が 5Gbps と高速になり，デバイス全体のパワーのうち，かなりの割合を物理層やリンク層で消費しているため，そこだけをロー・パワー状態としても十分効果があります．また，リンク・パワー・マネジメントはハードウェアによって自動制御されるため時間の単位も短く，数 $10\mu s$ から数 10ms 単位の休止時間でもロー・パワー状態へ入ることが可能になり，きめ細かいパワー制御が行えます．

USB 3.0 では，リンクの状態として U0 から U3 の四つの状態を定義しました．U0 は通常動作を行っている状態で，U1 から U3 がロー・パワー状態です．U3

はサスペンド状態で，従来と同様にソフトウェア制御によってU3へ遷移します．U1とU2が新設されたリンク・パワー・マネジメントの状態で，ロー・パワー状態から通常動作状態，つまりU0への復帰に必要な時間と，どこまでパワーを落とすかによってU1とU2の2種類が定義され，それぞれ**表2.7**のようになっています．なお，U0への復帰時間は規格で決められた値ですが，具体的にパワー・

表2.7 U0への復帰時間とパワー・ダウンの定義

	U0への復帰時間	パワー・ダウン
U1	$1\mu s \sim 10\mu s$	少ない． トランスミッタ/レシーバのパワー・ダウンやクロック・ゲーティングを想定
U2	$1\mu s \sim 2047\mu s$	多い． U1に加えてPLLの停止なども想定

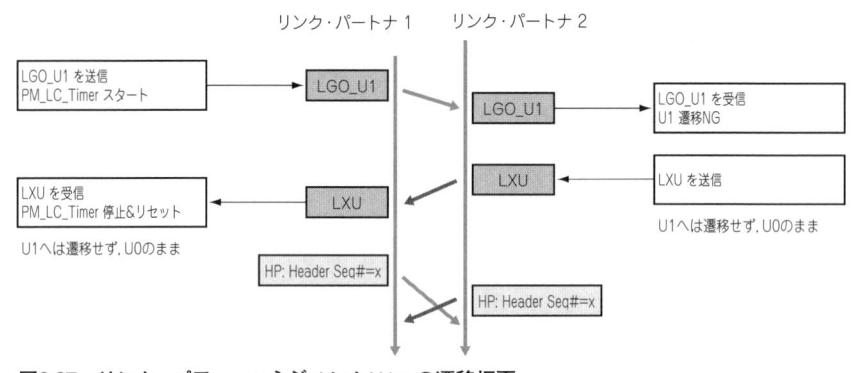

図2.27 リンク・パワー・マネジメントU1への遷移拒否

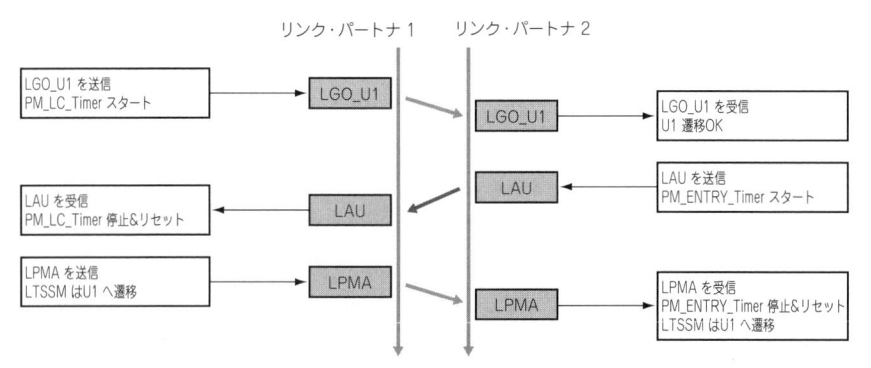

図2.28 リンク・パワー・マネジメントU1への遷移許可

2.3 リンク層の役割

ダウンをどのように行うかや,そのときの電力値は実装依存で仕様では定義されていません.

余談になりますが,**表 2.7** の U0 への復帰時間の定義は,物理層やリンク層の仕様には記載がありません.SuperSpeed USB Device Capability ディスクリプタの中に U1 および U2 から U0 への復帰時間を明示するフィールドがあり,それらのフィールドの取り得る値が**表 2.7** のようになっている,という形で間接的に定義されています.

それではロー・パワー状態への遷移,そこから U0 への復帰をどのように行うのかを説明します.

● ロー・パワー状態への遷移

上で説明したように,U1 および U2 への遷移はハードウェアによる制御で,

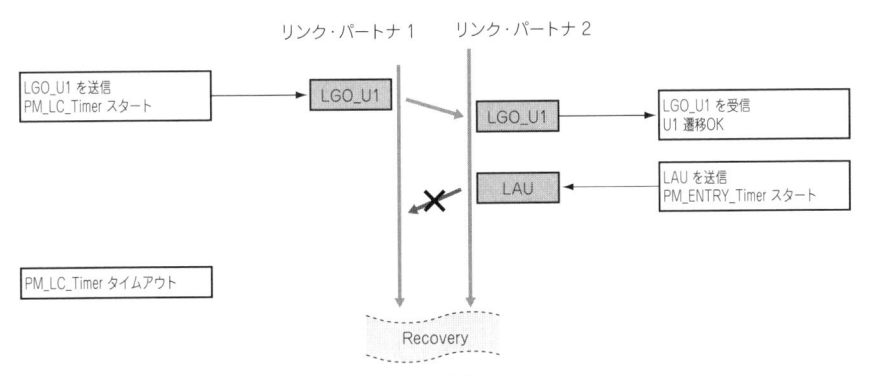

図2.29 リンク・パワー・マネジメントLAUの消失

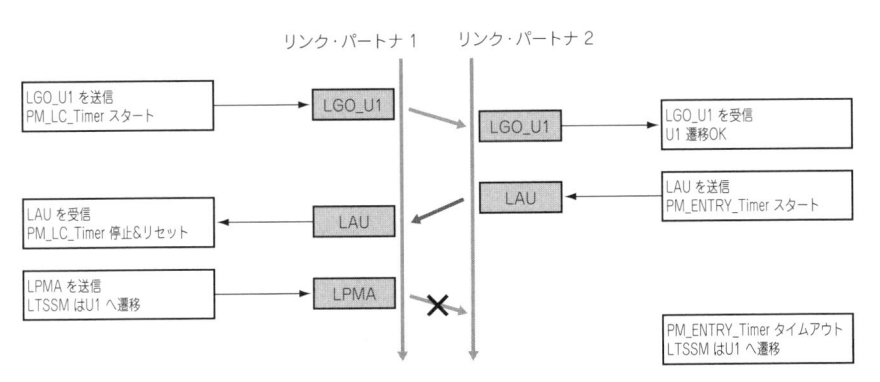

図2.30 リンク・パワー・マネジメントLPMAの消失

73

ホストやハブのダウンストリーム・ポート，デバイスやハブのアップストリーム・ポートのいずれからでも遷移を開始できます．一方，U3 への遷移はソフトウェアによる制御なので，常にホストあるいはハブのダウンストリーム・ポートから遷移を開始することになります．以下の説明では，ロー・パワー状態への遷移を開始したポートをリンク・パートナ 1，遷移要求を受け取ったポートをリンク・パートナ 2 と呼びます．

　リンク・パートナ 1 は，ロー・パワー状態への遷移要求として遷移したい状態に応じて LGO_U1，LGO_U2，あるいは LGO_U3 のいずれかのリンク・コマンドを送信します．

　LGO_Ux を受け取ったリンク・パートナ 2 は，要求されたロー・パワー状態へ遷移可能かどうかを判断して，可能ならば LAU を，可能でなければ LXU をリンク・パートナ 1 へ返します．

　リンク・パートナ 1 が LXU を受け取った場合，ロー・パワー状態への遷移をあきらめて，そのまま U0 での動作を継続します（図 2.27）．LAU を受け取った場合は，それを正しく受け取り，実際のロー・パワー状態への遷移を開始することを示すために，リンク・パートナ 1 は LPMA をリンク・パートナ 2 へ送信し，その後にロー・パワー状態へ遷移します（図 2.28）．

　もし，エラーなどが発生し，一定時間経っても LAU あるいは LXU を受け取れなかった場合，リンク・パートナ 1 はリカバリ・ステートへ遷移します（図 2.29）．

　リンク・パートナ 2 は，LPMA を受け取るかあるいは LAU を送信してから一定時間経過した後に，自身がロー・パワー状態へ遷移します．LPMA を受け取れなかった場合にリカバリ・ステートではなくロー・パワー状態へ遷移するのは，リンク・パートナ 1 は正常にロー・パワー状態へ遷移していることが考えられるからです．その場合，リカバリ・ステートでリンクを再初期化しようとしてもリンク・パートナ 1 はそれに応答できません（図 2.30）．

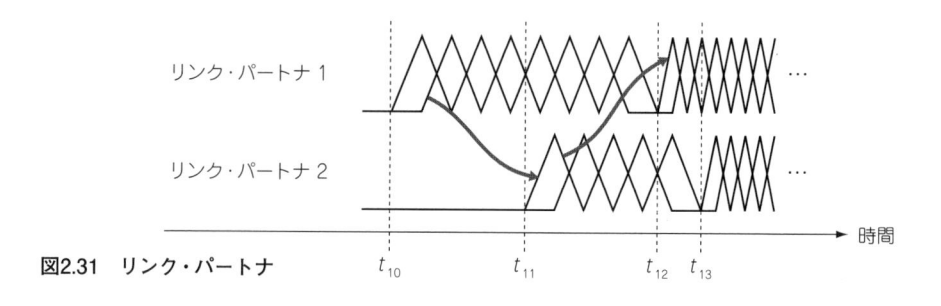

図2.31　リンク・パートナ　　　　　　t_{10}　　　t_{11}　　t_{12} t_{13}

● U0 への復帰

ここの説明でも，U0への復帰要求を出したポートをリンク・パートナ1，復帰要求を受け取ったポートをリンク・パートナ2と呼びます（図2.31）．

リンク・パートナ1は，現在のリンクの状態に応じてU1 Exit LFPS，U2 Exit LFPS，あるいはU3 Wakeup LFPSのいずれかをU0への復帰要求として送信します（t_{10}）．

リンク・パートナ2は，LFPSを受信するとハンドシェークとして自身もLFPSを送信します（t_{11}）．

リンク・パートナ1は，リンク・パートナ2からのLFPSを受信することによりロー・パワー状態から抜けることをお互いに認識したことを知り，リカバリ・

表2.8 図2.31に要する時間

	U1 Exit Min	U1 Exit Max	U2/Loopback Exit Min	U2/Loopback Exit Max	U3 Wakeup Min	U3 Wakeup Max
$t_{11} - t_{10}$	$0.3\mu s$	$0.9\mu s$ /2ms	$0.3\mu s$	2 ms	$0.3\mu s$	10 ms
$t_{13} - t_{10}$	$0.9\mu s$	2 ms	–	2 ms	–	20 ms
$t_{12} - t_{11}$	$0.3\mu s$	$0.9\mu s$	0	2 ms	0	10 ms
$t_{13} - t_{11}$	$0.6\mu s$	$0.8\mu s$	$80\mu s$	2 ms	$80\mu s$	10 ms
$t_{12} - t_{10}$	$0.6\mu s$	2 ms	$80\mu s$	2 ms	$80\mu s$	10 ms
No LFPS Response Timeout	–	2 ms	–	2 ms	–	10 ms

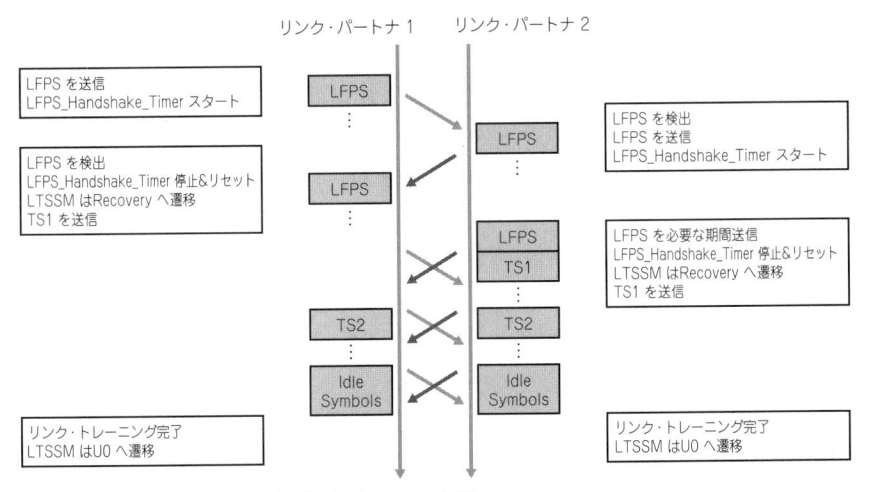

図2.32 リンク・パワー・マネジメントU0への復帰

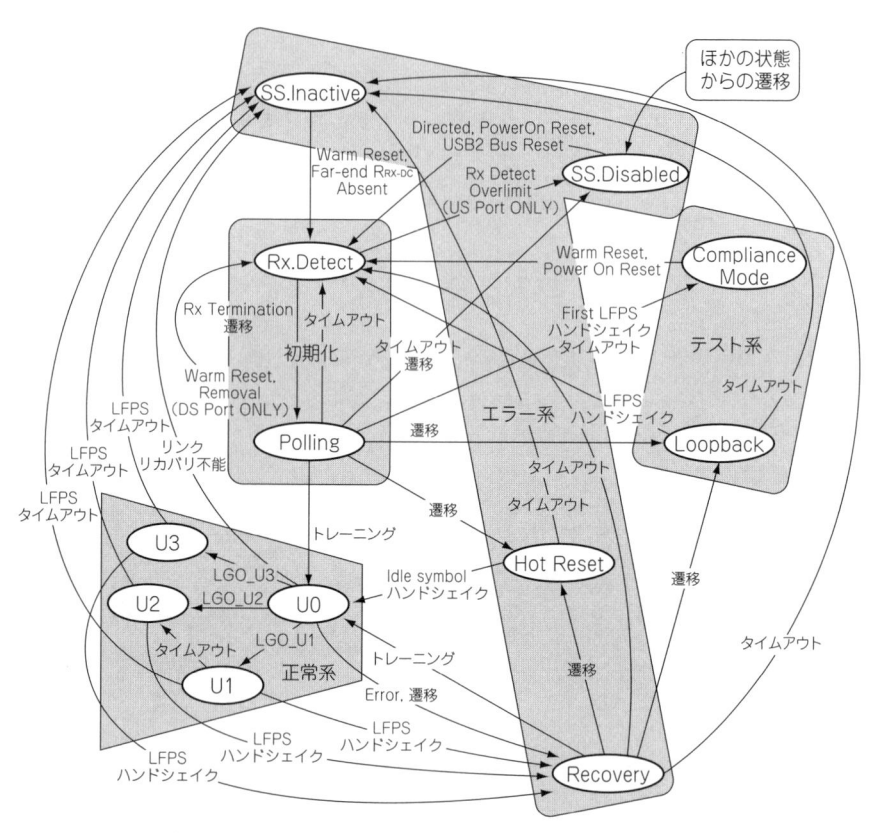

図 2.33 LTSSM(Link Training Sequence State Machine)
遷移条件は参考であり,全ての遷移条件が記載されているわけではない.

ステートへ遷移してTS1の送信を開始します(t_{12}).

リンク・パートナ2は,一定時間LFPSを送信した後,リカバリ・ステートへ遷移してTS1の送信を開始します(t_{13}).

表2.8に,それぞれの遷移時間を示します.また,リンク・パワー・マネジメントがU0に復帰する手順を図2.32に示します.リカバリ・ステートで行う処理については,LTSSMの項で説明します.

● LTSSM(Link Training Sequence State Machine)

今までの説明は,基本的にリンクが正常に動作しているときの話でした.しかし,フロー・コントロールやパワー・マネジメントの説明に出てきたリカバリ・

ステートや，電源投入後の初期化処理のように，リンクがまだ動作していない状態から正常動作状態までもっていく処理が必要です．これらの処理を行っているのがLTSSMです．

図2.33に示すように，LTSSMは大きく12個のステートからなるステートマシンです．また，ほとんどのステートが，その中にサブステートを持ち，全体としてはかなり複雑なステートマシンとなっています．

12個のステートは，以下のようにグループ分けできます．

- 初期化　　：Rx.Detect，Polling
- 正常系　　：U0，U1，U2，U3
- エラー系　：Recovery，Hot Reset，SS.Inactive，SS.Disabled
- テスト系　：Compliance，Loopback

● 初期化ステート

Rx.Detectステートは，電源投入後やリセット後に一番初めに実行されるステートで，リンク・パートナが存在するかどうかをチェックします．物理層で説明したレシーバ検出は，このステートで実行されます．リンク・パートナが存在した場合，LTSSMはPollingステートへ遷移します．

Pollingステートは，実際のリンク初期化を行います．Pollingステートには，Polling.LFPSとPolling.RxEQ, Polling.Active, Polling.Configuration, Polling.Idleの五つのサブステートが存在します．

Polling.LFPSサブステートでは，お互いにPolling.LFPSという名前のLFPSを送信します．サブステートの名前とそのときに送信するLFPSの名前が全く同じなので，混同しないように注意してください．いきなり5Gbpsの通信を始めずにLFPSという低い周波数の通信から始めるのは，物理層で説明したように何も通信を行っていないDC状態からいきなり5Gbpsという非常に高周波の状態を検知するような回路を実現するのが難しいことと，そのような回路は消費電力が高いという問題があるためです．LFPSのハンドシェークを終えると，Polling.RxEQサブステートへ遷移します．

Polling.RxEQサブステートでは，TxにはTSEQオーダード・セットを送信して，Rxではリンク・パートナから送られてきたTSEQを使ってレシーバ・イコライザのトレーニングを行います．物理層で説明したように，USB 3.0ではレシーバ・イコライザを持つことが必須であり，かつケーブルやコネクタといった伝送線路の状態によってイコライズのかかり具合を調整することが求められています．その調整をイコライザ・トレーニングと呼び，Polling.RxEQサブステー

77

トで実行します．このステートは何かの条件が成立するのを待つわけではなく，単純に65,536個のTSEQを送り終えたら，Polling.Activeへ遷移します．

Polling.Activeサブステートでは，TxにはTS1オーダード・セットを送信して，Rxではリンク・パートナから送られてきたTS1からクロックを抽出して，リンク・パートナのTxと自身のRxとのビット同期を行います．また，TS1に含まれるCOMシンボルを使ってワード境界の検出を行い，その後，同じくTS1に含まれるD10.2を使って物理層で説明した極性反転を行う必要があるかどうかを判断します．なお，極性反転はPolling.ActiveでなくPolling.RxEQで行うことも可能です．ビット同期，ワード同期を完了して，所定の数のTS1を送信・受信し終えたら，Polling.Configurationへ遷移します．

Polling.Configurationサブステートでは，TxにはTS2オーダード・セットを送信して，Rxではリンク・パートナから送られてきたTS2に含まれるコントロール・ビットを見て，次に遷移すべきステートを判断します．通常は，Polling.Idleを経由してU0へ遷移するのですが，所定のコントロール・ビットをセットすることによってHot ResetステートやLoopbackステートの遷移を指示できます．また，U0へ遷移した後は全てのデータがスクランブルされるのですが，コントロール・ビットによってスクランブルをディセーブルできます．所定の数のTS2の送信と受信を行い，Hot ResetやLoopbackのコントロール・ビットがセットされなければ，Polling.Idleへ遷移します．

Polling.Idleサブステートでは，TxにはIdleシンボルを送信し，RxにもIdleシンボルを受信するのを待ちます．リンクの初期化を始めるタイミングは，自身とリンク・パートナとでは同じとは限らないため，Rx.DetectからPolling.Configurationまでは途中でハンドシェークを行って，ある程度は同期するようにしていますが，完全には同期していません．そのため，Polling.Idleではリンク・パートナも初期化を完了してTS2からIdleシンボルへ送信データが切り替わるのを待ちます．お互いにIdleシンボルデータを送信する状態になったらU0へ遷移します．

● 正常系ステート

U0ステートはリンクが正常に動作している状態で，5Gbpsの通信はU0のときのみ実行可能です．

U1，U2，U3ステートは，前項で説明したようにロー・パワー状態です．

ロー・パワー状態からの復帰や，何かエラーが発生してリンクの初期化をやり直す場合にRecoveryステートへ遷移します．Recoveryステートには Recovery．

Active，Recovery.Configuration，Recovery.Idle の三つのサブステートがあり，Pollingステートの対応するサブステートとほぼ同様の処理を行います．

● エラー系ステート

　Recovery.Configurationでコントロール・ビットによる制御も同様です．しかし，RecoveryにはLFPSのハンドシェークやイコライザ・トレーニングを行うサブステートは存在しません．LFPSがないのは，エラーによる再初期化の場合はU0からRecoveryへの遷移で，5Gbpsから5Gbpsであることと，前項で説明したようにロー・パワー状態からRecoveryへの遷移では遷移直前にLFPSのハンドシェークが実行済みなためです．

　イコライザ・トレーニングがないのは，Recoveryの場合はケーブルやコネクタなどの伝送線路の状態は変わらないためです．ただし，厳密には温度や電圧の変化は起こるため，イコライザ・トレーニングをやり直した方がより最適な設定に変えられる可能性はあるのですが，そこまで厳密に行う必要がないことと，Recoveryから復帰時間が遅くなるため，イコライザ・トレーニングの再実行は行わないようにしています．

　Hot Resetステートは，ホストやハブからデバイスに対してリセットを要求するステートです．ただし，5Gbpsの通信は維持しているので，リンク層や物理層はリセットされず，それらよりも上位層をリセットすることになります．Polling.ConfigurationやRecovery.ConfigurationのときにTS2のHot Resetビットがセットされている場合，Hot Resetステートへ遷移します．リセット処理が完了すると，どちらのリンク・パートナもリンクの初期化を再実行し，その後U0に戻ります．

　RecoveryやHot Resetを行い，それでもなおエラーから復旧できない場合はSS.Inactiveステートへ遷移します．ここで行える唯一の復旧処理は，デバイスをコネクタから抜いてもう一度挿し直すことだけなので，SS.Inactiveではデバイスのディスコネクトを待ち続けます．デバイスが抜かれたらRx.Detectへ復帰します．

　SS.Disabledステートは，文字どおりSuperSpeedがディセーブルされている状態です．最も典型的なSS.Disabledへ遷移するシナリオは，USB 3.0 デバイスをUSB 2.0 のポートに挿した場合です．この場合，デバイスはRx.Detectでレシーバ検出を行いますが，相手はUSB 2.0 のポートなので，レシーバ検出は失敗します．8回連続して失敗した場合，デバイスはSuperSpeedでの通信をあきらめてUSB 2.0，おそらくはHighSpeedによる通信に切り替えます．このとき，リンク

はSS.Disabledステートへ遷移します.

●テスト系ステート

ComplianceモードとLoopbackステートは，主に物理層のテストのときに使われます．Complianceモードは，送信テストでのアイ・パターン測定に，Loopbackステートは受信テストでのジッタ・トレランス・テストに用いられます．

2.4 プロトコル層のパケット構成

USBの転送は，実際のバス上ではトランザクションという，もう少し細かい単位に分割されて実行されます．USBのバスは複数のデバイスによりシェアされるため，各デバイスの転送を小さな単位に分割して，その分割した単位であるトランザクションをなるべく均等に選んで実行します．これはデバイスごとのバス使用時間にできるだけ偏りが出ないようにするためです．

プロトコル層では，このトランザクションの制御を行います．一つのトランザクションは複数のパケットで構成され，ホストとデバイスとの間でこれらのパケットをやり取りすることによってトランザクションを実行します．

本節では，初めにそれらパケットのフォーマットを説明し，次節でそれらのパケットを使ってどのようにトランザクションの制御を行っているかを説明します．

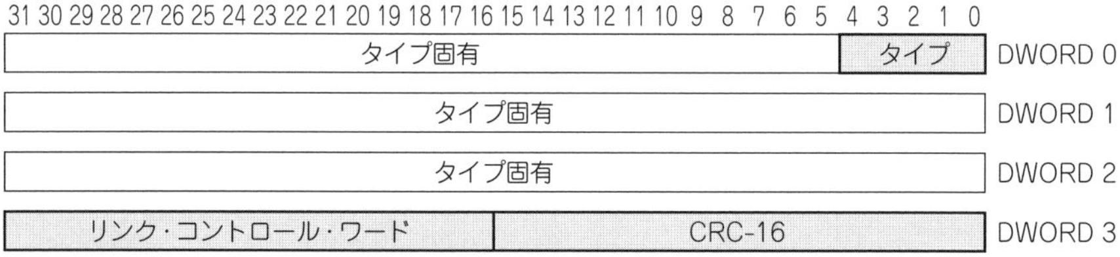

31 30 29 28 27 26 25 24 23 22 21 20 19 18 17 16 15 14 13 12 11 10 9 8 7 6 5 4 3 2 1 0

タイプ固有	タイプ	DWORD 0
タイプ固有	DWORD 1
タイプ固有	DWORD 2
リンク・コントロール・ワード	CRC-16	DWORD 3

フィールド	幅	位置	説明
タイプ	5ビット	D0:0	00000b：LMP 00100b：TP 01000b：DP 01100b：ITP そのほか：リザーブ

図2.34 プロトコル層のパケット・フォーマット

2.4 プロトコル層のパケット構成

● パケットのフォーマット

図2.34に示すように，プロトコル層のパケットは4DWORD，すなわち16バイトで構成されます．パケットの種別を示すタイプ・フィールドおよびリンク層でも説明したCRC-16とリンク・コントロール・ワードのみが共通のフィールドで，それ以外はタイプごとに独自のビット・アサインとなっています．タイプ・フィールドに設定される値によって，タイプ固有フィールド部分のビット・アサインが決まります．

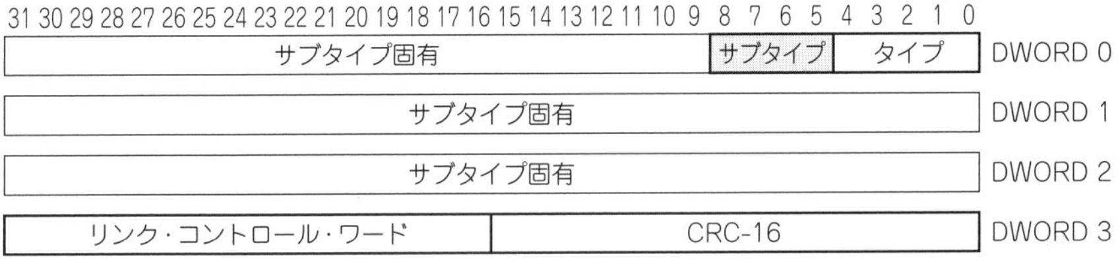

```
31 30 29 28 27 26 25 24 23 22 21 20 19 18 17 16 15 14 13 12 11 10 9  8 7 6 5  4 3 2 1 0
|              サブタイプ固有              |  サブタイプ  |  タイプ  | DWORD 0
|                         サブタイプ固有                            | DWORD 1
|                         サブタイプ固有                            | DWORD 2
|    リンク・コントロール・ワード    |          CRC-16              | DWORD 3
```

フィールド	幅	位置	説明
サブタイプ	4ビット	D0:5	0000b：リザーブ 0001b：セット・リンク・ファンクション 0010b：U2インアクティビティ・タイムアウト 0011b：ベンダ・デバイス・テスト 0100b：ポート・ケイパビリティ 0101b：ポート・コンフィグレーション 0110b：ポート・コンフィグレーション・レスポンス 0111b-1111b：リザーブ

（a）リンク・マネジメント・パケット（LMP）

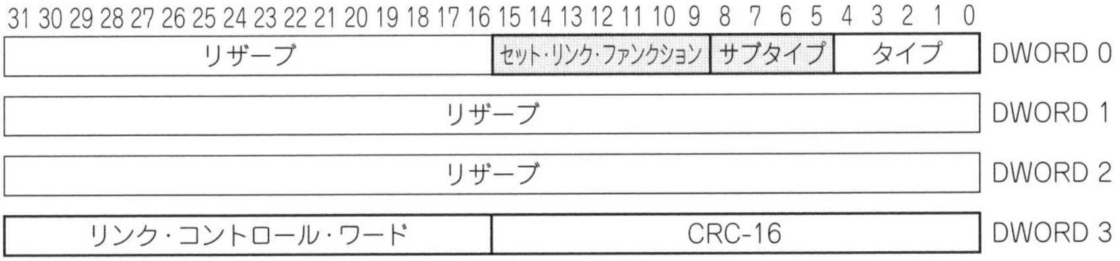

```
31 30 29 28 27 26 25 24 23 22 21 20 19 18 17 16 15 14 13 12 11 10 9  8 7 6 5  4 3 2 1 0
|         リザーブ          | セット・リンク・ファンクション | サブタイプ | タイプ | DWORD 0
|                              リザーブ                            | DWORD 1
|                              リザーブ                            | DWORD 2
|    リンク・コントロール・ワード    |          CRC-16              | DWORD 3
```

フィールド	幅	位置	説明
サブタイプ	4ビット	D0:5	0001b
セット・リンク・ファンクション	7ビット	D0:9	bit0：リザーブ bit1：Force_LinkPM_Accept 　　　0：De-Assert / 1：Assert bit6.2：リザーブ

（b）セット・リンク・ファンクションLMP

図2.35　6種類のリンク・マネジメント・パケット

● リンク・マネジメント・パケット(LMP, タイプ= 00000b)

リンクを管理するために用いられ，隣り合ったポート間でのみ通信されるパケットです〔図2.35 (a)〕．サブタイプ・フィールドに設定される値によりLMPの種類が決まり，サブタイプ固有フィールドのビット・アサインが決まります．

▶セット・リンク・ファンクションLMP〔サブタイプ= 0001b, 図2.35 (b)〕

再トレーニングなどをしなくてもU0のままリンクの機能を変更するために使われるパケットです．しかし，現状は強制リンクPM許可ビット(Force_LinkPM_Accept)のみが定義されています．このビットがセットされているときは，リンクの状態に関わらず，常にLGO_U1/LGO_U2要求を受け付けます．

SetPortFeature(FORCE_LINKPM_ACCEPT)リクエストを受信したハブのダ

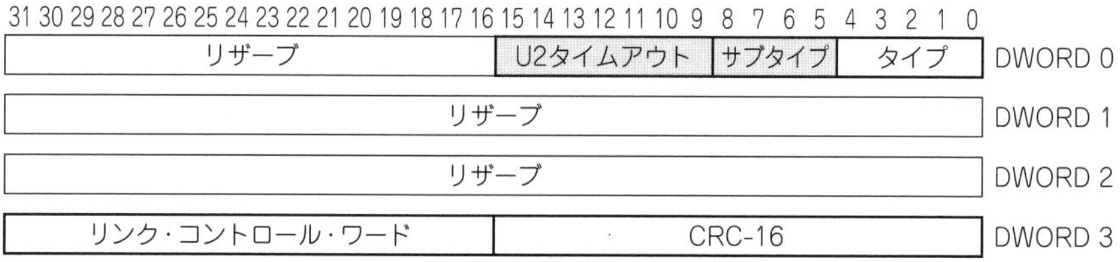

31 30 29 28 27 26 25 24 23 22 21 20 19 18 17 16	15 14 13 12 11 10 9 8	7 6 5 4	3 2 1 0	
リザーブ	U2タイムアウト	サブタイプ	タイプ	DWORD 0
リザーブ				DWORD 1
リザーブ				DWORD 2
リンク・コントロール・ワード		CRC-16		DWORD 3

フィールド	幅	位置	説　明
サブタイプ	4ビット	D0:5	0010b
U2インアクティビティ・タイムアウト	8ビット	D0:9	U2インアクティビティ・タイムアウト値

(c) U2インアクティビティ・タイムアウトLMP

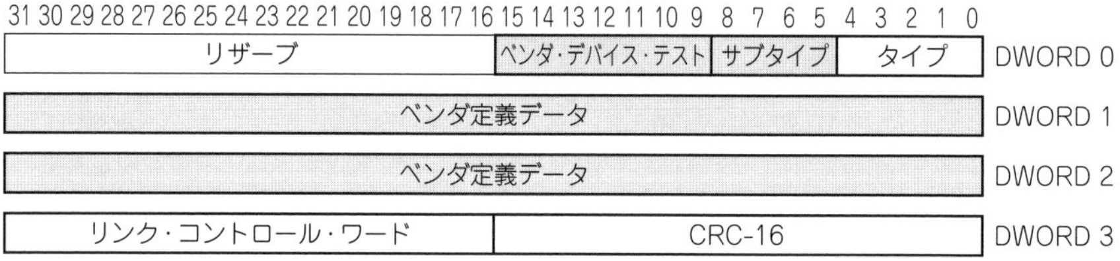

31 30 29 28 27 26 25 24 23 22 21 20 19 18 17 16	15 14 13 12 11 10 9 8	7 6 5 4	3 2 1 0	
リザーブ	ベンダ・デバイス・テスト	サブタイプ	タイプ	DWORD 0
ベンダ定義データ				DWORD 1
ベンダ定義データ				DWORD 2
リンク・コントロール・ワード		CRC-16		DWORD 3

フィールド	幅	位置	説　明
サブタイプ	4ビット	D0:5	0011b
ベンダ・デバイス・テスト	8ビット	D0:9	ベンダ固有の機能
ベンダ定義データ	64ビット	D1:0	ベンダ固有のデータ

(d) ベンダ・デバイス・テストLMP

図2.35　6種類のリンク・マネジメント・パケット(つづき)

2.4 プロトコル層のパケット構成

ウンストリーム・ポートが，対抗デバイスのアップストリーム・ポートに対して発行します．

▶ U2 インアクティビティ・タイムアウト LMP〔サブタイプ＝ 0010b，図 2.35(c)〕

U2 インアクティビティ・タイマのタイムアウト値を指定するために使用されるパケットです．

SetPortFeature(PORT_U2_TIMEOUT)リクエストを受信したハブが，自身

```
31 30 29 28 27 26 25 24 23 22 21 20 19 18 17 16 15 14 13 12 11 10 9 8 7 6 5 4 3 2 1 0
```

リザーブ	リンク・スピード	サブタイプ	タイプ	DWORD 0
リザーブ	タイブレーカ	R	D	リザーブ	HPバッファ数	DWORD 1
リザーブ	DWORD 2
リンク・コントロール・ワード	CRC-16	DWORD 3

フィールド	幅	位置	説　明
サブタイプ	4 ビット	D0：5	0100b
リンク・スピード	7 ビット	D0：9	bit0　：5Gbps の転送速度をサポートする場合 '1' bit6..1：将来の転送速度のためにリザーブ
HP バッファ数	8 ビット	D1：0	ヘッダ・パケット・バッファの数(=4)
方向(D)	2 ビット	D1：16	bit0：ダウンストリーム・ポートとしての機能を持つ場合 '1' bit1：アップストリーム・ポートとしての機能を持つ場合 '1'
タイブレーカ	4 ビット	D1：20	ポート・タイプ(方向)決定に使用する値 ※方向フィードが 11b の場合のみ有効

●ポート方向の決定

		ポート2の機能		
		アップストリームのみ	ダウンストリームのみ	両方サポート
ポート1の機能	アップストリームのみ	接続されない	ポート2がダウンストリーム	ポート2がダウンストリーム
	ダウンストリームのみ	ポート1がダウンストリーム	接続されない	ポート1がダウンストリーム
	両方サポート	ポート1がダウンストリーム	ポート2がダウンストリーム	(注)

(注) 両方のポートともアップ / ダウンをサポートしている場合
　① タイブレーカ値が大きい方がダウンストリーム
　② タイブレーカ値が同じ場合，ポート・ケイパビリティの交換をやり直す
　　（タイブレーカ値はランダムに変更する）

(e) ポート・ケイパビリティ LMP

のダウンストリーム・ポートの U2 インアクティビティ・タイマをセットすると同時に，対抗デバイスのアップストリーム・ポートの U2 インアクティビティ・タイマにも同じ値をセットするために使われます．

▶ベンダ・デバイス・テスト LMP〔サブタイプ= 0011b，図 2.35（d）〕

ベンダ独自のテスト機能を実装するためのパケットです．テストのときにだけ使われ，通常動作時には使用されません．

▶ポート・ケイパビリティ LMP〔サブタイプ= 0100b，図 2.35（e）〕

リンクの機能・能力をリンク・パートナへ通知するパケットです．全てのポートはリンクの初期化が完了した後，$t_{\text{PortConfiguration}}(=20\mu s)$ 以内に本 LMP を送信しなければなりません．

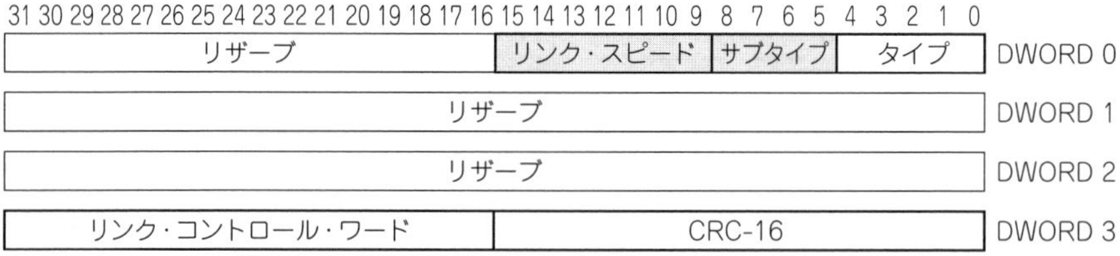

31 30 29 28 27 26 25 24 23 22 21 20 19 18 17 16 15 14 13 12 11 10 9 8 7 6 5 4 3 2 1 0	
リザーブ | リンク・スピード | サブタイプ | タイプ	DWORD 0
リザーブ	DWORD 1
リザーブ	DWORD 2
リンク・コントロール・ワード | CRC-16	DWORD 3

フィールド	幅	位置	説明
サブタイプ	4 ビット	D0：5	0101b
リンク・スピード	7 ビット	D0：9	bit0：5Gbps の転送速度をサポートする場合 '1' bit6..1：将来の転送速度のためリザーブ 確立する転送速度のみ '1' をセットする

（f）ポート・コンフィグレーション LMP

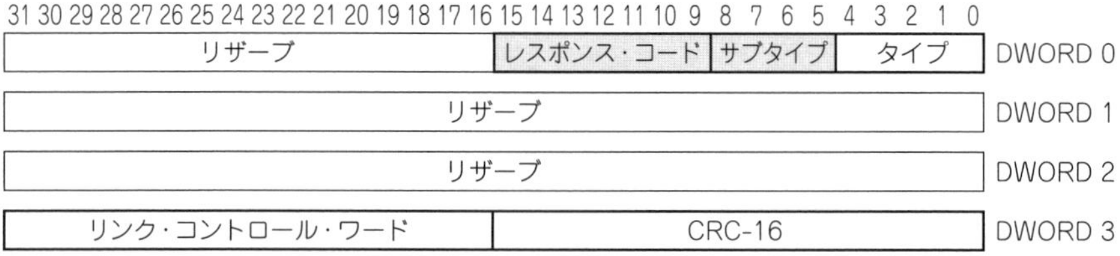

31 30 29 28 27 26 25 24 23 22 21 20 19 18 17 16 15 14 13 12 11 10 9 8 7 6 5 4 3 2 1 0	
リザーブ | レスポンス・コード | サブタイプ | タイプ	DWORD 0
リザーブ	DWORD 1
リザーブ	DWORD 2
リンク・コントロール・ワード | CRC-16	DWORD 3

フィールド	幅	位置	説明
サブタイプ	4 ビット	D0：5	0110b
レスポンス・コード	7 ビット	D0：9	bit0：リンク・スピード設定を受け入れる場合 '1' bit6..1：リザーブ

（g）ポート・コンフィグレーション・レスポンス LMP

図 2.35　6 種類のリンク・マネジメント・パケット（つづき）

▶ポート・コンフィグレーション LMP〔サブタイプ＝ 0101b, 図 2.35 (f)〕

図 2.35 (e) のポート方向の決定によってダウンストリーム・ポート (ホスト) となったポートは，ポート・コンフィグレーション LMP をアップストリーム・ポート (デバイス) へ送ります．これは，リンクの初期化が完了した後，$t_{\text{PortConfiguration}}$ (＝ 20μs) 以内に送信されなければなりません．

▶ ポート・コンフィグレーション・レスポンス LMP〔サブタイプ＝ 0110b, 図 2.35 (g)〕

ポート・コンフィグレーション LMP に対する応答として，アップストリーム・ポート (デバイス) からダウンストリーム・ポート (ホスト) へポート・コンフィグレーション・レスポンス LMP を送ります．この LMP もリンクの初期化が完了した後，$t_{\text{PortConfiguration}}$ (＝ 20μs) 以内に送信されなければなりません．

● トランザクション・パケット(TP，タイプ＝ 00100b)

ホストとデバイスとの間で受け渡されるパケットで，データ・フローの制御やエンド・トゥ・エンドの接続の管理を行います〔図 2.36 (a)〕．デバイス・アドレス・フィールドとルート・ストリング・フィールドは，全てのサブタイプに共通です．

デバイス・アドレス・フィールドには，TP が対象としているデバイスのデバ

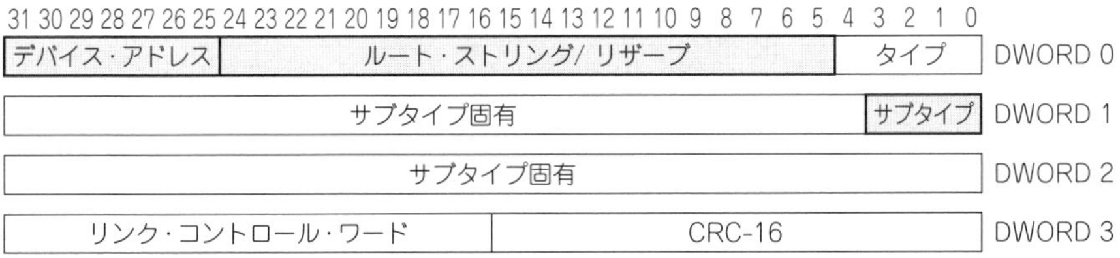

31 30 29 28 27 26 25 24 23 22 21 20 19 18 17 16 15 14 13 12 11 10 9 8 7 6 5 4 3 2 1 0		
デバイス・アドレス	ルート・ストリング/ リザーブ	タイプ	DWORD 0
サブタイプ固有	サブタイプ	DWORD 1
サブタイプ固有	DWORD 2
リンク・コントロール・ワード	CRC-16	DWORD 3

フィールド	幅	位置	説明
サブタイプ	4 ビット	D1:0	0001b：ACK 0010b：NRDY 0011b：ERDY 0100b：ステータス 0101b：ストール 0110b：デバイス通知 0111b：PING 1000b：PING レスポンス

(a) トランザクション・パケット(TP)

図 2.36　8 種類のトランザクション・パケット

イス・アドレスがセットされます．TP を受け取ったデバイスは，自身のデバイス・アドレスと本フィールドの値を比較して自分宛の TP かどうかをチェックします．

ルート・ストリング・フィールドはハブによって使用され，TP をルーティングするために必要な経路情報が設定されます．USB 2.0 では，ハブは全てのダウ

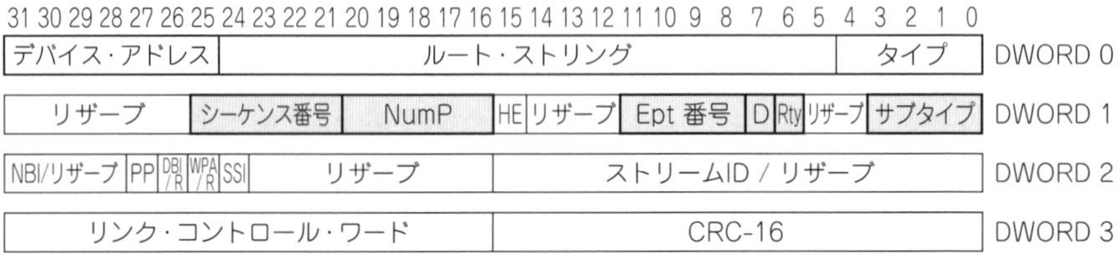

31 30 29 28 27 26 25 24 23 22 21 20 19 18 17 16 15 14 13 12 11 10 9 8 7 6 5 4 3 2 1 0	
デバイス・アドレス / ルート・ストリング / タイプ	DWORD 0
リザーブ / シーケンス番号 / NumP / HE / リザーブ / Ept 番号 / D / Rty / リザーブ / サブタイプ	DWORD 1
NBI/リザーブ / PP / DBI/R / WPA / SSI / リザーブ / ストリームID / リザーブ	DWORD 2
リンク・コントロール・ワード / CRC-16	DWORD 3

フィールド	幅	位置	説明
サブタイプ	4ビット	D1:0	0001b
リトライ	1ビット	D1:6	データの再送を要求する場合 '1'
方向	1ビット	D1:7	TP が対象としているエンドポイントを指定する情報の一つ．0：OUT エンドポイントまたはコントロール・エンドポイント 1：IN エンドポイント ※Control エンドポイントの場合は，データの転送方向の IN/OUT に関わらず常に '0' となることに注意
エンドポイント番号	4ビット	D1:8	転送対象エンドポイントのエンドポイント番号
ホスト・エラー	1ビット	D1:15	ホストがデータ受信できない場合 '1' （ホスト→デバイスのみ）
NumP(パケット数)	5ビット	D1:16	受信可能なデータ・バッファの数（パケット数）を示す
シーケンス番号	5ビット	D1:21	要求する次パケットのシーケンス番号
ストリーム ID	16ビット	D2:0	ストリーム ID（バルクの場合のみ）
Support Smart Isochronous (SSI)	1ビット	D2:24	スマート・アイソクロナスをサポートしていることを示す
Will Ping Again (WPA)	1ビット	D2:25	SSI をサポートしているとき，ホストは次にエンドポイントへアクセスする前に PING TP を送ることを示す
Data in this Bus Interval is done (DBI)	1ビット	D2:26	SSI をサポートしているとき，現在のバス・インターバル内でのホストからエンドポイントへのアクセスは終了したことを示す
パケット・ペンディング	1ビット	D2:27	対象エンドポイントに対し Pending 中のパケットがある場合 '1'（ホスト→デバイスのみ）
Number of Bus Intervals (NBI)	4ビット	D2:28	SSI をサポートし，かつ WPA=0，DBI=1 のとき，ホストが次にエンドポイントへアクセスするまでのバス・インターバルの数を示す

(b) ACK TP

図 2.36　8 種類のトランザクション・パケット（つづき）

ンストリーム・ポートへブロードキャストするだけだったのでそのような情報は不要でしたが，USB 3.0 ではユニキャストになり必要なダウンストリーム・ポートのみへ送るために経路情報が必要になっています（詳細は 3.5 節を参照）．

```
31 30 29 28 27 26 25 24 23 22 21 20 19 18 17 16 15 14 13 12 11 10 9 8 7 6 5 4 3 2 1 0
```

デバイス・アドレス	リザーブ	タイプ	DWORD 0
リザーブ	Ept 番号	D	リザーブ	サブタイプ	DWORD 1
リザーブ	ストリームID / リザーブ	DWORD 2
リンク・コントロール・ワード	CRC-16	DWORD 3

フィールド	幅	位置	説明
サブタイプ	4 ビット	D1：0	0010b
方向	1 ビット	D1：7	0：OUT またはコントロール・エンドポイント 1：IN エンドポイント ※コントロール・エンドポイントの場合は常に '0'
エンドポイント番号	4 ビット	D1：8	転送対象エンドポイントのエンドポイント番号
ストリーム ID	16 ビット	D2：0	ストリーム ID（バルクの場合のみ）

（c）NRDY TP，PING レスポンス TP

```
31 30 29 28 27 26 25 24 23 22 21 20 19 18 17 16 15 14 13 12 11 10 9 8 7 6 5 4 3 2 1 0
```

デバイス・アドレス	リザーブ	タイプ	DWORD 0
リザーブ	NumP	リザーブ	Ept 番号	D	リザーブ	サブタイプ	DWORD 1
リザーブ	ストリームID / リザーブ	DWORD 2
リンク・コントロール・ワード	CRC-16	DWORD 3

フィールド	幅	位置	説明
サブタイプ	4 ビット	D1：0	0011b
方向	1 ビット	D1：7	0：OUT またはコントロール・エンドポイント 1：IN エンドポイント ※コントロール・エンドポイントの場合は常に '0'
エンドポイント番号	4 ビット	D1：8	転送対象エンドポイントのエンドポイント番号
NumP（パケット数）	5 ビット	D1：16	OUT エンドポイントの場合，受信可能なデータ・バッファの数（パケット数）を示す IN エンドポイントの場合，送信可能なデータ・パケットの数を示す
ストリーム ID	16 ビット	D2：0	ストリーム ID（バルクの場合のみ）

（d）ERDY TP

第 2 章 物理層と論理層の役割

▶ ACK TP〔サブタイプ = 0001b, 図 2.36 (b)〕
　ACK TP は,次の 2 通りの目的に使用されます.
　IN 転送の場合：ホストからデバイスに対しデータ送信を要求する,およびデバイスからの受信データを正しく受信できたことを通知するために使用される.
　OUT 転送の場合：デバイスからホストに対し,受信データを正しく受信できたことを通知する.

▶ NRDY TP〔サブタイプ = 0010b, 図 2.36 (c)〕
　NRDY TP は,アイソクロナス以外のエンドポイントのみが送信可能です.

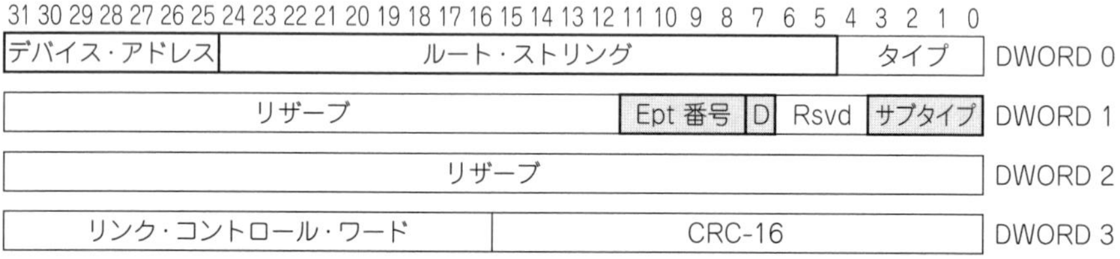

31 30 29 28 27 26 25 24 23 22 21 20 19 18 17 16 15 14 13 12 11 10 9 8 7 6 5 4 3 2 1 0	
デバイス・アドレス ｜ ルート・ストリング ｜ タイプ	DWORD 0
リザーブ ｜ Ept 番号 ｜ D ｜ Rsvd ｜ サブタイプ	DWORD 1
リザーブ	DWORD 2
リンク・コントロール・ワード ｜ CRC-16	DWORD 3

フィールド	幅	位置	説明
サブタイプ	4 ビット	D1：0	0100b, 0101b, 0111b, 1000b
方向	1 ビット	D1：7	0：OUT またはコントロール・エンドポイント 1：IN エンドポイント ※コントロール・エンドポイントの場合は常に 0
エンドポイント番号	4 ビット	D1：8	転送対象エンドポイントのエンドポイント番号

（e）ステータス TP, ストール TP, PING TP, PING レスポンス TP

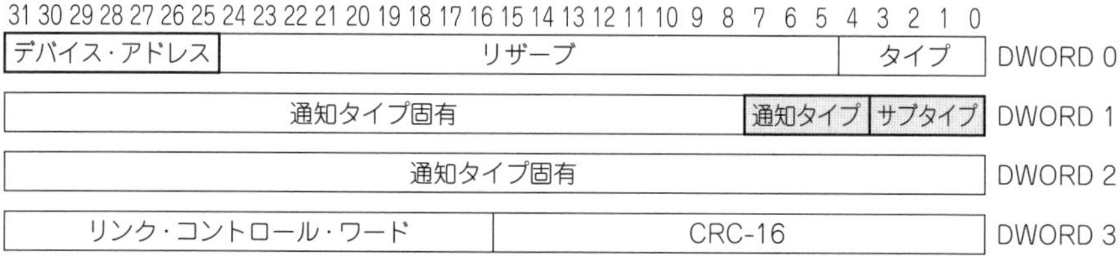

31 30 29 28 27 26 25 24 23 22 21 20 19 18 17 16 15 14 13 12 11 10 9 8 7 6 5 4 3 2 1 0	
デバイス・アドレス ｜ リザーブ ｜ タイプ	DWORD 0
通知タイプ固有 ｜ 通知タイプ ｜ サブタイプ	DWORD 1
通知タイプ固有	DWORD 2
リンク・コントロール・ワード ｜ CRC-16	DWORD 3

フィールド	幅	位置	説明
サブタイプ	4 ビット	D1：0	0110b
通知タイプ	4 ビット	D1：4	0001b：ファンクション・ウェイク 0010b：レイテンシ・トレランス・メッセージ(LTM) 0011b：バス・インターバル補正メッセージ 0100b：ホスト・ロール要求(OTG 用にリザーブ) そのほか：リザーブ

（f）デバイス通知 TP

図 2.36　8 種類のトランザクション・パケット(つづき)

2.4 プロトコル層のパケット構成

INエンドポイントの場合：ホストに対し送信可能なDPがないことを通知する．
OUTエンドポイントの場合：ホストからDPを受信するバッファの空きがないことを通知する．

▶ ERDY TP〔サブタイプ = 0011b，図 2.36（d）〕

ERDY TP は，アイソクロナス以外のエンドポイントのみが送信可能で，DPを送信または受信する準備ができたことをホストに通知します．

▶ ステータス TP〔サブタイプ = 0100b，図 2.36（e）〕

ステータス TP はホストのみが送信でき，コントロール・エンドポイントに対して，ステータス・ステージが開始されたことを示します．

31 30 29 28 27 26 25 24 23 22 21 20 19 18 17 16 15 14 13 12 11 10 9 8 7 6 5 4 3 2 1 0	
デバイス・アドレス ／ リザーブ ／ タイプ	DWORD 0
リザーブ ／ インターフェース ／ 通知タイプ ／ サブタイプ	DWORD 1
リザーブ	DWORD 2
リンク・コントロール・ワード ／ CRC-16	DWORD 3

フィールド	幅	位置	説明
サブタイプ	4ビット	D1：0	0110b
通知タイプ	4ビット	D1：4	0001b：ファンクション・ウェイク
インターフェース	8ビット	D1：8	リモート・ウェイクを引き起こしたインターフェース番号

（g）ファンクション・ウェイク・デバイス通知 TP

31 30 29 28 27 26 25 24 23 22 21 20 19 18 17 16 15 14 13 12 11 10 9 8 7 6 5 4 3 2 1 0	
デバイス・アドレス ／ リザーブ ／ タイプ	DWORD 0
リザーブ ／ BELT ／ 通知タイプ ／ サブタイプ	DWORD 1
リザーブ	DWORD 2
リンク・コントロール・ワード ／ CRC-16	DWORD 3

フィールド	幅	位置	説明
サブタイプ	4ビット	D1：0	0110b
通知タイプ	4ビット	D1：4	0010b：レイテンシ・トレランス・メッセージ
BELT（Best Effort Latency Tolerance）	8ビット	D1：8	bit9..0：レイテンシの値（ns） bit11..10：レイテンシのスケール 　（01b：1024 ／10b：32768 ／ 11b：1048576）

（h）LTM デバイス通知 TP

▶ストール TP(サブタイプ = 0101b)

ストール TP はエンドポイントのみが送信可能で,エンドポイントが Halt 状態あるか,あるいは無効なコントロール転送を実行しようとしたことをホストに通知します.

▶ PING TP(サブタイプ = 0111b)

PING TP は,アイソクロナス転送の前に,対象エンドポイント含むデバイスおよびもし途中経路にハブが存在するならば,それらのハブのリンクを U0 状態に戻すために,ホストからデバイスへ送信されます.

▶ PING レスポンス TP(サブタイプ = 1000b)

PING TP を受信したデバイスは,$t_{PingResponse}$ 以内に PING レスポンス TP で応答します.また,PING レスポンス TP を送信した後,$t_{PingTimeout}$(2 Service Interval)期間は自身のアップストリーム・ポートを U0 に維持しなければなりません.

▶デバイス通知 TP〔サブタイプ = 0110b,図 2.36(f)〕

デバイス通知 TP は,ホストに対してデバイスまたはインターフェースの状態が変化したことを,非同期に通知するために用いられます.その種類は通知タイプで設定されます.

● ファンクション・ウェイク・デバイス通知〔通知タイプ = 0001b,図 2.36(g)〕

本通知は,以下のいずれかの場合にデバイスからホストへ送られます.

- デバイスがリモート・ウェイクを要求して U3 から U0 に戻った後
- SetFeature(FUNCTION_SUSPEND)によってファンクション・サスペン

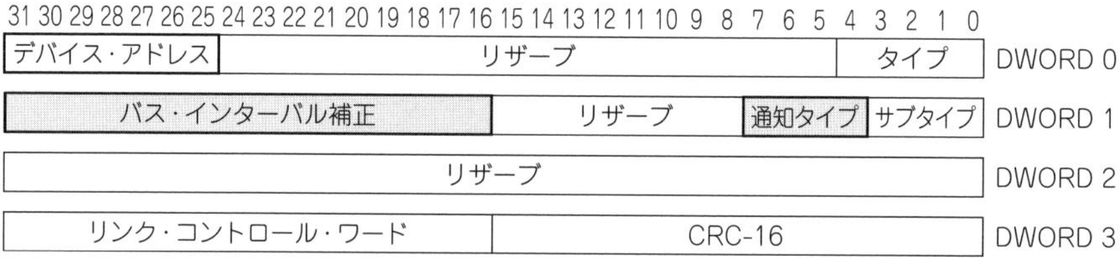

```
31 30 29 28 27 26 25 24 23 22 21 20 19 18 17 16 15 14 13 12 11 10 9 8 7 6 5 4 3 2 1 0
```

デバイス・アドレス	リザーブ	タイプ	DWORD 0
バス・インターバル補正	リザーブ	通知タイプ	サブタイプ	DWORD 1
リザーブ	DWORD 2
リンク・コントロール・ワード	CRC-16	DWORD 3

フィールド	幅	位置	説明
サブタイプ	4 ビット	D1:0	0110b
通知タイプ	4 ビット	D1:4	0011b:バス・インターバル
バス・インターバル補正	16 ビット	D1:16	2 の補数で表現される -32768 ~ +32767 までの値

(i) バス・インターバル補正メッセージ TP

図 2.36 8 種類のトランザクション・パケット(つづき)

ドに入れられたファンクションがリモート・ウェイクを要求するとき

いずれの場合も，デバイス内のどのファンクションがリモート・ウェイクを要求したのかをホストに通知するため，該当ファンクションに相当するインターフェース番号を通知します．

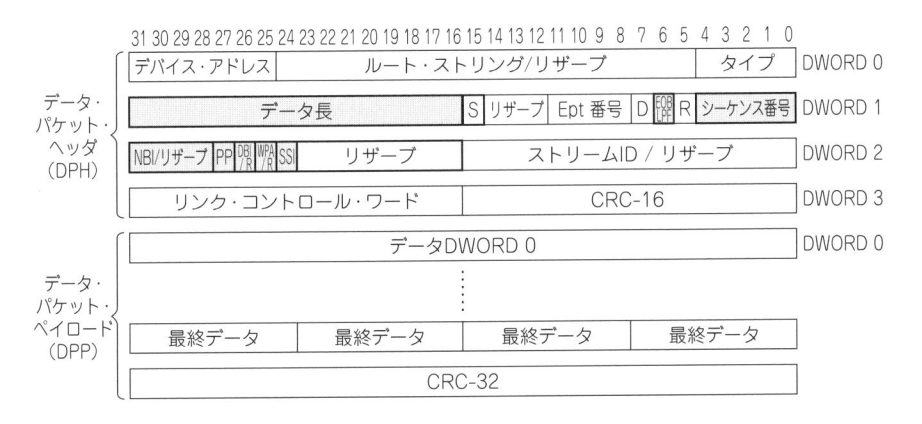

```
                    31 30 29 28 27 26 25 24 23 22 21 20 19 18 17 16 15 14 13 12 11 10 9 8 7 6 5 4 3 2 1 0
           ┌─────┬──────────────┬──────────────────────────┬──────────┐
           │デバイス・アドレス│ ルート・ストリング/リザーブ │ タイプ   │ DWORD 0
データ・    │─────┴──────────────┼──┬──────┬──────┬─┬──┬──┼──────────│
パケット・  │    データ長          │S │リザーブ│Ept番号│D│  │R │シーケンス番号│ DWORD 1
ヘッダ      │──────┬──┬──┬──┬───┴──┴──────┴──────┴─┴──┴──┴──────────│
(DPH)       │NBI/リザーブ│PP│DBI│WPA│SSI│ リザーブ │ストリームID / リザーブ │ DWORD 2
           │──────┴──┴──┴──┴──────────────┴──────────────────│
           │リンク・コントロール・ワード │ CRC-16                    │ DWORD 3
           └──────────────────────────────┴──────────────────┘
           ┌──────────────────────────────────────────────────┐
           │              データDWORD 0                         │ DWORD 0
データ・    │              ⋮                                    │
パケット・  │─────────┬─────────┬─────────┬─────────│
ペイロード  │最終データ│最終データ│最終データ│最終データ│
(DPP)       │─────────┴─────────┴─────────┴─────────│
           │ CRC-32                                            │
           └──────────────────────────────────────────────────┘
```

フィールド	幅	位置	説明
シーケンス番号	5ビット	D1：0	転送パケットのシーケンス番号（0～31）
End Of Burst / Last Packet Flag	1ビット	D1：6	アイソクロナスでない場合，バースト転送の最終パケット送信を示す End OF Burst(EOB)として用いられる．アイソクロナスの場合，サービス・インターバル中の最終パケット送信を示す Last Packet Flag(LPF)として用いられる．
エンドポイント番号	4ビット	D1：8	転送対象 PIPE のエンドポイント番号
セットアップ	1ビット	D1：15	Setup データの場合'1'（ホストのみ）
データ長	16ビット	D1：16	CRC-32 フィールドを除いたデータ・ペイロードのバイト数
Support Smart Isochronous(SSI)	1ビット	D2：24	スマート・アイソクロナスをサポートしていることを示す
Will Ping Again (WPA)	1ビット	D2：25	SSI をサポートしているとき，ホストは次にエンドポイントへアクセスする前に PING TP を送ることを示す
Data in this Bus Interval is done (DBI)	1ビット	D2：26	SSI をサポートしているとき，現在のバス・インターバル内でのホストからエンドポイントへのアクセスは終了したことを示す
パケット・ペンディング	1ビット	D2：27	対象エンドポイントに対し Pending 中のパケットがある場合'1'（ホスト→デバイスのみ）
Number of Bus Intervals(NBI)	4ビット	D2：28	SSI をサポートし，かつ WPA=0，DBI=1 のとき，ホストが次にエンドポイントへアクセスするまでのバス・インターバルの数を示す

図2.37　データ・パケット(DP)

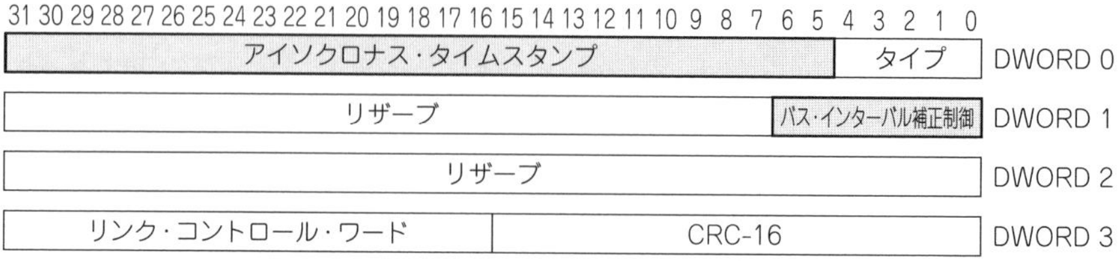

```
31 30 29 28 27 26 25 24 23 22 21 20 19 18 17 16 15 14 13 12 11 10 9 8 7 6 5 4 3 2 1 0
```

アイソクロナス・タイムスタンプ		タイプ	DWORD 0
リザーブ		バス・インターバル補正制御	DWORD 1
リザーブ			DWORD 2
リンク・コントロール・ワード		CRC-16	DWORD 3

フィールド	幅	位置	説明
アイソクロナス・タイムスタンプ (ITS)	27ビット	D0:5	bit13..0（Bus Interval Counter）：125μs カウンタ bit26..14（Delta）：直前のバス・インターバル境界と ITP 送信開始時間の差 ※ $t_{\text{IsochTimestampGranularity}}$ (8HS-BitTime) 単位で指定
バス・インターバル補正制御	7ビット	D1:0	バス・インターバル補正を要求しているデバイスを特定する ※デバイス・アドレスを表示 ※リセット時または切断時に0クリア

図2.38　アイソクロナス・タイムスタンプ・パケット

● レイテンシ・トレランス・メッセージ（LTM）デバイス通知〔通知タイプ＝0010b，図2.36 (h)〕

LTM デバイス通知は，デバイスがデータ転送をホストへ要求してから，データ転送が実際に開始されるまでの時間が，最大どこまで遅れても不都合が生じないかをホストへ通知するために使われます．

● バス・インターバル補正メッセージ・デバイス通知〔通知タイプ＝0011b，図2.36 (i)〕

バス・インターバル補正メッセージ・デバイス通知は，バス・インターバルの調節をデバイスからホストに依頼するために用いられます．

現在の Bus Interval との相対値をバス・インターバル補正フィールドへセットします．ホストがサポートする補正の範囲は，−37268 ～ +37267 × BusInterval AdjustmentGranularity（4.06901041ps）になります．

デバイスは，8 Bus Interval に1回までしか調節を要求できません．

受信した ITP のバス・インターバル補正制御フィールド値が0または自身のデバイス・アドレスの場合のみ，バス・インターバル補正の要求が可能です．自身以外のデバイス・アドレスが設定されている場合，既に他デバイスにより補正要求が出されていることを表します．

● データ・パケット(DP，タイプ＝ 01000b)
　データ・パケットはデータ・パケット・ヘッダ(DPH)とデータ・パケット・ペイロード(DPP)から構成され，データを転送するために使用します(図2.37)．ホストあるいはデバイスのどちらからでも送信が可能です．

● アイソクロナス・タイムスタンプ・パケット(ITP，タイプ＝ 01100b)
　ITP は，ホストから U0 ステートのデバイスへタイムスタンプを通知するために送信されます(図2.38)．
　Bus Interval 境界から $t_\mathrm{TimestampWindow}(8\mu\mathrm{s})$ 以内に送信されます．
　－ U0 State 遷移後 $t_\mathrm{IsochronousTimestampStart}(250\mu\mathrm{s})$ 以内に ITP 送信を開始
　－ LCW の遅延フラグ(DL)がセットされた ITP は，無視してもよい

2.5　トランザクションの詳細

　第1章で説明したように，USB の転送にはコントロール転送とバルク転送，アイソクロナス転送，そして割り込み転送の4種類があります．また，各転送がUSB バス上では幾つかのトランザクションに分割されて実行されることも説明しました．
　本節では，具体的に各トランザクションがどのように実行されるのかを詳しく説明します．また，トランザクションの説明をする前に，理解しておいてほしい幾つかの事柄についても説明します．

● エンドポイントの指定方法
　DP とほとんどの TP は，通信対象となるエンドポイントを指定するために，デバイス・アドレスとエンドポイント番号，そして方向の三つのフィールドを持っています．
　仮に，デバイス・アドレスとエンドポイント番号が同じだったとしても，IN エンドポイントと OUT エンドポイントは別のエンドポイントなので，方向まで指定して初めて一意に指定されます．
　双方向エンドポイントのコントロール・エンドポイントの方向は 0 と決められているため，コントロール転送中の TP または DP の方向フィールドには常に 0 がセットされます．データの転送方向とは無関係なことに注意してください．

● フロー制御状態

　デバイス/エンドポイント側でデータの送受信の準備が間に合わず，トランザクションの途中で一時的にトランザクションを中断している状態をフロー制御状態と呼びます．IN，OUT それぞれのエンドポイントにおいて，フロー制御状態へ遷移する条件は以下のようになります．

　IN エンドポイントの場合：ACK TP 受信に対し，以下の応答を行った場合にフロー制御状態に遷移する

　　－ NRDY TP 送信
　　－ EOB=1 の DP 送信

　OUT エンドポイントの場合：DP 受信に対し，以下の応答を行った場合にフロー制御状態に遷移する

　　－ NRDY TP 送信
　　－ NumP=0 の ACK TP 送信

　USB 2.0 の場合，フロー制御状態のエンドポイントに対して周期的にポーリングを行ってデータ転送の用意ができたかどうかを確認していましたが，これは制御が簡略化できた反面，システムの消費電力やバスのバンド幅を浪費しました．そのため，USB 3.0 ではポーリングが廃止され，データ転送の準備ができたときにデバイス/エンドポイントから ERDY TP を送信してホストへ通知するように変更されました．

　ホストは ERDY TP を受信すると，その TP により指定されたデバイス/エンドポイントに対するトランザクションを再開します．ただし，ホストは ERDY TP を受信しなければ中断していたトランザクションを再開できない，というわけではありません．ホストは必要があれば，いつでも ACK TP(IN の場合) や DP(OUT の場合) をフロー制御状態のエンドポイントへ送信してトランザクションの再開を試みることができます．

● ショート・パケット

　ショート・パケットとは，そのエンドポイントの最大パケット長よりも短い DP のことです．USB 2.0 と同じように，USB 3.0 でもショート・パケットは転送の終了を意味します．

　ショート・パケットの送信時あるいは受信時のホストやエンドポイントの動作は，以下のようになります．

　IN エンドポイントの場合：デバイスはショート・パケット送信で DP を停止

する
　　→ホストは NumP=0 の ACK TP で応答する
　OUT エンドポイントの場合：ホストはショート・パケット送信で DP を停止する
　　→デバイスは NumP=0 の ACK TP で応答する

● トランザクションの制御

　それでは，実際のトランザクションの制御はどのように行われるのかを，最も基本的なトランザクション制御を行っているバルク・トランザクションを例に見ていきましょう．

　USB 3.0 ではバースト・トランザクションがサポートされ，それが基本的なトランザクションの実行方法です．話を単純化するために，まずはバーストでないトランザクションの制御方法を説明し，その後にバースト・トランザクションについて説明します．

(1) OUT 転送（Non-Burst）（図 2.39）

　バルク OUT トランザクションでは，ホストから DP を送って，それに対するレスポンスとしてデバイス / エンドポイントから ACK TP を返すというのが基

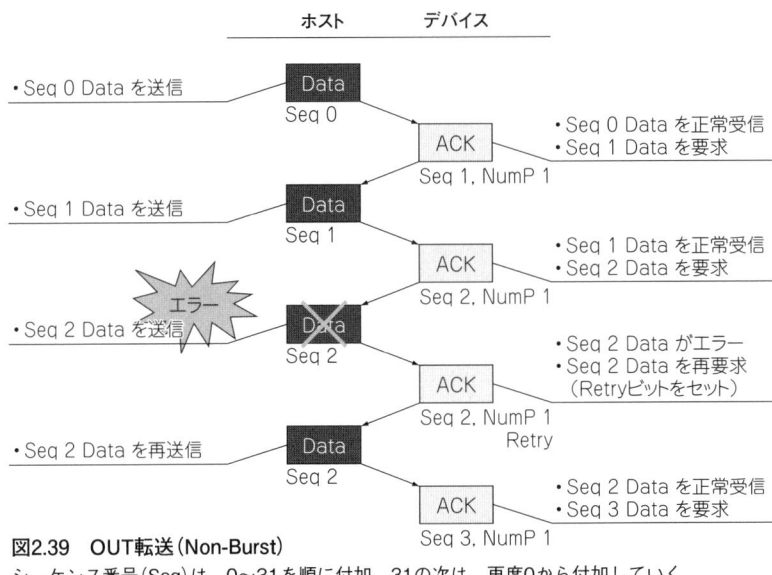

```
ホスト              デバイス

・Seq 0 Data を送信    Data
                      Seq 0
                              ACK        ・Seq 0 Data を正常受信
                                         ・Seq 1 Data を要求
                             Seq 1, NumP 1
・Seq 1 Data を送信    Data
                      Seq 1
                              ACK        ・Seq 1 Data を正常受信
                                         ・Seq 2 Data を要求
                             Seq 2, NumP 1
・Seq 2 Data を送信    ✗Data✗
    エラー            Seq 2
                              ACK        ・Seq 2 Data がエラー
                                         ・Seq 2 Data を再要求
                                         （Retryビットをセット）
                             Seq 2, NumP 1
                                Retry
・Seq 2 Data を再送信  Data
                      Seq 2
                              ACK        ・Seq 2 Data を正常受信
                                         ・Seq 3 Data を要求
                             Seq 3, NumP 1
```

図2.39　OUT転送（Non-Burst）
　シーケンス番号（Seq）は，0～31を順に付加．31の次は，再度0から付加していく．

本的な制御になります.

このときに DP を順序通りに正しく受け取ったかどうかを判断するため, DP のシーケンス番号を使います. ホストは一番初めに送る DP にシーケンス番号 0 をセットして, 新しい DP を送るたびにシーケンス番号をインクリメントします. デバイスは DP を受け取ると,

- CRC エラーがないか
- シーケンス番号に期待したとおりのものがセットされているか
- DPP が存在するか
- DPH のデータ長フィールドの値と, 実際に DPP に含まれるデータのバイト数は一致するか

などのチェックを行います.

もし問題がなければ, 正しくデータを受け取れたことをホストに示すために ACK TP を送ります. このときに ACK TP のシーケンス番号フィールドには次に受け取るはずの DP のシーケンス番号, つまり受信した DP のシーケンス番号をインクリメントしたものをセットします.

もし, 何らかのエラーを検出した場合, ACK TP のシーケンス番号にエラーとなった DP のシーケンス番号をセットして DP の再送を要求します. また, このとき, ACK TP のリトライ・ビットも同時にセットします.

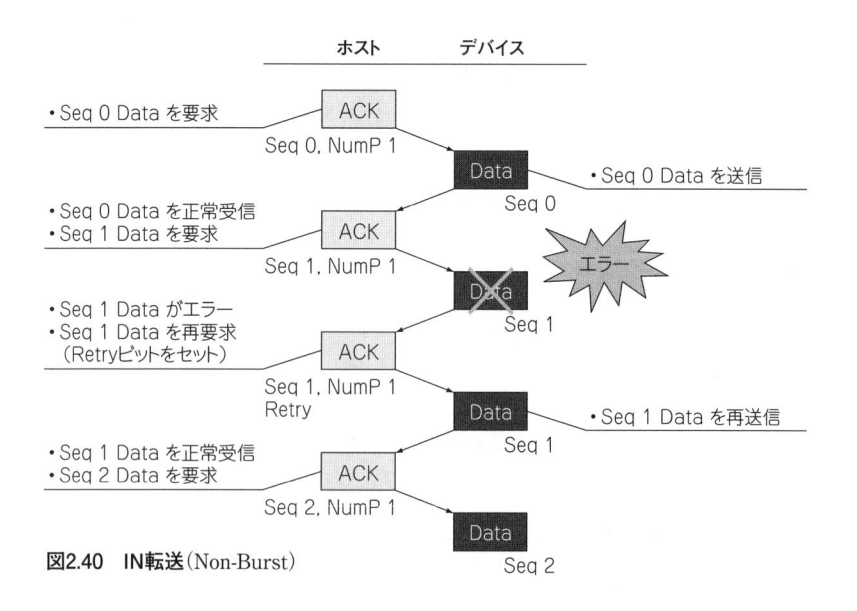

図2.40　IN転送(Non-Burst)

ホストは，送ったはずのDPと同じシーケンス番号がACK TPにセットされ，かつリトライ・ビットもセットされていることで，DPの再送が要求されていることを認識します．

(2) IN 転送(Non-Burst)（図 2.40）

バルクINトランザクションでは，まずホストはデバイス/エンドポイントに対してACK TPを送ります．このACK TPは，DPを正しく受け取ったことを示すACK TPではなく，単にINトランザクションの開始をホストからデバイスに対して通知するものです．ただし，通常のACK TPの使用方法と同様に，シーケンス番号フィールドには次にデバイスから送ってほしいDPのシーケンス番号がセットされます．

その後は，デバイスがDPを送信して，そのDPのエラーの有無に応じて適切なACK TPをホストが返すのは，OUTトランザクションとホストとデバイスの役割が入れ替わっているだけで，それ以外は全く同様に行われます．

(3) フロー制御の OUT 転送(Non-Burst)（図 2.41）

次に，デバイス/エンドポイントがデータを送受信する用意ができておらず，フロー制御状態に入る場合を説明します．

OUTトランザクションの場合，ホストからのDPをデバイスが受け取ったときにそのDPを格納するバッファの空きがなかったら，デバイスはNRDY TP

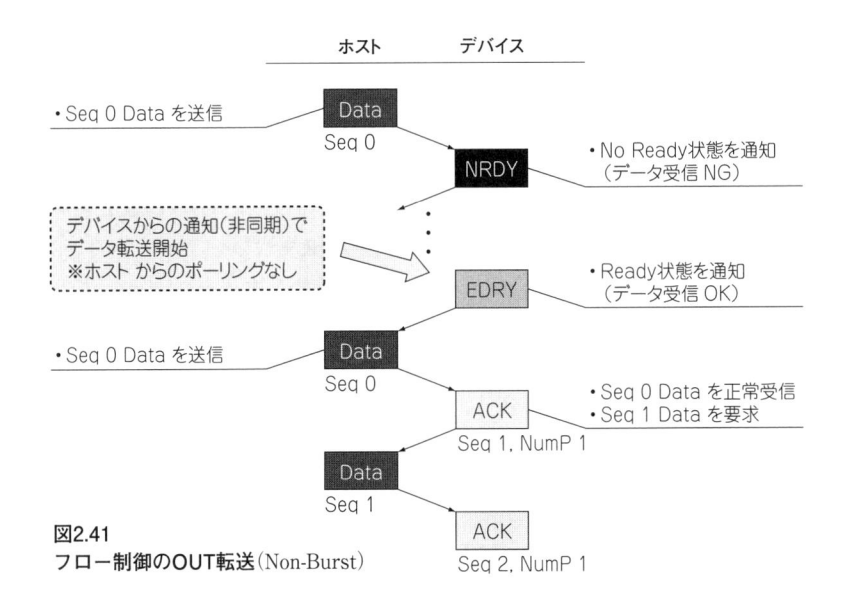

図2.41
フロー制御のOUT転送(Non-Burst)

```
                    ホスト      デバイス

 ・Seq 0 Data を要求   ┌─────┐
                    │ ACK │
                    └─────┘
                    Seq 0, NumP 1
                              ┌──────┐  ・No Ready状態を通知
                              │ NRDY │   （データ送信 NG）
                              └──────┘
┌─────────────────────┐
│ デバイスからの通知（非同期）で │
│ データ転送開始              │
│ ※ホスト からの Polling なし  │
└─────────────────────┘
                              ┌──────┐  ・Ready状態を通知
                              │ EDRY │   （データ送信 OK）
                              └──────┘
 ・Seq 0 Data を要求   ┌─────┐
                    │ ACK │
                    └─────┘
                    Seq 0, NumP 1
                              ┌──────┐  ・Seq 0 Data を送信
                              │ Data │
                              └──────┘
                              Seq 0
                    ┌─────┐
                    │ ACK │
                    └─────┘
                    Seq 1, NumP 1
                              ┌──────┐
                              │ Data │
                              └──────┘
                              Seq 1
```

図2.42
フロー制御のIN転送（Non-Burst）

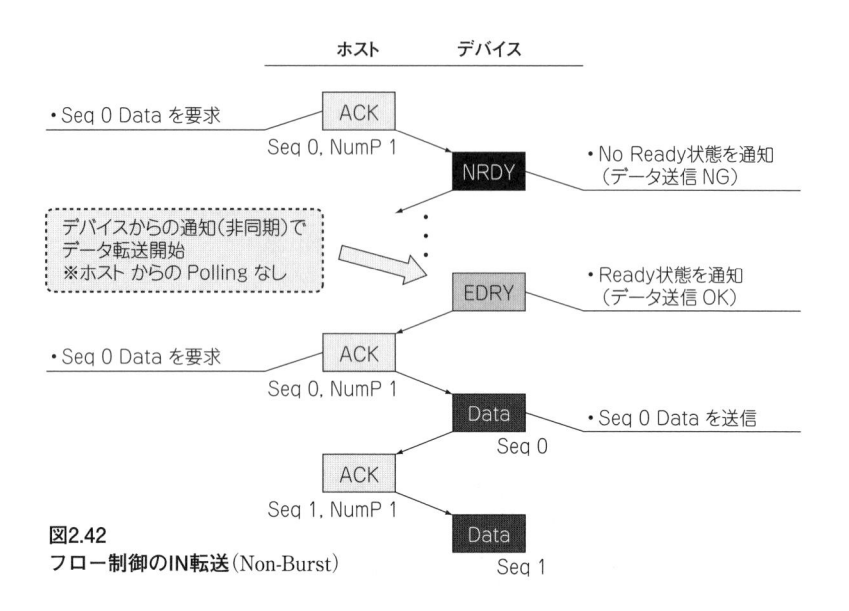

をホストへ返してDPを受信できないことを通知し，フロー制御状態へ遷移します．その後でDPを受信可能になったときに，デバイスはERDY TPをホストへ送ってトランザクションの再開を要求します．

なお，図にはありませんが，受信したDPは正しく受け取れるが次のDP用の空きがない場合，ACK TPを返すときにNumP = 0としてもフロー制御状態へ遷移することができます．

(4) フロー制御の IN 転送（Non-Burst）（図 2.42）

INトランザクションの場合，ホストからのACK TPをデバイスが受け取ったときにDPの準備ができていなかったら，デバイスはNRDY TPをホストへ返してDPを返せないことを通知し，フロー制御状態へ遷移します．その後でDPを送信可能になったときに，デバイスはERDY TPをホストへ送ってトランザクションの再開を要求します．

なお，図にはありませんが，DPを一つなら返せてもその次のDPの用意ができていない場合，DPを返すときにEOB = 1としてもフロー制御状態へ遷移することができます．

(5) OUT 転送（Burst）（図 2.43）

次に，バースト・トランザクションについて説明します．バースト・トランザクションとは，ホストあるいはデバイスが一つのDPを送った後に，そのDPに

2.5 トランザクションの詳細

```
ホスト            デバイス
  │[Data Seq 0]    │
  │[Data Seq 1]    │
  │[Data Seq 2]    │
・Seq 0〜3 Dataを送信
  │[Data Seq 3]    │
  │      [ACK]     │ ・Seq 0 Dataを正常受信
  │   Seq 1, NumP 3│  (Seq 1 Dataの要求)
  │      [ACK]     │ ・Seq 1 Dataを正常受信
  │   Seq 2, NumP 2│  (Seq 2 Dataの要求)
  │      [ACK]     │ ・Seq 2 Dataを正常受信
  │   Seq 3, NumP 1│  (Seq 3 Dataの要求)
  │      [ACK]     │ ・Seq 3 Dataを正常受信
  │   Seq 4, NumP 0│  (Seq 4 Dataの要求)
                     転送完了
```

図2.43
通常転送時のOUT転送（Burst）

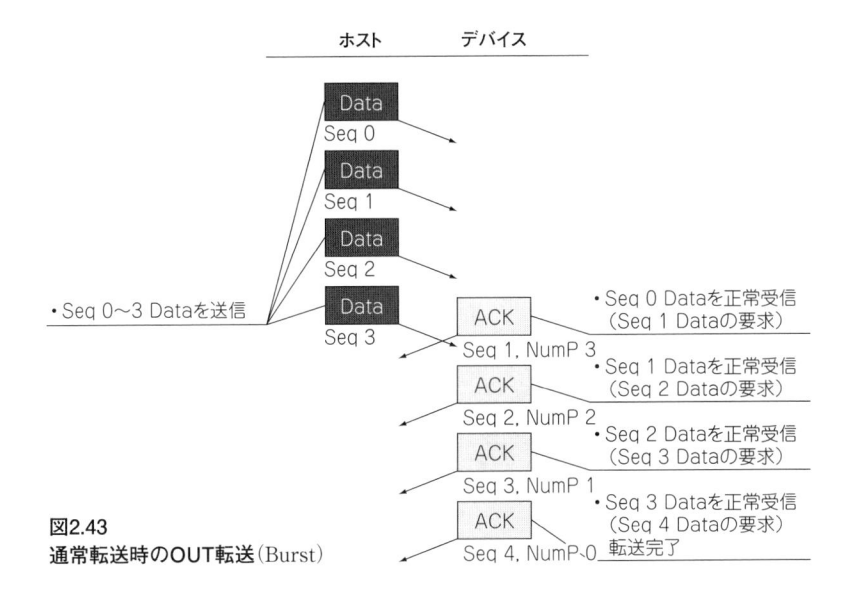

対するACK TPを待たずに次のDPを送るトランザクションのことです．

エンドポイントが送信あるいは受信可能なバーストの最大数は，エンドポイント・コンパニオン・ディスクリプタの最大バースト長フィールドで通知されます．

バースト・トランザクション実行中に，実際に幾つまでDPを送信してもよいかは，ACK TPのNumPフィールドで指定されます．

図2.43はOUTバースト・トランザクションで，最大バースト長＝4の例です．ホストはデバイスからのACK TPを待たずに，4個までのDPを送信可能です．デバイスはDPを受け取るたびにACK TPを返す必要があります．このときに，次に受け取ることを期待しているDPのシーケンス番号をセットすることも前に説明したとおりです．ホストは次のDPを既に送信済みかもしれないので，このACK TPのシーケンス番号は次のDPを要求するという意味合いは少し薄れるのですが，どのシーケンス番号のDPまでをデバイスが正しく受信できたかという情報としては依然重要な役割があります．

また，前のバーストでないトランザクションの説明ではあえて説明しなかったのですが，ACK TPのもう一つ重要な情報としてNumPがあります．NumPの値から送信済みのDPでまだACK TPを受け取っていないものの個数を引くと，エンドポイントの受信バッファにあと何個の空きが残っているかを求めることが

99

第 2 章　物理層と論理層の役割

できます．

(6) IN 転送（Burst）（図 2.44）

IN バースト・トランザクションの場合も同じです．ホストが一番初めに送っ

図2.44　通常転送時のIN転送（Burst）

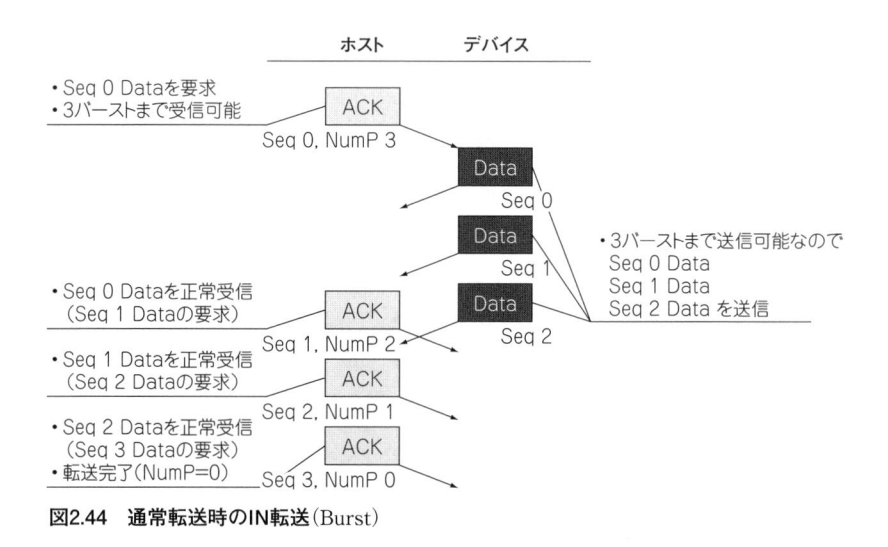

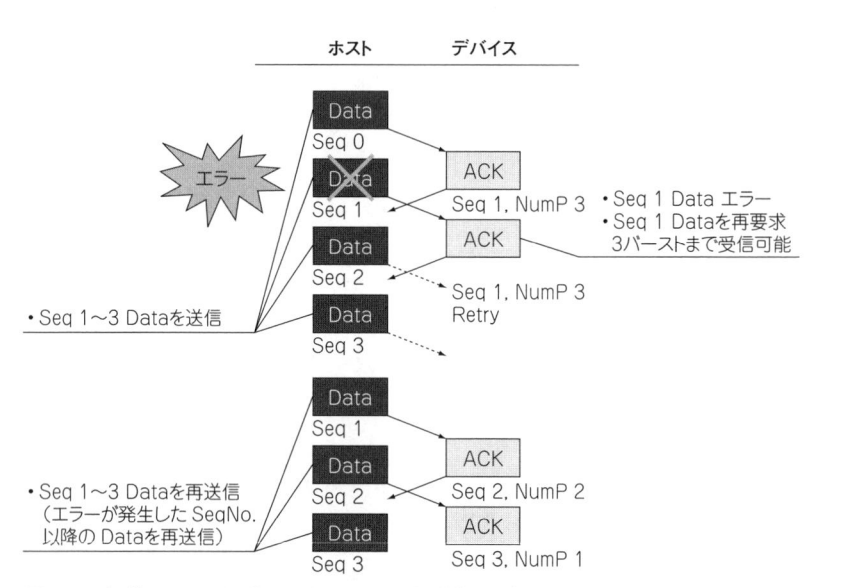

- Seq 0 Dataを要求
- 3バーストまで受信可能

Seq 0, NumP 3

Data Seq 0
Data Seq 1
Data Seq 2

- 3バーストまで送信可能なので Seq 0 Data Seq 1 Data Seq 2 Data を送信

- Seq 0 Dataを正常受信（Seq 1 Dataの要求）

Seq 1, NumP 2

- Seq 1 Dataを正常受信（Seq 2 Dataの要求）

Seq 2, NumP 1

- Seq 2 Dataを正常受信（Seq 3 Dataの要求）
- 転送完了(NumP=0)

Seq 3, NumP 0

図2.45　転送エラーが発生したときのOUT転送（Burst）

- Seq 1～3 Dataを送信

Data Seq 0 → ACK
Data Seq 1 → Seq 1, NumP 3
Data Seq 2 → ACK　Seq 1, NumP 3 Retry
Data Seq 3

エラー

- Seq 1 Data エラー
- Seq 1 Dataを再要求　3バーストまで受信可能

- Seq 1～3 Dataを再送信（エラーが発生した SeqNo.以降のDataを再送信）

Data Seq 1 → ACK
Data Seq 2 → Seq 2, NumP 2
Data Seq 3 → ACK　Seq 3, NumP 1

てくる ACK TP の NumP を見て，デバイスは何個まで DP を送ってよいかを判断します．バースト・トランザクションの開始時点では，送信済みの DP の数がゼロなので，NumP の値が ACK TP を待たずに送れる DP の個数になります．

(7) 転送エラーが発生したときの OUT 転送（Burst）（図 2.45）

次に，OUT バースト・トランザクションでエラーが発生した場合を説明します．受信した DP に何らかのエラーを検出した場合，デバイスはリトライ・ビット，およびエラーを検出した DP のシーケンス番号をセットした ACK TP を返信します．デバイスは，その後に後続の DP を受信するかもしれませんが，それらは破棄して ACK TP も返しません．

ホストは，リトライ・ビットがセットされた ACK TP を受信すると，デバイスが DP の再送を要求していることを認識します．このときに再送するのは，ACK TP のシーケンス番号の DP だけでなく，シーケンス番号以降の全ての DP です．いったんエラーが発生すると，デバイスは後続の DP を無視するためです．

リトライ・ビットがセットされた ACK TP で指定したシーケンス番号を持った DP を受信すると，デバイスは再送処理が始まったことを認識して以降は通常どおり DP を受信します．

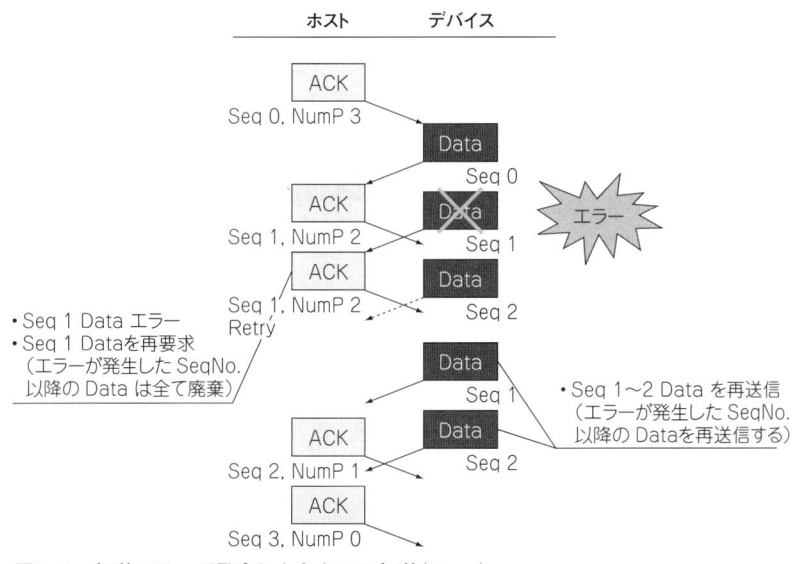

図2.46　転送エラーが発生したときのIN転送（Burst）

第 2 章　物理層と論理層の役割

(8) 転送エラーが発生したときの IN 転送（Burst）（図 2.46）

　IN バースト・トランザクションでエラーが起きた場合も，ホストとデバイスの役割が入れ替わるだけで，そのほかは OUT の場合と同じです．

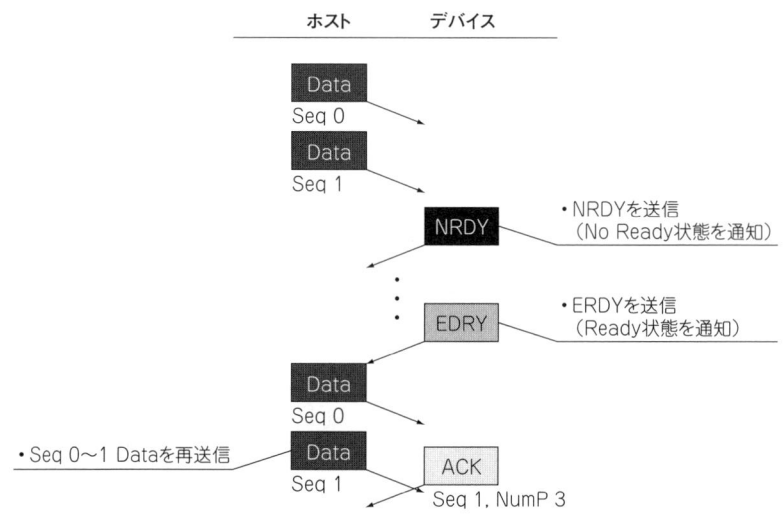

図2.47　フロー制御でデバイスが受信できないときのOUT転送（Burst）

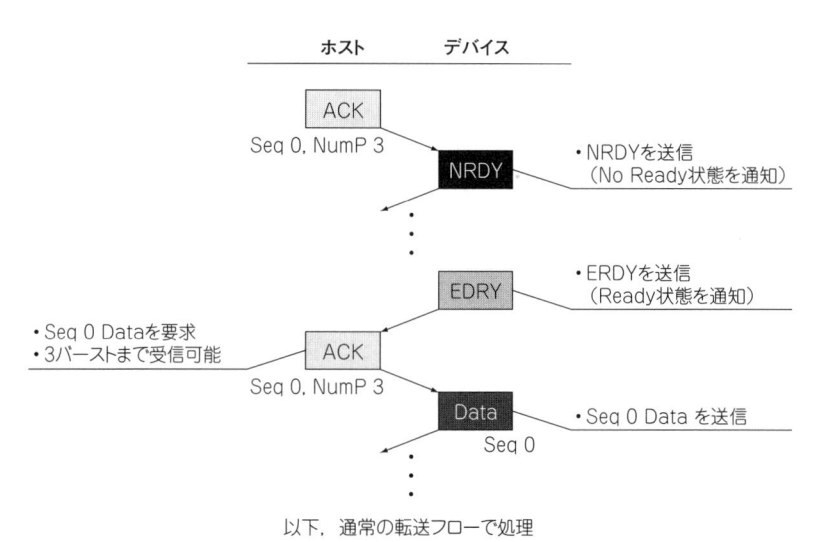

図2.48　フロー制御でデバイスが送信できないときのIN転送（Burst）

2.5 トランザクションの詳細

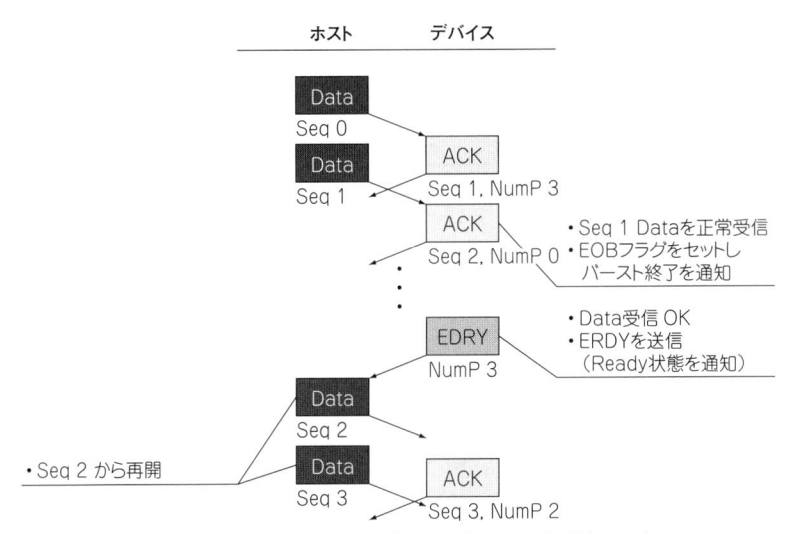

図2.49 フロー制御でデータ転送後に中断する場合のOUT転送（Burst）

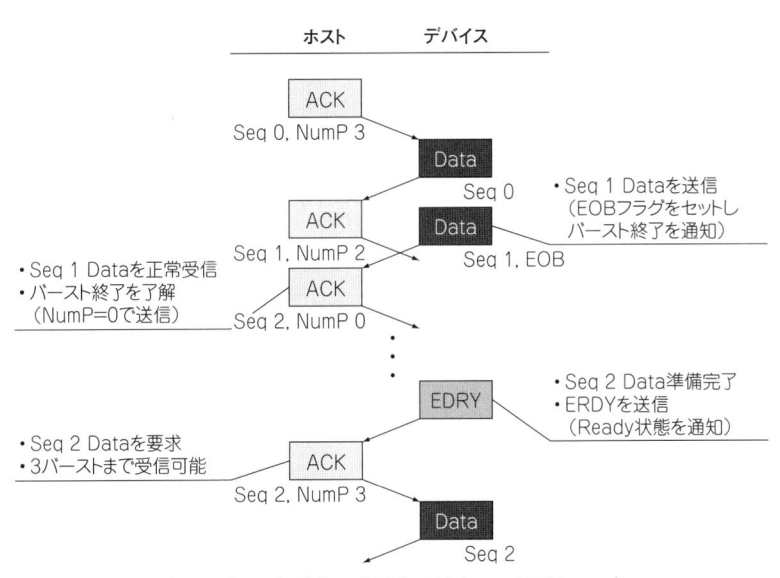

ホスト → デバイス: Data Seq 0
ホスト → デバイス: Data Seq 1
デバイス → ホスト: ACK Seq 1, NumP 3
デバイス → ホスト: ACK Seq 2, NumP 0
・Seq 1 Dataを正常受信
・EOBフラグをセットしバースト終了を通知
デバイス → ホスト: EDRY NumP 3
・Data受信 OK
・ERDYを送信（Ready状態を通知）
ホスト → デバイス: Data Seq 2
ホスト → デバイス: Data Seq 3
デバイス → ホスト: ACK Seq 3, NumP 2
・Seq 2 から再開

図2.50 フロー制御でデータ転送後に中断する場合のIN転送（Burst）

ホスト → デバイス: ACK Seq 0, NumP 3
デバイス → ホスト: Data Seq 0
ホスト → デバイス: ACK Seq 1, NumP 2
デバイス → ホスト: Data Seq 1, EOB
・Seq 1 Dataを送信（EOBフラグをセットしバースト終了を通知）
ホスト → デバイス: ACK Seq 2, NumP 0
・Seq 1 Dataを正常受信
・バースト終了を了解（NumP=0で送信）
デバイス → ホスト: EDRY
・Seq 2 Data準備完了
・ERDYを送信（Ready状態を通知）
ホスト → デバイス: ACK Seq 2, NumP 3
・Seq 2 Dataを要求
・3バーストまで受信可能
デバイス → ホスト: Data Seq 2

(9) フロー制御でデバイスが受信できないときの OUT 転送（Burst）（図 2.47）
(10) フロー制御でデバイスが送信できないときの IN 転送（Burst）（図 2.48）

　フロー制御状態に遷移する制御は，バーストでないトランザクションの場合と同じです．トランザクションの先頭で，DP を受け取れない，もしくは DP を送信する用意ができていないときには，デバイスは NRDY TP をホストへ送ってフロー制御状態へ遷移します．

　データの送受信が可能になったら ERDY TP を送るのも同じです．

(11) フロー制御でデータ転送後に中断する場合の OUT 転送（Burst）（図 2.49）

　OUT トランザクションで，現在受信中の DP を受信した後にフロー制御状態へ入りたい場合は，ACK TP を返すときに NumP = 0 とします．

(12) フロー制御でデータ転送後に中断する場合の IN 転送（Burst）（図 2.50）

　IN トランザクションで，現在送信中の DP を送信した後にフロー制御状態へ入りたい場合は，DP の EOB = 1 とします．

● DP の再送処理
(1) DPP エラー

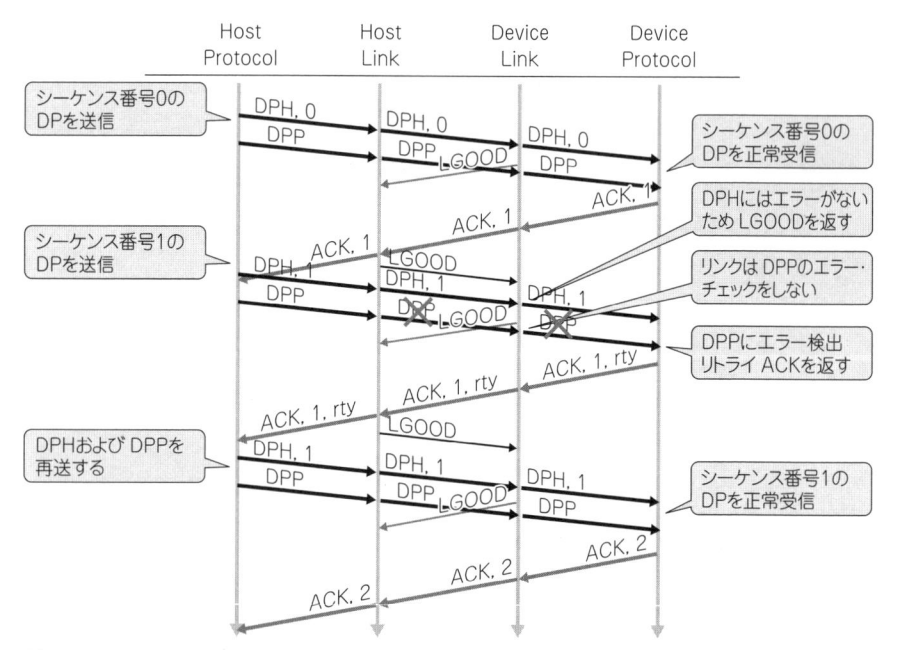

図2.51　OUTトランザクションでDPPにエラーが起きた場合の再送処理

2.5 トランザクションの詳細

　ここで少し話題を変えて，DPのエラー処理を少し詳しく見てみます．リンク層の節で，DPPのエラー処理はリンク層では行わず上位層で行うという説明をしましたが，それがプロトコル層になります．

　DPにエラーが起こるのは，DPHにエラーが起きた場合とDPPにエラーが起きた場合の2通りで，リンク層での扱いが違うためエラー処理も二つの場合に分けられます．

　図2.51は，OUTトランザクションでDPPにエラーが起きた場合です．この場合，デバイスのリンク層ではDPHのエラー・チェックだけを行ってDPPはチェックしないため，デバイスのリンク層にとっては正しいDPだと認識してデバイスのプロトコル層へ転送します．

　プロトコル層ではDPPのチェックも行うため，ここでDPPにエラーが起きていることが分かります．そして，プロトコル層はDPの再送を要求するためリトライ・ビットをセットしたACKを返信します．

　リトライACKを受け取ったホストのプロトコル層は，DPHとDPPを再送します．

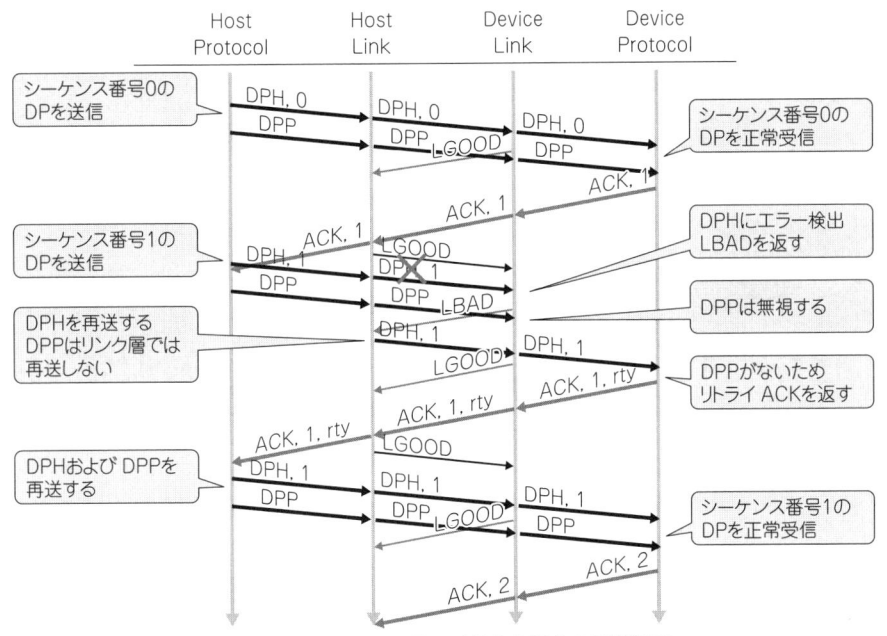

図2.52　OUTトランザクションでDPHにエラーが起きた場合の再送処理

コラム 2.A　USB 3.0 のトランザクション

　USB の転送はトランザクションに分割され，それぞれのトランザクションが複数のパケットによって実行されます．

　USB 2.0 ではトランザクションとそれを構成するパケットとの関係は仕様書の上で明確に定義されていたのですが，USB 3.0 ではトランザクションとトランザクションとの間の境界を指定するのが簡単ではなくなったため，仕様書上の定義はなくなってしまいました．

　そこで，USB 2.0 の知識を持った人のためにあえて定義すれば USB 3.0 のトランザクションはこうなるはずだというものを説明します．

　図 2.A は，USB 2.0 と USB 3.0 の OUT トランザクションを比較したものです．USB2.0 では，OUT トランザクションは，
　(1) OUT トークン・パケット（ホスト → デバイス）
　(2) データ・パケット（ホスト → デバイス）

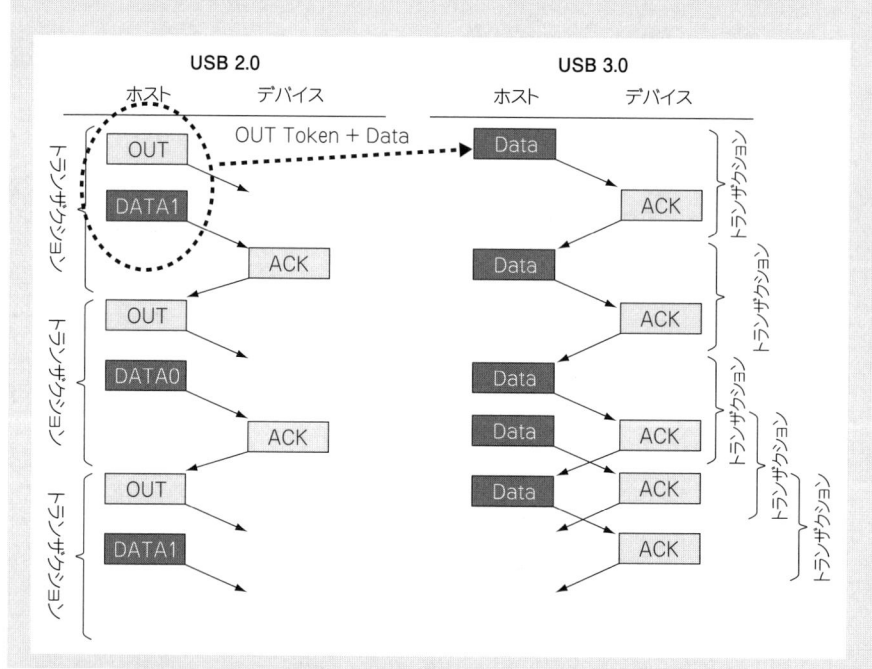

図2.A　USB 2.0とUSB 3.0のOUTトランザクションの比較

(3) ACKハンドシェイク・パケット(デバイス → ホスト)
の三つのパケットから構成されていました.

USB 3.0では,データ・パケットにOUTトークン・パケット相当の情報を含むようにしたため,

(1) データ・パケット(ホスト → デバイス)
(2) ACKハンドシェイク・パケット(デバイス → ホスト)

の二つのパケットからOUTトランザクションが構成されることになります.図の前半のように転送が行われれば,この関係は分かりやすいのですが,実際には後半のようにACKの返信を待たずに次のデータ・パケットを送信するバースト転送がUSB 3.0ではサポートされたため,複数のトランザクションがオーバーラップして実行されます.

INトランザクションの場合は,さらに複雑なことになっています.**図2.B**は,

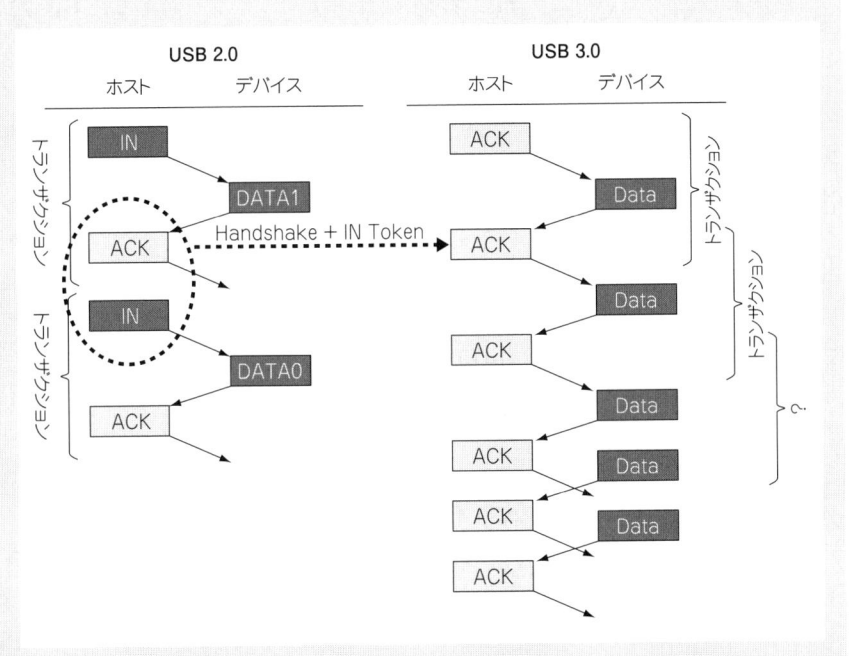

図2.B　USB 2.0とUSB 3.0のINトランザクションの比較

USB 2.0 と USB 3.0 の IN トランザクションを比較したものです．USB 2.0 では，IN トランザクションは，

(1) IN トークン・パケット(ホスト → デバイス)
(2) データ・パケット(デバイス → ホスト)
(3) ACK ハンドシェイク・パケット(ホスト → デバイス)

の三つのパケットから構成されていました．

USB 3.0 では，ACK ハンドシェイク・パケットが次のトランザクションの IN トー

(2) DPH エラー

次に，OUT トランザクションで DPH にエラーが起きた場合を考えます(図2.52)．この場合はデバイスのリンク層がエラーを検出するため，デバイスのリンク層が LBAD を返信して再送を要求します．また，エラーがあった DP はプロトコル層へは転送しません．

LBAD を受け取ったホストのリンク層は DP の再送を行います．しかし，リンク層で保持する送信済みパケットのバッファに必要なメモリ量を抑えるため，リンク層では DPH のみを保持して DPP は保持していません．そのため，リンク層では DPH のみ再送して DPP は再送しません．

デバイスのリンク層は DPH のみを受け取りますが，DPP がなくてもリンク層にとってはエラーでないため，それはプロトコル層へ転送されます．一方，プロトコル層は DPP のない DP を受信したことにより途中でエラーが起きたことを認識し，リトライ ACK を送って DP の再送を要求します．

リトライ ACK を受け取ったホストのプロトコル層は，DPH と DPP を再送します．

2.6　ストリーム・プロトコル

USB 3.0 ではさらにバスの転送効率を上げるために，コマンド・キューイングもサポートしました．コマンド・キューイング自体は，上位プロトコルの UAS (USB Attached SCSI)でサポートされ，USB 3.0 のバス・スペックはコマンド・キューイングを実現するための基礎となるプロトコルをサポートしました．それ

クン・パケットの役割も行うようになったため，トークンからハンドシェイクまでが1トランザクションと考えると，図の前半のようにバーストを行わない場合でもトランザクション間のオーバーラップが起きています．そして，後半のようにバースト転送になると，もうその考え方ではトランザクションを捉えられなくなってしまいます．プロトコル・アナライザなどの現実のアプリケーションでは，この場合はデータ・パケットからそれに対応するACKハンドシェイクまでをトランザクションと考えることが多いようです．

がストリーム・プロトコルです．

ストリーム・プロトコルでは，ACK TPやDPにストリームIDというタグ情報を追加して，ある一つのエンドポイントに対して複数のトランザクションを同時に実行できるようにしました．これによって，UASでは一つのハード・ディスクに対して複数のコマンドを同時実行することが可能になりました．

また，それらのコマンドを受け取った順番ではなく，最適な順番にコマンドの実行順をデバイス側で入れ替えるリオーダを行えるように，デバイス側からトランザクションを開始できるようにしました．

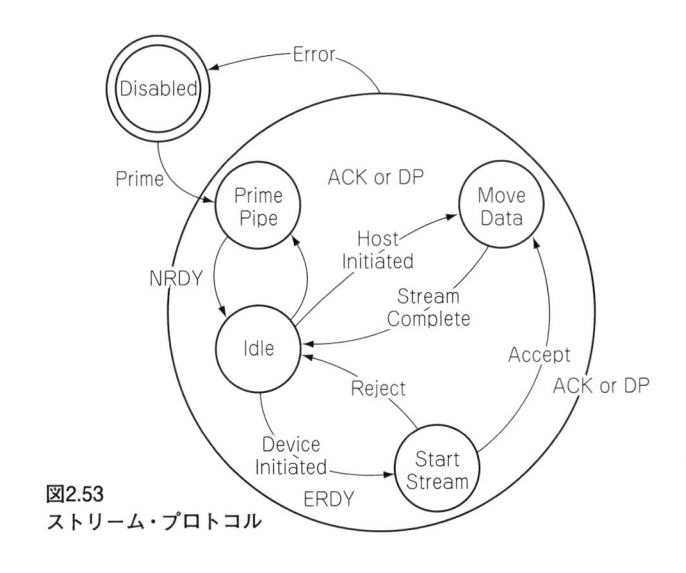

図2.53 ストリーム・プロトコル

これは，全てのトランザクションはホストが集中管理を行って，ホストのみがトランザクションを起動できるという USB の基本的なポリシーに反しているように見えますが，以下のステートマシンのような制御を行うことによって，USB の基本的なルールを守った上でデバイスからトランザクションを起動できるようにしました（図 2.53）．

(1) Disabled ステート（図 2.54）

デバイスが初期化された直後は，Disabled ステートにいますが，ホストはただちに Prime（FFFEh）と呼ばれる特別なストリーム ID を持った ACK TP または DP を送信し，その結果，デバイスは Prime Pipe ステートへ遷移します．

(2) Prime Pipe ステート（図 2.55）

ACK（Prime）または DP（Prime）に対しては，デバイスは必ず NRDY TP を返信して，Idle ステートへ遷移します．

(3) Idle ステート

Idle ステートは，デバイスが NRDY TP を送ったためフロー制御状態となります．通常のバルク転送ならフロー制御状態は一時的な状態ですが，ストリーム・

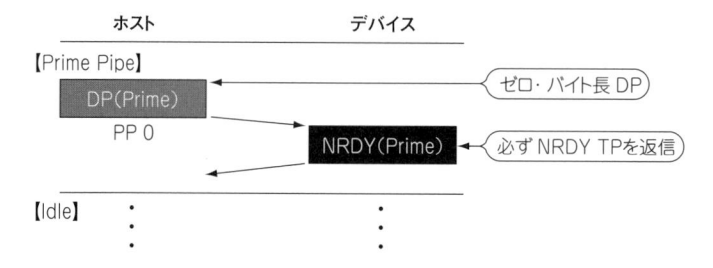

図2.54 DisabledからのPrime Pipeステートのトランザクション（OUT Stream）

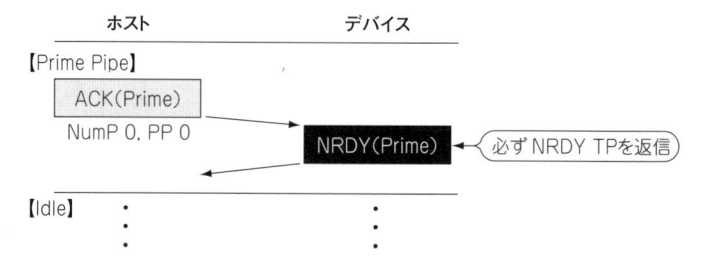

図2.55 Disabled Prime Pipeステートのトランザクション（IN Stream）

プロトコルではこの状態がデフォルト状態です．そして，デバイスは ERDY TP を送ることによってトランザクションの開始を要求します．このときに，0001h から FFFDh までの値をストリーム ID にセットして，どのトランザクションを開始したいのかを指定します．このストリーム ID はデバイスが適当な値を選ぶわけではなく，あらかじめ何らかの手段でホストからデバイスへコマンドをキューイングするときに，それぞれのコマンドのタグ情報としてストリーム ID が指定されていて，リオーダの結果，実行しようとしているコマンドに対応したストリーム ID を ERDY TP にセットします．なお，コマンドのキューイング方法は，ストリーム・プロトコルとしては規定せず，UAS などの上位プロトコルで規定されます．

(4) Start Stream ステート（図 2.56，図 2.57）

ホストは ERDY TP によって指定されたストリーム ID をチェックして，対応するコマンドが実行可能ならば，同じストリーム ID を持った ACK TP または DP を送信し，Move Data ステートへ遷移してデータ転送を開始します．

もし，対応するコマンドがまだ実行されていない場合，ホストは NoStream

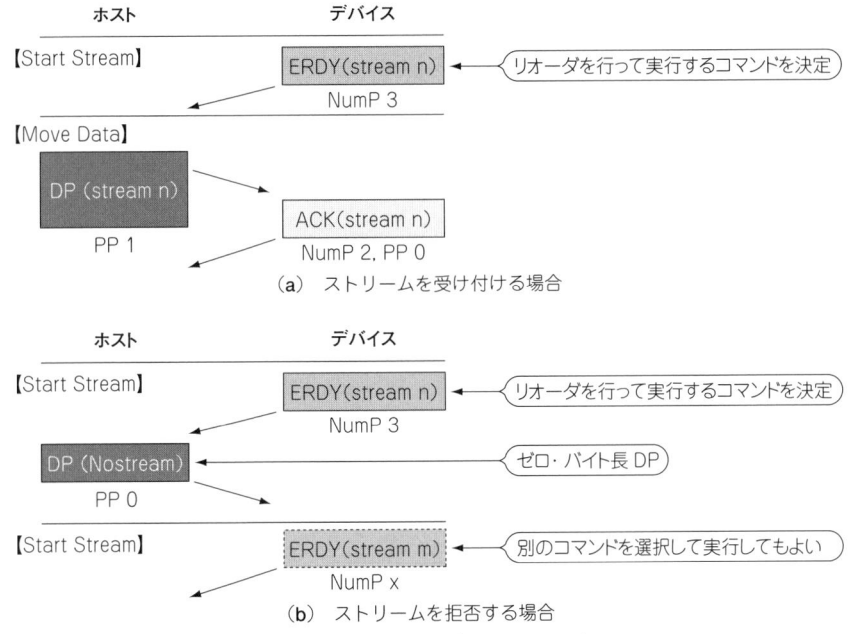

図2.56 Start Streamステートのトランザクション（OUT Stream）

(FFFFh)という特別なストリーム ID をセットした ACK TP または DP を送信します．ACK TP の場合，つまり IN エンドポイントの場合は，ACK TP の NumP = 0 とするので，フロー制御状態へ遷移する条件が成立しているため，そのまま Idle ステートへ遷移します．一方，DP の場合，つまり OUT エンドポイントの場合は，デバイスは NRDY(NoStream)を送って，そして Idle ステートへ遷移します．

(5) Move Data ステート（図 2.58，図 2.59）

バルク転送のルールに従ってデータ転送が行われます．このとき，ホストとデバイスとの間で送受信される ACK TP と DP には，選択されたストリーム ID がセットされています．転送完了後，Idle ステートに遷移します．

なお，ホストが ACK TP もしくは DP を送って Idle ステートから Move Data ステートへ遷移する Host Initiated という条件がありますが，これは UAS では使用されていません．将来，UAS 以外の上位プロトコルで使われることを考慮してストリーム・プロトコルとしては定義されていますが，UAS では Device

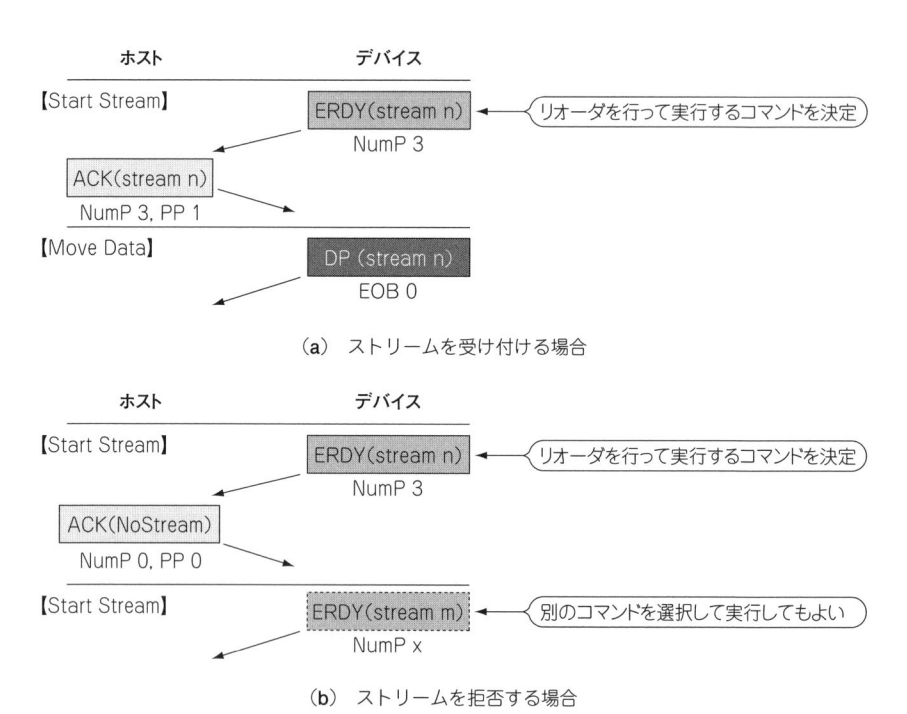

(a) ストリームを受け付ける場合

(b) ストリームを拒否する場合

図2.57　Start Streamステートのトランザクション（IN Stream）

Initiated のみが使われます.

● コントロール転送
コントロール転送は，USB 2.0 と同様に，

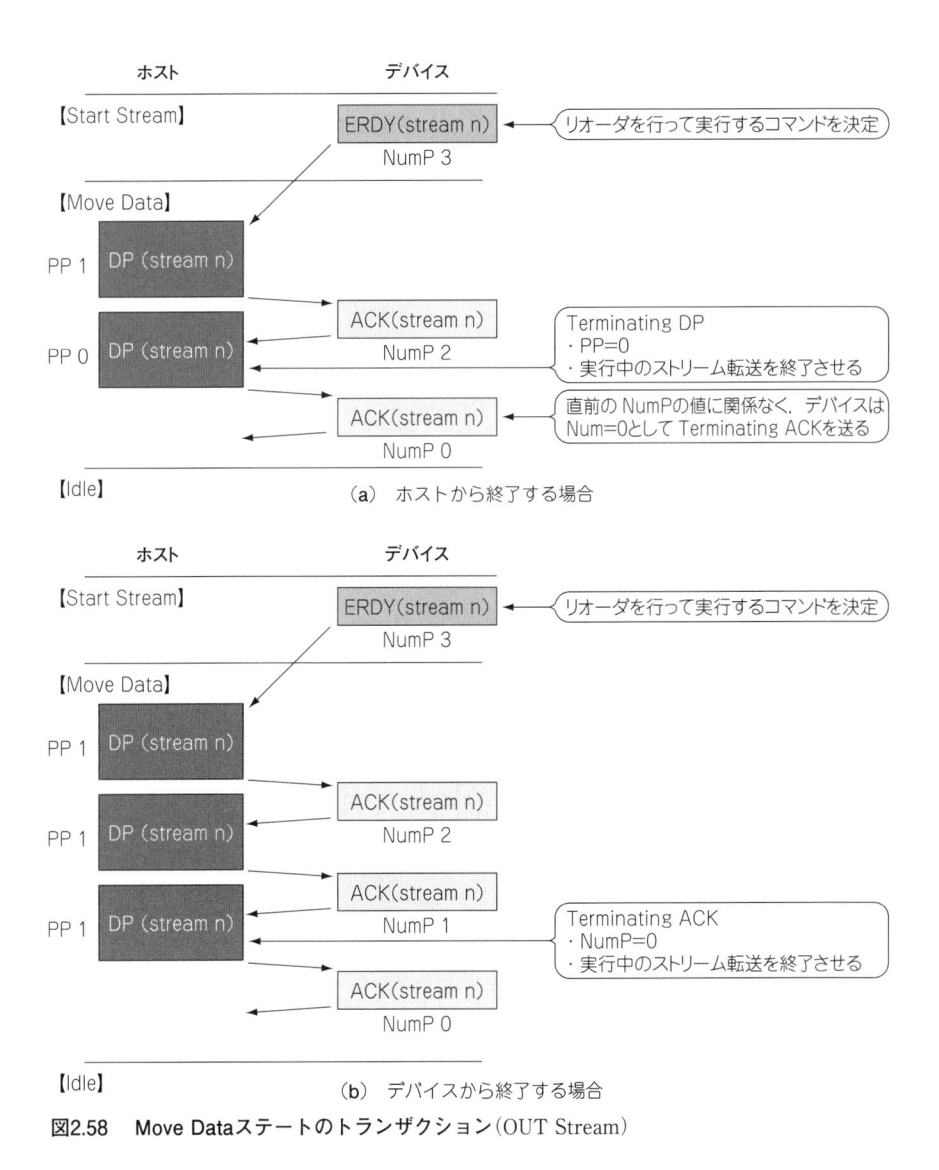

```
ホスト            デバイス
【Start Stream】
                 ERDY(stream n) ← (リオーダを行って実行するコマンドを決定)
                 NumP 3
【Move Data】
PP 1  DP (stream n)
                 ACK(stream n)
PP 0  DP (stream n)              Terminating DP
                 NumP 2          ・PP=0
                                 ・実行中のストリーム転送を終了させる
                 ACK(stream n)   直前の NumP の値に関係なく，デバイスは
                 NumP 0          Num=0として Terminating ACKを送る
【Idle】
           (a) ホストから終了する場合
```

```
ホスト            デバイス
【Start Stream】
                 ERDY(stream n) ← (リオーダを行って実行するコマンドを決定)
                 NumP 3
【Move Data】
PP 1  DP (stream n)
                 ACK(stream n)
PP 1  DP (stream n)
                 NumP 2
                 ACK(stream n)
PP 1  DP (stream n)              Terminating ACK
                 NumP 1          ・NumP=0
                                 ・実行中のストリーム転送を終了させる
                 ACK(stream n)
                 NumP 0
【Idle】
           (b) デバイスから終了する場合
```
図2.58 Move Data ステートのトランザクション (OUT Stream)

(a) ホストから終了する場合

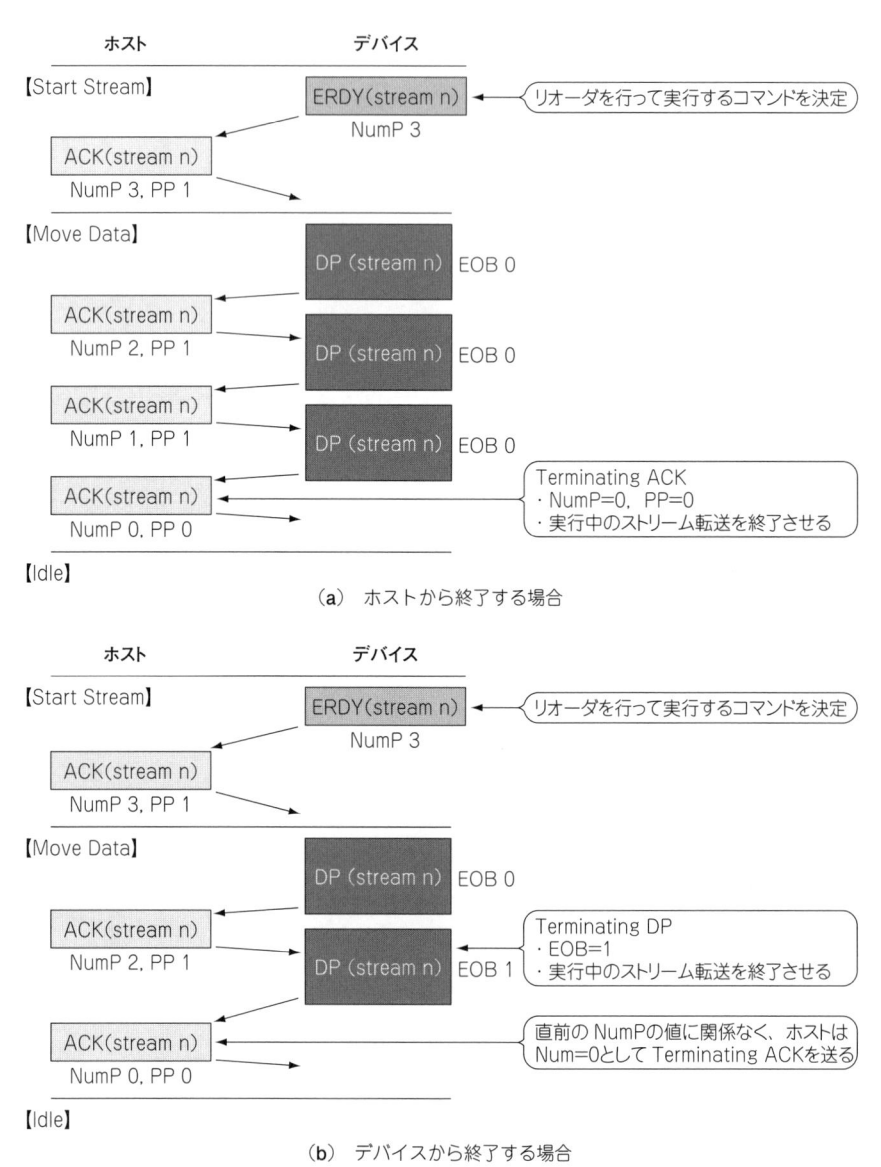

【Start Stream】
- デバイス → ホスト: ERDY(stream n), NumP 3 ← リオーダを行って実行するコマンドを決定
- ホスト → デバイス: ACK(stream n), NumP 3, PP 1

【Move Data】
- デバイス → ホスト: DP (stream n) EOB 0
- ホスト → デバイス: ACK(stream n), NumP 2, PP 1
- デバイス → ホスト: DP (stream n) EOB 0
- ホスト → デバイス: ACK(stream n), NumP 1, PP 1
- デバイス → ホスト: DP (stream n) EOB 0
- ホスト → デバイス: ACK(stream n), NumP 0, PP 0 ← Terminating ACK ・NumP=0，PP=0 ・実行中のストリーム転送を終了させる

【Idle】

（a）ホストから終了する場合

(b) デバイスから終了する場合

【Start Stream】
- デバイス → ホスト: ERDY(stream n), NumP 3 ← リオーダを行って実行するコマンドを決定
- ホスト → デバイス: ACK(stream n), NumP 3, PP 1

【Move Data】
- デバイス → ホスト: DP (stream n) EOB 0
- ホスト → デバイス: ACK(stream n), NumP 2, PP 1
- デバイス → ホスト: DP (stream n) EOB 1 ← Terminating DP ・EOB=1 ・実行中のストリーム転送を終了させる
- ホスト → デバイス: ACK(stream n), NumP 0, PP 0 ← 直前のNumPの値に関係なく、ホストはNum=0としてTerminating ACKを送る

【Idle】

（b）デバイスから終了する場合

図2.59 Move Dataステートのトランザクション（IN Stream）

2.6 ストリーム・プロトコル

(a) Control Write 転送

【Setup Stage】

ホスト: SETUP DP (Seq 0) → デバイス
デバイス: ACK (Seq 1, NumP 0/1) → ホスト

- DP Header.Setup=1
- DP Header.DataLength=8
- Setup=1のDPをホストが送信（Seqは常に0）
- 必ず ACK TPを返信（NRDY, STALL応答はしない）
- SETUP DP Error時は、SeqNum=0, Rty=1のACK TPを返す

【Data Stage】

ホスト: Data (Seq 0) → デバイス
デバイス: ACK (Seq 1, NumP 0/1) → ホスト
…
ホスト: Data (Seq 5) → デバイス
デバイス: ACK (Seq 6, NumP 0/1) → ホスト

- NumP=0のACK TPを返信した場合はERDY TPを送信して転送を再開する
- SETUPで指定された長さ以下のデータを転送
- ※最終パケット以外は Max Packet Size
- Data StageのSeqは0から開始
- NumPは常に1 or 0
- ACK TP/NRDY TP/STALL TP応答が使用可能

【Status Stage】

ホスト: STATUS (Seq 0) → デバイス
デバイス: ACK (Seq 1, NumP 0/1) → ホスト

- STATUS TPをHostが送信（Seqは常に0）
- ACK TP/NRDY TP/STALL TPを返信
- ※ACK TP送信時、NumPは0
- ※NRDY TP送信の場合、ERDY TP送信後に再度 STATUS TPが送られてくる

(a) Control Write 転送

(b) Control Read 転送

【Setup Stage】

ホスト: SETUP DP (Seq 0) → デバイス
デバイス: ACK (Seq 1, NumP 0/1) → ホスト

- DP Header.Setup=1
- DP Header.DataLength=8
- Setup=1のDPをHostが送信（Seqは常に0）
- 必ず ACK TPを返信（NRDY, STALL応答はしない）
- SETUP DP Error時はSeqNum=0, Rty=1のACK TPを返す

【Data Stage】

ホスト: ACK (Seq 0, NumP 1) → デバイス
デバイス: Data (Seq 0) → ホスト
…
ホスト: ACK (Seq 3, NumP 1) → デバイス
デバイス: Data (Seq 3) → ホスト

- NumP=0のACK TPを返信した場合はERDY TPを送信して転送を再開する
- SETUPで指定された長さ以下のデータを転送
- ※最終パケット以外は Max Packet Size
- Data StageのSeqは0から開始
- NumPは常に1 or 0
- EOBは常に0
- DP/NRDY TP/STALL TP応答が使用可能

【Status Stage】

ホスト: STATUS (Seq 0) → デバイス
デバイス: ACK (Seq 1, NumP 0) → ホスト

- STATUS TPをHostが送信（Seqは常に0）
- ACK TP/NRDY TP/STALL TPを返信
- ※ACK TP送信時、NumPは0
- ※NRDY TP送信の場合、ERDY TP送信後に再度 STATUS TPが送られてくる

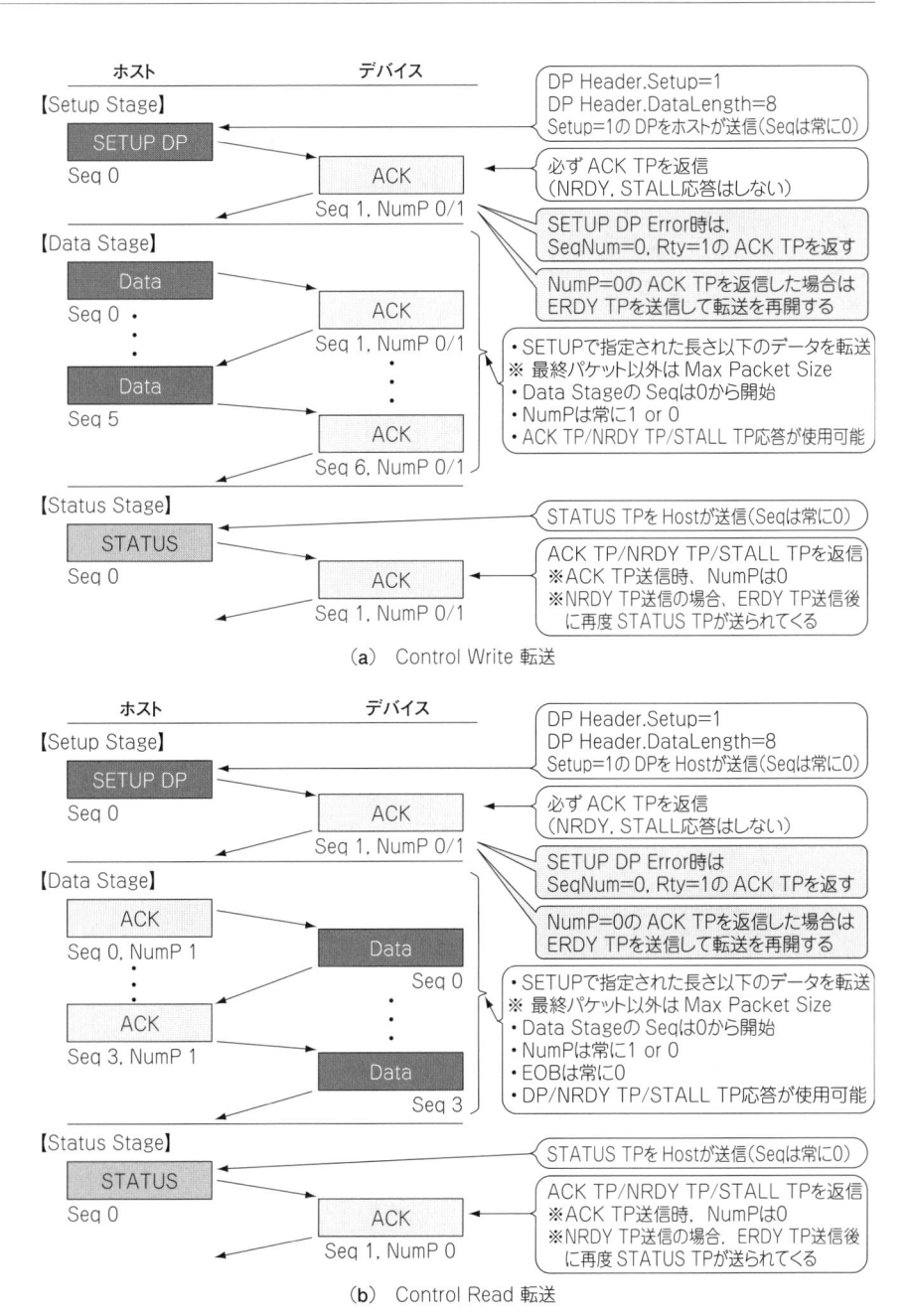

(b) Control Read 転送

図2.60　コントロール転送のトランザクション

(1) セットアップ・ステージ
(2) データ・ステージ
(3) ステータス・ステージ

の三つのステージによって構成されます(図 2.60).

セットアップ・ステージでは，セットアップ DP というセットアップ・ビットがセットされた特殊な DP がホストからデバイスへ送られます．セットアップ DP のデータ長は常に 8 バイトで，DPP にはリクエストの内容が格納されます．また，リクエストの種別によって，この後のデータ・ステージが，IN トランザクション，OUT トランザクション，あるいはデータ・ステージがないのいずれかが選ばれます．セットアップ DP の内容は表 2.9 に示すとおりです．

データ・ステージがある場合，セットアップ DP によって指定されるリクエストによって IN トランザクションか OUT トランザクションのいずれかが実行されます．なお，繰り返しになりますが，対象とするエンドポイントがコントロール・エンドポイントなので，ACK TP や DP の方向フィールドには 0 がセットされます．

最後に，ホストから STATUS TP が送られます．リクエストの結果に従って，デバイスは ACK TP と NRDY TP，そして STALL TP のいずれかを返信します．

表 2.9 セットアップ DP の内容

位置	フィールド	サイズ	値	説　明
0	bmRequestType	1	Bitmap	D7：データ転送方向 　　　0 = ホストからデバイス 　　　1 = デバイスからホスト D6...5：タイプ 　　　0 = 標準 　　　1 = クラス 　　　2 = ベンダ 　　　3 = リザーブ D4...0：受信対象 　　　0 = デバイス 　　　1 = インターフェース 　　　2 = エンドポイント 　　　3 = そのほか 　　　4...31 = リザーブ
1	bRequest	1	Value	リクエスト
2	wValue	2	Value	リクエスト固有のワード・サイズ・データ
4	wIndex	2	Index or Offset	リクエスト固有のワード・サイズ・データ 典型的にはインデックスやオフセットに使われる
6	wLength	2	Count	データ・ステージがあるならば転送バイト数

2.6 ストリーム・プロトコル

最大3Packet/Service Intervalの転送が可能

ホスト　　　　デバイス

- Data (Seq 0) → 初期設定後の SeqNum=0
- ← ACK TP (Seq 1, NumP 0/1) … ACK TPは省略不可
- Data (Seq 1) → NumPで示したパケット数まで、ACK TP送信前に受信可能
- ← ACK TP (Seq 2, NumP 0/1)
- Data (Seq 2) →
- ← ACK TP (Seq 3, NumP 0/1)

Next Service Interval

- Data (Seq 3) →
- ← ACK TP (Seq 4, NumP 1)

（a）Interrupt OUT 通常転送

最大3Packet/Service Intervalの転送が可能

ホスト　　　　デバイス

- ACK (Seq 0, NumP 1) → ACK TPで示された SeqNumの Dataを送信する
- ← Data (Seq 0)
- ACK (Seq 1, NumP 1) → ACK TPは省略不可
- ← Data (Seq 1) … NumPで示されたパケット数まで、ACK TPを待たずに送信可能
- ACK (Seq 2, NumP 1) →
- ← Data (Seq 2)
- ACK (Seq 3, NumP 0) → Service Interval中の最終データに対するACK TP(NumP=0)

Next Service Interval

- ACK TP (Seq 3, NumP 1) → 次 Service Intervalの開始時、前 ACK TPの SeqNumと同じ値
- ← Data (Seq 3)

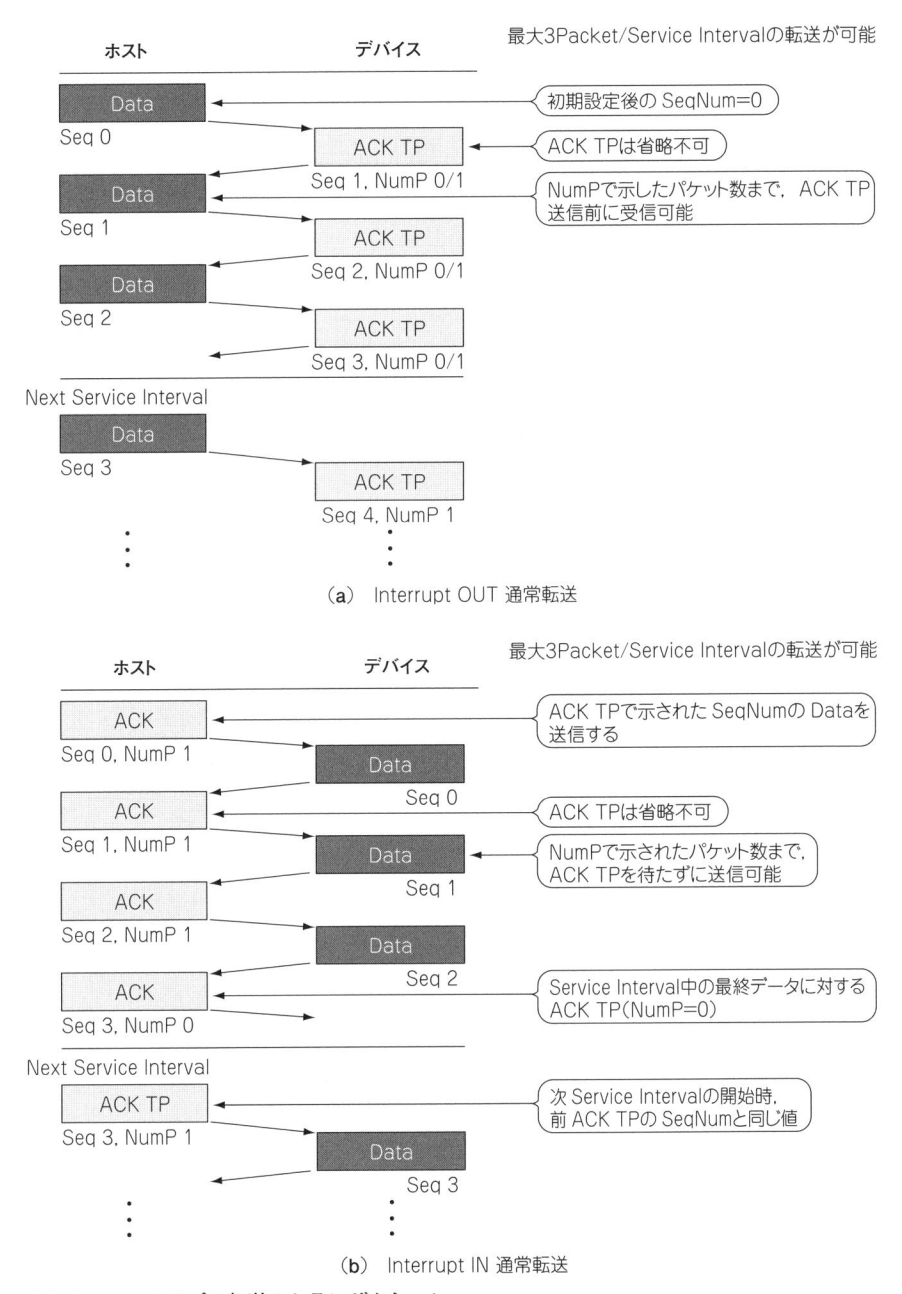

（b）Interrupt IN 通常転送

図2.61　インタラプト転送のトランザクション

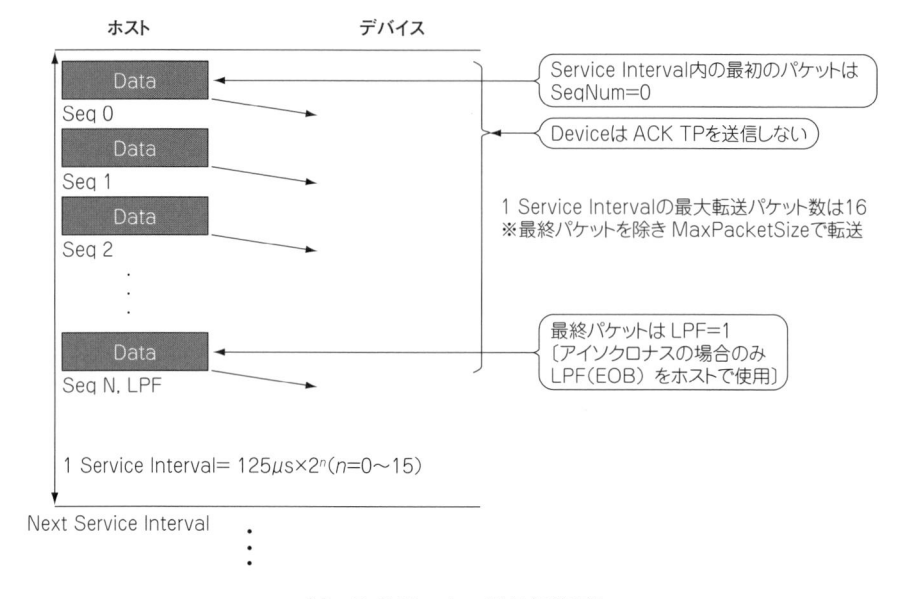

第2章 物理層と論理層の役割

(a) アイソクロナス OUT 通常転送

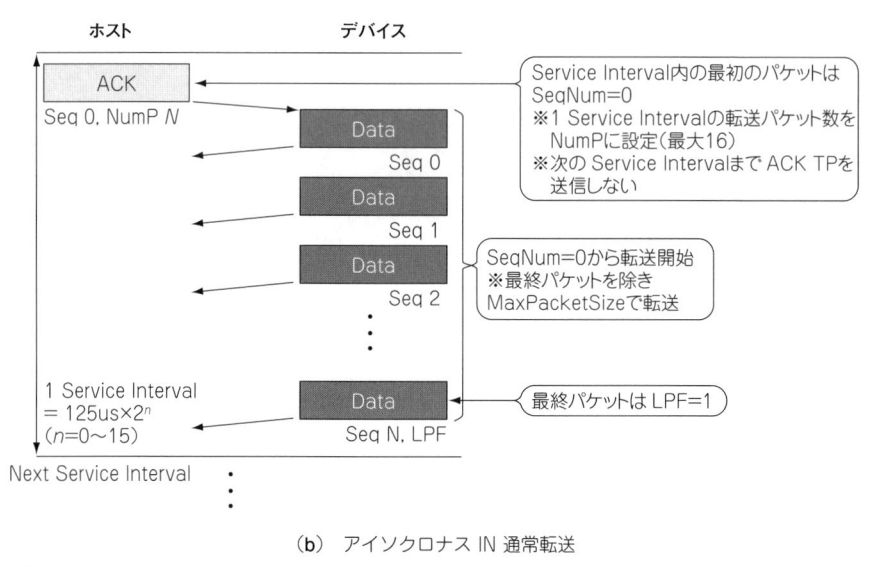

- ホスト → デバイス: Data Seq 0, Data Seq 1, Data Seq 2, ..., Data Seq N, LPF
- Service Interval内の最初のパケットは SeqNum=0
- DeviceはACK TPを送信しない
- 1 Service Intervalの最大転送パケット数は16
  ※最終パケットを除き MaxPacketSizeで転送
- 最終パケットはLPF=1
  〔アイソクロナスの場合のみ LPF(EOB)をホストで使用〕
- 1 Service Interval = $125\mu s \times 2^n$ ($n=0\sim15$)
- Next Service Interval

(b) アイソクロナス IN 通常転送

- ホスト: ACK Seq 0, NumP N
- デバイス → ホスト: Data Seq 0, Data Seq 1, Data Seq 2, ..., Data Seq N, LPF
- Service Interval内の最初のパケットは SeqNum=0
  ※1 Service Intervalの転送パケット数を NumPに設定(最大16)
  ※次のService IntervalまでACK TPを送信しない
- SeqNum=0から転送開始
  ※最終パケットを除き MaxPacketSizeで転送
- 最終パケットはLPF=1
- 1 Service Interval = $125us \times 2^n$ ($n=0\sim15$)
- Next Service Interval

図2.62 アイソクロナス転送のトランザクション

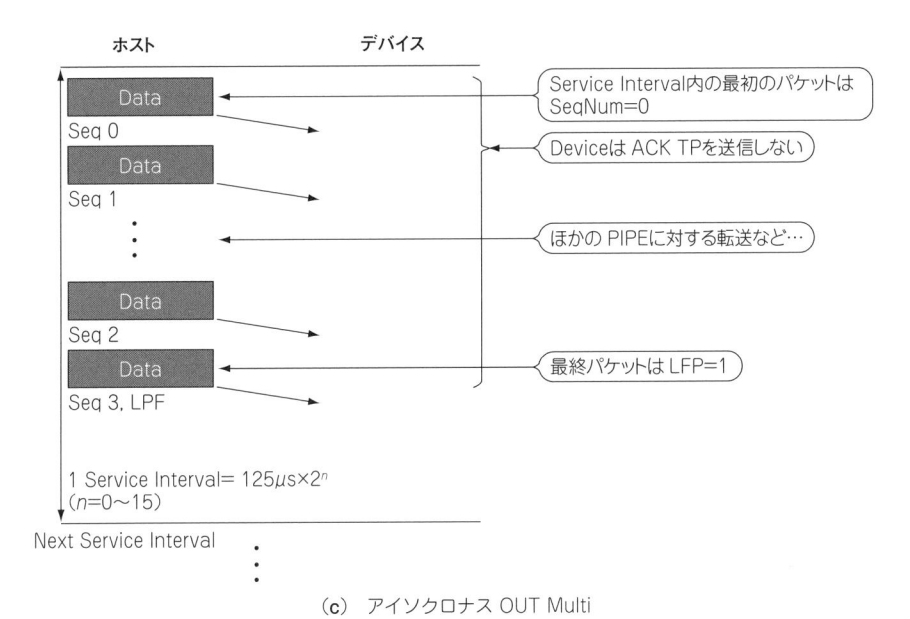

2.6 ストリーム・プロトコル

ホスト　　　　**デバイス**

Data Seq 0 — Service Interval内の最初のパケットは SeqNum=0

Data Seq 1 — DeviceはACK TPを送信しない

⋮ — ほかのPIPEに対する転送など…

Data Seq 2

Data Seq 3, LPF — 最終パケットはLFP=1

1 Service Interval= 125μs×2^n
(n=0〜15)

Next Service Interval
⋮

（c） アイソクロナス OUT Multi

ホスト　　　　**デバイス**

ACK Seq 0, NumP 2

Data Seq 0 — Service Interval内の最初のパケットは SeqNum=0

Data Seq 1 — EOB(LPF)は必要なし

ACK Seq 2, NumP 2

Data Seq 2

Data Seq 3, LPF

Service Interval

最大Multi数は3

最大転送量は
1 Service Interval中に49,152バイト
※3Gbit/s

Next Service Interval
⋮

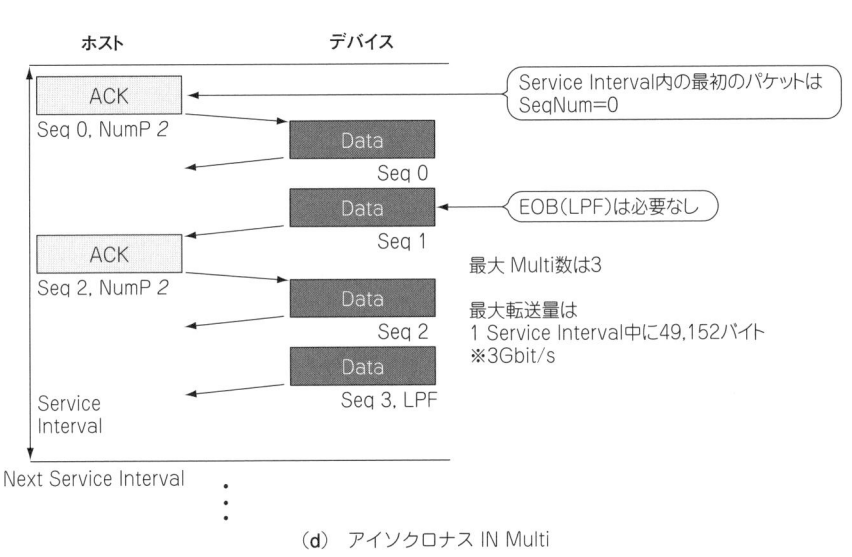

（d） アイソクロナス IN Multi

119

表2.10 TP, DP に対する応答

● ACK TP 受信時のデバイスの応答

Invalid TP 受信	Deferred	EP Halt	Data Ready	Action
○	N/A	N/A	N/A	TP 無視（無応答）
×	○	○	N/A	ERDY TP 送信
×	○	×	×	送信準備完了時に ERDY TP 送信
×	○	×	○	ERDY TP 送信
×	×	○	N/A	STALL TP 送信
×	×	×	×	NRDY TP 送信
×	×	×	○	DP 送信

● DP 受信時のホストの応答

Invalid DPH 受信	DPP Error	Accept Ready	Action
○	N/A	N/A	DPH 無視（無応答）
×	○	N/A	ACK TP 送信（Retry 要求）
×	×	×	ACK TP 送信（Retry 要求，ホスト Err=1）
×	×	○	ACK TP 送信（for Next Data）

(a) IN 要求に対する応答（非アイソクロナス転送）

● DP 受信時のデバイスの応答

Invalid DPH 受信	Deferred	EP Halt	DPP Error	Accept Ready	Action
○	N/A	N/A	N/A	N/A	DP 破棄
×	○	○	N/A	N/A	ERDY TP 送信
×	○	×	N/A	×	受信準備完了時に ERDY TP 送信
×	○	×	N/A	○	ERDY TP 送信
×	×	○	N/A	N/A	STALL TP 送信
×	×	×	N/A	×	DP 破棄，NRDY TP 送信
×	×	×	○	N/A	DP 破棄，ACK TP 送信（Retry 要求）
×	×	×	×	○	ACK TP 送信（for Next Data）

● DP（Setup）受信時のデバイスの応答

Invalid DPH 受信	Deferred	DPP Error	Action
○	N/A	N/A	DPH 無視（無応答）
×	○	N/A	ERDY TP 送信
×	×	○	ACK TP 送信（Retry 要求） (SeqNum=0, Retry=1, NumP=1)
×	×	○	ACK TP 送信（NumP=1）

(b) OUT（SETUP）要求に対する応答（非アイソクロナス転送）

●アイソクロナス IN 転送（デバイス Response）

Invalid TP 受信	Data Ready	Action
○	N/A	TP 無視（無応答）
×	×	0 Length Data 送信
×	○	DP 送信

●アイソクロナス OUT 転送（デバイス Response）

DP Error	Sequence Number	Accept Ready	Action
○	Don't Care	Don't Care	DP 破棄
×	○	○	DP 受信
×	○	×	DP 破棄
×	×	×	DP 破棄 ※ Service Interval の残りの DP も破棄
×	×	○	DP 破棄 ※ Service Interval の残りの DP も破棄

（c）アイソクロナス IN/OUT 転送時の応答

ACK TP はリクエストが正常に処理されたことを，STALL TP は何らかのエラーが起きたことを示します．NRDY TP は，リクエストがまだ実行中で処理が終わっていないことを示します．この場合，ほかのトランザクションと同様にフロー制御状態へ入り，リクエストの処理が終わった後にデバイスから ERDY TP が送られて，ホストは再度 STATUS TP を送ります．

● 割り込み転送

割り込み転送は，サービス・インターバルごとに必ず転送が行われることが保証されていること，1 回のサービス・インターバルに転送できるのは最大 3DP まで，という点を除けばバルク転送と違いはありません．

図 2.61 に割り込み転送の例を示しますが，サービス・インターバルの表記がなければ，バルク転送と区別ができません．

● アイソクロナス転送

アイソクロナス転送も，割り込み転送と同様にサービス・インターバルごとに転送が行われることが保証されていますが，転送エラーが起きても再送処理が行われないことが大きな違いです．エラーによる再送処理がないため，アイソクロナス・トランザクションではデータは送りっ放しで，それを正しく受け取ったか

121

> **コラム 2.B** UAS（USB Attached SCSI）

　ここではストリーム・プロトコルの応用例として，UAS（USB Attached SCSI）を説明します．UASとストリームは，従来USBのマス・ストレージ・クラスで標準的に用いられてきたBOT（Bulk Only Transfer）プロトコルの問題点を解決するために考え出されたプロトコルです．
　そこで，初めにBOTの問題点を紹介し，次にUASではそれをどのように解決するかについて説明します．

● BOTの問題点
　BOTは，USBのマス・ストレージ・クラスで標準的に用いられている方法で，USBフラッシュ・ドライブやUSBハード・ディスクなどで用いられています．その名のとおり，バルク転送だけを使ってデータ転送を行う方法で，図2.Cのようにバルク IN とバルク OUT の二つのエンドポイントを使って，コマンド，データ，ステータス情報のやり取りを行います．
　CBW（Command Block Wrapper）とCSW（Command Status Wrapper）は，SCSIのコマンドとステータスのラッパ・パケットで，図2.Dのようなフォーマットになっています．
　BOTの転送シーケンスは，図2.Eのようになります．図のように，
　（1）コマンドに対するレスポンスを返してからデータ転送が始まるまで
　（2）データ転送が終わってからステータスの取得に来るまで
　（3）ステータスを返してから次のコマンドが始まるまで
といったところで，デバイスはホストからのアクションを待つことになります．

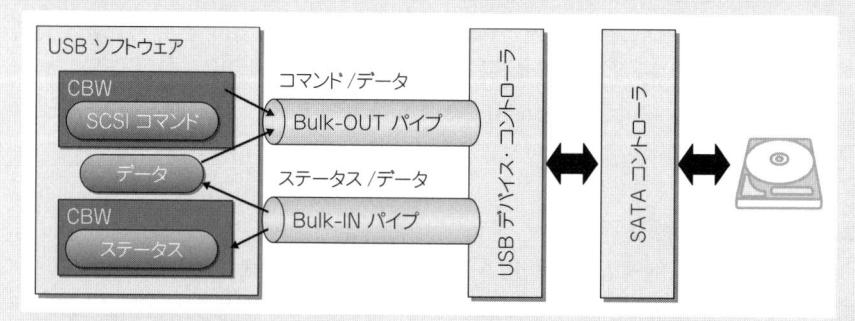

図2.C　BOTの転送方法

2.6 ストリーム・プロトコル

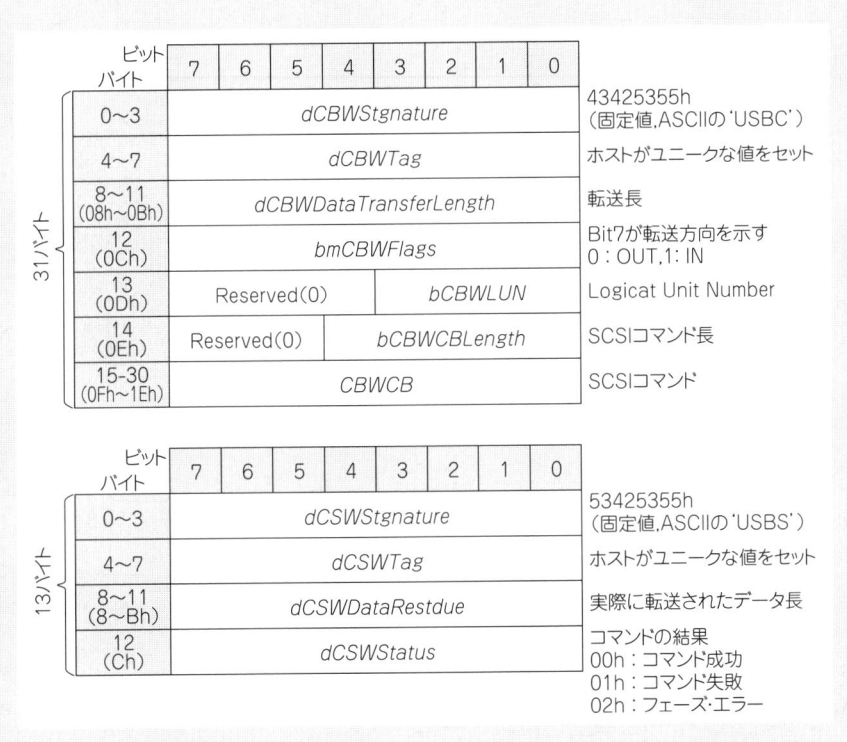

ビット バイト	7	6	5	4	3	2	1	0	
0～3	\multicolumn{8}{c	}{dCBWStgnature}	43425355h (固定値,ASCIIの'USBC')
4～7	\multicolumn{8}{c	}{dCBWTag}	ホストがユニークな値をセット
8～11 (08h～0Bh)	\multicolumn{8}{c	}{dCBWDataTransferLength}	転送長
12 (0Ch)	\multicolumn{8}{c	}{bmCBWFlags}	Bit7が転送方向を示す 0：OUT,1：IN
13 (0Dh)	\multicolumn{4}{c	}{Reserved(0)}	\multicolumn{4}{c	}{bCBWLUN}	Logicat Unit Number
14 (0Eh)	\multicolumn{4}{c	}{Reserved(0)}	\multicolumn{4}{c	}{bCBWCBLength}	SCSIコマンド長
15-30 (0Fh～1Eh)	\multicolumn{8}{c	}{CBWCB}	SCSIコマンド

31バイト

ビット バイト	7	6	5	4	3	2	1	0	
0～3	\multicolumn{8}{c	}{dCSWStgnature}	53425355h (固定値,ASCIIの'USBS')
4～7	\multicolumn{8}{c	}{dCSWTag}	ホストがユニークな値をセット
8～11 (8～Bh)	\multicolumn{8}{c	}{dCSWDataRestdue}	実際に転送されたデータ長
12 (Ch)	\multicolumn{8}{c	}{dCSWStatus}	コマンドの結果 00h：コマンド成功 01h：コマンド失敗 02h：フェーズ・エラー

13バイト

図2.D　CBWとCSWのフォーマット

これらの待ち時間のため，BOTのままSuperSpeedの5Gbpsへ転送スピードを上げたとしても，250Mバイト/s程度で頭打ちになってしまうことがシミュレーションや実測の結果から分かっています．

● UASの転送方法

UASでは，BOTの問題点を解決するために以下のような変更が加えられました（図2.F）．
(1) コマンド，データ，ステータスを独立したパイプ/エンドポイントにする
(2) データ，ステータスをストリーム・パイプにする
(3) コマンド・キューイングを可能にするため，SCSIのIU（Information Unit）

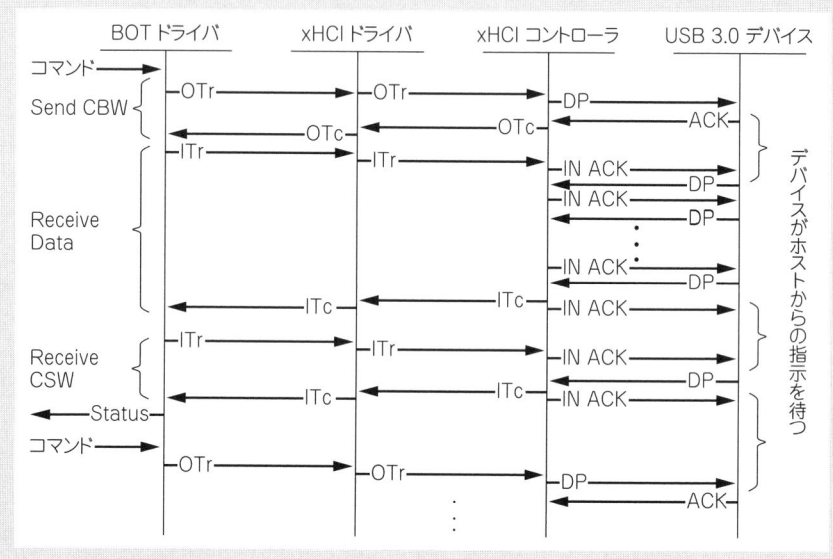

図2.E　BOTの転送シーケンス

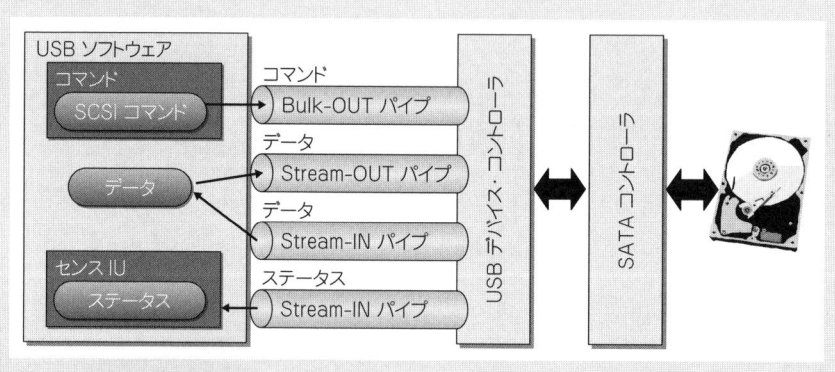

図2.F　UASの転送方法

をそのまま採用する

　三つ目の項目を少し補足すると，BOTでもSCSIコマンドを採用していましたが，SCSIの全ての機能をサポートしていた訳ではありませんでした．**表2.A**にUASで

2.6 ストリーム・プロトコル

表2.A UAS のコマンドと機能

● UAS の Command IU

バイト \ ビット	7	6	5	4	3	2	1	0
0	\multicolumn{8}{c} IU ID(01h)
1	Reserved
2	(MSB)	\multicolumn{6}{c} TAG	
3								(LSB)
4	Reserved	\multicolumn{3}{c} COMMAND PRIORITY	\multicolumn{3}{c} TASK ATTRIBUTE
5	Reserved
6	\multicolumn{5}{c} ADDITIONAL CDB LENGTH(n dwords)	\multicolumn{3}{c} Reserved
7	Reserved
8	(MSB)							
15	\multicolumn{7}{c} LOGICAL UNIT NUMBER	(LSB)
16								
31	\multicolumn{8}{c} CDB
32								
31+n×4	\multicolumn{8}{c} ADDITIONAL CDB BYTES

● UAS の Sense IU

バイト \ ビット	7	6	5	4	3	2	1	0
0	\multicolumn{8}{c} IU ID(03h)
1	Reserved
2	(MSB)	\multicolumn{6}{c} TAG	
3								(LSB)
4								
5	\multicolumn{8}{c} STATUS QUALIFIER
6	STATUS
7〜13	Reserved
14								
15	\multicolumn{8}{c} LENGTH(n-15)
16	(MSB)							
n	\multicolumn{7}{c} SENSE DATA	(LSB)

使用している SCSI IU を示しますが，BOT ではこれと比較して，コマンドの優先順位を指定する TASK ATTRIBUTE がなかったり，ステータスが成功か失敗かくらいしかなかったりと，幾つかの機能がサポートされていません．そのため，その

125

第2章 物理層と論理層の役割

```
            UAS Driver      xHCI Driver     xHCI Controller      USB-3 Device
  Command ──┐
  Device may │ ─ITr(Stat)──────▶─ITr(Stat)───────▶
  receive these│─ITr(Data-in)───▶─ITr(Data-in)────▶
  in any order │─OTr(Cmd, CIU)──▶─OTr(Cmd, CIU)───▶
              ─┘                                  ──IN ACK(Data-in, Prime)──▶
                                                  ◀──NRDY(Data-in, Prime)──
                                                  ──IN ACK(Stat, Prime)────▶
                                                  ◀──NRDY(Stat, Prime)─────
                                                  ──DP(Cmd, CIU)──────────▶
                                                  ◀──ACK(Cmd)──────────────
                                                        ⋮
                         ◀──OTc(Cmd)──────◀──OTc(Cmd)──
                                                  ◀──ERDY(Data-in)─────────
                                                  ──IN ACK(Data-in)───────▶
                                                  ◀──DP(Data-in)───────────
                                                  ──IN ACK(Data-in)───────▶
                                                        ⋮
                                                  ◀──DP(Data-in)───────────
                         ◀──ITc(Data-in)──◀──ITc(Data-in)────IN ACK(Data-in)─▶
                                                  ◀──ERDY(Stat)────────────
                                                  ──IN ACK(Stat)──────────▶
                                                  ◀──DP(Stat, SIU)─────────
                         ◀──ITc(Stat, SIU)◀──ITc(Stat, SIU)──ACK(Stat)──────▶
  ◀──Status──┘
```

Key:
Status Pipe, Command Pipe, Data-in Pipe, UAS Command Sequence

Pipe	IU
Cmd : コマンド・パイプ	CIU : Command IU
Stat : ステータス・パイプ	SIU : Sense IU
Data-in : データ・イン・パイプ	RIU : Response IU
Data-in : データ・アウト・パイプ	

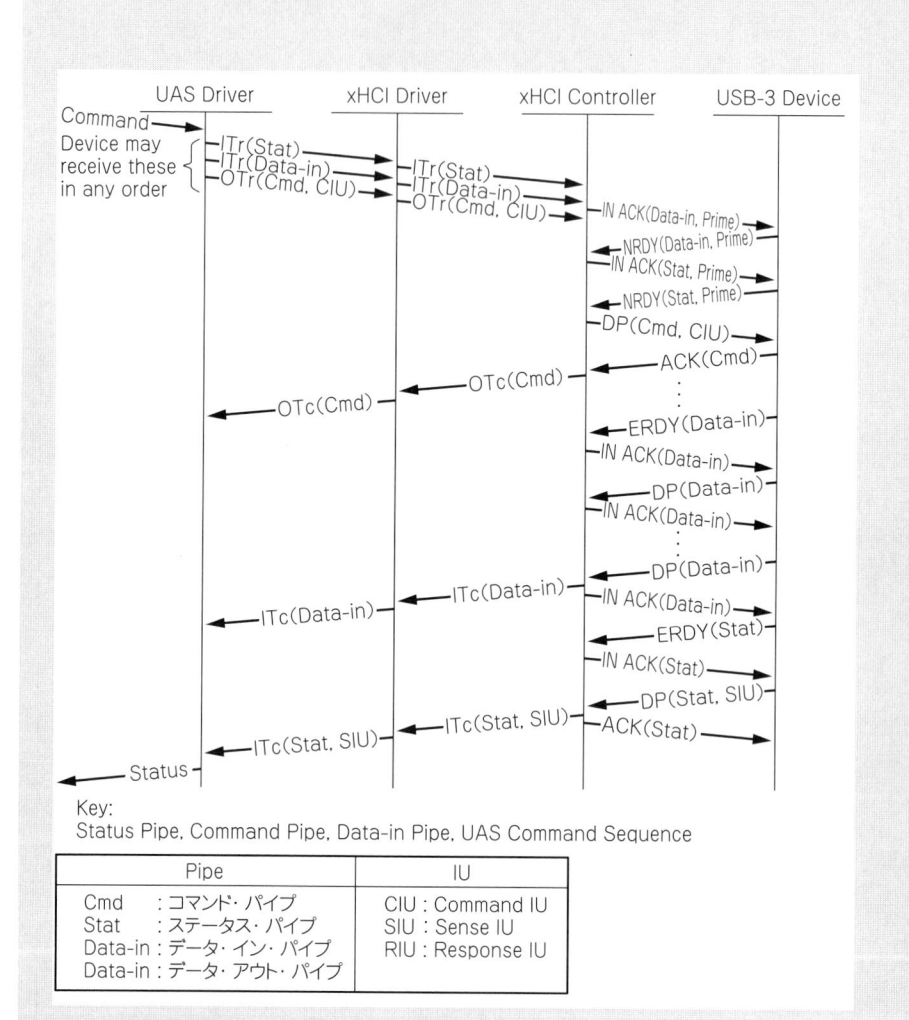

図2.G　IN転送を例にしたUASの動作

ままではコマンド・キューイングに対応できませんでした．

UASではSCSIで定義されるIUをそのまま使えるようにしたため，ホストやデバイスが対応していればSCSIで定義される全てのコマンドや機能が使用可能です．BOTはSCSIコマンドの中から必要なものだけをUSBの世界に借りてきたものに

2.6 ストリーム・プロトコル

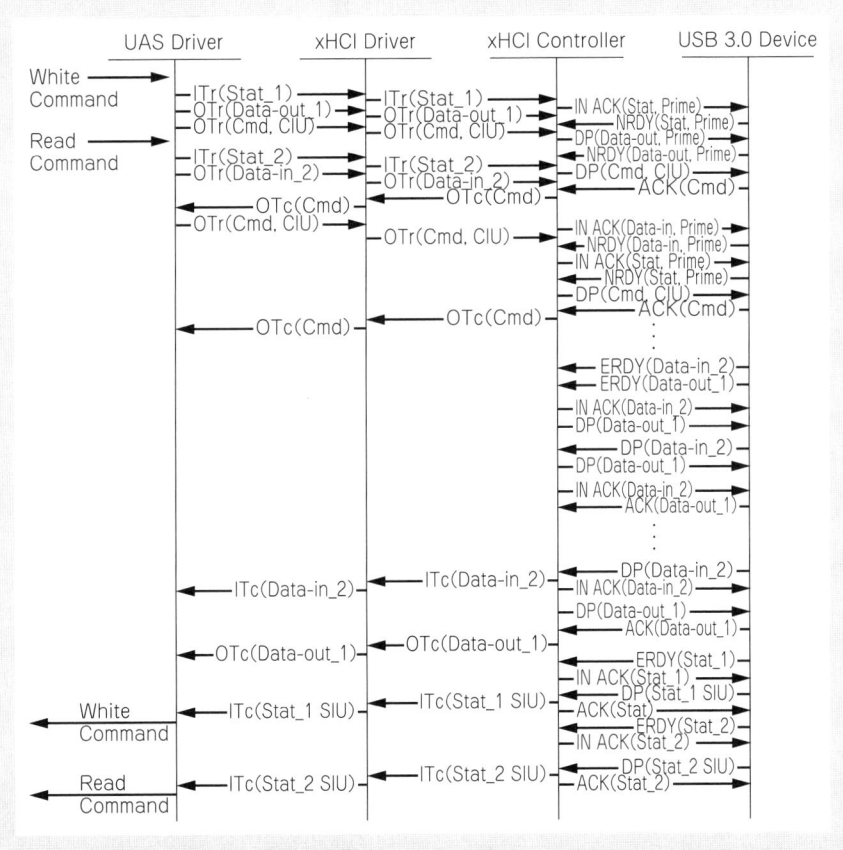

図2.H　コマンド間の待ち時間の改善

すぎないのに対して，UAS は SCSI の仕様を決めている T10 において下位レイヤに USB を用いる SCSI として定義された正式な SCSI プロトコルだからです．

それでは UAS の動作を，IN 転送を例に説明します（**図 2.G**）．初めに，ホストからコマンド・パイプへ Command IU，データ用 IN パイプへ ACK（Prime），ステータス用 IN パイプへ ACK（Prime）が送られます．このとき，Command IU の TAG にはデータ・パイプやステータス・パイプでのストリーム転送で使用されるストリーム ID がセットされます．

127

BOT では，コマンド IU の転送が完了して OTc(Cmd) が戻らないとデータ転送要求の ITr(Data-in) やステータス要求の ITr(Stat) を発行できないのに対して，UAS ではコマンド要求と同時，あるいはそれよりも前に発行することでさえも可能です．そして，データやステータスの転送が可能になると，UAS デバイスはストリーム・プロトコルに従って ERDY TP をホストに送り，それを受け取ったホスト・コントローラ (xHC) がドライバの介在なしに転送を開始します．

　これによって BOT にあった，
（1）コマンドに対するレスポンスを返してからデータ転送が始まるまで
（2）データ転送が終わってからステータスの取得にくるまで
の待ち時間を最小化しています．

　もう一つのコマンド間の待ち時間についても以下のように改善されています．

　図 2.H は，ストリーム ID = 1 のコマンドとストリーム ID = 2 のコマンドの二つをキューイングした場合の図です．ストリーム ID = 2 のコマンドに対するコマンド，データ転送，およびステータス要求はストリーム ID = 1 のコマンド実行の完了，つまりステータスの取得を待たずに先に発行されています．これによって，残る一つの，
（3）ステータスを返してから次のコマンドが始まるまで
の待ち時間も最小化しています．

　ただし，コマンド・パイプはストリームでなく通常のバルク OUT なので，一つ目のコマンド要求 OTr(Cmd, CIU) が完了して OTc(Cmd) が返ってくるまでは次のコマンド要求を出せないことに注意してください．そのため，転送するデータのサイズが小さいと二つ目のコマンド要求を送る前に一つ目のデータ転送が終了してしまい，キューイングの効果が出ない場合も起こり得ます．

どうかを通知する必要もないため ACK TP を返すこともしません．

　アイソクロナス転送には，マルチという転送データ量を増やす方法があります．マルチは 1 回のサービス・インターバルに転送できる DP の数を最大バースト数の 3 倍にするものです．

　図 2.62 に，アイソクロナス転送の例を示します

● TPとDPに対するホストとデバイスのレスポンス

表2.10に，ホストまたはデバイスが，TPあるいはDPを受け取ったときにエラーの有無などによってどのようにレスポンスすべきかをまとめました．

のざき・はじめ
ルネサス エレクトロニクス(株)

第3章 デバイスとハブの動作

野崎 原生

本章では，USB 3.0 のデバイスとハブの動作について説明します．

3.1 バス・エニュメレーション

USB デバイスは，基本的に図 3.1 に示すような内部状態を持ちます．デバイスがバスに接続されたり切断されたりしたときに，ホストはバス・エニュメレーションと呼ばれる操作を行ってバスやデバイスの状態が変化したことを検知して必要な処理を行います．

バス・エニュメレーションは，以下のような手順で行われます．

(1) ハブがホストに対し，デバイス挿抜のイベント発生を通知する
  (USB デバイスは Default 状態)
(2) ホストはハブにステータス変化の内容を問い合わせる
(3) 必要ならデバイスを再度リセットする
(4) (3)でリセットが行われた場合，ハブはポートをリセットする
(5) デバイスは Default ステートに遷移
  ・VBUS から 150mA の電力供給を受けることが可能
  ・レジスタや内部ステートは初期化され，デバイス・アドレス = 0 に応答する
(6) ホストはデバイスにデバイス・アドレスを与える（SetAddress）
(7) ホストはデバイス・ディスクリプタを読み出し〔GetDescriptor（デバイス）〕，デフォルト・エンドポイントの Max Payload Size を知る
  ・SetAddress 前の場合，デバイス・アドレス = 0 でリクエスト処理
(8) ホストは送信したパケットがデバイスで受信されるまでの遅延を通知するための Isochronous Delay を設定する（SetIsochronousDelay）
(9) ホストは SetSEL リクエストにより，デバイスにシステム・イグジット・レイテンシを通知する

131

第3章 デバイスとハブの動作

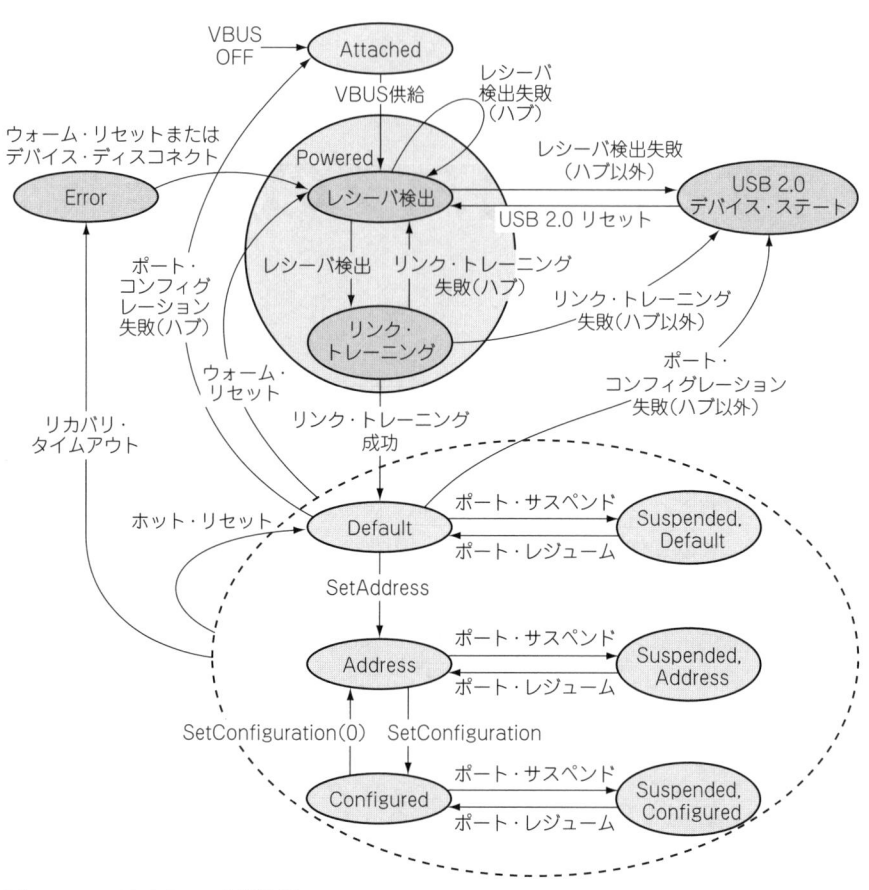

図3.1　USBデバイスの内部状態

(10) ホストはコンフィグレーション情報を取得する〔GetDescriptor（コンフィグレーション）〕
(11) ホストはデバイスのコンフィグレーション値を設定する（SetConfiguration）
- デバイスは Configured ステートに移行し，全てのエンドポイントが使用可能となる
- 電力要求を満たさないコンフィグレーションは選択されない

3.2 パワー・マネジメント(電源管理)

● パワー・バジェッティング
USB デバイスが VBUS から消費してよい最大のパワーは,以下のように規定されています.
- Configured 前の消費電流は 1 Unit Load (= 150mA)以下
- Configured 状況にかかわらず,サスペンド中は 2.5mA 以下
- SuperSpeed で VBUS から使用可能な最大電流は 6 Unit Load (= 900mA)

しかし,全てのポートが最大のパワーを供給可能かどうかはシステム仕様に依存するため,デバイス・ディスクリプタに書かれている最大消費電力の値により,そのデバイスをコンフィグレーションするかどうかをホストが判断します.

● デバイス・サスペンド
リンク・ステートを U0 から U3,あるいは U3 から U0 へ変化させるときに,同時にデバイスのステートもサスペンドへ入るか,あるいはサスペンドから復帰します.

サスペンドから復帰したときに,デバイスはファンクション・ウェイク・デバイス通知を送らなければなりません.もし,$t_{Notification}$(2.5秒)経過してもホストからのアクセスがなかった場合は,デバイスは再びファンクション・ウェイク・デバイス通知を送らなければなりません.

● ファンクション・サスペンド
USB 3.0 デバイスでは,SetFeature(FUNCTION_SUSPEND)リクエストによって,指定したファンクションをサスペンドさせます.これは,デバイスが複数のファンクションを持つコンポジット・デバイスか,そうでないかに関係なく全てのデバイスに対して適用されます.

USB 2.0 デバイスでは,SetFeature(DEVICE_REMOTE_WAKEUP)リクエストを用いていましたが,USB 3.0 デバイスではこのリクエストは無視され,ファンクション・サスペンドだけが有効です.

デバイスは,GetStatus リクエストによりファンクション・リモート・ウェイクのサポート状況を報告します.

複数のファンクションがあった場合は,ほかのファンクションとは無関係に,

SetFeature(FUNCTION_SUSPEND)で指定されたファンクションだけがサスペンド状態に入ります．また，ファンクション・サスペンドの状態とは関係なく，デバイス・サスペンドへ入るか，あるいは抜けることが起こります．デバイス・サスペンドの状態が変化したときに，ファンクション・サスペンドの状態に変化はなく，以前の状態を維持します．

ファンクションは，ファンクション・サスペンドを抜けるためにファンクション・ウェイク・デバイス通知をホストに送ります．もし，$t_{\text{Notification}}$(2.5秒)経過してもホストからのアクセスがなかった場合は，ファンクションは再びファンクション・ウェイク・デバイス通知を送らなければなりません．

3.3 リクエストの種類

デフォルト・エンドポイントに対して，ディスクリプタを要求したり，その内容に基づいてデバイスやインターフェースのコンフィグレーションを設定したりするために，ホストはリクエストと呼ばれるコントロール転送をデフォルト・エンドポイントに対して発行します．リクエストには，

(1) 標準リクエスト
(2) クラス固有リクエスト
(3) ベンダ固有リクエスト

の3種類のリクエストがあります．

● **標準リクエスト**

USB 3.0 では，標準リクエストとして以下に示すものがあります(**表 3.1**)．

● ClearFeature
  - 機能セレクタで指定された機能をクリア，あるいはディセーブルする
  - U1_ENABLE/U2_ENABLE/LTM_ENABLE 機能セレクタは，Configured ステートの場合のみ有効
  - クリアできない機能が指定された場合，リクエスト・エラー
  - 各ステートにおける動作
    • Default：規定されない
    • Address：対象がデフォルト・コントロール・エンドポイントのときのみ正常応答．それ以外の場合，リクエスト・エラー
    • Configured：有効

- **GetConfiguration**
    - 現在のコンフィグレーション値を返す
    - 各ステートにおける動作
        - Default：規定されない
        - Address：0 を返信する
        - Configured：有効(0 以外の現在のコンフィグレーション値を返信する)
- **GetDescriptor**
    - 指定されたディスクリプタをホストへ送信する
    - 標準タイプ・ディスクリプタとして，以下を指定可能
        - デバイス
        - BOS(Binary device Object Store)
        - コンフィグレーション
        - ストリング
    - 未サポートのディスクリプタを要求された場合，リクエスト・エラー
    - 各ステートにおける動作
        - Default/Address/Configured：有効
- **GetInterface**
    - 指定されたインターフェースの代替設定値を返す
    - 存在しないインターフェースを指定された場合，リクエスト・エラー
    - 各ステートにおける動作
        - Default：規定されない
        - Address：リクエスト・エラー
        - Configured：有効(現在の代替設定値を返信する)
- **GetStatus**
    - 指定された受信対象のステータスを返信する
    - 存在しないインターフェースまたはエンドポイントを指定された場合，リクエスト・エラー
    - 各ステートにおける動作
        - Default：規定されない
        - Address：対象がデフォルト・コントロール・エンドポイントのときのみ正常応答．それ以外の場合，リクエスト・エラー
        - Configured：有効

第3章 デバイスとハブの動作

表 3.1 標準リクエスト

bmRequestType	bRequest	wValue	wIndex	wLength	データ
00000000b 00000001b 00000010b	CLEAR_ FEATURE	機能セレクタ	0 インターフェース・ エンドポイント	0	なし
10000000b	GET_ CONFIGURATION	0	0	1	コンフィグレーション値
10000000b	GET_ DESCRIPTOR	ディスクリプタ・タイプおよびディスクリプタ・インデックス	0 または言語 ID	ディスクリプタ長	ディスクリプタ
10000001b	GET_ INTERFACE	0	インターフェース	1	代替インターフェース
10000000b 10000001b 10000010b	GET_ STATUS	0	0 インターフェース・ エンドポイント	2	デバイス，インターフェース，またはエンドポイントの状態
00000000b	SET_ ADDRESS	デバイス・アドレス	0	0	なし
00000000b	SET_ CONFIGURATION	コンフィグレーション値	0	0	なし
00000000b	SET_ DESCRIPTOR	ディスクリプタ・タイプおよびディスクリプタ・インデックス	0 または言語 ID	ディスクリプタ長	ディスクリプタ
00000000b 00000001b 00000010b	SET_ FEATURE	機能セレクタ	サスペンド・オプション	0 インターフェース・ エンドポイント	0	なし
00000001b	SET_ INTERFACE	代替設定	インターフェース	0	なし
00000000b	SET_ISOCH_ DELAY	遅延(ns)	0	0	なし
00000000b	SET_SEL	0	0	6	イグジット・レイテンシの値
10000010b	SYNCH_ FRAME	0	エンドポイント	2	フレーム番号

● SetAddress
- wValue で示される値をデバイス・アドレスとして設定する
- ステータス・ステージ完了後にデバイス・アドレスを変更(ステータス・ステージのパケット転送は，旧デバイス・アドレスで行う)

3.3 リクエストの種類

bRequest	値
GET_STATUS	0
CLEAR_FEATURE	1
リザーブ	2
SET_FEATURE	3
リザーブ	4
SET_ADDRESS	5
GET_DESCRIPTOR	6
SET_DESCRIPTOR	7
GET_CONFIGURATION	8
SET_CONFIGURATION	9
GET_INTERFACE	10
SET_INTERFACE	11
SYNCH_FRAME	12
SET_SEL	48
SET_ISOCH_DELAY	49

ディスクリプタ・タイプ	値
デバイス	1
コンフィグレーション	2
ストリング	3
インターフェース	4
エンドポイント	5
リザーブ	6
リザーブ	7
インターフェース・パワー	8
OTG	9
デバッグ	10
インターフェース・アソシエーション	11
BOS	15
デバイス・ケイパビリティ	16
SuperSpeed USB エンドポイント・コンパニオン	48

機能セレクタ	受信対象	値
ENDPOINT_HALT	エンドポイント	0
FUNCTION_SUSPEND	インターフェース	0
U1_ENABLE	デバイス	48
U2_ENABLE	デバイス	49
LTM_ENABLE	デバイス	50
B3_NTF_HOST_REL（OTG 用リザーブ）	デバイス	51

- 各ステートにおける動作
    - Default：デバイス・アドレスを設定し，Address ステートに遷移．指定されたアドレスが 0 の場合は Default ステートに留まる
    - Address：新しいデバイス・アドレスを設定し，Address ステートに留まる．指定されたアドレスが 0 の場合は Default ステートに遷移
    - Configured：規定されない
- **SetConfiguration**
    - wValue で示される値をコンフィグレーション値として設定する
    - 各ステートにおける動作
        - Default：規定されない
        - Address：Configured ステートに遷移する．指定されたコンフィグレーションが 0 の場合は Address ステートに留まり，未サポートの場合，

　　　　リクエスト・エラーとなる
　　　• Configured：Configured ステートに留まる．指定されたコンフィグレーションが 0 の場合は Address ステートに遷移し，未サポートの場合，リクエスト・エラーとなる
- SetDescriptor
  - 指定されたディスクリプタを更新する
  - 未サポートのディスクリプタを指定された場合，リクエスト・エラー
  - 各ステートにおける動作
    • Default：規定されない
    • Address/Configured：有効
- SetFeature
  - 機能セレクタで指定された機能をセット，あるいはイネーブルする
  - 対象がエンドポイントの場合，wIndex の下位バイトの値からエンドポイント番号を特定
  - セットできない機能が指定された場合，リクエスト・エラー
  - U1_ENABLE/U2_ENABLE/LTM_ENABLE 機能セレクタは，Configured State の場合のみ有効
  - 各ステートにおける動作
    • Default：規定されない
    • Address：対象がデフォルト・コントロール・エンドポイントのときのみ正常応答．それ以外の場合，リクエスト・エラー
    • Configured：有効
- SetInterface
  - 指定されたインターフェースの代替設定値を設定する
  - 各ステートにおける動作
    • Default：規定されない
    • Address：リクエスト・エラー
    • Configured：有効
- SetIsochronousDelay
  - ホストがフレーミング・シンボルの第一シンボルの送信を開始し，デバイスがそれを受信するまでの時間が wValue に示される
  - 各ステートにおける動作
    • Default/Address/Configured：有効

- SetSEL
    - U1/U2 システム・イグジット・レイテンシ(SEL)およびU1/U2 イグジット・レイテンシを設定する
    - 各ステートにおける動作
        - Default：規定されない
        - Address：有効
        - Configured：有効
- SynchFrame
    - アイソクロナス転送でImplicit Synchronizationを使用する場合のみサポート
    - リクエストに対し，同期パターンの開始を示すFrame Number Data(2バイト)を返信
    - 各ステートにおける動作
        - Default：規定されない
        - Address：リクエスト・エラー
        - Configured：有効

● クラス固有リクエスト

クラス固有リクエストは，デバイス・クラスで定義される，リクエストのフォーマットやその使い方はデバイス・クラスごとに定義されます．全てのデバイスにおいて共通ではないため標準とはいえませんが，そのデバイス・クラスに属するデバイス間では共通のリクエストで，準標準という位置付けになります．

● ベンダ固有リクエスト

ベンダ固有リクエストは，各デバイスを供給するベンダが独自に定義するリクエストで，リクエストのフォーマットやその使い方は各ベンダが独自に定義します．

3.4 標準ディスクリプタ

標準ディスクリプタとして，USB 3.0では以下のものが定義されています．
(1) デバイス・ディスクリプタ
(2) BOSディスクリプタ

- USB 2.0 拡張ディスクリプタ
- SS デバイス・ケイパビリティ・ディスクリプタ
- コンテナ ID ディスクリプタ
 (3) コンフィグレーション・ディスクリプタ
- インターフェース・アソシエーション・ディスクリプタ
- インターフェース・ディスクリプタ
- エンドポイント・ディスクリプタ
- SuperSpeed エンドポイント・コンパニオン・ディスクリプタ
 (4) ストリング・ディスクリプタ

このうち GetDescriptor リクエストで指定可能なディスクリプタの種類は，デバイスと BOS，コンフィグレーション，そしてストリングの 4 種類だけです．そのほかのディスクリプタは BOS またはコンフィグレーション・ディスクリプタに対して GetDescriptor を行ったときに全てのディスクリプタがまとまって読み出されます．

例えば，BOS ディスクリプタに対して GetDescriptor を行った場合，
- BOS ディスクリプタ
- USB 2.0 拡張ディスクリプタ
- SS デバイス・ケイパビリティ・ディスクリプタ
- コンテナ ID ディスクリプタ

の四つのディスクリプタが読み出されます．一番初めは BOS ディスクリプタでなければなりませんが，後続する三つについては特に順序は規定されていません．

一方，コンフィグレーション・ディスクリプタに対して GetDescriptor を行った場合，
- コンフィグレーション・ディスクリプタ
- インターフェース・アソシエーション・ディスクリプタ
- インターフェース・ディスクリプタ
- エンドポイント・ディスクリプタ
- SuperSpeed エンドポイント・コンパニオン・ディスクリプタ

の五つのディスクリプタがこの順番に読み出されます．

もし，インターフェースに複数のエンドポイントを含む場合は，インターフェース・ディスクリプタに続いて，エンドポイント・ディスクリプタ，SuperSpeed エンドポイント・コンパニオン・ディスクリプタのペアをこの順番で全てのエンドポイントについて繰り返します．

さらに，コンフィグレーションに複数のインターフェースを含む場合は，一つのインターフェースとそれに含まれるエンドポイント・ディスクリプタが続いた後に，次のインターフェース・ディスクリプタが続きます．そして，もしそれらのインターフェースがある一つのファンクションに属している場合，対応する最初のインターフェースの前にインターフェース・アソシエーション・ディスクリプタが読み出されます．

例えば，図3.2のようなデバイスに対してGetDescriptor(Configuration)リクエストを行った場合，以下のような順序でディスクリプタが読み出されます．

- コンフィグレーション・ディスクリプタ(コンフィグレーション0)
- インターフェース・アソシエーション・ディスクリプタ(ファンクション0)
- インターフェース・ディスクリプタ(インターフェース0)
- エンドポイント・ディスクリプタ(エンドポイント1)
- SSエンドポイント・コンパニオン・ディスクリプタ (エンドポイント1)
- エンドポイント・ディスクリプタ (エンドポイント2)

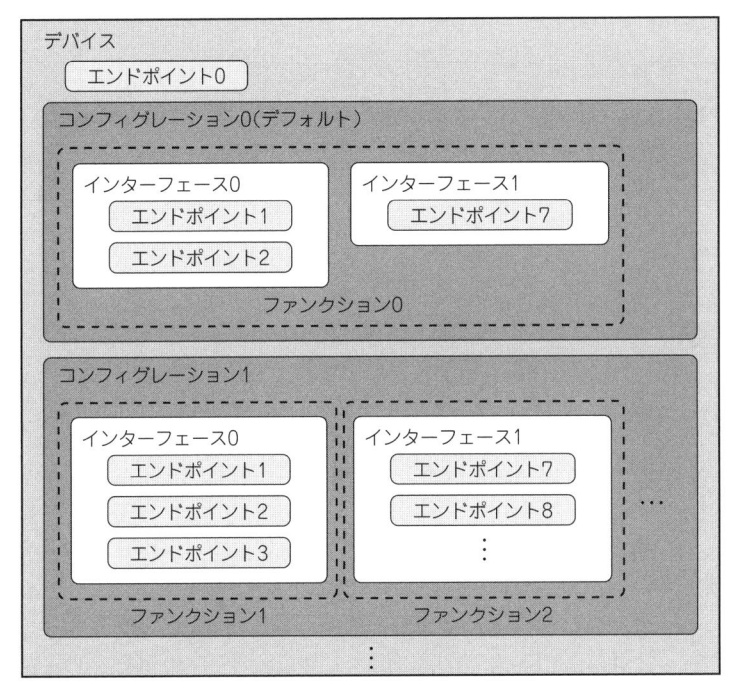

図3.2 USBデバイスの構成例

- SSエンドポイント・コンパニオン・ディスクリプタ（エンドポイント2）
- インターフェース・ディスクリプタ（インターフェース1）
- エンドポイント・ディスクリプタ（エンドポイント7）
- SSエンドポイント・コンパニオン・ディスクリプタ（エンドポイント7）
- コンフィグレーション・ディスクリプタ（コンフィグレーション1）
- インターフェース・ディスクリプタ（インターフェース0）
- エンドポイント・ディスクリプタ（エンドポイント1）
- SSエンドポイント・コンパニオン・ディスクリプタ（エンドポイント1）
- エンドポイント・ディスクリプタ（エンドポイント2）
- SSエンドポイント・コンパニオン・ディスクリプタ（エンドポイント2）
- エンドポイント・ディスクリプタ（エンドポイント3）
- SSエンドポイント・コンパニオン・ディスクリプタ（エンドポイント3）
- インターフェース・アソシエーション・ディスクリプタ（ファンクション2）
- インターフェース・ディスクリプタ（インターフェース1）
- エンドポイント・ディスクリプタ（エンドポイント7）
- SSエンドポイント・コンパニオン・ディスクリプタ（エンドポイント7）
- エンドポイント・ディスクリプタ（エンドポイント8）
- SSエンドポイント・コンパニオン・ディスクリプタ（エンドポイント8）

なお，ファンクションに含まれるインターフェースが一つの場合にはインタフェース・アソシエーション・ディスクリプタを省略可能なため，この例ではファンクション1に対応するインターフェース・アソシエーション・ディスクリプタはないものとしました．

● デバイス・ディスクリプタ（表3.2）

デバイス・ディスクリプタは，デバイスのコンフィグレーションに関係なく，デバイスの全般的な情報を定義します．デバイスは，ただ一つのデバイス・ディスクリプタを持ちます．

bcdUSBには，サポートしているUSBのバージョン情報を設定します．SSで動作しているときにはバージョン3.0（0300h）が設定されて，HS, FS, あるいはLSで動作しているときにはバージョン2.1（0210h）が設定されます．USB 2.0での動作時のbcdUSBは，従来のように2.0でなく2.1になっていることに注意してください．これは，USB 3.0対応のデバイスは，USB 2.0動作時にLPM（Link Power Management）に対応しなければならず，そのためにはバージョンを2.1

以上とする必要があるためです．

● BOS ディスクリプタ (表 3.3)
　BOS ディスクリプタは，デバイス・レベルの情報を新たに追加することを容易にするためのベースとなるディスクリプタです．BOS ディスクリプタには，デバイス・ケイパビリティ・ディスクリプタを任意の個数含むことが可能で，個々のデバイス・ケイパビリティ・ディスクリプタが拡張されたデバイス・レベルの

表 3.2　デバイス・ディスクリプタ

位置	フィールド	サイズ	値	説　明	設定例
0	bLength	1	Number	ディスクリプタのサイズ (バイト)	0x12
1	bDescriptorType	1	Constant	デバイス・ディスクリプタ・タイプ (固定値)	0x01
2	bcdUSB	2	BCD	準拠する USB 規格のバージョン SS 動作時は 3.0(0300h)，USB 2.0 動作時は 2.1 (0210h)	0x0300 または x02010
4	bDeviceClass	1	Class	クラス・コード 　00h：個々のインターフェースがクラスを規定 　FFh：ベンダ固有 　そのほか：全てのインターフェースはこのクラスに属し，連携して動作	0x00
5	bDeviceSubClass	1	SubClass	サブクラス・コード	0x00
6	bDeviceProtocol	1	Protocol	プロトコル・コード	0x00
7	bMaxPackSize0	1	Number	エンドポイント 0 の Max Packet Size ※ 2^(bMaxPackSize0) Byte SS 動作時は 09h(512 バイト) 固定	0x09
8	idVendor	2	ID	Vendor ID	0x0409
10	idProduct	2	ID	Product ID	T.B.D.
12	bcd デバイス	2	BCD	デバイスのリリース・バージョン	T.B.D.
14	iManufacturer	1	Index	Manufacturer を示すストリングのインデックス	T.B.D.
15	iProduct	1	Index	製品名を示すストリングのインデックス	T.B.D.
16	iSerialNumber	1	Index	シリアル番号を示すストリングのインデックス	T.B.D.
17	bNumConfigurations	1	Number	コンフィグレーションの個数	0x01

表 3.3　BOS ディスクリプタ

位置	フィールド	サイズ	値	説　明	設定例
0	bLength	1	Number	ディスクリプタのサイズ (バイト)	0x05
1	bDescriptorType	1	Constant	BOS ディスクリプタ・タイプ (固定値)	0x0F
2	wTotalLength	2	Number	後続するデバイス・ケイパビリティ・ディスクリプタを含む全体の長さ	T.B.D.
4	bNumDeviceCaps	1	Number	後続するデバイス・ケイパビリティ・ディスクリプタの個数	T.B.D.

情報を含みます．

USB 3.0 対応のデバイスは，SS で動作しているかどうかにかかわらず，全ての動作スピードにおいて，以下の 3 種類のデバイス・ケイパビリティ・ディスクリプタを BOS ディスクリプタに含まなければなりません．

USB 2.0 拡張ディスクリプタ，SS デバイス・ケイパビリティ・ディスクリプタ，コンテナ ID ディスクリプタ

個々のデバイス・ケイパビリティ・ディスクリプタを個別に読み出すことはできず，GetDescriptor で BOS ディスクリプタを指定したときに，BOS ディスク

表 3.4 USB 2.0 拡張ディスクリプタ

位置	フィールド	サイズ	値	説明	設定例
0	bLength	1	Number	ディスクリプタのサイズ（バイト）	0x04
1	bDescriptorType	1	Constant	デバイス・ケイパビリティ・ディスクリプタ・タイプ（固定値）	0x10
2	bDevCapabilityType	1	Number	ケイパビリティ・タイプ：USB 2.0 拡張	0x02
3	bmAttributes	1	Bitmap	デバイスがサポートする機能に 1 をセット bit1：LPM	0x02

表 3.5 SS デバイス・ケイパビリティ・ディスクリプタ

位置	フィールド	サイズ	値	説明	設定例
0	bLength	1	Number	ディスクリプタのサイズ（バイト）	T.B.D
1	bDescriptorType	1	Constant	デバイス Capability ディスクリプタ・タイプ（固定値）	0x10
2	bDevCapabilityType	1	Number	ケイパビリティ・タイプ：SS デバイス・ケイパビリティ	0x03
3	bmAttributes	1	Bitmap	デバイスがサポートする機能に 1 をセット bit1：LTM	0x02
4	wSpeedsSupported	2	Bitmap	サポートする転送速度 bit15..4：リザーブ bit3：5Gbps bit2：HS bit1：FS bit0：LS	0x000E
6	bFunctionality Support	1	Number	全ファンクションが使用可能な転送速度をセット (wSpeedsSupported の bit Number)	0x0F
7	bU1DevExitLat	1	Number	U1 ⇒ U0 遷移の最大時間 0x00 ～ 0x0A：有効値（μs）	T.B.D.
8	wU2DevExitLat	2	Number	U2 ⇒ U0 遷移の最大時間 0x0000 ～ 0x07FF：有効値（0 ～ 2047μs）	T.B.D.

リプタに含まれる全てのデバイス・ケイパビリティ・ディスクリプタが読み出されます。

● USB 2.0 拡張ディスクリプタ (表 3.4)

USB 2.0 拡張ディスクリプタは，USB 2.0 モードで動作する場合の LPM サポート状況を報告します．USB 3.0 対応デバイスが，USB 2.0 の動作を行う場合，LPM サポートは必須です．

● SS デバイス・ケイパビリティ・ディスクリプタ (表 3.5)

SS デバイス・ケイパビリティ・ディスクリプタは，SS デバイスのデバイス・レベルの機能を定義する拡張ディスクリプタです．

表 3.6　コンテナ ID ディスクリプタ

位置	フィールド	サイズ	値	説　明	設定例
0	bLength	1	Number	ディスクリプタのサイズ (バイト)	T.B.D
1	bDescriptorType	1	Constant	デバイス・ケイパビリティ・ディスクリプタ・タイプ (固定値)	0x10
2	bDevCapabilityType	1	Number	ケイパビリティ・タイプ：CONTAINER_ID	0x04
3	リザーブ	1	Number	常に 0	0
4	ContainerID	16	UUID	UUID (IETF RFC 4122 参照)	T.B.D

表 3.7　コンフィグレーション・ディスクリプタ

位置	フィールド	サイズ	値	説　明	設定例
0	bLength	1	Number	ディスクリプタのサイズ (バイト)	0x09
1	bDescriptorType	1	Constant	コンフィグレーション・ディスクリプタ・タイプ (固定値)	0x02
2	wTotalLength	2	Number	後続するデバイス・ケイパビリティ・ディスクリプタを含む全体の長さ	T.B.D.
4	bNumInterfaces	1	Number	このコンフィグレーションが持つインターフェースの個数	T.B.D.
5	bConfigurationValue	1	Number	このコンフィグレーションの番号	0x01
6	iConfiguration	1	Index	このコンフィグレーションを示すストリングのインデックス	0x00
7	bmAttributes	1	Bitmap	このコンフィグレーションの属性 　bit7：リザーブ (常に 1) 　bit6：Self-Powered 　bit5：Remote Wakeup	T.B.D.
8	bMaxPower	1	mA	最大消費電流 　- SS の場合：設定値 8mA 　- HS の場合：設定値 2mA	T.B.D.

第3章 デバイスとハブの動作

●コンテナ ID ディスクリプタ(表 3.6)

コンテナ ID ディスクリプタは，コンテナ ID を通知します．コンテナ ID には，IETF RFC 4122 で規定される UUID を設定します．

表 3.8 インターフェース・アソシエーション・ディスクリプタ

位置	フィールド	サイズ	値	説明	設定例
0	bLength	1	Number	ディスクリプタのサイズ(バイト)	T.B.D
1	bDescriptorType	1	Constant	インターフェース・アソシエーション・ディスクリプタ(固定値)	0x0B
2	bFirstInterface	1	Number	このファンクションに関連付ける1番目のインターフェース番号	T.B.D.
3	bInterfaceCount	1	Number	このファンクションに関連付けるインターフェースの数	T.B.D.
4	bFunctionClass	1	Class	クラス・コード 00h：このディスクリプタでは使用禁止 FFh：ベンダ独自 そのほか：USB-IF がアサインする	T.B.D.
5	bFunctionSubClass	1	SubClass	サブクラス・コード	T.B.D.
6	bFunctionProtocol	1	Protocol	プロトコル・コード	T.B.D.
7	iFunction	1	Index	このファンクションを説明するストリングのインデックス	T.B.D.

表 3.9 インターフェース・ディスクリプタ

位置	フィールド	サイズ	値	説明	設定例
0	bLength	1	Number	ディスクリプタのサイズ(バイト)	0x09
1	bDescriptorType	1	Constant	インターフェース・ディスクリプタ・タイプ(固定値)	0x04
2	bInterfaceNumber	1	Number	このインターフェースのインターフェース番号	T.B.D.
3	bAlternateSetting	1	Number	このインターフェースの代替設定番号	T.B.D.
4	bNumEndpoints	1	Number	このインターフェースが含むエンドポイントの個数	0x01
5	bInterfaceClass	1	Class	このインターフェースのクラス・コード 00h：リザーブ FFh：Vendor 依存 そのほか：有効値(USB-IF が定義)	T.B.D.
6	bInterfaceSubClass	1	SubClass	このインターフェースのサブクラス・コード	T.B.D.
7	bInterfaceProtocol	1	Protocol	プロトコル・コード	T.B.D.
8	iInterface	1	index	このインターフェースを説明するストリングのインデックス	T.B.D.

3.4 標準ディスクリプタ

● **コンフィグレーション・ディスクリプタ(表 3.7)**

コンフィグレーション・ディスクリプタは，デバイスのコンフィグレーション情報について規定します．bMaxPower フィールドの設定値を除き，USB 2.0 と同じです．

● **インターフェース・アソシエーション・ディスクリプタ(表 3.8)**

インターフェース・アソシエーション・ディスクリプタは，二つ以上のインターフェースを一つのファンクションとして関連付けるためのディスクリプタです．二つ以上のインターフェースを用いるファンクションの場合，ファンクションのそれぞれについて，インターフェース・アソシエーション・ディスクリプタを定義しなければなりません．

コンフィグレーション情報の一部として，関連付けるインターフェース・ディスクリプタの前に送信されます．

従来の USB では，ファンクションに関しては明確な定義はなかったのですが，インターフェース・アソシエーション・ディスクリプタによって最小限とはいえファンクションに関する情報が提供されるようになりました．

表 3.10 エンドポイント・ディスクリプタ

位置	フィールド	サイズ	値	説　明	設定例
0	bLength	1	Number	ディスクリプタのサイズ(バイト)	0x07
1	bDescriptorType	1	Constant	エンドポイント・ディスクリプタ・タイプ(固定値)	0x05
2	bEndpointAddress	1	エンドポイント	エンドポイントのアドレス bit3..0：エンドポイント番号 bit6..4：リザーブ(常に 0) bit7：転送方向 (0：OUT, 1：IN)	T.B.D.
3	bmAttributes	1	Bitmap	エンドポイントの属性 bit1..0：エンドポイントの転送種類 　　　0：Control, 1：Iso, 2：Bulk, 3：Int bit3..2：同期タイプ(Periodic 以外は 0) 　Isochronous の場合 　　　0：NoSync, 1：Asynch 　　　2：Adaptive, 3：Sync 　Interrupt の場合 　　　0：Periodic, 1：Notification bit5..4：使用法(Isochronous 以外は 0) 　　　0：Data, 1：Feedback, 2：Implicit	T.B.D.
4	wMaxPacketSize	2	Number	エンドポイントの最大パケット・サイズ	T.B.D.
6	bInterval	1	Number	エンドポイントのサービス・インターバル (125μs 単位) ($2^{\text{bInterval-1}}$)	T.B.D.

147

第3章 デバイスとハブの動作

表 3.11 SuperSpeed エンドポイント・コンパニオン・ディスクリプタ

位置	フィールド	サイズ	値	説 明	設定例
0	bLength	1	Number	ディスクリプタのサイズ(バイト)	0x04
1	bDescriptorType	1	Constant	SS エンドポイント・コンパニオン・ディスクリプタ・タイプ(固定値)	0x30
2	bMaxBurst	1	Number	最大バースト・サイズ − 1	T.B.D.
3	bmAttributes	1	Bitmap	エンドポイントの属性 Bulk の場合 　but4..0：Max Stream 　　サポートする最大 Stream 数 　　($2^{MaxStream}$) Isochronous の場合 　bit1..0：Mult 　　Service Interval 内の Max Burst 数 　　※ 0 の場合は Max Burst × 1	T.B.D.
4	wBytesPerInterval	2	Number	Service Interval ごとの転送バイト数 　(Periodic エンドポイントの場合のみ)	T.B.D.

● インターフェース・ディスクリプタ(表 3.9)

インターフェース・ディスクリプタは，コンフィグレーション・ディスクリプタに続いて送信されます．

インターフェースは，エンドポイントの機能を動的に変更する代替設定をサポートし，代替設定のデフォルト値は 0 になっています．コンフィグレーションの設定を変更した場合には，変更後にデバイス全体がリセット後の初期状態に戻るのに対して，インターフェースの代替設定の場合は変更によって影響を受けるエンドポイントのみが初期化され，設定変更されないエンドポイントは動作を継続できます．

代替設定の典型的な使用方法は，アイソクロナス・エンドポイントにおいてデフォルトの代替設定 0 ではバスのバンド幅を消費しない設定になっていて，データ転送を行う設定はデフォルト以外の代替設定を使用して，実際にデータ転送を行うときのみ代替設定を切り替えるというものです．

bNumEndpoint フィールドには，デフォルト・コントロール・エンドポイント(エンドポイント 0)以外のエンドポイントの数がセットされます．

● エンドポイント・ディスクリプタ(表 3.10)

エンドポイント・ディスクリプタは，コンフィグレーション・ディスクリプタ，インターフェース・ディスクリプタに引き続いて送信されます．

エンドポイントは，デフォルト・エンドポイント以外のエンドポイントについ

表 3.12 ストリング・ディスクリプタ

Index=0 → サポートする言語 ID

位置	フィールド	サイズ	値	説明	設定例
0	bLength	1	N+2	ディスクリプタのサイズ(バイト)	0x03
1	bDescriptorType	1	Constant	ストリング・ディスクリプタ・タイプ(固定値)	0x03
2	wLANGID [0]	2	Number	サポートする言語 ID コード 0	0x0409
⋮	⋮	2	⋮		⋮
N	wLANGID [x]	2	Number	サポートする言語 ID コード x	T.B.D.

Index!=0 → Index

位置	フィールド	サイズ	値	説明	設定例
0	bLength	1	N+2	ディスクリプタのサイズ(バイト)	T.B.D.
1	bDescriptorType	1	Constant	ストリング・ディスクリプタ・タイプ(固定値)	0x03
2	wLANGID [x]	N	Number	Unicode でエンコードされたストリング	T.B.D.

て記述を行い，デフォルト・エンドポイントに対するエンドポイント・ディスクリプタはありません．

● SuperSpeed エンドポイント・コンパニオン・ディスクリプタ(表 3.11)

SuperSpeed エンドポイント・コンパニオン・ディスクリプタは，コンフィグレーション・ディスクリプタとインターフェース・ディスクリプタ，エンドポイント・ディスクリプタに引き続いて送信されます(SS の場合のみ)．

デフォルト・エンドポイントに対する SS エンドポイント・コンパニオン・ディスクリプタはありません．

● ストリング・ディスクリプタ(表 3.12)

ストリング・ディスクリプタは，オプションのディスクリプタで，ディスクリプタのフォーマットは USB 2.0 と同じです．

3.5 ハブの構造

USB 2.0 のハブでは，ハブのダウンストリーム・ポートに FS や LS のデバイスをつないだときに，トランザクション・トランスレータと呼ばれる HS のトランザクションを FS や LS へ変換する機能がありました．USB 3.0 のハブでも同様な機能をサポートして SS から HS などへ変換することも考えられたのですが，

(1) 仕様の策定や実際のインプリメントに時間がかかる

第 3 章　デバイスとハブの動作

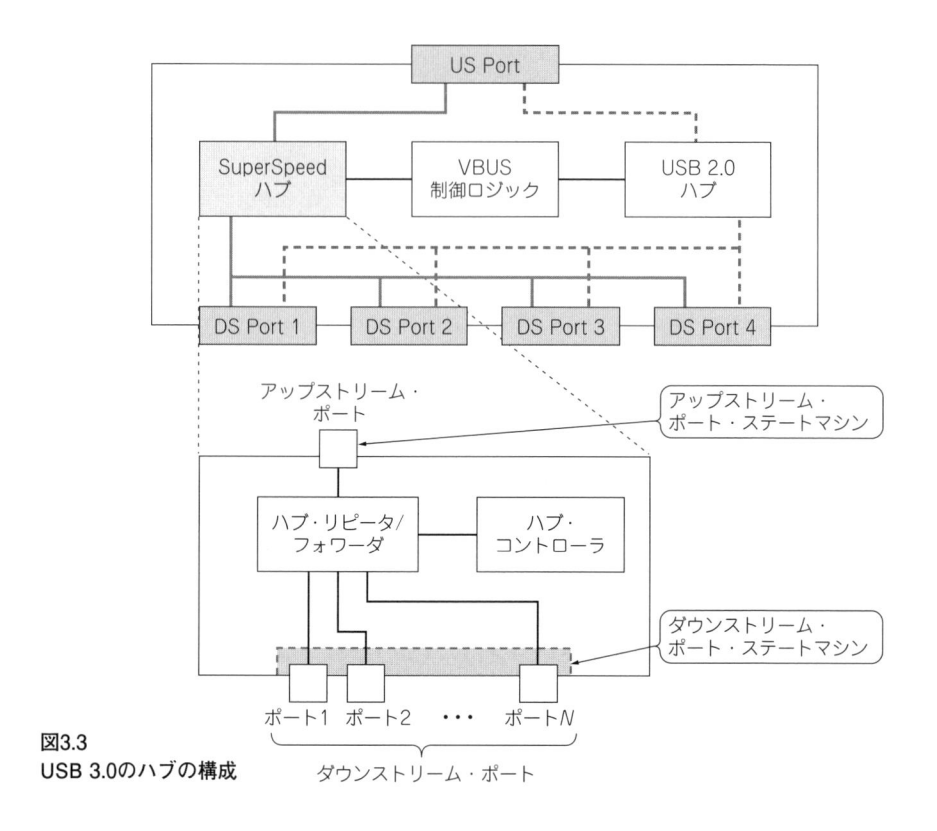

```
                    ┌─────────────┐
                    │   US Port   │
                    └─────────────┘
          ┌────────────┬───────────┬──────────┐
          │            │           │          │
    ┌───────────┐ ┌─────────┐ ┌──────────┐
    │ SuperSpeed│ │  VBUS   │ │ USB 2.0  │
    │   ハブ    │ │制御ロジック│ │   ハブ   │
    └───────────┘ └─────────┘ └──────────┘
     │   │   │   │                │ │ │ │
  ┌──────┐┌──────┐┌──────┐┌──────┐
  │DS Port1││DS Port2││DS Port3││DS Port4│
  └──────┘└──────┘└──────┘└──────┘
```

```
           ┌──────────────┐
           │アップストリーム│          ┌─────────────────┐
           │   ・ポート    │─ ─ ─ ─ ─│ アップストリーム・  │
           └──────┬───────┘          │ポート・ステートマシン│
                  │                  └─────────────────┘
        ┌─────────┴──┐    ┌──────────┐
        │ハブ・リピータ/│────│  ハブ・   │
        │ フォワーダ  │    │コントローラ│
        └─────┬──────┘    └──────────┘
              │
    ┌─────────┴───────────────┐      ┌─────────────────┐
    │                         │ ─ ─ ─│ダウンストリーム・   │
    └─┬───────┬───────────┬───┘      │ポート・ステートマシン│
      │       │           │          └─────────────────┘
    ┌───┐  ┌───┐       ┌───┐
    └───┘  └───┘  ・・・ └───┘
    ポート1 ポート2       ポートN
```

図3.3
USB 3.0のハブの構成　　ダウンストリーム・ポート

　(2) USB 3.0 ハブの下に USB 2.0 ハブがつながり，その下に FS や LS デバイスがつながるときに 2 段階の変換処理となり非常に複雑になる

という理由のため，SS から HS などへのトランザクション・トランスレータの構成は採らないことになりました．

　その代わり，USB 3.0 のハブは SS のハブと USB 2.0 ハブのハイブリッド構成として，USB 2.0 ハブの部分は既存の回路をほとんどそのまま使えるようにしました(**図 3.3**)．

　そのため，USB 3.0 ハブの下に SS デバイスと HS デバイスが接続された場合は，SS のハブと USB 2.0 ハブの両方が動作することになり，アップストリーム・ポートでは SS と HS の両方の信号が動作します．これはハブだけの例外的な動作で，そのほかのペリフェラル・デバイスでは，SS としての動作と USB 2.0 としての動作は完全に排他動作で，一度にどちらか一方しか動作しないのと対照的です．

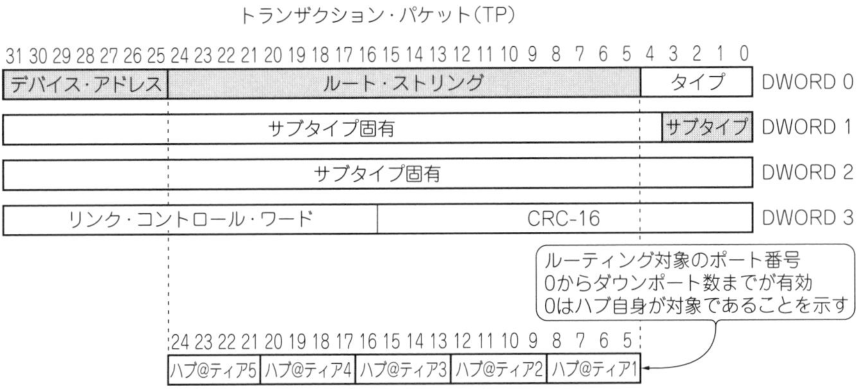

3.5 ハブの構造

```
                          トランザクション・パケット(TP)
31 30 29 28 27 26 25 24 23 22 21 20 19 18 17 16 15 14 13 12 11 10 9 8 7 6 5 4 3 2 1 0
|  デバイス・アドレス  |       ルート・ストリング       |    タイプ    | DWORD 0
|                   |     サブタイプ固有            |    サブタイプ  | DWORD 1
|                   |     サブタイプ固有            |              | DWORD 2
|  リンク・コントロール・ワード |       CRC-16          |              | DWORD 3
```

ルーティング対象のポート番号
0からダウンポート数までが有効
0はハブ自身が対象であることを示す

```
24 23 22 21 20 19 18 17 16 15 14 13 12 11 10 9 8 7 6 5
|ハブ@ティア5|ハブ@ティア4|ハブ@ティア3|ハブ@ティア2|ハブ@ティア1|
```

図3.4 ルート・ストリングの定義

● パケット・ルーティング

USB 2.0 までのハブは，基本的にはパケットのリピータにすぎず，アップストリーム・ポートからダウンストリーム・ポートへのパケットの転送は全ポートへのブロードキャストを行っていたのですが，USB 3.0 では消費電力を抑えるために必要なポートだけに転送を行うユニキャストに変更されました．

したがって，USB 3.0 ではパケットをハブのどのダウンストリーム・ポートへ転送するかを示す経路情報としてルート・ストリングという20ビットのフィールドが TP と DP に定義されています(**図3.4**)．

ルート・ストリングは4ビットずつの五つのサブフィールドに分割され，各サブフィールドは対応するティア(Tier)におけるハブのダウンストリーム・ポート番号を示します．ティアとはハブをカスケード接続した場合に，ホスト・コントローラのルート・ハブから数えて何番目のハブとなっているかを示すものです．ティア1はルート・ハブ直下のハブ，ティア2はティア1のハブの下につながるハブ，ティア3はティア2のハブの下のハブ，というようにティアが増えていくに従ってルート・ハブからの段数が増えていきます．

ハブは SetHubDepth リクエストによって，自分がどのティアにいるかをコンフィグレーション時にあらかじめ設定されています．ハブ深度＝0がティア1，ハブ深度＝1がティア2，…ハブ深度＝4がティア5というように対応します．

ハブのアップストリーム・ポートが TP または DP を受信したときに，ルート・ストリングから自身のハブ深度に対応した4ビットのサブフィールドを取り出して，その値で指定されたダウンストリーム・ポートへパケットを転送します．も

第3章 デバイスとハブの動作

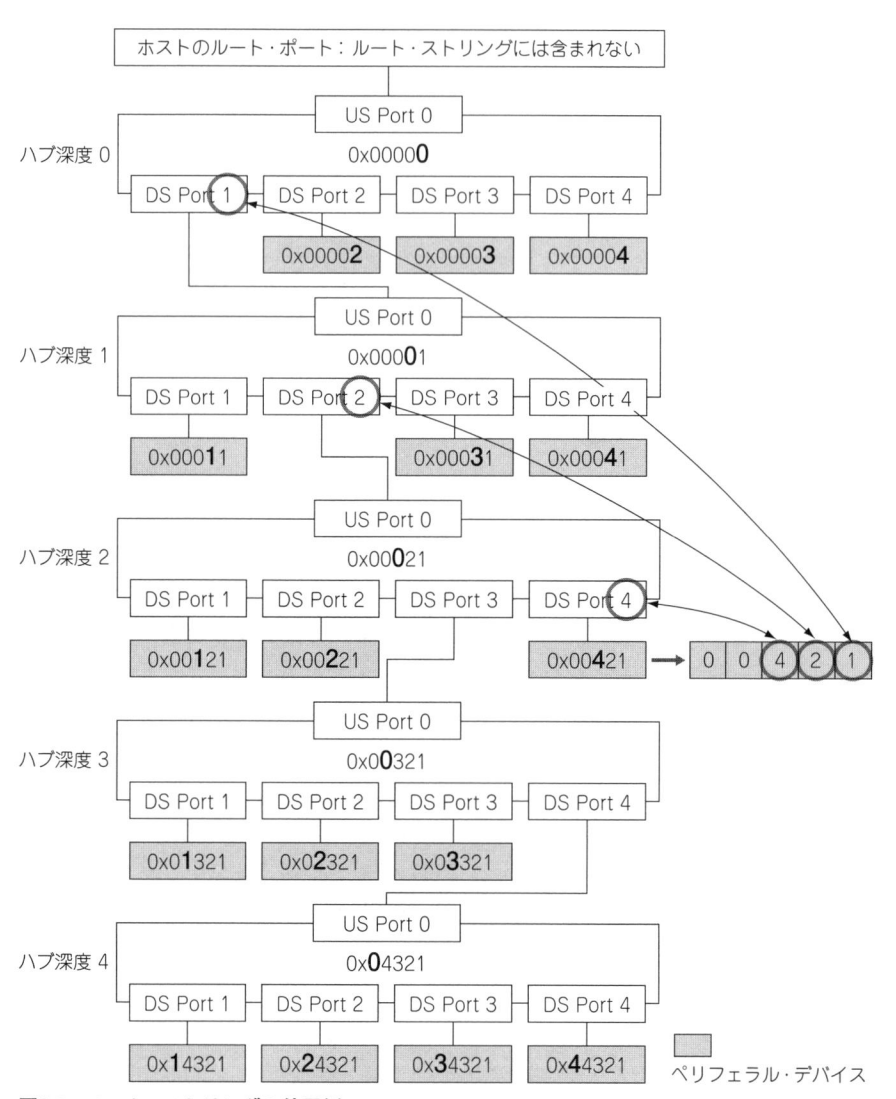

```
                    ホストのルート・ポート：ルート・ストリングには含まれない
                              ┌──────────────┐
                              │  US Port 0   │
  ハブ深度 0                   └──────────────┘
                                   0x00000
              ┌─────────┬─────────┬─────────┬─────────┐
          ┌DS Port 1┐ ┌DS Port 2┐ ┌DS Port 3┐ ┌DS Port 4┐
          └─────────┘ └─────────┘ └─────────┘ └─────────┘
                       0x00002     0x00003     0x00004

                              ┌──────────────┐
                              │  US Port 0   │
  ハブ深度 1                   └──────────────┘
                                   0x00001
              ┌─────────┬─────────┬─────────┬─────────┐
          ┌DS Port 1┐ ┌DS Port 2┐ ┌DS Port 3┐ ┌DS Port 4┐
          └─────────┘ └─────────┘ └─────────┘ └─────────┘
            0x00011                 0x00031    0x00041

                              ┌──────────────┐
                              │  US Port 0   │
  ハブ深度 2                   └──────────────┘
                                   0x00021
              ┌─────────┬─────────┬─────────┬─────────┐
          ┌DS Port 1┐ ┌DS Port 2┐ ┌DS Port 3┐ ┌DS Port 4┐
          └─────────┘ └─────────┘ └─────────┘ └─────────┘
            0x00121    0x00221                 0x00421  →  | 0 | 0 | 4 | 2 | 1 |

                              ┌──────────────┐
                              │  US Port 0   │
  ハブ深度 3                   └──────────────┘
                                   0x00321
              ┌─────────┬─────────┬─────────┬─────────┐
          ┌DS Port 1┐ ┌DS Port 2┐ ┌DS Port 3┐ ┌DS Port 4┐
          └─────────┘ └─────────┘ └─────────┘ └─────────┘
            0x01321    0x02321    0x03321

                              ┌──────────────┐
                              │  US Port 0   │
  ハブ深度 4                   └──────────────┘
                                   0x04321
              ┌─────────┬─────────┬─────────┬─────────┐
          ┌DS Port 1┐ ┌DS Port 2┐ ┌DS Port 3┐ ┌DS Port 4┐
          └─────────┘ └─────────┘ └─────────┘ └─────────┘
            0x14321    0x24321    0x34321    0x44321
                                                       □ ペリフェラル・デバイス
```

図3.5 ルート・ストリングの使用例

し，ハブがサポートするダウンストリーム・ポートの数以上の値が指定されたり，デバイスがつながっていないダウンストリーム・ポートのポート番号が指定されたりした場合，ハブはそのパケットを無視します．

図3.5に，ルート・ストリングの使用例を示します．ハブ深度2のポート4に

3.5 ハブの構造

表 3.13 ハブ・ディスクリプタ

位置	フィールド	サイズ	説　明	設定例
0	bDescLength	1	ディスクリプタのサイズ（常に 12 バイト）	0x0C
1	bDescriptorType	1	ハブ・クラス・ディスクリプタ・タイプ（固定値：2Ah）	0x2A
2	bNbrPorts	1	ダウンストリーム・ポート数	0x04
3	wHubCharacteristics	2	D1..D0：パワー・スイッチ・モード 　　　00：一括パワー制御 　　　01：個別パワー制御 　　　1X：リザーブ D2：コンパウンド・デバイスかどうかを示す 　　　0：ハブはコンパウンド・デバイスの一部でない 　　　1：ハブはコンパウンド・デバイスの一部 D4..D3：過電流検出モード 　　　00：一括過電流検出 　　　01：個別過電流検出 　　　1X：過電流検出なし D15..D5：リザーブ	T.B.D
5	bPwrOn2PwrGood	1	ダウンストリーム・ポートの VBUS を制御する信号を ON してから実際に VBUS が確定するまでの時間（2 ms 単位）	T.B.D
6	bHubContrCurrent	1	ハブ・コントローラの消費電流	T.B.D
7	bHubHdrDecLat	1	ハブがパケット・ヘッダをデコードするのに必要な時間 | 値 | 説　明 | |---|---| | 00h | 0.1μs 未満 | | 01h | 0.1μs | | 02h | 0.2μs | | 03h | 0.3μs | | 04h | 0.4μs | | 05h | 0.5μs | | 06h | 0.6μs | | 07h | 0.7μs | | 08h | 0.8μs | | 09h | 0.9μs | | 0Ah | 1.0μs | | 0Bh～FFh | リザーブ |	T.B.D
8	wHubDelay	2	パケットをアップからダウン，あるいはその逆方向に転送するときのハブ内部の遅延時間	T.B.D
10	DeviceRemovable	2	ポートに接続されているデバイスが脱着可能かどうかを示す 　0：デバイスは脱着可能 　1：デバイスは脱着不可 各ビットは各ポートの状態を表す ビット 0：リザーブ ビット 1：ポート 1 ビット 2：ポート 2 　　　⋮ ビット n：ポート n（実装依存，最大 15 ポートまで）	0x0010 （ポート 4 が脱着不可）

153

表3.14 ハブ・クラス固有リクエスト

Request	bmRequestType	bRequest	wValue	wIndex	wLength	Data
ClearHubFeature	00100000B	CLEAR_FEATURE	機能セレクタ	0	0	なし
ClearPortFeature	00100011B	CLEAR_FEATURE	機能セレクタ	ポート	0	なし
GetHubDescriptor	10100000B	GET_DESCRIPTOR	ディスクリプタ・タイプおよびディスクリプタ・インデックス	0または言語ID	ディスクリプタ長	ディスクリプタ
GetHubStatus	10100000B	GET_STATUS	0	0	4	ハブ・ステータスおよび変化ステータス
GetPortStatus	10100011B	GET_STATUS	0	ポート	4	ポート・ステータスおよび変化ステータス
GetPortErrorCount	10100011B	GET_PORT_ERR_COUNT	0	ポート	2	リンク・エラー数
SetHubDescriptor	00100000B	SET_DESCRIPTOR	ディスクリプタ・タイプおよびディスクリプタ・インデックス	0または言語ID	ディスクリプタ長	ディスクリプタ
SetHubFeature	00100000B	SET_FEATURE	機能セレクタ	0	0	なし
SetHubDepth	00100000B	SET_HUB_DEPTH	ハブ深度	0	0	なし
SetPortFeature	00100011B	SET_FEATURE	機能セレクタ	セレクタ，タイムアウト，ポート	0	なし

接続されたデバイスのルート・ストリングについて詳細に説明します．このルート・ストリングは0x00421となります．

ハブ深度0のハブでは初めの4ビットを取り出します．その値は1なので，このパケットはポート1へ送られます．

ハブ深度1のハブでは次の4ビットを取り出し，その値は2なので，パケットをポート2へ送ります．

同様に，ハブ深度2のハブでは，その次の4ビットを取り出し，値は4なので，パケットをポート4へ送ります．ポート4にはペリフェラル・デバイスがつながっているため，通常のパケット受信処理が行われます．

なお，デバイスからホストへTPあるいはDPを送るときは，ルート・ストリングは常に0となります．デバイスからホストへ至る経路は一通りしかなく，経

3.5 ハブの構造

ハブ・クラス・リクエスト・コード

bRequest	Value
GET_STATUS	0
CLEAR_FEATURE	1
リザーブ	2
SET_FEATURE	3
リザーブ	4, 5
GET_DESCRIPTOR	6
SET_DESCRIPTOR	7
リザーブ	8〜11
SET_HUB_DEPTH	12
GET_PORT_ERR_COUNT	13

ハブ・クラス機能セレクタ

名 称	受信対象	値
C_HUB_LOCAL_POWER	ハブ	0
C_HUB_OVER_CURRENT	ハブ	1
PORT_CONNECTION	ポート	0
PORT_OVER_CURRENT	ポート	3
PORT_RESET	ポート	4
PORT_LINK_STATE	ポート	5
PORT_POWER	ポート	8
C_PORT_CONNECTION	ポート	16
C_PORT_OVER_CURRENT	ポート	19
C_PORT_RESET	ポート	20
リザーブ	ポート	21
PORT_U1_TIMEOUT	ポート	23
PORT_U2_TIMEOUT	ポート	24
C_PORT_LINK_STATE	ポート	25
C_PORT_CONFIG_ERROR	ポート	26
PORT_REMOTE_WAKE_MASK	ポート	27
BH_PORT_RESET	ポート	28
C_BH_PORT_RESET	ポート	29
FORCE_LINKPM_ACCEPT	ポート	30

路情報が不要なためです．

● **パケット延期**

USB 3.0 ハブのもう一つ重要な処理が，パケット延期（Packet Deferring）と呼ばれる処理です．

ハブがパケットをダウンストリーム・ポートへ転送しようとしたときに，そのポートが U1 または U2 ステートになっている場合があります．そのときにハブはそのダウンストリーム・ポートをロー・パワー・モードから U0 へ復帰させてパケットを送るのですが，そのままだとホストもハブと一緒に U0 への復帰を待つことになります．このようなときに，ホストへはパケットの転送処理が終わったかのように見せて，ホストが次のパケットの処理に移れるようにするためのしくみがパケット延期です．

パケット延期は，以下のように行われます（**図 3.6**）．
① ホストが U0 以外のデバイスに対し，パケットを送出
② 送信対象のポートが U0 以外のため，ハブはパケットを保持

図3.6
パケット延期の手順

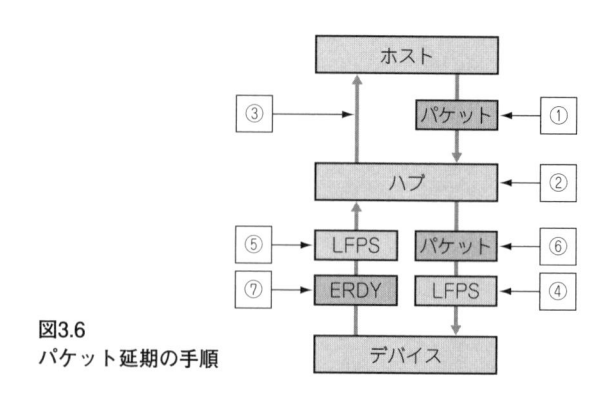

③ ハブはホストに対し転送延期を通知するため，元のパケットのLCWの延期ビットをセットし，LCWのハブ深度フィールドに自身のハブ深度をセットしたパケットをホストへ送る（ヘッダのみ）．ホストは延期ビットをセットされたパケットを受け取った場合，NRDY TPと同様に扱う
④ ハブはLFPSを発行して，デバイスに省電力モードからの復帰を要求
⑤ デバイスは復帰要求に応じ，LFPSを返信，その後リカバリ・ステートを経由してU0へ復帰
⑥ ハブは保持していたパケットのLCWの延期ビットをセットしたものをデバイスに送信（ヘッダのみ）
　デバイスは延期ビットをセットされたパケットを受け取った場合，自身がNRDY応答したかのように振る舞い，フロー制御状態に入る
⑦ 受信したパケットを処理可能になったとき，デバイスはERDY TPを送信

● ハブ・デバイス・クラス

USB 3.0ハブでは，ハブ・クラス独自のディスクリプタとリクエストを**表3.13**，**表3.14**のように定義します．

ハブ・ディスクリプタは，ハブのダウンストリーム・ポートの個数やポートがどのような機能をサポートしているかといった情報を示します．ハブ・クラス・リクエストは，ダウンストリーム・ポートの制御をしたりポートの状態を取得したりするためのハブ・クラス固有のリクエストです．

例えば，SetPortFeatureとClearPortFeatureによって各ダウンストリーム・ポートのある機能をイネーブル/ディスエーブルします．どの機能をイネーブルあるいはディスエーブルするのかは，機能セレクタによって指定します．

SetPortFeature で PORT_RESET を指定した場合は，当該ポートに対してリセットが発行され，PORT_POWER を指定した場合は，当該ポートの VBUS が ON となり，ClearPortFeature で PORT_POWER を指定した場合は，当該ポートの VBUS が OFF になります．あるいは，GetPortStatus によって指定したダウンストリーム・ポートのデバイス接続の有無,接続されているデバイスのスピード，ポートの LTSSM ステートなどの情報を知ることもできます．

のざき・はじめ
ルネサス　エレクトロニクス(株)

第 **4** 章

近藤 快人

コネクタとケーブルの形状と特性

USB 2.0 から USB 3.0 になってデータ転送速度が高速化されるに伴い，コネクタとケーブルの役割が非常に重要になってきました．そこで本章では，USB 3.0 のコネクタとケーブルの仕様に関して，構造および伝送特性について解説します．

4.1 ケーブルとコネクタの形状

● ケーブルの構造

USB 2.0 では，データの双方向転送を行う UTP（シールドなしのツイスト・ペア・ケーブル）が 1 ペアと，電源と GND 用のディスクリート線が 2 本という，計 4 芯のケーブルで構成されていましたが，**図4.1**(b)のケーブル断面図に示すように，USB 3.0 ではここに SuperSpeed 信号用の SDP（シールド＆ドレイン線付きの差動ペア・ケーブル）が 2 ペア追加され，ドレイン線を含めて計 10 芯になりました．

USB 3.0 で追加された SuperSpeed 信号は，完全 2 重転送方式を採用しており，

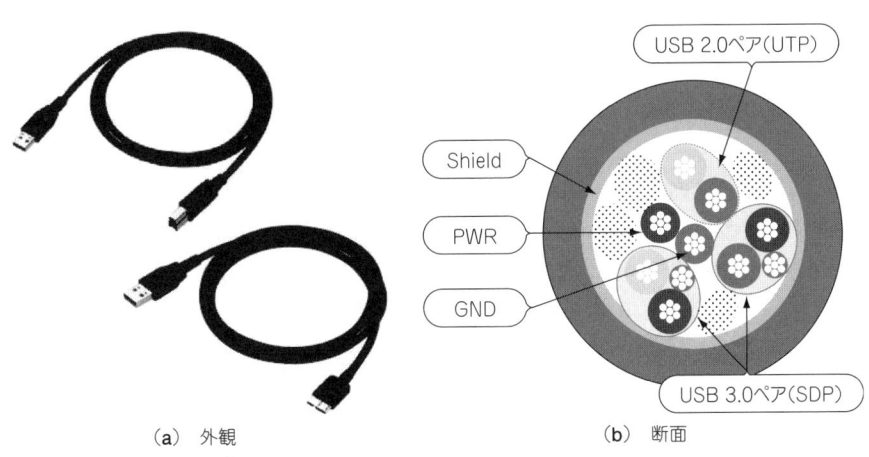

　　（a） 外観　　　　　　　　　　（b） 断面

図4.1　USB 3.0のケーブル

表 4.1 USB 3.0 のピン・アサイン表

(a) Standard A

ピン番号	信号名	説　明
1	VBUS	Power
2	D −	USB 2.0 用
3	D +	差動ペア
4	GND	Power 用 Ground
5	SSRX−	SuperSpeed 用
6	SSRX+	受信差動ペア
7	GND_DRAIN	信号用 Ground
8	SSTX−	SuperSpeed 用
9	SSTX+	送信差動ペア

(b) Standard B

ピン番号	信号名	説　明
1	VBUS	Power
2	D −	USB 2.0 用
3	D +	差動ペア
4	GND	Power 用 Ground
5	SSTX−	SuperSpeed 用
6	SSTX+	送信差動ペア
7	GND_DRAIN	信号用 Ground
8	SSRX−	SuperSpeed 用
9	SSRX+	受信差動ペア

(c) Micro AB

ピン番号	信号名	説　明
1	VBUS	Power
2	D −	USB 2.0 用
3	D +	差動ペア
4	ID	OTG 用 ID
5	GND	Power 用 Ground
6	SSTX−	SuperSpeed 用
7	SSTX+	送信差動ペア
8	GND_DRAIN	信号用 Ground
9	SSRX−	SuperSpeed 用
10	SSRX+	受信差動ペア

(d) Micro B

ピン番号	信号名	説　明
1	VBUS	Power
2	D −	USB 2.0 用
3	D +	差動ペア
4	ID	OTG 用の ID
5	GND	Power 用 Ground
6	SSTX−	SuperSpeed 用
7	SSTX+	送信差動ペア
8	GND_DRAIN	信号用 Ground
9	SSRX−	SuperSpeed 用
10	SSRX+	受信差動ペア

2 ペアある SDP はそれぞれ上りデータ用 / 下りデータ用に使い分けられます．また，VBUS に流れる電流値は，USB 2.0 では 500mA でしたが USB 3.0 では 900mA まで増加しています．

● コネクタの構造

USB 2.0 では，Standard A と Standard B，Mini B，Micro AB，Micro B と，3 サイズ /5 種類のコネクタが規定されていましたが，USB 3.0 では中間サイズの Mini コネクタが削除され，Standard と Micro の 2 サイズ /4 種類のコネクタに集約されました（**表 4.1**）．

USB 3.0 SuperSpeed 信号用に 5 端子も追加するという，機構的に大幅な変更が行われましたが，USB2.0 コネクタとの互換性を可能な限り確保するようにコネクタの形状が定められています．

(a) レセプタクル　　　　(b) プラグ

(c) 外形寸法図（正面）　　(d) フットパターン図

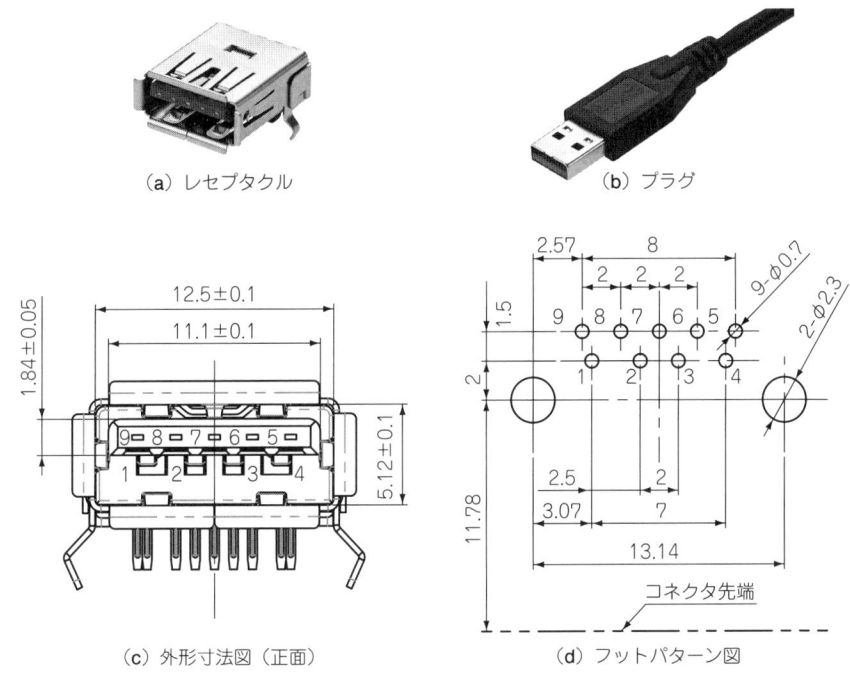

図4.2　USB 3.0 ホスト側コネクタ（Standard A）

① Standard A —— ホスト側コネクタ

　Standard A タイプは，パソコン本体など USB のホスト機器側に使用されるコネクタです．USB 2.0 の Standard A コネクタは，パソコンはもちろんのこと，TV や音楽プレーヤなどのポータブル機器に至るまで，USB 規格の中で最も幅広く普及しています．そのため，既存の USB 2.0 搭載機器にも USB 3.0 デバイスを接続できるように，嵌合部の寸法は一切変更されず，**図4.2** に示すように，USB 2.0 Standard A コネクタの既存端子の隙間に 5 本の端子を追加した構造となっています．

　追加された 5 本の端子は全て USB 3.0 SuperSpeed 信号用で，上りデータ用の差動ペア(2 端子)と下りデータ用の差動ペア(2 端子)，それらのドレイン・グラウンド端子(1 端子)という内訳になっています．

　プラグとケーブルの接続部では，ケーブルの 2 本のドレイン線が一つに束ねられ，プラグの同一端子に接続されています．

　USB 2.0 の 4 端子は，レセプタクル側が可動端子でプラグ側が固定端子となっ

第 4 章　コネクタとケーブルの形状と特性

　　　　（a）レセプタクル　　　　　　　　　　（b）プラグ

　　　　（c）外形寸法図（正面）　　　　　　　（d）フットパターン図

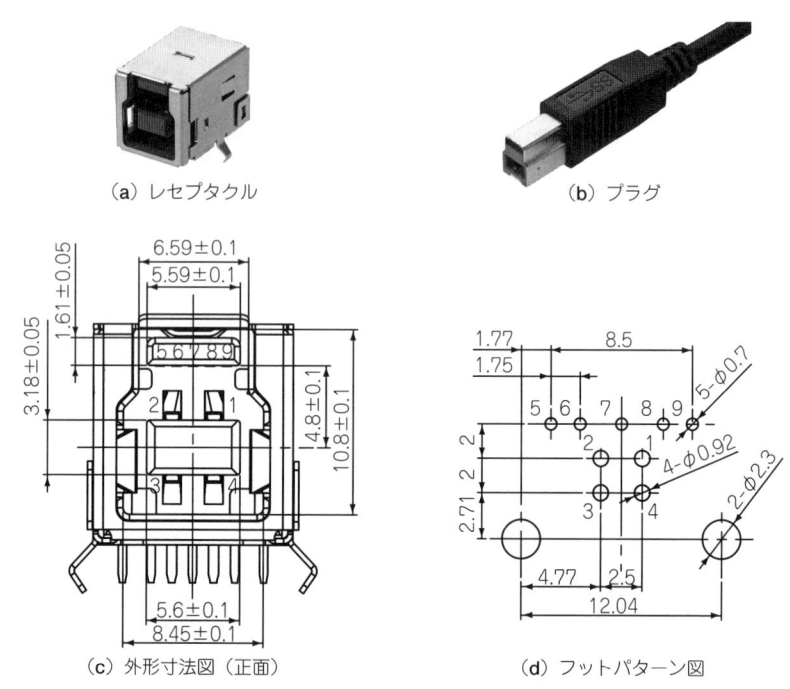

図4.3　USB 3.0 デバイス側コネクタ（Standard B）

ていますが，USB 3.0 で追加された SuperSpeed 用の 5 端子はその逆になっています．このように，一つのコネクタの中に固定端子と可動端子が混在する例は珍しく，コネクタの設計には機構的にも電気的にもさまざまな工夫が必要になります．

　仕様内には，**図 4.2** のようなレセプタクルのリファレンス・フットパターンも記載されており，後述する伝送特性の値などもこのリファレンス・フットパターンを基準に定められています．

② Standard B ── デバイス側コネクタ

　Standard B タイプは，パソコン周辺機器などの USB のデバイス機器側に使用されるコネクタです．外付けハード・ディスク・ドライブ（HDD）や外付け BD/DVD ドライブやプリンタなど，パソコンに USB 接続される多くの機器に搭載されています．もちろん，Standard B コネクタにも USB 3.0 SuperSpeed 信号用の 5 端子が追加されているのですが，Standard A コネクタとは異なり，Standard B コネクタの開口部は USB 2.0 と USB 3.0 で同一形状ではありません．

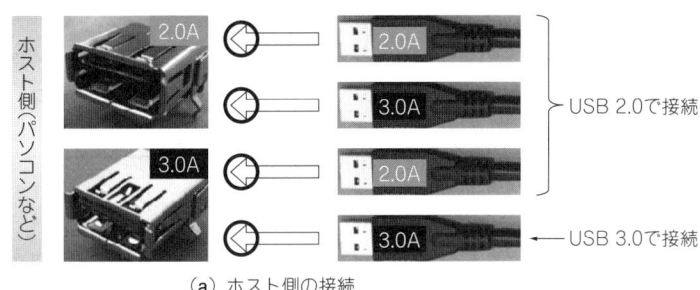

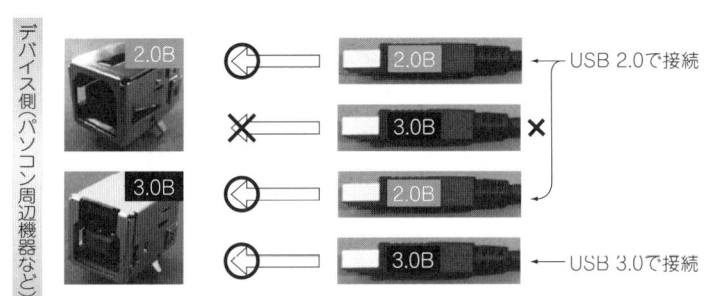

図4.4 Standardコネクタの互換性

(a) ホスト側の接続

(b) デバイス側の接続

図4.3に示すとおり，従来のUSB 2.0コネクタの上部を凸状に膨らませ，その部分にUSB 3.0の5端子が追加されています．そのため，USB 3.0のレセプタクルは，USB 2.0/3.0両方のプラグと嵌合可能ですが，USB 2.0のレセプタクルへはUSB 3.0のプラグを挿入できません．Standardコネクタの後方互換性に関しては，図4.4を参照してください．

③ Micro B/Micro AB —— 小型コネクタ

Micro Bコネクタは，ポータブルHDDやHUBなど，小型のパソコン周辺機器に使用されます．

Micro ABコネクタは，スマートフォンや携帯電話のように，デバイス機器としてパソコンと接続可能で，かつホストとしての機能も備えるOn the go(OTG)というタイプの機器に搭載されます．

これらのMicroタイプのコネクタは非常にサイズが小さいため，Standardタイプのコネクタのように従来の開口部の中にUSB 3.0 SuperSpeed用の5端子を追加することができません．図4.5に示すように，従来のUSB 2.0の横にサイド・カーのようにUSB 3.0用のプラグ挿入口を追加した構造になっています．従来のUSB 2.0の開口形状がそのまま残っているので，USB 2.0のプラグもできます．

(a) レセプタクル　　　　　　　　　　(b) プラグ

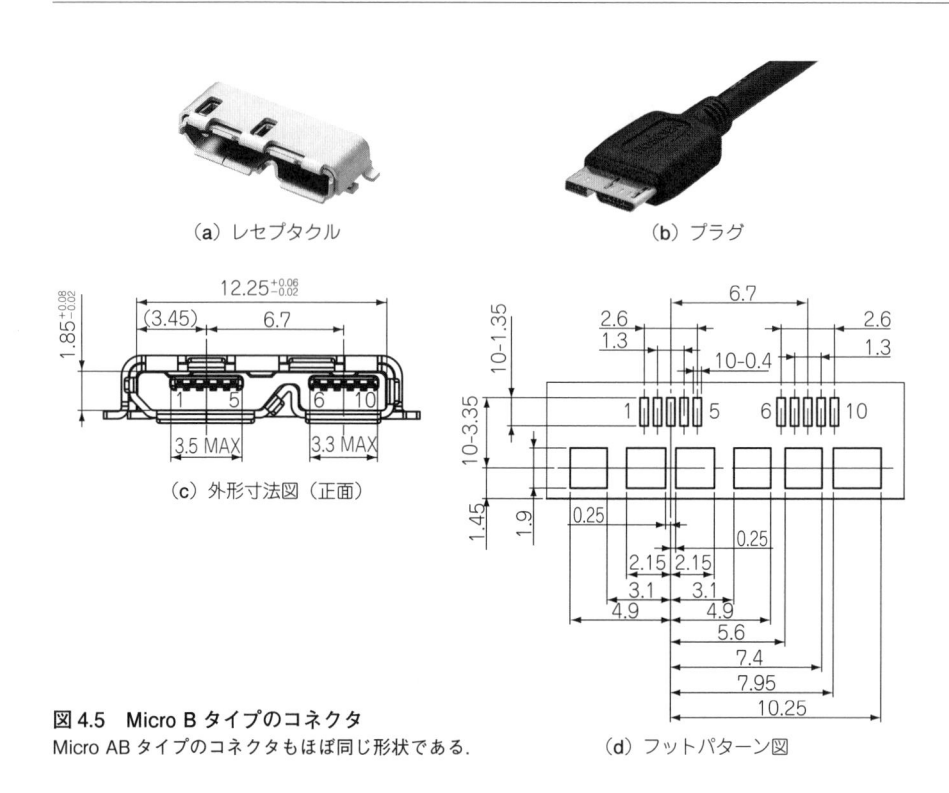

(c) 外形寸法図（正面）　　　　　　　(d) フットパターン図

図 4.5　Micro B タイプのコネクタ
Micro AB タイプのコネクタもほぼ同じ形状である．

4.2　ケーブルの伝送特性

　USB 3.0 SuperSpeed 信号の速度は 5Gbps と，これまでの規格で最速だった USB 2.0 HighSpeed 信号の速度 480Mbps の 10 倍になっています．

　また，信号の伝送路は，基板上のパターンとコネクタ（レセプタクル＋プラグ），ケーブルの三つに大きく分類され，一般的に　ケーブル＞基板パターン＞コネクタの順に伝送路の経路が短くなります．その中で，伝送経路の長いケーブルと基板については，USB 2.0 規格においてもインピーダンスやスキューなどの基本的な伝送特性（高周波特性）だけは定められていました．しかし，480Mbps までの信号速度であれば，信号波形を形作るために必要な周波数の波長がコネクタのサイズに比べ十分長いので，コネクタ部の特性はほとんど信号品質に影響を与えないということで，コネクタ部分に関する伝送特性の規定は一切ありませんでした．

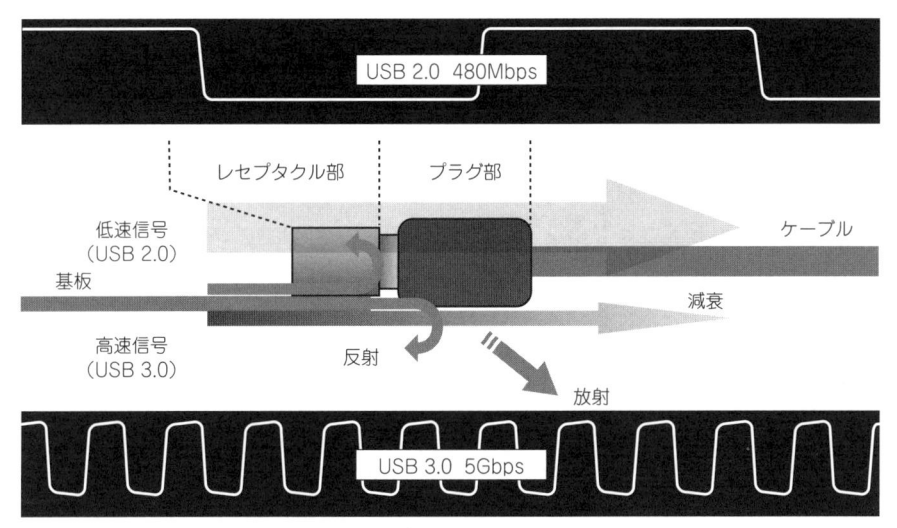

図4.6　低速信号はコネクタの影響を受けずに損失なく通り抜ける

　それが USB 3.0 SuperSpeed の 5Gbps にもなると，その波長がコネクタのサイズに近くなり，コネクタという狭い領域の特性までもが信号品質に大きく影響を与えるようになることから，コネクタ部にまで厳しい伝送特性が求められるようになりました．図4.6 に示すように，低速信号はコネクタ部の影響を受けずに損失なく通り抜けられるのですが，高速信号はコネクタ部という小さな特性不連続領域の影響でも，信号が反射や放射されることによって劣化してしまいます．

● 伝送特性の測定方法
　ここではまず，USB 3.0 のコネクタとケーブルに求められる伝送特性を測定する手法と必要なツールについて説明します．
① 測定機
　USB 3.0 規格では，レセプタクルとプラグ・ケーブルの伝送特性は以下に示す3段階のドキュメントによって定められ，その中の MOI(Methods of Implementation) というドキュメント内で測定機が紹介されています．USB 3.0 の仕様と CTS (Compliance Test Specification) は USB-IF(Implementation Forum) の Web ページ(http://www.usb.org/)から，MOI は USB-IF の Web ページ内にリンクが貼られている各測定機メーカの Web ページからダウンロードが可能です．

> 【仕様】USB 3.0 Specification
> 　各特性項目が満たすべき値(Limit Line)を規定
> 【CTS】USB 3.0 Connectors and Cable Assemblies Compliance Document
> 　大枠の試験方法を規定
> 【MOI】各測定機メーカが提供する Method of Implementation
> 　使用すべき測定機と CTS に則した測定を行うための手順を説明

　次項で伝送特性について説明しますが，USB 3.0 のレセプタクルとプラグ・ケーブルの伝送特性は，周波数軸と時間軸という二つの視点から評価することになっています．

　数年前までは，伝送特性のうち時間軸で表されることの多い項目の測定には TDR(Time Domain Reflectometry)オシロスコープを，周波数軸で表されることの多い項目の測定にはベクトル・ネットワーク・アナライザを，というように 2 種類の測定機が用いられてきました．

　ところが，近年それらの測定機のオプション機能が充実し，FFT/逆 FFT 演算によって時間軸測定結果と周波数軸測定結果を変換する手法が一般化してきたことにより，TDR オシロスコープかベクトル・ネットワーク・アナライザのどちらか一方さえあれば，容易に時間軸と周波数軸両方の特性項目の測定が行えるようになってきました．

　最新の高速伝送インターフェース規格の一つである USB 3.0 では，全ての MOI が一つの機器で時間軸と周波数軸両方の項目を測定する手法を採用しています．

② Test Fixture(治具)

　もう一つ，USB 3.0 のプラグ・ケーブルの伝送特性評価に欠かせないのが Test Fixture と呼ばれる治具です．伝送特性を測定する際，各測定機の標準インターフェースとなっている 3.5mm の同軸コネクタ(SMA など)に USB 3.0 コネクタを通った信号を入出力するため，「SMA-to-USB 3.0 アダプタ」の役割を果たす治具が必要になります(図 4.7)．この Test Fixture が，全てのプラグ・ケーブルの認証試験の特性基準，つまり「物差し」となります．USB-IF では，プラグ・ケーブルの伝送特性測定用 Test Fixture を「SuperSpeed Cable Test Fixture」と名付けて規定しています．

　この高周波特性評価用 Test Fixture は，USB-IF の Web ページに掲載されて

(a) CMS1644-010010
　　Standard A test fixture

(b) CMS1645-010010
　　Standard B test fixture

(c) CMS1647-010010
　　Micro B test fixture

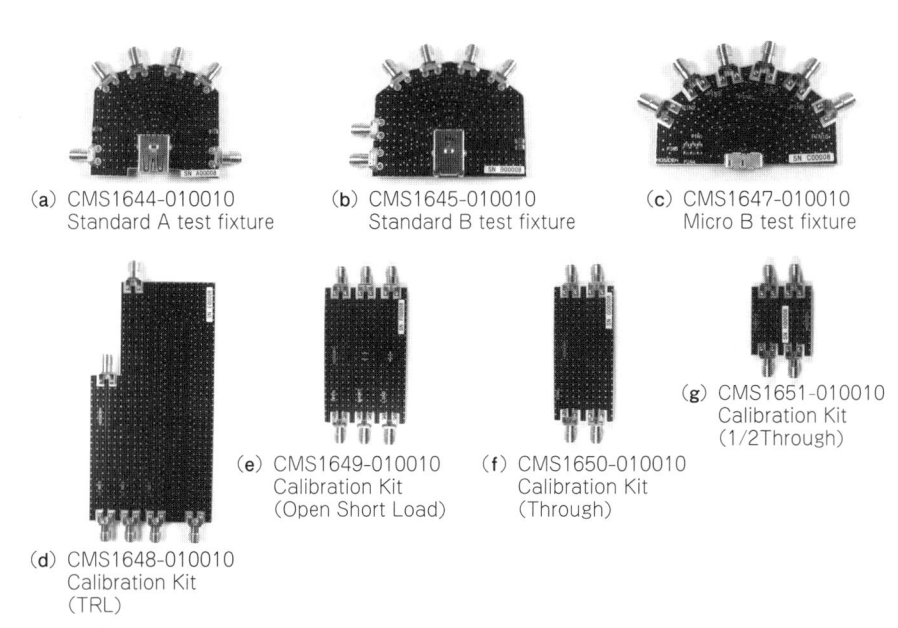

(e) CMS1649-010010
　　Calibration Kit
　　(Open Short Load)

(f) CMS1650-010010
　　Calibration Kit
　　(Through)

(g) CMS1651-010010
　　Calibration Kit
　　(1/2Through)

(d) CMS1648-010010
　　Calibration Kit
　　(TRL)

図4.7 「SMA-to-USB 3.0アダプタ」の役割を果たす冶具(Test Fixture)

いる窓口から入手できます．USB 3.0認証を発行する各認証機関(Authorized Test Center, ATC)でも，このSuperSpeed Cable Test Fixtureを使用して伝送特性試験が実施されます．

● レセプタクルとプラグ・ケーブルに求められる伝送特性

ここからは，ケーブルとコネクタに求められる特性について，項目ごとに詳しく解説していきます．

① Differential Insertion Loss

Differential Insertion Lossは，USB 3.0ケーブル1本に許容される信号振幅の減衰量を周波数軸で規定する項目です．図4.8が，USB 3.0のSuperSpeed信号ペアに課せられる減衰量のLimit Lineになります．100MHzから7.5GHzまで連続的に減衰量が制限されており，USB 3.0信号の基本周波数である2.5GHz(Bit Rate換算で5Gbps)での減衰許容量は7.5dBまでとされています．このLimit Lineは，一般的に民生機器用の高速信号伝送用ケーブルに使用される線径(AWG#26〜28)のSTPケーブル3m分の減衰量を参考に設定され，かつUSB 3.0規格の中でホスト側基板上の(規格上では11インチ分の)トレースに許容されて

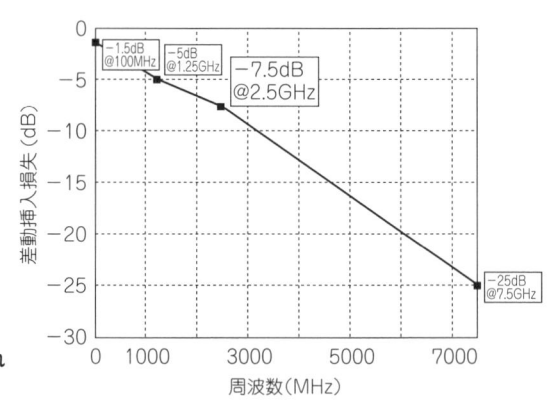

図4.8
SuperSpeed信号ペアに課せられる減衰量の Limit Line

グラフ内のラベル:
- −1.5dB @100MHz
- −5dB @1.25GHz
- −7.5dB @2.5GHz
- −25dB @7.5GHz

縦軸: 差動挿入損失 (dB)
横軸: 周波数 (MHz)

いる減衰量とほぼ等価となっています．

　当然，挿入損失はケーブルの芯線径(抵抗)に依存しますが，周波数(信号速度)が高くなればなるほど誘電損失の影響が顕著に現れるため，USB 3.0 のような高速の周波数帯域における挿入損失の特性は誘電体の材料特性にも大きく左右されます．そのため，プラグ・ケーブルを作る上では，信号線の誘電体材料の選定が一つの重要なポイントになります．

　伝送特性の優れたケーブルでは，挿入損失のカーブは直線的な右肩下がりの波形を示しますが，特性の悪いケーブルの場合，ある周波数でトラップ(落ち込み)が発生するなどして波形に乱れが生じます．その波形の落ち込みの影響で，本来なら十分仕様を満足できるはずの太いケーブルを使用しても，Limit Line を割り込んでしまうというケースがあります．

　挿入損失にそのようなトラップがあるということは，その周波数成分の信号が十分伝送できないということで，その周波数成分が USB 3.0 SuperSpeed 信号の形成に重要な成分であった場合，実機の動作時にビット・エラーが発生します．ビット・エラーが多くなると転送レートが低下する原因にもなり，最悪のケースでは USB 3.0 としてリンクを結べなくなり，USB 2.0 の接続に切り替わってしまうといった重大な問題を引き起こす可能性もあります．

　また，USB 3.0 の速度になると，レセプタクルの影響まで挿入損失に現れてくるということが確認されています．同じ基板とケーブルを使って，レセプタクルだけを載せ替えて挿入損失を比較した実験では，6GHz より高い周波数帯域で数dB 〜 5dB 程度減衰量が異なるという結果が得られています．

　通常，レセプタクルの特性は後述するクロストークやインピーダンスには顕著

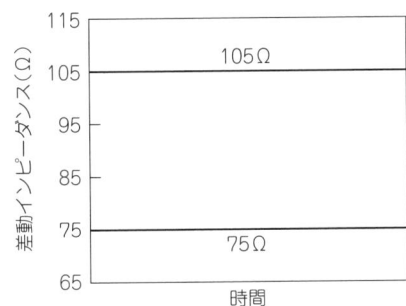

図4.9
Differential Impedanceの
上限と下限

に影響しますが，挿入損失への影響についてはあまり着目されることはありません．しかし，USB 3.0 では，基本周波数が高いこととコネクタ内部の伝送路（端子長）が比較的長いことが原因で，挿入損失の仕様の Limit Line 内に影響が現れているものと考えられます．

② Differential Impedance（差動インピーダンス）

USB 3.0 のレセプタクルとプラグ・ケーブルの SuperSpeed Line には，時間軸（ポジション）で差動インピーダンスの上限値／下限値が規定されています（図4.9）．USB 3.0 のインピーダンスの基準は Differential 90 Ω とされており，50ps（20%‐80%）という高速な立ち上がり時間のパルス信号を TestPoint（レセプタクルの実装部）からプラグ・ケーブル方向に入力したときの反射波形（インピーダンス）が，90 Ω ± 15 Ω 以内に収まらなければなりません．

立ち上がり時間は時間分解能を意味し，時間が短いほど分解能が高く，測定としては厳しくなります．USB 3.0 の 50ps という測定条件は，ほかの高速伝送インターフェース規格では類を見ないほど厳しく，わずか数 mm という非常に小さな領域のインピーダンスの変化ですら波形に大きな影響が現れてきます．

一般的に，基板パターンやケーブルは伝送路の構造を一定に設計しやすく，比較的計算通りにインピーダンスを調整できます．しかし，コネクタ内部の伝送路，つまりコンタクト（端子）は 3 次元的に複雑な構造をしているため，伝送路の幅／形状やほかの端子や周辺グラウンドとの距離／間隔を一定に保つことが難しく，全伝送路の中で最もインピーダンスが乱れやすい部分となっています．

そのため，コネクタ・メーカでは，機械的特性を損なわないように配慮しながらも SuperSpeed 信号用の端子を高周波信号の伝送路と見立て，電磁界の広がりを考えながら全パーツを設計する必要があります．よって，コネクタ内部でどのような信号伝送モードを選択するか，どの面に電界を集中させるかなど，高周波

技術を持つコネクタ・メーカであれば，各社が独自の考え方でインピーダンスのコントロールを図っているはずです．

また，プラグとケーブルの接続部分も大きな反射点，つまりインピーダンスが乱れるポイントになります．せっかく，コネクタ（レセプタクル＋プラグ）内部のインピーダンスを苦労してマッチングさせても，ケーブルとプラグの接続部分のインピーダンスもマッチングさせなければ十分な特性は得られません．

この接続部では普通，ケーブル内の SuperSpeed 用の SDP(Shielded Differential Pair)シールドを剥離してプラグの各端子に接続するのですが，この接続部の処理がインピーダンスに大きく影響します．ケーブルは，SDP シールドが巻かれた状態で差動 90 Ω となるように設計されているので，そのシールドを剥離したエリアは必ずインピーダンスが高くなります．

プラグ・ケーブルの組み立てにおいて，この SDP シールドの剥き代をいかに短くするかが一つの大きなポイントとなります．さらに，この接続部には加工による寸法公差が入ってくるので，全伝送路の中で最もインピーダンスのバラつきを発生させやすい部分でもあります．この加工公差をいかに抑えるかも，プラグ・ケーブルを生産するメーカの大きな課題となっています．

インピーダンスが乱れている部分では，その波形に相当した周波数が反射され，その周波数成分の伝送の妨げとなります．それだけではなく，その反射した信号がほかの信号端子に乗ってノイズ成分となったり，機器の外部まで放射されてEMI 特性に悪影響を与えたりすることもあるので，できるだけインピーダンス整合のとれたレセプタクルとプラグ・ケーブルを使用する必要があります．

③ **クロストーク**

クロストークは「期待しない信号ラインへの漏れ信号」で，ほかの高速インターフェース規格では周波数軸で Limit Line が規定されることが多いのですが，USB-IF 内でさまざまな協議がなされた結果，USB 3.0 では クロストークのLimit Line も時間軸で規定されることになりました（図 4.10）．

クロストークが規制されているレーンは，USB 3.0 の SuperSpeed ペア間のNear End Crosstalk および USB 3.0 の各ペアと，USB 2.0 の D＋/D－ペア間のNear End Crosstalk と Far End Crosstalk の三つの組み合わせです（Near End Crosstalk は「近端」なので，機器が自ら出した信号が同機器のほかの信号ラインへ漏れ込むノイズを意味し，Far End Crosstalk は「遠端」なので相手機器のほかの信号ラインへ漏れ込むノイズを意味する）．

USB 2.0 の信号が双方向通信であることに対し，USB 3.0 SuperSpeed 信号は

図4.10 クロストークの規定値

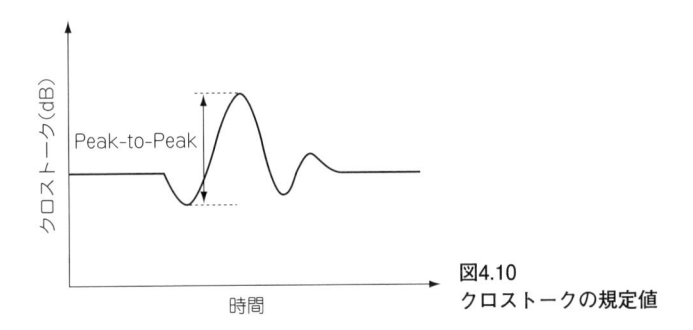

　一方通行のラインを二つ持つ「完全2重転送方式」を採用しており，SuperSpeed信号は送信ターゲット・ポートのほかに，受信側にSuperSpeed信号を受けるポートが存在しません．そのため，USB 3.0ペア間にはFar End Crosstalkの制限がありません．
　クロストークには，送受信ポートの組み合わせやコネクタの種類によって異なるLimit Lineと測定条件（入射信号の立ち上がり時間）が設けられています．USB 3.0ペア間のNear Endクロストークは入射信号の立ち上がり時間が，差動インピーダンスと同じ50ps（20％-80％）で，Limit値はStandard Aコネクタ・サイドが0.9％（Peak-to-Peak），Standard Bコネクタ・サイドが1.8％（Peak-to-Peak），Micro B/ABコネクタ・サイドが1.2％（Peak-to-Peak）となっています．
　USB 3.0ペアとUSB 2.0ペア間のクロストークは，Near End CrosstalkとFar End Crosstalk共通で，入射信号の立ち上がり時間が500ps（20％-80％），Limit値は全コネクタ共通で2.0％（Peak-to-Peak）と定められています．後者の立ち上がり時間が1桁遅いのは，後者の組み合わせで影響するクロストーク周波数が1桁遅いUSB 2.0信号であるためです．
　SDPのシールドの効果によりケーブル内部ではクロストークは発生しにくいのですが，パターニングが悪いと基板上では大きなクロストークが発生します．基板上のクロストークは，信号ラインのスキューを合わせて差動結合パターンにして放射ノイズを打ち消したり，各信号ラインを基板内の異なる層に配置したりするなどの低減対策を施すことが可能です．
　コネクタ内部でも，基本的には基板パターンと同じ考え方でクロストーク対策を施せばよいのですが，規格によって嵌合部の信号ラインの長さ/幅/信号ライン間距離が定められている部分があるため，ここだけはどうしても変更のしよう

がありません．そこで，コネクタ内部では規格で制限されていない部分に可能な限りの工夫を凝らしてクロストークを抑制しなければなりません．この工夫もインピーダンスのコントロールと同様に三者三様で，コネクタによって特性が大きく異なります．

コネクタのクロストーク対策を施す際に注意しなければならないのが，ほかの特性とのバランスです．もちろん，何の寸法制限もなければ全ての特性が優れたコネクタを作ることは可能ですが，「規格寸法」という制限があることによって，何らかのトレードオフが生じる場合があります．例えば，コネクタの実装部近くのインピーダンスが悪い場合，そこで大きな信号反射が起こって，コネクタ内に進入する信号のエネルギーが小さくなるので，クロストークするエネルギーも小さくなり，見かけ上（一つの特性だけをピックアップすると）クロストークの小さいコネクタとなってしまうということも起こり得ます．

これはほんの1例ですが，USB 3.0のコネクタの特性には上記のような複雑なトレードオフの関係が存在するので，一つの特性だけを見て判断しないように注意が必要です．基本的に，仕様は全伝送路の特性を総合して定められたものなので，全ての伝送特性の仕様に高いレベルでバランスよくマッチしたコネクタを選定すべきです．

クロストークは，USB 3.0の物理層特性の中で最も注目されている項目の一つです．この特性が悪いと受信信号にノイズが乗ってジッタが大きくなり，ビット・エラーが増加する原因になります．Insertion Lossの項でも記述した内容と同様の受信障害を引き起こす恐れがあります．

④ Differential to Common Mode Conversion（差動モードからコモン・モードへの変換）

Differential to Common Mode Conversionはその名のとおり，ケーブルの片端にDifferential Modeで入力した信号が，反対側まで伝搬する間にコモン・モードに変換される量を制限するための項目です．伝送モード変換の許容量は，周波数100MHz〜7.5GHzの範囲で「−20dB（10％）以下」と定められています（図4.11）．

Differential to Common Mode Conversionは，基板パターンやケーブルのようなPassiveなデバイスの放射ノイズ（EMI）特性の指標としてよく用いられ，Intra Pair Skew（ペア内伝搬遅延差）のような差動伝送路内の特性の不均一性が原因で上昇します．基本的に，Differential to Common Mode Conversionはケーブル自体のSDPの性能に大きく左右される特性ですが，コネクタ内部のスキュー

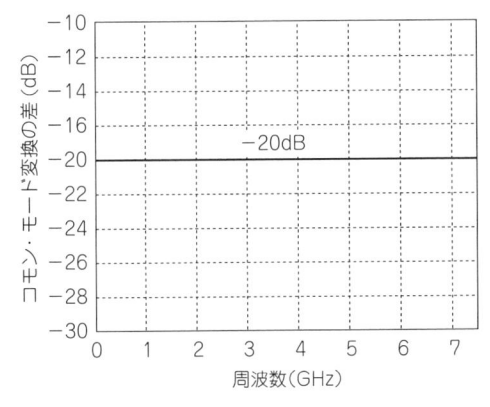

図4.11
Differential to Common Mode Conversionの規定値

やインピーダンスの不均一さによっても悪化することがあります．例えば，レセプタクルを変えるだけでも特定周波数ではノイズ量が2倍も変化することがあり，コネクタ単体の影響も決して小さくはありません．

● 伝送特性の重要性

ここでは，前項で記述したレセプタクルとプラグ・ケーブルの伝送特性が，基板や完成品状態になったときの動作に対し，どのように影響するかということを簡単に説明します．以下に，レセプタクルとプラグ・ケーブルの伝送特性が製品の動作に及ぼす影響の例を二つ挙げます．

① セットの Electrical Test（認証試験）への影響

セットの認証試験方法については第8章で詳しく説明されているので，本章では概略に留めます．ホスト機器とデバイス機器の双方とも，セットの認証試験はトランスミッタ(Tx)試験とレシーバ(Rx)試験の二つの項目に大きく分けられます．

これらの試験では，USB-IF が提供するホスト＆デバイス試験用の「Electrical Test Fixture(USB3ET)」に同梱されている 3m プラグ・ケーブル（ハードウェア損失モデル），または測定機に入っている 3m プラグ・ケーブルの損失データ（ソフトウェア損失モデル）を使用して，仕様が許容する最大損失条件を擬似的に作り出し，その最悪条件での信号を計測して PASS/FAIL の判定をすることになっています．このように，セットの認証試験ではプラグ・ケーブルの特性はモデル化されているため，認証試験の PASS/FAIL の結果にはプラグ・ケーブルの特

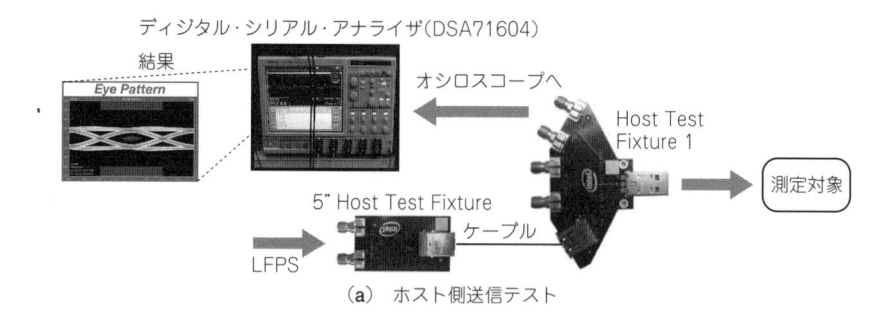

第4章 コネクタとケーブルの形状と特性

(a) ホスト側送信テスト

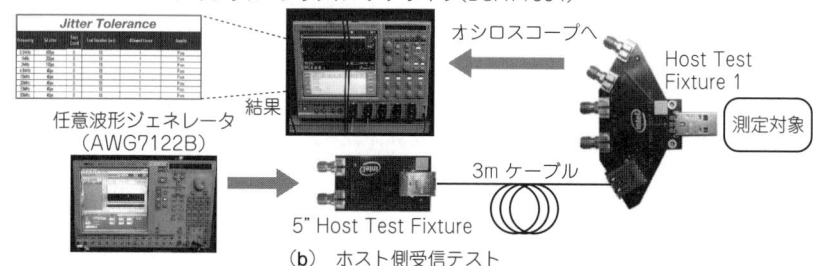

(b) ホスト側受信テスト

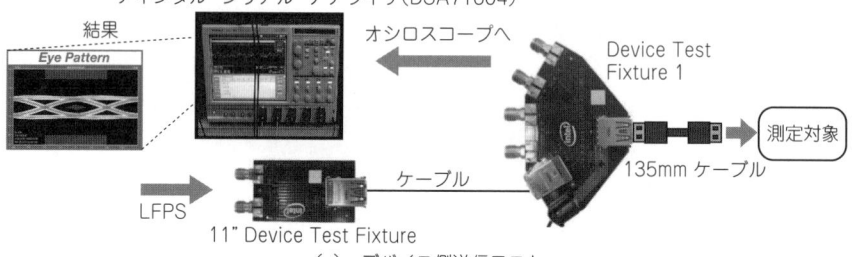

(c) デバイス側送信テスト

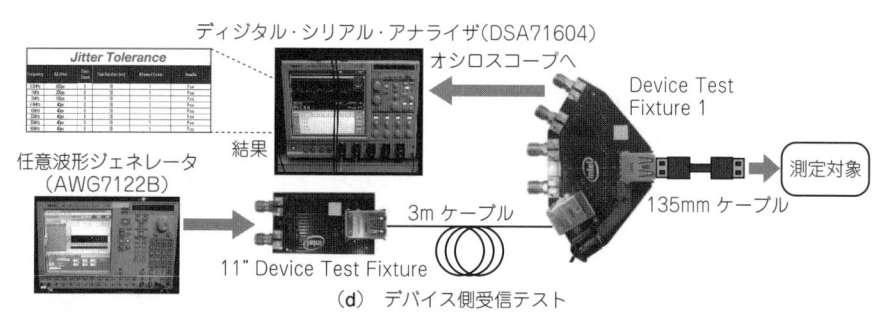

(d) デバイス側受信テスト

図4.12 ホストとデバイスの Electrical Testセッティング

性の影響は現れず，セットに実装されているレセプタクルの特性差のみが効いてくることになります．

Tx試験の項目の中で，レセプタクルの伝送特性が最も顕著に影響するのはアイ・パターン試験です．レセプタクルでの信号減衰や反射(Impedance)特性が悪いと，アイ・パターンの形がつぶれ，マスクに対するマージンを切迫します．Rx試験は数段階のジッタをかけながらビット・エラーのレートを見るもので，TxとRxが同時に動作している状態での試験となるので，減衰や反射だけでなく，クロストークも大きく効いてきます．実際に，レセプタクル一つでPASS/FAILの結果を隔てることもよくあるので，レセプタクルの選定はセットの設計において最も重要なポイントの一つといえます．ホストとデバイスの Electrical Test のセッティングについては，**図 4.12** を参照してください．

② 転送レートの低下

レセプタクルやプラグ・ケーブル部での信号劣化がビット・エラーを引き起こし，最悪の場合，実使用時の転送レートまでも低下させる可能性があります．

現在，市場にはUSB 3.0の仕様を全く満足できないレベルのレセプタクルやプラグ・ケーブルが多数出回っています．実際にそういった製品の劣悪な特性が原因となって実効転送レートが低下し，期待する速度が出ないという事例が何件も確認されて問題となっています．

ひどい場合には，USB 3.0で接続されているにも関わらず，USB 2.0より速度が落ちるということもあるようです．さらに，最近では転送レートを測定するツールがフリー・ソフトとしてWebページ上から手軽に入手可能で，エンド・ユーザ側でも容易に転送レートを計測できるようになっているので，上記のような転送レートの不具合がより発見されやすい環境になっています．

ここまで述べてきたように，USB 3.0ではレセプタクルとプラグ・ケーブルの特性が非常に重要となっています．5Gbpsもの信号速度になると，これまでのUSB 2.0のように「単なる接続部品」という安易な考え方で，これらの部品を選定してしまうと上記のような重大なトラブルを引き起こしかねません．レセプタクルやプラグ・ケーブルも高速信号(高周波)の重要な伝送路の一部として捉え，特性の優れた製品を使用しなければならないという認識を持つことが重要です．

4.3 USBインターフェースの機器内配線

パソコンの外部インターフェースで最もよく使用されるUSB 2.0は，ほとん

ど全ての製品に複数のポートが搭載されています．そのポートの取り付け位置もさまざまで，特にデスクトップ・パソコンの大多数の製品で，前面と背面の両方にUSB 2.0ポートが設けられています．このようなパソコンでは，ヘッダ・ピン・コネクタと簡単なケーブルを使ってUSB 2.0の信号が自由に内部で配線されています．

USB 2.0と同じように，今後USB 3.0でも内部配線の需要が高まってくるのは当然の流れですが，ここに問題が潜んでいます．USB 3.0の高速信号を，USB 2.0と同じ感覚で伝送特性が配慮されていないヘッダ・ピン・コネクタと適当なケーブルを使って安易に配線してしまうと，そのコネクタとケーブルで信号が著しく劣化し，パソコンの外部に現れるレセプタクル部分ではUSB 3.0規格を満足する信号品質を確保できません．

もともと，USBの規格には「機器内部配線」というカテゴリが設けられておらず，ホストIC/ホスト基板＋Aレセプタクル/Aプラグ＋ケーブル＋Bプラグ/Bレセプタクル＋デバイス基板/デバイスIC…という区切りの「/」の箇所での信号特性を規定することで規格が成り立っています．そのため，上記の内部配線用のコネクタ＆ケーブルは，パソコン，つまりホスト側基板に許容される特性劣化の範囲内でしか存在できない代物ということになります．

USB 2.0では，ホスト基板側に許容される損失量に対し，実際の基板トレースの損失量が十分小さかったので，現在のように安易に適当なケーブルで信号を配線しても問題が起こらなかったわけです．しかし，USB 3.0信号になるとホストICからAレセプタクルまでの基板トレースのリファレンス長はわずか11インチ（減衰量にして−7.5dB＠2.5GHz）しかなく，例えばチップ・セットから外にトレースを引き出してくるだけで，そのほとんどのマージンを使い果たしてしまうほどです．

したがって，USB 3.0の機器内配線をどのように実現するかが，今後の課題の一つとなりそうです．

4.4 コネクタ実装のポイント

最後に，コネクタを実装する際のポイントについて簡単に記述します．USB 3.0の仕様に記載されているリファレンス・フットパターンを例に挙げます．一般的な低速信号用のレセプタクルであれば，全てのパターンをレセプタクルの背面に引き出せば簡単ですが，USB 3.0の場合，このパターニングではさまざまな問題

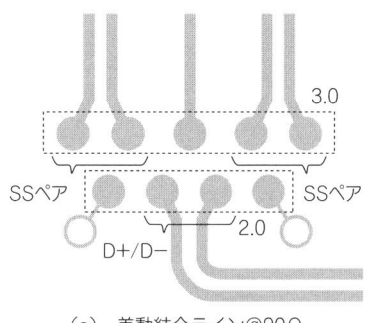

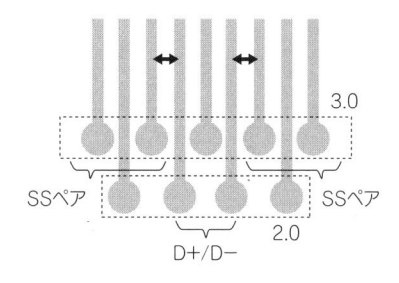

(a) 差動結合ライン@90Ω
　　低クロストーク

(b) USB 2.0⇔USB 3.0間クロストーク大
　　インピーダンス・ミスマッチ

図4.13 コネクタを実装する際のポイント

が生じます．

　まず，USB 2.0 レーンと USB 3.0 レーンが隣り合う部分でパターン間距離が変化するので，ここで隣接パターンとの寄生容量が変化してインピーダンスのミスマッチが生じます．また，この部分では USB 2.0 レーンと USB 3.0 レーン間距離が非常に近付くため，クロストークも発生しやすくなります．

　これらの問題を避ける方法の一つが，図4.13 (a) のようなパターンです．USB 2.0 ペアと USB 3.0 ペアをレセプタクルの実装パターンから出てすぐに差動結合させ，さらに USB 2.0 ペアと USB 3.0 ペアの引き出す向きを変えます．こうすることで，パターン上では容易に差動 90 Ω に保つことができ，パターン間の距離が広がることと差動結合力によってクロストークも低減されます．ただし，図4.13 (b) のように USB 2.0 ペアをレセプタクルの開口部方向に引き回す際には注意が必要です．

　通常，レセプタクルの外周は金属カバーで覆われているため，その直下にパターンを通すと金属カバーとの間に容量を持ってしまい，インピーダンスが低下する恐れがあります．金属カバーが基板から十分離れたスタンドオフ・タイプのコネクタを使用する場合はこの問題は起こりません．しかし，通常のレセプタクルを使用する場合は，USB 3.0 ペアと USB 2.0 ペアのパターンを配置する層を分けて，両方のレーンをレセプタクルの背面方向に引き出す方が望ましいでしょう．

　次に，基板に垂直な方向で実装部の特性を考えてみます．USB 3.0 のスタンダード・タイプのレセプタクルでは，仕様に記載されているリファレンス・フットパターンが DIP タイプになっています．一般的に，SMT（表面実装）タイプに比べて DIP タイプの方が実装部で伝送特性が乱れやすいのですが，きちんと DIP 部

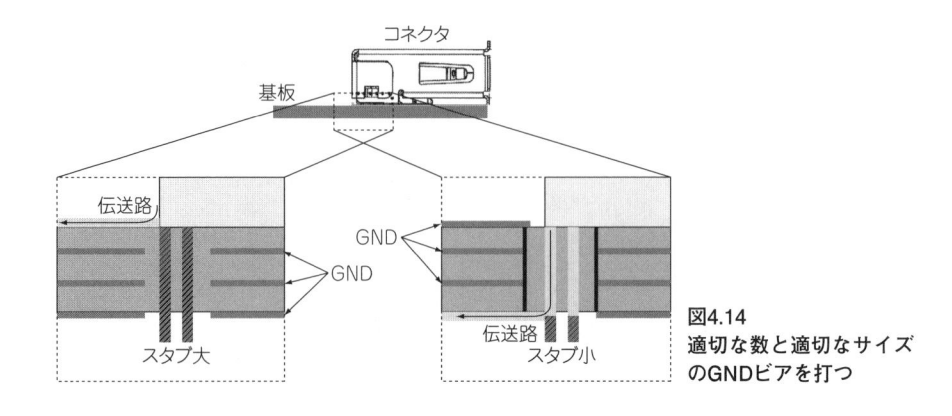

図4.14 適切な数と適切なサイズのGNDビアを打つ

　の(垂直方向の)伝送路設計を行えば，DIPタイプでも十分な特性を確保可能です．レセプタクル周辺の伝送特性のことを考えると，USB 3.0ペアのトレースはレセプタクルの実装面と反対側に設けるべきです．

　こうすることで，コンタクトのDIPの足のスタブの長さを基板厚分だけ短くできます．このときに注意しなければならないのが，端子が貫通しているスルーホール部分の特性です．裏面配線にしてスタブを短くした分，基板貫通孔が信号の伝送路となるためです．USB 3.0の信号速度では，わずか1.6mmの基板厚み分という短い伝送路の特性でさえ，信号の反射やクロストーク量に影響を与えてしまいます．

　少々難しいかもしれませんが，このスルーホール付近の適切な位置に，適切な数とサイズのGNDビアを打って電磁界をしっかり整えれば，DIPタイプのレセプタクルであっても，USB 3.0の仕様を十分満足する伝送特性が得られます．この方法のよい例が，先に紹介した「Super Speed Cable Test Fixture」に見られます(図4.14)．このFixtureには，リファレンス・フットパターンどおりのDIPタイプのレセプタクルが実装されていますが，スルーホール部の特性を最適化することによって，認証試験の基準にされるほどの優れた特性が確保されています．

こんどう・はやと
ホシデン株式会社

第5章

後藤 卓

リンク層の詳細

　図5.1に，USB 3.0の各階層が行う処理を示します．図を見ると分かるように，USB 3.0ではUSB 2.0にはなかったリンク層が新しく採用されています．これは，物理層とプロトコル層の間にあり，USB 3.0のSuperSpeedと呼ばれる5Gbpsの帯域を持つ高速通信をサポートします．

　そして，USB 3.0のパケットが流れる信号線には，プロトコル層のパケットだけでなく，物理層のLFPSやリンク層のリンク・コマンドも送受信されます．

　USB-IF（USB Implementers Forum, Inc.）は，2011年4月に2011年7月の認

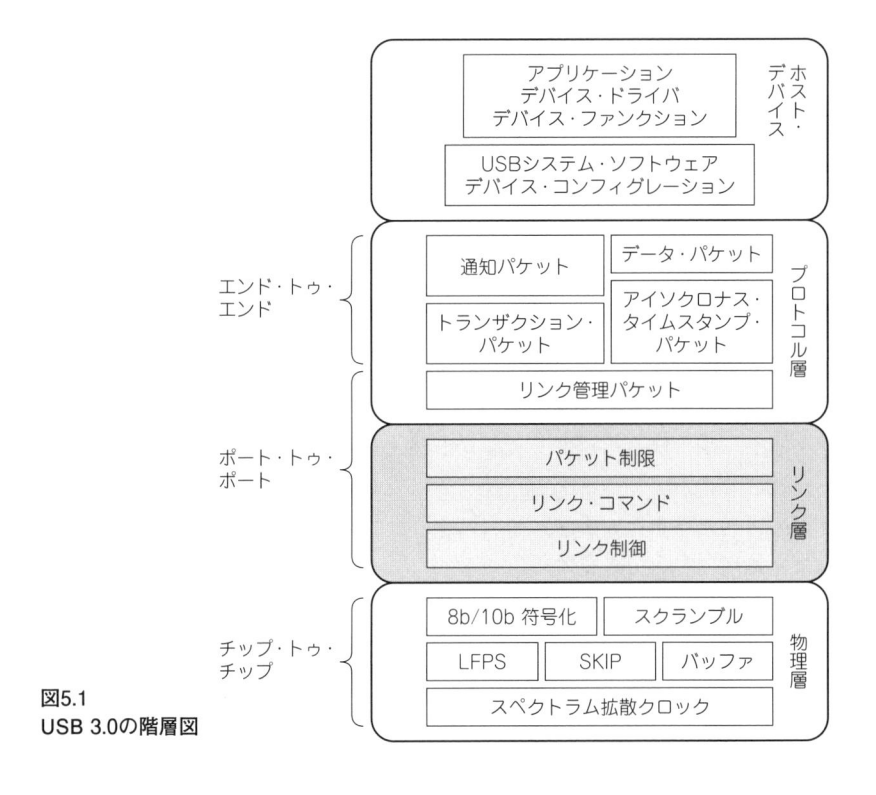

図5.1
USB 3.0の階層図

証試験からリンク層のテストが必須になると発表しました．したがって，信頼性の高い製品を開発するには，リンク層について理解することが必要になります．そこで本章では，リンク層についての補足説明とリンク層のテストをどのように行うかについて実例を挙げて説明します．

5.1 リンク層の役割

リンク層については第2章で詳しく解説していますが，ここではリンク層の役割について少し補足します．USB 3.0 は，USB 2.0 と独立した信号線を用いて通信を行います．USB 2.0 で信号線を流れるのはパケットだけでしたが，USB 3.0 ではパケットだけではありません．SuperSpeed 信号線上を流れるものには，
- プロトコル層 ⋯ USB 3.0 のパケット(5Gbps)
- リンク層 ⋯⋯⋯ リンク・コマンド(5Gbps)
- 物理層 ⋯⋯⋯⋯ LFPS(10MHz 〜 50MHz)

のようなものがあります．そして，リンク層の役割には次のものがあります．
(1) パケット制御
- プロトコル層からきた情報をパケットに構築し，物理層に送出する
- 物理層から受け取ったパケットの検証とプロトコル層への送出する
- リンク・エラーの処理

  (ヘッダ・パケットのエラー発生時はリンク層で再送処理を行う)
(2) リンク・コマンドの送受信
(3) リンク管理
- 効率的な電源管理とリンク・ステートの遷移
- パケット交換の信頼性向上 ⋯⋯ ヘッダ・パケットの完全性保証

リンク管理にあるヘッダ・パケット(HP)の完全性保証とは，プロトコル層がリンク層から受け取るヘッダ・パケットが正常であることをリンク層が保証するということです．もしヘッダ・パケットに異常があった場合，リンク層だけでパケットの再送処理を行います．これにより，プロトコル層はパケットの検証をせず本来の処理に専念できます．

プロトコル層で扱われるパケットには，機能で分けるとリンク・マネージメント・パケット(LMP)，トランザクション・パケット(TP)，アイソクロナス・タイムスタンプ・パケット(ITP)，データ・パケット(DP)の4種類，構造体に注目するとヘッダ・パケット(HP)とデータ・パケット(DP)の2種類になります．

5.1 リンク層の役割

　DPは，データ・パケット・ヘッダ(DPH)というヘッダ・パケットとデータ・パケット・ペイロード(DPP)という可変長のペイロードが連続したパケットです．DPPは上位層で扱うデータなので，プロトコル層以上の層でしか意味をなしません．つまり，ヘッダ・パケットの完全性を保証するということは，上位層で扱うペイロード以外の通信を保証するということです．すなわち，リンク層がいかに重要かがこれによって理解できます．

　図5.2に，リンクとパスの関係を示します．リンクというのは1組の機器間のラインのことです．図5.2では"ホスト‐ハブ"や"ハブ‐デバイス"間のラインを示します．

　パケットがホストからデバイス，またはその逆に行く場合，その経路全体のことをパスといいます．

　USBではホストが上で，デバイスが下であると考え，デバイスへデータを流す下向きのポートをダウンストリーム・ポート，ホストへデータを流す上向きのポートをアップストリーム・ポートと呼びます．アップと聞くと上側にあるホストのポートだと考えそうですが，ストリームという"流れ"が付いていることに注意してください．アップストリーム・ポートはデータを流す下位のハブやデバイスのポートであり，ダウンストリーム・ポートは下流へデータを流す上位のハブやホストのポートのことになります．

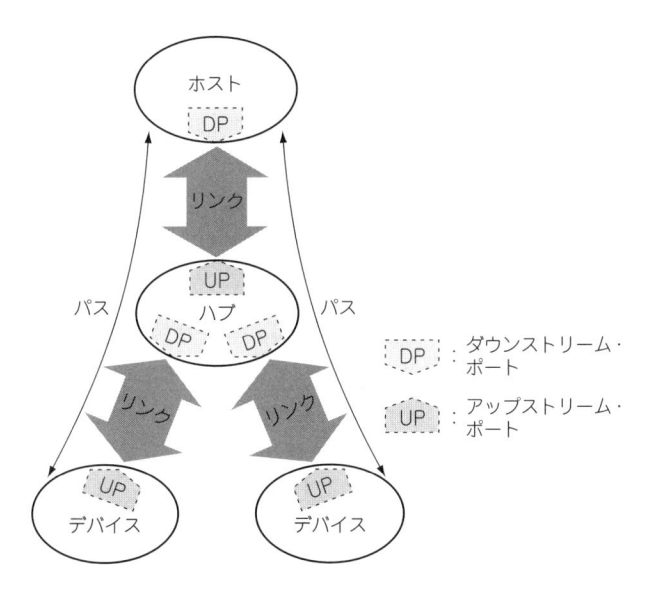

図5.2
USB 3.0のリンクとパス

またリンクの先にいる相手のことをリンク・パートナと呼びます．リンクの管理は，リンクを通してリンク・パートナとともに行います．

● リンク・コマンドの構造と種類

リンク・コマンドはリンク層で送受信を行うためのもので，八つのシンボルで構成されています．シンボルとは，8b/10b 符号化を用いたときの10 ビットの情報のことです．USB 3.0 では，信頼性を上げるためにこの符号化技術を用い，8 ビットの情報を10 ビットに変換して物理的に送受信します．10 ビットで表せる情報は，当然8 ビットで表せる情報より多く，8 ビットに対応していないビット列に特別な意味を持たせることが可能で，それらを K シンボルと呼んでいます．通常の8 ビット・データが変換されたものは D シンボルと呼びます(USB 3.0 仕様書[1]の表 6-1 および Appendix-A を参照)．

リンク・コマンドのフレーミングは，リンク・コマンドの開始を表す SLC(Start Link Command)という K シンボルに，パケット・フレーミングの終了を示す EPF(End Packet Framing)が続き，実際の内容を持ったリンク・コマンド・ワードが二つ続きます．リンク・コマンド・ワードは，11 ビットのリンク・コマンド情報とそれを保護する5 ビットの CRC-5 で構成されます．

二つのリンク・コマンドは同じものでなければなりません．最初の仕様では，二つのリンク・コマンドの一方が異常(CRC-5 不正，存在しないリンク・コマンド情報など)でも，一方が正常であればそれを採用することになっていました．しかし，現在は二つのリンク・コマンド・ワードが同じで正常な場合のみ採用されるように仕様が変更されました．このあたりは，リンク層テストにも影響するので注意が必要です．

● 状態遷移と電源管理リンク・コマンド

リンク層では，さまざまなリンクのステート(状態)とその遷移条件が規定されています．LTSSM(Link Training and Status State Machine)は，リンクの遷移状態を表します．**表 5.1** に各ステートの簡単な説明を示します．

Ux，Compliance Mode 以外の各ステートには，より細かなサブステートが規定されています．USB 3.0 の仕様書には，当然それぞれの状態遷移に関して細かく規定されていて，全ての遷移を理解することは簡単ではありません．しかし，幾つかの例を理解しておけば，その後に仕様書を参照するときに役立つので，実際のトレース・データを用いて，代表的な状態遷移を簡単に説明します．

表 5.1 リンク・ステートの概要

通常動作ステート	
U0	正常に USB 3.0 の SuperSpeed(5Gbps)で通信を行っているステート
U1, U2, U3	低消費電力ステート．消費電力は U1 > U2 > U3 の順で大きく，復帰時間は U3 > U2 > U1 の順で長い．U0 から LGO_Ux リンク・コマンドを受け付けて入る．このステートでは，5Gbps の通信は行えない．正常に復帰する場合は，LFPS ハンドシェークを行い，Recovery を経由して U0 に遷移する
初期化／トレーニング・ステート	
Rx. Detect	リンク・パートナの存在を判断する初期ステート．定期的にリンク・パートナのターミネーションを検知している
Polling	受信用イコライザ調整，リンク・トレーニング，同期を行うステート
Recovery	リンクの再トレーニング・ステート(受信用イコライザ調整は行わない)
Hot Reset	ダウンストリーム・ポート(ホスト)がアップストリーム・ポート(デバイス)をリセットするためのステート
非動作状態	
SS. Inactive	USB 3.0 動作が不安定なリンク・エラー・ステート．この状態から抜けるにはソフトウェアの介入やリセットが必要
SS. Disable	USB 3.0 接続が無効になっているステート．USB 2.0 で動作しているときなど
テスト・ステート	
Compliance Mode	トランスミッタ・コンプライアンス・テストを行うときのステート
Loopback	ビット・エラー・テストを行うときのステート

5.2 リンク層の状態遷移

● 正常にデバイスが認識されるフロー

では，実際に取得したトレース・データを見ていきましょう．なお，ここでの説明は，スイス Ellisys 社のアナライザを用いて取得したトレース・データを使用しています．トレース図では，左側にホスト(ダウンストリーム・ポート)，右側にデバイス(アップストリーム・ポート)があるイメージです．アイコンの矢印が→のときはホストからデバイス，←のときはデバイスからホストへのトラフィックを示します．

図 5.3 は，ホストにデバイスを接続したときの状態遷移です．右側の Transition Reason の例に表示されている状態が発生して，左側の State の例の状態に遷移したと見ます．

図 5.3 で発生した各ステートについて説明します．

SS.Disabled：何もない状態．

Rx.Detect：パワー ON リセットの状態．定期的にリンク・パートナのレシーバ・

183

第5章 リンク層の詳細

State	Transition Reason	
SS.Disabled	Starting State	何もない状態
Rx.Detect loop	Far-end RRX-DC Not Detected	パワーONリセットの状態
Polling.LFPS	Far-end RRX-DC Detected	
Polling.RxEQ	LFPS Handshake	
Polling.Active	TSEQ Ordered Sets Transmitted	リンク・トレーニングの状態
Polling.Configuration	8 Consecutive TS1 or TS2 Received	
Polling.Idle	TS2 Handshake	
U0	Idle Symbol Handshake	U0に遷移する

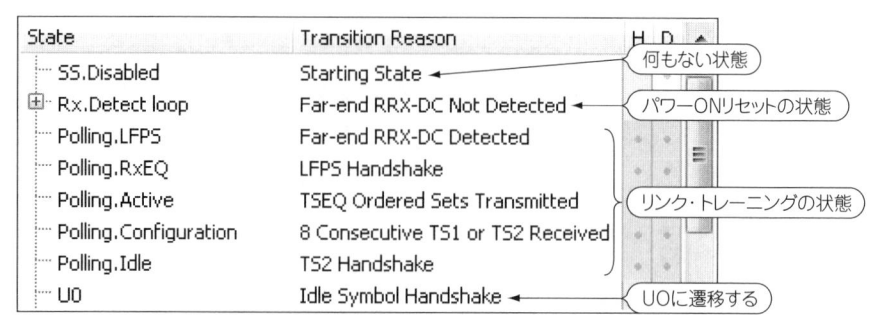

図5.3 デバイス接続時の状態遷移の様子

ターミネーション検出を行う．ターミネーションを検出すると，そのグラウンドまでのインピーダンスを計測し，相手がUSB 3.0で通信可能かを判断するとPollingに遷移する．

Polling：リンク・トレーニングの状態．Pollingに入ると，LFPSを送受信（Polling.LFPS）し，リンク・トレーニングの準備をする．その後，TSEQを送受信（Polling.RxEQ）して，受信用イコライザの調整をする．そしてその次に，TS1（Polling.Active），TS2（Polling.Configuration）を送受信して，最後にIdleシンボルのハンドシェイクを行い（Polling.Idle），リンク・トレーニングを完了する．問題がなければU0に遷移する（TSEQ, TS1, TS2などのパターンは，USB 3.0仕様書[2]の表6-2から表6-5を参照）．

図5.4は，リンク・トレーニングのトレースです．これを見ると，LFPSとTSEQ，TS1，TS2が送受信されていることが分かります．

最初のLFPSでタイムアウトが発生した場合，Compliance Modeに入ります．このステートは，トランスミッタのコンプライアンス・テスト用なので，このステートから抜けるには，基本的にはリセットをします．何かの問題が発生して，このモードに入ると通常の応答が全く得られなくなるので，特にシリコンの検証・開発を行う場合は注意が必要です．

"USB 3.0のデバイスをUSB 3.0のホストに接続したとき，VBUSが検知されるのでUSB 2.0でのハンドシェイクが先に開始されるのではないか？"という疑問があります．USB 3.0の仕様では，USB 3.0で正常に認識できないときに，USB 2.0でのハンドシェイクを行うようになっています．リンク・パートナのターミネーションを検出すると，USB 3.0の可能性があるので，USB 3.0での接続が失敗するまでUSB 2.0でのハンドシェイクを行わないという規定になっています

5.2 リンク層の状態遷移

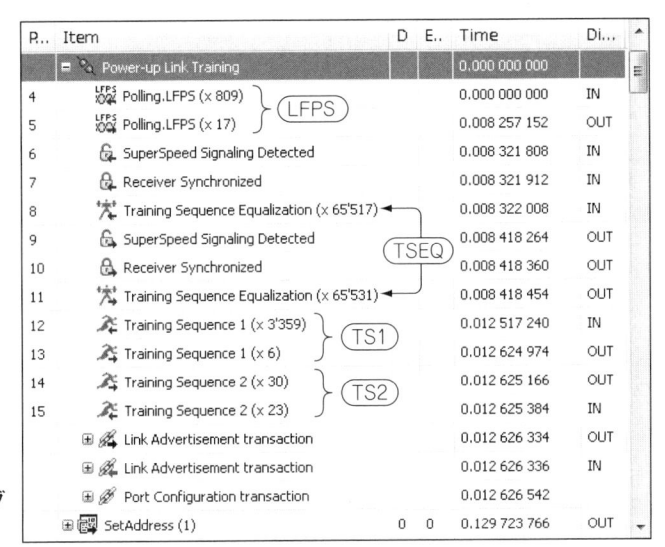

P..	Item	D	E..	Time	Di..
	Power-up Link Training			0.000 000 000	
4	Polling.LFPS (x 809) (LFPS)			0.000 000 000	IN
5	Polling.LFPS (x 17)			0.008 257 152	OUT
6	SuperSpeed Signaling Detected			0.008 321 808	IN
7	Receiver Synchronized			0.008 321 912	IN
8	Training Sequence Equalization (x 65'517)			0.008 322 008	IN
9	SuperSpeed Signaling Detected (TSEQ)			0.008 418 264	OUT
10	Receiver Synchronized			0.008 418 360	OUT
11	Training Sequence Equalization (x 65'531)			0.008 418 454	OUT
12	Training Sequence 1 (x 3'359)			0.012 517 240	IN
13	Training Sequence 1 (x 6) (TS1)			0.012 624 974	OUT
14	Training Sequence 2 (x 30) (TS2)			0.012 625 166	OUT
15	Training Sequence 2 (x 23)			0.012 625 384	IN
	Link Advertisement transaction			0.012 626 334	OUT
	Link Advertisement transaction			0.012 626 336	IN
	Port Configuration transaction			0.012 626 542	
	SetAddress (1)	0	0	0.129 723 766	OUT

図5.4
リンク・トレーニング
のトレース結果

〔USB 3.0 の仕様書[2]の第 10 章 ポートの仕様（10.16.2 ペリフェラル デバイス 接続ステートマシン）を参照〕．

● 電源管理フロー（U0 → U1）

U0 から U1 に遷移する場合は，リンク・コマンド LGO_U1 を送信します．相手がそれを受け入れる場合，LAU を返します．そして，LAU を受け取ったことを示す LPMA を送信して，低消費電力モードに入ります（図 5.5）．

この遷移は，リンク・コマンドによる通信だけで成立するので，状態遷移は至ってシンプルです．図 5.6 に示す状態遷移の最初の 2 行になります．

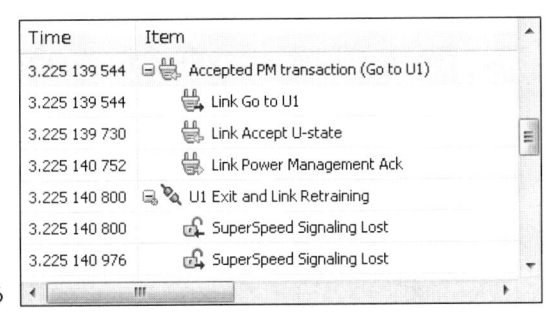

Time	Item
3.225 139 544	Accepted PM transaction (Go to U1)
3.225 139 544	Link Go to U1
3.225 139 730	Link Accept U-state
3.225 140 752	Link Power Management Ack
3.225 140 800	U1 Exit and Link Retraining
3.225 140 800	SuperSpeed Signaling Lost
3.225 140 976	SuperSpeed Signaling Lost

図5.5
低消費電力モードに入る

185

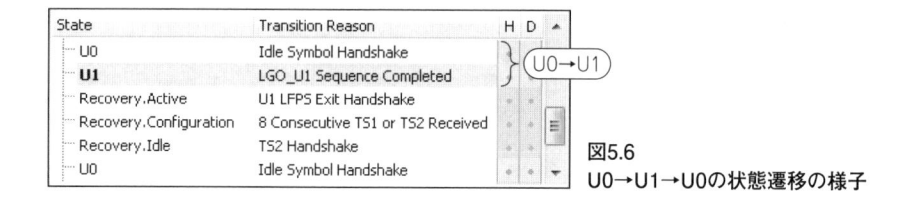

State	Transition Reason	H	D
U0	Idle Symbol Handshake		
U1	LGO_U1 Sequence Completed		
Recovery.Active	U1 LFPS Exit Handshake		
Recovery.Configuration	8 Consecutive TS1 or TS2 Received		
Recovery.Idle	TS2 Handshake		
U0	Idle Symbol Handshake		

図5.6
U0→U1→U0の状態遷移の様子

● 電源管理フロー（U1 → U0，Recovery 経由）

リンクがU0のとき，リンク・コマンドで状態遷移の指示ができますが，U1，U2，U3ステートでは低消費電力状態なので，5Gbpsのリンク・コマンドでの送受信ができません．そこで，U1から抜ける場合には，はじめにU1 Exit LFPSと呼ばれるLFPS（10MHz～50MHz）を用いて通信を開始し，高速データの送受信ができるように準備します．

この場合の状態遷移は，図5.6の状態遷移の2行目以降になります．次に，それらのステートについて説明します．

Recovery：U1 LFPS Exit ハンドシェイクにより 5Gbps の通信をする準備を行い，Recovery.Active へ遷移してリンクの再トレーニングを行う．TS1（Recovery.Active），TS2（Recovery.Configuration）を送受信して，最後に Idle シンボルのハンドシェイクを行い（Recovery.Idle），リンクの再トレーニングを完了する．問題がなければ U0 に遷移する．

前述した「正常にデバイスが認識されるフロー」の Polling では，TS1 の前にTSEQを送受信して受信用イコライザの調整をしましたが，電源管理状態から抜

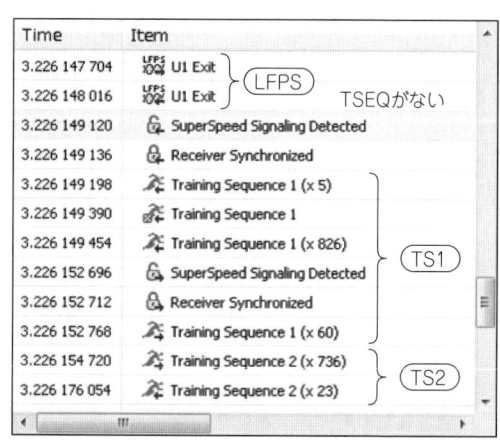

Time	Item	
3.226 147 704	U1 Exit	LFPS
3.226 148 016	U1 Exit	TSEQがない
3.226 149 120	SuperSpeed Signaling Detected	
3.226 149 136	Receiver Synchronized	
3.226 149 198	Training Sequence 1 (x 5)	
3.226 149 390	Training Sequence 1	
3.226 149 454	Training Sequence 1 (x 826)	TS1
3.226 152 696	SuperSpeed Signaling Detected	
3.226 152 712	Receiver Synchronized	
3.226 152 768	Training Sequence 1 (x 60)	
3.226 154 720	Training Sequence 2 (x 736)	TS2
3.226 176 054	Training Sequence 2 (x 23)	

図5.7
U1→Recovery→U0遷移時のトレース

けるということは，ケーブルなどのハードウェアは前と同じなのでイコライザの調整は不要です．この TSEQ 送受信の有無が Polling と Recovery での動作の違いになります．

図 5.7 に，U1 → Recovery → U0 遷移時のトレースを示します．

5.3　パケット送受信のイメージ

市販されている USB 3.0 のストレージ・デバイスを用いて取得したトレース・データを参照しながら，大まかな流れを見ていきましょう．

● デバイスの接続からパケットの送受信まで

図 5.8 は，ストレージ・デバイスをホストに接続し，ホストがストレージ・デバイスと認識するまでのトレースです．デバイスとホストがお互いのレシーバのターミネーションを検出し，リンク・トレーニングを行った後は，USB 2.0 と同じように SetAddress から始まるエニュメレーション・プロセスを行っています．

P...	Item	D	E..	Status	Time	Di...
1	Terminations Present			OK	-3.319 940 744	OUT
2	Terminations Not Present			OK	-3.319 940 744	IN
3	Terminations Detected			OK	0.000 000 000	IN
	Power-up Link Training			OK	0.000 133 120	
	SetAddress (1)	0	0	OK	0.129 856 886	OUT
	GetDescriptor (Device)	1	0	OK	0.160 820 622	IN
	GetDescriptor (Configuration)	1	0	OK	0.162 196 294	IN
	GetDescriptor (Configuration)	1	0	OK	0.163 197 150	IN
	GetDescriptor (BOS)	1	0	OK	0.164 328 118	IN
	GetDescriptor (BOS)	1	0	OK	0.165 324 630	IN
	GetDescriptor (String Langs)	1	0	OK	0.166 325 070	IN
	GetDescriptor (String 3)	1	0	OK	0.167 323 846	IN
	GetDescriptor (String 1)	1	0	OK	0.168 324 462	IN
	GetDescriptor (Device)	1	0	OK	0.171 450 894	IN
	GetDescriptor (String Langs)	1	0	OK	0.172 828 318	IN
	GetDescriptor (String Langs)	1	0	OK	0.173 828 830	IN
	GetDescriptor (String 1)	1	0	OK	0.174 827 566	IN
	GetDescriptor (String 1)	1	0	OK	0.175 953 254	IN
	SetConfiguration (1)	1	0	OK	0.178 329 462	OUT
	GetDescriptor (BOS)	1	0	OK	0.197 215 750	IN
	GetDescriptor (BOS)	1	0	OK	0.198 591 406	IN
	U2 Inactivity Timeout link tr...			OK	0.207 623 902	OUT

（リンク・トレーニング）
（エニュメレーション・プロセス）

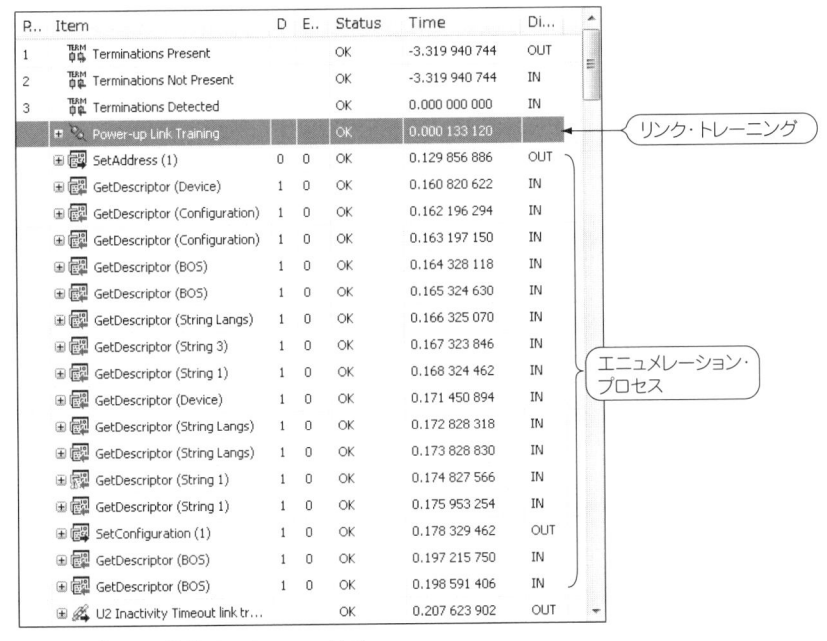

図5.8　デバイス接続時のトレース結果

第5章 リンク層の詳細

図5.9を見ると，TS2送受信の電気的リンク・トレーニングの後に，"ホストからデバイス"と"デバイスからホスト"へのリンク・アドバタイズメント・トランザクションが行われ，最後にポート・コンフィグレーション・トランザクションを行っています．

リンクが Polling, Recovery, Hot Reset から U0 に遷移したとき，リンク・パートナが HP を送信できるように，リンクの初期化（ヘッダ・シーケンス番号アドバタイズメントと受信ヘッダ・バッファ・クレジット・アドバタイズメント）を行います．トレースを見ると，お互いに LGOOD_7 と LCRD_A, B, C, D を送っています．LGOOD_7 を送るのがヘッダ・シーケンス番号アドバタイズメントで，これによりリンク・パートナが最初に送る HP のヘッダ・シーケンス番号が 1 になります．LCRD_A, B, C, D を送っているのが受信ヘッダ・バッファ・クレジット・アドバタイズメントで，これは自分の四つの受信用の HP バッファが使用可能であることを相手に伝えています．これで，リンク・パートナは，相手に対し HP を送れるようになります．

ここまでは，物理層とリンク層のみの仕事で，この後のポート・コンフィグレーションでプロトコル層のパケットが送受信されます．

図5.10のトレースは，ポート・コンフィグレーション・トランザクションを展開したものです．ポート・コンフィグレーションは，ダウン／アップの両ポー

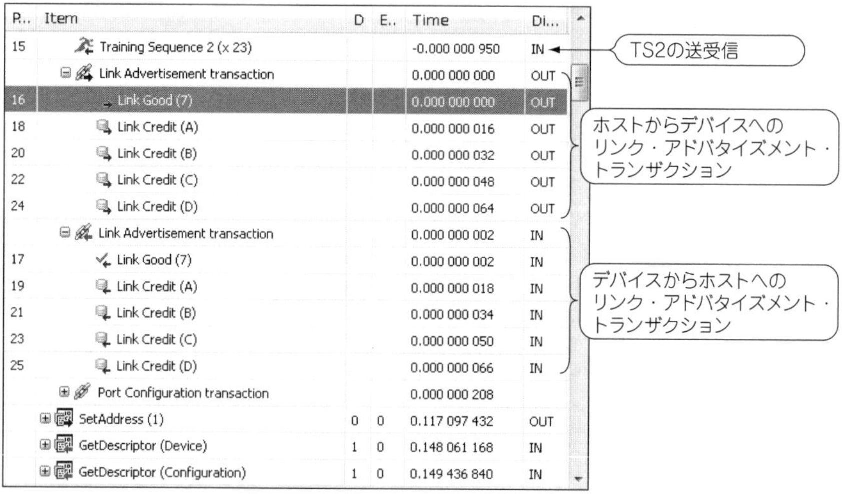

P..	Item	D	E..	Time	Di..	
15	Training Sequence 2 (x 23)			-0.000 000 950	IN	TS2の送受信
	Link Advertisement transaction			0.000 000 000	OUT	
16	Link Good (7)			0.000 000 000	OUT	
18	Link Credit (A)			0.000 000 016	OUT	ホストからデバイスへの
20	Link Credit (B)			0.000 000 032	OUT	リンク・アドバタイズメント・
22	Link Credit (C)			0.000 000 048	OUT	トランザクション
24	Link Credit (D)			0.000 000 064	OUT	
	Link Advertisement transaction			0.000 000 002	IN	
17	Link Good (7)			0.000 000 002	IN	
19	Link Credit (A)			0.000 000 018	IN	デバイスからホストへの
21	Link Credit (B)			0.000 000 034	IN	リンク・アドバタイズメント・
23	Link Credit (C)			0.000 000 050	IN	トランザクション
25	Link Credit (D)			0.000 000 066	IN	
	Port Configuration transaction			0.000 000 208		
	SetAddress (1)	0	0	0.117 097 432	OUT	
	GetDescriptor (Device)	1	0	0.148 061 168	IN	
	GetDescriptor (Configuration)	1	0	0.149 436 840	IN	

図5.9 リンク・アドバタイズメントのトレース結果

5.3 パケット送受信のイメージ

トがポート・ケーパビリティ（能力）情報を送信後，ダウンストリーム・ポートがポート・コンフィグレーションを送信し，アップストリーム・ポートのポート・コンフィグレーション応答の送信という手順を踏みます．

簡単にいえば，ポートが5Gbpsで通信可能であることをお互いに通知し合い，上位のポートが5Gbpsを用いて通信すると下位のポートに通知し，下位のポートがそれに応答するというやりとりです．現時点ではあまり意味のない情報交換に思えますが，仕様ではリンクがU0に入って$20\mu s$以内にPort Configuration LMPを送受信しないといけないことになっているので，このポート・コンフィグレーションの手順を省くことはできません．USB 3.0のプロトコル仕様は，25Gbpsくらいまで使えるように設計されたらしいので，新しい規格が出たときの互換性の維持には有効だと思われます．

● 送受信パケットの構成

次に，図5.11を見ながら，パケットの送受信についての大まかな理解を深めます．それに関連するヘッダ・パケットの送信側と受信側の構成は，次のようになります．

　　・ヘッダ・パケット送信側
　　　送信ヘッダ・バッファ（HP 4個分）：送信するHPを保存する場所

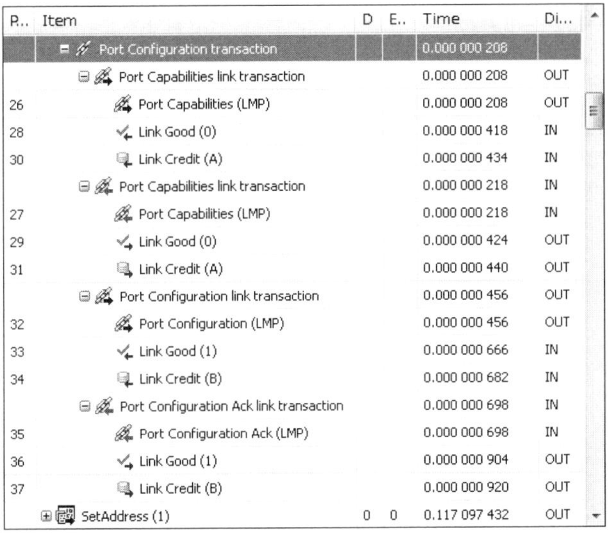

図5.10
ポート・コンフィグレーションのトレース結果

第5章　リンク層の詳細

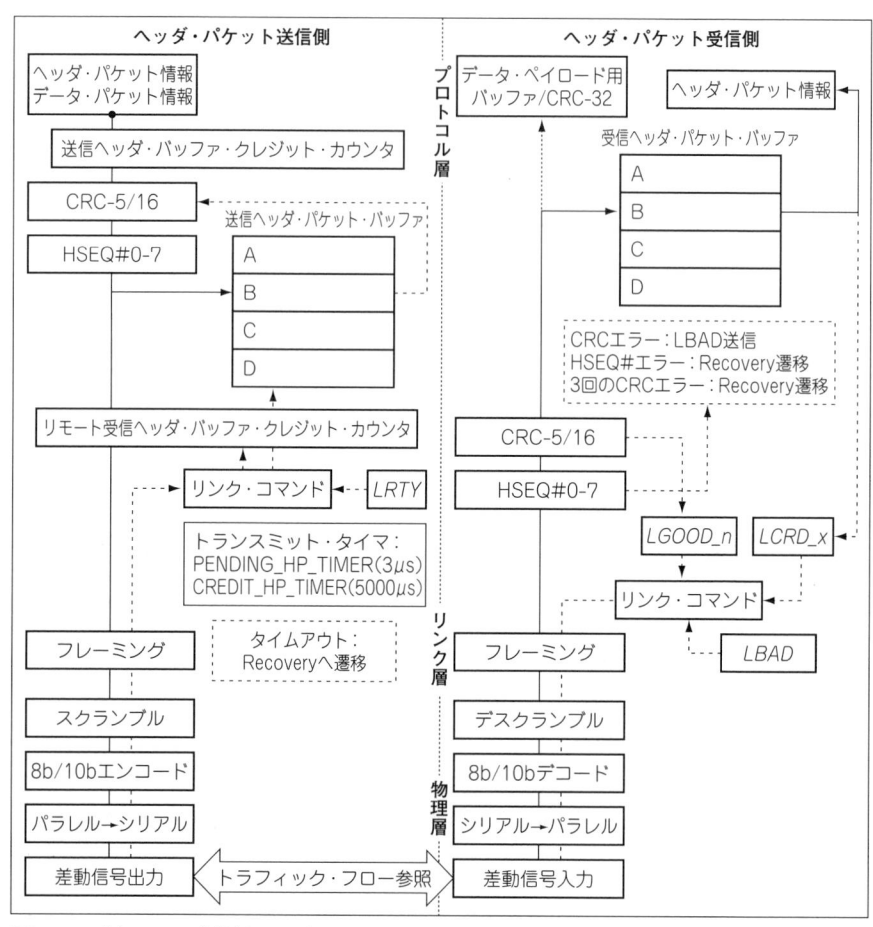

図5.11　パケットの送信側および受信側の構成

　　　送信ヘッダ・バッファ・クレジット・カウンタ：使用可能な送信ヘッダ・バッファ数
　　　リモート受信ヘッダ・バッファ・クレジット・カウンタ：リンク・パートナが使用可能な受信ヘッダ・バッファ数
　　　トランスミット・タイマ：異常検出のためのタイマ
　　・ヘッダ・パケット受信側
　　　受信ヘッダ・バッファ（HP 4個分）：受信した正常なHPを保存する場所
ここでのトラフィック・フローは処理の内容により異なるため，以下の各項目

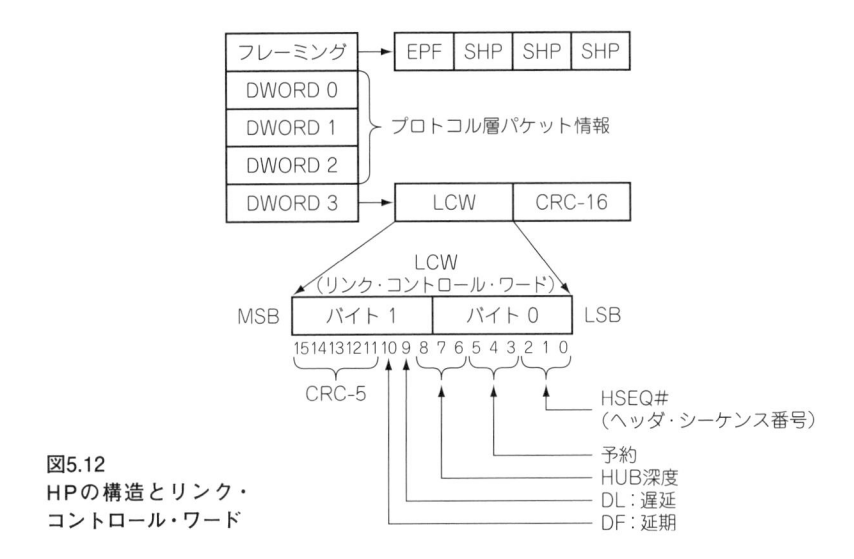

図5.12
HPの構造とリンク・コントロール・ワード

で説明します．

● HPとLCWの構造

はじめに，HP(ヘッダ・パケット)の構造を理解しておきましょう．図 5.12 に示すように，HP は四つの K シンボルで構成されたフレーミングと四つの DWORD で構成されます．DWORD0, 1, 2 はプロトコル層が必要に応じてデータをセットします．DWORD3 に含まれる LCW(リンク・コントロール・ワード)は全 2 バイトで，11 ビットの情報とそれを保護する CRC-5 で構成されます．リンク・コマンドを構成するリンク・コマンド・ワードも似たような構造なので，混同しないように注意してください．LCW には，二つの情報(HSEQ #，HUB 深度)と二つのフラグ(DL：遅延，DF：延期)が含まれます．

● 正常なフロー

まず，送信側のプロトコル層が，HP のデータ DWORD 0, 1, 2 をリンク層へ渡します．

リンク層は，そのデータを保護する CRC-16 と LCW を DWORD3 として付加し，DWORD 0, 1, 2, 3 を送信ヘッダ・バッファにコピーします．そして，それらの情報とフレーミングを付加して物理層に渡します．実際に送信バッファに入れられる内容やフレーミング処理のポイントは，回路やファームウェアの実装によっ

て異なりますが，ここでは処理の概要を理解するために分かりやすい例として説明します．

物理層では，スクランブルや 8b/10b エンコードなどを行って送信します．受信側の物理層は，シンボル・エンコード，フレーミング・プロトコル，CRD（Current Running Disparity）のエラー・チェックを行い，8b/10b デコード，デスクランブルなどを行ってリンク層にパケットを送ります．受信したリンク層は，フレーミング，CRC-16 と LCW 内の HSEQ#，CRC-5 のチェックを行い，正常であればそれを受信ヘッダ・パケット・バッファへコピーし，LGOOD_n を送信します．その後，受信側のプロトコル層がバッファ内のデータを吸い上げ，そのバッファが不要になったら LCRD_x を送信します．

HP の送信側は，HP 送信後に LGOOD_n を受け取ると，送出した HP が正常に受信されたことを知るので，そのデータを入れた送信ヘッダ・バッファをフラッシュし，リモート受信バッファ・クレジット・カウンタの値を 1 減らします．そして，相手の受信バッファが使用可能になったことを示す LCRD_x を受信すると，リモート受信バッファ・クレジット・カウンタの値を 1 増やします．HP を送ると，正常であれば必ず LGOOD，LCRD が返されます．

トラフィック・フローは，→ HP，← LGOOD，← LCRD となります．

少し戻りますが，HP を送信しようとするときに，送信ヘッダ・バッファ・クレジット・カウンタの値が 0 であれば，送信ヘッダ・バッファに空きがないということなので，LCW の DL フラグをセットして，バッファに空きが出るまで待ちます．また，リモート受信ヘッダ・バッファ・クレジット・カウンタの値が 0 の場合，相手が HP を受け取れない状態なので，この場合も LCW の DL フラグをセットして，送信できるようになるまで待ちます．

ここで重要なのは，相手の受信バッファに空きがあるかどうかを知っている（相手に伝える）ということです．受信用のヘッダ・バッファ数は，現在の仕様で 4 個と決まっています．しかし，リセット後や U0 遷移直後の受信ヘッダ・バッファ・クレジット・カウントは 0 なので注意してください．「デバイスの接続からパケットの送受信まで」の項で説明したように，U0 遷移直後に受信ヘッダ・バッファ・クレジット・アドバタイズメントを行い，自分の受信ヘッダ・バッファのクレジットを四つ，お互いが送信します．そのような手順を踏むので，実際の HP の送信開始時に，相手は受信ヘッダ・バッファが四つあると理解できます．

5.3 パケット送受信のイメージ

● HP の CRC エラーの場合

　受信した HP の CRC-16/CRC-5 がエラーの場合，受信側のリンク層はその HP を受信ヘッダ・パケット・バッファにコピーせず，LBAD を返します．LBAD を受け取った HP の送信側は，HP が正常に受信されなかったと判断するので，送信ヘッダ・パケット・バッファからデータを取り出し，パケットを再構築して送ります．このとき，そのパケットが遅延して送られたことを示すため，LCW の DL ビットをセットして CRC-5 の再計算を行います．そして，HP を再送する直前に LRTY を発行し，後続の HP が再送されたものであることを示します．

　HP の受信側は，LBAD 送信後，LRTY を受け取るまで，ほかの HP を無視します．再送された HP が正常であれば，通常のフローで処理します．もし，CRC-5/CRC-16 のエラーが 3 回発生したら，LBAD を送信せずに Recovery に遷移します．

　トラフィック・フローは，→ HP，← LBAD，→ LRTY，→ HP(DL=1)，← LGOOD，← LCRD となります．

● HSEQ# エラーの場合

　HP の破損は CRC で確認できますが，パケットが喪失したときはどのようにして検出するのでしょうか．送信側が三つの HP を送り，2 番目が喪失したとき，たとえ 1 番目と 3 番目の HP が正常でも 3 番目の HP を受け取ると問題になります．そのような障害に対処するため，HSEQ# を用います．図 5.12 に 3 ビットの HSEQ# がありますが，これは HP を送るときに 0 から 7 までを順にサイクリック (0, 1, 2, 3, 4, 5, 6, 7, 0, 1, 2…) に使用します．もし，HSEQ# = 4 の HP を受け取ったら，次の HP は HSEQ# = 5 でなければいけません．もし，HP の喪失が発生し，HSEQ# = 4 の次に HSEQ# = 6 の HP を受け取ると，パケットの破損より深刻な状況と考えて，すぐに Recovery に遷移します．

　トラフィック・フローは，→ HP，← TS1 (Recovery 遷移) となります．

● トランスミット・タイマがタイムアウトの場合

　HSEQ# によるエラー検出だけの場合，HP の送信側が一つの HP を送信してそれが喪失したとき，次の HP を受信するまで喪失に気づかないことになります．また，HP の受信側が応答したリンク・コマンドが破損，喪失することも考えられます．このような障害に対応するために，送信側は二つのタイマを使って状況を監視しています．

- PENDING_HP_TIMER：タイムアウト時間 $3\mu s$
  HPの送信側が，HPを送信してから$3\mu s$以内にLGOOD_nまたはLBADを受信しない場合，Recoveryに遷移する．
- CREDIT_HP_TIMER：タイムアウト時間 5ms
  HPの送信側が，HPを送信してから5ms以内にLCRD_xを受信しない場合，Recoveryに遷移する．

トラフィック・フローは，→ HP, → TS1（Recovery遷移）となります．

● DPのCRCエラーの場合

図5.13に示すように，DPはDPHとDPPが合わさった構造をしています．

DPのペイロードを保護するCRC-32のエラー検知は，プロトコル層で行われます．CRC-32エラー発生時は，プロトコル層がリトライ・ビット（RTY）をセットしたACK TPを返すことで，DP送信側にDP再送要求を行います．そして，そのACK TPを受信したプロトコル層がDPの再送処理を行います．

DPHのCRCエラー発生時にDPが再送されるまでの処理は，ほかのHPのCRCエラー処理とDPPエラー処理が合わさった形になるので，ホストがDPをデバイスに送る例で少し説明します．

ホストがDP（DPH + DPP）を送信します．DPHのCRCエラーをデバイスのリンク層が検知すると，そのDPHとそれに続くDPPは破棄され，LBADが送信されます．LBADを受け取ったホストは，LRTYとDPH（DL = 1）を送信します．これはリンク層だけで処理されるので，DPPが再送されないことに注意してください．再送されたDPHを受け取ったデバイスは，LGOODとLCRDを返

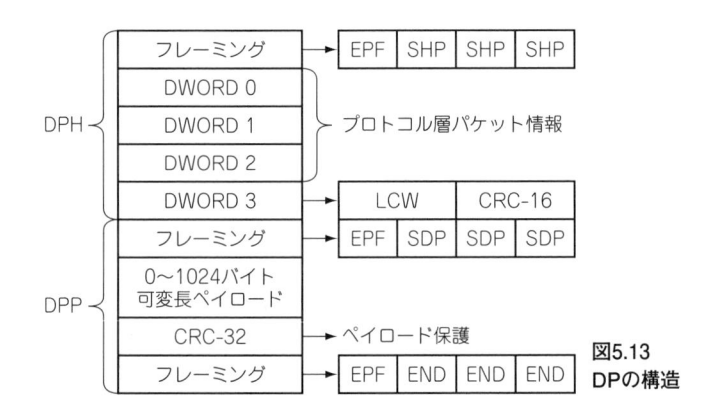

図5.13 DPの構造

信します．ホストは，それに応じた処理（送信バッファのフラッシュやカウンタの更新）を行います．

デバイスのプロトコル層では，DPH が正常時受信されたにもかかわらず DPP がないのでエラーと判断し，ACK TP(RTY=1) を送ることで DP の再送を要求します．ホストは ACK TP を解釈し，再送要求に応えるために DP を再送します．つまり，DPH でエラーが発生すると，最初に DPH のみが再送され，その後 DP が再送されることになります．

この場合のトラフィック・フローは，→ DP，← LBAD，→ LRTY，→ DPH (DL=1)，← LGOOD，← LCRD，← ACK TP(RTY=1)，→ LGOOD，→ LCRD，→ DP，← LGOOD，← LCRD となります．

図 5.14 は，DPH でエラーが発生した場合の実際のトレースです．

● リンク・コントロール・ワードの DF フラグの使用例

LCW 内のビットで触れていない DF フラグが使用される場合について説明します．このフラグはハブのみが使用するもので，直接リンク層テストには影響しませんが，LCW を理解するということで説明します．ここでの説明は，プロトコル層が中心になりますが，ハブ使用時における解析の参考になるでしょう．

LCW には DL フラグ（遅延）と DF フラグ（延期）の二つの似たフラグがあり，混同しやすいので注意してください．

DL フラグの DL ビットの説明[4]では，「このビットは，ヘッダ・パケットが再送信される場合，あるいはヘッダ・パケットの送信が遅延する場合にセットされ

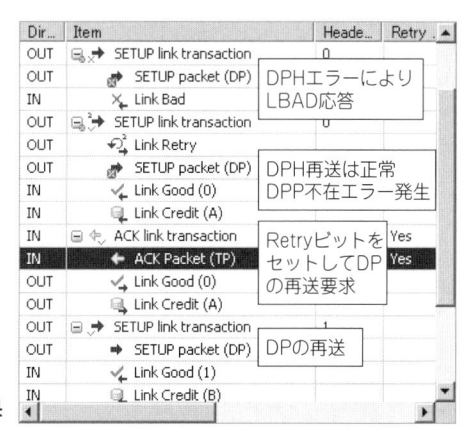

図5.14
DPHエラー処理時のトレース結果

195

る必要があります．このビットをいつセットするかについては，第 7 章〜第 10 章を参照してください．」とあり，仕様書をよく読まないと理解できないのかと不安になります．また，遅延のケースとしては全てではないものの，「(1)ヘッダ・パケットが再送信される，(2)リンクが Recovery にある，(3)リモート Rx ヘッダ・バッファ・クレジット・カウントが 0，(4) Tx ヘッダ・バッファに空きがないとき」と簡潔に書かれている部分もあります．しかしそれが「7.2.4.1.2 LGOOD_n と LCRD_x の使用に関する一般規則」の項目なので，やはりそれだけで理解するのは容易ではありません．しかし，本節の「正常なフロー」や「HP の CRC エラーの場合」で説明した"すぐにヘッダ・パケットを送信できない状況"について理解していれば，仕様書をかなり容易に読めると思います．

　DF フラグですが，上記の仕様書には，「このビットはハブによってのみセットすることができます．このビットは，パケットの送信先となるダウンストリーム・ポートが電源管理状態にある場合にセットされる必要があります．」と書かれています．これだけでは理解しにくいので，これまでと同じように DF フラグがどのようなときに使用されるのか，例を挙げて説明します．また，このフラグがセッ

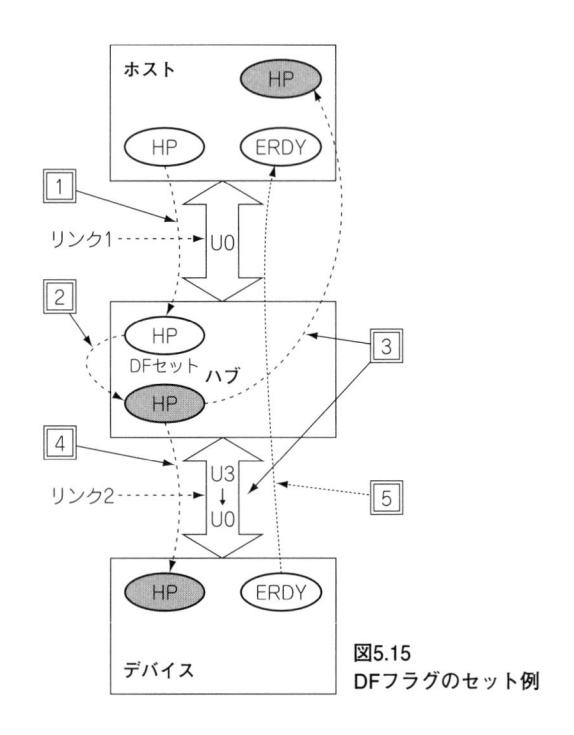

図5.15
DFフラグのセット例

トされるときにのみ，LCW のハブ深度が意味を持ちます．

まず，図 5.15 を見てください．ここでは，"ホスト‐ハブ"間のリンクをリンク 1，"ハブ‐デバイス"間のリンクをリンク 2 と呼びます．今，リンク 1 が U0 でリンク 2 が U3 になっていて，ホストがデバイスに向けて HP を送信します．ホストが送信した HP をハブが受け取り，指定デバイスがつながったポートに転送しようとしますが，リンク 2 が U0 でないのですぐに送信できません．ハブはリンク 2 を U0 に遷移する手続きを開始しますが，このとき受信した HP の LCW 内の DF フラグとハブ深度（自分の深度は自身のエニュメレーション時に取得する）をセットし，CRC-5 を再計算してホストへ送信します．

その HP を受け取ったホストは，NRDY TP を受け取った場合と同じように判断，つまりデバイスの準備ができていないので ERDY TP を受け取るまでそのエンドポイントに対する要求をやめます．

リンク 2 が U0 に遷移したら，ハブは DF フラグがセットされたパケットをデバイスに送ります．デバイスは，受け取った HP の DF フラグがセットされていることから，ホストが自分への問い合わせをやめていると判断し，ホストに対して ERDY TP を送信します．そして，ホストが再度 HP をデバイスに向けて送信します．

図 5.16 は，ハブが DF フラグをセットした HP をホストとデバイスの両方に

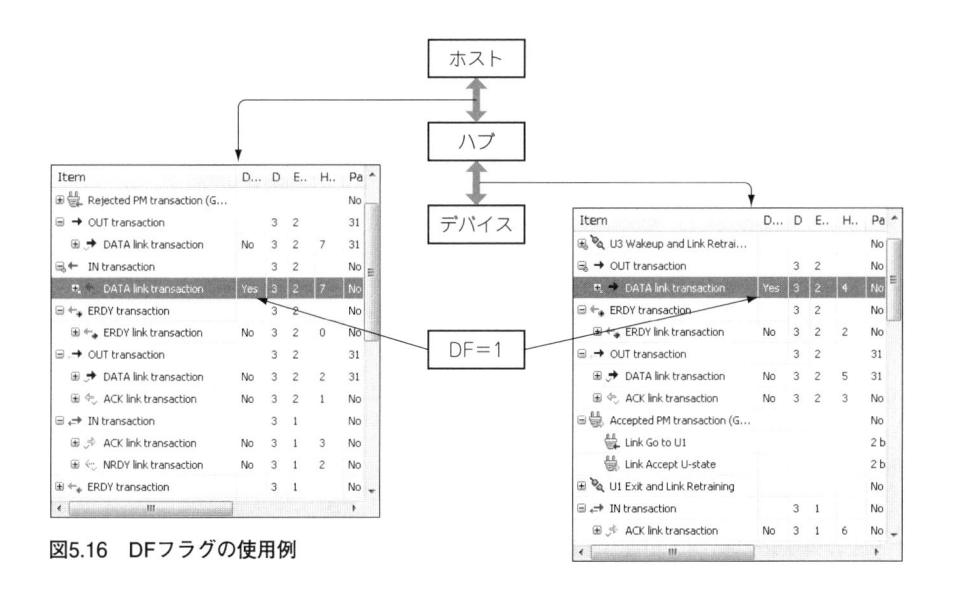

図5.16 DFフラグの使用例

第5章 リンク層の詳細

送り，デバイスが ERDY TP を送信する様子を実際にとらえたトレースです．

5.4 リンク層テストの概要

最初に述べたように，USB-IF は USB 3.0 におけるリンク層の機能とその信頼性の確保は非常に重要だと考え，これまでにないリンク層のテストを USB 3.0 の認証試験に追加しました．

リンク層のテスト・ツールは，Ellisys 社と米国 Lecroy 社の 2 社が提供しています（2011 年 5 月時点）．ここでは，Ellisys 社のツールを用いてリンク層テストの概要について説明します．

図 5.17 は，リンク層をテストする際の機器の構成図です．被検査装置と EX 280 ジェネレータでトラフィックの送受信を行い，それを EX280 アナライザが記録します．このテスト用のソフトウェアは Examiner（イグザミナ）と呼ばれ，ジェネレータとアナライザの両方を制御し，テスト項目ごとにトレース・ファイルを保存して，XML フォーマットのレポート作成まで行います．EX280 についてはコラムを参照してください．

表 5.2 は，テスト・ツールのリンク層のテスト項目名とそのテストに関連した USB 3.0 仕様書のセクション一覧です．実際にどのようなリンク層のテストが行われているかを知ると，製品開発時のチェック・ポイントとしても活用できます．

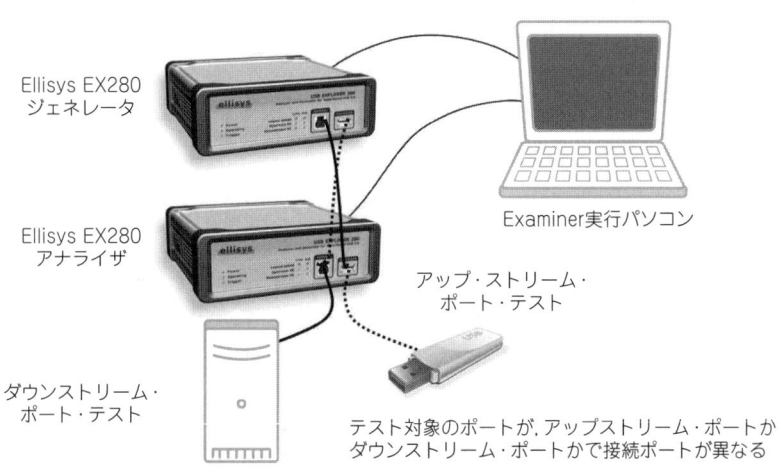

図5.17 リンク層テスト構成

また，テストのシナリオは，最もシンプルな正常時のフローおよびエラー処理フローと考えることもできます．

5.5 リンク層テストの解析例

実際に，市販のデバイスをリンク層テストにかけて入手した結果を見てみましょう．例として，パスしたものと失敗したものの二つを取り上げます．
PUT(Port Under Test)は検査対象のポート，LVS(Link Validation System)は検査用の機器(ここではEllisys EX280)のことです．

● Pass事例(Test No. 5 Header Packet Framing Test)
PUTがアップストリーム・ポート(デバイスのテスト)の場合です．
HPのフレーミング(SHP SHP SHP EPF) 4シンボルのうち，一つが不正なHPを送り，それでもPUTが正常にHPの処理ができるのかを検証します．これはHPのフレーミング4シンボルのうち，一つが異常でも正しく処理をしないといけないという仕様を確認するテストです．
もし，二つ以上のシンボルが不正な場合，HPとして検出されないので，PENDING_HP_TIMERのタイムアウト，もしくは次のHPのHSEQ#エラーが発生することになり，Recoveryへ遷移することになります．
このテストでは，以下のシナリオが使用されます．
(1) PUTとLVSがリンク・トレーニングを行いリンクがU0に遷移
　① LFPSの送受信
　② LVSがリンク・アドバタイズメント(LGOOD_7, LCRD_A/B/C/D送信)を送信
　③ PUTからリンク・アドバタイズメント(LGOOD_7, LCRD_A/B/C/D送信)を受信
(2) LVSとPUTがポート・コンフィグレーション・トランザクションを行う
　① PUTからPort Capability LMPを受信
　　PUTにLGOOD_n, LCRD_xを送信
　② PUTに最初のシンボルが不正なフレームのPort Capability LMPを送信
　　PUTからLGOOD_n, LCRD_xを受信
　③ PUTからPort Capability LMPを受信

第5章　リンク層の詳細

表5.2　Ellisys Examiner のリンク層テスト項目と USB 3.0 仕様書関連セクション

テスト名称	参照セクション
Link Bring-Up Test	Section 7.5.6.2
Link Command Framing Test	Section 7.3.4
Link Command CRC Test	Section 7.3.4
Invalid Link Command Test	Section 7.3.4
Header Packet Framing Test	Section 7.2.1.1.1
Data Payload Framing Test	Section 7.2.1.2.1
RX Header Packet Retransmission Test	Section 7.3.3.2
TX Header Retransmission Test	Section 7.2.4.1.9
PENDING_HP_TIMER Deadline Test	Section 7.2.4.1.10 Table 7-7
CREDIT_HP_TIMER Deadline Test	Section 7.2.4.1.10 Table 7-7
PENDING_HP_TIMER Timeout Test	Section 7.2.4.1.10 Table 7-7
CREDIT_HP_TIMER Timeout Test	Section 7.2.4.1.10 Table 7-7
Wrong Header Sequence Test	Section 7.3.3.3
Wrong LGOOD_N Sequence Test	Section 7.2.4.1.7
Wrong LCRD_X Sequence Test	Section 7.2.4.1.8
Link Command Missing Test（Upstream Port Only）	Section 7.5.6.2
tPortConfiguration Time Timeout Test	Section 7.5.6.2
Low Power Initiation for U1 Test（Downstream Port Only）	Section 7.5.7
Low Power Initiation for U2 Test（Downstream Port Only）	Section 7.5.8
PM_LC_TIMER Deadline Test（Downstream Port Only）	Section 7.2.4.2
PM_LC_TIMER Timeout Test（Downstream Port Only）	Section 7.2.4.2
PM_ENTRY_TIMER Timeout Test（Upstream Port Only）	Section 7.2.4.2
Accepted Power Management Transaction for U1 Test（Upstream Port Only）	Section 7.2.4.2
Accepted Power Management Transaction for U2 Test（Upstream Port Only）	Section 7.2.4.2
Accepted Power Management Transaction for U3 Test（Upstream Port Only）	Section 7.2.4.2
Transition to U0 from Recovery Test	Section 7.5.10
Hot Reset Detection in Polling Test（Upstream Port Only）	Section 7.5.12
Hot Reset Detection in U0 Test（Upstream Port Only）	Section 7.5.12
Hot Reset Initiation in U0 Test（Downstream Port Only）	Section 7.5.12
Recovery on Three Consecutive Failed RX Header Packets Test	Section 7.2.4.1.4

注：本表の内容は，2011年4月時点のもの．最新情報や詳細については，Ellisys 社または販売代理店に問い合わせること．

5.5 リンク層テストの解析例

概　　要
通常のリンクアップのテスト
一つのシンボルが不正なフレーミングのリンク・コマンドを送り，正常にリンクアップするテスト
二つのリンク・コマンド情報のうち，一方の CRC-5 が不正なリンク・コマンドを送り，U0 → Recovery → U0 に正しく遷移するテスト
二つのリンク・コマンド情報の CRC-5 が両方とも不正なリンク・コマンドを送り，U0 → Recovery → U0 に正しく遷移するテスト
一つのシンボルが不正なフレーミングの HP を送り，正常にリンクアップするテスト
一つのシンボルが不正なフレーミングの DP を送り，正常にリンクアップするテスト
不正な HP を送り，PUT が LBAD を送信し，再送された HP を正常に受け取るテスト
受信した HP に対して LBAD を送信し，PUT が正常に再送を行うかテスト
PENDING_HP_TIMER(3μs)のテスト．受信した HP に対し 3μs 直前に LGOOD を返し，PUT が Recovery に遷移しないことをテスト
CREDIT_HP_TIMER(5ms)のテスト．受信した HP に対し 5ms 直前に LCRD を返し，PUT が Recovery に遷移しないことをテスト．
PENDING_HP_TIMER(3μs)のテスト．受信した HP に対し LGOOD を返さず，PUT が Recovery に遷移することをテスト
CREDIT_HP_TIMER(5ms)のテスト．受信した HP に対し LCRD を返さず，PUT が Recovery に遷移することをテスト
HSEQ# = 0 の LMP を連続して送り，PUT が Recovery に遷移することをテスト
受信した二つの LMP に対し，LGOOD_0 を二つ送り，PUT が Recovery に遷移することをテスト
受信した二つの LMP に対し，LCRD_A を二つ送り，PUT が Recovery に遷移することをテスト
リンク・コマンド，ITP を送らず，1ms で PUT が Recovery に遷移するテスト
tPortConfiguration(20μs)のテスト．tPortConfiguration(20μs)のタイムアウト発生時に，PUT が SS.Inactive に遷移することをテスト
U1 への遷移と U0 への復帰をテスト
U2 への遷移と U0 への復帰をテスト
PM_LC_TIMER(3μs)のテスト．受信した LGO_U1 に対し，3μs 直前に LAU を送信し，U1 へ遷移後 U1 Exit LFPS の送受信を行い U0 へ遷移するテスト
PM_LC_TIMER deadline (3μs)のテスト．受信した LGO_U1 に対し，LAU を送信せず，3μs で Recovery へ遷移するテスト
PM_ENTRY_TIMER (6μs)のテスト．受信した LGO_U1 に対し，LAU を送信せず，6μs で Recovery へ遷移するテスト
U0 → U1 → U0 への遷移テスト
U0 → U2 → U0 への遷移テスト
U0 → U3 への遷移テスト
Recovery → U0 への遷移テスト
Polling 時の Hot Reset の検出テスト
U0 時の Hot Reset 検出と U0 への遷移テスト（PortConfiguration を行わない）
U0 時の Hot Reset 開始テスト
3 回連続にヘッダ・パケット受信を失敗したときの Recovery 遷移テスト

TD.7.5 Header Packet Framing Test – Testing Device (trace)		
PASSED	Wrong framing symbol 0	Test passed
PASSED	Wrong framing symbol 1	Test passed
PASSED	Wrong framing symbol 2	Test passed
PASSED	Wrong framing symbol 3	Test passed

図5.18 テスト結果(パス)

　　　PUT に LGOOD_n, LCRD_x を送信
④　PUT に最初のシンボルが不正なフレームの Port Configuration LMP を送信
　　　PUT から LGOOD_n, LCRD_x を受信
⑤　PUT から Port Configuration ACK LMP を受信
　　　PUT に LGOOD_n, LCRD_x を送信

正常にポート・コンフィグレーションが終了したら，テスト結果は Pass です(図5.18)．

次に，2番目のシンボルが不正なフレームにして再テストし，以下3番目，4番目に不正シンボルをセットしてテストを繰り返します．なお，途中でPUTがタイムアウトや予期せぬ Recovery に遷移しないことを確認します．

図5.19はテスト時の解析ソフトウェアの画面です．Port Capability LMP のフレーミングの最初のシンボルがSHPでなくD0.0になっていることが分かります．許容されるとはいえ，パケットのフレーミングとしては不正なので解析ソフトウェアはエラーとして報告しています．また，HPのフレーミング・シンボルは四つで，一つのシンボル当たり2回送信されるので，この項目のテストでは 4×2＝8個のフレーミングが不正な HP として送信されます．解析ソフトウェアでも，Summary を見ると Downstream(LVS から PUT へ)で8回フレーミング・エラーがカウントされています．

● Fail 事例(Test No.9 PENDING_HP_TIMER Deadline Test)
PUT がアップストリーム・ポート(デバイスのテスト)の場合です．「トランスミット・タイマ・タイムアウトの場合」の項で説明したように，HP の喪失検出機能の一つとして PENDING_HP_TIMER(タイムアウト時間3μs)があります．

ここでは，PUT が送信した HP に対し，LVS が 2.9μs で LGOOD を返し，

5.5 リンク層テストの解析例

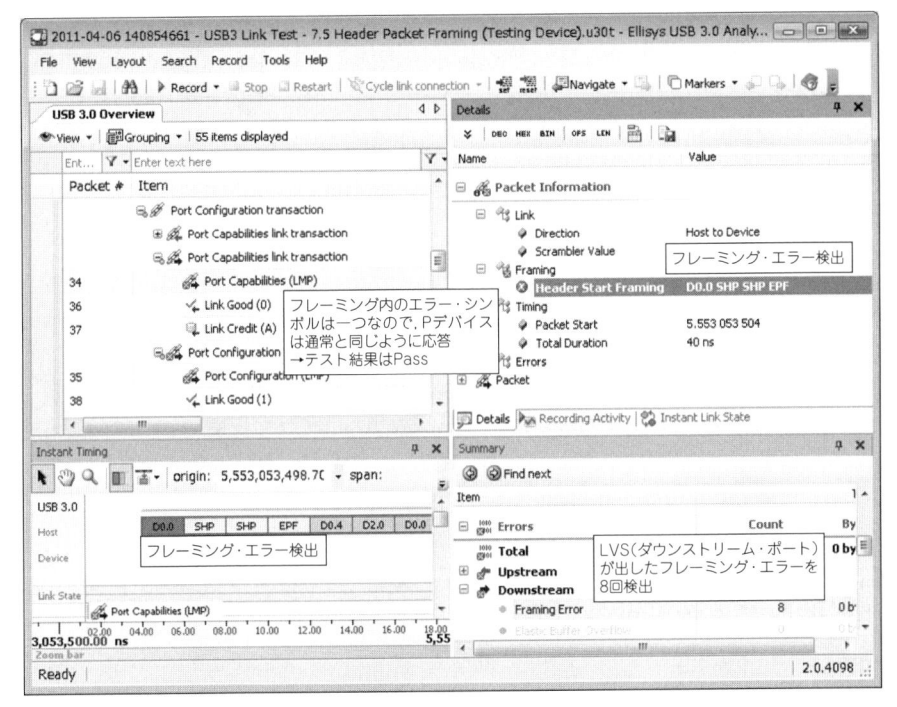

図5.19 Test No. 5 Header Packet Framing Testのトレース結果

PUT が正しく処理できるか検証します．
このテストでは，以下のシナリオが使用されます．
(1) PUT と LVS がリンク・トレーニングを行いリンクが U0 に遷移
　① LFPS の送受信
　② LVS がリンク・アドバタイズメント(LGOOD_7, LCRD_A/B/C/D 送信)を送信
　③ PUT からリンク・アドバタイズメント(LGOOD_7, LCRD_A/B/C/D 送信)を受信
(2) LVS と PUT がポート・コンフィグレーション・トランザクションを行う
　① PUT から Port Capability LMP を受信
　　PUT に 2.9μs で LGOOD_n, LCRD_x を送信
　② PUT に Port Capability LMP を送信
　　PUT から LGOOD_n, LCRD_x を受信

203

TD.7.9 PENDING_HP_TIMER Deadline Test – Testing Device (trace)		
FAILED	Testing Device	Packet timeout
FAILED	Testing Device	Unexpected packet
FAILED	Testing Device	Port has entered recovery

図5.20 テスト結果（失敗）

③ PUT から Port Capability LMP を受信
   PUT に 2.9μs で LGOOD_n, LCRD_x を送信
④ PUT に Port Configuration LMP を送信
   PUT から LGOOD_n, LCRD_x を受信
⑤ PUT から Port Configuration ACK LMP を受信
   PUT に 2.9μs で LGOOD_n, LCRD_x を送信

正常にポート・コンフィグレーションが終了したら，テスト結果は Pass です．図5.20 は失敗した場合の例です．

図5.21 は，テスト時の解析ソフトウェアの画面です．上左の Overview でトラフィックの流れを見ます．PUT が送信した Port Capability LMP に対し，LVS は LGOOD_0 と LCRD_A を返しています．このとき，2.9μs で LGOOD_0 を送信しています．その次に，LVS が Port Capability LMP を PUT に送信していますが，PUT は何も応答していません．

下ウィンドウの Instant Timing を見ると HOST（ここでは LVS）が，LGOOD_0, LCRD_A を送り終わった少し後に Device（ここでは PUT）が TS1 の送出を始めています．これは Device が Recovery に遷移したと解釈できます．そのため，それ以降の LVS が送出した HP に反応していないと考えられます．実際，上右の Instant Link State でリンク状態の遷移を確認すると，PENDING_HP_TIMER のタイムアウトが発生して Recovery に遷移しているのが分かります．その後，LVS は TS1 に応答しないので，Recovery でタイムアウトが発生し，最終的に SS.Inactive に遷移していることが分かります．

それでは，何故 3μs 以内に LGOOD が返されているのに Recovery へ遷移したのでしょうか．半導体のエンジニアに聞いてみたところ，HP パケットを受信してその内容を解釈し，タイマを止めるには処理時間がかかるので，PUT のタイマ設定がちょうど 3μs でパケットが 2.9μs で送られたとしたらタイムアウトを起こす可能性はあるとのことでした．

5.5 リンク層テストの解析例

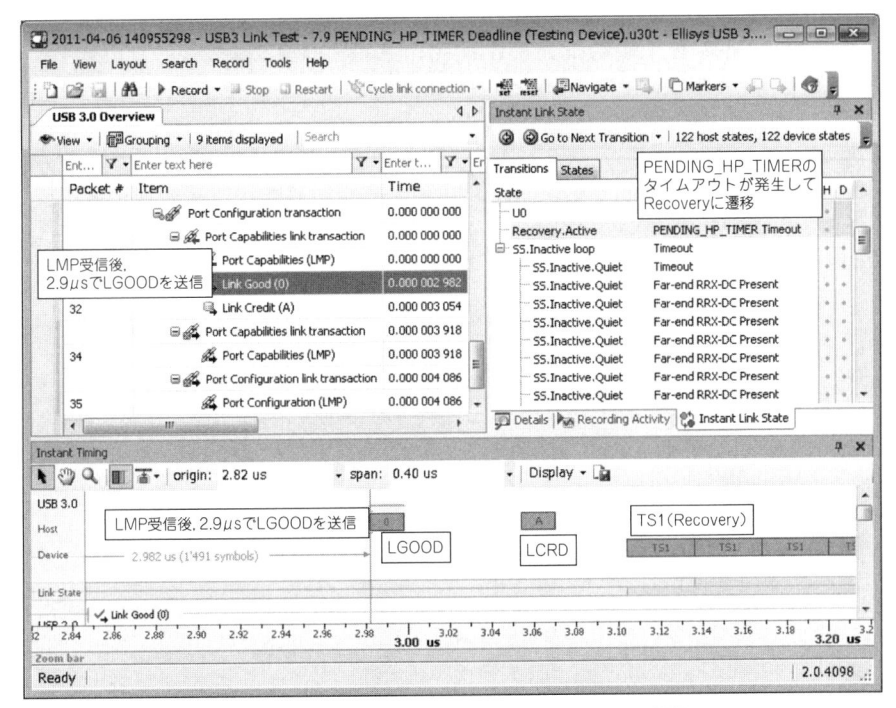

図5.21 Test No.9 PENDING_HP_TIMER Deadline Testのトレース結果

　これまでにトレース・ファイルをいろいろと見ましたが，LGOODの応答は長くても300ns程度のようです．このテストのように，ぎりぎりで流れてくることは少ないと思いますが，テストが公式になったときには，このあたりの配慮も必要かもしれません．

ごとう・たく
ガイロジック(株)

205

コラム 5.A　USB 3.0 のテスト・ツール ── Ellisys EX280

　本章の解説で紹介した Ellisys 社の EX280 USB 3.0 テスト・ツールについて説明します(**写真 5.A**)．Ellisys 社は USB や Bluetooth，WiMedia のプロトコル検査機器を専門に開発している会社で，Wireless USB，USB 3.0 用としては世界で最初にアナライザとジェネレータを製品化しました．

　EX280 は，一つの筐体でアナライザまたはジェネレータとして使用でき，いろいろな開発環境に柔軟に対応できます．

　物理層のところでも触れていますが，トラフィックの記録時にリアルタイムに帯域幅やパケット数，エラー・カウント，エラー率などを表示します．また，Examiner(エグザミナ)ソフトウェアを用いると，各種のテストが簡単にできます．

▶アナライザとしての特徴

　USB 3.0 と USB 2.0 パケットの同時記録，自動クラス・デコード，VBUS の監視/生成，トラフィック情報の表示，リンク・ステートの遷移状態表示，トラフィックのグラフィカル表示と帯域および時間の計測，エラー情報を含む統計情報表示，トレースの切り出しや各種データの出力，コメント付きマーカの入力/インポート/エクスポート，トレース・データのジェネレータ・スクリプトへの変換など．

▶ジェネレータとしての特徴

　ホスト・デバイスのエミュレーション，不正情報を含む任意のパケット生成，LGOOD，LCRD の自動応答，VBUS 生成，スクリプト作成を支援するライブラリと入力支援機能など．

▶イグザミナ(テスト・ツール)としての特徴

　テスト対象機器の自動認識，テスト項目の自動セットアップ，リンク層テスト，

5.5 リンク層テストの解析例

物理層テスト,電気的テスト,ストレージ・クラス・テスト,フレームワーク・テスト(Chapter 9)テスト,トレース・ファイルの自動分割生成,トレース・ファイルへのリンク付き XML レポート・ファイルの自動生成など.

ソフトウェアは,Web サイト(http://www.ellisys.com/support/download.php)から無償でダウンロードできます.サンプルのトレース・ファイルやスクリプトも含まれているので,USB 3.0 のリンク層,プロトコル層の知識を習得しようとする場合には,非常に有効なツールです.

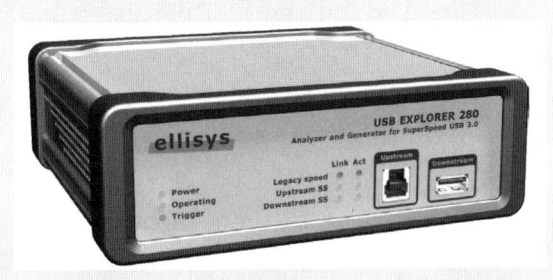

写真 5.A
Ellisys EX280 の外観

製品に関する問い合わせ先
Ellisys 社(http://www.ellisys.com, support@ellisys.com/)
または日本国内総代理店
ガイロジック(株) (http://www.gailogic.co.jp/usb/).

第6章 ハードウェア設計

福嶋 謙吾, 中村 英乙, 平松 玄大

6.1 USBデバイスのハードウェアの実現方法

　現在では，多種多様なUSBインターフェースを持つ周辺機器や組み込み機器が発売されています．そして，USBマイコンや汎用コントローラなどの半導体デバイスであるASSP(Application Specific Standard Products)も，多くの種類の製品が発売されています．これらのASSPを使うと，簡単にUSBインターフェースを持つ周辺機器を実現できます．また，ASIC(Application Specific Integrated Circuit)においても，デバイス・ベンダからさまざまな汎用USBのIP(Intellectual Property)が用意されており，これらをユーザ・ロジックに接続するだけで容易にUSB機器を実現できます．

　しかし，USB 3.0の転送速度を十分に活かすには，従来の方法に加えてより高速化に対応した設計が必要になってきます．そこで本章では，USB 3.0デバイスのハードウェアを構成する機能ブロックをどのように実現していくかについて詳しく説明します．

● USBデバイスの機能ブロック

　USB 3.0デバイスのハードウェアは，**図6.1**のように大きく分けるとユーザ・ロジック，USB 3.0コントローラ，USB 3.0トランシーバの三つで構成されます．

　ユーザ・ロジックは，USB以外の機能を実現する部分であり，USBで転送するデータを生成します．例えば，USBカメラにおけるカメラ制御や動画データの処理部分に相当します．

　USB 3.0コントローラは，USBプロトコルに従ったUSB通信を制御します．USB 3.0コントローラには，プロトコルを制御するPROTOCOLレイヤ，通信を制御するLINKレイヤを含みます．本章ではPROTOCOLレイヤとLINKレイヤを合わせたものをMAC(Media Access Control)と表記します．

第6章 ハードウェア設計

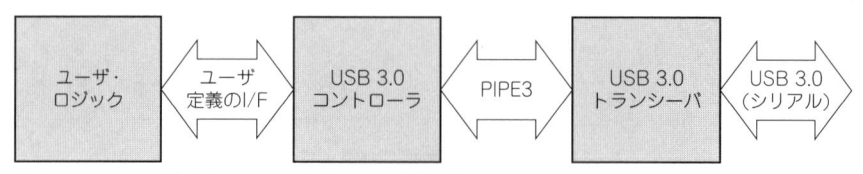

```
┌─────────┐    ┌─────────┐       ┌─────────┐       ┌─────────┐
│ ユーザ・│ユーザ│ USB 3.0 │ PIPE3 │ USB 3.0 │       │ USB 3.0 │
│ ロジック│定義のI/F│コントローラ│       │トランシーバ│       │(シリアル)│
└─────────┘    └─────────┘       └─────────┘       └─────────┘
```

図6.1　USB 3.0デバイス・ハードウェアの機能ブロック

　USB 3.0 トランシーバは，USB ケーブルによる物理的なシリアル・データの通信を制御します．この制御部分は PHY レイヤと呼ばれます．
　また，図6.1 の構成を実現する半導体デバイスの組み合わせは，次の三つに大別できます．

① ASIC 構成（図6.2）

　三つの機能ブロックを一つの ASIC にまとめて実装します．この構成のメリットは，1 チップのため基板面積が小さくなり，配線数も最小限に抑えられることです．デメリットは，ASIC の開発に多額の費用がかかり，少量生産の場合には採算が合わなくなることです．

② ASSP 構成（図6.3）

　USB 3.0 コントローラと USB 3.0 トランシーバが実装されている ASSP を使用し，ユーザ・ロジックをゲート・アレイや FPGA（Field Programmable Gate Array）などに実装します．この構成のメリットは，USB 機能に ASSP を使用するので，ユーザ・ロジックのみを開発すればよく，開発費を安価に抑えられることです．デメリットは，汎用的に作られた ASSP をシステム仕様に適合させる必要があるため，ユーザ・ロジックの負担が大きくなることです．また，2 チップ構成になるので基板面積が大きくなり，配線数も多くなります．

③ FPGA ＋ PHY チップ構成（図6.4）

　USB 3.0 トランシーバには外付けの PHY チップを使用し，ユーザ・ロジックと USB 3.0 コントローラを FPGA に実装します．FPGA と PHY チップ間のインターフェースは，PIPE3 と UTMI（USB 2.0 Transceiver Microcell Interface）/ULPI（UTMI ＋ Low Pin Interface）によって接続します．
　PIPE3 は，USB 3.0 の SuperSpeed 用に，PHY レイヤと LINK レイヤ間の信号を規格化したインターフェースです．UTMI と ULPI は，USB 2.0 で規定される High/Full/Low Speed 通信用に，PHY レイヤと LINK レイヤ間の信号を規格化したインターフェースです．ULPI は UTMI に比べてインターフェース信号線の数が少なく定義されており，その結果，チップ間の配線を少なくできるという

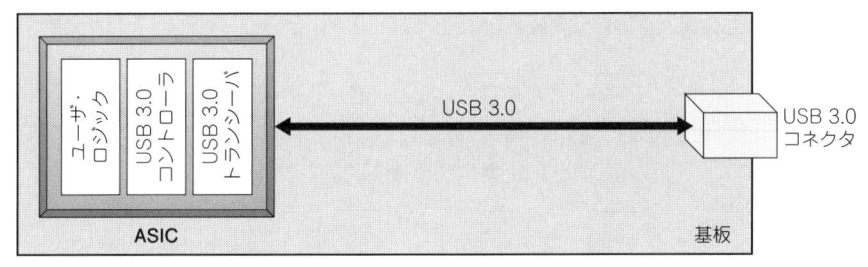

6.1 USBデバイスのハードウェアの実現方法

図6.2　ASICを用いたUSB 3.0システム

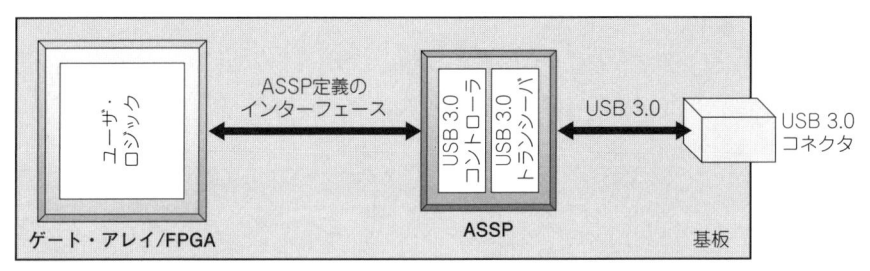

図6.3　ASSPを用いたUSB 3.0システム

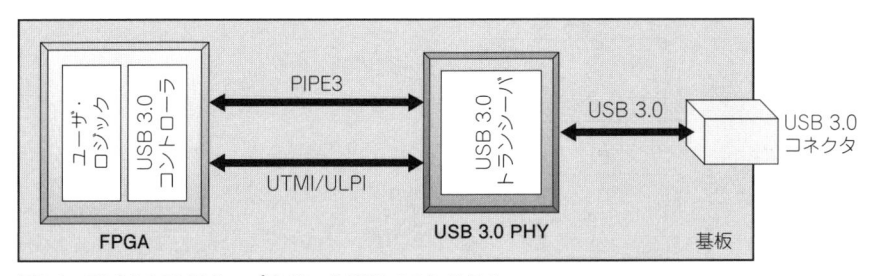

図6.4　FPGA＋PHYチップを用いたUSB 3.0システム

特長を持っています．

　この構成のメリットは，FPGAにユーザ・ロジックとUSB 3.0コントローラを実装することでインターフェースの自由度が上がり，ユーザ・ロジックで実現できる機能も広がることです．例えば，FPGA内部のデータ・バスの幅を拡大したり，動作周波数を高速化すると，USB 3.0の高速転送を最大限に活かせます．デメリットは，FPGAの単価が高く，2チップ構成になるため基板面積が大きくなり，配線数も多くなることです．

コラム 6.A　PIPE3 インターフェース

　PIPE3 インターフェース仕様（PHY Interface For the PCI Express * and USB 3.0 Architectures Version 3.0）は，2009 年に米国 Intel 社が提唱した規格です．USB の PHY レイヤと LINK レイヤの関係を図 6.A に示します．PHY レイヤと LINK レイヤ間が，PIPE3 インターフェース信号として仕様化されています．

　このようにレイヤ分割を明確にすることは，それぞれのレイヤで設計を分担できることや，設計を完了した各レイヤの資産がほかの開発で流用できるなどのメリットがあります．図 6.B と表 6.A に，PIPE3 インターフェース信号を示します．

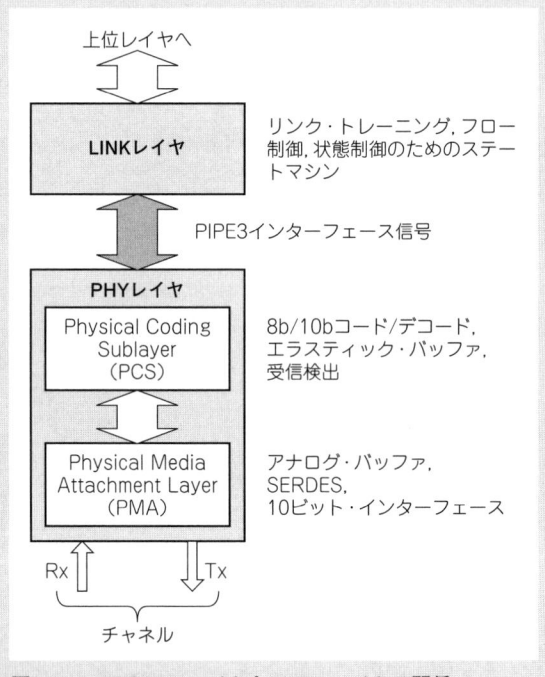

図6.A　USBのPHYレイヤとLINK・レイヤの関係

6.1 USB デバイスのハードウェアの実現方法

```
           TxData      32, 16 or 8
           TxDataK     4, 2 or 1
           Command     12 or 16
  LINK                                PHY
  レイヤ     32, 16 or 8  RxData       レイヤ
           4, 2 or 1    RxDataK
           6 or 7       Status
                        PCLK
```

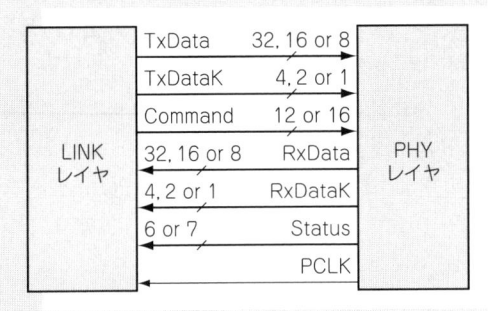

図6.B PIPE3インターフェース

表6.A PIPE3インターフェースの信号

名 前	方 向	説 明
TxData	LINK レイヤ → PHY レイヤ	パラレル送信データ・パス．インプリメントは8ビット，16ビット，32ビット幅から選択する．
TxDataK	LINK レイヤ → PHY レイヤ	送信データのデータ/制御シンボル切り替え信号．この値が0ならばデータ・バイトを示し，1ならばコントロール・バイトを示す．TxDataのバイト数分の信号がある(TxDataが8ビットなら1本)．
Command	LINK レイヤ → PHY レイヤ	PHYレイヤに対するコマンド群．例えば，リセット信号や，トランシーバのパワー状態を制御するPowerDown信号などが含まれる．
RxData	PHY レイヤ → LINK レイヤ	パラレル受信データ・パス．インプリメントは8ビット，16ビット，32ビット幅から選択する．
RxDataK	PHY レイヤ → LINK レイヤ	受信データのデータ/制御シンボル切り替え信号．この値が0ならばデータ・バイトを示し，1ならばコントロール・バイトを示す．RxDataのバイト数分の信号がある(RxDataが16ビットなら2本)．
Status	PHY レイヤ → LINK レイヤ	PHYレイヤの状態を示す信号群．例えば，受信データの有効・無効を示すRxValid信号や，VBUSの状態を示すPowerPresent信号などが含まれる．
PCLK	PHY レイヤ → LINK レイヤ	パラレル・インターフェース・クロック．パラレル・インターフェースを通る全てのデータは，このクロックと同期している．このクロックはデータ・インターフェース幅によって決まり，32ビット幅なら125MHz，16ビット幅なら250MHz，8ビット幅なら500MHzで動作する．

213

6.2 FPGAを使ったビデオ・クラスの実装

　USB 3.0の登場により，USB 2.0では実現が難しかったアプリケーションも実現できるようになりました．そのアプリケーションの一つに，USBによる非圧縮動画データの通信があります．そこで，ここではFPGAとPHYチップを用いたUSB 3.0デバイス・ハードウェアの実装例として，USBビデオ・クラスに対応したUSB 3.0動画伝送システムを紹介します．図6.5に，本システムの構成を示します．

　① ビデオ・カメラから出力した動画データをDVI(Digital Visual Interface)により，②FPGAボードに転送します．②FPGAボードに入力された動画データは，FPGA内でフォーマット交換された後，USB 3.0インターフェースを経由して③パソコンへ出力されます．

　本システムでは，②FPGAボードに1080p(横1920×縦1080のプログレッシブ)でフレーム・レート60fps(フレーム/秒)のビデオ動画を入力します．USBインターフェースを経由してこのデータを③パソコンで表示する場合，USBインターフェースを流れるデータ量は約249Mバイト/秒になります．

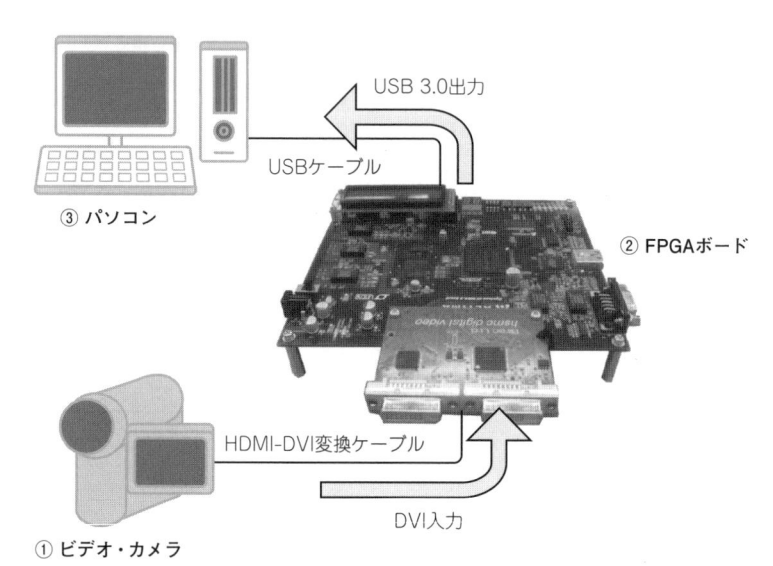

図6.5　USB 3.0動画伝送システムの構成

6.2 FPGAを使ったビデオ・クラスの実装

● FPGAボードの構成

本システムのFPGAボードは，アルティマ製Cyclone Ⅲ USB 3.0ボードをベースに，DVIドータ・ボードをHSMC(High-Speed Mezzanine Connector)コネクタで接続しています．DVIドータ・ボード上のDVIレシーバ側のコネクタに，HDMI-DVI変換ケーブルを使用してビデオ・カメラと接続し，USB 3.0ボード上のUSB 3.0コネクタにUSB 3.0ケーブルを使用してパソコンと接続します(**図6.6**)．

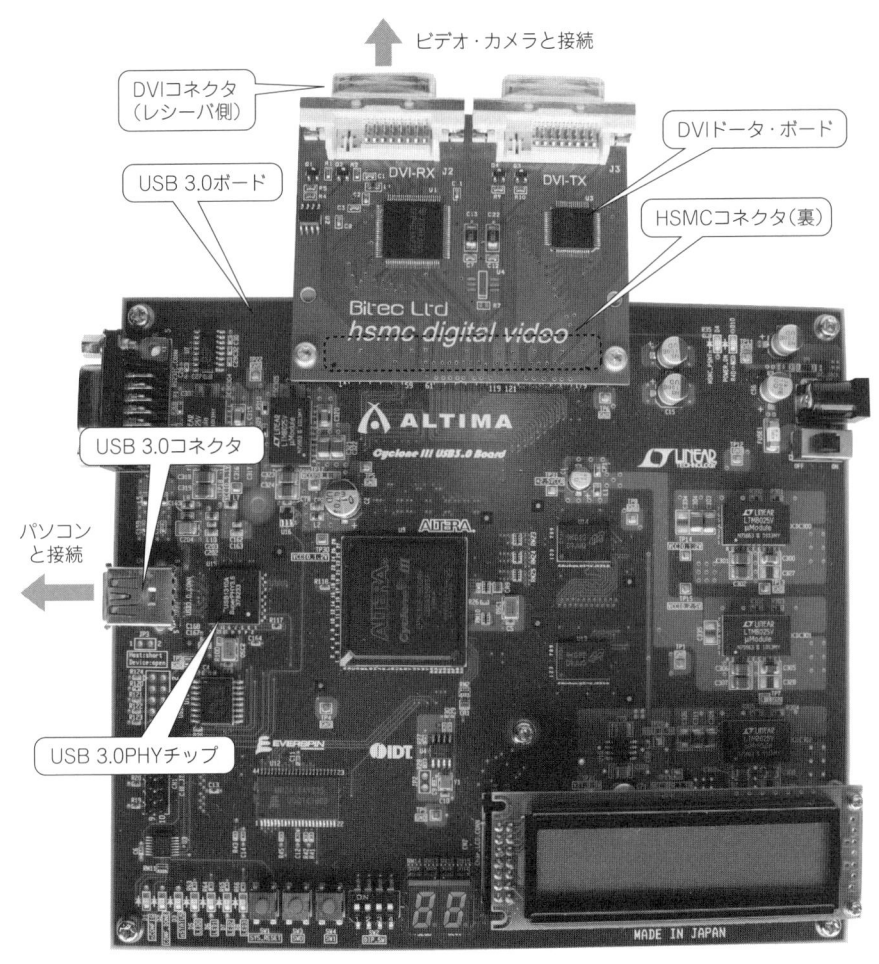

図6.6 FPGAボードの構成

(1) USB 3.0 ボード

USB 3.0 デバイス・ハードウェアを実装する，USB 3.0 ボードのブロック図を図6.7に示します．FPGA を中心として，周辺にメモリや USB 3.0 PHY チップなどを搭載し，拡張用 I/O の HSMC を持っています．

本ボードに搭載されるFPGAは，米国 Altera 社製のEP3C80F780で，同社が展開する製品の中で低コストなCycloneⅢシリーズに属します．仕様は，LE(Logic Element)数 81,264，内部メモリ・ビット数 2,810,880，PLL(Phase Locked Loop)数 4，ユーザ I/O 数 429 となっています．

本ボードに搭載される PHY は，米国 Texas Instruments 社製の TUSB1310A です．図6.8に示すように SuperSpeed は PIPE3，それ以外の速度(Non-Super Speed)は ULPI で接続します．また，PIPE3 のデータ・バス幅は 16 ビットとなっており 250MHz で動作します．

DDR2 SDRAM は，本ボードではデータ・バス幅 16 ビットで容量 128M バイトのメモリ 2 個を，FPGA から見てデータ・バス幅 32 ビットで容量 256M バイ

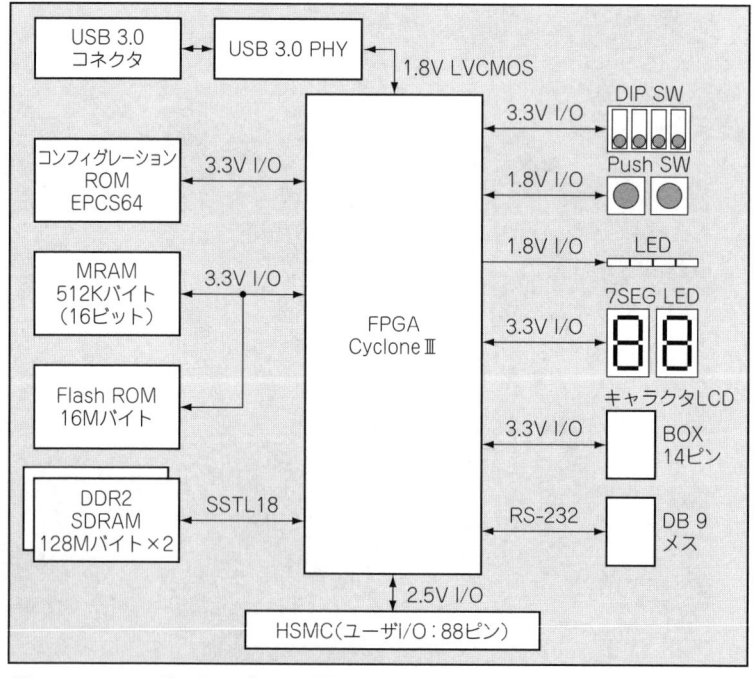

図6.7　USB 3.0ボードのブロック図

6.2 FPGAを使ったビデオ・クラスの実装

図6.8
USB 3.0 PHYインターフェース

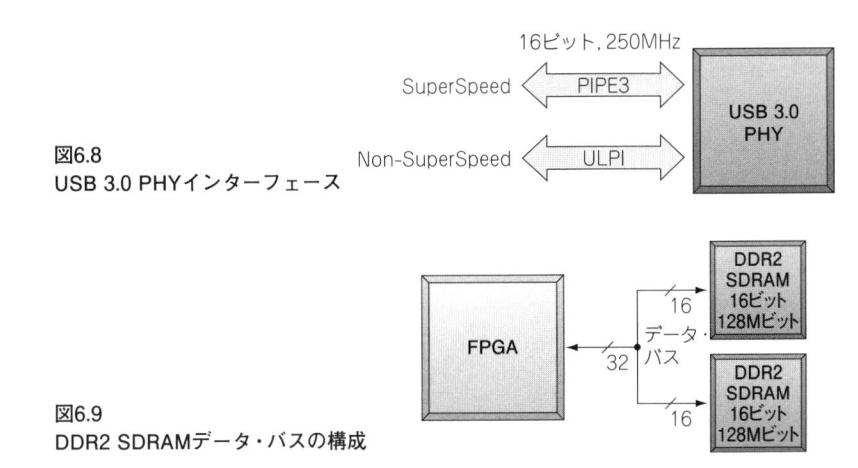

図6.9
DDR2 SDRAMデータ・バスの構成

トの1個のメモリとして使用します(図6.9).EPCS64は,FPGAのコンフィグレーション用のROMです.JTAG(Joint Test Action Group)インターフェースを介して,FPGAの回路設計データを格納し,電源投入時に本ROMからFPGAへ読み込まれます.

HSMCは,ビット・レートが数Gbpsの高速なデータ転送に対応した,ボード間を接続するためのコネクタです.本システムでは,DVIドータ・ボードとの接続に使用しています.

Flash ROMは16Mバイトのフラッシュ・メモリで,本システムではFPGA内の組み込みCPUのファームウェアが書き込んであります.

MRAM(Magnetoresistive Random Access Memory)は,磁気を利用してデータを記憶するメモリです.ボード上には512KバイトのMRAMを搭載しています.

(2) DVIドータ・ボード

図6.10に,DVIドータ・ボードのブロック図を示します.DVIドータ・ボードは,本システムではビデオ・カメラとDVIで接続して動画データを送受信するための拡張ボードです.DVI送信/受信専用コネクタを持ち,メイン・ボードであるUSB 3.0ボードとはHSMCで接続します.Bitec社製のDVI Input/Output Cardを用いています.

ボードを構成している部品ですが,DVIレシーバはDVIのフォーマットで入力される動画データを,HSMCを通して24ビットのパラレル・データでUSB 3.0ボードへ出力します.また,DVIトランスミッタは,HSMCから入力される24ビッ

217

コラム 6.B　ACタイミングを考慮したPIPE3インターフェース

　PIPE3インターフェースの全てのデータ信号は，PHYから出力されるPCLKに同期します．LINKレイヤとPHYレイヤが別チップで構成された場合でも，チップ間のPIPE3インターフェースでは，同期インターフェースとしてタイミング検証の対象となります．

　図6.Cに示すように，インターフェースの信号を生成する出力最終段のフリップ・フロップ（F/F）から，そのインターフェースの信号を受け取る入力初段のF/Fま

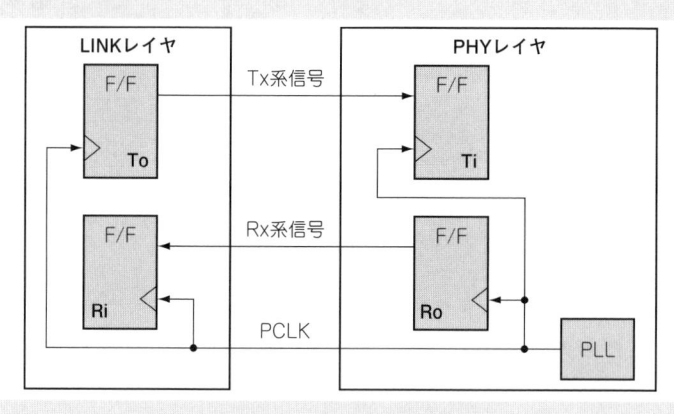

図6.C　PIPE3インターフェースのタイミング・モデル①

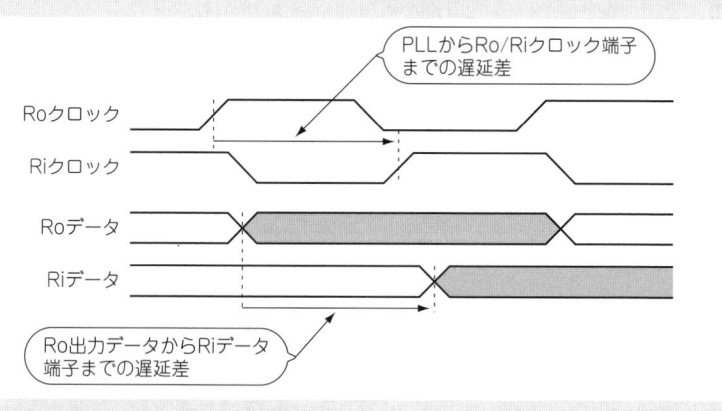

図6.D　PIPE3インターフェースのRx系信号スキュー

6.2 FPGAを使ったビデオ・クラスの実装

での間に組み合わせ回路が存在しないモデルで，タイミング検証について考えてみます．

まず，**図6.D**のようなRx系信号では，出力F/F(Ro)と入力F/F(Ri)の間のクロック・スキューが，PLLからそれぞれのF/Fまでの距離を考えると大きくなります．しかし，Rx系信号はクロックと方向が同じなので，データ信号とクロックは同じように遅延が付加され，相対的に見るとスキューは小さくなります．

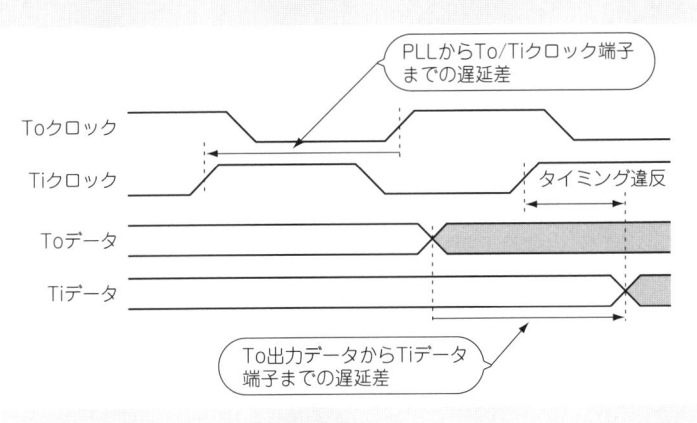

図6.E PIPE3インターフェースのTx系信号スキュー

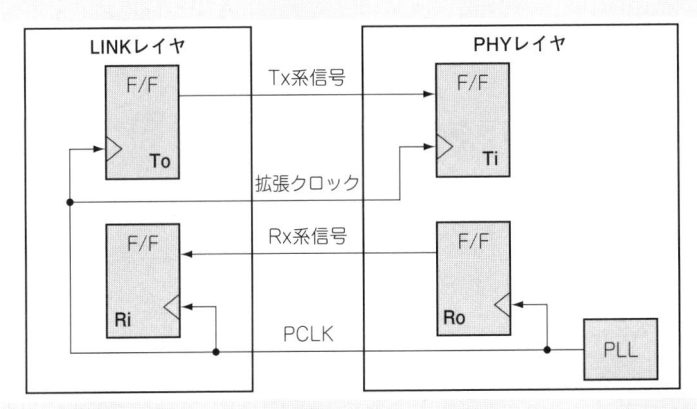

図6.F PIPE3インターフェースのタイミング・モデル ②

第6章 ハードウェア設計

次に，Tx 系信号ですが，**図 6.E** のように出力 F/F(To)と入力 F/F(Ti)の間のクロック・スキューは，Rx 系信号と同じように大きくなります．さらに，Tx 系信号はクロックと方向が逆になるので，相対的に見るとスキューはさらに大きくなってしまいます．

PIPE3 の PCLK の周波数は 125MHz/250MHz/500MHz と速く，LINK と PHY が別チップで構成されている場合，このスキューによってチップ間でタイミング違反が発生しやすくなるという問題があります．

この問題を解決する手段として，**図 6.F** に示す拡張クロックのように，PCLK を

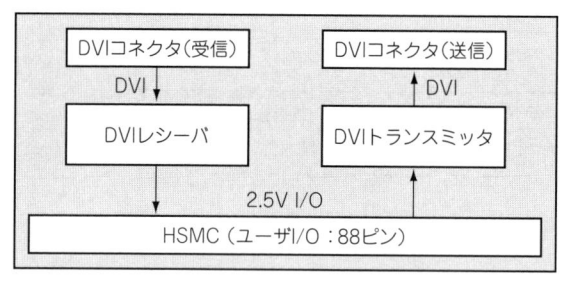

```
┌─────────────────────────────────────────────┐
│  ┌──────────────┐       ┌──────────────┐    │
│  │DVIコネクタ(受信)│       │DVIコネクタ(送信)│    │
│  └──────┬───────┘       └──────▲───────┘    │
│      DVI▼                   DVI│            │
│  ┌──────────────┐       ┌──────────────┐    │
│  │  DVIレシーバ  │       │DVIトランスミッタ│    │
│  └──────┬───────┘       └──────▲───────┘    │
│         │      2.5V I/O         │           │
│  ┌──────▼───────────────────────┴──────┐    │
│  │     HSMC（ユーザI/O：88ピン）       │    │
│  └──────────────────────────────────────┘    │
└─────────────────────────────────────────────┘
```
図 6.10
DVI ドータ・ボードのブロック図

トのパラレル・データを DVI の動画データのフォーマットに変換して，DVI コネクタへ出力します．

● FPGA 内部機能のブロック構成

USB 3.0 デバイスに必要なハードウェアの機能のうち，USB 3.0 トランシーバは USB 3.0 ボードに実装してある USB 3.0 PHY で実現します．残る機能となるユーザ・ロジックと USB 3.0 コントローラは FPGA で実現します．**図 6.11** は，本システムにおける FPGA 内部の概略ブロック構成になります．

図に示したように，ユーザ・ロジックには CPU に Nios II プロセッサ，DDR2 メモリ・コントローラに DDR2 SDRAM Controller with ALTMEMPHY，DVI 入力に Clocked Video Input，入力した動画を DDR2 SDRAM に展開するための DMA に Scatter-Gather DMA Controller(SG-DMA)を搭載しています．

また，USB 3.0 コントローラの IP にはインベンチュア製の「Z-core USB 3.0」

LINKレイヤで折り返してPHYレイヤに出力した場合を考えてみます．拡張クロックはPCLKとは違うTx系信号の同期クロックとしてPHYレイヤに供給されるため，Rx系同様F/Fの出力とクロックの方向が同じになることでタイミング違反を解消できます．

本システムで使用するUSB 3.0ボードに搭載されているPHYチップも，Tx系信号に同期したクロックを入力可能になっています．PHYチップを別にすることで生じるチップ間のタイミング仕様の考慮も，PHYチップの選定条件の大切な要因となります．

とAvalon-MMブリッジを搭載しています．

(1) SOPC Builder

FPGAの内部機能を実装するに当たって，ほとんどの部分をAltera社のQuartus II専用のシステム統合ツールSOPC Builderを利用しています．**図6.12**は，本FPGAの内部機能の実装に使用したSOPC Builderの画面の一部（接続図）になります．

SOPC Builderを使用すると，Verilog HDLなどの言語を使用した回路を記述する必要がなくなり，Altera社からリリースされている豊富なIPやコンポーネントをGUI上で容易に接続できます．さらに，シミュレーションに必要な回路やFPGAのフィッティングに必要なファイルは，接続した情報を元にツールが自動的に生成して出力します．また，サード・ベンダのIPや自ら開発した回路をカスタム・ロジックとしてSOPC Builderに登録すれば，Altera社のIPと同じように接続可能です．

なお，本FPGAの内部機能実装には，「Quartus II Version 10.1 Build 153 11/29/2010」を使用しています．最新版のQuartus IIでは，SOPC Builderに代わって「Qsys」が標準のシステム統合ツールとなっています（2011年6月現在）．

(2) FPGAのコンポーネント

本FPGAの内部機能を構成する主要なコンポーネントについて説明します．

データ・バスには，Altera社が提唱しているAvalonを採用しました．AvalonにはAvalon-MMとAvalon-STの二つのインターフェースがあり，接続されるデバイスや用途によって，適切なインターフェースを選択する必要があります．

第6章 ハードウェア設計

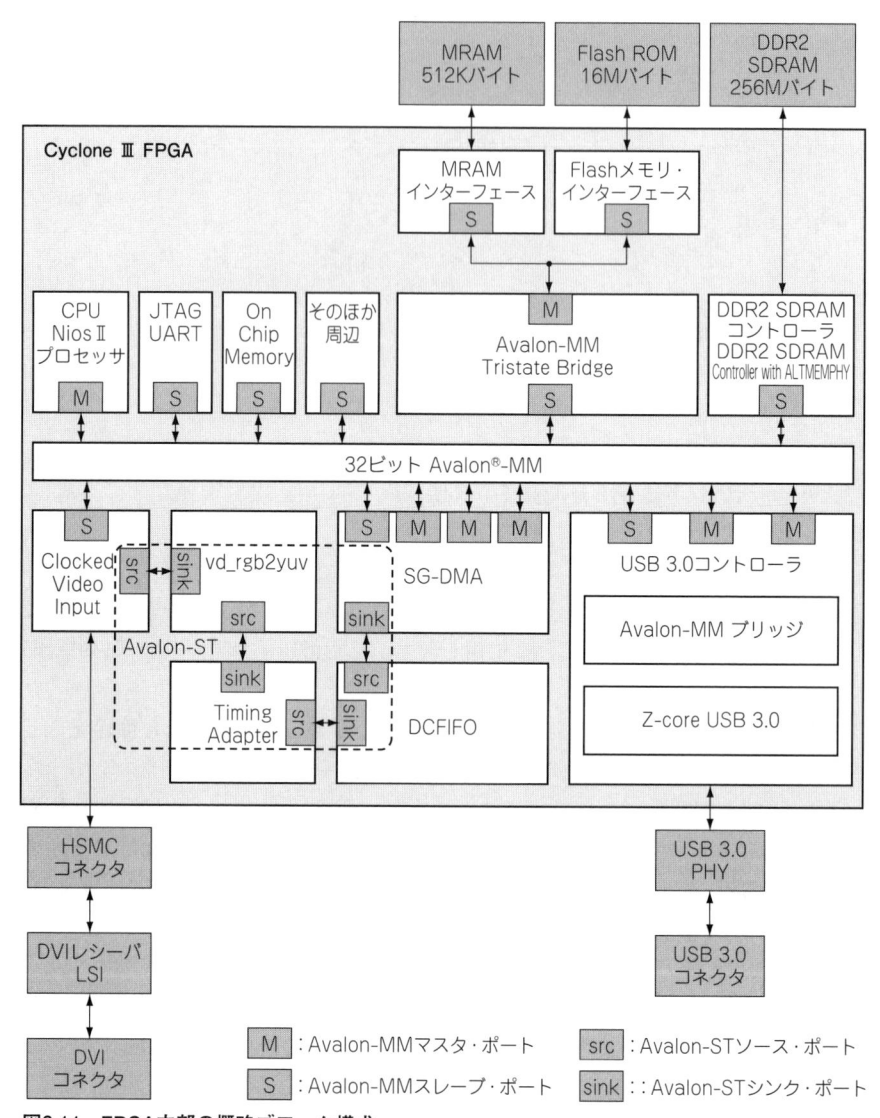

図6.11 FPGA内部の概略ブロック構成

以下にそれぞれの特徴を説明します．

▶ Avalon-MM（Avalon Memory-Mapped Interface）

メモリ・マップ上に配置されたデバイスに対して，アドレス・ベースでの転送

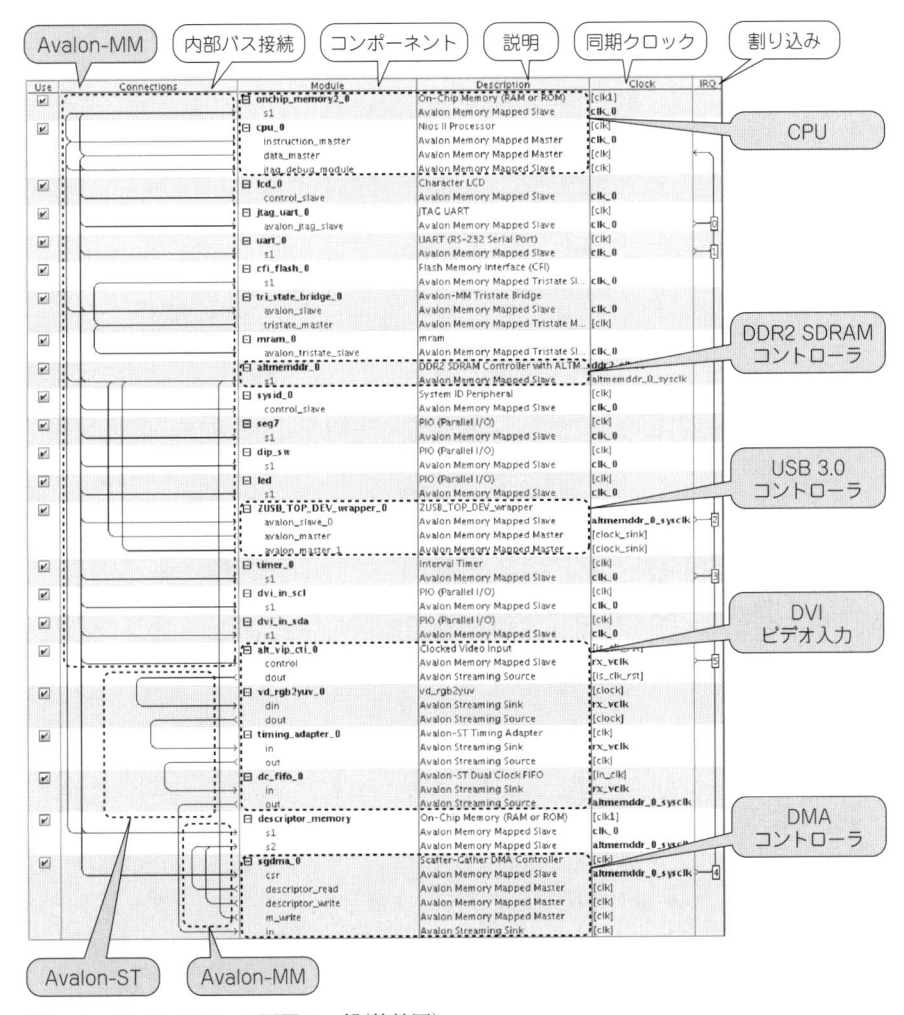

6.2 FPGAを使ったビデオ・クラスの実装

図6.12 SOPC Builderの画面の一部（接続図）

を行います．マスタからスレーブに対して，ライトもしくはリード転送を行い，主にメモリを含む周辺機器へのアクセスに使用されます．インターフェース信号の構成も自由に選択でき，図6.13のようにシンプルなインターフェース構成が可能です．

▶ Avalon-ST（Avalon Streaming Interface）

Avalon-MMとの大きな違いは，データ転送方向がデータ転送元であるソース

223

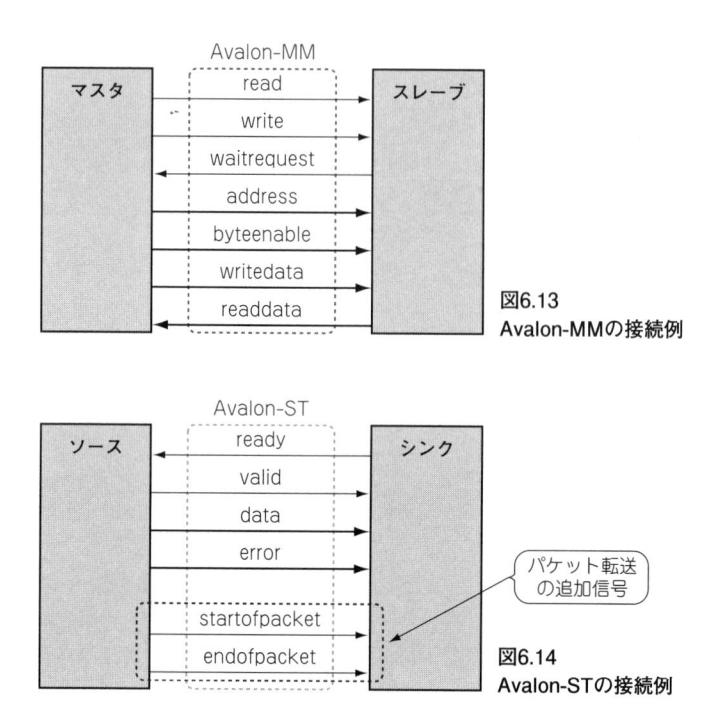

```
                    Avalon-MM
        ┌─────┐      read      ┌─────┐
        │マスタ│ ─────────────→ │スレーブ│
        │     │      write     │     │
        │     │ ─────────────→ │     │
        │     │    waitrequest │     │
        │     │ ←───────────── │     │
        │     │     address    │     │
        │     │ ─────────────→ │     │
        │     │    byteenable  │     │
        │     │ ─────────────→ │     │
        │     │    writedata   │     │
        │     │ ─────────────→ │     │
        │     │    readdata    │     │
        │     │ ←───────────── │     │
        └─────┘                └─────┘
```

図6.13
Avalon-MMの接続例

```
                    Avalon-ST
        ┌─────┐      ready     ┌─────┐
        │ソース│ ←───────────── │シンク│
        │     │     valid      │     │
        │     │ ─────────────→ │     │
        │     │      data      │     │
        │     │ ─────────────→ │     │
        │     │      error     │     │
        │     │ ─────────────→ │     │
        │     │  startofpacket │     │  ← パケット転送
        │     │ ─────────────→ │     │    の追加信号
        │     │   endofpacket  │     │
        │     │ ─────────────→ │     │
        └─────┘                └─────┘
```

図6.14
Avalon-STの接続例

からデータ転送先であるシンクへの1方向のみとなり，アドレスの概念がないことです．

　低いレイテンシで高いスループットが要求されるデバイスとの転送で，パケットや動画データなどを扱う場合に効果的です．パケットの転送を行う場合には，図6.14のようにパケットの開始と終了を示す信号を追加するインターフェース構成になります．

▶ CPU
〔Nios Ⅱ Processor〕

　FPGAへの組み込みが可能な32ビット汎用RISCプロセッサ・コアです．表6.1に示すように，高速/エコノミー/標準の3種類のCPUコアが選択できます．高速コア選択時には，メモリ・マネジメント・ユニット（MMU）を必要とするシステムへ組み込むためのオプションも選択でき，さまざまなペリフェラルやメモリを搭載したシステムを1チップのFPGAで可能にします．プロセッサ自体のコンフィグレーションも可能で，さまざまなデバイスへの適応に対しても柔軟性を持っています．

表6.1 Nios Ⅱプロセッサの種類

種別	特徴
高速	最高性能を実現するために最適化
エコノミー	最小サイズに最適化
標準	性能とサイズのバランスに最適化

〔On-Chip Memory〕

CPU 上で動作するプログラム(ファームウェア)の実行やヒープ/スタックなどのワーク・メモリとして使用可能なメモリです．CPU の instruction_master/data_master のどちらからでもアクセス可能です．

▶ DDR2 SDRAM コントローラ

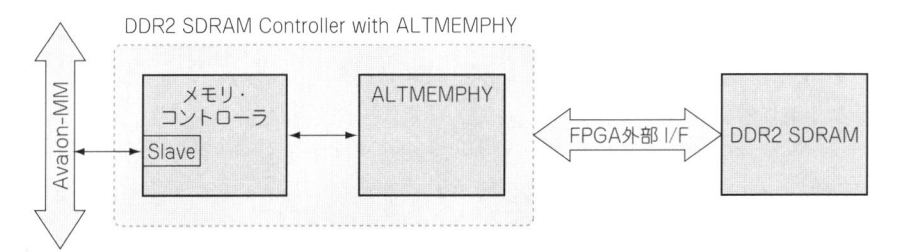

〔DDR2 SDRAM Controller with ALTMEMPHY〕

FPGA 外部の DDR2 SDRAM を制御するブロックは，Altera 社の IP によって構成されています．図6.15 のように，Avalon-MM のスレーブとして接続されたメモリ・コントローラと DDR 制御の物理層(PHY)としての ALTMEMPHY から構成されています．この構成により，DDR2 SDRAM はメモリ・マップ上に配置され，Avalon-MM のマスタからアクセスが可能になります．

▶ DVI ビデオ入力

〔Clocked Video Input〕

クロックと同期して入力されるビデオ信号を Avalon-ST のパケットに変換して出力します．また，入力されるビデオのフォーマットを検出する機能を持ち，検出したフォーマットに合わせて自動的にパケットを生成するとともに，レジスタを通して CPU もそのフォーマットを把握可能になっています．

〔vd_rgb2yuv〕

主な機能は，RGB から YUV への色フォーマット変換です．SOPC Builder で

図6.15 DDR2 SDRAM Controller with ALTMEMPHY

第6章 ハードウェア設計

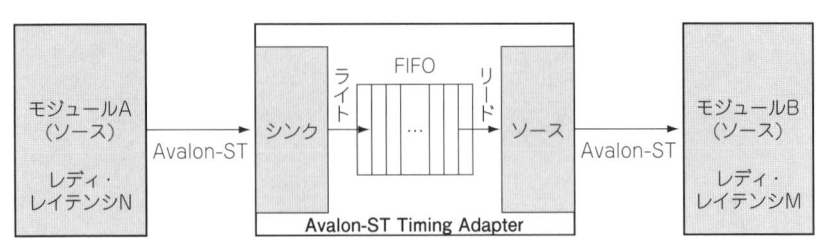

図6.16 Avalon-ST Timing Adapter
レディ・レイテンシが異なるモジュールを接続するときに使用する．

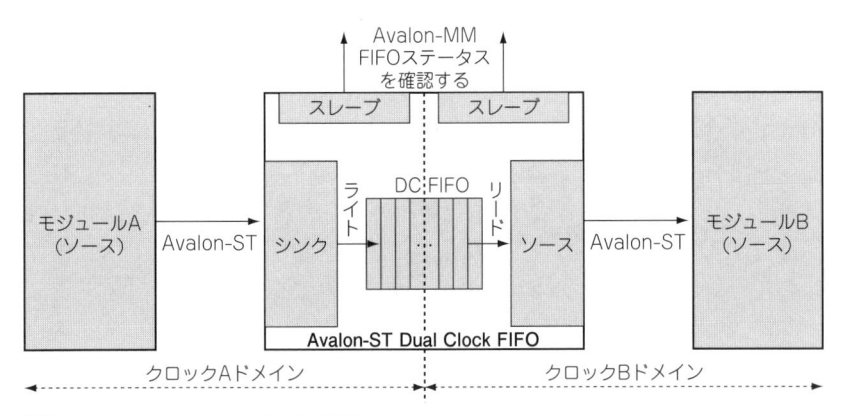

図6.17 Avalon-ST Dual Clock FIFO
クロックが異なるモジュールを接続するときに使用する．

はカスタム・ロジックとして登録し，ほかのブロックと接続しています．本ブロックについては，後ほど詳しく説明します．

〔Avalon-ST Timing Adapter〕

図6.16のように，レディ・レイテンシというタイミング・パラメータが異なるAvalon-ST同士を接続するために必要です．通常，このようにパラメータが異なるブロックをSOPC Buliderで接続するとエラーになりますが，このタイミング・アダプタを挿入することで，エラーを解消します．Quartus IIの設定により，自動で適切なアダプタを挿入させることもできます．また，アダプタには，タイミング・アダプタのほかに，異なるデータ幅を接続するデータ・フォーマット・アダプタ，チャネル設定の差を調整するチャネル・アダプタが存在します．

〔Avalon-ST Dual Clock FIFO〕

シンクとソースがそれぞれ異なるクロックで同期したAvalon-STインター

226

図6.18 通常のDMA
CPUからDMA転送命令が3回セットされ，それぞれの転送の終了割り込みを検出する．

フェースを持つ FIFO です．以降，本ブロックを DCFIFO とします．図 6.17 のように，異なるクロックで動作するモジュール A（ソース）とモジュール B（シンク）の間に挿入することで，それぞれが同期インターフェースとして転送が可能になります．データ幅や FIFO の段数などの構成が可変になっているため，扱うデータの種類や動作周波数に合わせて，システムへ組み込みます．また，データ転送用の Avalon-ST とは別に，FIFO のステータスを確認するための Avalon-MM インターフェースもそれぞれのクロック・ドメインごとに実装できます．

▶ DMA コントローラ
〔Scatter-Gather DMA Controller〕

　DMA 制御としてメモリ上に非連続に配置されているデータを連続した領域へ転送することが可能となるスキャッタ・ギャザー方式を採用し，Altera 社の Scatter-Gather DMA Controller を使用しています．以降，本ブロックを SG-DMA とします．SG-DMA は，外部にマッピングされたメモリ領域に格納され

図6.19 スキャッタ・ギャザーによるDMA
CPUはDMA転送命令をまとめてセットし，全ての転送が終了したら1回のみ割り込みを検出する．

ているディスクリプタ(DMA転送に必要な情報が格納されているデータ構造体)をリードし，そのディスクリプタの設定に従って動作して，連続的なDMA転送を行います．

ディスクリプタの中で，次のディスクリプタが格納されているアドレスを指定することで，複数のディスクリプタをCPUからは1回のDMA起動で処理可能になります．

図6.18に示すように，通常のDMAコントローラで3回のDMA転送を行う場合，CPUから3回に分けてDMA転送命令がセットされ，それぞれのDMA終了割り込みがCPUで検出されます．

図6.19は，SG-DMAでDMA転送を行う場合を示しています．最初にCPUが3回分のDMA転送命令をディスクリプタ・メモリへ書き込みます．その後，CPUがDMAを起動することによって，SG-DMAは3回のDMA転送命令をディスクリプタ・メモリからリードしてDMA転送を実行します．割り込みは3回分

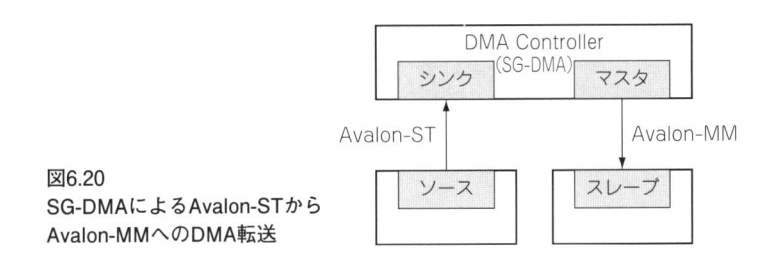

6.2 FPGAを使ったビデオ・クラスの実装

図6.20
SG-DMAによるAvalon-STから
Avalon-MMへのDMA転送

のDMAが終了するまで発行されないので，ソフトウェアの介在によるオーバーヘッドが少なくなり，全体の転送速度が向上します．

また，SG-DMAは転送先と転送元で，Avalonインターフェースが違う転送を行うことも可能です．図6.20では，転送元はAvalon-ST，転送先はAvalon-MMの場合を示しており，この場合はディスクリプタのソース・アドレスの設定は無効になります．

▶ USB 3.0 コントローラ
〔USB_TOP_DEV_wrapper〕

インベンチュア製のZ-core USB 3.0にAvalon-MMのブリッジを接続し，一つにまとめた回路をSOPC Builderではカスタム・ロジックとして登録し，ほかのブロックと接続します．本ブロックについては後ほど詳しく説明します．

● データ制御

FPGAの内部機能は，図6.21に示すように，DVIビデオ入力とフレーム・バッファ，USB 3.0コントローラの三つの機能に大きく分かれています．ここでは，USBビデオ・クラスのデバイス・ハードウェアを実現するために，各コンポーネントをどのように設定し，どのように接続するかについて，具体的な機能や特徴を交えながら説明します．

(1) DVI ビデオ入力

DVIドータ・ボードからビデオ・データを入力し，SG-DMAでフレーム・バッファへデータを転送するまでの間に，図6.22に示す五つのブロックを経由しています．ここでは,それぞれのブロックの役割や機能について詳細に説明します．

▶ Clocked Video Input

DVIドータ・ボードから入力されたビデオ信号は，まずこのブロックで受け取り，Avalon-STのフォーマットでパケットにして後段ブロックへ渡します．図6.23はSOPC Builderで本ブロックを接続するときのパラメータ設定画面です．

229

第6章 ハードウェア設計

図6.21
本事例の全体の
データ・フロー

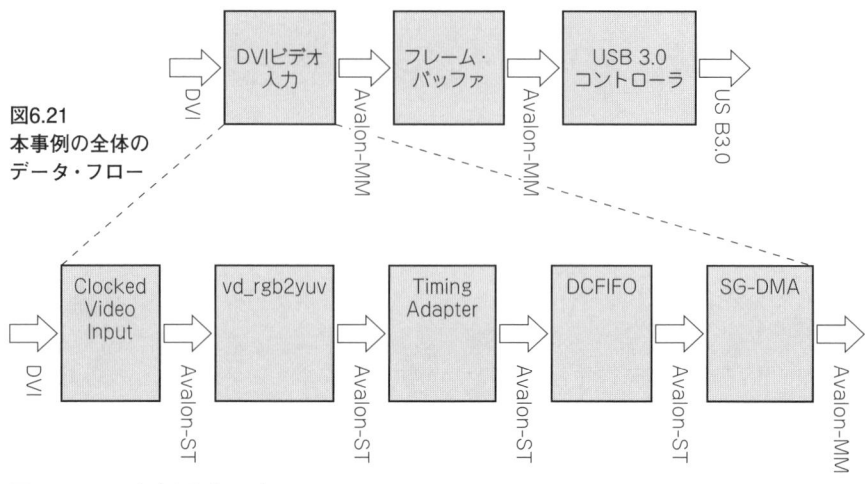

図6.22 DVIビデオ入力のデータ・フロー

　この設定のポイントを説明します．

　Avalon-ST-Video Image Data Format の項目は，ビデオ信号がRGBの3色各8ビットで入力されるので，「Bits per pixel per color plane」は「8」bitsに，「Number of color planes」は「3」を設定します．各データは別々のデータ・バスで入力されるので，「Color plane transmission format」には「Parallel」を設定します．

　Clocked Video Parameters の項目は，同期信号に独立した信号を使用するので，「Sync signals」は「On separate wires」に設定します．

　Avalon-ST-Video Initial Control Packet の項目は，入力ビデオのフォーマットが自動的に検出されるので，ここの設定と入力ビデオのフォーマットが違った場合でも，入力ビデオの設定を自動検出して正しく動作することができます．

　ここでは1080pで入力するので，「Interlaced or progressive」は「Progressive」，「width」は「1920」，「Height -frame/field0」は「1080」に設定します．また，プログレッシブなのでフィールドはありませんが，「Height-field1」も同じく「1080」としておきます．

　General Parameters の項目は，「Pixel FIFO size」に本ブロック内に持つFIFOのサイズを設定します．ここでは，1ライン分の「1920」に設定します．Avalon-STの転送レートはDVI入力の転送レートと同じかそれ以上にする必要があるので，FIFOサイズは1ライン分程度が妥当でしょう．

230

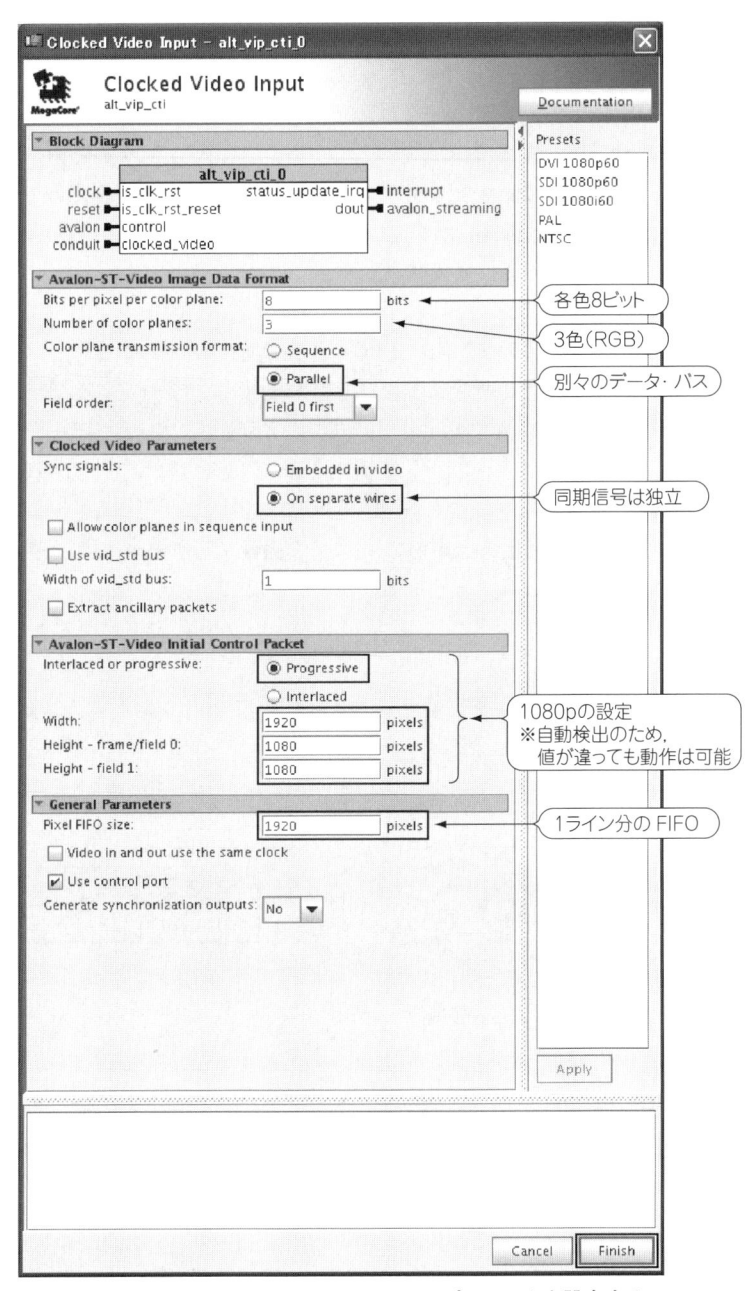

6.2 FPGAを使ったビデオ・クラスの実装

図6.23 SOPC BuilderでClocked Video Inputパラメータを設定する

第6章 ハードウェア設計

▶ vd_rgb2yuv

　このブロックはVerilog HDLで記述し，SOPC Builderではカスタム・ロジックとして登録しています．本ブロックは，三つの機能を搭載しています．

　まず一つ目の機能は，色空間の変換です．DVIから入力される動画データは赤(R)，緑(G)，青(B)で表したRGBデータであるのに対し，USBで取り扱う非圧縮データは，輝度(Y)と色差(U，V)で表したYUVデータが一般的です．RGBデータからYUVデータへ変換するには一般式があり，そこに代入することで求められます(**コラム6.C**)．

　また，入力されるRGBデータは，R，G，B各色8ビット，つまり1画素当たり合計24ビットのデータで表されます．それに対し，出力するYUVデータはYUV422というフォーマットを使用しています．YUV422は，輝度データ(Y)と色差データ(U，V)それぞれ8ビットで構成されている点についてはRGBと同じですが，Yは1画素当たり一つの情報を持っているのに対し，U，Vは8ビットのデータをUとVで交互に表すので，水平2画素で一つの情報しか持っていません．つまり，U，Vは隣り合う2ピクセルは同じデータを使用します．これにより，YUV422では，1画素当たり16ビットのデータで表すことができます(**図6.24**)．

　二つ目の機能は，データの並び替えです．具体的には，エンディアン変換とバ

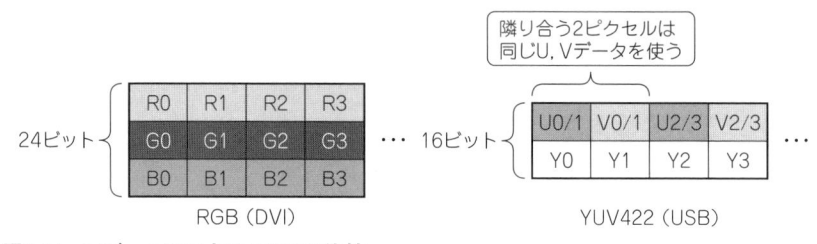

図6.24　24ビットRGBとYUV422の比較

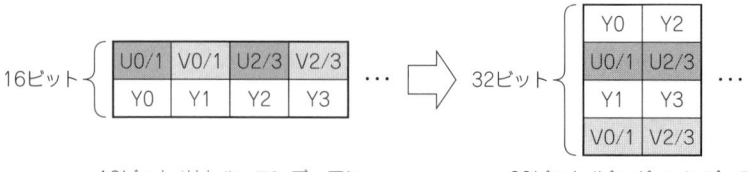

図6.25　YUVデータ並び替え
16ビットのリトル・エンディアンのYUVデータを32ビットのビッグ・エンディアンへ並び替えた様子．

ス幅変更です．FPGA 内のほとんどの回路がリトル・エンディアンでデータを取り扱うのに対し，SG-DMA はビッグ・エンディアンでデータを取り扱います．エンディアンを変換するために，本ブロックでデータを並び替えることにより，SG-DMA が SDRAM にデータを転送完了した時点でリトル・エンディアンとなります．また，CPU や SDRAM コントローラが接続されている Avalon-MM は 32 ビット幅なので，16 ビットの YUV422 データを 32 ビット幅に変更しています（図 6.25）．

三つ目の機能は，フレーム間引き機能です．DDR2 SDRAM のトラフィック調整のためにフレーム単位で動画データを間引く機能を搭載しています．入力データをそのまま出力するか，入力 2 フレームに対して 1 フレーム出力（1/2 間引き）するか，入力 4 フレームに対して 1 フレーム出力（1/4 間引き）するか，といった形で，後段へ出力するフレーム・レートを調整することが可能になります（図 6.26）．

もし，SDRAM の読み書きの帯域が不十分だったときに，この機能を用いて SDRAM 書き込みで使用する帯域を減らすことにより，SDRAM の読み書きに必要な帯域を確保することが可能になります（図 6.27）．

入力	フレーム1	フレーム2	フレーム3	フレーム4	フレーム5	フレーム6	フレーム7
間引きなし	フレーム1	フレーム2	フレーム3	フレーム4	フレーム5	フレーム6	フレーム7
1/2間引き	フレーム1		フレーム3		フレーム5		フレーム7
1/4間引き	フレーム1				フレーム5		フレーム7

図6.26　フレーム間引き機能

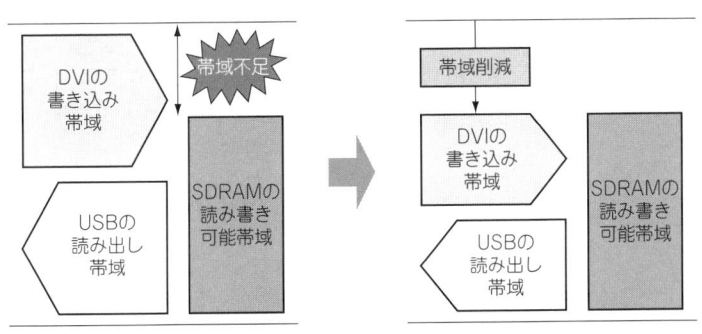

図6.27　フレーム間引きによるSDRAM書き込みの帯域削減イメージ

▶ Avalon-ST Timing Adapter

vd_rgb2yuv ブロックの出力は，Avalon-ST のパラメータの一つであるレディ・レイテンシが2になります．また，DCFIFO はレディ・レイテンシが0になります．この差を Avalon-ST Timing Adapter で吸収します．

▶ DCFIFO

vd_rgb2yuv ブロックでバス幅を32ビットに変換することにより，毎クロックごとに入力されていたデータは2クロックごとに1クロック分の有効データとなります．また，SG-DMA の先につながる DDR2 SDAM と，ここまでのビデオ入力ブロックはクロック周波数が異なります．機能的には，Timing Adapter でタイミングだけを調整すれば，SG-DMA に接続して転送することも可能ですが，SG-DMA と SDRAM の間が非同期になり，効率的に転送することができません．そこで，Avalon-ST Dual Clock FIFO（DCFIFO）を挿入することにより，SG-DMA の入力で有効データが連続になり，DDR2 のクロック同期となることにより，SG-DMA のバースト機能を最大限有効に活用し，効率的な転送をすることが可能になります（図 6.28）．

▶ SG-DMA

これまでの4ブロックは Avalon-ST で転送されますが，DDR2 SDRAM コントローラは Avalon-MM のスレーブ機能として動作するので，SG-DMA でバス変換を行います．

図 6.29 は，SOPC Builder で本 IP を接続するときのパラメータ設定画面です．設定のポイントは，以下のようになります．

Transfer options の項目は Avalon-ST から Avalon-MM に対する転送となるので，「Transfer mode」は「Stream To Memory」に設定します．転送効率を上げるため，最大16までのバースト転送を可能とするため，「Enable burst transfers」

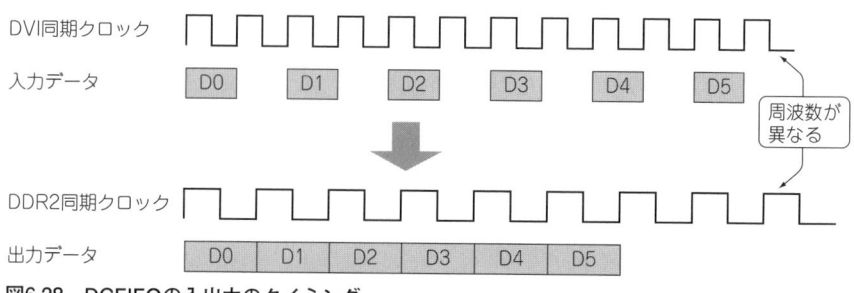

図6.28 DCFIFOの入出力のタイミング

6.2 FPGAを使ったビデオ・クラスの実装

にチェックを入れ，「Write burstcount signal width」を「4」に設定します．

Data and error width の項目は，接続する Avalon-ST，Avalon-MM のデータ幅は 32 ビットなので，「Data width」に「32」を設定します．

FIFO depth の項目は，Avalon-ST から Avalon-MM への転送なので設定不可になります．

(2) フレーム・バッファ

動画データをフレーム単位で一時的に保持するためのバッファ（フレーム・バッファ）として 256M バイト /32 ビットの DDR2 SDRAM を使用しています．この SDRAM のコントローラには，Altera 社の IP（DDR2 SDRAM Controller with ALTMEMPHY）を使用しています．ここでは，この IP の設定について，その設定を選択した理由を交えて解説します．

なお，FPGA が対応する外部メモリの種類や最大クロック・レートは，FPGA のデバイス・ファミリ，標準 I/O 規格，スピード・グレードなどによって変わるので，どのメモリをサポートしているかについては，使用する FPGA の仕様

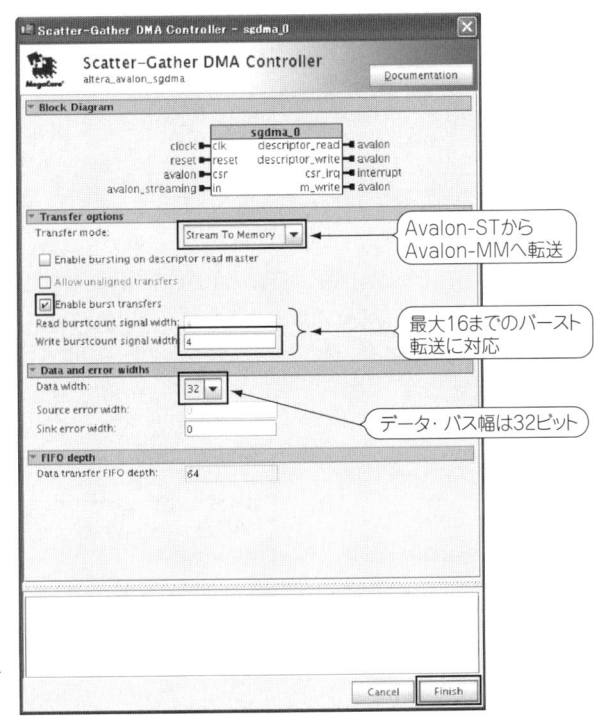

図6.29
SOPC BuilderでSG-DMAを接続するパラメータ設定

コラム 6.C　回路化に有利な RGB → YUV 変換計算式

RGBからYUVへの変換は，以下のような一般式で求めることができます．

Y ＝ 0.299R ＋ 0.587G ＋ 0.114B
U ＝ － 0.169R － 0.331G ＋ 0.500B
V ＝ 0.500R － 0.419G － 0.081B

この式のR，G，Bにかける係数を，分母が512の分数の近似値に置き換えることにより，以下のような回路に適した式に変形できます．

Y ＝ (153R ＋ 301G ＋ 58B) / 512
U ＝ (－ 87R － 169G ＋ 256B) / 512
V ＝ (256R － 215G － 41B) / 512

ちなみに，この式の係数を元の小数の形に戻すと，最初の一般式とほぼ同じ(±0.001)値になっていることが分かります．

今回は置き換える際の分母を512にしましたが，さらに誤差を小さくする必要がある場合は，分母の値を大きく設定します．逆に，もっと誤差があっても問題ないが回路を小さくしたいということであれば，分母の値を小さく設定します．つまり，回路規模と精度のトレードオフにより，分母のサイズを決定します．

ここで，先ほどの小数から分数への置き換えで分母を512という数字にした理由について説明します．演算式を回路にするとき，乗除算を使うと回路が大きくなります．しかし，分母を2のべき乗にすることが可能であれば，大きな回路を使用せずに，単純なビット・シフトのみで乗除算を実現できます．例えば，図6.Gは88を4で割っています．4は2の2乗なので，単純に2ビット・シフトし，下位2ビットを切り捨てることにより，答えを導き出せます．

ただし，切り捨てられたビットの中に"1"が含まれていた場合には，切り捨てにより，計算結果に誤差が生じてしまうことを十分理解しておく必要があります．

上記で求めたYUVデータのうち，UとVの取り得る範囲は－128～127になり

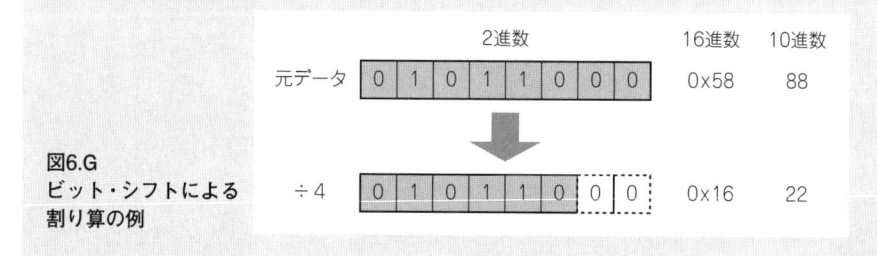

図6.G　ビット・シフトによる割り算の例

ます．回路上ではこれを 0 ～ 255 で表すために 128 を加算します．実は，この加算も簡単な回路で実現できます．それは，最上位ビットを反転するだけです（**図6.H**）．

これまで書いてきた演算を Verilog で実現すると，**図6.I** のような記述になります．前述したとおり，回路によって演算の誤差が発生するので，この誤差が許容範囲内かどうかについては，十分検証する必要があります．

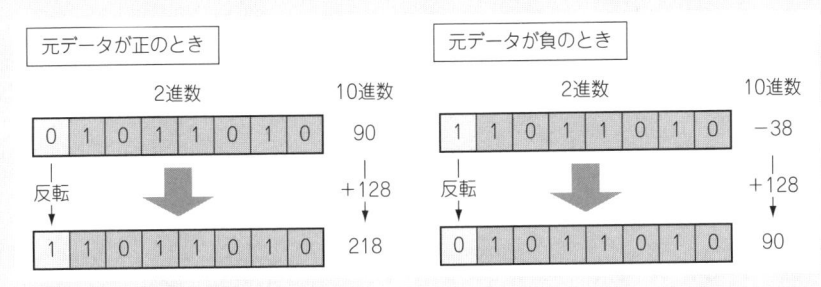

図6.H 最上位ビット反転による加算

```
//Yを求めるための乗算
assign y_r[16:0] = r_dat[7:0] * 153;
assign y_g[16:0] = g_dat[7:0] * 301;
assign y_b[16:0] = b_dat[7:0] * 58;

//Uを求めるための乗算
assign u_r[16:0] = r_dat[7:0] * 87;
assign u_g[16:0] = g_dat[7:0] * 169;
assign u_b[16:0] = b_dat[7:0] * 256;

//Vを求めるための乗算
assign v_r[16:0] = r_dat[7:0] * 256;
assign v_g[16:0] = g_dat[7:0] * 215;
assign v_b[16:0] = b_dat[7:0] * 41;

//それぞれの加減算
assign pre_y_dat[16:0] = yr[16:0] + yg[16:0] + yb[16:0];
assign pre_u_dat[16:0] = ub[16:0] - ug[16:0] - ur[16:0];
assign pre_v_dat[16:0] = vr[16:0] - vg[16:0] - vb[16:0];

//それぞれのビット・シフトによる除算とU,Vへの128加算
assign y_dat[7:0] = pre_y_dat [16:9];
assign u_dat[7:0] = { ~pre_u_dat[16], pre_u_dat[15:9] };
assign v_dat[7:0] = { ~pre_v_dat[16], pre_v_dat[15:9] };
```

図6.I RGB→YUV変換のVerilogHDL記述

第6章 ハードウェア設計

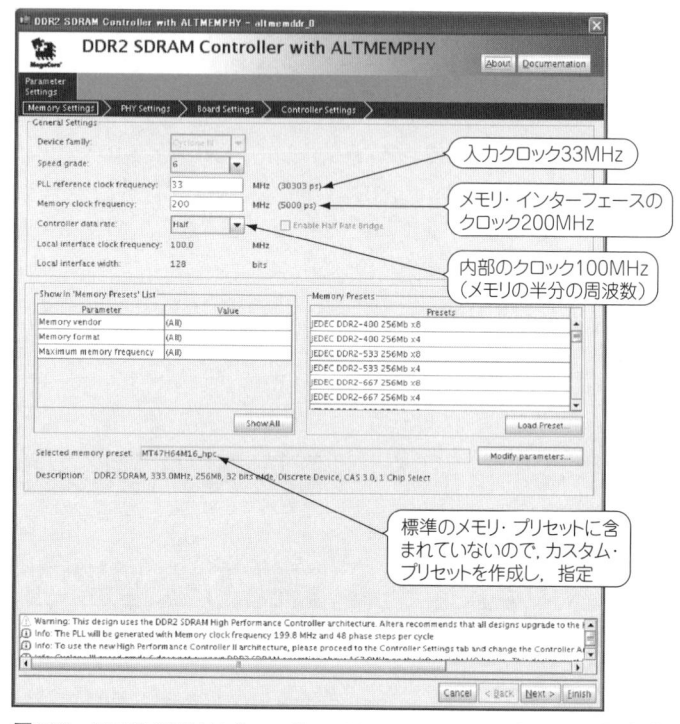

図6.30 DDR2 SDRAM Controller with ALTMEMPHYパラメータ設定 ①

を確認する必要があります．

図6.30～図6.33は，SOPC Builderにより本IPを接続するときのパラメータ設定画面です．

まず，使用するクロックの設定を行います〔Memory Setting（図6.30上部）〕．本事例では，入力クロック33MHz，SDRAMインターフェースのクロック200MHz，内部のクロック周波数を100MHzに設定しています．

「PLL reference clock frequency」→「33」MHz
「Memory clock frequency」→「200」MHz
「Controller data rate」→「Half」

これにより，ボードで用意されている33MHzの入力クロックを使用し，CycloneⅢの最大クロック・レートである200MHzでメモリ・インターフェースすることが可能になります．

次に，接続するメモリの設定を行います（図6.30下部）．本事例で使用する

238

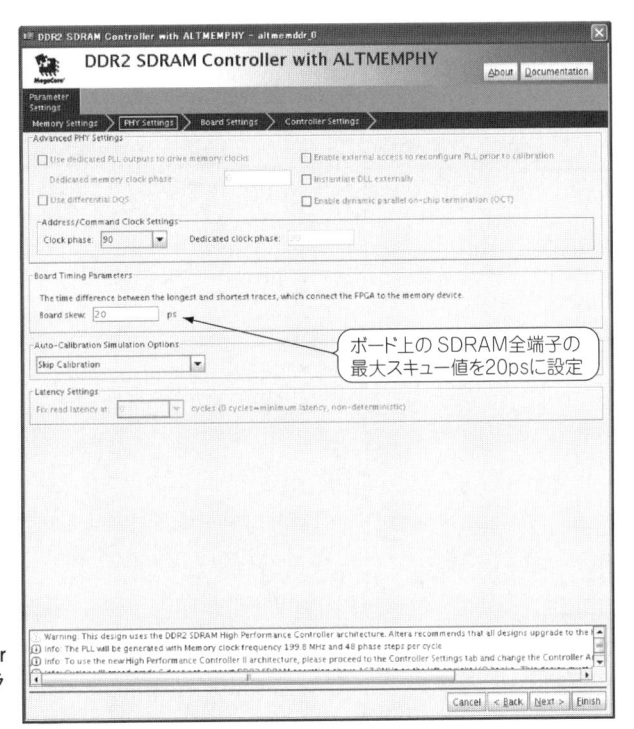

6.2 FPGAを使ったビデオ・クラスの実装

図6.31
DDR2 SDRAM Controller with ALTMEMPHYパラメータ設定 ②

SDRAMは標準で用意されているメモリ・プリセットには含まれていないので，カスタム・メモリ・プリセットを作成しています．

図6.31はPHY Settingsのパネルで，ここではBoard Timing Parameterにボード上のSDRAMの全端子の最大スキュー値を設定します．

図6.32はBoard Settingのパネルで，Cyclone Ⅲでは本パネルの設定は必要ありません．

図6.33はController Settingsのパネルです．まず，「Controller Architecture」で，使用するコントローラ・アーキテクチャを選択します．この選択により，設定可能なパラメータが変化し，選択不可能なパラメータはグレイアウトされます．また，ここで選択する「Controller Architecture」によって，カスタム・メモリ・プリセットへの影響がある可能性もあるので，下部に表示されているWarning/Errorメッセージにより，使用方法に問題がないかどうか確認する必要があります．

(3) USB 3.0 コントローラ

USB 3.0 コントローラは，フレーム・バッファの動画データをUSB 3.0トラン

239

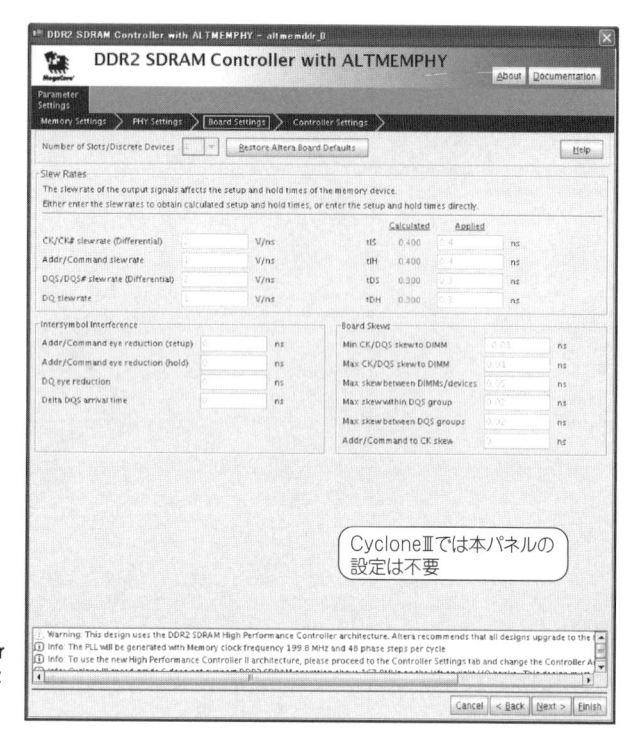

図6.32
DDR2 SDRAM Controller with ALTMEMPHYパラメータ設定 ③

　シーバに送信する機能を担います．USB 3.0 コントローラの内部ブロックは，USB 3.0 コアと DMA コア，そして Avalon-MM ブリッジからなります．USB 3.0 コアと DMA コアにはインベンチュア製の Z-core USB 3.0 を用います．これには USB 3.0 の MAC が含まれており，データを格納するための TxFIFO，RxFIFO，リトライ・バッファがつながります．Avalon-MM ブリッジは，Altera 社製の FPGA に Z-core USB 3.0 を搭載する際に，DMA コアの OCP（Open Core Protocol）バスを，FPGA 内部バスの Avalon バスに接続するブリッジの役割を果たしています．
　USB 3.0 コントローラの構成図を，**図6.34** に示します．
　Z-core USB 3.0 は USB 3.0 コアと DMA コアで構成されますが，USB 3.0 コアのみの Z-core 構成を選択することも可能です．USB 3.0 コアのみの場合，USB パケット単位の制御となり，データ転送の実装の自由度は上がりますが，DMA コアは小さな USB パケット単位の制御を吸収して，大きなデータ単位での制御を可能にしてくれるメリットがあります．ここでは，Z-core USB 3.0 は USB 3.0

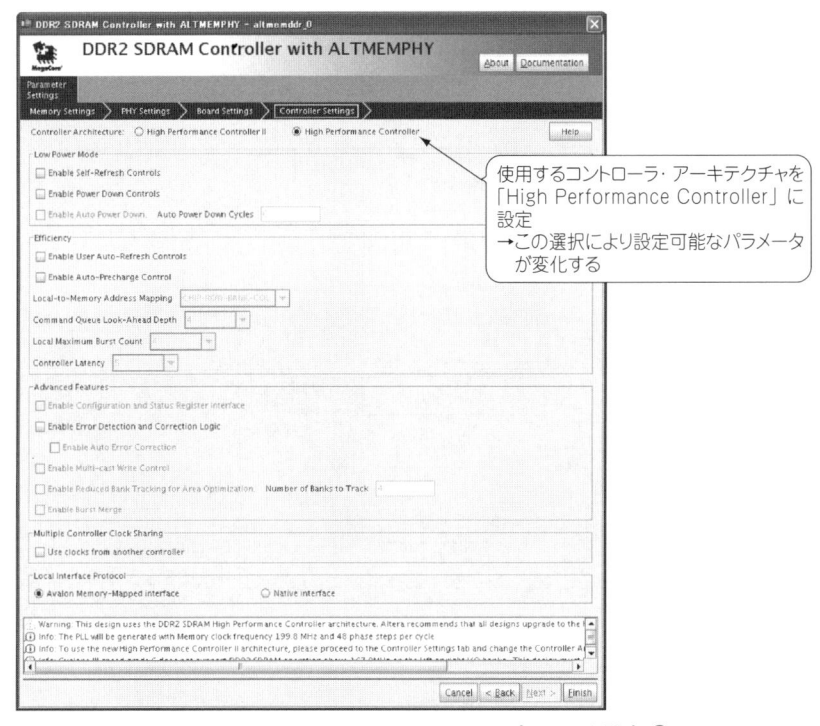

図6.33　DDR2 SDRAM Controller with ALTMEMPHYパラメータ設定 ④

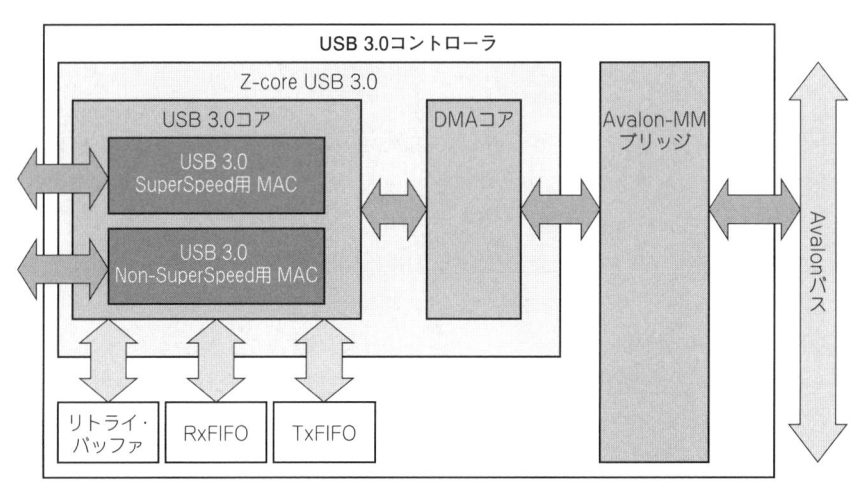

図6.34　USB 3.0コントローラ構成図

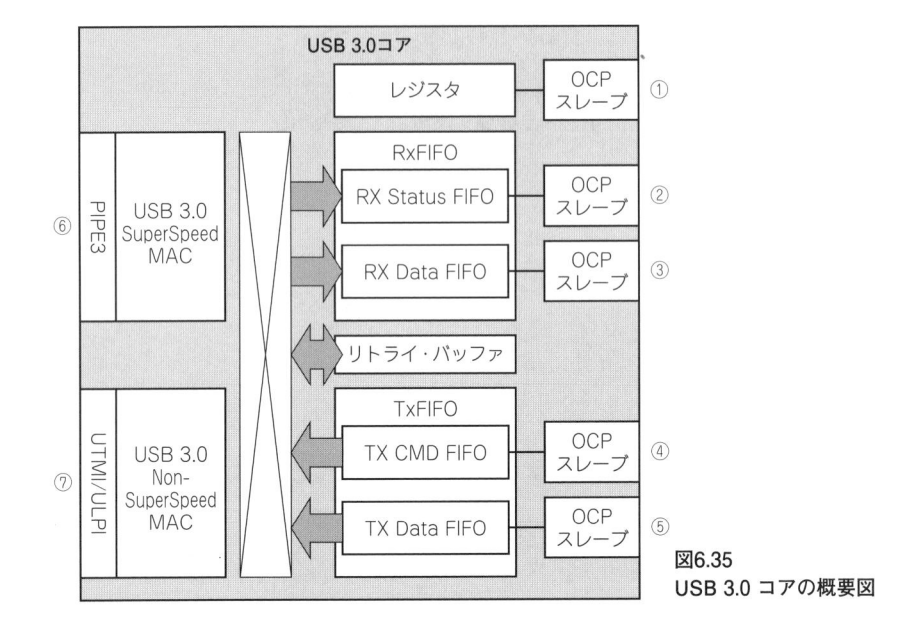

第6章 ハードウェア設計

図6.35
USB 3.0 コアの概要図

コア + DMA コアの構成を選択しました．

次に，それぞれの構成要素の詳細を説明していきます．

▶ USB 3.0 コア

USB 3.0 コアは内部に USB 3.0 SuperSpeed MAC と USB 3.0 Non-Super Speed MAC を内蔵し，それぞれ USB 3.0 仕様，USB 2.0 仕様に準拠した LINK レイヤと PROTOCOL レイヤの機能を提供します．また，DMA コアに USB 3.0 コアを制御するレジスタへのインターフェースと，USB ホストとデータを送受信するための RxFIFO，および TxFIFO へのインターフェースを提供します．

USB 3.0 コアの概要を図 6.35 に示します．

なお，図 6.35 では RxFIFO，TxFIFO，リトライ・バッファは USB 3.0 コア内に置いた図となっていますが，実際は USB 3.0 コアの外部に置きます．次に，図 6.35 にある①～⑦の各インターフェースの説明を表 6.2 に示します．

【USB データ受信動作】

USB 3.0 コアが USB ホストからデータを受信して DMA コアに転送するときは，図 6.36 のインターフェースの②／③を用います．USB データ・パケットを正常に受信すると，RX Status FIFO に受信パケットのレングス／エンドポイント情報が MAC によって書き込まれます．DMA コアは書き込まれたステータス

6.2 FPGAを使ったビデオ・クラスの実装

表6.2 USB 3.0 コアのインターフェース説明

番号	インターフェース名	説　明
①	CPUインターフェース	シングル・アクセスのみ対応のOCPスレーブ・インターフェース．USB 3.0 コアの内部レジスタへの読み書きアクセスを提供する．
②	RX Status FIFO インターフェース	シングル・アクセスのみ対応のOCPスレーブ・インターフェース．RX FIFOに格納されている受信したData Packet Payload(DPP)のステータス(32ビット)が格納されたFIFOへの読み出しアクセスを提供する．
③	Rx FIFO インターフェース	バースト・アクセスが可能なOCPスレーブ・インターフェース．受信したDPPが格納されたFIFOへの読み出しアクセスを提供する．
④	TX CMD FIFO インターフェース	シングル・アクセスのみ対応のOCPスレーブ・インターフェース．Tx FIFOに格納される送信DPPのコマンド(32ビット)を格納するFIFOへの書き込みアクセスを提供する．
⑤	Tx FIFO インターフェース	バースト・アクセスが可能なOCPスレーブ・インターフェース．送信するDPPを格納するFIFOへの書き込みアクセスを提供する．
⑥	PIPE3 インターフェース	SuperSpeed USB 転送を行うPHYとのインターフェース．
⑦	UTMI/ULPI インターフェース	USB 2.0 用の転送を行うPHYとのインターフェース．

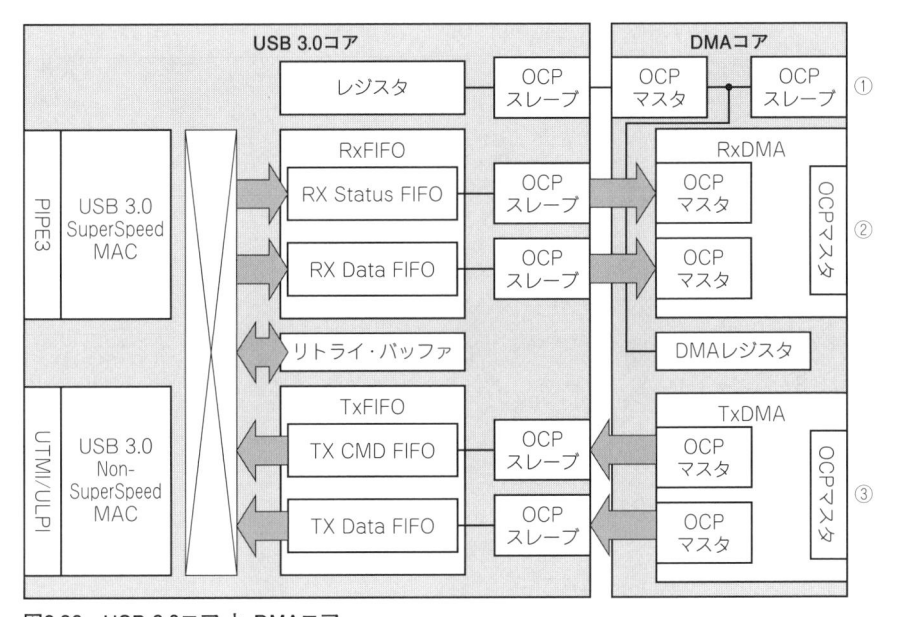

図6.36　USB 3.0コア と DMAコア

情報を読み出すことで，RX Data FIFO にデータがあることを認識し，RX Data FIFO インターフェース経由でデータを引き取ることにより受信動作になります．エンドポイント 0 用の FIFO とそのインターフェースは，ほかのエンドポイントと別にデフォルトで用意されています．これは，エンドポイント 0 の受信を優先的に処理できるようにするためです．

【USB データ送信動作】

USB 3.0 コアが DMA コアから USB ホストへデータを送信するときは，図 6.35 のインターフェースの④/⑤を用います．まず，DMA コアは TX Data FIFO に送信データを書き込みます．その後，TX CMD FIFO に送信パケットのレングス/エンドポイント情報をセットすることで，MAC に送信 Data Packet Paylord(DPP) があることを伝えます．MAC が USB に FIFO に格納された DPP を送ることで送信動作完了となります．リトライ・バッファは，送信に失敗したときのための再送用パケットを格納しておくのに使用します．

▶ DMA コア

DMA コアは，USB 3.0 コアのアプリケーション側インターフェースと接続します．DMA コアは RX DMA と TX DMA に分かれ，それぞれコア外部のメモリと送受信データの高速転送を可能にします．各インターフェースの説明を表 6.3 に示します．

【RxDMA の働き】

USB ホストからデータ・パケットを受信すると，MAC は DPP を RX Data FIFO に格納し，その情報を RX Status FIFO に入れます．RxDMA は RX Status FIFO インターフェースを介して RX Status を読み出し，その情報を元に RX Data FIFO から受信 DPP を読み出し，USB 3.0 コントローラ外部にある DDR2 SDRAM などのエンドポイント・メモリにマスタ書き込み転送を行います．

図 6.37 に，RxDMA のデータの流れを示します．図に示すように RxDMA は

表 6.3 DMA コアのインターフェース説明

番号	インターフェース名	説　明
①	CPU インターフェース	シングル・アクセスのみ対応の OCP スレーブ・インターフェース．USB 3.0 コア，または DMA コアの内部レジスタへの読み書きアクセスを提供する．
②	Rx DMA インターフェース	バースト・アクセスが可能な OCP マスタ・インターフェース．受信データの書き込みアクセスを実行する．
③	Tx DMA インターフェース	バースト・アクセスが可能な OCP マスタ・インターフェース．送信データの読み出しアクセスを実行する．

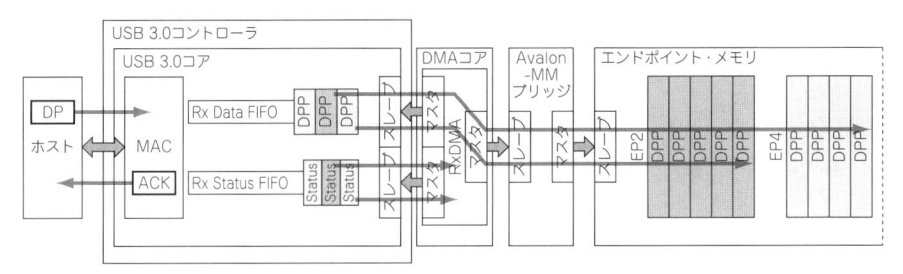

図6.37 受信データの流れ

RX Data FIFO から読み出したデータを，あらかじめ設定されたエンドポイント・メモリの開始アドレスから書き込んでいきます．また，RxDMA は複数のエンドポイントの DMA を同時に起動できるようになっています．RxDMA が終了するのは，以下の条件を満たしたときになります．

(1) あらかじめレジスタに設定された転送サイズ(最大 4G バイト)の転送が完了
(2) ホストから Max Packet Size に満たない DPP の Short Packet を受信して転送が完了
(3) DMA イネーブル・レジスタに '0' を書き込んで，DMA を強制的に終了

この終了条件の(1)，(2)にあるように，CPU が一度 DMA を起動した後は RxDMA がパケット単位の転送を吸収してエンドポイント・メモリに一連の DPP を自動的に格納します．この結果，CPU はパケット単位の処理を行う必要がなくなり，USB データ転送に関する処理が軽くなります．

【TxDMA の働き】

デバイスがデータをホストに送信するとき，まずエンドポイント・メモリに送信するデータを格納します．TxDMA はエンドポイント・メモリからマスタ転送を使用してデータを読み出し，USB 3.0 コアの TX Data FIFO に DPP を，そして格納した DPP 情報を TX CMD FIFO に書き込みます．TxCMD FIFO に格納された情報を元に，MAC は TX Data FIFO の DPP をホストに送信します．

図 6.38 に TxDMA のデータの流れを示します．図に示すように，TxDMA はエンドポイント・メモリからデータを読み出して FIFO に格納していきます．FIFO は複数のリージョンに分割することが可能になっており，それによってホストからの複数エンドポイントへのアクセスに対応します．各エンドポイントのデータはエンドポイント・メモリ内に分かれて格納されており，TxDMA は複

第6章 ハードウェア設計

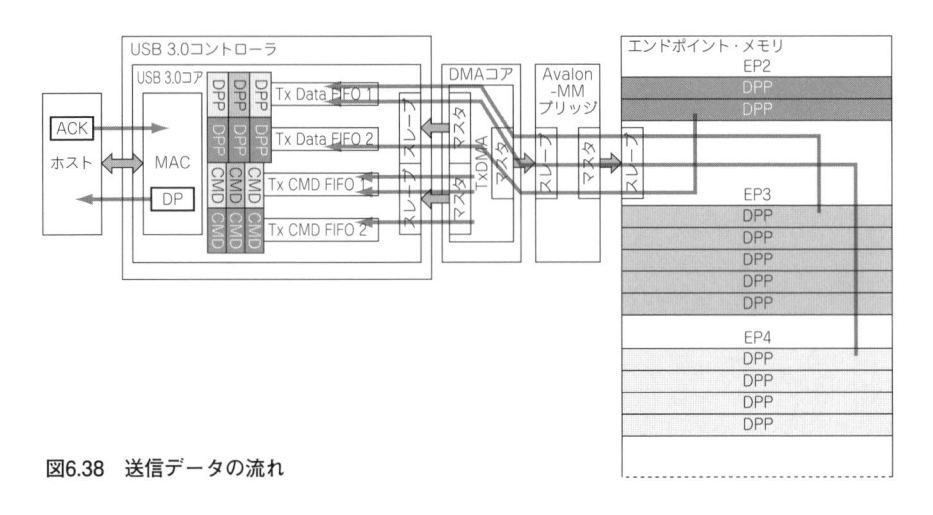

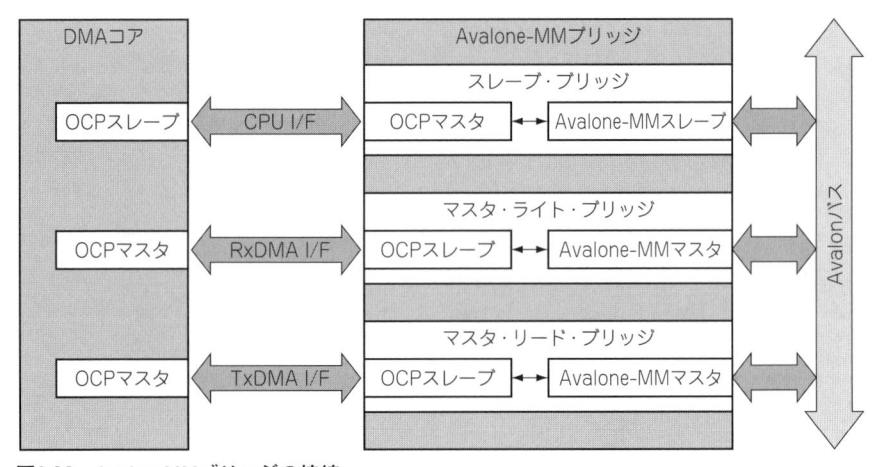

図6.38 送信データの流れ

図6.39 Avalon-MMブリッジの接続

数のエンドポイントの DMA を同時に起動できるようになっています．TxDMA が終了するのは以下の条件を満たしたときになります．

 (1) あらかじめレジスタに設定された転送サイズ(最大 4G バイト)の転送が完了

 (2) DMA イネーブル・レジスタに '0' を書き込んで，DMA を強制的に終了

 この終了条件の(1)にあるように，CPU が一度 DMA を起動した後は TxDMA がパケット単位の転送を吸収してエンドポイント・メモリの一連の DPP を自動

的に読み出します．この結果，Out 転送と同様に CPU はパケット単位の処理を
行う必要がなくなり，USB データ転送に関する処理が軽くなります．
▶ Avalon-MM ブリッジ

Avalon-MM ブリッジは，図 6.39 の示すように大きく三つの機能からなります．
スレーブ・ブリッジは，Avalon-MM スレーブから OCP マスタへの変換をします．
バス幅は 32 ビットで，Avalon-MM スレーブはシングル転送のみをサポートし
ます．DMA コアの CPU インターフェースに接続します．マスタ・ライト・ブリッ
ジは，OCP スレーブから Avalon-MM マスタへの変換をします．バス幅は 32 ビッ
トで，Avalon-MM マスタはバースト・ライト転送を実行します．DMA コアの
RxDMA インターフェースに接続します．マスタ・リード・ブリッジは，OCP
スレーブから Avalon-MM マスタへの変換をします．バス幅は 32 ビットで，
Avalon-MM マスタはバースト・リード転送を実行します．DMA コアの TxDMA
インターフェースに接続します．

Avalon-MM は，OCP と Avalon 間のプロトコル変換の役割を果たしています．
プロトコル変換のためにブリッジで一度データをレジスタに保持しているため，
1 クロック分のレイテンシが発生します．しかし，この Avalon-MM ブリッジを
使用することにより，Z-core USB 3.0 を容易に SOPC Builder 上で Avalon バス
に接続することが可能になっています．

6.3 高速伝送を実現するためのデータ・バス設計

　USB 3.0 の高速伝送を実現するデバイス・ハードウェアを設計するには，達成
すべき性能に対して，さまざまな検討を行う必要があります．特に，各機能の個々
の性能を見積もり，それらの性能を十分に引き出すデータ・バスの設計を行うこ
とは，デバイス・ハードウェアの価値を左右する大切な作業といえます．そこで
次に，ビデオ動画伝送システムの FPGA のユーザ・ロジックの実装において，
どのように性能を見積もり，データ・バスを設計していけばよいかについて説明
します．

● 性能見積もり

　システムを構築する際，最初の性能見積もりで失敗すると大きな後戻りになる
可能性があります．
　まず，メインのデータ・フローを考え，性能見積もりの対象となるバスを洗い

第6章 ハードウェア設計

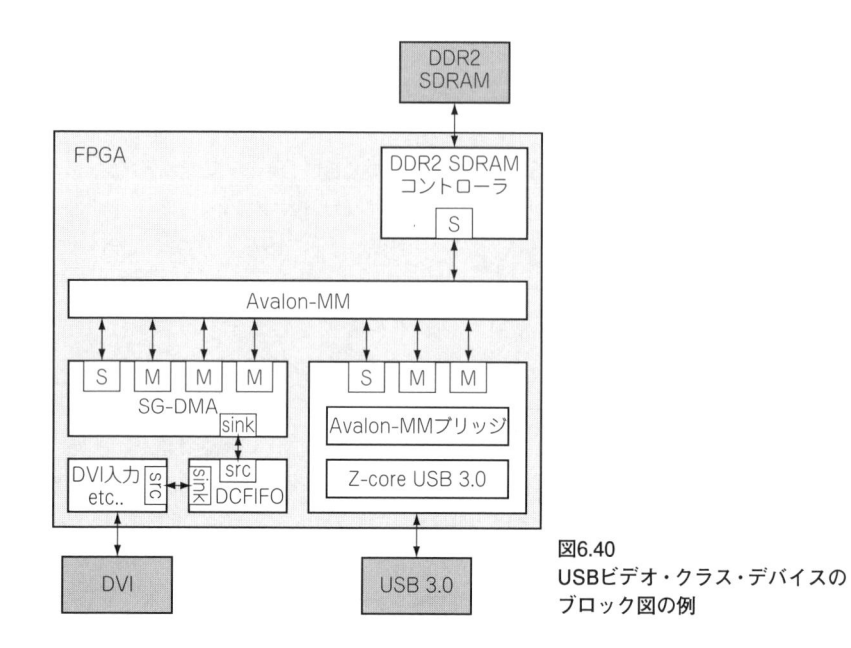

図6.40
USBビデオ・クラス・デバイスの
ブロック図の例

出します．図6.40は，データ・フローに関係あるブロックを抜き出したものです．外部インターフェースとしては，DVIインターフェースとDDR2 SDRAMインターフェース，USB 3.0インターフェース，また，内部インターフェースとしては，Avalon-STとAvalon-MMがあります．

この中で，システムの性能ターゲットで最初に転送量が決まるインターフェースは，DVIインターフェースとUSB 3.0インターフェースです．

DVIインターフェースは，ターゲットとする解像度，プログレッシブ or インターレース，フレーム・レートなどのパラメータにより，転送量が一意に決まります．本章の事例では，1080pで，フレーム・レートは入力60fpsに対して，30fpsをターゲットとしました．

この前提条件では，SDRAMへの書き込みに，

1920（横）× 1080（縦）× 30（fps）× 2（バイト/画素）
＝約124.5M［バイト/秒］

の帯域が必要になります．

USB 3.0インターフェースは，SDRAMから読み出してUSB 3.0へ転送するデータはDVIインターフェースからSDRAMに書き込んだデータであり，DVIと同じスピードで読み出す必要があるので，USB 3.0の転送に必要な帯域もDVIと

同じになります．ただし，これはデータ・ペイロードのみしか考慮されていません．実際には，パケット・ヘッダなどのオーバーヘッドも考慮する必要があります．

ここまでで，DVIインターフェースとUSB 3.0インターフェースのデータ転送の平均的な転送量が分かりました．ここからは，これらのフレーム・バッファとして使用しているSDRAMの読み書きにはどれくらいの帯域が必要になるのかについて解説します．

当然，SDRAMへのアクセスはDVIとUSB 3.0の両方から同時に発生するので，SDRAMには少なくとも，先ほど求めたDVIインターフェースとUSB 3.0インターフェースで必要な転送量の合計である，約249Mバイト／秒は必要です．しかし，これだけではまだ十分とはいえません．さらに，以下のような要因を考慮する必要があります．

- DVIは一方的にデータが入力されるので，SDRAMへの書き込みが間に合わなかったときはデータが消えてしまう．
- SDRAMのリフレッシュなどにより，読み書きが不可能な期間が存在する．

特に，DVIはデータを一時停止するしくみがないので，瞬間的な最大伝送量を考慮する必要があります．今回の事例で入力しているビデオ・カメラは60fpsで出力しているので，148.5MHzで3バイト／クロックのデータが入力されます．これがRGBからYUB422への色空間の変換でデータ量が2/3に減少するので，SDRAMへの書き込みでは，瞬間的には297Mバイト／秒で書き込みが発生します．

一方，SDRAMコントローラはAvalon-MMのスレーブ・ポートを1ポート搭載しています．このポートをDVIビデオ入力からの書き込みとUSB 3.0出力への読み出し動作の間で調停して転送を行っているので，SDRAMの読み書きの転送レートはこのバスの帯域で決まります．ここのバスはSDRAMコントローラのメモリ・クロックの半分の100MHzで動作し，データ幅が32ビット（4バイト）になっているので，バスの帯域は400Mバイト／秒となります．

● データ・バスの設計方法

データ・バスを設計する際は，外部インターフェースの転送で必要な転送レートから，その間を接続するバスがその転送レートに十分耐えうる帯域を持つことができるように検討する必要があります．

まず，上記で求めた帯域や転送量を図6.41に示すブロック図の各インター

第 6 章 ハードウェア設計

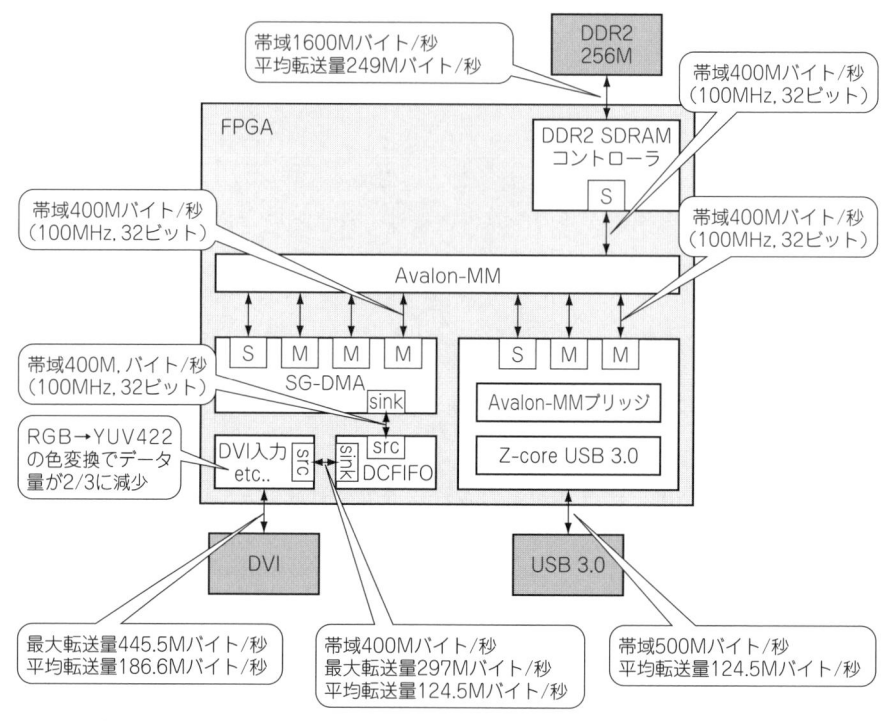

図6.41 各インターフェースの転送レート

フェースに書き込み，全体を通して転送するデータに対して各インターフェースの帯域は足りているか，どこがクリティカル・パスになるかを把握します．

　また，クリティカル・パスのほかにも考慮すべきポイントがあります．本章の事例では，DVI 入力で必要な転送レートは，DVI インターフェースで最大 445.5M バイト / 秒，平均 373.2M バイト / 秒で入力され，途中の vd_rgb2yuv ブロックで RGB から YUV422 に変換し，30fps に間引くことによりデータ量が 1/3 になるので，最大 297M バイト / 秒，平均 124.5M バイト / 秒になります．

　これを DDR2 SDRAM コントローラが接続されている Avalon-MM のスレーブ・ポートに書き込む必要がありますが，この Avalon-MM が 32 ビット，100MHz の 400M バイト / 秒の転送レートとなり，これを同じデータ量を転送する USB 3.0 コントローラとシェアしなければならないので，最大でも半分の 400M バイト / 秒から 124.5M バイト / 秒を引いた 275.5M バイト / 秒の帯域でデータ転送ができる必要があります．しかし，DVI 側から瞬間的に最大 297M バイ

250

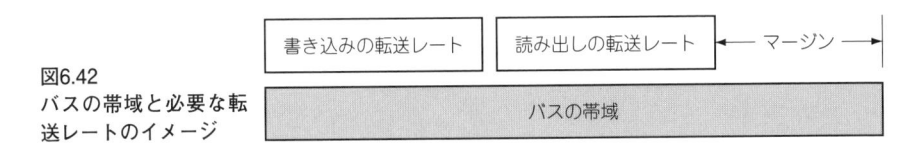

図6.42
バスの帯域と必要な転送レートのイメージ

　ト/秒で書き込みが発生するので，SDRAM の Avalon-MM スレーブ・ポートがネックとなり，転送が間に合わなくなる可能性があります．それを避けるためには，最大転送レートを下げるか，バスの帯域を上げる必要があります．

　本章の構成例では，最大転送レートを下げるために1ライン(1,920画素×2バイト)分の容量を持った DCFIFO を挿入しています．1080p のフォーマットはライン方向のブランキング期間が280クロックあるので，もともとは1,920クロックで1,920画素分のデータを転送する必要がありましたが，1ライン分の FIFO を挿入したことにより，2,200クロックの間に1,920画素分のデータを転送すればよいことになり，転送レートが元の1,920/2,200倍の約259M バイト/秒に緩和され，275.5M バイトの範囲内に収めることが可能になります．また，DCFIFO で非同期クロック間の吸収も行えるので，非同期パスによる転送効率の劣化も抑えることが可能になります．

　このようにして，データ・バスを設計する際は，各インターフェースの帯域が，そのインターフェースを流れるデータの平均の転送レート，および最大の転送レートに対して十分確保されているかを確認し，入らない場合はその対策を講じる必要があります．

　以上，1080p/30fps/YUV422 の組み合わせの転送レートを元に，USB ビデオ・クラス・デバイスを例に挙げて説明しましたが，USB 3.0 は 500M バイト/秒の帯域があり，ハンドシェークなどのオーバーヘッドを考慮しても，1080p/60fps/YUV422 のような，さらに転送量が増えるフォーマットにも十分対応が可能です．そのような場合には，入力インターフェースを流れるデータの転送レートは倍になり，それに伴い，データ・バスや SDRAM に必要な帯域も大きくなるので，これまで述べてきたように，各インターフェースの転送量と必要な帯域を見極め，十分かつ適当なマージンを持ったデータ・バスを設計する必要があります(図6.42)．

ふくしま・けんご，なかむら・ひでつぐ，ひらまつ・もとひろ
NEC エンジニアリング(株)

第7章 プリント基板の設計

志田 晟

7.1 SuperSpeed 信号の特徴

　USB 3.0 の高速信号 SuperSpeed〔伝送レート 5Gbps（Giga bit per second）〕は，2本の線をペアにしたディジタル差動信号で伝送されます．すなわち，一方の線には "H" レベルを，他方の線には "L" レベルを送ります（**図7.1**）．受信側デバイスは，この2本の線をそれぞれ 50 Ω の抵抗で受け，抵抗に発生した電圧をアナログ的に検出し，差分が 0V よりも大きいか小さいかにより '1' か '0' かを判別します．**図7.1** で分かるように送信側，受信側ともに参照電位と線路間に 50 Ω の抵抗が入っているという特徴があります（高速信号の伝わり方は**コラム7.A** を参照）．

　SuperSpeed は，**図7.2** のように繰り返し信号の半周期で1ビットを伝送します．信号伝送レートが 5Gbps（SuperSpeed）の場合，その周波数は 2.5GHz が基本になります．SuperSpeed は，PCI Express の Gen2 と同じ 5Gbps の伝送レートを採用しており，速度だけでなく差動信号自体を伝送する部分は回路方式も PCI Express と同じものです．SuperSpeed の信号伝送パターンは，PCI Express の

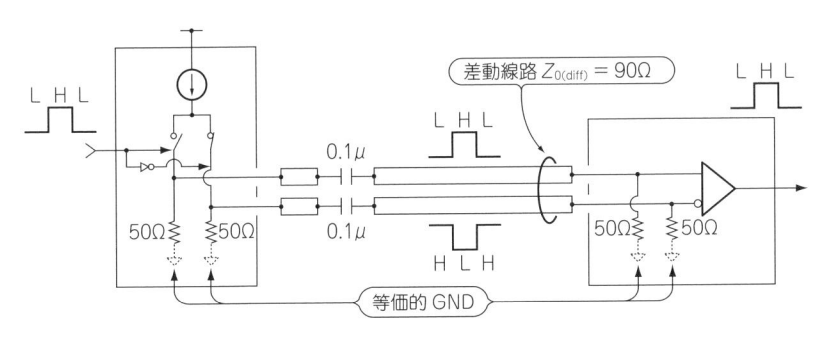

図7.1　USB 3.0 SuperSpeed のディジタル差動伝送
50 Ω 抵抗につながる GND 記号部分は，デバイス内では DC 的には参照電位だが，高速信号では等価的に GND 電位になっていることを示している．

第7章 プリント基板の設計

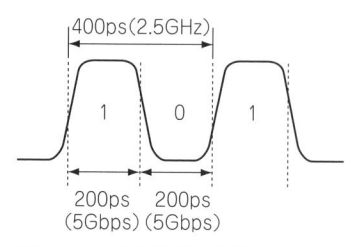

図7.2 bpsと周波数の関係
Hzは繰り返し周期，データ転送はその半周期で1ビットを送る．

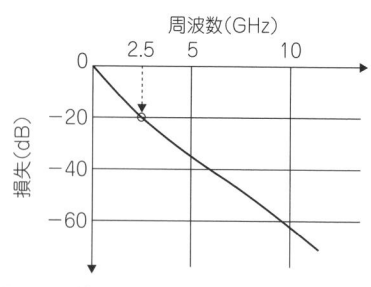

図7.3 線路ロスの周波数特性

5Gbps信号の場合と同じように設計すればよいといえます[20],[22]．

USBがPCI Expressと大きく異なる点は，USBでは基本的にケーブルを使って信号を伝送することです．規格上，2.5GHzにおけるケーブルの損失は最大7.5dB（ケーブル長では約3m），基板部分での損失は最大約11.5dBで，合計約19dBとなります（**図7.3**）[2]．20dBの損失では信号電圧は1/10となるので，デバイスの受信部では送信出力の約1/10になった信号を正しく受信する必要があります．5GbpsのPCI Expressの場合の減衰は最大でも約1/4までなので，SuperSpeedの方がより小さい信号になります．

この対策として，SuperSpeedでは受信側で高周波域を増幅する補正を行う場合があります（**図7.4**）[2]．この場合，受信部に近い線路で受けた2〜4GHz付近のノイズ成分は強調されます．この影響もあり，受信部に近い信号線路では，PCI Expressのパターン設計と比べて送信（Tx）側から受信（Rx）側の線路への干渉を起こりにくくする必要があります．また，USB 3.0デバイスでは480Mbps

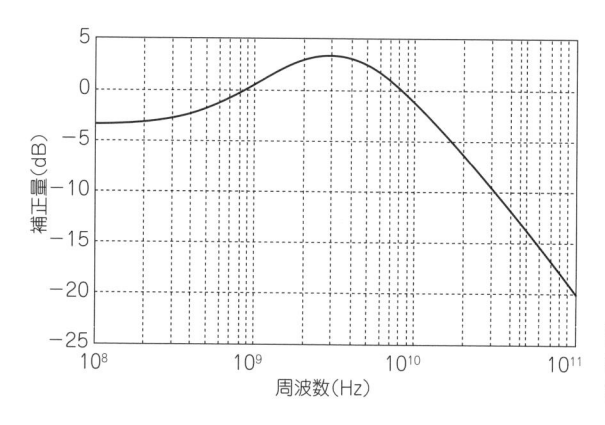

図7.4 受信側でのイコライザ（周波数補正量補正）特性

254

のHighSpeedも同時に送受信する場合があるので(ホストやハブの場合)，High Speed線路からの干渉を受信部が受けにくいように設計する必要もあります．

　ギガビット(Gbps)を越える差動信号パターンを初めて設計することを考えると，大変だと思われるかもしれません．しかし，ハード・ディスクのデータ伝送規格SATA(6Gbps)やPCI Express Gen2の5Gbpsが，4層のFR4基板のPCマザーボードなどで併用して広く使われており，技術的にはかなり一般化しているといえます．このような状況なので，USB 3.0のSuperSpeedの5Gbpsのパターン設計は，本章の説明に従って必要な対応を採りさえすれば，必ずしも難しいものではありません．

7.2　パターン設計のポイント

● 差動信号パターン
(a) 差動特性インピーダンス
　USB 3.0のSuperSpeedの信号は，送信と受信が独立したディジタル差動線路で送られます．基板表面層を走る場合の差動線路の基本的な断面形状と差動特性インピーダンス(コラム7.B参照)は，図7.5に示すようになります．図(a)は，グラウンド層とパターン間の絶縁層の厚さhが0.12mmです．パソコンのマザーボードなど実装密度の高い基板では，この厚みが標準的に使われています．

　ギガビット伝送では誘電体のロスも無視できませんが，導体線路の幅が狭い場

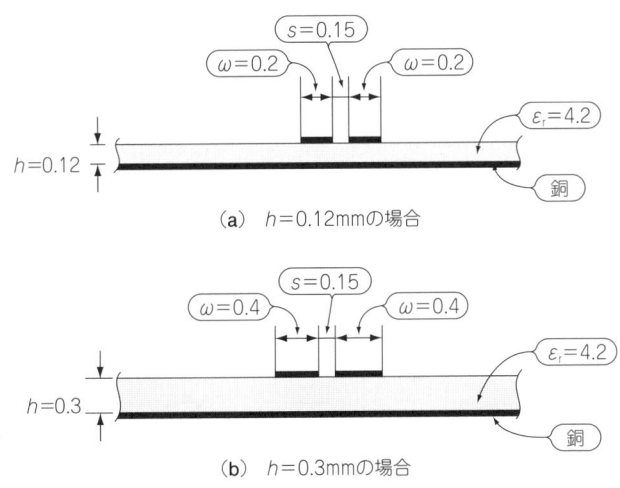

図7.5
SuperSpeedの差動信号
(90Ω)のパターン例

(a) h=0.12mmの場合

(b) h=0.3mmの場合

コラム 7.A　ギガビット信号の伝わり方

　ここでは，1Gbps から数 Gbps の範囲で伝送されるディジタル信号をギガビット信号と呼ぶことにします．一般に，基板パターンは数百 Mbps を越えると十分に注意して設計する必要がありますが，Gbps を越えてくると実際に電気信号がどのように伝わるかを把握して設計しないと信頼性のある設計が難しくなります．

　図 7.A は，2 本のペア線に単発のパルス状の電気信号を加える様子を示したものです．スイッチ S_1 を 0.2ns 程度の短い時間閉じ(ON)，すぐに開放(OFF)します．S_1 を ON したとき，電源から電荷が移動して線路が充電されます．このとき，線路のグラウンド側から電源のグラウンドに向かって一瞬だけ電流が流れます．

　その後，S_1 が OFF になると，線路は電源にはつながっていませんが，線路間に現れた電荷のペアは線路を進んでいきます．

　図 7.B は，このように狭いパルスをペア線路(導体)に印加したときの線路周囲の電界を 3 次元電磁界シミュレーションで計算したものです．マクスウェルの式に従って電気の動きを計算します．ここで，電圧は 1V を加えています．円錐が大きく，色が白いほど強い電界(磁界)を示します．

　この図では時間の経過は分かりませんが，シミュレーション結果にはパルス状の電荷ペアが電源とは独立して線路を勝手に進んでいく図 7.A と同様の姿が示されます．図 7.B で，線路表面が少し薄くなっている部分がパルスの通っている部分です．線路間にパルス状に電界が現れていることが分かります．このシミュレーションで

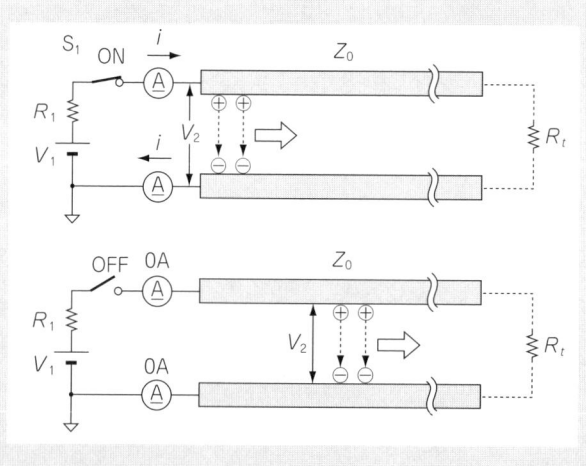

図7.A
ペア線路にパルス電圧を印加したとき

は，導体線路以外は真空としています．線路を進む電荷ペアの速度を計算してみると光速になっています．この電荷ペアが光速で伝わる電気信号です．

　電子は質量があり，1V 程度の電圧ではとても光速レベルに加速することはできません．したがって，金属表面に現れる電荷や電流は，電子が線路に沿って移動しているものではありません．実際，自由電子が銅線などの中を進む場合は，秒速 1mm 以下と非常に遅いものです．

　それでは，光速で伝わる電気信号は何が伝わっているのでしょうか．線路の金属が銅でも鉛でも速度は同じです．一方，線路周囲の絶縁体を比誘電率や比透磁率が真空より大きな絶縁体に置き換えると，比誘電率や比透磁率のルートに比例して信号の伝達速度が遅くなります．このことから電気信号は主に絶縁体の中を進んでいることが分かります[21]．金属表面に現れて光速で移動する電荷は，表面付近での電子雲の偏りと考えられています．

　抵抗がない導体線路(実在しない仮想のものを考える)の場合，電気信号(高速に時間変化する)は導体内に入ることが一切できません．銅のように抵抗が小さい導体の場合も，高速電気信号はほとんど導体内部へ侵入できません．導体の線路は電気信号が進むガイドとして働いているといえます．導体に抵抗がなく，導体の周囲が真空であれば，信号は減衰したりなまったりせずにどこまでも伝わります．線路導体に抵抗があると信号が進む速度は変わらないものの，振幅が減衰し波形がなまってきます．

図7.B
ペア線間を進む電気信号(電界)

合は導体のロスが支配的といえます．一つの線路の幅 w が 0.2mm というのは，PC マザーボードのように基板上に高密度に線路を配線する必要がある場合を想定しています．基板面積に余裕があり FR4 層の厚さ 0.12mm にこだわる必要がない場合は，$h = 0.3$mm 程度の厚さにするとパターン幅 w は 0.4mm と約 2 倍にできます〔図 7.5 (b)〕．これにより，基板パターンによる損失は約半分にでき，チップからコネクタまで長い距離を配線する場合は有利になります（基板パターン長さはホスト側で最大 30cm，基板パターン最大合計 45cm）．

単線のパターン（マイクロストリップ線）で絶縁層 h の厚みが同じ場合，特性インピーダンスが同じとなるパターン幅 w も同じです（図 7.6，誘電体材質，パターン銅箔厚み t は同じとする）．しかし，差動パターンの場合は h が同じであってもパターン幅 w とパターン間隔 s の組み合わせは一つとは限りません．差動パターンの間隔 s が大きい場合はペア線路間の結合が弱くなり，単に独立した単線が 2 本距離を置いて並んでいる場合に線路周囲の電磁界分布は近くなり，外部からの干渉を受けやすくなる傾向があります．したがって，パターン間隔 s は基板作成上問題とならない範囲で小さくする方が有利です．つまり，基板作成上の問題とは，主にエッチングによる銅パターン幅の変化で，これが問題にならない距離として s は銅箔厚み $t = 50\mu$m の場合で 0.15mm 程度以上とするのが一般的です．

5Gbps の信号伝送では，差動パターンの特性インピーダンスを高精度に合わせても，基板上で信号伝送に影響するパラメータが多いため，おおよその値になっていればよいといえます．パターン幅が 0.1mm 程度に細くなると，エッチングの条件などでも容易に 5% くらいはパターン幅が変化します．FR4 の比誘電率も 5% くらいは容易に変化します．このようなことから SuperSpeed や PCI Express Gen2 では，パターン線路の特性インピーダンスは 90 Ω 程度の参考値として厳格な規定はされていません．規格で示された方法による実測でロスや波形ひずみなどを総合的に判定して適合していればよいということになっています．

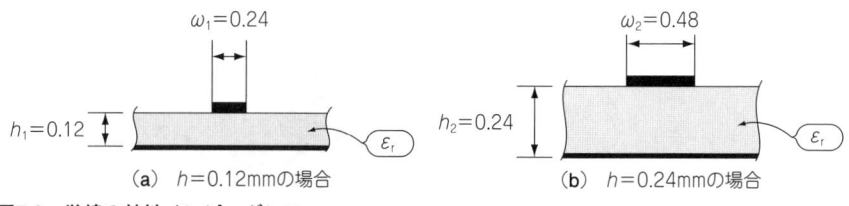

(a) $h = 0.12$mm の場合　$\omega_1 = 0.24$　$h_1 = 0.12$

(b) $h = 0.24$mm の場合　$\omega_2 = 0.48$　$h_2 = 0.24$

図 7.6　単線の特性インピーダンス

(b) 内層の構成とデバイスへの電源パターン

内層ベタ層のない両面基板では，USB 3.0 の SuperSpeed 送受信のデバイスを安定に動作させることは難しいため，4層以上の基板を使います．数百 Mbps 程度までのディジタル回路の4層基板は内層の2層をベタ層とし，そのうちの一つをグラウンド層，もう一つを電源層にすることが多いのですが，5Gbps の SuperSpeed や PCI Express Gen2 では内層の2層ともグラウンド層にすることが基本となっています(図7.7)．

電源は表面層のパターンに使っていない部分をベタとして残して配線するなどの方法をとります．表面層にベタ層として使う面積がほとんどない場合は，デバイス配置の反対側の基板面にデバイスの電源ピンと内層グラウンド間を最短でつなぐようにチップ・コンデンサ C を複数配置して，デバイスの電源ピン部分の数百 MHz から GHz の帯域で電源側インピーダンスを下げるようにします(図7.8)．内層の2層がグラウンド層の場合でも，デバイス部の電源パターン設計は重要なので，電源ピン部分へ最短でチップ・コンデンサを配置します．実際の設計に当たっては，デバイス・メーカのパターン設計情報を参考にするとよいでしょう．

内層ベタ2層の一つを電源層，もう一つをグラウンド層にすることも可能ですが，差動信号パターンが常にグラウンド層上を走るように設計します．電源層の上に差動パターンを走らせることは不可能ではありませんが，デバイス入出力部でデバイスの基準グラウンドに特性インピーダンスの乱れが少ない形で進まなくなるため，規格に適合しにくくなるリスクが増えるといえます[20]．

図7.1 から分かるように，SuperSpeed デバイスは送信，受信ともに信号線路の端が 50 Ω でグラウンドにつながっています．つまり，デバイスのグラウンド

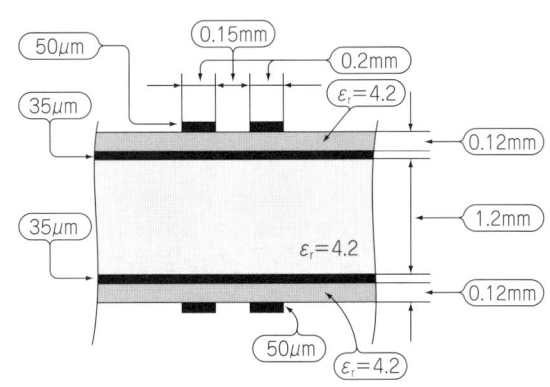

図7.7
4層基板上のSuperSpeedパターンの差動線路寸法の例

第 7 章 プリント基板の設計

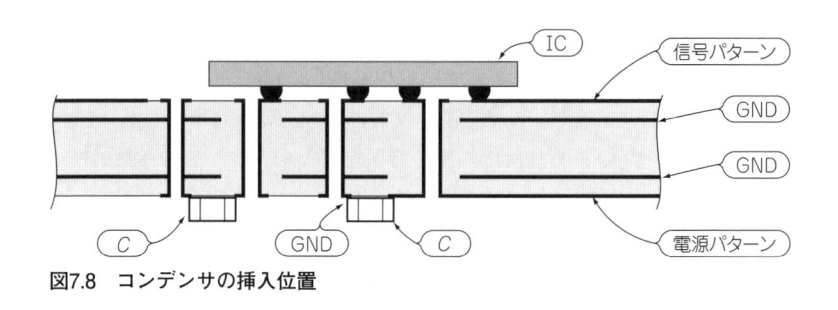

図7.8 コンデンサの挿入位置

と線路につながる 50 Ω の両端の電圧が受信信号電圧となるため，デバイスのグラウンドと差動線路のグラウンド間がスムースにつながっていないと正しく信号が伝わりません．

● 差動線路間の間隔

　USB 3.0 の SuperSpeed では，送信と受信のペアに信号が同時に通ります(**図 7.9**)．USB 3.0 ではケーブルを使って伝送されることが多いので，ケーブルによって信号振幅が減衰し(3m ケーブルで約半分の電圧)，さらに立ち上がり／立ち下がり部分がなまった波形を受信することになります．

　送信側は，ケーブルなどのロスをあらかじめ補償した大きい振幅でさらに立ち上がり／立ち下がり部分がなまってもよいように鋭い波形で送り出されます(**図 7.10**，ディエンファシス)．一方，仕様上，基板パターンは全体で 45cm までの長さの線路(基本的に 0.15mm 幅)で配線されるため，受信デバイスに入る部分では振幅が送信時の 1/10 程度に小さくなります．

　このことから，SuperSpeed 送受信デバイスの受信部の差動パターンに送信側

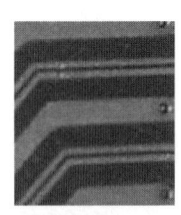

図7.9　差動ペア間に入れたグラウンド・パターン

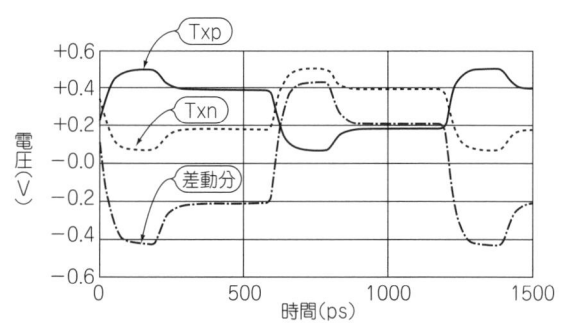

図7.10　ディエンファシス出力波形

のパターン間から干渉が起きないように注意してパターン設計する必要があります．SuperSpeed線路間の干渉の規格は，Tx側からRx入力側へは0〜2.5GHzで−27dBとなっています．

　USB 3.0のSuperSpeedの受信デバイスでは高周波成分の減衰を補償するため，受信部で高周波域を増幅することも必要に応じて実施します．このため，デバイスに近い受信側の線路で外部ノイズを受けると，デバイス内部で増幅されて誤動作につながることがあります．

　差動線路間は，シングルエンド線路間に比べるとグラウンド電位の変動がキャンセルされているので干渉が起きにくいといえますが，実際にはある程度の干渉は避けられません．ペア線路間は，図7.11のように線路の幅wの4倍程度以上に距離をとるようにします．−27dBの規格に入らない場合は，ペア線間にグラウンド・パターンを入れるとペア線路間の干渉をさらに減らす効果があります．このグラウンド・パターンは，10mm程度の間隔で内層ベタ・グラウンドにビアで接続するようにします．ビアの間隔が大きいとビア間で共振を起こし，信号線路に悪い影響を与えることがあるためです（図7.12）．表面パターン直下の内層ベタ層が両面ともグラウンドの場合，送信側のパターンと受信側のパターンをパターン面とはんだ面に分けて配線することも考えられます．

　ハブやパソコンのマザーボード側などUSBのホスト側基板上では，HighSpeed（480Mbps）とSuperSpeed（5Gbps）の信号が同時に伝送される場合もあります．このような回路の場合は，HighSpeedの方が低い周波数であることから振幅減衰が小さく，振幅が大きい傾向にあります．規格では，HighSpeedからSuper

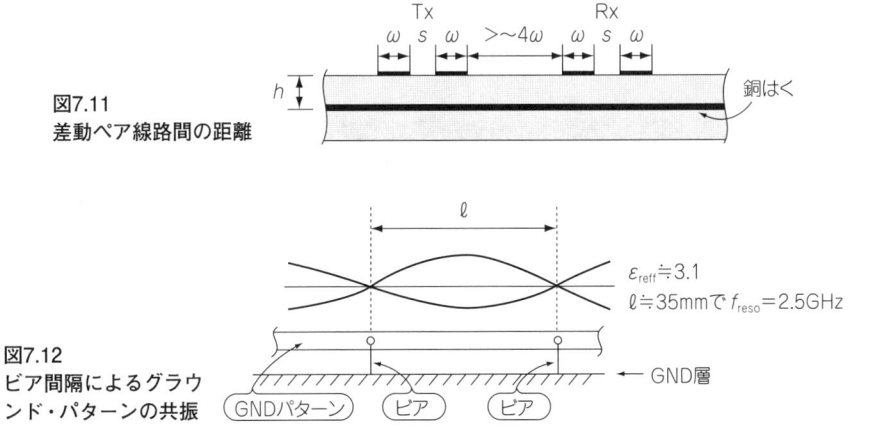

図7.11　差動ペア線路間の距離

図7.12　ビア間隔によるグラウンド・パターンの共振

$\varepsilon_{reff} \fallingdotseq 3.1$
$\ell \fallingdotseq 35mm$で$f_{reso} = 2.5GHz$

第7章 プリント基板の設計

Speedへの干渉は2.5GHzで-21dB以下です．SuperSpeedの線路が影響を受けないように，HighSpeedのパターンとSuperSpeedのパターンは基本的に離すようにします．

● 差動信号線路の曲げ方

デバイスからコネクタまで直線でつなぐと最短でよいのですが，通常は途中でパターンを曲げる必要が出てきます．差動ペア・パターンを曲げるときのポイントを図7.13に示しました．90度に折り曲げるとパターン設計は容易ですが，途中の135度に曲げた部分を長くする方が内部ガラス繊維の影響も受けにくくなります．緩やかな曲線で曲げることも一部で行われていますが，曲げを曲線にしないとSuperSpeed信号が通りにくくなるというわけではありません．SuperSpeed信号の立ち上がり時間は100ps程度です．表面パターンで実効比誘電率は3.1程度なので100psで進む距離は20mm程度になります．

図7.13で $w = 0.2$mm, $B = 0.4$mm とした場合と，この曲げ部分を円弧にした場合とであまり差はありません．ビアやACコンデンサのパッドやその配置の仕

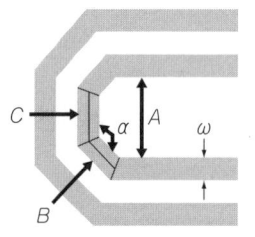

図7.13 差動ペア線路の曲げ方
$A \geq 4w$　$B, C \geq 1.5w$　$α \geq 135°$

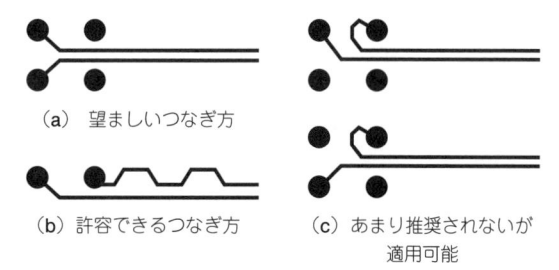

図7.14 ブレークアウト部分の配線
(a) 望ましいつなぎ方
(b) 許容できるつなぎ方
(c) あまり推奨されないが適用可能

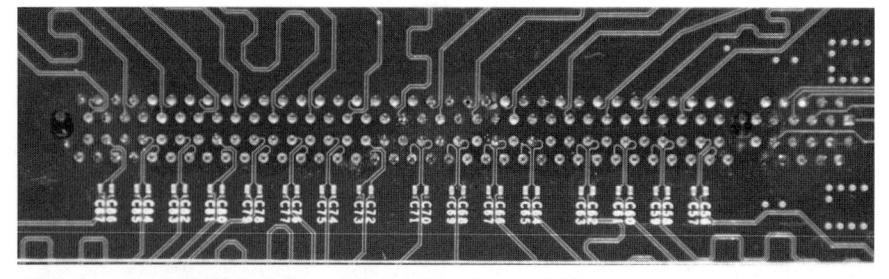

写真7.1　5Gbps 差動線路のブレークアウト部のパターン実例

方の方が，信号伝送により影響を与えるといえます．

● ペア線間の長さを合わせる

　ディジタル差動伝送では，線路の特性インピーダンスを正確に基準の値に近づけるよりも，線路の長さを合わせる方が重要といわれます．ペア線の長さが異なると，信号がずれて伝わることになります．このずれはスキューとも呼ばれます．スキューがあると差動伝送が正しく行われず，不要信号（コモン・モード成分，**コラム7.C**参照）が発生して周囲ノイズになったり誤動作につながる場合があります．

　途中の線路パターンを同じ長さに配線できても，図のようにICパッド付近ではどうしてもベストの配置に配線できない場合があります．そのような場合は，**図7.14**のような方法でできるだけペア線の長さが同じになるように配線します．**写真7.1**は，5Gbpsの差動線路をコネクタにつないでいる例（PCI Express Gen2公認評価冶具）です．PCI Express Gen2とSuperSpeedの差動伝送は基本的に同じなのでそのまま参考にできます．

　コネクタへの配線などの制約から，全体として線路長さがペア間でどうしても異なってしまう場合の対処として，**図7.15**のように一方の線路を蛇行させて吸収する方法があります．ただし，この蛇行は受信側ではなく送信側にまとめるようにします．受信側でこのようなペア線の対象性を崩し，線間の面積を大きくすると受信信号はケーブルなどを通ってかなり減衰しているので，そこで外部ノイズを拾うと影響が大きいためです．蛇行部分の寸法は**図7.16**のようにします．

● ACコンデンサの配置とパターン設計

　ACコンデンサは，送信側と受信側の間に直流電流を流さないようにするため，線路の途中に挿入します．直流をカットするのは，直接接続されていると送信側と受信側ユニットの電位差（DC電位）がコモン電圧として受信ICに加わり，デ

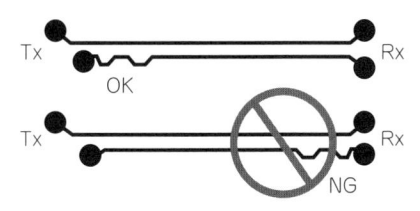

図7.15　Tx出力側で長さを合わせる

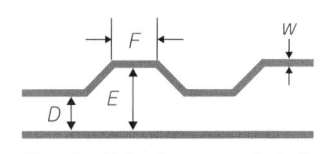

図7.16　蛇行パターンのサイズ
$E<2D$, $F\geqq 3w$（wはパターン幅）

第7章　プリント基板の設計

コラム 7.B　特性インピーダンスとは [29]

　空間に置かれた電荷が一瞬だけ時間的に変動すると，電荷から電磁波が周囲に広がります（図7.C）が，電磁波の電界 E と磁界 H の比は抵抗と同じです．空間の透磁率が μ，誘電率が ε の場合，その比は式(1)で表され，Wave インピーダンスと呼ばれます．真空あるいは空気の場合，この値は 377 Ω です．

$$\frac{E}{H} = \sqrt{\frac{\mu}{\varepsilon}} \quad \cdots\cdots\cdots\cdots\cdots\cdots\cdots\cdots\cdots\cdots\cdots\cdots\cdots\cdots\cdots (1)$$

　図7.D は，グラウンド層上に配線されたマイクロストリップ線を電気信号が進むときの線路に垂直な面内の電界分布を電磁界解析で示したものです．色の加減で少し分かりにくいですが，マイクロストリップ線路の下面とグラウンド面間に電界

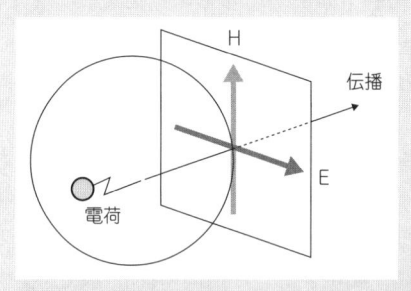

図7.C
空間を進む電磁波

図7.D
マイクロストリップ線路を進む電気信号の電界分布

図7.E
マイクロストリップ線路を進む電気信号の磁界分布

が集中しています．一方，**図7.E** は同じ箇所における磁界分布です．磁界が線路を回るようになっているのが分かります．磁界も線路とグラウンド面の間が強くなっています．このことから，マイクロストリップ線路の場合，線路に沿って進む電気信号の状態（電圧，電流）は，主に線路とベタ層の間を進む部分の電界と磁界で決まることが推定されます．**図7.F** はマイクロストリップ線路の微小長さ $\Delta \ell$ についての基本的な形状パラメータを示したものです．

微小な長さ $\Delta \ell$ 当たりの線路の容量を C とすると，

$$C = \varepsilon \cdot \frac{w}{d} \quad (F/m) \cdots\cdots\cdots (2)$$

微小な長さ $\Delta \ell$ 当たりの線路のインダクタンスを L とすると，

$$L = \mu \cdot \frac{d}{w} \quad (H/m) \cdots\cdots\cdots (3)$$

$$E = \frac{V}{d} \quad \text{より} \quad V = d \cdot E$$

$$H = \frac{I}{w} \quad \text{より} \quad I = w \cdot H$$

$$Z_0 = \frac{V}{I} = \frac{d}{w} \cdot \frac{E}{H} = \frac{d}{w} \cdot \sqrt{\frac{\mu}{\varepsilon}} \cdots\cdots\cdots (4)$$

$$Z_0 = \sqrt{\frac{L}{C}} \cdots\cdots\cdots (5)$$

マイクロストリップ線路についての式(4)あるいは式(5)は，線路に電気信号を与えたときの線路の断面形状による電気的特性を表していますが，式(1)と同様，電

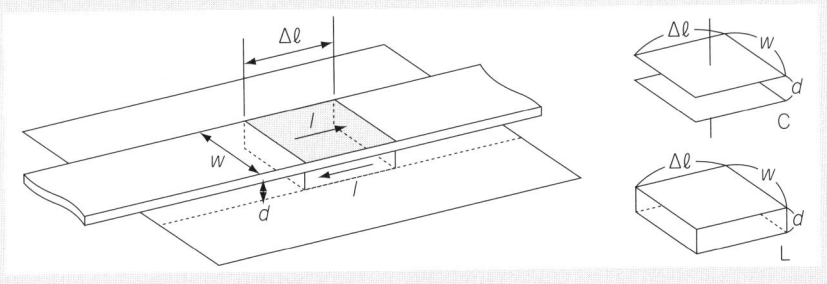

図7.F マイクロストリップ線路の特性を決める寸法

界/磁界であり抵抗と同じになります．このように，線路の電気的特性を抵抗で表したものを線路の特性インピーダンスといいます．

式(4)から分かるように，グラウンド層と線路の間隔 d が同じであれば，線路幅 w が大きいほど C が大きくなり，特性インピーダンスが低くなります．また，d/w の比が同じ相似形の断面であれば，特性インピーダンスも同じということが分かります．

差動マイクロストリップ線路などの特性インピーダンスの計算には，TDKが提

バイスのDC耐圧を上げる必要があるからです．5Gbpsと高速性を優先するデバイスでDC耐圧も上げることは製造を難しくし，デバイスのコストアップにつながります．また，高速伝送では直流電位を送る必要がありません．このような理由から，直流をカットするACコンデンサが使われています．

ACコンデンサの容量は，$0.1\mu F$（規格では $0.07\mu F$ から $0.2\mu F$）で 1mm × 0.5mm 以下の十分に小さいサイズを選ぶ必要があります．1mm × 0.5mm の場合でも，部品をはんだ付けするためのパッドの幅は1mm程度に大きくなります．

高速信号回路では，標準的な絶縁層の厚さが0.12mmの4層基板の場合，**図7.17**(b)に示したように，1mm幅のパッド部分の特性インピーダンス（**コラム7.B参照**）は34Ωに低下します．このように，線路の途中で大きく特性インピーダンスが変化すると，その部分で信号が反射します．反射が起こらないようにするために，線路の直下のベタ・グラウンド層に穴を開ける方法があります（**図7.18**）[23]．

図7.17(c)から分かるように，特性インピーダンスが100Ω程度になり，反射も少なくなります．ただし，コンデンサの長さ方向は1mm程度です．したがって，SuperSpeed信号がACコンデンサ部分に来たときの立ち上がり時間が約100psとすると，100psで信号が20mm程度進むので，1mm程度の長さの特性インピーダンスの違いはそれほど大きな波形ひずみにならないといえます．10Gbps以上のようなSuperSpeedより高速な信号の場合に適用すると有益でしょう．なお，**図7.18**に示したように，穴を開ける場合は穴の周囲にグラウンド層間をつなぐビアを4個配置するようにします．穴を開けると信号が穴の中に入り込むので，ベタ層の間の内部へ信号が広がりにくいようにするためです．

図7.19はACコンデンサの配置を示します．ペア線の線路方向に対して直交する位置に並べて配置します．ACコンデンサの位置がずれていると差動信号の

供しているフリーの計算ツール SEAT[24] などが便利です．SEAT のトップ画面からシミュレーション／ツール―特性インピーダンス計算ツールを選びます．

なお，特性インピーダンス Z_0 の線路に Z_0 の抵抗をつなぐと，線路を進んできた電磁波はその抵抗で反射されずに吸収され熱に変わります．これは，線路の特性インピーダンスで終端するといい，高周波の電力伝送や高速信号伝送では基本的な使い方となります．

乱れにつながり，ペア線路間の信号遅れやスキューの一因にもなります．

また，図 7.20 は AC コンデンサの基板内の位置を示したものです．デバイスとコネクタの中間に AC コンデンサを置いた場合とコネクタの近くに置いた場合

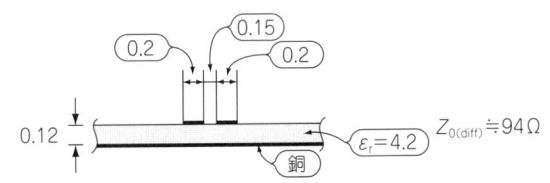

(a) 差動線路の差動特性インピーダンス〔$Z_{0(\text{diff})} \fallingdotseq 94\,\Omega$〕

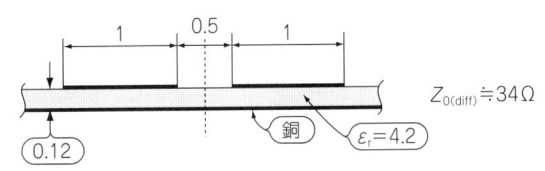

(b) ACコンデンサのパッド部の差動特性インピーダンス〔$Z_{0(\text{diff})} \fallingdotseq 34\,\Omega$〕

(c) 穴あきパッド部の差動特性インピーダンス〔$Z_{0(\text{diff})} \fallingdotseq 100\,\Omega$〕

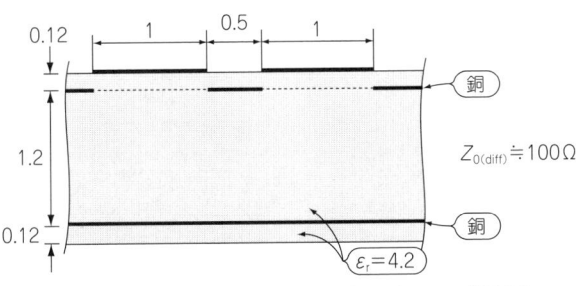

図7.17 ACコンデンサ部パターンの差動特性インピーダンス

第7章 プリント基板の設計

図7.18 ACコンデンサ部の特性インピーダンス調整[23]

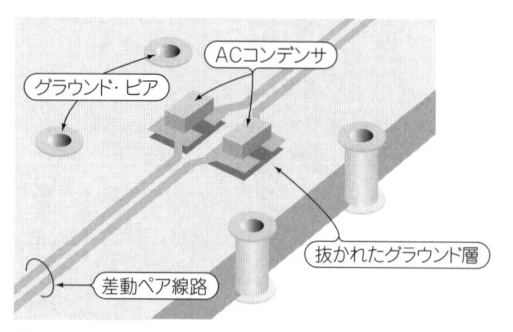

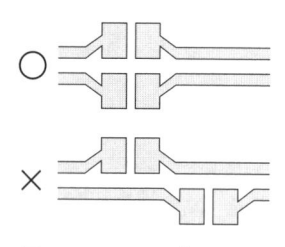

図7.19 ACコンデンサの配置
差動ペア間で位置をずらさない．

を示しています．両方の配置について，線路を通過する信号の損失をシミュレーションした結果が図7.21です．図中の太い線が図7.20の(a)，細線が(b)の場合です．この図から AC コンデンサを中ほどに置くと通過損失が増えることが分かります．ただし，シミュレーションの条件を少し変えると，ロスが増える周波数が2.5GHzからずれる場合もあるので，中央にACコンデンサを置くと必ず2.5GHz付近で損失が増えるとは限りません．中央に置いた場合にロスが増えることがあるのは，同様な共振を起こすパターンを重ねることになるためと考えられます．

● 差動信号とビア
(a) 差動信号ビアと設計のポイント
　図7.22 は，4層基板の差動ビアを差動信号が通過するときの表面電流の様子

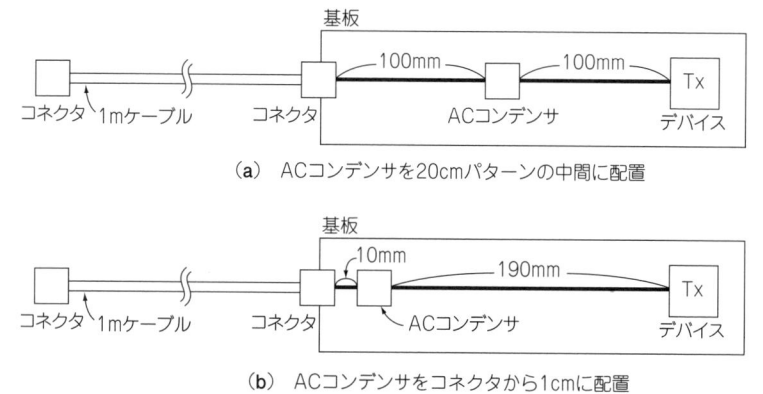

（a） ACコンデンサを20cmパターンの中間に配置

（b） ACコンデンサをコネクタから1cmに配置

図7.20 ACコンデンサの位置と通過ロス

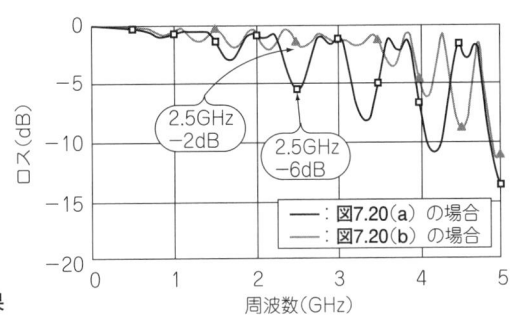

図7.21
図7.20のシミュレーション結果

をシミュレーションしたものです．内層の2層ともグラウンド層として存在していますが，線路の電流を見やすくするため，内層の2層とも消して表示していません．表面電流が大きいほど白く表示されています．ビア部分では，ビアが並んでいる内側が比較的明るくなっています．図7.23は，ビアの部分の断面での磁界分布を示したものです．ビアの間の磁界が強くなっており，差動信号がビアの間を通っていることが分かります．

図7.23のシミュレーション結果から分かるように，差動ビアの配置は図7.24の上のように並べる必要がありますが，同図の下のようにずらせて配置すると差動信号がビアの間をうまく通らなくなります．

また，図7.25は，差動ビアの両側にグラウンド・ビアを設ける様子を示したものです．図7.23の磁界分布で，内層間に信号の一部がはみ出していることが分かります．このように，内層を貫通するビアは，内層間に信号の一部が漏れます．図7.25のように，貫通ビアのすぐそばに複数のグラウンド・ビアがあると内層間への漏れが抑えられますが，すぐそばにグラウンド・ビアがなく，内部で

図7.22
差動ビアを差動信号が通過するときの表面電流

第7章 プリント基板の設計

図7.23 差動ビアを差動信号が通過するときの磁界

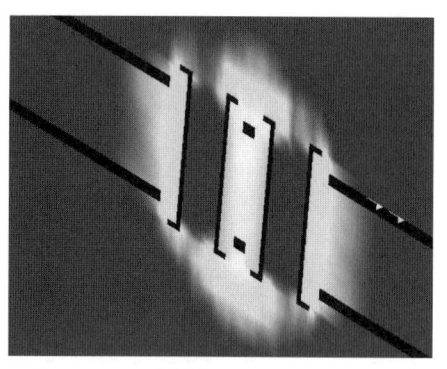

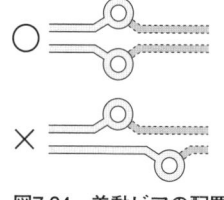

図7.24 差動ビアの配置

ビア間隔などが信号周波数(2.5GHz)で共振する条件になっていると差動信号に影響を及ぼすことがあります．

写真7.2は，6Gbpsの差動信号線のパターン例です．この基板は4層のPCマザーボードで，内層は2層ともグラウンドとなっています．部品面からはんだ面に差動線路が抜けているビアが集まっている箇所を見たものです．この写真から分かるように，差動ペア線路の各ビアのそばにはパターンにつながらないビアが置かれています．このビアは，内層のグラウンド層間を接続しています．**図**7.25のように，差動ビアの両側に2個でなくても差動ビアが多数通過している箇所では，差動ビア一つに一つのグラウンド・ビアを置くことでグラウンド層間をつなぐようにしています．

なお，**図**7.25の差動ビアの立体図で分かるように，信号が通過する差動ビア

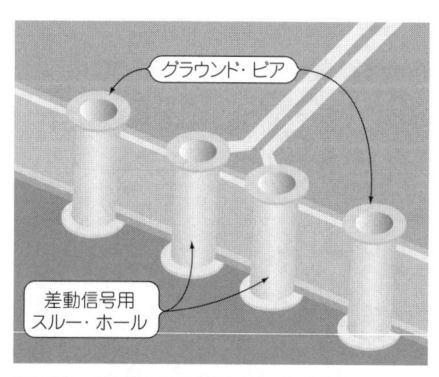

図7.25 差動ビアとグラウンド・ビア

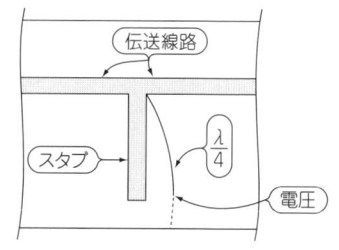

図7.26 伝送線路に付加したスタブ

は内層の部分はランドがない単なる円筒形状になるようにします．

(b) スタブ・ビアの共振

　SuperSpeed のパターンには，コネクタ(タイプ A，B)の部分でスルー・ホールが必要になります．スルー・ホールを信号が通過する場合は，図7.23 のようにビア部分でほぼ問題なく信号が通ります．しかし，コネクタ側の面を通ってきた配線の場合は，コネクタ部分でスタブができることになります．スタブとは図7.26 のように伝送線路の途中に線路が突き出した形状のもので，図7.26 で示すように先端がオープンの場合は，波長の 1/4 がちょうどビアの長さになった周波数で共振を起こします．図7.27 のように先端がオープンになっているスタブが 1/4 波長で共振すると，スタブの付け根は共振周波数でグラウンド電位に近くなり，信号伝送に大きな影響を与えます．

　通常の 1.6mm 厚さの基板の場合は，オープン・スタブの共振周波数は 20GHz (40Gbps)と高く，SuperSpeed の周波数ではほとんど問題になりません．しかし，多層基板で基板の厚みが厚くなり，より高い周波数の場合には，このような現象が起こることを留意しておく必要があります．7mm 程度の基板厚の FR4 基板では 10Gbps(5GHz)でオープン・スタブ・ビアが共振します．対策としては，パターンの反対側からスルー・ホールを途中までドリルで削るカウンタ・ボーリングと呼ばれる方法などがあります．コネクタ・ピンの場合はこの方法は使えないので，スルー・ホール・タイプのピンではなく表面実装タイプのピンのコネクタを用います．

(c) レセプタクル(コネクタ)部分のパターン設計

　USB 3.0 のコネクタは，USB の規格ではレセプタクルと呼ばれており，幾つかの種類があります．基本的な A タイプの場合は，部品面から見た基板スルー・ホールの寸法は図7.28 のようになっています．ピン・アサインは，図7.29 に示

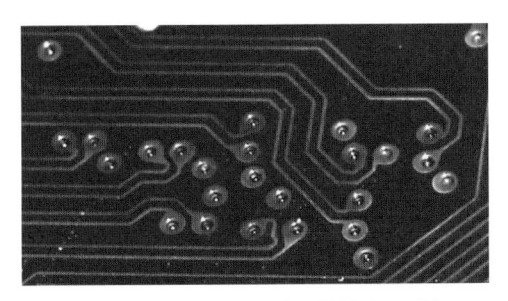

写真7.2　6Gbps差動信号の内層貫通ビアの例

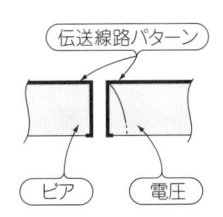

図7.27　ビア・スタブ

第7章 プリント基板の設計

したようになります．上の列に5GbpsのSuperSpeedの差動ペアがつながります．SSTXが送信ペア線，SSRXが受信ペア線，Gがグラウンドです．Bタイプのレセプタクルの場合も，SuperSpeedの信号部分の基板パターンはAタイプの上段と同じサイズ，配置になっています．

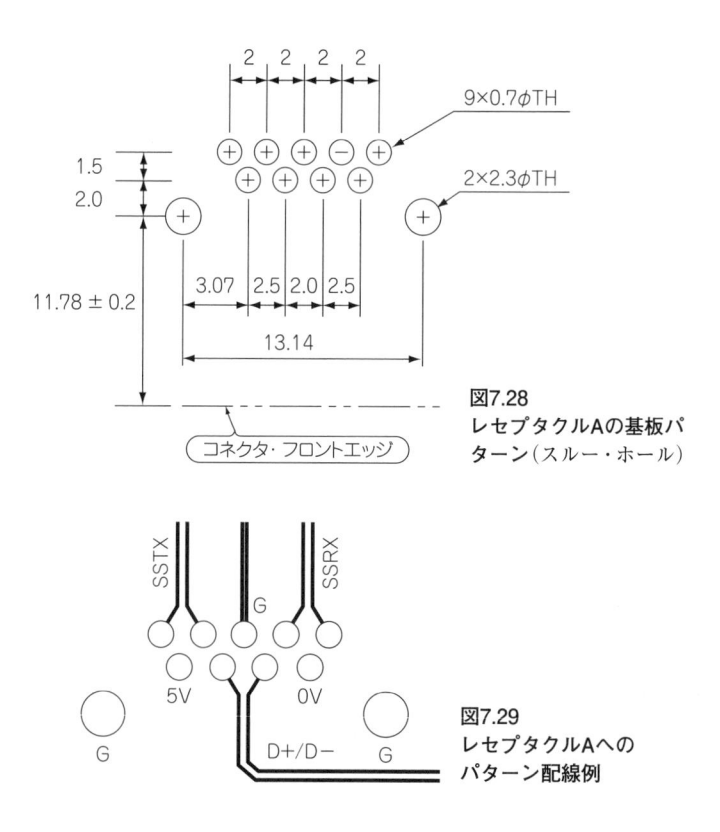

図7.30は，レセプタクルA，Bの差動信号が通るビアの内層を示します．ビアは，内層部はランドのないストレートな円筒形状にします．また，差動ビアの間の内層は，図7.31のように抜くようにします．この内層を抜かなかった場合と抜いた場合を電磁界シミュレーションで比較した結果が，図7.32 (a) と図7.32 (b) です．USB 3.0のレセプタクルA，Bの差動ビアのサイズの場合は，ビア間の間隔が2mmと比較的大きいため，差動ビアの間に内層が残っていると差動信号がビア間を通過する際に影響が出ることが分かります．

なお，SuperSpeedの信号が差動ビアのパターン面から部品面のコネクタ・ピンの方へ通過するように配線する方がよいでしょう．HighSpeed (480Mbps) の差

図7.28
レセプタクルAの基板パターン（スルー・ホール）

図7.29
レセプタクルAへの
パターン配線例

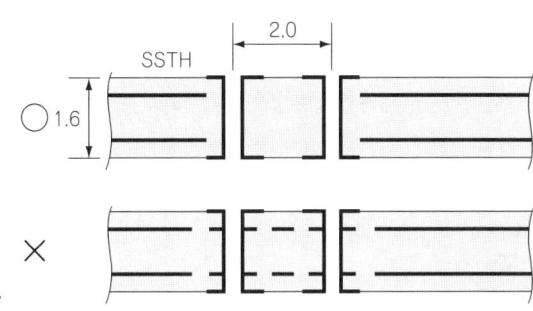

7.2 パターン設計のポイント

図7.30
レセプタクルA, Bの差動信号ビア

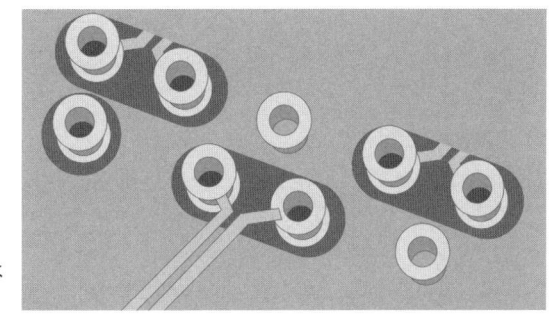

図7.31
レセプタクルAの差動ビア内層は抜く

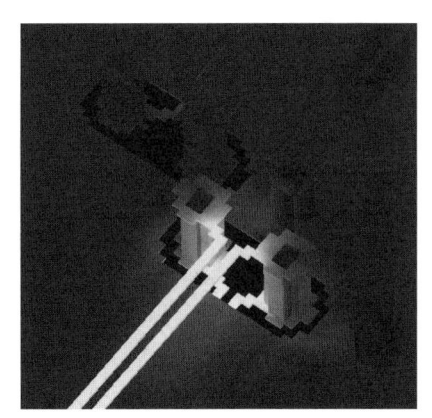

(a) 残した場合　　　(b) 抜いた場合

図7.32　差動ビア間の内層グラウンドのありとなしの違い

273

動ビアは，部品面から配線して図のようなスタブができる状態になっても SuperSpeed ほど信号伝送への影響は出にくいといえます．また，HighSpeed 信号のピンにつながるビアも，スタブの方が SuperSpeed ビアへの干渉も少なくなります．ただし，HighSpeed ビアをはんだ面から部品面に抜けるように配線しても，差動ビア間の干渉は 40dB 以下でした．SuperSpeed のパターンをはんだ面，HighSpeed のパターンを部品面と分けると，パターン間での干渉が減るという効果があります．

なお，図 7.31 ではコネクタのピン以外にビアが示されていませんが，この図の範囲でもピンの近くに複数のグラウンド・ビアを配置することが推奨されます．グラウンド・ビアにより信号間の干渉，内層間への信号の漏れによる内層共振などを抑える効果が出て信号伝送への影響が減るためです．

● 基板絶縁層のガラス繊維の影響

SuperSpeed 回路の基板材として，通常 FR4 基板が使用されます．FR4 は，ギガビット信号の基板材料としては電気的な特性がかなり悪く，GHz を越える高周波回路の分野では使用しないのが普通です．しかし，高周波回路で一般に使われるガラス入りテフロンやセラミックなどの基板材料は FR4 に比べると高価なので，パソコンなどのように大きな基板面積が必要な製品にはコストの面からほとんど使われていません．その代わり，パソコン周辺で使われるギガビット伝送においては FR4 の欠点がさまざまな伝送技術を駆使して克服されています．デバイスの動作や機能は複雑になりますが，大量生産する IC は非常に安価に生産できるため，コストアップになる基板を使うよりも FR4 と高機能デバイスを組み合わせた方がトータルのコストが下がるためです．

ギガビット伝送の領域では，損失が大きいため従来の高周波設計では使ってはいけないとされてきた FR4 ですが，強度などの物理的性質がよく，製作がしやすいという特徴を持っています．何よりも FR4 より安価に量産できる材料が出てきていません．このため，さまざまな信号伝送のための回路技術を駆使してFR4 が使われています．

FR4 は内部にガラス繊維が使われていますが，ガラス繊維とエポキシ樹脂では比誘電率が異なります．また，ガラス繊維やエポキシ樹脂そのものも種類や製造ロットによって比誘電率が変化します．比誘電率は温度によって変化し，周波数によっても異なってきます．

ギガビット信号を伝送する差動線路に FR4 を用いる場合，内部のガラス繊維

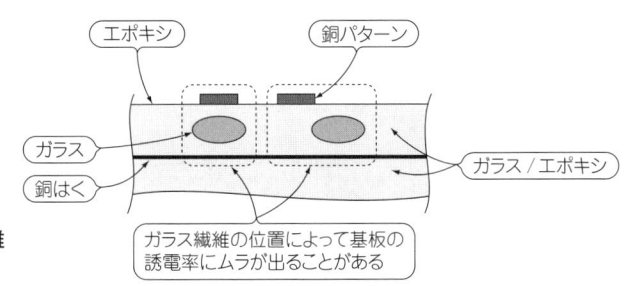

図7.33
基板絶縁層内ガラス繊維による影響

の比誘電率が一様でない点が問題となります．図 7.33 は，基板内部のガラス繊維の様子を示したものです．ガラス繊維が布状に織られているので繊維の糸の上にパターンがある場合と繊維の糸と糸の間にパターンがある場合では比誘電率が異なってきます．比誘電率が変わると信号の速度が変わってきます．差動伝送では，差動ペア間の信号に遅れが生じるとペア間スキューが出て問題となります．

この対策として，差動ペアでは斜め 45 度のパターン部の比率を多くして配線したり，基板材料そのものの内部ガラス繊維を基板の縦横の方向に対して 10 度程度傾けたものを使用するなどの方法があります．

● パターンは分岐させない

USB の差動信号線路はコネクタを経由してユニット外部に引き出されるので，外部から静電気放電(Electro-Static Discharge = ESD，主に人から機器への火花放電)が進入することを想定してそれにデバイスが耐えるように基板回路を設計する必要があります．このために一般には差動線路に耐静電気放電(ESD)デバイスを挿入します．このとき差動線路の途中から図 7.34 の左図のようにパターンに直接デバイスのランドを置くようにします．図 7.34 の右図のようにパターンを分岐させると，分岐部分でインピーダンスが低下したり，分岐されたパターンの長さや接続されたデバイスの特性によって差動信号が大きく影響を受けて適合

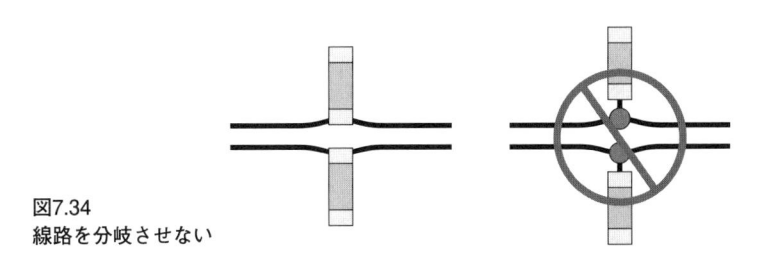

図7.34
線路を分岐させない

コラム 7.C　コモン・モード・フィルタ

図7.Gは差動伝送線路に使われるコモン・モード・フィルタの形状図面の1例で，外観は**写真7.A**のようなものです[28]．フェライトの棒に差動ペア線を巻いた構造が基本で，電極は四隅にあり，一方の1組の電極にペア線の入力側，他方の1組の電極にペア線の出力側がつながっています．

コモン・モード・フィルタは，差動線路に挿入されるとどのように働くのでしょうか．**図7.H**に示すように，pとnで示す2本の線がペアになってグラウンド面上を走っている場合を考えます．pとnには"H"で0.4V，"L"で0Vの信号がそれぞれ相補的に通っています．これらの信号を，ここではノーマル・モードと呼びます．ペア線がグラウンド面からある程度離れているとすると，**図7.I(a)**に示すように，ペア線間で平均化した電位(0.2V)でグラウンド面からペア線が連続して浮いていると見なせます．

次に，ペア間で信号タイミングずれ，スキューがある場合を考えます〔**図7.I(b)**〕．すると，ずれた部分でのペア線とグラウンド間のコモン・モード電位は，0.4V同士のときは0.4V，0V同士のときは0Vになります．ずれたタイミングのときだけ，対グラウンド電位が変化することになります．グラウンド面に対して，ペア線をまとめた電位が変化する成分がACコモン・モード成分です．このようなメカニズムにより，ペア線間のタイミングずれスキューがコモン・モード成分に変換されることが分かります．

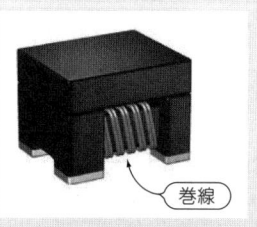

写真7.A　高速信号用コモン・モード・フィルタの外形図[28]

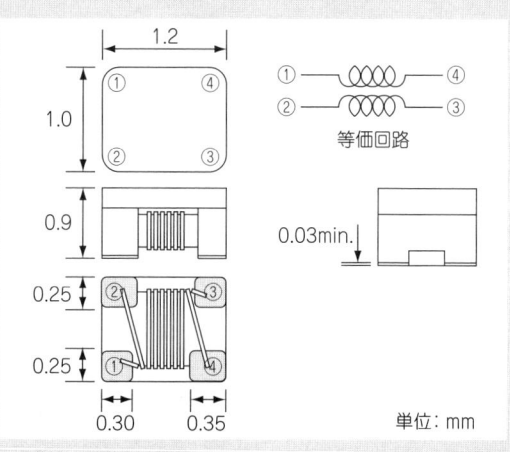

図7.G　高速信号用コモン・モード・フィルタの形状図[28]

7.2 パターン設計のポイント

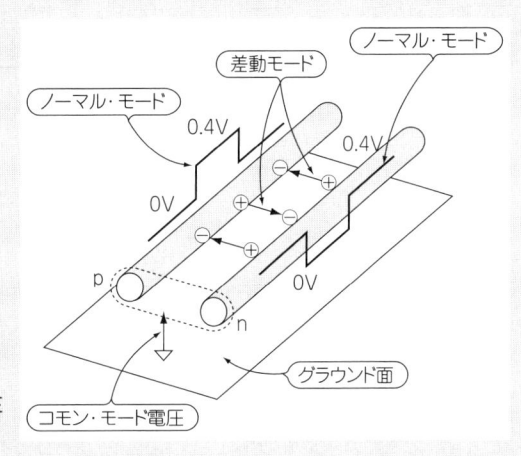

図7.H
差動線路とコモン・モード成分
⊕は平均電圧(0.2V)より高い電位，
⊖は平均電圧(0.2V)より低い電圧
を示す．

　数百 Mbps から Gbps で使われるコモン・モード・フィルタは，**写真7.A** のように ペア線路をフェライト棒に巻いた構造になっているのが普通です．線路を延ばして考えると，**図7.J** のような構造に置き換えられます．ベタ・グラウンド層と差動パターン間が FR4 の上を通ってきた後，コモン・フィルタの部分ではベタ層と線路間にフェライトが入ることになります．線路の特性インピーダンス（**コラム7.B** 参照）は，誘電体の比誘電率のルートに比例して低くなり，磁性体の比透磁率のルートに比例して高くなります．差動線路の差動特性インピーダンスの場合も同様の効

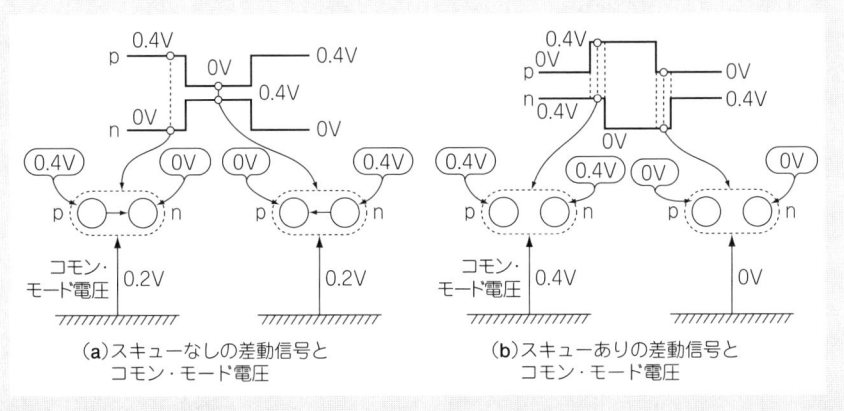

(a) スキューなしの差動信号と
　　コモン・モード電圧

(b) スキューありの差動信号と
　　コモン・モード電圧

図7.I　スキューの影響

277

第7章 プリント基板の設計

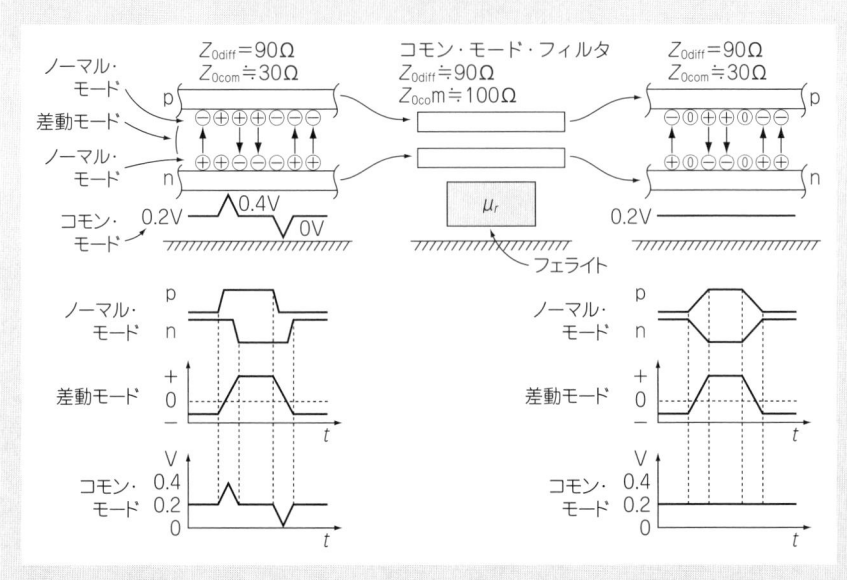

図7.J　差動線路用コモン・モード・フィルタによるコモン・モード成分の除去動作

果になります．フェライトは比透磁率 μ_r が高いため，特性インピーダンスが高くなります．なお，図7.J で $Z_{0\text{diff}}$ は差動特性インピーダンス，$Z_{0\text{com}}$ はコモン・モード特性インピーダンスのことです．

　差動線路用コモン・モード・フィルタ部分で，差動線路の特性インピーダンス（90Ω）が大きくずれると差動信号が通りにくくなります．このため，差動信号に対しては 90Ω に近い特性インピーダンスになっている必要があります．フェライトなしのときの 90Ω のペア線路をそのままの断面形状（間隔）で比透磁率の大きなフェライトに密着させると，差動特性インピーダンスが大きくなってしまいます．そこで，フェライトがない場合の特性インピーダンスが低くなるペア線を密着させた状態でフェライトに巻いています．なお，フェライトの比透磁率は通常周波数によって大きく変化するため，使用する周波数帯域ごとにフィルタを選ぶ必要があります．また，比誘電率が大きいフェライト材もありますが，ここでの説明はフェライトの特性を簡単に比透磁率が大きい材質とした場合の話です．

　一方，ペア線路とグラウンド面間を進むコモン・モード成分は，ペア線とグラウ

278

7.2 パターン設計のポイント

(a) インピーダンス-周波数特性

(b) 通過損失-周波数特性

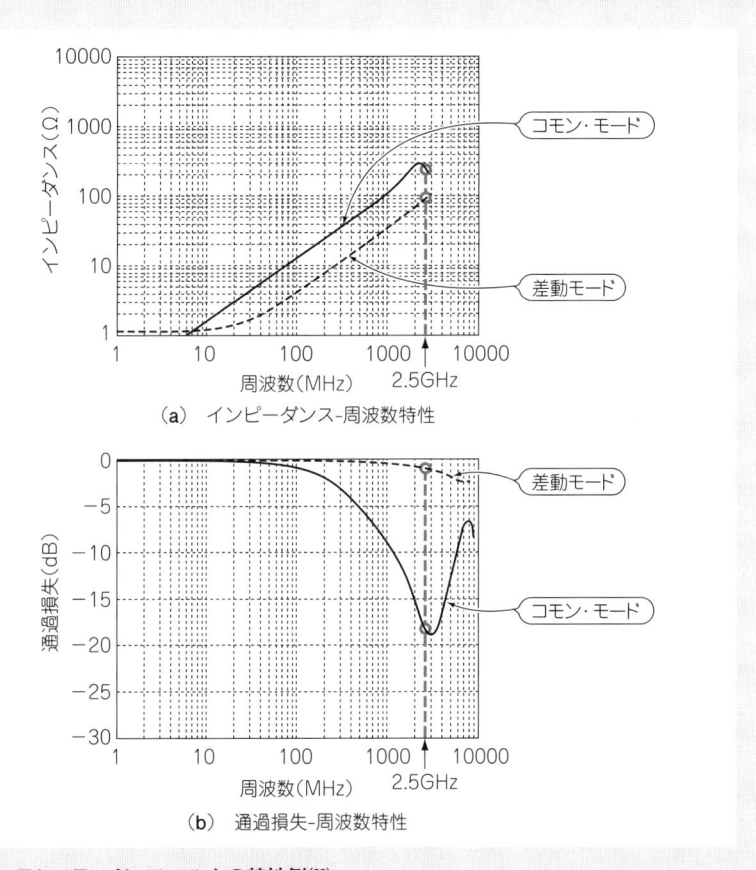

図7.K　コモン・モード・フィルタの特性例[28]

ンド面間のコモン・モード特性インピーダンスで線路を進んできます．通常，差動特性インピーダンスが90Ωのペア線では，コモン・モードの特性インピーダンスは30Ω程度です．コモン・モード成分は，2本のペア線を同相の信号で進むため，線路の幅が約2倍の単線のマイクロストリップ線路のような状態と見なすことができ，単独の線路の1/2程度の特性インピーダンスに下がります．

　コモン・モード・フィルタの部分ではペア線路がベタ層から離れ，そのペア線路とベタ層間にインピーダンスを大きくするフェライトが挿入されるため，コモン・

モードの特性インピーダンスは大きな値となります．ベタ層とペア線路間を進んできたコモン・モード成分はコモン・モード・フィルタ部分で大きな特性インピーダンスに出会って反射され，フィルタ以降に進む分は減衰します．

図7.Kは，コモン・モード・フィルタの特性を示すグラフの例です[20]．図7.K(a)はコモン・モードと差動インピーダンスの周波数特性，図7.K(b)はコモン・モード信号と差動信号をフィルタに通したときの損失(減衰)特性です．図7.K(a)よりSuperSpeed 5Gbps信号の主要周波数2.5GHzで見ると差動インピーダンスが90Ω，コモン・モード・インピーダンスが200Ω程度になっています．また，図7.K(b)から5Gbpsの差動信号は減衰が少なく，5Gbpsのコモン・モード成分は数分の1に低下することが分かります．

コモン・モード成分が通過しないため，スキューの出ている部分の信号はペア線間の平均電圧になります(図7.J)．このため，スキューのある差動信号をコモン・モード・フィルタに通すと，スキューがない波形になって出てくることになります．ただし，波形の立ち上がり/立ち下がり部分はスキューの大きさに応じて本来の信号が消え，立ち上がり/立ち下がり時間が長くなった波形として出てくることになります．立ち上がり/立ち下がり時間が遅くなるためジッタ成分が増える恐れがありますが，スキューによってジッタが支配的に出ている場合(波形依存ジッタ)には，ジッタが低減され改善されることになります．

SuperSpeedやPCI Express Gen2ではコモン・モード・インピーダンスも規定しており，デバイス内の終端抵抗で吸収するようになっています．しかし，デバイ

試験に合格しないことがあります．

しだ・あきら
高周波・高速ディジタル混在回路エンジニア

スの入力ピン部では，5Gbps の周波数では単純に吸収される純抵抗の成分だけでなくリアクタンス成分も含んだインピーダンスになっています．このため，コモン・モード成分がそのままデバイスに印加されるとデバイスの動作に影響を与えることがあります．このことから，ユニット間を 3m ものケーブルでつなぐ基本的にコモン・モード成分が発生しやすい USB 環境では，コネクタの後にコモン・モード・フィルタを入れることは有効といえます．USB 3.0 に対応したコモン・モード・フィルタには，村田製作所の DLW21SN900HQ2 [25]，TDK の TCM0806S-120-2P [26]，太陽誘電の CM01S600T [27] などがあります．

なお，5Gbps 差動信号線に挿入して静電気スパイクを吸収する ESD（Electro-Static Discharge，静電気放電）対策デバイスが市販されています．USB デバイス単体でもある程度の ESD 耐圧を持つように設計されていますが，ユニット間などではそれ以上の静電気スパイクが印加されることもあり，回路を壊れにくくするために PC マザーボードなどでは ESD デバイスをコネクタの直後に付けることが一般に実施されています．

コネクタの次に ESD デバイス，その後がコモン・モード・フィルタ，送信出力の場合はその次に AC コンデンサを配置することになります．幾つもこのような部品を並べると，それぞれのはんだ付けパッドにより特性インピーダンスが低下した部分が続き，伝送線路全体の特性に影響を与えやすくなります．そのため，ESD デバイスとコモン・モード・フィルタの機能を合わせ持ったデバイスも出ています〔TDK TCE1210 シリーズ [28] など〕．

第8章 コンプライアンス・テスト

畑山 仁

USB 3.0 などの高速シリアル・インターフェースで重要になるのが相互運用性(Interoperability)であり，これを保証するにはトランスミッタとレシーバの物理層信号に対するコンプライアンス・テストが不可欠です．本章では，こうしたテストに必要な測定技術とその背景に焦点を当てて解説します．

8.1 コンプライアンス・テストの概要

SuperSpeed USB の信号は，従来の HighSpeed USB の 480Mbps より 10 倍以上も高速な 5Gbps という速度なので，基板やケーブル，コネクタなどにおける高周波信号に対する損失やジッタ，クロストークの影響を大きく受けます．そのため，相互運用性(Interoperability)を保証するためには，物理層が規格を満足しているかどうかの認証試験(コンプライアンス・テスト)が重要になります．ここでは，

　(1) トランスミッタが規定された信号を送信できているか
　(2) レシーバが想定された信号を正しく受けられるか
をテストします．

特に，受信端での信号レベルが下がる USB 3.0 のレシーバは，ジッタやクロストークの影響を受けやすく，トランスミッタのテストだけで相互運用性を保証することは不十分で，レシーバをもテストする必要があります．つまり，USB 3.0 ではトランスミッタとレシーバの双方をテストします．前者は主にアイ・ダイアグラムとジッタの評価を，後者はジッタに対する耐性テストを行います．

トランスミッタ・テスト(図 8.1)はトランスミッタから出力される信号の評価

注1：本稿は 2011 年 4 月時点の Universal Serial Bus 3.0 Specification(2009 年 5 月発行の Errata を含む)および作成中の Electrical Compliance Test Specification SuperSpeed Universal Serial Bus(テスト仕様)をもとに作成している．改定などにより内容が変更される可能性があるので注意すること．

第8章 コンプライアンス・テスト

図8.1 トランスミッタ・テストの概要

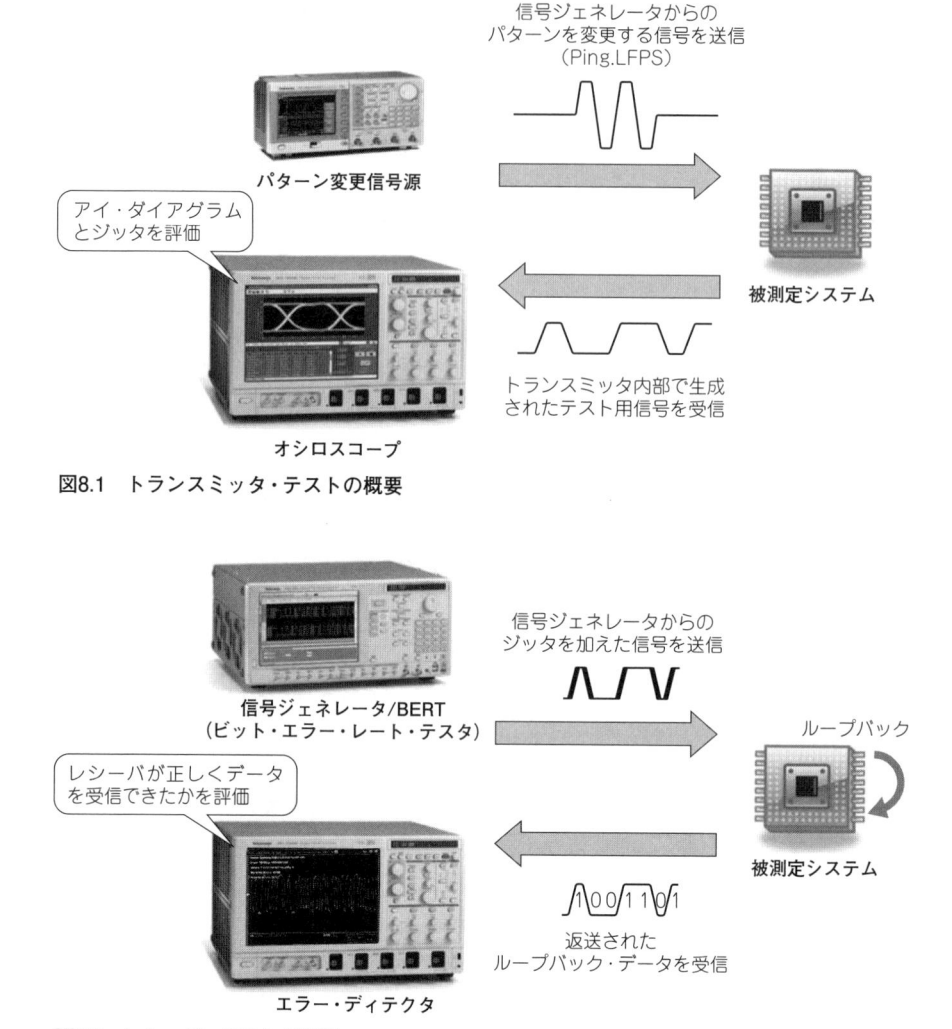

図8.2 レシーバ・テストの概要

なので，その測定は比較的簡単です．レシーバ・テスト(図8.2)は，規定のジッタを持った信号を入力して正しく受信できたかどうかを判断する必要があり，一般的にはあまりなじみがないものです．しかし今日では，SATA(Serial Advanced Technology Attachment)をはじめ，DisplayPortやHDMIなどのほかの規格でもレシーバ・テストが求められるようになっています．また，PCI Expressでは，

コラム 8.A　データ・レートとその周波数成分

　本文中のいろいろな箇所に2.5GHzという数字が出てきます．この数字はUSB 3.0のデータ・レートの1/2で，一番速い繰り返しのデータ・パターンが持つ周波数です．USB 3.0をはじめ，多くのシリアル・インターフェースでは，NRZ(Non Return Zero)でデータを転送します．

　NRZでは，データ・レートで規定されるUI(Unit Interval)の間，'0'あるいは'1'が維持されます．その結果，一番速いデータ・パターンは'0'と'1'が交互に繰り返される，つまり「0101…」のクロック・パターン時で，その周期は1UIの2倍となり，その周波数はデータ・レートの半分になります．その結果，5Gbpsで一番速い繰り返しのデータ・パターンの周波数は2.5GHzになります．信号は，基本波とその高調波成分により構成されます．この中で振幅が一番大きく，データを伝送する上で大きく影響する基本波周波数を押さえておくことが必要となります．

　Rev.3.0の8Gbpsのコンプライアンス・テスト開始時には，5Gbpsも含めたレシーバ・テストが求められるようになる予定です．

　さらにUSB 3.0の評価では，トランスミッタ・テストは，ホストやデバイスのレセプタクルから取り込んだ波形そのものではなく，想定される最大伝送損失を加え，さらにイコライザで補正した信号を評価します．レシーバ・テストでもジッタだけでなく，最大伝送損失を加えます．また，5Gbpsの信号だけではなく，リセットやポーリングなどのポート間通信に使用するLFPS(Low Frequency Periodic Signal：低周波周期信号)の評価もあります．

8.2　コンプライアンス・テストを行う前に

　最初に，コンプライアンス・テストを行う前に理解しておく必要があることについて説明します．

● ノーマティブとインフォマーティブの二つの仕様がある

　USB 3.0仕様には，ノーマティブ(Normative)とインフォマーティブ(Informative)の2種類があります．前者は要求仕様で，後者は参考仕様です．ただし，要求仕様が全てコンプライアンス・テスト項目というわけではありませ

ん．コンプライアンス・テスト項目は，テスト仕様(Test Specification)に記載されている項目です．具体的には，仕様の規定および測定点が異なります．

● アイ・ダイアグラムで総合的な評価を行う

USB 3.0のようなクロック埋め込み型のシリアル・インターフェースでは，レシーバにクロック・データ・リカバリ(CDR：Clock Data Recovery)を使用して，受信信号からクロックを生成し，そのクロックを使って信号からデータを取り出します(図8.3)．そのため，CDRが受信信号からクロックを正しく生成し，正しく論理値'1'，'0'を判定してデータを取り出せる必要があります．そこで重要なことは，

(1) クロック・ラッチ点で所望する信号レベルが確保されているかどうか
(2) ラッチ点から信号のエッジ位置までの時間が確保されているかどうか

の2点です．

その阻害要因(信号劣化要因)には，

▶振幅方向に関するもの
- 信号レベルの低下
- 信号のなまり

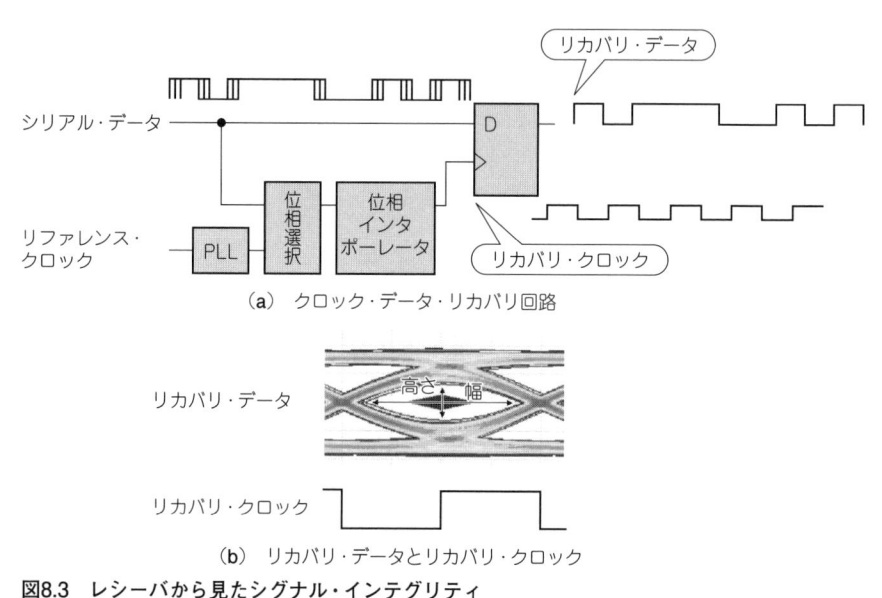

(a) クロック・データ・リカバリ回路

(b) リカバリ・データとリカバリ・クロック

図8.3 レシーバから見たシグナル・インテグリティ

図8.4
アイ・ダイアグラム描画の原理

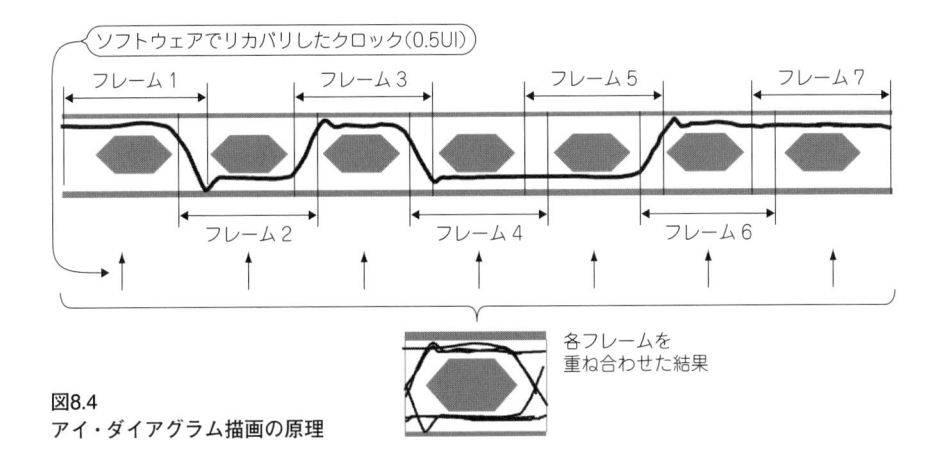

- レベルの変動
- ノイズ

▶時間軸方向に関するもの
- デューティ・サイクル，ユニット・インターバル（周期）の変動
- ジッタ

などがあります．

　アイ・ダイアグラムは，図8.4のようにリカバリされたクロックを基準として，ビットごとに信号を抜き出して重ね書きし，正に向かう遷移，負に向かう遷移など，信号が取りえる遷移を一つの画面に全て表示します．したがって，信号が劣化する上記の要因に関する情報が含まれ，伝送特性を総合的に表現できます．このため，長年にわたって通信系などで，シリアル信号の品質を評価する重要なテスト項目として利用されてきました．波形の重なり具合が目（Eye）のような形状をしていることから，アイ・ダイアグラムという名前が付いています．

　アイの開き具合が大きく，つまりぱっちりとした目であれば，ノイズ，ジッタに対する耐性増加や受信特性が良好になります．しかし，トップ（波形の上側）やベース（波形の下側）の部分が太くなったり，遷移部分が広くなったり，つまりぼんやりした眠そうな目になったりすると受信特性が悪化します．

　実際に，アイの開き具合（Eye Opening）は，ビット誤り率（BER：Bit Error Rate）と相関があります．

● 許容度限界を同時に判定するマスク・テスト

アイ・ダイアグラムを使用した測定では，信号特性の数値情報を抽出することも必要ですが，垂直／水平方向の狭まり具合と広がり具合，すなわち振幅とジッタの許容度の限界（違反ゾーン）を規定した多角形のアイ・マスクを同時に表示した方が簡単に評価できます（**図8.5**）．使用するマスクは，一般的には標準規格ごと，測定点ごとに定義されています．ただし，USB 3.0をはじめ，最近の傾向は，アイ幅は長期間（特定のビット誤り率）で定義され，アイ・ダイアグラムで直接判定できません．そのため，ジッタ測定に含まれるようになっています．これはデータ・レートの高速化に伴い，ランダム・ジッタの影響を考慮するようになっているからです．

※ビット誤り率：BER10^{-12}

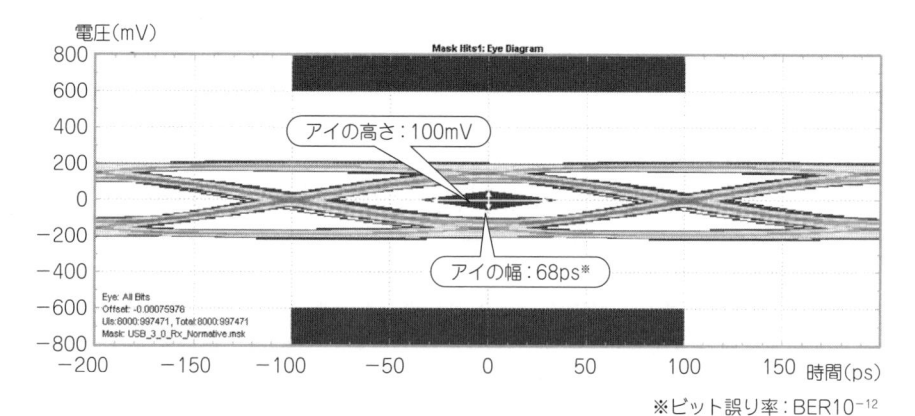

図8.5　USB 3.0トランスミッタ・コンプライアンス・テスト用のDPOJETアイ・ダイアグラム
黒い部分がアイ・マスクである．

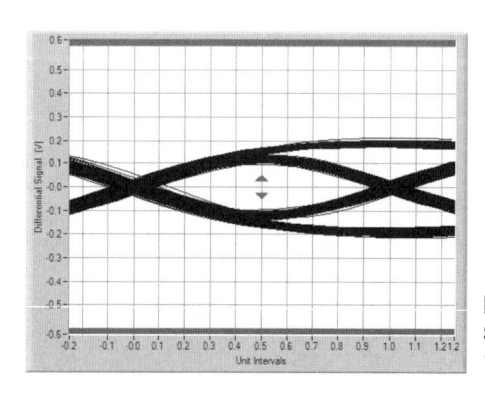

図8.6
SIGTESTのアイ・ダイアグラム表示のマスクは電圧方向の判定のみ

ただし，短期間でマスクに対してアイ幅でフェイルしたものは，長期間でもフェイルするわけであり，逆に短期間でパスしたからといって，長期間でパスするとは限りません．

なお，USB-IF の公式なコンプライアンス・テスト・ツールである SIGTEST ではマスク判定をしていません（**図 8.6**，**コラム 8.C** 参照）．

コラム 8.B　コンプライアンス・テストは必要か ワークショップとインテグレーターズ・リスト

シリアル・インターフェースの標準規格団体は，年に数回「プラグ・フェスタ(Plug Festa)」と呼ぶイベントを開催しています．プラグ・フェスタでは，現在開発中の機器を持ち込んで，既に規格適合が確認されている装置と実際に接続しての相互運用性を確認できます．ほとんどの規格団体では認証テストを同時に受けることができます．

USB-IFでは，このイベントのことを「コンプライアンス・ワークショップ(Compliance Workshop)」と称し，年に数回，米国を中心に開催しています．また，米国オレゴン州ヒルズボロー市に USB-IF がオープンした PIL（Platform Interoperability Lab）へ持ち込み，テストを受けることもできます．ただし，民間会社による認証テスト・サービスも開始されるようになったため，PIL は終了する方向にあります．

インターフェースによっては，必ず公式のコンプライアンス・テストを受ける必要があります．そのような認証はさまざまな他社のデバイスと接続する環境にあるデバイスに対して，相互運用性を保証するためにあります．

USB ではコンプライアンス・ワークショップでパスすると，相互運用性が確認されたデバイスということで，インテグレーターズ・リストに掲載されます．逆にいうと，インテグレーターズ・リストに掲載してもらうためには，コンプライアンス・ワークショップに持ち込み，認証テストを受ける必要があります．

しかしながら，デバイスの販売を目的とするのではなく，USB 3.0 を組み込みのようなクローズドなシステムの中で使うのであれば，インテグレーターズ・リストに掲載する必要はなく，必ずしも認証テストを受ける必要はありません．しかし，製品保証の観点からコンプライアンス・テストを受けておく，あるいはコンプライアンス・テスト相当の評価をしておくべきです．なお，USB 3.0（SuperSpeed）の装置は，USB 2.0（HS/FS/LS のいずれか一つ）の認証も必要です．

第8章 コンプライアンス・テスト

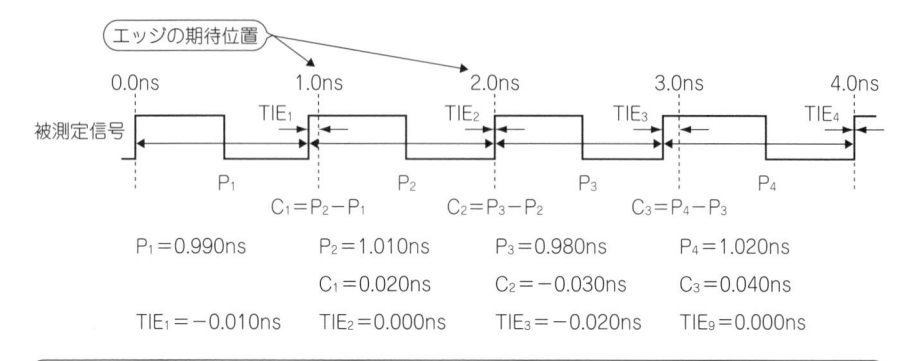

```
エッジの期待位置
    0.0ns      1.0ns      2.0ns      3.0ns      4.0ns
被測定信号 ┐┌──┐┌──┐┌──┐┌──┐┌──┐
          TIE₁      TIE₂      TIE₃      TIE₄
          P₁        P₂        P₃        P₄
             C₁=P₂-P₁  C₂=P₃-P₂  C₃=P₄-P₃

P₁=0.990ns   P₂=1.010ns   P₃=0.980ns   P₄=1.020ns
             C₁=0.020ns   C₂=-0.030ns  C₃=0.040ns
TIE₁=-0.010ns  TIE₂=0.000ns  TIE₃=-0.020ns  TIE₉=0.000ns
```

- 周期ジッタ：周期の推移（0.990/1.010/0.980/1.020）
- サイクル・トゥ・サイクル・ジッタ：隣接周期の変動（0.020/-0.030/0.040）
- 時間間隔エラー（TIE）：エッジの期待位置（ジッタ・タイミング・リファレンス）とのずれ（-0.010/0.000/-0.020/0.000）．
  ジッタ・タイミング・リファレンス＝リカバリされたクロック

図8.7　シリアル・インターフェースのジッタは時間間隔エラー

● 高速シリアル・インターフェースにおけるジッタは時間間隔エラー

　シリアル・インターフェース系で測定されるジッタは，クロック・オシレータやPLLなどの評価に用いる周期ジッタやサイクル・トゥ・サイクル・ジッタではなく，時間間隔エラー（TIE：Time Interval Error）です（**図8.7**）．時間間隔エラーとはリカバリされたクロック，すなわち期待されたエッジ位置と実際の波形エッジ位置との差です．測定に当たり，クロック・リカバリを必要とします．

● クロック・リカバリの特性を理解する

　クロック・リカバリ回路は，PLLを使って受信したデータからクロックを抽出します．正確には，アナログ的，ディジタル的に実現したPLLを使って，受信側で生成されたクロックの周波数と位相を受信したデータに合わせ込みます．

　PLLは，ジッタの持つ周波数成分と振幅（ジッタの大きさ）により，その影響の度合いが次のように変わり，ジッタ伝達関数で表現されます（**図8.8**）．

（1）カットオフ周波数以下のジッタ成分にはPLLが追従するため，ジッタが吸収される．

（2）カットオフ周波数以上のジッタ成分に追従できないため，ジッタが吸収されない．

（3）ピーキングがあると逆にジッタが増加する．

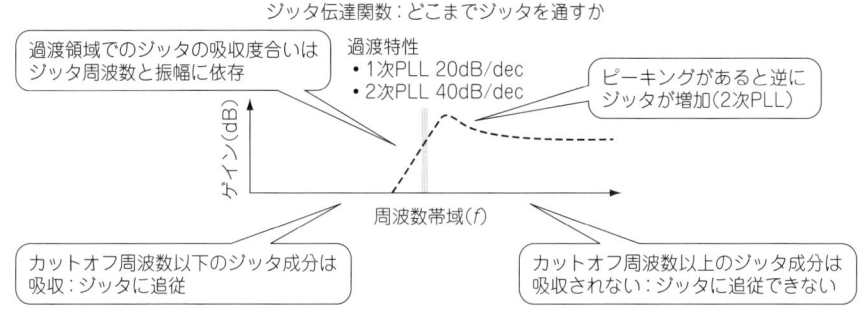

8.2 コンプライアンス・テストを行う前に

図8.8 クロック・データ・リカバリのジッタ伝達関数

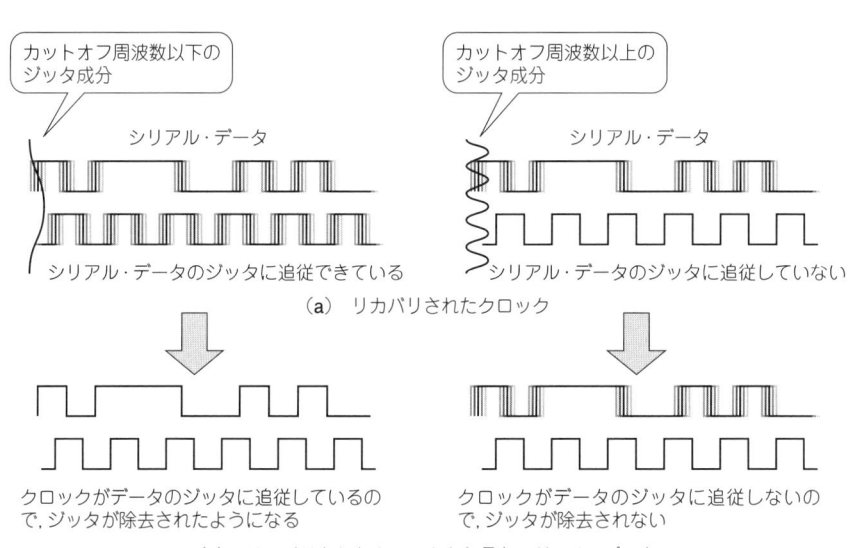

ジッタ伝達関数：どこまでジッタを通すか

- 過渡特性
  - 1次PLL 20dB/dec
  - 2次PLL 40dB/dec
- ピーキングがあると逆にジッタが増加（2次PLL）
- 過渡領域でのジッタの吸収度合いはジッタ周波数と振幅に依存
- カットオフ周波数以下のジッタ成分は吸収：ジッタに追従
- カットオフ周波数以上のジッタ成分は吸収されない：ジッタに追従できない

図8.9 ジッタの伝達の度合い

(a) リカバリされたクロック
- カットオフ周波数以下のジッタ成分 → シリアル・データのジッタに追従できている
- カットオフ周波数以上のジッタ成分 → シリアル・データのジッタに追従していない

(b) リカバリされたクロックから見たシリアル・データ
- クロックがデータのジッタに追従しているので，ジッタが除去されたようになる
- クロックがデータのジッタに追従しないので，ジッタが除去されない

（4）過渡領域でのジッタの吸収度合いはジッタ周波数と振幅に依存する．

ジッタの影響の度合いを**図 8.9** に示します．ジッタの成分によっては測定結果が異なるので，測定に使用するクロック・リカバリの条件を統一する必要があります．さもなければ，測定結果の統一性と客観性が失われてしまいます．

リカバリされたクロックはチップ内部でしか得られませんが，オシロスコープ側でクロック・リカバリ機能を用意する方法があります．測定に使用するクロック・リカバリを実現するには，ハードウェアとソフトウェアの2種類の方法があ

ります.最近では,例えば100万UI(Unit Interval. 1UI = 1/データ・レート)など,ある程度の期間を連続して取り込んだデータから演算する,すなわちソフトウェアでクロック・リカバリの特性をエミュレートしてクロックを抽出する方法が主流です.測定器ベンダや機種が異なっても同じ条件で測定を行えるように,測定に使用するクロック・リカバリの特性を指定する規格もPCI Expressをはじめとして多くなりました.多くの規格でこの方法が採用されています.規格が変更された場合などに柔軟に対応するためにもソフトウェアの方が有利です.オシロスコープで取り込んだ連続データ全てを測定することができます.

一方,デバッグなどで連続してトリガを掛けてリアルタイムで波形の変化などを観測するには,ハードウェア方式によるクロック・リカバリが必要です.特に,伝送される全てのビットの正しさをリアルタイムで判断するBERT(Bit Error Rate Tester,ビット誤り率試験器)でクロック・リカバリが必要な場合には,ハードウェア方式を使用します.

ハードウェア方式はソフトウェア方式ほどの柔軟性はありませんが,1次PLLや2次PLLの選択,ループ帯域幅の可変,2次PLLの場合にはピーキング特性を細かく設定できるというクロック・リカバリ専用ユニットもあります.

● USB 3.0の測定条件とクロック・リカバリ

USB 3.0では,リアルタイム・オシロスコープを使って1回のトリガで連続したシリアル・ビット・ストリームを取り込みます.必要なデータ長は100万UIです.そして,ソフトウェアでクロックを抽出して,アイ・ダイアグラムやジッタを測定します.そのため,専用に用意されたコンプライアンス・テスト・ソフトウェアを使ってリアルタイム・オシロスコープで取り込んだシリアル・ビット・ストリームを処理し,解析します.

測定に使用されるPLLは,ジッタ伝達関数で規定されています.ループ帯域幅として4.9MHzの2次PLLとなります.2次PLLとは40dB/decの減衰特性を持つPLLです(図8.10).

● ランダム・ジッタとデターミニスティック・ジッタ

図8.11に示すように,ジッタはランダム・ジッタ(R_j)とデターミニスティック・ジッタ(D_j)の2種類が合成されているということを理解することが重要です.前者は,回路中の熱雑音やフリッカ・ノイズ,ショット・ノイズなどで発生します.発生頻度は低くても大きなジッタが発生し,理論上,$-\infty$から$+\infty$にジッタ

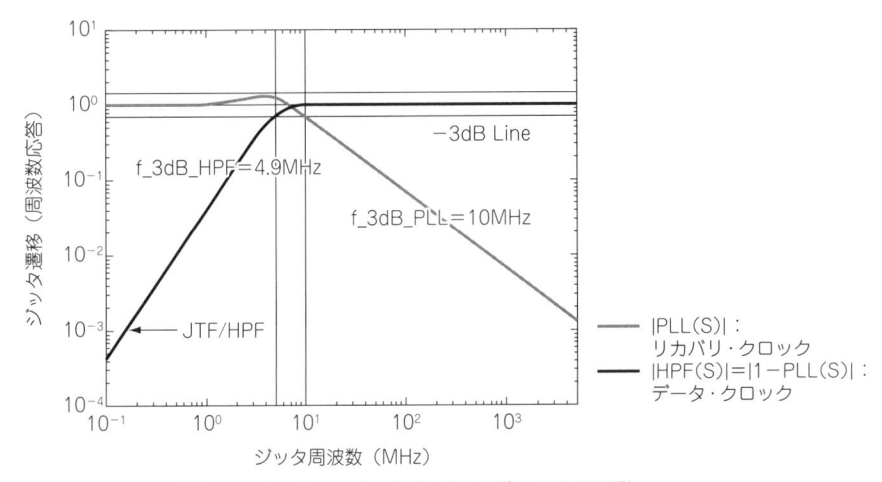

図8.10　USB 3.0測定のためのクロック・リカバリのジッタ伝達関数

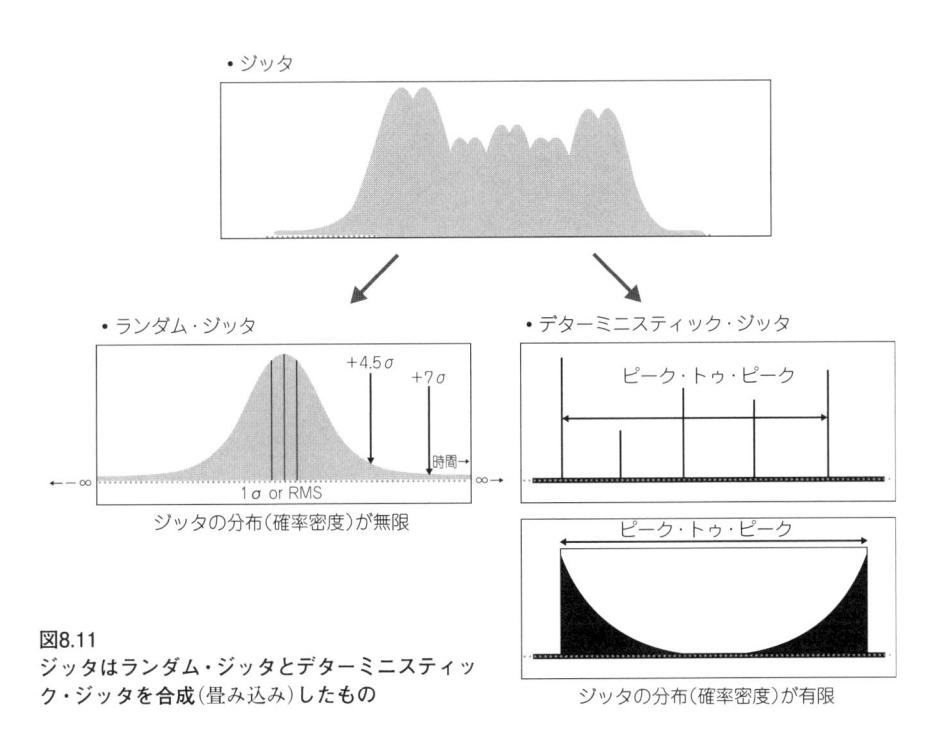

図8.11
ジッタはランダム・ジッタとデターミニスティック・ジッタを合成(畳み込み)したもの

コラム 8.C 伝送路の高周波損失と信号品質改善技術

　マルチギガビットの信号を基板やケーブルを通して伝送する場合の問題点は，高周波損失の顕在化です．高周波損失の主要因は，抵抗損と誘電損の二つです．

　抵抗損は，表皮効果としてよく知られている交流電流が導体内部を流れなくなることによる損失で，周波数に比例して増加します．誘電損は，誘電体に電界を掛けた際に誘電体内部で発生する分極が，周波数の上昇に伴い，電界の変化と分極の変化にずれが生じて発生する損失で，$\tan \delta$で知られる静電正接に依存します．周波数の平方根に比例して増加するため，周波数が低いところではその影響は小さいのですが，周波数が上昇するにつれて顕在化してきます．つまり，周波数の上昇に伴って減衰が増加し，伝送路があたかもローパス・フィルタのように作用します．

　'0'や'1'の周期が短いほど高い周波数成分を持つことになり，伝送路の高周波損失の影響を大きく受けます．同時に，エッジ位置がパターンにより時間軸方向に揺らぐ現象が発生します．これらは直前のデータ・パターンによって影響の受け方が変わり，シンボル間干渉（ISI：Inter Symbol Interference）と呼ばれています．

上：基板への入力信号

中：基板を通過した信号
　①同じ論理が続くと信号レベルは最大に到達
　②同じ論理が続いた直後の変化は信号振幅が低下
　③同じパターンでも前の論理の影響が残る

下：基板を通過した信号のアイ・ダイアグラム

図8.A
伝送路の損失の影響を受けた波形（シンボル間干渉）

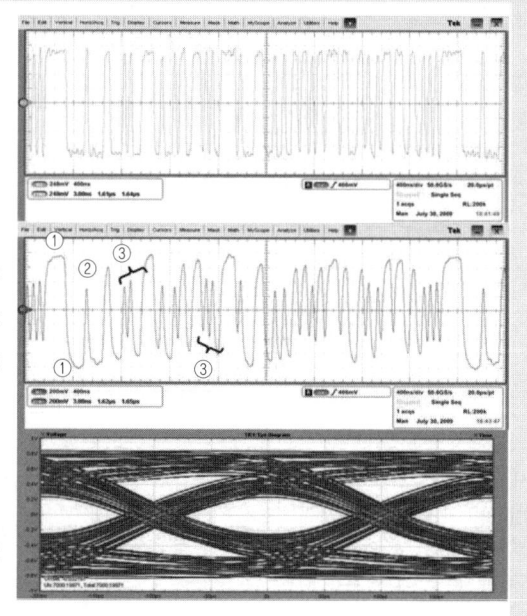

8.2 コンプライアンス・テストを行う前に

　伝送路の損失の影響を，実際の波形とアイ・ダイアグラムで見たのが**図8.A**で，シンボル間干渉が起きていることが分かります．ここでは，5Gbpsの信号をUSB 3.0の3mケーブルで伝送しました．パターンとして，7ビットの線形フィードバック・シフト・レジスタ(LFSR：Linear Feedback Shift Register)を使用して生成したPRBS7(Pseudo Random Bit Sequence，疑似ランダム・パターン)を使いました．

　信号の0→1，1→0というビット変化部分(遷移ビット)は，周波数的に高い成分を持つため0→0，1→1と同じビットが継続(非遷移ビット)した場合に信号レベルを下げることで，相対的に遷移ビットを強調し，受信端に到来した遷移ビットと非遷移ビットとのレベル差をなくし，さらにシンボル間干渉を抑制することを目的として，送信側で施される信号改善がディエンファシスです．

　図8.Bは，**図8.A**と同じ条件の信号に対し，3.5dBのディエンファシスを適用した例です．受信した信号の品質が改善されていることが，受信波形の変動具合の低減や**図8.A**に比較して大幅に開いたアイ・ダイアグラムから判断できます．

上：基板への入力信号

中：基板を通過した信号

下：基板を通過した信号のアイ・
　　ダイアグラム

図8.B
ディエンファシスを適用し改善
を図った例

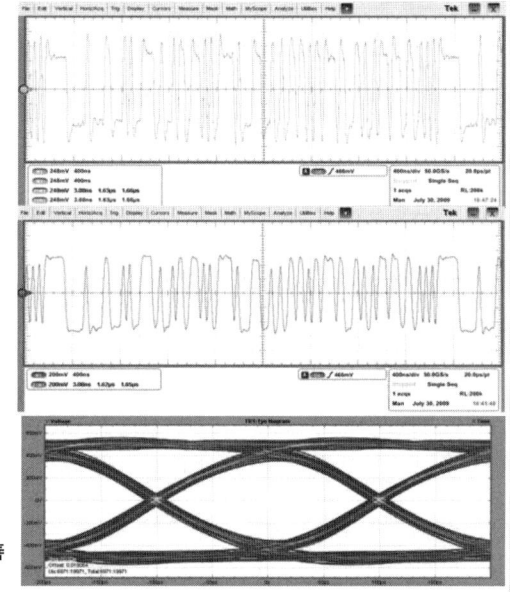

第 8 章 コンプライアンス・テスト

余談ですが，一般的に通信の世界でディエンファシスというと，送信時に変調前に強調（プリエンファシス）した周波数成分を受信側で復調後に元に戻すことをいい，実際に FM 放送で取り入れられています．しかし，最近のシリアル・インターフェースでの用法は，プリエンファシスは遷移ビットを強めること，ディエンファシスは逆に非遷移ビットのレベルを下げることを意味しています．ただし，送信側で施されるため，どちらも正確にはプリエンファシスが正解という意見もあり，プリエンファシスと称していながら実際は非遷移ビットの信号振幅を下げているチップもあります．

遷移ビットと非遷移ビットの電圧レベル差は，電圧レベル比として dB 表現される場合が多く，USB 3.0 では 3.5dB，同じ 5Gbps の PCI Express Rev.2.0 では，5Gbps で 6dB および 3.5dB，2.5Gbps では 3.5dB というディエンファシスを規格化しています．

電圧比の dB 表現は，

$$A = 20 \log_{10} \left(\frac{V_2}{V_1} \right)$$

逆に，dB から電圧比への変換は，

$$\frac{V_2}{V_1} = 10^{\frac{A}{20}}$$

つまり，6dB は 2：1 で遷移ビットに対し非遷移ビットのレベルを 1/2 に，3.5dB は 1.5：1 で 2/3 に下げることになります．6dB 下げるということは，USB 3.0 の想定伝送線路ではレシーバ感度が厳しくなります．反対に，信号振幅を上げる方法も考えられますが，高い周波数成分を強めるため，消費電力や EMI，クロストークの増加を招き，妥当な選択ではありません．そのため，USB 3.0 では送信側のディエンファシスを 3.5dB（± 0.5dB）に抑え，さらに受信側のイコライザで補正する方法（Receiver Equalization）を採用しています．

なお，MS-Excel の関数では，電圧比（A1）→ dB（B1）変換は B1 =20 ＊ LOG10（A1），dB →電圧比（C1）変換は C1 =POWER（10, B_1/20）となります．

が存在します(Unbounded：無限)．一方，後者は隣接オシレータやスイッチング電源から発振の漏れ込み，伝送路の周波数特性によるパターンに依存したジッタなどで，ジッタの振れ方はある一定の範囲内に留まります(Bounded：有限)．

ランダム・ジッタの分布を示す確率密度関数は正規分布(ガウス分布)になり，平均的なばらつきの幅を表すσ(標準偏差)の関数で表現されます．大きな揺らぎは発生頻度は極めて低いのですが，長期間で見ると発生する可能性があります．例えば，$\pm 7\sigma$を超えるジッタの発生頻度は，1兆回(10^{12})に1回です．

このような頻度は極めて低く感じられますが，5Gbpsのデータ・レートで見ると，200秒〔$1/(5 \times 10^{-9}) \times 10^{12}$〕，すなわち3分20秒に1回発生する頻度です．もし，この大きなジッタが正しくビットを捕捉できない要因，すなわちエラーを引き起こすとすれば，この発生頻度はビット誤り率を意味することになります．つまり，ランダム・ジッタは長期間の伝送品質に影響を与えます．なお，上記の1兆回に1回という発生頻度は，多くの高速シリアル・インターフェース規格で確保されるべきビット誤り率の基準になっていて，BER10^{-12}と表現されます．

一方，デターミニスティック・ジッタの大きさは時間に依存しませんが，ランダム・ジッタに対する余裕度を低下させます．

このように，ジッタは性質の異なる2種類のジッタで合成されているため，InfiniBandやFibre Channel，SATAなどの高速シリアル・インターフェースでは，単にピーク・トゥ・ピーク・ジッタという総量でジッタをとらえず，ランダム・ジッタとデターミニスティック・ジッタ，さらにランダム・ジッタに依存する長期間(BER10^{-12})でのジッタ量(トータル・ジッタと呼ばれる)を評価するという考え方が定着しています．

換言して，高速シリアル・インターフェースの相互運用性を正確に表現すれば，特定のビット誤り率で通信を保証することを意味します．この傾向は，データ・レートが高速化し，データの1周期(UI)の時間が減少するに従って顕著になります．例えば，PCI Expressの場合，2.5Gbpsでは1MUIの中だけでのピーク・トゥ・ピーク・ジッタ(実際はメジアン・ピーク・ジッタ)をとらえていましたが，5Gbpsではランダム・ジッタとデターミニスティック・ジッタを測定で求めるようになりました．USB 3.0でもこの考え方を採用し，ジッタ仕様としてトランスミッタ・テストでランダム・ジッタとデターミニスティック・ジッタ，トータル・ジッタ(BER10^{-12})を測定します．また，レシーバ・テストでは，ジッタとして印加するランダム・ジッタとデターミニスティック・ジッタが規定されています(コラム8.C参照)．

● コンプライアンス・テスト・パターン

　高速シリアル・インターフェースの測定では，測定に使用するトランスミッタ・テストが発生すべきデータ・パターンを規格で規定しています．

　2^7-1 や $2^{23}-1$ ビット長を持つ疑似ランダム・ビット・パターン(PRBS：Pseudo Random Bit Sequence)がよく知られていますが，特に 8b/10b 符号化を採用している規格では，上記の疑似ランダム・パターンで現れるような低周波の 5 ビットを超えた同論理の継続パターンはなく，周波数成分が異なります．

　また，パターンが規定と異なると，データ遷移密度(信号変化の頻度)や回路の振る舞いなどが異なり，測定結果の相関が取れません．下記に，USB 3.0 で規定されているデータ・パターンの概略を示します．

　(1) CP0 から CP8 までの 9 種類のパターンを規定(**表 8.1**)．ただし，現時点では，この中の CP0 と CP1 のみを使用．
　(2) これらのテスト・パターンは，トランスミッタがコンプライアンス・モードに入ると自動的にトランスミッタから送信される．
　(3) コンプライアンス・モードに移行した場合，CP0 が連続送信する．その後，トランスミッタとチップ内でペアとなっているレシーバに Ping.LFPS を入力するたび，CP1，CP2…と順次切り替わり，CP8 に到達するとまた CP0 に戻る．以下，これを繰り返す．

　つまり，レシーバに代わって計測器を接続するだけでコンプライアンス・モードに入り，コンプライアンス・パターンを自動的に連続発生します．実際は，下記のようなしくみになっています．

　(1) トランスミッタの出力がレシーバの接続により，解放状態から終端されたことを回路時定数の変化で検出する．
　(2) レシーバに対し，ポーリング用の信号 Polling.LFPS を送信する．
　(3) レシーバからの応答(Polling.LFPS)が 360ms 以内になければ自動的にコンプライアンス・モードに移行し，コンプライアンス・パターンを連続送信する(**図 8.12**)．

　コンプライアンス・パターンをどのように発生させるか，テスト・モードにどのように入れるかは規格により千差万別ですが，代表的な方法はチップ内部のレジスタを設定するものです．この方法は，ソフトウェア上から設定できるようにしておく必要があります．また，製品版ではこの機能を使えないようにして出荷しているチップもあり，設計者や評価エンジニアを煩わせます．

　USB 2.0 では USB-IF Electrical Test Tool(USBHSET)をホスト(Windows

表 8.1 USB 3.0 で規定されているコンプライアンス・テスト・パターン

トランスミッタがコンプライアンス・モードに入った場合，CP0 から Ping.LFPS を受信するたび，次のパターンに切り替え，連続出力する．

パターン	シンボル	内容	波形※
コンプライアンス・テストに使用するパターン			
CP0	D0.0（スクランブルされた）	論理アイドル状態と同じ疑似ランダム・パターン．SKIP オーダード・セットは含まない．	
CP1	D10.2	ナイキスト周波数（1 ビット '0'，1 ビット '1' の繰り返し．ビット・レートの 1/2：2.5GHz）	
そのほかのパターン			
CP2	D24.3	ナイキスト周波数 /2（2 ビット '0'，2 ビット '1' の繰り返し．ビット・レートの 1/4：1.25GHz）	
CP3	K28.5	Comma パターン	
CP4	LFPS	低周波周期性信号パターン（20MHz ～ 50MHz）	
CP5	K28.7	ディエンファシス（5 ビット '0'，5 ビット '1' の繰り返し．ビット・レートの 1/10：500MHz）	
CP6	K28.7	ディエンファシスなし（フル振幅．5 ビット '0'，5 ビット '1' の繰り返し．ビット・レートの 1/10：500MHz）	
CP7	50 ～ 250 ビット長の 1 と 0 の繰り返し	ディエンファシス（ビット・レートの 1/100 ～ 1/500：50MHz ～ 10MHz）	
CP8	50 ～ 250 ビット長の 1 と 0 の繰り返し	ディエンファシスなし（フル振幅．ビット・レートの 1/100 ～ 1/500：50MHz ～ 10MHz）	

※垂直軸：120mV/div，水平軸：1ns/div

figure内のテキスト:

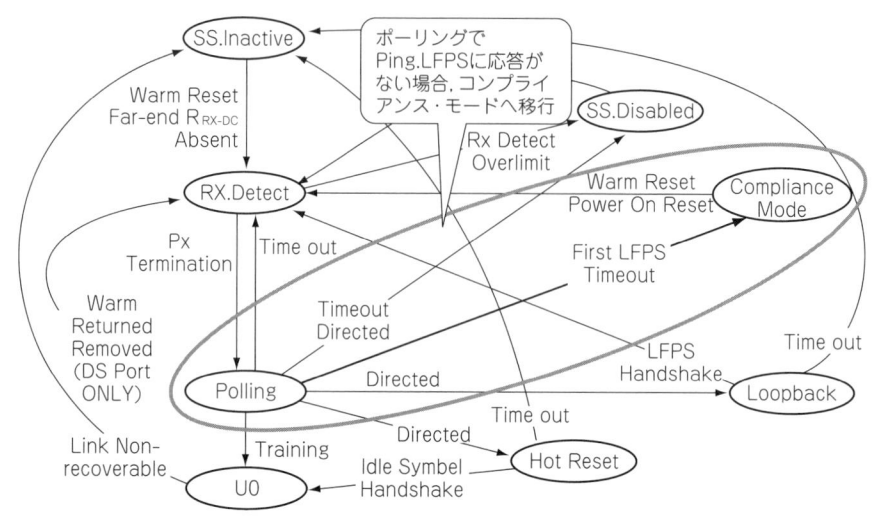

- SS.Inactive
- ポーリングでPing.LFPSに応答がない場合，コンプライアンス・モードへ移行
- Warm Reset Far-end R_{RX-DC} Absent
- SS.Disabled
- Rx Detect Overlimit
- RX.Detect
- Warm Reset Power On Reset
- Compliance Mode
- Px Termination
- Time out
- First LFPS Timeout
- Warm Returned Removed (DS Port ONLY)
- Timeout Directed
- LFPS Handshake
- Time out
- Polling
- Directed
- Loopback
- Link Non-recoverable
- Training
- Directed
- Time out
- Hot Reset
- U0
- Idle Symbol Handshake

図8.12　コンプライアンス・モードへの状態遷移図

PC)に搭載し，ホスト，デバイス，ハブをテストしましたが，組み込みホストでは，ソフトウェア上からレジスタを設定するか，あるいはOTG(On The Go)として実現し，外部からHS-OPT(High-Speed On-the-Go Protocol Tester)を使い，モードをセットする必要があり面倒でした．その点，USB 3.0 では上記の方法によりホストやデバイス，ハブに関係なく，簡単にテストや評価が行えます．なお，この方法は PCI Express とほぼ同じです．

　CP0 のパターンはアイの高さとデターミニスティック・ジッタの測定に，CP1 はランダム・ジッタとスペクトラム拡散クロッキング(SSC)の測定に使用されます．CP0 はスクランブラで生成されたランダム・パターンを 8b/10b 符号化したパターン，CP1 は D10.2 という '1' と '0' が 1UI ごとに交互に繰り返す 2.5GHz のクロック・パターンです．ちなみに，スクランブラは規格により異なり，シード(Seed：種)と呼ばれる初期値とシフト・レジスタの段数および特性多項式で表現されるタップ位置で規定されます．

　USB 3.0 のスクランブラは，シードとして FFFFh，16 段，特性多項式は $X^{16}+X^5+X^4+X^3+1$ のスクランブラが規定化されており，PCI Express と共通です．

　測定項目にCP0とCP1とコンプライアンス・パターンを使い分けるということは，トランスミッタのテストに際し，レシーバに対して，Ping.LFPSを入力す

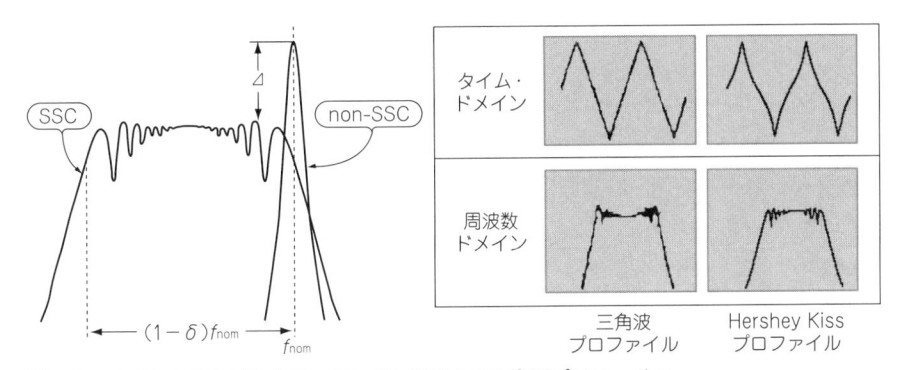

図8.13 スペクトラム拡散クロッキングと利用される変調プロファイル
SSCにより特定周波数（f_{nom}）へ集中しているピーク・エネルギーを分散することができる．三角波やHershey Kiss型の変調形状（プロファイル）が使用される．Hershey Kissではほかと異なり，エネルギが偏りなく分散される（周波数軸で見た場合，トップが平坦になる）特長を持つ．

る必要があることを意味します．つまり，トランスミッタ・テストでは，Ping.LFPS を発生するジェネレータなどの何らかのカラクリを併用する必要があります．

● スペクトラム拡散クロッキング

　スペクトラム拡散クロッキング（SSC：Spread Spectrum Clocking）は，EMIの低減を目的としてリファレンス・クロックの周波数にジッタを故意に持たせるテクニックです．

　図8.13のようにクロックの周波数スペクトラム分布を拡散し（Spread），特定周波数へのエネルギーを下げることができ，今日のパソコンやディスプレイなど多くの機器に採用されています．

　時間軸で見た変調の形状をプロファイルと呼び，正弦波や Hershey Kiss（Lexmark 社の特許）などがありますが，三角波が多く利用されています．Hershey Kiss は米国 Hershey 社の Kiss チョコレートの断面に似ていることからこう呼ばれています．

　USB 3.0 は，ホスト（マザーボード）とアドイン・カードなどのデバイス間で共通のリファレンス・クロックを使用する PCI Express と異なり，ホストとデバイスで別々のリファレンス・クロックを使用します．それゆえ，送信側と受信側の周波数のずれは，スペクトラム拡散クロックによってより顕著になります．このため，スペクトラム拡散クロックは相互運用性問題を引き起こす原因の一つに

第8章 コンプライアンス・テスト

なっています．

　通常，スペクトラム拡散クロックではクロックの周波数は規定周波数を最高とし，それ以下に変化するようなダウン・スプレッドが利用されます（図8.14）．USB 3.0では変調周波数30kHz～33kHzで，周波数偏差は0～-5000PPM（33kHz），あるいは0～-4000PPMです．どちらにも基本的に許容される周波数偏差の±300PPMが加算されるので，+300～-5300PPM，あるいは+300～-4300PPMとなります（周期で見た場合には符号が逆になる）．

　一方，規定周波数を中心に上下に変化するセンタ・スプレッド，規定周波数が最低で，それ以上に変化するアッパ・スプレッドがあります．センタ・スプレッドとアッパ・スプレッドの双方とも周波数が規定よりも高くなることを意味し，回路の時間余裕度を低下させます．

　また，送信側と受信側の周波数のずれを吸収するしくみとして，レシーバはエラスティック・バッファを持ち，さらにデータ内に周期的にダミー文字列（SKPオーダード・セット）を挿入して伝送することが規定されており，上記のパラメータからSKPオーダード・セットを挿入する間隔とエラスティック・バッファの

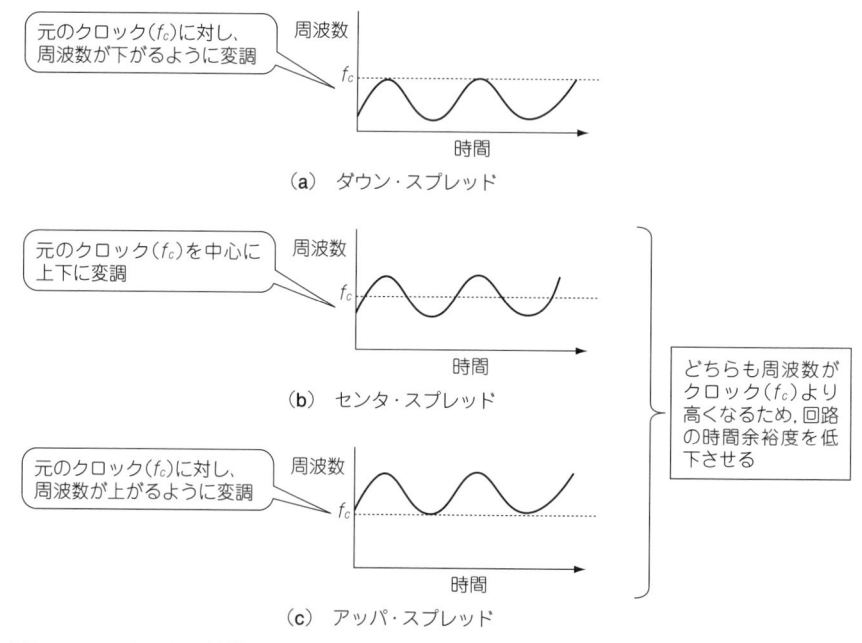

（a）ダウン・スプレッド　元のクロック(f_c)に対し，周波数が下がるように変調

（b）センタ・スプレッド　元のクロック(f_c)を中心に上下に変調

（c）アッパ・スプレッド　元のクロック(f_c)に対し，周波数が上がるように変調

どちらも周波数がクロック(f_c)より高くなるため，回路の時間余裕度を低下させる

図8.14　スペクトラム拡散クロッキングの変調方向と周波数の関係

容量が設計されています．そのため，いずれかの要素が異なるとエラスティック・バッファがオーバーフロー，あるいはアンダーフローとなり，データの取り損ない，あるいはデータ不足が発生する可能性があります．

● チャネル・トポロジ

　マルチギガレートの高速シリアル・インターフェースでは，トランスミッタから出力された信号は，その伝搬距離に応じて伝送路内の導体損失や誘電損失などの高周波損失を受け，下記のような影響が生じます．
　(1) 信号レベルの減衰
　(2) シンボル間干渉と呼ばれるジッタの発生
　そのため，規格策定時には，これらの影響を考慮して各規格のチャネル・トポロジ(伝送路の接続形態や構成)に応じた箇所で仕様を決めます．例えば，USB 2.0では図8.15のようにトランスミッタからレシーバへ向かって，TP1，TP2，

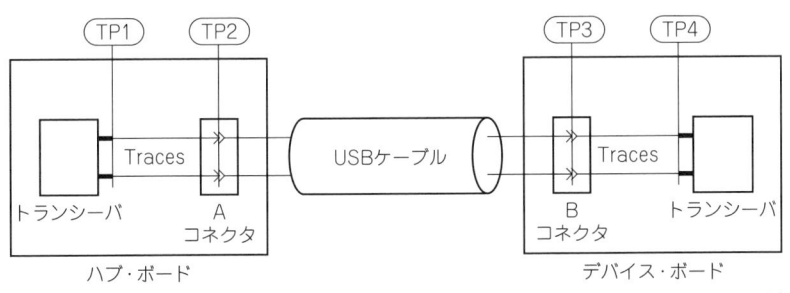

図8.15　USB 2.0の仕様箇所(Universal Serial Bus Specification Revision 2.0, April 27, 2000より)

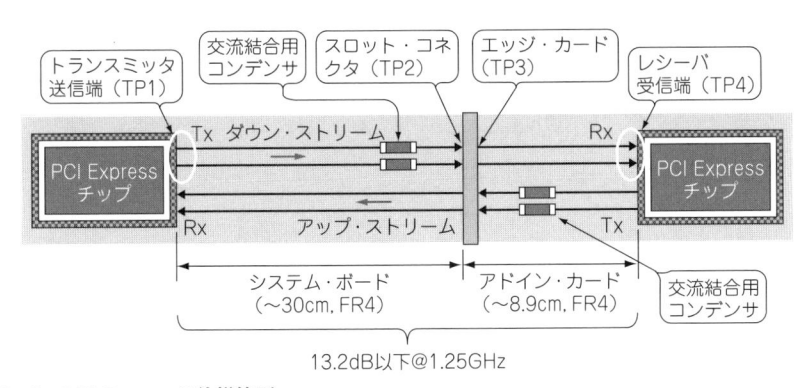

図8.16　PCI Expressの仕様箇所

第8章 コンプライアンス・テスト

TP3，TP4 という名称で，仕様および測定点が規定されています．この表現は，Ethernet（IEEE 802.3-2005）などの多くの規格で採用されています．

PCI Express では，パソコンおよびアドイン・カードというフォーム・ファクタで見た場合，この表現は使用していませんが，Base 仕様と CEM（Card Electro Mechanical）仕様で，トランスミッタ，カード・スロット，アドイン・カード・エッジ・コネクタおよびレシーバで仕様が規定され，それぞれ TP1，TP2，TP3 および TP4 に相当します（**図 8.16**）．ただし，USB 3.0 ではこの表現は使用していません．

図 8.17 が，USB 3.0 の仕様で前提となっているチャネル・トポロジです．ホ

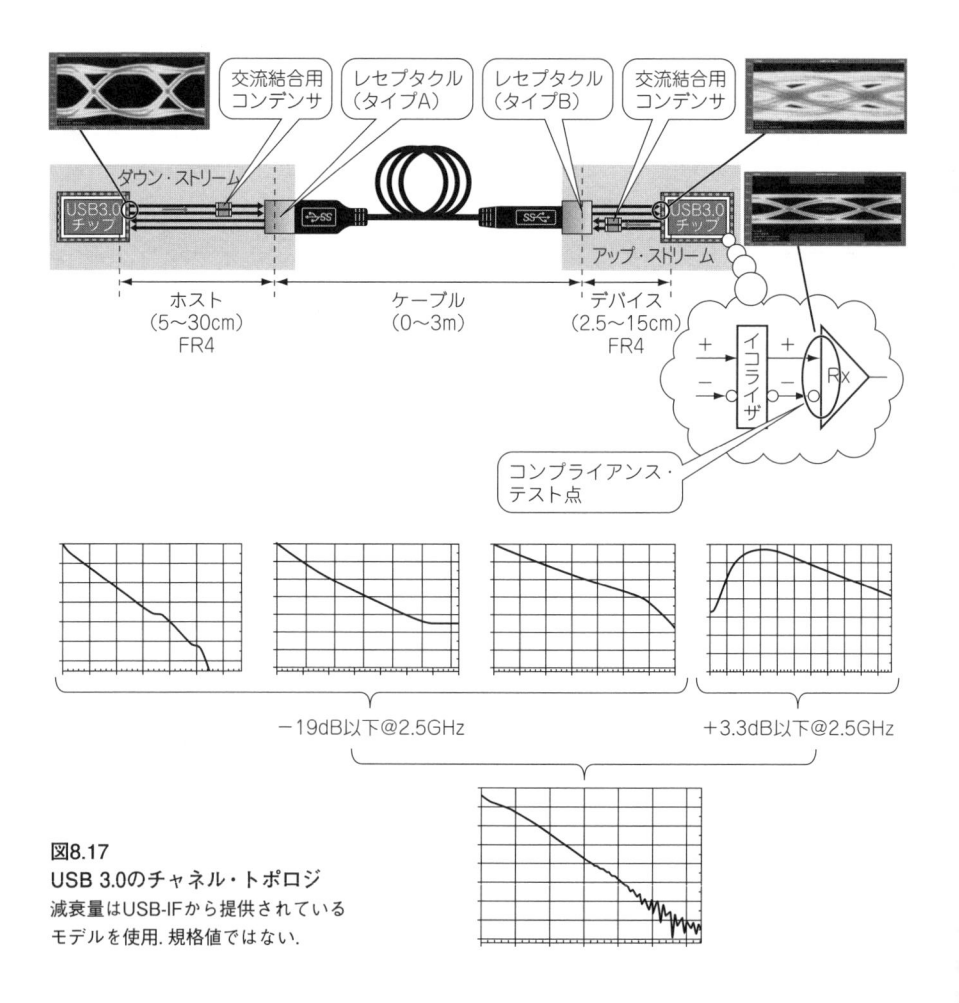

図8.17
USB 3.0のチャネル・トポロジ
減衰量はUSB-IFから提供されているモデルを使用．規格値ではない．

ストからデバイスへの向き（ダウン・ストリーム）に見た場合で，デバイスからホストへの向き（アップ・ストリーム）は逆になります．ホストとして，パソコンのマザーボードを想定しています．また，基板の材質には一般的なガラス・エポキシ（FR4）を使用することを前提としています．基板の材質は，高周波損失の中でも特に誘電損失に影響します．

▶ホスト
- トランスミッタからマザーボード上のトレースを通過し，レセプタクルに接続．
- 上記の途中に AC 結合のためのコンデンサが入る
  （アップ・ストリームはデバイス側）
- 最大トレース長になるのは，トランスミッタ（チップセット）の位置がマザーボード上の前面側に，レセプタクルの位置がパソコンの背面側にある場合で 30cm 長を想定．

▶ケーブル
- ホストとデバイス間はケーブルで接続．ケーブル長は 3m．

▶デバイス
- レセプタクルで受けた信号はデバイス上のトレースを通過し，レシーバへ接続される．最大 15cm 長を想定

なお，ケーブル長の規定は実際の仕様にはありませんが，差動挿入損失量と USB 2.0 の遅延時間で制約を受けます．差動挿入損失量は 2.5GHz で 7.5dB と規定されています．1m 当たり 2.5GHz で，2.5dB の減衰量（挿入損失）を持つ 28AWG（American Wire Gage）で 3m になります．遅延時間に関しては，マイクロ・タイプのケーブルで 16ns と 26ns という二つの数字の記述があります[注2]．

16ns と考えると，1m 当たりの遅延量は 5.2ns なので，3m が限界ということになります．

この伝送路のモデルは，規格立ち上げの早い段階における設計検証用のモデルという位置付けとして，USB-IF から公開されています[注3]．当初，このモデルは 4 ポートでしたが，8 ポートに変更されました．USB 3.0 では，ダウン・ストリームとアップ・ストリーム間のクロストークも考慮する必要があるというのが理由

注2：Universal Serial Bus 3.0 Connectors and Cable Assemblies Compliance Document Revision 1.0 Draft.

注3：http://compliance.usb.org/index.asp?UpdateFile=USB3&Format=Standard#58

です．
このモデルで想定されている減衰量は，
- ホスト   ：LSI パッケージ + 30cm の FR4 基板（約 7.5dB@2.5GHz）
- デバイス   ：LSI パッケージ + 15cm の FR4 基板（約 4dB@2.5GHz）
- 3m ケーブル（約 7.5dB@2.5GHz）

つまり，トランスミッタの出力は，最大約 19dB（1/9）の減衰を受けることになります．トランスミッタの出力は 1V ± 200mV なので，最小 800mV で考えた場合，受信端での信号レベルは 88.9mV となります．この結果，レシーバ受信端のアイは閉じてしまいます．そのため，レシーバに図 8.18 の特性を持つイコライザを併用します．

2.5GHz 付近では約 3.3dB（1.4 倍）で，その結果，レシーバ端の振幅は 123mV となります．なお，信号品質改善のため，送信側で 3.5dB ± 0.5dB のディエンファシスを使用します．ディエンファシスは非遷移ビット，つまり 2 ビット以上同論理が継続するデータ・パターンに適用します．低い周波数成分の振幅を抑えることで，より損失（減衰）が大きい高い周波数成分との振幅差をなくすように作用するために，この計算には含まれません．

上記のイコライザは，リファレンス・イコライザと呼ばれます．測定の際に併用するイコライザを規定したものであり，実際のイコライザはベンダに委ねられますが，暗黙的に実際に搭載されるべきイコライザの特性を示唆しています．

前述のチャネル・トポロジ（図 8.17）は最悪ケースを想定しており，通常はより短い信号パスとなります．つまり，減衰が大きい伝送路から減衰が少ない伝送路と幅広い減衰レベルにイコライザは対応する必要があり，常に効き具合を強く

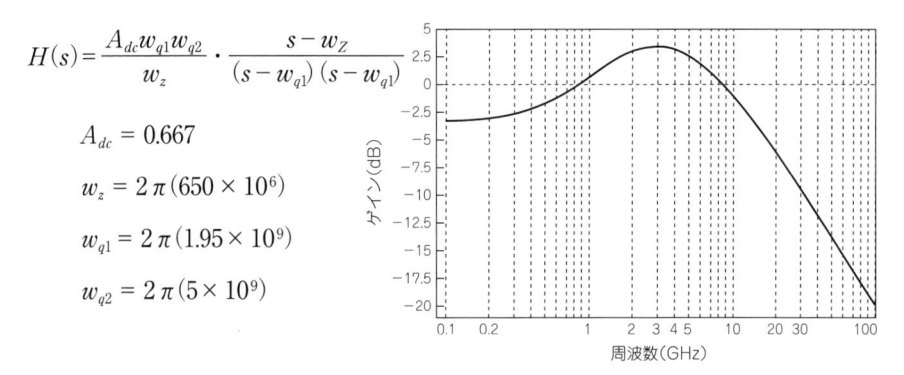

$$H(s) = \frac{A_{dc} w_{q1} w_{q2}}{w_z} \cdot \frac{s - w_z}{(s - w_{q1})(s - w_{q1})}$$

$A_{dc} = 0.667$

$w_z = 2\pi(650 \times 10^6)$

$w_{q1} = 2\pi(1.95 \times 10^9)$

$w_{q2} = 2\pi(5 \times 10^9)$

図8.18　USB 3.0のリファレンス・イコライザの特性

する必要はありません．逆に，常に強く効かせると，ノイズやジッタを増やしたり，クロストークまで増幅してしまったりする可能性もあります．つまり，使用する伝送路の減衰特性に合わせてイコライザの効き方が最適化される必要があります．そのため USB 3.0 では，トランスミッタはリンク・アップ最初の Polling.LFPS を取り交わした後に，表 8.2 のイコライザ最適化(イコライザ・トレーニング)のためのパターン(TSEQ)を送信するようになっています．この間に，イコライザは伝送路に応じて最適化を図ります．

TSEQ は 32 シンボルで構成され，前半 16 シンボルは，8 ビット・ランダム・パターンを 8b/10b 符号化したもので，500MHz 〜 2.5GHz で一様な周波数分布を持ちます．後半は 1 ビットごとに '1' と '0' が交互に出力されるクロック・パターンで 2.5GHz にピークを持ちます．TSEQ は，65,536 回繰り返し出力されます．実際にどのように最適化を図るかはチップ・デザインに依存します．

上記のように，USB 3.0 ではチャネルで劣化した信号をイコライザで補正して受信します．そのため，USB 3.0 のコンプライアンス・テストでは，図 8.19 のように接続される最長伝送路で劣化させた信号をリファレンス・イコライザで補正した上で，チップ内部のレシーバに到来している信号が規格で決められた信号水準にあるかどうかを評価します．ただし，図 8.19 はチップ内部の波形なので，

表 8.2　イコライザ・トレーニングのための TSEQ

シンボル番号	シンボル名	値
0	K28.5	COM(Comma)
1	D31.7	0xFF
2	D23.0	0x17
3	D0.6	0xC0
4	D20.0	0x14
5	D18.5	0xB2
6	D7.7	0xE7
7	D2.0	0x02
8	D2.4	0x82
9	D18.3	0x72
10	D14.3	0x6E
11	D8.1	0x28
12	D6.2	0xA6
13	D30.5	0xBE
14	D13.3	0x6D
15	D31.5	0xBF
16 〜 31	D10.2	0x5A

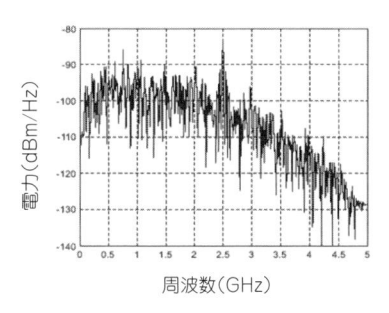

第 8 章　コンプライアンス・テスト

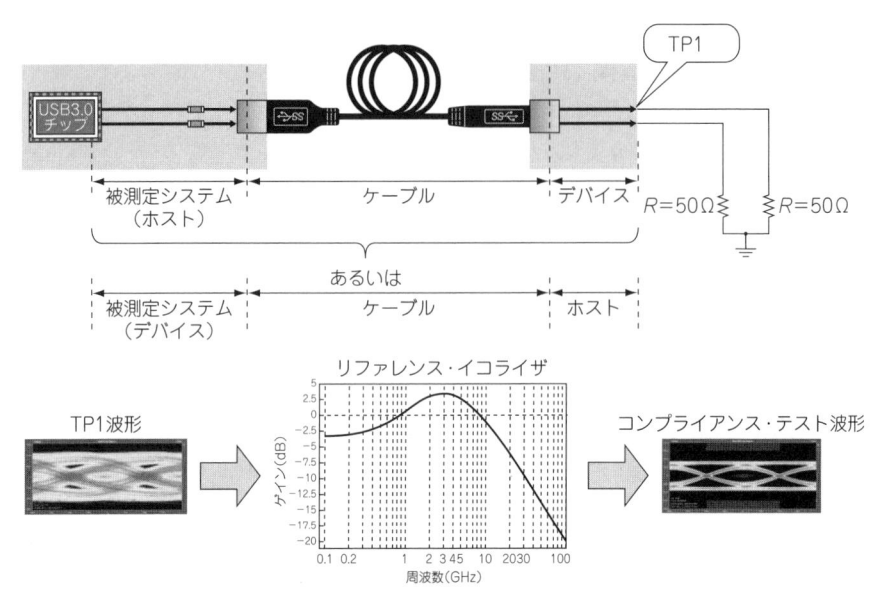

図8.19　トランスミッタ・コンプライアンス・テストの概念図
最長伝送路を接続して，チップ内部のレシーバに到来している信号が規格で決められた信号水準にあるかどうかを評価．

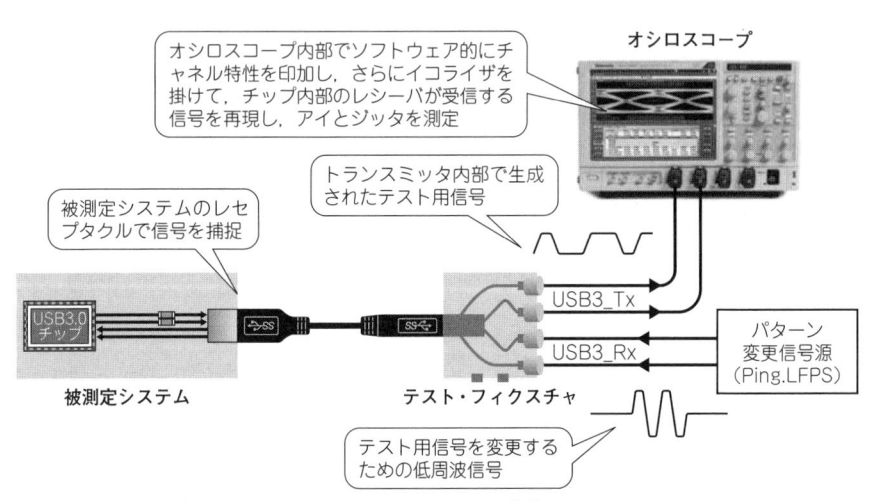

図8.20　トランスミッタ・コンプライアンス・テストの実際
被測定システムのレセプタクルで捕捉した信号に対し，リファレンス・チャネルとリファレンス・イコライザに相当する特性のフィルタを適用し，実チップ内のレシーバが受けているアイやジッタの測定を行う．

実際には測定できません．

加えて，被試験システムはレシーバではなく 50 Ω 終端として扱います（実際のチップは入力容量によりインピーダンスが変動し信号振幅も変わり，その変動はチップに依存してしまう．さらに，50 Ω 終端により計測器入力に接続して扱える）．そこで，図 8.20 のように被測定システムのレセプタクルで捕捉した信号に対し，リファレンス・チャネル（ホストならばケーブルとデバイス・トレース，デバイスならばケーブルとホスト・トレース）とリファレンス・イコライザに相

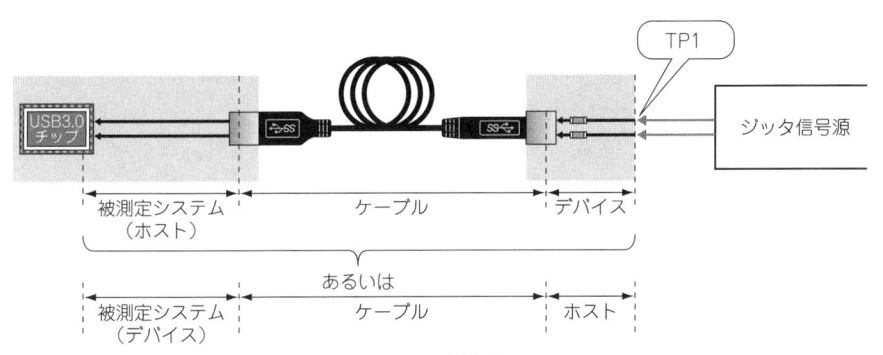

図8.21　レシーバ・コンプライアンス・テストの概念図
トランスミッタと同様に，最長伝送路でレシーバが疑似トランスミッタとしてのジッタ信号源からの信号を正しく受けられるかを評価．

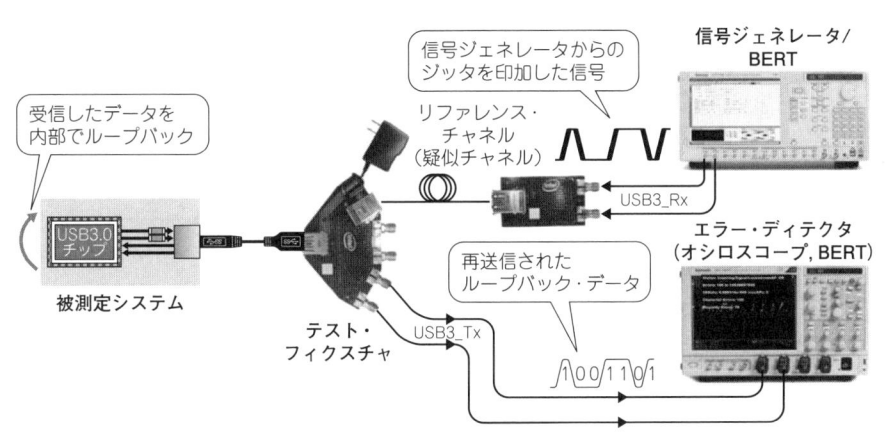

図8.22　レシーバ・コンプライアンス・テストの実際
ジェネレータ出力に，リファレンス・チャネル（疑似ハードウェア）を取り付けてレシーバが疑似トランスミッタとしてのジェネレータからのジッタを持った信号を正しく受けられるかを評価．

第8章 コンプライアンス・テスト

当する特性のフィルタを適用し，その結果，レシーバが受ける信号を再現し，アイやジッタを測定する方法をとります．

一方，レシーバ評価においても上記の考え方は同じであり，レシーバへ入力されるテスト信号源からの信号は，同じく上記チャネルを通した結果として入力する必要があります（図8.21）．

ここで，任意波形ジェネレータを使うとチャネル特性を最初のデータを作成する時点でソフトウェア的に加味して発生できますが，現時点では疑似ハードウェアにより印加します（図8.22）．

● レシーバ・テストでのエラー検出（ループバック・モードと外部エラー・ディテクタ）

レシーバが正しくデータを受信できているかどうかを，どうやって判断・評価するのでしょうか．USB 3.0では，ループバック・モードと外部エラー・ディテクタを使用します．

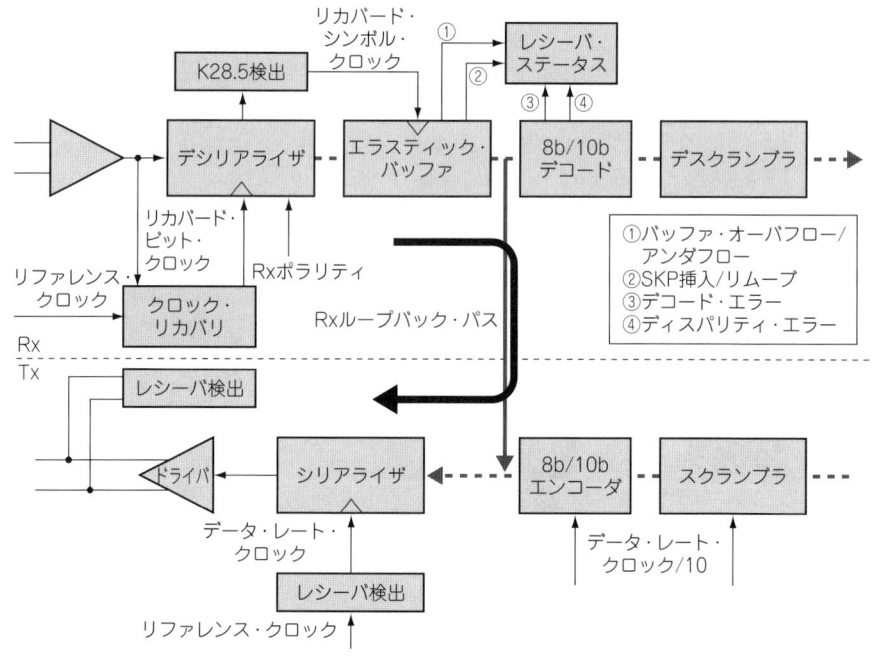

図8.23 チップ・ブロック
ループバック・モードでは，レシーバでリカバリされたデータはエラスティック・バッファ通過後にトランスミッタのシリアライザに渡され，送信される．

8.2 コンプライアンス・テストを行う前に

　USB 3.0 を含め，ほとんどの高速シリアル・インターフェースは，双方向伝送を実現するために，ダウン・ストリームとアップ・ストリームとを別々の伝送路を使って伝送する双対単方向伝送（Dual Simplex）を採用しており，レシーバとトランスミッタが一つのチップの中にペアとなっています．

　図8.23のように，レシーバがいったんクロック・データ・リカバリでリカバリしたデータをペアになっているトランスミッタから送信するのがループバック・モードです．この方法を，単に送信した信号をアナログ・レベルでそのまま折り返す方法と区別する意味でリタイムド・ループバック，あるいはディジタル・ループバックと呼ぶ場合もあります．間違ったデータとして受信したデータを訂正せずそのまま送り返すので，レシーバがデータを正しく受信できたかどうかを外部のエラー・ディテクタで判定できます．

　レシーバをループバック・モードに入れるためには，図8.24のリンク状態遷移図にあるように，ポートの初期化の際にトレーニング・オーダード・セットである TS1 および TS2 の6シンボル目（シンボル番号5）のリンク・コンフィグレーション・フィールドのビット3を1にセットして入力します（表8.3，表8.4）．つまり，物理層からループバック・モードに設定します．

　次に，ループバックへ入れるための手順を示します．

（1）あらかじめジェネレータをレシーバに接続しておく．

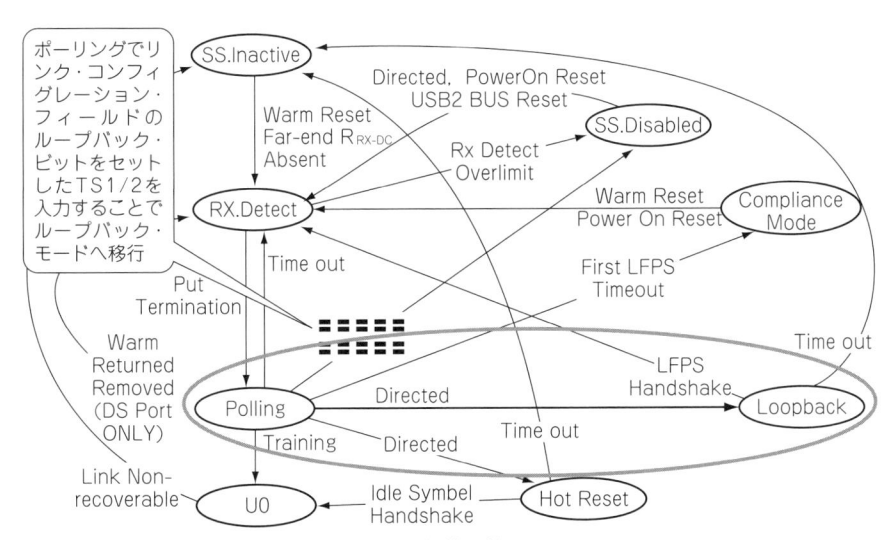

図8.24　ループバックに入れるためのリンク状態遷移図

表8.3 トレーニング・シーケンス(TS)オーダード・セットの構造

6シンボル目(シンボル番号5)がリンク・コンフィグレーション.なお,USB 3.0ではレセプタクルからの差動トレースD+,D-を交差させる必要がないように極性反転をサポートしているが,TS1の識別子D10.2がD21.5になることで差動極性反転を検出.D10.2(4A:01001010)は8b/10b符号化をすると0101010101(+/-双方のディスパリティともども)で,その反転パターン1010101010で,8b/10b復号化するとD21.5(B5:10110101)となる.

● TS1 オーダード・セット

シンボル番号	シンボル名	内容
0〜3	K28.5	COM(Comma)
4	D0.0	将来のために予約
5	表8.4参照	リンク機能
6〜15	D10.2	TS1識別子

● TS2 オーダード・セット

シンボル番号	シンボル名	内容
0〜3	K28.5	COM(Comma)
4	D0.0	将来のために予約
5	表8.4参照	リンク機能
6〜15	D5.2	TS2識別子

表8.4 リンク・コンフィグレーション・フィールド

TS1/TS2オーダード・セットの6シンボル目のビット3をセット('1')し,レシーバに入力することで,ループバック・モードに入れる.

ビット	TS1/TS2 シンボル5	内容
0	0=ノーマル・トレーニング 1=リセット	デバイスをリセットするためにホストのみにより設定可能
1	0にセット	将来のために予約
2	0=ループバック・アサート解除 1=ループバック・アサート・セット	セットされると,レシーバはディジタル(リタイムド)・ループバック・モードに入る
3	0=スクランブル無効アサート解除 1=スクランブル無効アサート・セット	セットされると,レシーバはスクランブラを無効にする
4-7	0にセット	将来のために予約

(2) 電源投入後,相手がデバイスの場合,VBUSをONにする.

(3) トランスミッタからPolling.LFPSが出力されてくるので,ジェネレータから応答としてPolling.LFPSを送る.

(4) 続いて,ジェネレータからTSEQイコライザ・トレーニング・シーケンスを入力する.TSEQは65,536回繰り返し出力する.レシーバ・ジッタ耐性テストに当たっては,TSEQにジッタ周波数500kHzで振幅2UIのジッタを印加する.つまり,ジッタを受けた状態でレシーバ・イコライザの最適化を図る.

(5) 6シンボル目(シンボル番号5)のリンク・コンフィグレーション・フィールドのループバック・ビット(ビット2)をセットしたTS1を256回,TS2を512回繰り返す.

コラム 8.D　トランスミッタ測定

　USB 3.0 Specification には，トランスミッタの仕様が記載されています．本文中にあるようにノーマティブ，インフォマーティブの二つの仕様があります．

　トランスミッタの出力直近で 50 Ω 終端させた際の仕様であり，測定する場合には，外部テスト計測器を接続するために SMA などの同軸コネクタを設けた評価ボードを使用します．評価ボードとはいえ，5Gbps という高周波の信号を扱うため，チップからコネクタまでの伝送路で損失を受けます．そのため，基板配線の損失量をあらかじめ測定，あるいは CAD を使って算出しておき，実際の測定結果から損失と逆特性のフィルタを適用して損失量を補正します．この方法をディエンベッドと呼びます．

　ホストやデバイスのレセプタクルから得た信号そのままで評価しようとしても，このようにトランスミッタ仕様は直接には測定できません．

　ここでの代表的な基本的な仕様を，**表 8.A** に示します．

表 8.A　トランスミッタの仕様(Normative：Table 6-10)

項　目	値
Unit Interval	199.94ps 〜 200.06ps(200ps ± 300ppm．SSC による変動分は含まない)
電圧レベル	1.2V 〜 0.8V(遷移ビット)，1.2V 〜 0.4V(低電力モード)
ディエンファシス	3.5dB ± 0.5dB(低電力モードにはない)

8.3　計測に必要な測定器

● 中心的な測定器はオシロスコープ

　物理層の電気部分を測定する中心的なツールは，オシロスコープです．コンプライアンス・テストやデバッグ，トラブル・シューティングと広く利用されます．USB 3.0 では，5Gbps の高速信号を取り込むことができる性能を備えたオシロスコープが要求されます．

　オシロスコープには，リアルタイム・オシロスコープとサンプリング・オシロスコープがあります．一般的にオシロスコープというと，リアルタイム・オシロスコープを意味します(**写真 8.1**)．

　最近の傾向では，高速シリアル・インターフェースの測定には専用の解析ソフ

第8章 コンプライアンス・テスト

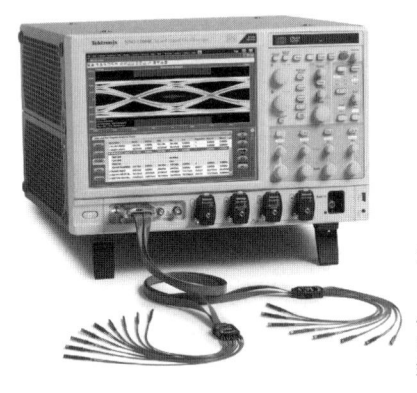

写真 8.1
リアルタイム・オシロスコープの例
4チャネル12.5GHz帯域100GS/sの性能を持つディジタル・シリアル・アナライザ「DSA71254C型」(Tektronix社).

トウェアや複数のソフトウェアを統合して扱える自動測定環境を搭載し，規格が要求する測定を行います．これらのソフトウェアにより，面倒で煩雑な測定を簡単にしています．

コンプライアンス・テストでのオシロスコープは，
(1) トランスミッタ測定
(2) レシーバ測定の際の信号源校正(信号レベルおよびジッタ)
(3) レシーバ・テスト用のエラー検出(エラー・ディテクタを内蔵した製品)
などに使用します．

USB 3.0でオシロスコープに求められる性能は，
(1) 周波数帯域 12.5GHz 以上：最高基本波周波数である 2.5GHz の第 5 高調波までを捕捉
(2) 40G サンプル/秒以上
(3) 100万 UI を取り込めるだけの波形記録長
(40GS/s で 8M ポイント，50GS/s で 10M ポイント)
(4) スペクトラム拡散クロックを解析できるジッタ解析ツール
(5) 伝送路チャネル/イコライザ・シミュレーション
になります．

8b/10b 符号のデコード機能も用意され，ロー・レベルでのデータやオーダード・セットを確認できます(**図 8.25**)．また，回路の途中でもプローブで信号さえ捕捉できればデコードできるのは，オシロスコープならではのメリットです．しかも，信号がかなり減衰していたとしても，イコライザ機能を使えば，信号品質を改善して信号を捕捉することも可能です．

8.3 計測に必要な測定器

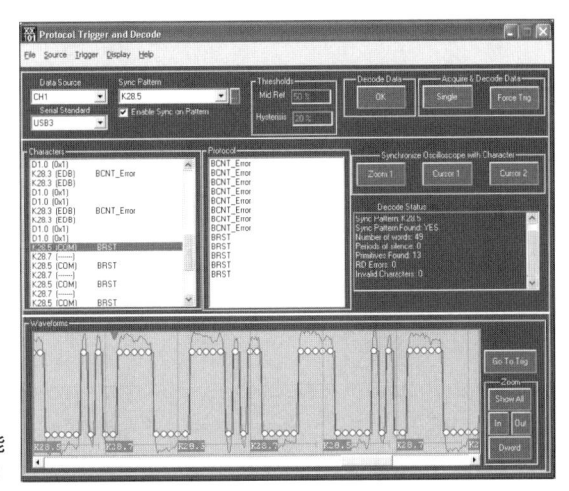

図 8.25
8b/10b 符号のデコード機能
「TDSPTD」（Tektronix 社）

● コンプライアンス・テスト・ソフトウェア

コンプライアンス・テストでは，アイ・ダイアグラムと USB-IF の Web サイトから無償配布されているジッタ測定用ソフトウェア「SIGTEST」を使用します．このソフトウェアは，もともとは PCI Express のコンプライアンス・テストで利用されているものに USB 3.0 用として機能を追加し，改版したものです．本ソフトウェアの特徴は，以下のとおりです．

(1) 各社（米国 Agilent Technologies 社，米国 LeCroy 社，米国 Tektronix 社）のオシロスコープに対応し，Windows XP/2000 上で動作する．
(2) 所定のクロック・リカバリ方式でクロックを再生し，アイ・ダイアグラムやジッタを確認する．
(3) ランダム・ジッタとデターミニスティック・ジッタ測定を含む一連の項目を自動的に測定し，規格に対して測定結果のパス / フェイル判定を表示する．
(4) 結果を HTML 形式で出力できる．
(5) 標準の UI のみならず，コマンド・ベースで動作する．
(6) USB 3.0 で必要なリファレンス・イコライザを適用できる．
(7) 測定のたびにオシロスコープで取り込んだデータを波形ファイル（バイナリ形式）で保存し，本ソフトウェアに読み込ませる必要がある．機種によってはバイナリ形式の代わりに CSV（Comma Separated Value）形式のテキスト・ファイルを使用する必要がある．

315

(8) 測定に当たっては前述のように，CP0 はアイの高さとデターミニスティック・ジッタの測定に，CP1 はランダム・ジッタと SSC の測定と測定項目によってコンプライアンス・パターンを変えて 2 回測定する必要がある．

(9) トータル・ジッタは，最初に CP1 でランダム・ジッタを測定し，値をメモしておき，次に CP0 に変更し，測定の際に先のランダム・ジッタの測定結果を手入力する．SIGTEST でランダム・ジッタとデターミニスティック・ジッタからトータル・ジッタを計算して求める．

アイ・ダイアグラム / ジッタ解析ソフトウェアが各社から提供されており，同じ測定が可能ですが，コンプライアンス・テストでは PCI Express と同じように共通なツールで統一された測定をしようという考え方に基づき，USB-IF では SIGTEST を提供しています．一般的には各社のツールで測定し，もし結果がフェイルしたりマージンがなかったりしたような場合に SIGTEST で判断しています．

また，SIGTEST はアイ・ダイアグラムとジッタのみの測定でスペクトラム拡散クロッキング(SSC)や低周波同期信号(LFPS)は各社のアイ・ダイアグラム / ジッタ解析ソフトウェアあるいは自動測定環境で測定する必要があります．

● ジッタ解析ソフトウェア

コンプライアンス・テストに対する予備測定とデバッグ，解析を行うために，独自のジッタ解析用のツールが各社より提供されています．例えば，Tektronix 社の DPOJET ジッタ＆アイ・ダイアグラム解析ソフトウェアでは，下記のような機能を持っています．

(1) 周波数 / 周期，振幅，タイミング，ジッタなどの主要な測定が，オンスクリーン・ボタンで選択でき，99 通りの測定が同時に可能．
(2) 異なった入力信号でも測定可能．異なったイコライザやフィルタを掛けた波形を同時に観測可能．
(3) 最大 4 種類のプロットを表示．遷移ビット，非遷移ビットのアイ・ダイアグラムを同時表示．ジッタに対する時間推移や周波数スペクトラム表示など．
(4) アイ・マスクに違反した箇所が信号箇所の中で確認できる．
(5) リミット値を設定してパス / フェイルを判定できる．
(6) ランダム・ジッタとデターミニスティック・ジッタを分離したジッタ解析ができ，ジッタの原因を究明できる

(7) 外部クロックを含む任意のクロック・リカバリ・モデルを選択可能.
(8) 特定BER(ビット・エラー・レート)でのアイ幅やジッタを推測できる.
(9) オシロスコープに組み込まれたソフトウェアなので,いちいち取り込んだ波形データをファイルに落とす必要がなく,迅速に評価できる.
(10) MHTML(MIME Encapsulation of aggregate HTML)形式でのレポート生成機能.MHTMLは,HTMLファイルや画像データを単一のアーカイブにまとめて保存する形式.

 以上のように,コンプライアンス・テストとして規格に対する測定結果のパス/フェイル判定のみならず,解析・測定機能も強化しています(**表8.5**).**図8.26**

表8.5　DPOJET が提供する汎用的な測定項目

項目グループ	項目
周期 / 周波数	周波数,周期,サイクル・トゥ・サイクル周期,正のパルス幅,負のパルス幅,正のデューティ・サイクル,負のデューティ・サイクル,正のサイクル・トゥ・サイクル・デューティ比,負のサイクル・トゥ・サイクル・デューティ比
タイミング	立ち上がり時間,立ち下がり時間,ハイ時間,ロー時間,セットアップ,ホールド,スキュー
振幅	ハイ,ロー,ハイ・トゥ・ロー,コモン・モード,ディエンファシス量,差動
アイ	アイ高さ,アイ幅,幅@ BER,マスク・ヒット
ジッタ	TIE(タイム・インターバル・エラー)R_J, D_J, T_J @ BER, P_J, DCD, DCJ, $R_J(\delta-\delta)$, $D_J(\delta-\delta)$, 位相ノイズ

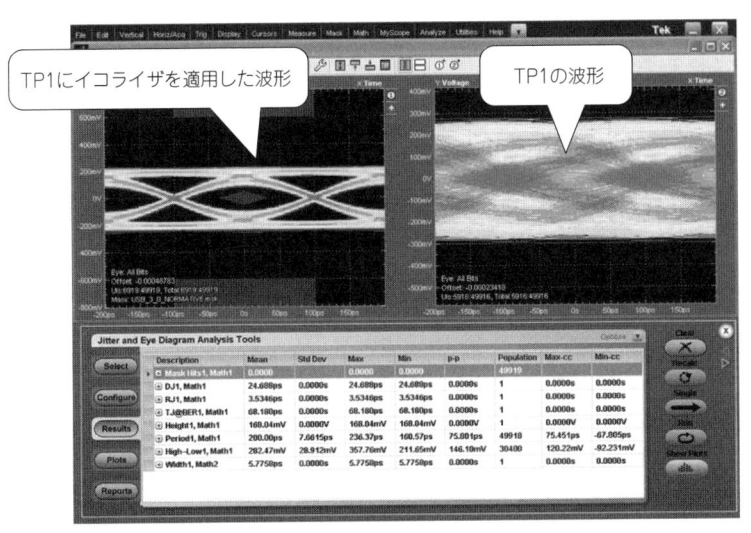

図8.26　DPOJETアイ・ダイアグラム/ジッタ解析ソフトウェアの画面(測定結果とプロット表示)

第8章 コンプライアンス・テスト

表8.6 DPOJET が USB 3.0 に提供する測定項目

USB 3.0 仕様項目	パラメータ	シンボル
Table 6-10	Unit Interval including SSC※	UI
Table 6-8/Table 6-12	Tj-Dual Dirac at 10^{-12} BER※	tTX–TJ-DO
Table 6-8/Table 6-12	Tx Deterministic Jitter - Dual Dirac※	tTX–DJ-DO
Table 6-8/Table 6-12	Tx Random Jitter - Dual Dirac※	tTX–RJ-DO
Table 6-9	SSC Modulation Rate	tSSC-MOD-RATE
Table 6-9	SSC Deviation	tSSC-FREQ-DEVIATION
Table 6-10	Differential p-p Tx voltage swing	VTX-DIFF-PP
Table 6-10	Low-power differential p-p Tx voltage swing	VTX-DIFF-PP-LOW
Table 6-10	De-emphasized output voltage ratio	Tx de-emphasis
Table 6-10	Maximum slew rate	tCDR_SLEW_MAX
Table 6-11	Tx min pulse	tMIN-PULSE-Tj
Table 6-11	Transmitter Eye-Dual Dirac at 10^{-12} BER	tTX-EYE
Table 6-11	Transmitter DC common-mode voltage	VTX-DC-CM
Table 6-11	Tx SC common-mode voltage active	VTX-CM-ACPP_ACTIVE

※コンプライアンス・テスト項目

に解析中の画面を示します．また，汎用的なアイ・ダイアグラム/ジッタ解析ソフトウェアをプラットホームとしているので，USB 3.0 のみならず，ほかのシリアル・インターフェースに対しても同様に使用ができます．USB 3.0 に関しては，**表 8.6** に示す測定項目を提供します．

● 自動統合測定環境

　前述したように，USB 3.0 ではツールを使い分けて各項目を個別に測定できないわけではありませんが，かなり手間のかかる作業です．また，イコライザを併用する上，被測定システムがホストかデバイスかによって，伝送路の特性フィルタなどを意識して設定しないといけない項目も多々あります．そこで用意されているのが，自動統合測定環境です．

　統一的なGUIを通して，ホストかデバイスか，測定点，測定項目などを設定するだけで，ジェネレータの自動設定も含めて，全てを自動的に測定し，レポートまで出力します．Tektronix 社の例では TekExpress 自動コンプライアンス・テスト・ソフトウェアがコンプライアンスから参考測定まで SIGTEST と DPOJET を一元的に扱い，ワンボタンでテストからレポート生成まで実行します(**図 8.27**)．

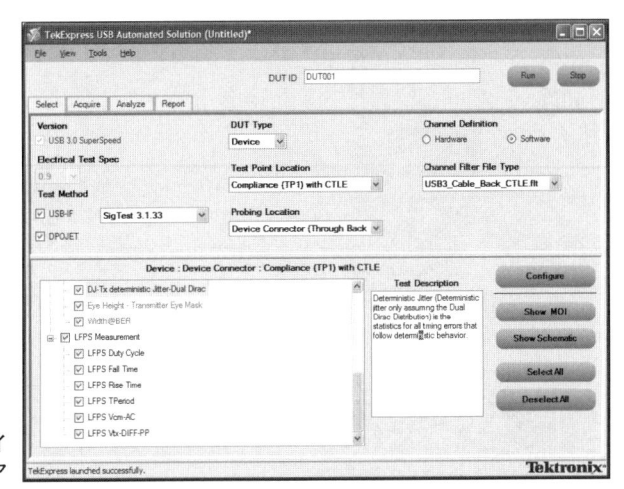

図 8.27
TekExpress 自動コンプライアンス・テスト・ソフトウェア

● 信号ジェネレータ

コンプライアンス・テストでの信号ジェネレータの用途は，
(1) トランスミッタ・テストの際のコンプライアンス・パターン変更用のPing.LFPS 発生
(2) レシーバ・テストの際のテスト信号発生

です．(1)のためには 20 〜 100MHz 程度のパルス・バーストを発生できるファンクション・ジェネレータで十分ですが，(2)ではジッタを含んだパターンを生成できる必要があります．もちろん，トランスミッタとレシーバの双方をテストする場合には，(2)までの機能を持つジェネレータを使用します．

ここでは 2 種類のジェネレータがあります．
- パターン・ジェネレータ(**写真 8.2**)
- 任意波形ジェネレータ(**写真 8.3**)

USB 3.0 に独自に要求される共通的な必要事項として，
(1) 5Gbps のテスト・パターンのみならず，低周波周期信号(Polling.LFPS)や TSEQ，TS1 や TS2 などのトレーニング・オーダード・セットを発生できること．
(2) リンク・アップのためのトレーニング・シーケンスをシミュレーションできること．
(3) デターミニスティック・ジッタとして指定された周波数および振幅の正弦波ジッタとランダム・ジッタを印加できること．

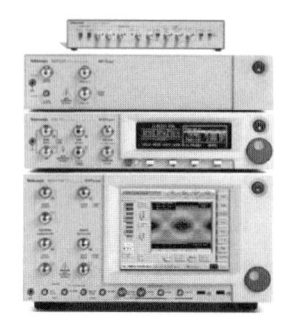

第8章 コンプライアンス・テスト

写真 8.2　パターン・ジェネレータの例
BERT としてエラー・ディテクタも内蔵した「BSA85C 型」(Tektronix 社)．8.5Gbps までのシリアル信号のビット誤り率，ジッタ測定，ジッタ耐性などのレシーバ・テストが可能．写真は USB 3.0 用の組み合わせとして，クロック・リカバリ・ユニット，ディジタル・プリエンファシス・プロセッサ，USB 3.0 スイッチのシステム(ケーブルを除く)．

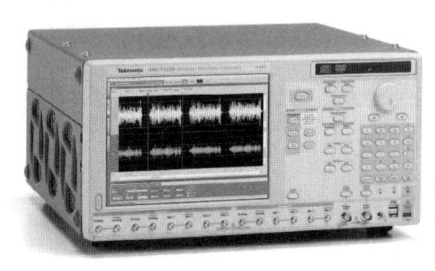

写真 8.3
任意波形ジェネレータの例
24GS/s「AWG7122C 型」(Tektronix 社)

(4) スペクトラム拡散クロック(SSC)を基準にデータを発生できること．
(5) 電気的アイドルとして差動ともども 0V，さらにビット変化があったときと，ビット変化がないときで信号振幅を変えるディエンファシスを掛けられること．

などがあります．

　最近のレシーバ・テストに求められるストレス機能は，ジッタのみならず振幅方向にも信号干渉を加える PCI Express のように高度化していますが，USB 3.0 では比較的単純です．

① **パターン・ジェネレータ**

　パターン・ジェネレータというと，複数のチャネルからパラレル・ディジタル・データを生成する機種を想像しますが，マルチギガビット・レートの高速シリアル・インターフェースでは，ビット誤り率を測定する BERT(Bit Error Rate Tester)を構成するパターン・ジェネレータが考えられます．

　伝送路を含むトランスミッタのビット誤り率やジッタといった評価のみならず，最近の BERT のパターン・ジェネレータは，スペクトラム拡散クロックを含むジッタ生成機能を搭載しています．かつては複数の計測器が必要でしたが今

コラム 8.E 伝送路チャネル / イコライザ・シミュレーション

　USB 3.0 のトランスミッタ・テストでは，伝送路チャネル / イコライザ・シミュレーションが必須です．SIGTEST でもイコライザ・シミュレーションは可能ですが，オシロスコープで取り込んだデータを専用のソフトウェアに転送して処理する方法があり，Tektronix 社のオシロスコープ DSA70000C シリーズでは，波形の演算処理用の関数として標準で用意されている関数 ArbFilter を使うと，これらの処理が行えます (図 8.C)．

　これは FIR フィルタで必要なフィルタを実現する機能で，フィルタのインパルス応答をサンプル・レートでサンプルした係数を記述したファイルで定義します．信号を取り込みながらリアルタイムでフィルタを適用した波形を表示します．USB 3.0 用にはホスト・チャネル，デバイス・チャネル，ケーブルおよび CTLE（イコライザ）を，個別および互いに組み合わせたフィルタ・ファイルを提供しています．伝達関数（S パラメータ）を TouchStone ファイルとして読み込ませ，変換するソフトウェアも用意されています．

　この機能により，下記のような応用が可能になります．
(1) レシーバ・イコライザ・シミュレーション
(2) 伝送路シミュレーション
　　伝送路の持つ損失をフィルタ化し，実際のチャネルを使用することなく，取り込まれた信号に対し，伝送路を通した信号を再現する（エンベッド）．
(3) ケーブル，フィスチャ影響除去（伝送路損失補正）除去
　　伝送路の持つ損失を打ち消すような逆特性のフィルタを作成することで，損失を補正する（ディエンベッド）．USB 3.0 では，トランスミッタ測定 (Normative) でこの機能を使用する．
(4) プローブ・アクセサリ特性補正
　　上記と同じように，アクセサリを含むプローブが持つ特性を改善する．

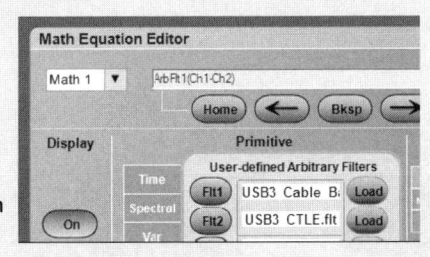

図 8.C
ArbFilter を設定する Math Equation エディタ

日では1台でレシーバのジッタ・トレランス・テストが可能になりました．ジッタ成分の周波数や振幅をリアルタイムで可変でき，規格に対してどの程度余裕があるか確認するジッタ・マージン・テストで細かくジッタの設定を変えたい場合に便利です（図8.28）．

② **任意波形ジェネレータ**

任意波形ジェネレータは，あらかじめメモリにストアしておいた波形データを高速のD-Aコンバータを通してアナログ信号に変換・生成する信号発生器です．データさえ作成できればどのような信号でも発生できるため，このように呼ばれます（図8.29）．ジッタ合成用のソフトウェアが用意されており，SSC，ディエン

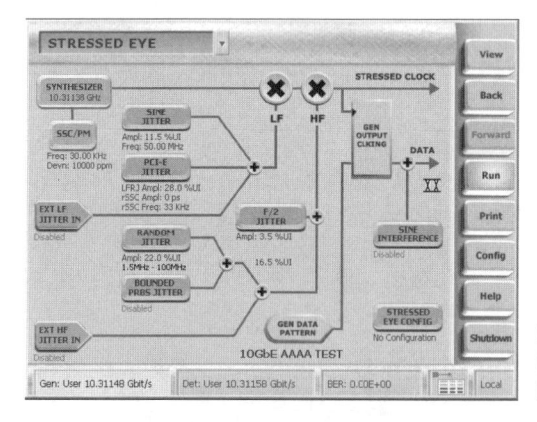

図8.28
BSA85C型でジッタを印加するための画面

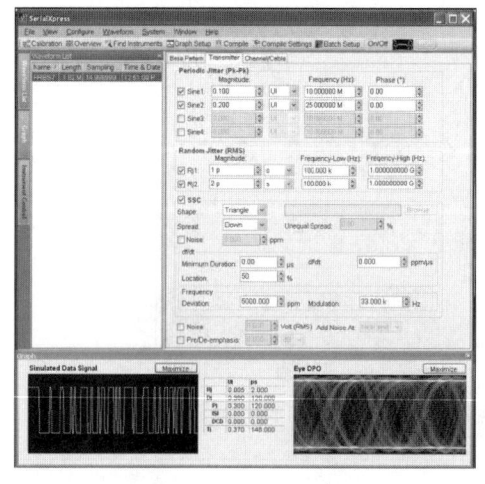

図8.29
AWG7122C型用にジッタやチャネル（シンボル間干渉）を印加した波形データを作成するためのSerialXpressソフトウェア画面（Tektronix社）

ファシス,正弦波ジッタやランダム・ジッタなどの任意のジッタ,チャネル損失の影響(シンボル間干渉),クロストークを含めたジッタを生成できます.チャネル損失は,伝達関数(Sパラメータ)を TouchStone ファイルで入力します.

● エラー・ディテクタ

レシーバ・テストの際に,ループバック・データでレシーバが正しくデータを受けられているかどうかを確認するのに,エラー・ディテクタを使用します.期待値とビット・レベル,あるいはシンボル・レベルで照合することによりエラーを確認し,その数を累積します.

エラー・ディテクタには,下記の3種類があります.
- エラー・ディテクタ内蔵のオシロスコープ
- BERT
- プロトコル・アナライザ(**写真8.4**)

USB 3.0 で共通する必要項目には,次のようなものがあります.
(1) ループバック・データに SKP オーダード・セットが含まれるため,SKPを除去する機能を備えること.
(2) エラー・ディテクタは独立したスペクトラム拡散クロックを使用するトランスミッタから送信されるデータに追従する必要がある.そのためのクロック・リカバリが必要.
(3) トランスミッタからループバックされるデータを確認するための期待値データとして SKP オーダード・セットを除去した CP0 を生成できること($2^{16}-1$ シンボル長)

①エラー・ディテクタ内蔵のオシロスコープ

内部にクロック・リカバリとエラー・ディテクタを内蔵したオシロスコープです.トランスミッタ・テストと同じ測定器および接続環境で一貫してテストできること,また信号を確認しながらテストができるため,例えばチップが正しくルー

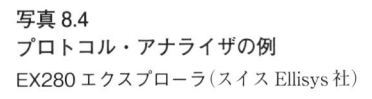

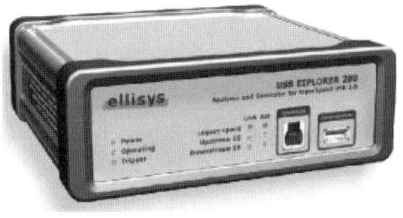

写真8.4
プロトコル・アナライザの例
EX280 エクスプローラ(スイス Ellisys 社)

プバック・モードに入っているかどうかを確認できます．トランスミッタが出力するコンプライアンス・パターンとループバックで出力する信号は，SKP オーダード・セットが含まれること以外は同じパターンなので，一見区別をするのが困難です．その場合，例のジェネレータ出力を ON/OFF することにより，簡単にどちらのモードであるかを確認できます．オシロスコープ画面上の信号が停止すれば前者です．

② BERT

長年，BERT は通信の世界においてビット誤り率の計測器として利用されてきました．前述したようにパターン・ジェネレータを持ち，テスト用のパターンを発生し，エラー・ディテクタは期待値データと比較することで，エラーの発生をカウントします．

③ プロトコル・アナライザ

物理層のみならず，パケットの詳細解析や上位レイヤの確認，性能評価をしたい場合などの計測器として，さまざまなインターフェースでプロトコル・アナライザが使用されます．USB 3.0 に特化されたプロトコル・アナライザには，レシーバ・テスト用にビット誤り率の計測機能を内蔵した機種もあります．

● SMA ペア・ケーブル

差動ペア間で特性のそろった，特にスキューが抑えられた 50 Ω SMA ケーブルを使用します（**写真 8.5**）．

● テスト・フィクスチャ

測定器ベンダ各社および USB-IF から入手できますが，レシーバ・テストにはリファレンス・チャネルを持つ USB-IF の USB3ET が必要です．

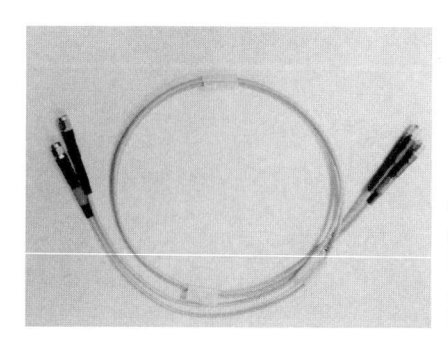

写真 8.5
SMA ペア・ケーブルの例
〔174-5771-00（Tektronix 社）〕
ケーブル間スキューが 1ps 以下に抑えられている．

① USB3ET

USB3ET には，下記が含まれています．
- ホスト・ブレークアウト・フィクスチャ(タイプ A プラグ)
- ホスト・テスト・フィクスチャ
- デバイス・ブレークアウト・フィクスチャ(タイプ B レセプタクル)
- デバイス・テスト・フィクスチャ
- デバイス・テスト CAL フィクスチャ(タイプ B レセプタクル)
- VBUS 用 5V 電源
- ケーブル
  タイプ A-タイプ B ケーブル(3m)，タイプ A-タイプ B ショート・ケーブル(10cm)，タイプ A-マイクロ B ショート・ケーブル(10cm)

▶ホスト・ブレークアウト・フィクスチャ（タイプ A プラグ）

　タイプ A プラグを持ち，ホストのタイプ A レセプタクルに直接接続できます．ダウン・ストリーム(ホスト→デバイス)は SMA レセプタクルに接続され，トランスミッタ・テストではコンプライアンス・パターンをオシロスコープへ，レシーバ・テストではループバック・データを外部エラー・ディテクタに接続します．一方のアップ・ストリーム(デバイス→ホスト)はタイプ A レセプタクルに接続され，ホスト・テスト・フィクスチャと USB 3.0 タイプ A-タイプ B ケーブル(3m)で接続します．そのほか，USB 2.0 も SMA レセプタクルへ接続されています．

　なお，ホスト・テスト・フィクスチャには，VBUS 用接続端子がありません．もし，タイプ A レセプタクルのデバイスをテストする場合には，別途何らかの方法でデバイスに VBUS を供給する必要があります．

▶ホスト・テスト・フィクスチャ

　SMA レセプタクルからタイプ A レセプタクルに向かってアップ・ストリーム(デバイス→ホスト)に疑似デバイス・チャネルとしての 12.5cm トレースのみを持つフィクスチャです．

　トランスミッタ・テストではコンプライアンス・パターン変更用 LFPS を，レシーバ・テストではジッタ耐性用のテスト信号を SMA レセプタクルに接続します(**写真 8.6**)．

▶デバイス・ブレークアウト・フィクスチャ（タイプ A レセプタクル）

　タイプ A レセプタクルを持ち，付属のタイプ A ⇔ タイプ B(10cm)，あるいはタイプ A ⇔ マイクロ B ケーブル(10cm)でデバイスへ接続します．

　残念ながら，基板に実装可能なタイプ B プラグはないため，このような方法

第8章　コンプライアンス・テスト

写真8.6　ホスト・ブレークアウト・フィクスチャとホスト・テスト・フィクスチャ，およびその使用方法

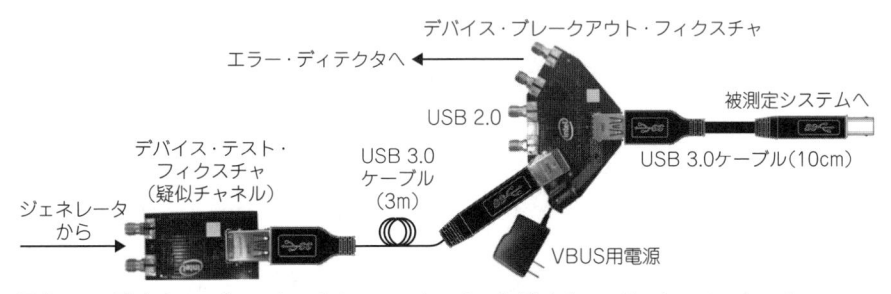

写真8.7　デバイス・ブレークアウト・フィクスチャとデバイス・テスト・フィクスチャ，およびその使用方法

をとります．アップ・ストリーム（デバイス→ホスト）はSMAレセプタクルに接続され，トランスミッタ・テストではコンプライアンス・パターンをオシロスコープへ，レシーバ・テストではループバック・データを外部エラー・ディテクタに接続します．一方のダウン・ストリーム（ホスト→デバイス）はタイプBレセプタクルに接続され，デバイス・テスト・フィクスチャとUSB 3.0タイプA-タイプBケーブル（3m）で接続します．

　デバイスの場合はVBUSを供給する必要があるので，ACアダプタ接続用のレセプタクルも備えています．そのほか，USB 2.0もSMAレセプタクルへ接続されています．

▶デバイス・テスト・フィクスチャ

　SMAレセプタクルからタイプAレセプタクルに向かうダウン・ストリーム（ホスト→デバイス）に疑似ホスト・チャネルとしての27.5cmトレースのみを持つフィクスチャです．トランスミッタ・テストではコンプライアンス・パターン変更用LFPSを，レシーバ・テストではジッタ耐性用のテスト信号をSMAレセプ

326

8.3 計測に必要な測定器

写真 8.8
デバイス・テスト CAL フィクスチャ

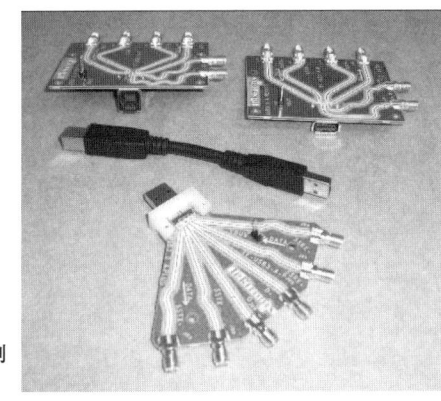

写真 8.9
測定器ベンダのテスト・フィクスチャ例
「TF-USB3-AB-KIT」(Tektronix 社)

タクルに接続します(**写真 8.7**).

▶デバイス・テスト CAL フィクスチャ（タイプ B レセプタクル）

　ジェネレータの信号振幅やジッタ振幅を校正する場合に使用するアダプタで，ダウン・ストリーム(ホスト→デバイス)が SMA レセプタクルに接続されます(**写真 8.8**)．デバイス・テスト時にショート・ケーブルの先に接続します．なお，ホスト・テスト時にはデバイス・ブレークアウト・フィクスチャを使用します．

　CAL フィクスチャの使い方は，8.5 節の「レシーバ・テストにおける校正」項を参照してください．

② 測定器ベンダのテスト・フィクスチャ

　例えば，Tektronix 社の TF-USB3-xx フィクスチャは，ブレークアウト・フィクスチャとして物理層測定のみならずケーブル測定にも使用できます．ホスト用に A プラグ，B レセプタクル，デバイス用に A レセプタクルのフィクスチャが用意されています．アップ・ストリーム，ダウン・ストリームの双方が SMA レセプタクルに接続されています．なお，リファレンス・チャネルは用意していないため，レシーバ・テストでは任意波形ジェネレータを使い，ソフトウェア・エミュレーションを使います(**写真 8.9**)．

第8章 コンプライアンス・テスト

コラム 8.F サンプリング・オシロスコープ

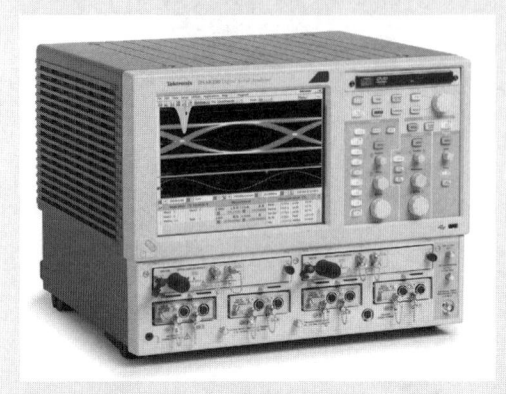

写真8.A サンプリング・オシロスコープの例
最大8チャネル，70GHz帯域超のDSA 8300型（Tektronix社）

（a）サンプリング・オシロスコープ

（a）リアルタイム・オシロスコープ

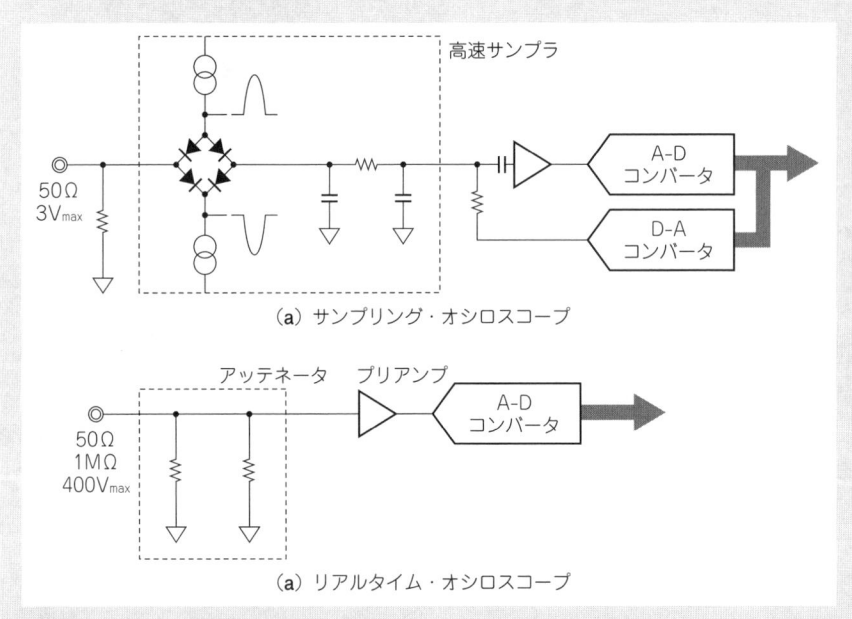

図8.D サンプリング・オシロスコープとリアルタイム・オシロスコープのフロントエンド部の違い
サンプリング・オシロスコープは，D-Aコンバータで直前のサンプル値をバイアスとしてフィードバックし，広帯域化によるサンプル効率の低下を補償するディジタル・エラー・サンプル・フィードバック方式を採用している．

328

サンプリング・オシロスコープは，入力回路に帯域制限要因となるアッテネータやプリアンプを設けずに入力信号を高速サンプラでサンプリングするオシロスコープです(**写真 8.A**)．トリガがかかるたびに，入力信号の瞬間的なレベルを1回サンプリングして保持し，A-D 変換した後，次のトリガに対する準備をします(**図 8.D**)．

次のトリガ点では，サンプリング点の位置をずらしてサンプルし，それを繰り返します．このように，波形の一部一部を逐次捉えていくことで，元の波形と等価な波形を構築する等価時間サンプリングという方式を採用しています(**図 8.E**)．これらの技術により，現在 70GHz を超える帯域が実現されています．低速で高分解能の A-D コンバータを使用できるので，入力にプリアンプを持たないこともあり，最大入力電圧が限定されるものの，ダイナミック・レンジが広く，低ノイズという特長があります．例えば，筆者らは 16 ビット 300kS/s の A-D コンバータを使用しています(理論上は 96dB)．

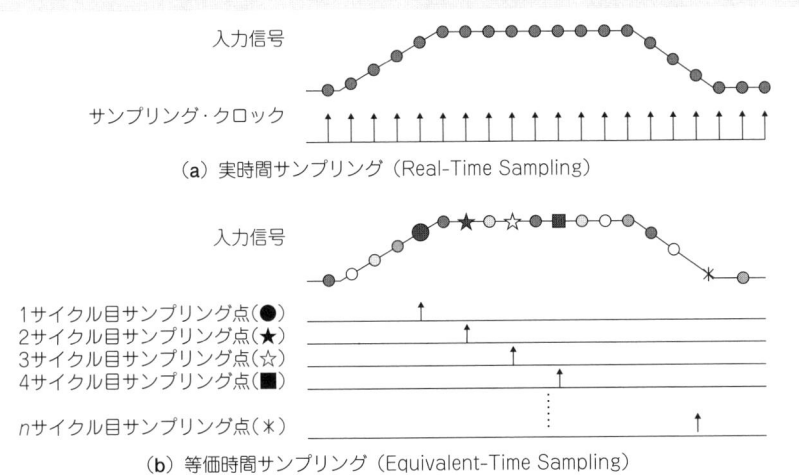

(a) 実時間サンプリング (Real-Time Sampling)

(b) 等価時間サンプリング (Equivalent-Time Sampling)

図8.E　リアルタイム・オシロスコープとサンプリング・オシロスコープのサンプリング方式の違い
前者は実時間サンプリング，後者は等価時間サンプリング．前者は単発で信号を取り込めるが，後者は繰り返し信号を前提とする．なお，リアルタイム・オシロスコープでも等価時間サンプリングを備える機種も多く，その場合はサンプリング間隔がより細かくなり，1回のトリガでサンプルする点も多くなる．

第8章 コンプライアンス・テスト

　高速信号伝送では，インピーダンスの連続性が極めて重要です．信号の反射を引き起こし，波形を乱すからです．また，挿入損失や反射損失，クロストークなども評価する必要があります．一般的に，サンプリング・オシロスコープでは入力サンプラ部分をモジュール形式で交換できるように設計されており，サンプラに高速なステップ・ジェネレータを組み合わせたサンプリング/TDR(Time Domain Reflectometry)モジュールでは28psから12psという極めて高速な立ち上がり時間を持ったパルスを被測定基板，ケーブルに印加して，その反射波形と通過波形を解析することで，インピーダンスの連続性のみならず，挿入損失や反射損失，クロストークを求めることも可能です．そのため，USB 3.0ではケーブルのコンプライア

8.4　トランスミッタ・テストの実際

　トランスミッタに対する測定は，USB 3.0 Compliance Test Specificationに次のように規定されています．
　5Gbpsの物理層信号に対して，
- アイ・ダイアグラム，ジッタ測定(TD.1.3)
- SSCプロファイル測定(TD.1.4)

　低周波周期信号(LFPS)に対して，
- LFPSトランスミッタ・テスト(TD.1.1)

があります(かっこ内はUSB 3.0 Compliance Test Specificationに記載されている識別番号)．
　5Gbpsの物理層に対する測定について簡単にまとめると，
　(1) 受信端TP1としてオシロスコープを使ったアイ・ダイアグラム，ジッタ，SSCプロファイルの測定
　　　オシロスコープ内部で50 Ωに終端した状態におけるテスト．USB 3.0では送信側でキャパシタによりAC結合されているため，直流電流が流れない．そのため，オシロスコープの入力に直接接続できる．
　(2) 40GS/s(25psサンプル間隔)以上のサンプル・レートで100万UI(Unit Interval)を捕捉

ンス・テストに利用されます．

　なお，サンプリング・オシロスコープでは，入力の特性を劣化させるために過大入力を吸収するような保護回路ですら設けていません．そのため，取り扱いに細心の注意を要します．静電気でさえ，サンプラに使用しているダイオードの微細な接合部にとっては大きなエネルギーが印加されることになり，容易に損傷させてしまいます．したがって，使用する際には静電リスト・ストラップを着用し，ケーブルや被測定物に接続する際にはケーブルなどに帯電している静電気をグラウンド（アース）に接触させて放電した上で接続します．もちろん，こういった注意はリアルタイム・オシロスコープでも必要です．

(3) 周波数帯域12GHz以上のオシロスコープを使用すること
(4) リファレンス・チャネルの適用
　　想定する最長伝送路でテストする．疑似ハードウェア・チャネルあるいはソフトウェア的にフィルタを適用するが，USB-IFのUSB3ETテスト・フィクスチャはレシーバ・テスト用として入力側だけに疑似伝送路を持つので，事実上，ソフトウェア的なフィルタで伝送路特性を加味する．
- ホスト：デバイス・チャネル＋3mケーブル
- デバイス：ホスト・チャネル＋3mケーブル
- ホスト直結式のデバイス：ホスト・チャネル

(5) リファレンス・イコライザを適用
　　リファレンス・チャネルを適用した信号に対し，ソフトウェア的に適用する．
(6) 4.9MHzループ帯域幅，2次PLL，ダンピング・ファクタ0.7のジッタ伝達関数を持つPLLで再生されたクロックを基準に測定

● アイ・ダイアグラム，ジッタ・テスト(TD.1.3)
　このテストでは，表8.7にある次の4項目を測定します．
① アイ高さ
　アイ高さは，アイ幅の中心±0.05UIにおける信号振幅の大きさです．最小振幅100mVより大きければ大きいほどノイズに対する余裕が生じ，受信特性が高

表8.7 アイ・ダイアグラム，ジッタ規格値(Table 6-12)

項目	値		備考
	UI	時間(UIから換算)	
アイ高さ	100mV 〜 1200mV		CP0 で測定
$R_{j(\delta-\delta)}$	0.23UI 以下	46ps 以下[※1]	CP1 で測定
$D_{j(\delta-\delta)}$	0.43UI 以下	86ps 以下	CP0 で測定
T_j	0.66UI 以下	132ps[※1]	$R_{j(\delta-\delta)}$ と $D_{j(\delta-\delta)}$ の測定結果より下記式で算出 $T_j = D_{j(\delta-\delta)} + R_{j(\delta-\delta)} \times 14.069$

※1：BER10^{-12} としての値(= 3.27ps rms)

くなることを意味します．ただし，最大値は1200mV(1V + 200mV)です．

テストの性格として，最長伝送路の接続を想定したテストなので，ホストあるいはデバイスの基板パターン長は，ほとんどの場合は想定よりも短いと考えられます．USBメモリなどのホスト直結型のデバイスでは，途中にケーブルを入れないので，さらに余裕があります．

もし，振幅が低い場合には，何らかの理由で想定伝送中での減衰量が大きくなっていたり，トランスミッタの信号レベルが落ちていたりすることが考えられます．

前者では，測定系でのフィクスチャのプラグと被測定回路のレセプタクルとの嵌合不良やSMAケーブルの締め付けが緩い，断線まではいかなくともケーブルの劣化などが考えられます．筆者らの例では，USB-IFから届いたばかりのフィクスチャのSMAレセプタクルの基板取り付けで，はんだ付けの不良がありました．

疑似差動の測定なので，＋側と－側の信号が同振幅／逆相で入力されているかどうか波形を確認します．片側の信号に不良，断線など信号が接続されていないケースでは差動信号振幅は半分に落ちてしまいます．

後者では，例えばトランスミッタの振幅を設定できる場合など，誤った値を設定している可能性が考えられます．

② **デターミニスティック・ジッタ**($D_{j(\delta-\delta)}$)

チャネルの高周波損失によるシンボル間干渉，隣接オシレータやスイッチング電源の発振の漏れ込み，差動のバランスのずれにより生じる'1'と'0'の周期のずれにより発生するデターミニスティック・ジッタを測定します．コンプライアンス・パターンは，CP0を使用します．

実際は，データに依存するジッタ，周期性ジッタ，デューティ・サイクルひず

みがその原因であり，もしデターミニスティック・ジッタが過多である場合は，ジッタ解析ツールでどのジッタが多いかを評価します．ジッタ解析ツールでは，ジッタの周波数成分が分かるので，オシレータが近くにある場合やスイッチング電源を使用している場合には，これらの発振周波数の漏れ込みがないかを確認します．

なお，ここでのデターミニスティック・ジッタは，ジッタ・モデルをデュアル・ディラックという近似モデルとして測定した値であり，実際とは異なっていることを留意しておく必要があります．ただし，傾向は反映されます(Appendix を参照).

③ ランダム・ジッタ($R_{j(\delta-\delta)}$)

回路中の熱雑音，フリッカ・ノイズ，ショット・ノイズなどで発生し，ビット誤り率に直接影響するジッタを測定します．発生頻度は低くても大きなジッタが発生するので，もしランダム・ジッタが多いときは，チップ自身に問題がある場合が多く，解決するのが難しいといえます．筆者らの知る中には，チップ内部のPLL のプログラムができておらず，特定のロットでランダム・ジッタ値が大きくなったというケースがありました．

④ トータル・ジッタ(T_j)

ランダム・ジッタは理論上，ジッタの分布が$-\infty$から$+\infty$になるため，ピーク・ツー・ピーク値を持ちませんが，ランダム・ジッタの測定値(RMS，1σ)を14倍(正確には14.069倍)した等価的なピーク・ツー・ピーク値とデターミニスティック・ジッタ(P-P)の和で，1兆ビットに1回のビット誤り率($BER10^{-12}$)の発生を仮定した場合のジッタの広がりを予測したものです．このため，ランダム・ジッタかデターミニスティック・ジッタのどちらか，あるいは双方が許容値を超えるとエラーになります．

なお，1UIからトータル・ジッタを引くと，$BER10^{-12}$におけるアイ幅となり，どの程度アイが開くかが求まります．前述したように，測定するデータ長は100万UIですが，この段階でアイ幅が違反した場合は$BER10^{-12}$でもエラーとなります．

● SSCプロファイル測定(TD.1.4)

SSCプロファイル測定は，SSC(スペクトラム拡散クロッキング)の変調周波数と周波数偏移を測定します(**表8.8**)．コンプライアンス・パターンはCP1を使用します．なお，変調プロファイルはSIGTESTでは測定できないため，オシロス

第8章 コンプライアンス・テスト

コープ側のジッタ解析ツールで測定します．

8.2節の「スペクトラム拡散クロッキング」の項でも説明したように，もし周波数偏移が規定以外，特にセンタ・スプレッドやアッパ・スプレッドになっていると，相互運用性でエラーを引き起こす原因になり得ます．特にホストでは，ホスト・コントローラがPCI Expressのリファレンス・クロックを使用している場合，センタ・スプレッドやアッパ・スプレッド，つまりリファレンス・クロックの周波数が規定より高くなるマザーボードがあるので，トラブルの原因になっています（**図8.30**）．トラブル・シューティングのために，ホスト側のSSCを確認する必要があります．

● LFPSテスト(TD.1.1)

LFPS(Polling.LFPS)に対して，**表8.9**に示す項目をテストします．電源投入時（あるいはリセット後）の最初のPolling.LFPSを5バースト取り込みます．バースト開始から100ns後からバースト終了の100ns前まで，信号が安定している範囲を測定する必要があります．そのため，手動ならばゲーティングという手法で測定範囲をカーソルなどで指定する必要があり，それを5バーストにわたり一つ一つ測定する必要があります（**図8.31**）．ゆえに，この測定は専用のソフトウェアを使って測定するのが効率的です．Tektronix社の場合は，USB 3.0 Tx用の

表8.8 スペクトラム拡散クロッキング(SSC) (Table 6-9)

項　目	内　容	最小値	最大値	単　位
tSSC-MOD-RATE	変調レート	30	33	kHz
tSSC-FREQ-DEVIATION	SSC偏差[*1][*2]	+0/-4000	+0/-5000	ppm

＊1：データ・レートは，0から-5000ppm
＊2：2MHz以下で測定

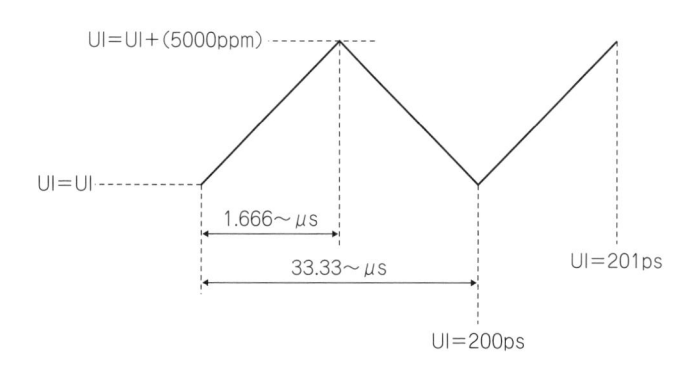

8.4 トランスミッタ・テストの実際

TekExpress の中に包括しています．

● **必要な機材と接続，測定の手順**
以上の説明で，トランスミッタの測定に必要な機材を表8.10 に示します．これらを図 8.32 のように接続します．なお，測定に先立ってオシロスコープの自己校正およびケーブルを含めた 2 チャネル間のデスキューを済ませておきます．

(1) デバイス・ブレークアウト・フィクスチャとオシロスコープを，SMA ケーブルを使って接続する（TX+ ⇒ Ch1，TX- ⇒ Ch2）．
(2) デバイス・テスト・フィクスチャと信号ジェネレータの出力を SMA ケー

表 8.9　LFPS 仕様（Table 6-20）

項　目	内　容	最小値	典型値	最大値
t_{Burst}	バースト長	0.6μs	1.0μs	1.4μs
t_{Repeat}	バースト周期	6μs	10μs	14μs
t_{Period}*	パルス周期	20ns	–	100ns
$t_{RiseFall2080}$*	20%立ち上がり / 立ち下がり時間	–	–	4ns
デューティ・サイクル*		40%		60%
$V_{CM-AC-LFPS}$*	コモン・モード AC 電圧	–	–	100mV
$V_{TX-DIFF-PP-LFPS}$*	差動振幅	800mV	–	1200mV

＊：測定範囲は，バースト開始から 100ns 後〜バースト終了から 100ns 前（Electrical Compliance Test Specification Super Speed Universal Serial Bus より）

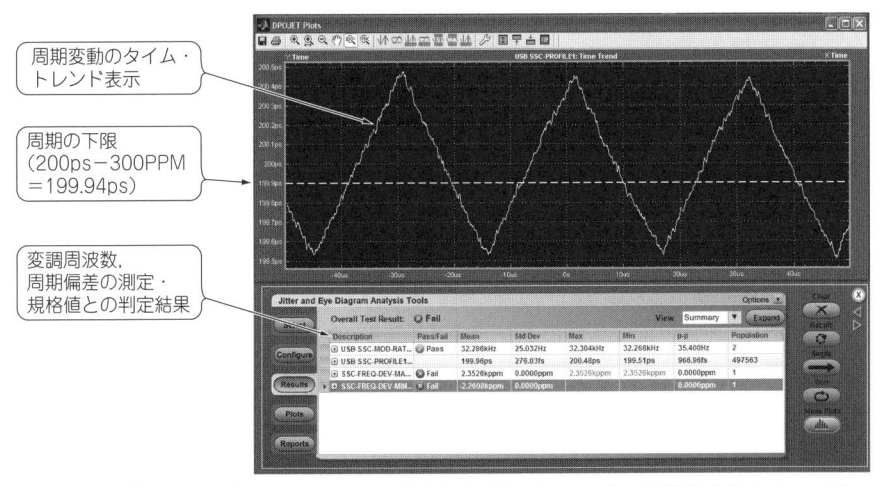

- 周期変動のタイム・トレンド表示
- 周期の下限（200ps-300PPM＝199.94ps）
- 変調周波数，周期偏差の測定・規格値との判定結果

図8.30　マザーボードがセンタ・スプレッドのため，データ・レートが規定値より上がった例

335

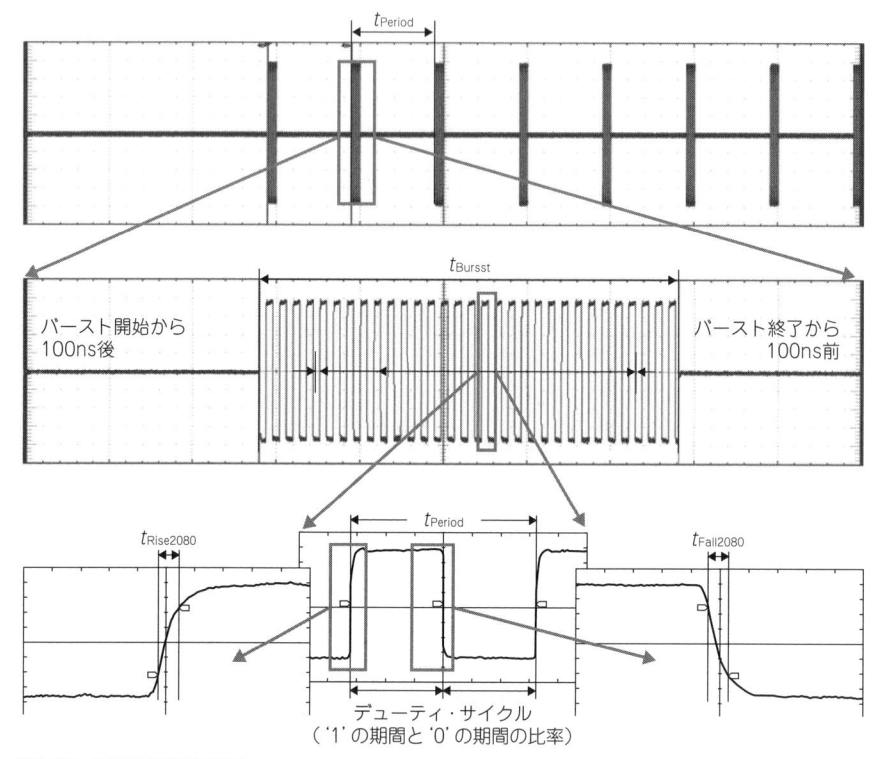

図8.31 LFPSの測定範囲

　　　ブルで接続する (Ch1 ⇒ RX+, Ch2 ⇒ RX−).
(3) 上記のデバイス・ブレークアウト・フィクスチャとテスト・フィクスチャを USB 3.0 ケーブルで接続する. 低周波の LFPS を印加するだけなので, 3m ケーブルでも 10cm ケーブルでもかまわない.
(4) デバイス・ブレークアウト・フィクスチャのタイプ A レセプタクルに, タイプ A ⇔ タイプ B ショート・ケーブル, あるいはタイプ A ⇔ マイクロ B ショート・ケーブルを接続しておく.
(5) 上記のケーブルを被測定システムのタイプ B レセプタクルに接続する.
(6) 被測定システムの電源投入後, VBUS の電源も入力する. d 順序は逆でもかまわない.
(7) 接続後に, 次のことを確認する.
　・被測定回路の電源投入後に測定対象がコンプライアンス・モードへ自動的

8.4 トランスミッタ・テストの実際

表8.10 測定に必要な機材

オシロスコープ
SMA ケーブル
コンプライアンス・ソフトウェア ・USB-IF SIGTEST ・ジッタ解析ソフトウェア ・自動測定環境
フィルタ・ファイル
テスト・フィクスチャ（USB3ET の例） ・ブレークアウト・フィクスチャ ・テスト・フィクスチャ 　（リファレンス・チャネル） ・USB 3.0 ケーブル
Ping.LFPS 発生器

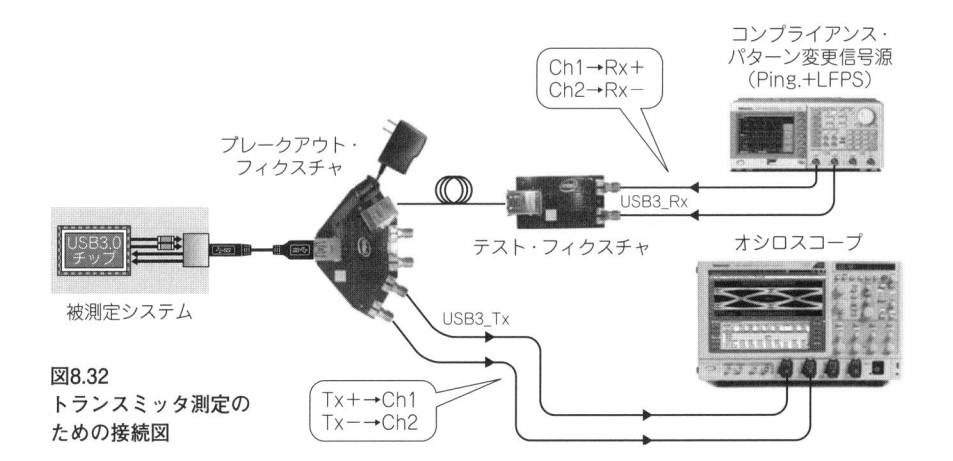

図8.32 トランスミッタ測定のための接続図

に移行して，コンプライアンス・テスト・パターンの CP0 が連続送信されること．
- 信号ジェネレータからレシーバに入力した Ping.LFPS に応答して，コンプライアンス・テスト・パターンが CP0 → CP1 →…と変化すること．

(8) いったん，ブレークアウト・フィクスチャを被測定システムのタイプ B レセプタクルから外す，あるいは VBUS の電源を OFF しておく．

次に実際に，どのような手順で信号品質テストを進めていくかを説明します．ここでは，TekExpress の USB 3.0 トランスミッタ・テストを使います．

(1) TekExpress USB-TX を起動し，テスト・パラメータを設定する．
- DUT Type：被測定システムがデバイス(Device)かホスト(Host)かを選択．

337

第8章 コンプライアンス・テスト

- Channel Definition：リファレンス・チャネルとして Software を選択．
- Test Point Location，Probing Location，Channel Filter File Type を，表8.11のように設定．
- Test Method は，USB-IF（SigTest 3.xx.yy）と DPOJET およびその双方を選択できる．
- 測定したい項目にチェックを入れる．なお，SIGTEST を選択した場合は，SIGTEST が測定可能な項目が全て測定される（図 8.33）．

(2) その後，Run をクリックする．

被測定システムの電源の投入を促すダイアログが現れるので（図 8.34），ブレークアウト・フィクスチャを被測定システムのタイプ B レセプタクルに接続するか，あるいは VBUS の電源を ON する．

測定項目と Ping.LFPS の入力方法にもよるが，Polling.LFPS や CP0，さらに CP1 も取り込み，測定を開始する．この場合，任意波形ジェネレータや任意波形／ファンクション・ジェネレータを併用すると自動的に

表8.11 テスト・パラメータの設定

	Test Point Location	Probing Location	channel Filter File Type
デバイス・テスト	Compliance（TP1）with CTLE	Device Connector（Through Back Panel）	USB3_Cable_Back_CTLE.flt
ホスト・テスト	Compliance（TP1）with CTLE	Host Connector	USB3_Cable_Device_CTLE.flt

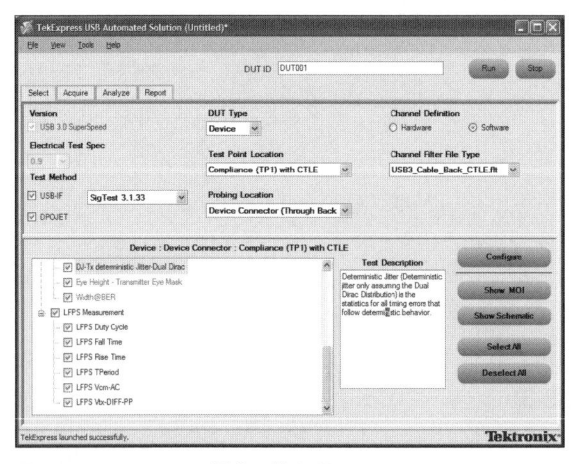

図 8.33 SIGTEST の測定可能な項目

図 8.34 電源の投入を促すダイアログ

8.4 トランスミッタ・テストの実際

Ping.LFPS を発生し，コンプライアンス・テスト・パターンを変更でき，自動的にテストが実行される．一方，ほかのジェネレータでも手動操作で Ping.LFPS を発生し，コンプライアンス・テスト・パターンを変更できる．**図 8.35** は手動の例で，CP0，CP1 のイメージ付きでパターンの変更を促す．

(3) 波形の取り込みが終了し，測定結果(**図 8.36**)が得られる．また，SIGTEST の結果も HTML 形式のレポートが出力される(**コラム 8.G** 参照)．

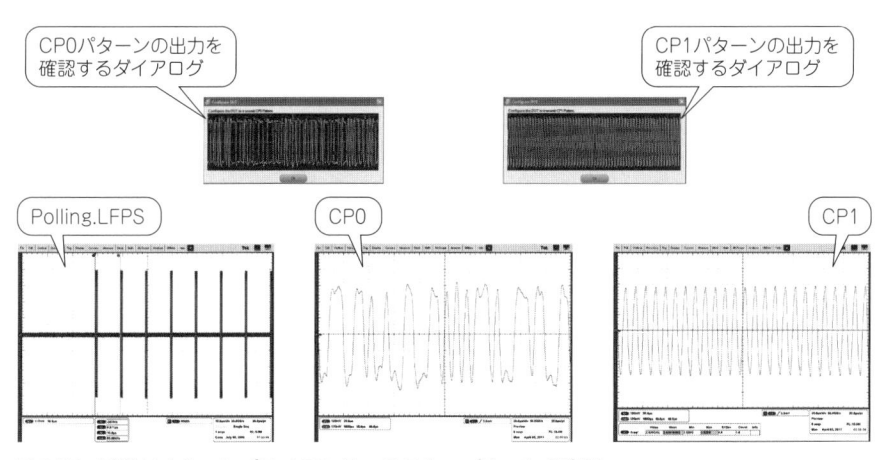

図 8.35　手動によるコンプライアンス・テスト・パターンの変更

図 8.36　TekExpress によるトランスミッタ・テスト測定結果(一部)

339

コラム 8.G　SIGTEST のみによる測定

アイ・ダイアグラムとジッタの測定だけなら，USB-IF のツール SIGTEST で測定できます．ただし，多少手間がかかる上に，リファレンス・チャネル設定をホストかデバイスかによって使い分けてオシロスコープに正しく設定する必要があります．自動測定ソフトウェアでは，この操作を全て自動化してくれます．

(1) 被測定システムの電源を投入し，デバイスの場合には VBUS の電源も投入する．
(2) Ch1 と Ch2 を ON にする．
(3) オシロスコープのトリガを単純な立ち上がりエッジに設定し，波形取り込みを開始する
(4) 信号が画面のフルスケールを振れるように垂直軸感度を調整する（ここでは 70mV/div）．
(5) オシロスコープの画面上に CP0 としてランダムなパルス列が波形として表示されることを確認する．
(6) シングルエンドとして取り込んだ Ch1 と Ch2 を差動信号として扱うために，波形演算機能を使い，Math 波形として Ch1 − Ch2 を定義し，さらにフィルタを適用する．

例えば，Tektronix 社 DSA71254C 型オシロスコープで Math1 = ArbFilter1 (Ch1-Ch2) と指定し，ArbFilter1 を，

- ホストならデバイス＋ケーブル＋ CTLE（USB3_Cable_Device_CTLE.flt）
- デバイスならホスト＋ケーブル＋ CTLE（USB3_Cable_Back_CTLE.flt）

SIGTEST のイコライザ機能を使用するのであれば，

- ホストならデバイス＋ケーブル（USB3_Cable_DeviceE.flt）
- デバイスならホスト＋ケーブル（USB3_Cable_Back.flt）

を選択する．

(7) 時間軸および波形レコード長を 100 万 UI 取り込めるような設定にする．すなわち，必要な時間長は，

$$1UI \times 1,000,000 = 200ps \times 1,000,000 = 20\mu s$$

となり，必要な波形レコード長（ポイント）は，

$$1UI/サンプル間隔 \times 1,000,000 = 200ps/20ps \times 1,000,000 = 1,000,000(10M)$$

となる．例えば，DSA71254C 型オシロスコープでは，時間軸設定は 1/2/4 ステップなので，10 目盛りで $20\mu s$ 取り込める時間軸 $2\mu s$/div に，レコード長は 10Mpts

に設定する.
(8) オシロスコープの波形取り込みを停止する.
(9) Math 波形をファイルに保存する(例：CP0.wfm).
(10) オシロスコープの取り込みを開始する.
(11) 信号ジェネレータから Ping.LFPS を入力する.
(12) オシロスコープの画面上に CP1 としてクロック・パターン(2.5GHz)が波形として表示されたことを確認する.
(13) Math 波形をファイルに保存する(例：CP1.wfm).
(14) SIGTEST ソフトウェアを起動して，Data Type として Differential を指定．Data File および Browse で取り込んだ波形データ・ファイルのあるフォルダを選択し，CP1 の波形ファイルを指定する(**図 8.F**).
(15) リスト・ダウンボックスの「Technology」に usb3_5gp を選択する．Template File は最初 USB_3_5Gb_CP1 を自動的に選択する．
(16) Verify Valid Data File ボタンで，SIGTEST に対して適正なファイルかどうか確認する．問題がなければ [Test]ボタンをクリックし，テストを実行する．
(17) R_j の測定結果をメモしておく．
(18) 続いて，CP0 の波形ファイル Template File として USB_3_5Gb_CP0_RjIN を指定する．
Verify Valid Data File ボタンにより，SIGTEST に対して適正なファイル

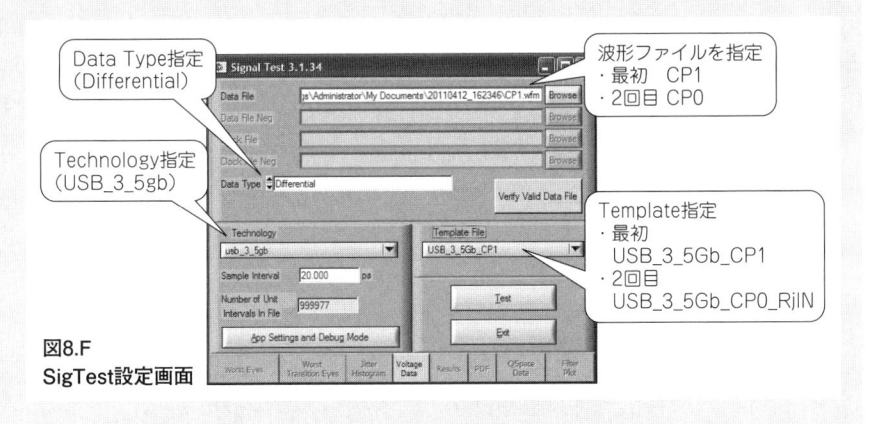

図8.F
SigTest設定画面

かどうか確認する．問題がなければ［Test］ボタンをクリックし，テストを実行する．

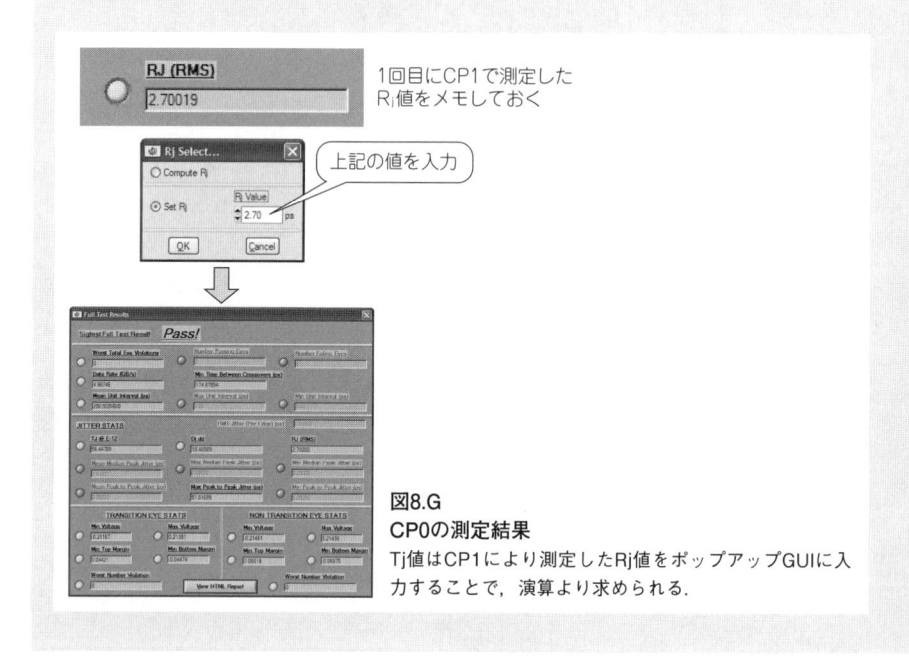

図8.G
CP0の測定結果
Tj値はCP1により測定したRj値をポップアップGUIに入力することで，演算より求められる．

8.5 レシーバ・テストの実際

　レシーバに対する測定は，USB 3.0 Compliance Test Specification に次のように規定されています．
　5Gbpsの物理層信号に対して，
　　・レシーバ・ジッタ耐性テスト（TD.1.5）
　低周波周期信号（LFPS）に対して，
　　・LFPS レシーバ・テスト（TD.1.2）
　があります．

(19)同時にポップアップで表示される GUI に対し，メモしておいた R_j 値を読み込ませ，T_j(@BER10^{-12})値を演算で求める(図8.G).

測定結果は，Full Test Results 画面で確認できます．パスした項目は緑，フェイルした項目は赤で表示されます．また，遷移ビットあるいは非遷移ビットのアイ・ダイアグラムを表示したり，必要に応じて［View HTML Report］ボタンをクリックして HTML 形式のレポートを生成します(図8.H).

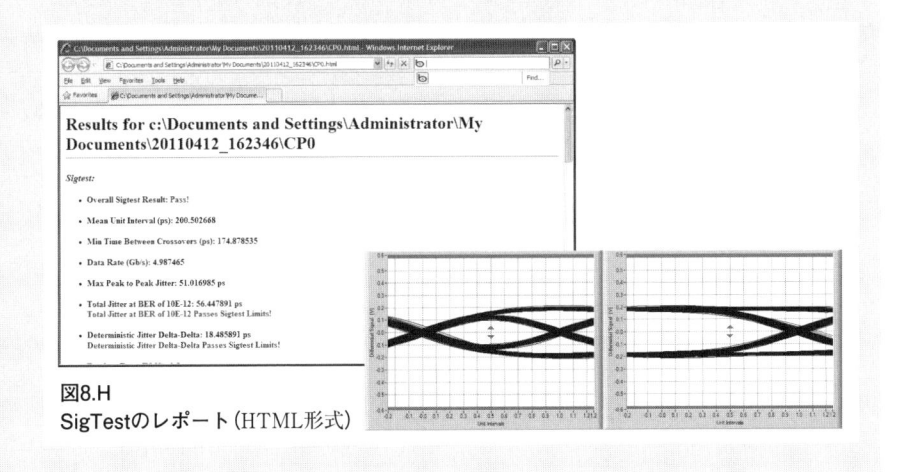

図8.H
SigTestのレポート(HTML形式)

● ジッタ耐性テスト(TD.1.5)

高速シリアル・インターフェースの相互運用性とは，正確に表現すれば特定のビット誤り率における通信を保証することを意味します．そのためには，レシーバは仕様で規定されたジッタを持った信号を正しく受信できる(厳密には，規定のビット誤り率で受信できる)必要があり，ジッタ耐性テストを行います．

クロック・リカバリの項でも説明したように，クロック・リカバリはジッタの周波数に依存した伝達特性を持ちます．そのため，印加するジッタ量を周波数ごとに変える必要があります．低いジッタ周波数に関してはクロック・リカバリ回路のジッタ吸収度合いやピーキングの確認で，高いジッタ周波数ではデータ・リカバリ回路のセンス・アンプの時間方向余裕度の確認となります．

そこで，ループバック・モードにあるレシーバに対し，表8.12 のランダム・ジッ

343

タとジッタ振幅と周波数の正弦波でジッタを重畳したテスト・パターンを6秒間（正確には 2.997×10^{10} ビット長）入力し，その間にエラーが発生しないことを確認します．周波数ごとにこれを繰り返します．なお，実際は BER 10^{-12} でテストすべきですが，1/100 に短縮しています．

また，コンプライアンス・テストではありませんが，ジッタ振幅を可変してどの程度仕様値に対して余裕があるのかを測定するジッタ・マージン・テストも製品保証の観点から重要です．ジッタを乗せるテスト・パターンは，スクランブラが生成する16ビットのランダム・パターンを8b/10b符号化したもので，基本パターンはトランスミッタのコンプライアンス・パターンCP0と同じです．ただし，レシーバ・テストのためには，通常のデータ・ストリームと同様にSKPオーダード・セット（連続したSKIP2キャラクタ）を354シンボルごとに挿入します．

送信側と受信側のリファレンス・クロックが独立で，しかもSSCを使用の影響をエラスティック・バッファによりSKPオーダード・セットの挿抜で周波数

表 8.12 ジッタ耐性テストのためのジッタ周波数と振幅

ランダム・ジッタ (UIrms)	周期性ジッタ（正弦波ジッタ）	
	周波数	振幅 UI
0.0121 (2.4ps)	500kHz	2 (400ps)
	1MHz	1 (200ps)
	2MHz	0.5 (100ps)
	4.9MHz	0.2 (40ps)
	10MHz	
	20MHz	
	33MHz	
	50MHz	

コラム 8.H　ジッタ・マージン・テスト

コンプライアンス・テストではジッタ耐性テストとして，各ジッタ周波数当たり一つの振幅でテストします．つまり，各ジッタ周波数当たり1パス/フェイルしか判定しません．そのため，規格に対してどの程度の余裕があるかを評価するジッタ・マージン・テストを，コンプライアンス・テストに先立って実行しておくことが重要です．ジッタ周波数当たりの振幅を可変してどこまで追従できるかを判定します．

ただし，1点当たりのテスト時間として6秒間が必要になるため，測定点が多ければ多いほど時間がかかるようになります．

8.5 レシーバ・テストの実際

偏差を吸収しますが，レシーバ・テストではこのしくみの元でテストします．

● LFPSテスト(TD1.2)
　表8.13に示すように，振幅とデューティ・サイクルを変えた4種類のLFPSをレシーバに入力し，チップがTSEQで応答することを確認します．確認は，オシロスコープでトランスミッタの信号を観測するだけなので，説明はここまでにしておきます．

● 必要な機材と接続，測定の手順
　レシーバ・テストに必要な機材を表8.14に示します．これらを図8.37のように接続します．テスト・フィクスチャをDUTに接続し，DUTがホストの場合は電源をOFFします．デバイスの場合は，DUT電源をON，VBUSをOFFします．電源をOFFにできない場合は，DUTからテスト・フィクスチャを取り外します．
　次に，実際にどのような手順で作業を進めていくかを説明します．ここでは，TekExpressのUSB 3.0 レシーバ・テストの例を示します．
　(1) テスト・パラメータの設定(図8.38)
　　　TekExpress USB RMT を起動し，テスト・パラメータを設定する．
　　　・DUT ID：フォルダ名として使用され，測定結果が管理される．
　　　・DUT Type：Device，またはHostを選択する
　　　・Channel Emulation：NormativeテストではHardwareを選択する．

表8.13　LFPSテスト

	t_{Period}	$V_{TX\text{-}DIFF\text{-}PP\text{-}LFPS}$	デューティ・サイクル
1	50ns	800mV	50%
2		1200mV	50%
3		1000mV	40%
4		1000mV	60%

表8.14　測定に必要な機材

ディジタル・オシロスコープ ・ジッタ，レベル校正用 ・Polling.LFPS検出用
テスト・フィクスチャ
USB-IF コンプライアンス・リファレンス・チャネル ・ケーブル ・SMA-SMA ペア・ケーブル 2対以上
コンプライアンス・テスト・ソフトウェア ・SIGTEST
ジェネレータ
エラー・ディテクタ
VBUS用電源(デバイスの場合)

第8章 コンプライアンス・テスト

図8.37
レシーバ・テストのための機器接続図
(オシロスコープのエラー・ディテクタを使用した場合)

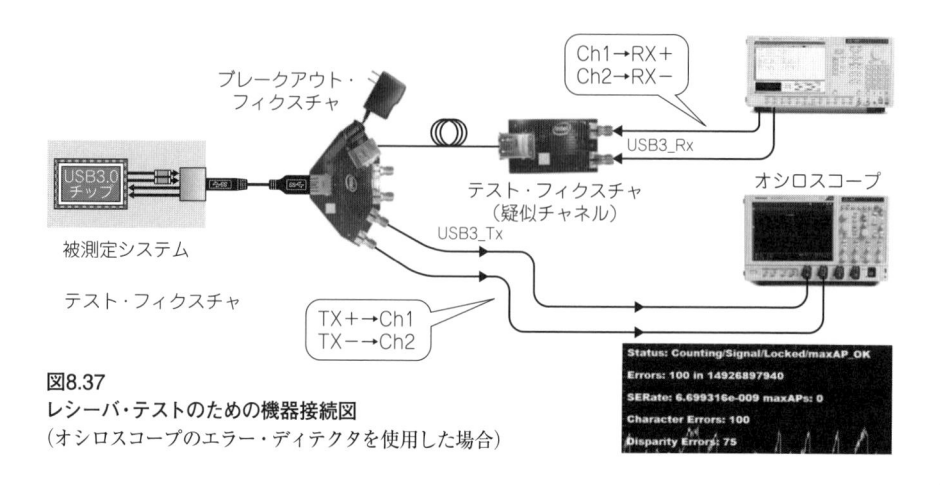

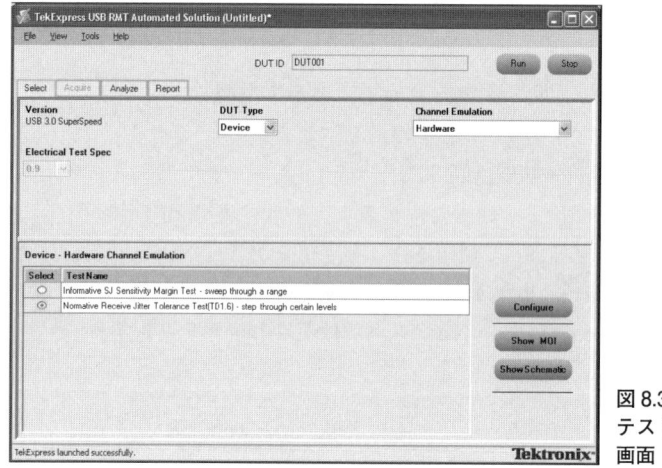

図 8.38
テスト・パラメータの設定
画面

- Select Test：Normative Receive Jitter Tolerance Test［TD 1.6］-step through certain levels を選択する．
- Informative SJ Sensivity Margin Test-sweep through a range はジッタ・マージン・テスト時に選択する．
(2) Run ボタンをクリックして，測定実行を開始する．
(3) DUT をループバックに入れるようにメッセージが表示される（図8.39）．
(4) ここで，ホストの電源，あるいはデバイスの VBUS を ON，あるいはテスト・フィクスチャを DUT に接続する．

8.5 レシーバ・テストの実際

図 8.39
DUT をループバックに入れる指示メッセージ

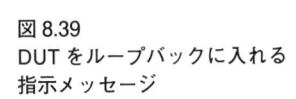

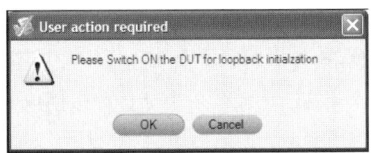

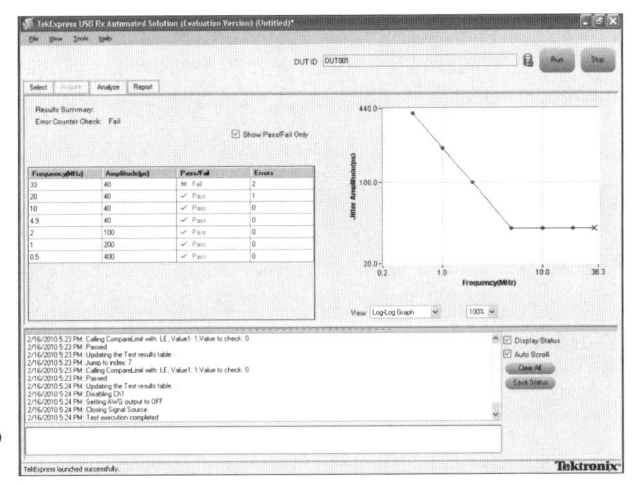

図 8.40
測定が終了したあとのレポート

(5) ジッタ信号がジェネレータから自動的に出力され，被測定システムに入力される．被測定システムのトランスミッタからのループバック・データをエラー・ディテクタで評価する．
(6) この動作を全てのジッタ測定条件(ジッタ周波数と振幅の組み合わせ)で行う．
(7) 測定が終了すると，図 8.40 のレポートが表示される．

● レシーバ・テストにおける校正

レシーバ・テストに先立ち，ジェネレータが下記のテスト条件を満たした信号を出力できるように調整しておく必要があります．まず，ジェネレータの出力をオシロスコープに直結し，下記の内容を確認します．

- テスト・パターンにはジェネレータ出力点で 3dB のディエンファシスがかかっていること．この際，テスト・パターンには SSC を適用．

次に，ホストの場合には，ジェネレータの出力をホスト・テスト・フィクスチャ⇒ホスト・ブレークアウト・フィクスチャ⇒デバイス・ブレークアウト・フィク

347

第8章 コンプライアンス・テスト

スチャという構成(図8.41)，デバイスの場合には，デバイス・テスト・フィクスチャ⇒デバイス・ブレークアウト・フィクスチャ⇒ショート・ケーブル⇒デバイス・テストCALフィクスチャという構成(図8.42)でオシロスコープに接続し，下記の項目を確認します．

(1) ジッタが下記であること．この場合，SigTestを使用してジッタを測定
- CP0にて S_j：SSC OFF で 40.0ps+0/−10%@ 50MHz
- CP1にて R_j：SSC OFF で 2.42ps ± 10% RMS，30.8ps ± 10%$_{p-p}$

(2) 信号振幅が R_j + 50MHzS_j + SSC ON で下記であること
- ホスト　　：180mV ～ 185mV(180mV+ 5mV/−0V)
- デバイス：145mV ～ 150mV(145mV+ 5mV/−0V)

● 差動信号極性

トランスミッタ・テストは，信号自体の振幅やジッタの測定であり，データに依存しないため，意識する必要がなかったことに差動信号の極性があります．

レシーバ・テストでは，ループバックされてきたデータを期待値データと比較

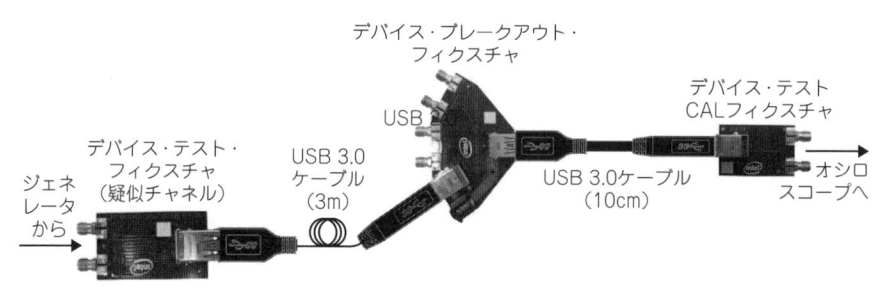

図8.41　デバイス・レシーバ・テストの校正用接続

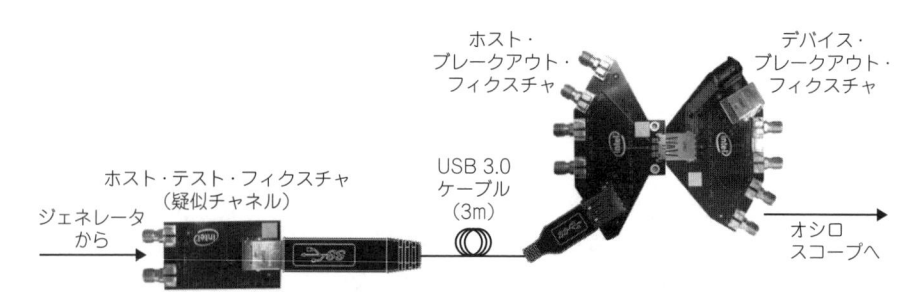

図8.42　ホスト・レシーバ・テストの校正用接続

(照合)するため，データの極性('1'と'0'の向き)が合っている必要があります．

USB 3.0 では，レセプタクルとチップ間の基板トレースをクロスさせる必要がないように，レシーバは TSEQ や TS1 を使って差動極性を判定し，極性が反転している場合には，受信側で差動極性を反転させます(図 8.43)．

BERT などのエラー・ディテクタは汎用の計測器であるため，このような極性判定および極性反転機能を備えていません．そこで測定に先立ち，設計情報を確認したり，ループバックに入った段階でオシロスコープのデコード機能を使い，極性を確認したりしておきます．極性が反転している場合は「＋」側と「－」側のSMA ケーブルを入れ替えて反転させます．

● 将来をにらんだテストの必要性

原稿執筆時点で，USB 3.0 を実装しているホスト(パソコン)の多くは，ルネサス エレクトロニクス(旧 NEC エレクトロニクス)のホスト・コントローラ μPD720020/A をチップセットとは別に搭載しています．この場合，SuperSpeedのトレースは想定したホストのトレース長 30cm に比べるとはるかに短い構造になっています．このトレース長は，チップセットからレセプタクルまで USB 3.0 のトレースを引くことを想定しています．μPD720020/A では PCI Express をホスト側のインターフェースに使用し，チップセットから PCI Express のトレー

コラム 8.1　ループバック BERT

チップ内部に内蔵させたループバック BERT というエラー検出回路でレシーバが受信したテスト・パターンを確認する方法があります．ループバック BERT でエラー数をカウントし，その結果をレシーバのペアのトランスミッタからループバック・データの中に含めて出力します．外部エラー・ディテクタを使用しなくとも，オシロスコープやプロトコル・アナライザでエラー値を読み取ればエラーの有無が分かります．

Universal Serial Bus 3.0 Specification Rev.1.0 に記載されたものの，2010 年 6 月 9 日付に発行された Errata でオプション化されました．しかし，現在までに市場に投入されたほとんどのチップがこの方法を採用したことで，チップ開発の早い時期からのテストが可能になり，製品の早期市場投入が可能になりました．コンプライアンス・テストでは，前述の外部エラー・ディテクタを使用します．

コラム 8.J　レシーバ・ジッタ耐性テストの重要性

　USB 3.0 は，5Gbps という高速信号を下記に示す線路で伝送することを想定しています．トランスミッタから送信される 800mV の信号に対し，最大 19dB もの減衰を受けることになります．

- ホスト　　：LSI パッケージ + 30cmFR4 基板（約 7.5dB@2.5GHz）①
- デバイス：LSI パッケージ + 15cmFR4 基板（約 4dB@2.5GHz）②
- 3m ケーブル（7.5dB@2.5GHz）③

　この結果，送信側で行われる 3.5dB のディエンファシスに加え，減衰した信号をレシーバに内蔵したイコライザで改善し，受信する方式をとっています．しかし，イコライザは減衰した信号を補償すると同時に，受信側近傍で受けた影響も増幅してしまいます．これらの影響にはさまざまな要因がありますが，USB3.0 では構造的にクロストークの影響を受けやすくなります（図 8.1）．

▶ USB 3.0 は従来の USB 2.0 に対し，全く異なる 5Gbps のデュアル・シンプレックス（双対単方向伝送）の差動信号線を追加したデュアル・バス・アーキテクチャを採用しています．デバイスが USB 3.0 と USB 2.0 を同時に通信することはありませんが，ホストやハブは同時通信することがあり得ます．そのため，USB 2.0（D+/D−）と USB 3.0（SuperSpeed）間のクロストークである差動 D+/D− SuperSpeed ペア間近端クロストークが問題になります．

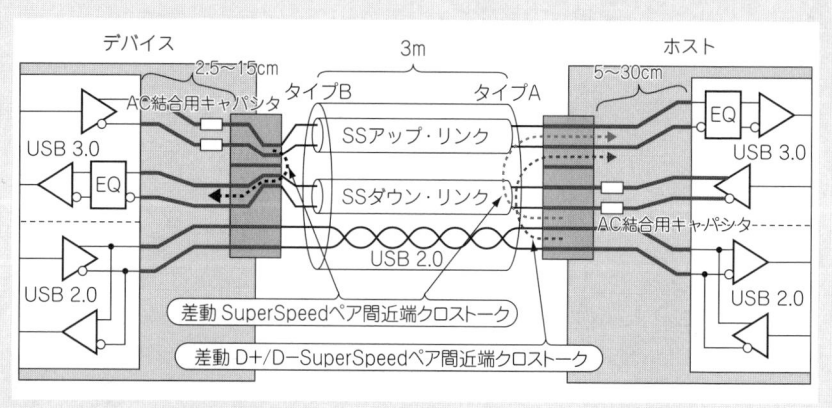

図8.1　USB 3.0の伝送路およびレセプタクルでのクロストーク

▶ホストやデバイスに関わらず，Rx に対する Tx からのクロストークの影響も大きくなりがちです．

前者は USB 3.0 と USB 2.0 のトレースを基板上で離すこと，後者は Tx と Rx のトレースの配線層を，例えば表面と裏面などに配線層を分離することで抑制できます．また，ケーブルはシールドでクロストークが抑えられています．しかし，後者にとっての問題はコネクタ（レセプタクルとプラグ）で，特にタイプB（すなわちデバイス）のクロストーク特性に注意する必要があります．これは，差動で Tx と Rx 間にグラウンドを設けているものの，接点間隔がタイプAの2mmに比べ1mm と狭いタイプBの構造上の特徴からきています．それに加え，レセプタクル位置におけるホスト側からのダウン・リンクの Rx 信号レベルは，15dB と大きな損失を受けていますが，アップ・リンクの Tx 信号レベルは4dB であり，Tx が Rx に与える近端クロストークが大きくなりがちです．しかも，これらの値は想定された最大線路長であり，レセプタクルからチップまでのトレース長が短ければそれだけ損失が小さくなるため，Tx の信号レベルも大きくなります．

デバイスのレセプタクル点での減衰量は，

Rx 側：LSI パッケージ + 30cmFR4（ホスト）+ 3m ケーブル 15dB @ 2.5GHz（①+③）

Tx 側：LSI パッケージ + 15cmFR4（デバイス） 4dB @ 2.5GHz（②）

ホストのレセプタクル点での減衰量は，

Rx 側：LSI パッケージ + 15cmFR4（デバイス）+ 3m ケーブル 11.5dB @ 2.5GHz（②+③）

Tx 側：LSI パッケージ + 30cmFR4（ホスト）7.5dB @ 2.5GHz（①）

となり，さらに接点部のピッチと実装部のピッチの差は，スキューが大きくなる傾向にあります．また，タイプAとタイプBを比べると内部の導体がタイプBの方が長く（約5mm），それだけインピーダンス・コントロールが難しくなり，リターン・ロスが大きくなりがちです．

結果的に，USB 3.0 ではトレース・パターン，電源などを注意深く設計する必要があるほか，使用するケーブルやレセプタクルも注意深く選択する必要があります．特に，差動ペア・スキューやリターン・ロス，近端クロストークが大きいレセプタクルは避けないといけません．

第8章 コンプライアンス・テスト

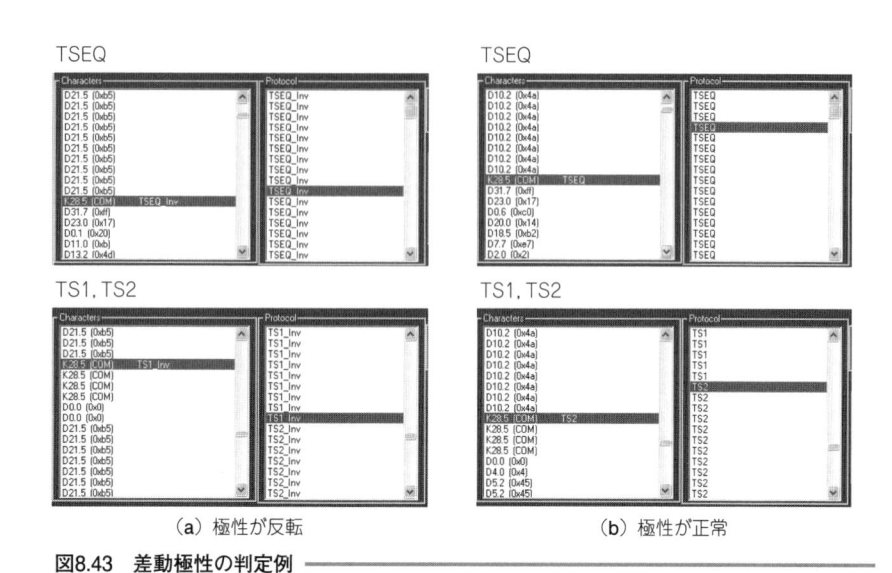

(a) 極性が反転　　　　　　　　　(b) 極性が正常

図8.43 差動極性の判定例

スを引いてきて，そこにホスト・コントローラを配置しているためです．

　その結果，チップからレセプタクルまでの距離を短くでき，減衰量も想定値より小さくなっています．したがって，デバイスが受ける信号のレベルがそれほど低くなることはありません．しかし，チップセットがUSB 3.0をサポートした場合には，トレースが本来の想定された長さになることが予想され，デバイスが受ける信号のレベルは現状より低下します．そのため，現在のホスト環境で問題なく動作しているデバイスでも，動作に支障をきたすおそれがあるので，最悪条件でのテストであるコンプライアンス・テストに沿ったテストをしておくことが重要です．

はたけやま・ひとし
テクトロニクス社

Appendix

畑山 仁

ランダム・ジッタとデターミニスティック・ジッタ

● 長期間で大きなジッタが発生する可能性があるランダム・ジッタ

　ランダム・ジッタ(R_j)は，熱雑音やフリッカ・ノイズ，ショットキー・ノイズなどによって発生します．これらの膨大な数の小さな影響の集まりは，統計物理学の基本定理の一つである中心極限定理により，その確率密度関数(Probability Density Function)は鐘形曲線としてよく知られたガウス分布(正規分布)になります．

　ガウス分布は，式(1)で示される平均値μと平均的なばらつきの幅を表す標準偏差σの関数で，その広がりは有限ではなく，無限の広がりを持ちます(図A.1)．ただし，中央(平均値)から遠くなるほど(すなわち大きいジッタになるほど)，発生確率は低くなります．

$$R_j(x) = \frac{1}{\sqrt{2\pi}\sigma} \exp\left\{-\frac{(x-\mu)^2}{2\sigma^2}\right\} \quad (-\infty < x < +\infty) \cdots\cdots(1)$$

　ガウス分布は左右対称なので，その中央はUIの境界，すなわちビットとビットの境目で，ジッタは短時間ではUI境界の前後数σ(シグマ)の範囲で発生します．±1σの範囲では，発生確率(全体の面積に対する比率)はおよそ68%です．

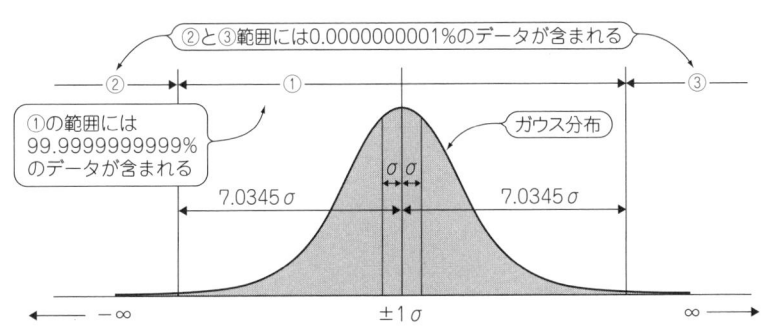

図A.1　ランダム・ジッタの確率密度関数

一方，±7σまで広げた場合，発生確率は99.9999999999%になります．逆に，±7σの両側確率は0.0000000001%で，両側確率の全体面積（= 1）に対する比率は1兆：1となります．また，±4.75σで見ると，その確率は99.9999%で両側確率は0.0001%となり，全体に対する外側の比率は100万：1となります．

これはR_jの場合，確率は低くとも時間経過，つまりUI数（母集団数）の増加に従って，より大きなジッタが出現する可能性があるということを意味します．例えば，±4.75σを超えるジッタは100万回に1回，±7σを超えるジッタは1兆回に1回の確率で発生するといった具合です．

一方，デターミニスティック・ジッタ（D_j）は，オシレータやスイッチング電源からの漏れ込みなどの周期性ジッタや，デューティ・サイクルひずみに代表されるように，その分布は有限であり，ジッタの広がりはある範囲内にとどまります（**表 A.1**）．つまり，時間経過に依存しません．

R_jの場合，時間経過に依存して大きなジッタが出現するということは，アイ・ダイアグラムで考えると測定時間に依存して信号波形が閉じてくる（アイの開口率が変わる）ことを意味します（**図 A.2**）．測定時間が短いと大きなジッタの発生確率が低いため，アイの幅は広くなりますが，測定時間が長くなると大きなジッタが出現することになりアイの幅は狭まります．

表 A.1　デターミニスティック・ジッタ

名称	要因	代表的な確率密度関数（PDF）の形状
周期性ジッタ：P_j (Periodic Jitter)	電源，CPUクロック，オシレータなどが原因	Peak-to-Peak
デューティ・サイクルひずみジッタ：DCD_j (Duty Cycle Distortion) パルス幅ひずみジッタ：PWD_j (Pulse Width Distortion)	オフセット・エラー，ターンオン時間のひずみが原因	Peak-to-Peak
パターン依存性ジッタ：PD_j (Pattern Dependent) データ依存性ジッタ：DD_j (Data Dependent) シンボル間干渉：ISI (Inter-Symbol Interference)	隣接するデータ・ビットの変化が原因で発生．伝送帯域特性など伝送路の影響	Peak-to-Peak

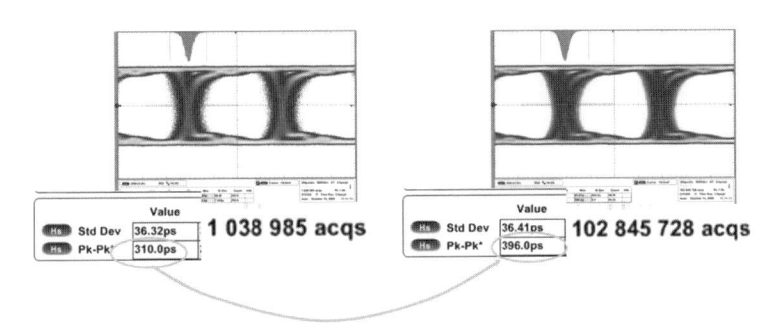

図 A.2 測定時間(波形取り込み回数.ここでは acqs:acquisitions)により異なるピーク・トゥ・ピーク・ジッタ量

また,別の角度から見ると,ある測定時間の中で同じピーク・トゥ・ピーク・ジッタを示したとしても,R_j と D_j 成分によってはジッタの広がり方が長期間で変わってくることを意味します.

そのため,アイ・ダイアグラムやジッタの測定では測定時間を規定しておく必要があります.ただし,上記のように正規分布の広がりが無限であるため,直接的にピーク・トゥ・ピークを決めることはできません.そこで,次のようにビット誤り率(BER:Bit Error Rate)を規定して等価的な R_j のピーク・トゥ・ピーク値を決めます.

上記の1兆回に1回という頻度は極めて低く感じられますが,5Gbps のデータ・レートで見ると,200秒〔$1/(5\times10^{-9})\times10^{12}$〕,すなわち3分20秒に1度発生する頻度です.もし,この大きなジッタが正しくビットを捕捉できない要因,すなわちエラーを引き起こす要因とすれば,この発生頻度は BER を意味することになります.

前述の ±7σ では1兆:1ですので,1回のエラーに対して必要な母集団数は 10^{12} となり,BER = 10^{-12} となります.この範囲は,式(2)のように標準偏差(σ)に対する係数で決まります.

$$R_{j(peak\text{-}to\text{-}peak)} = 2Q_{\text{BER}} \times \sigma \quad\cdots\cdots(2)$$

ここで,Q_{BER} は特定の BER における R_j の最大値への変換係数であり,BER = 10^{-6} であれば 99.99999% が含まれる範囲で 4.75 となり,BER = 10^{-12} ならば 99.9999999999% で 7.039 となります.参考までに,各 BER における Q_{BER} を**表 A.2**に示します.

なお,両側確率を使用しますが,UI 境界から見た場合,前後どちらの UI でも

表 A.2 BER 対 Q_{BER}

BER	Q_{BER}	BER	Q_{BER}	BER	Q_{BER}
10^{-3}	3.09	10^{-8}	5.612	10^{-12}	7.0345
10^{-4}	3.719	10^{-9}	5.998	10^{-13}	7.349
10^{-5}	4.265	10^{-10}	6.3615	10^{-14}	7.6505
10^{-6}	4.7535	10^{-11}	6.706	10^{-15}	7.9415
10^{-7}	5.1995				

エラーが発生するためです．また，もう一つの前提条件としてデータ遷移密度(全ビットに対するビット変化の頻度)が50%であることです．

● トータル・ジッタとデュアル - ディラック・モデル

実際のジッタを T_j とすると，T_j は R_j と D_j の各成分が相互にかけ合わされて足されたもの，すなわち R_j と D_j が式(3)のように畳み込み積分(コンボリューション)されたもので極めて複雑です．

$$T_j(t) = \int_{-\infty}^{\infty} D_j(T) \cdot R_j(t-T) dT \cdots (3)$$

そこで，式(4)のように D_j をデルタ関数で近似します．すると，式(5)のように積分がとれ，単純化されます．

$$D_j(t) = a_1 \cdot \delta(t-t_1) + a_2 \cdot \delta(t-t_2) \cdots (4)$$

$$T_j(t) = \int_{-\infty}^{\infty} \{a_1 \cdot \delta(u-t_1) + a_2 \cdot \delta(u-t_2)\} R_j(t-u) du$$
$$= a_1 \cdot R_j(t-t_1) + a_2 \cdot R_j(t-t_2) \cdots (5)$$

上記のモデルはデュアル - ディラック(Dual-Dirac：ディラックのデルタ関数)モデルと呼ばれ，デュアル - ディラック・モデルの D_j を $D_{j(\delta-\delta)}$ として識別します．

上記の式(2)の T_j を特定のBERにおけるジッタとすると，

$$T_{j(BER)} = 2Q_{BER} * Rj_n + Dj_{(\delta-\delta)n} \cdots (6)$$

となり，R_j，$D_{j(\delta-\delta)}$ で定量化できるようになります．その結果，トランスミッタやレシーバ，チャネルなどの持つジッタ配分，ジッタ見積りが可能となります．

以上から，今日ではPCI Express Rev.2.0(5Gbps)やDisplayPortなど，多くのシリアル・インターフェースの規格がデュアル - ディラック・モデルに基づいて R_j と $D_{j(\delta-\delta)}$ を規定しています．ただし，注意すべきは $D_{j(\delta-\delta)P-P} = D_{jP-P}$

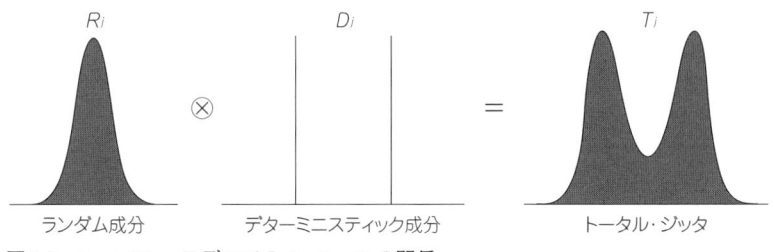

図A.3 Dual-DiracモデルでのT_j, R_j, D_jの関係

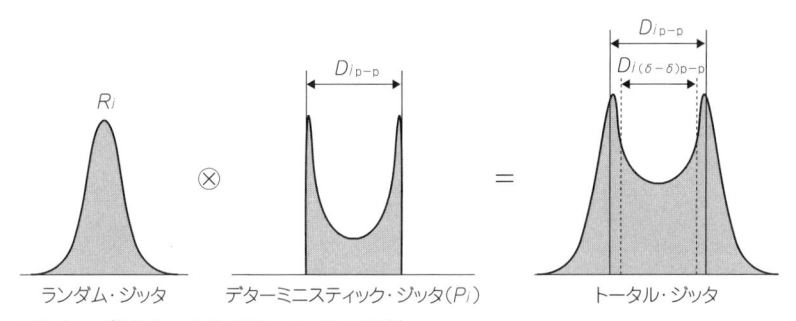

図A.4 一般のケースでのT_j, R_j, D_jの関係
一般のケースではD_j(δ-δ)p-p≦D_jp-pとなる．この例は，周期性ジッタ(P_j)の場合．
USB 3.0ではDual-Diracモデルで規定しているが，現実のジッタではそうはならない

となるのは，デターミニスティック・ジッタの確率密度関数が2点のみとなるデューティ・サイクルひずみのとき(**図A.3**)のみで，例えば周期性ジッタで見ると内側にジッタが寄る，つまりBER10^{-12}になる点が内側に寄るために，$D_{j(δ-δ)P-P} \leq D_{jP-P}$となります(**図A.4**)．

● バスタブ曲線

$T_{j(\mathrm{BER})}$を理解するためには，バスタブ曲線(**図A.5**)と呼ばれるグラフが役立ちます．名前が同じでも，一般的に故障曲線で知られているバスタブ曲線とは異なります．

バスタブ曲線は，UI内のサンプリング点xの時間位置でBERを求めたものです．BER(x)を測定するには，BERT(Bit Error Rate Tester)を使って，UI内をスキャンして各サンプリング点でのBERを測定します．

- UI境界付近には多くのエッジが分布しているため，BERが高くなる．
- サンプリング点をアイの中心に向かって移動させるにつれて，BERは急

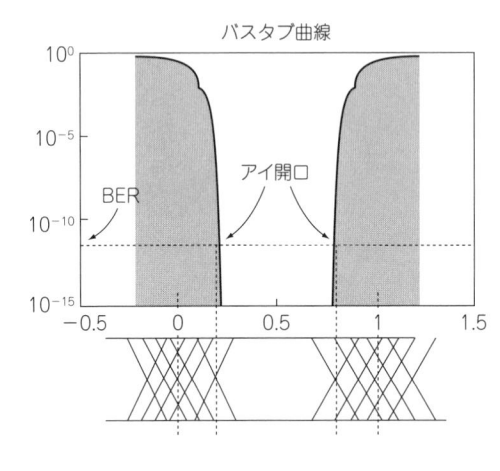

Appendix　ランダム・ジッタとデターミニスティック・ジッタ

図A.5　バスタブ曲線とジッタ量には関係がある
縦軸はBER(対数)，横軸は0.5UIを中心としたUIで，特定のBERにおけるアイ幅およびトータル・ジッタ(1UI-アイ幅)を示す．

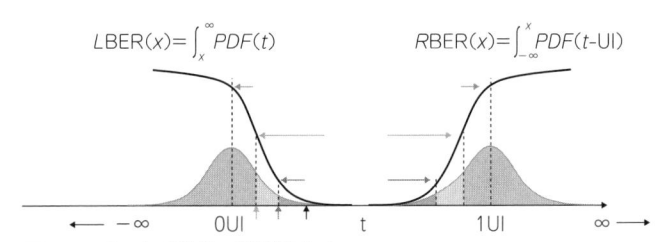

$$LBER(x)=\int_{x}^{\infty}PDF(t) \qquad RBER(x)=\int_{-\infty}^{x}PDF(t-UI)$$

図A.6　バスタブ曲線の数学的意味
ジッタの確率密度関数(PDF)を積分した累積分布関数(Cumulative Distribution Function)

速に低下する．
- 一方，サンプリング点が反対側のUI境界に近づくにつれて，BERは再び急速に増加する．

この曲線が浴槽に似ていることから，この名前が付いています．

このBERを決定しているのが，ここで説明しているジッタになります．つまり，BERとジッタは関連性があります．

実際に，バスタブ曲線は数学的に見た場合，ジッタの確率密度関数をUI軸に沿って積分した累積分布関数(Cumulative Distribution Function)で求めることができます(**図A.6**)．UI境界から見た場合，確率密度関数のある点より外側の面積と全体面積に対する比率がBERですが，全体面積は正規化されて1なので，そのまま面積がBERになります．UI左側($x = 0$)のLBERは∞からxまで，UI右側($x = 1$)の確率密度関数は$-\infty$からxまでを積分して求めます．

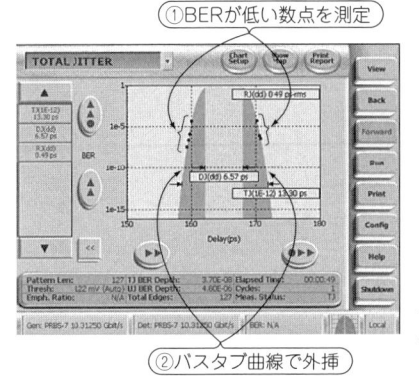

図A.7
BERTによるBER(ジッタ)の測定
外挿で測定時間を短縮．Tektronix社のBSAシリーズの例．ジッタ測定に主点を置いているため，UIを中心としたバスタブ曲線を表現．

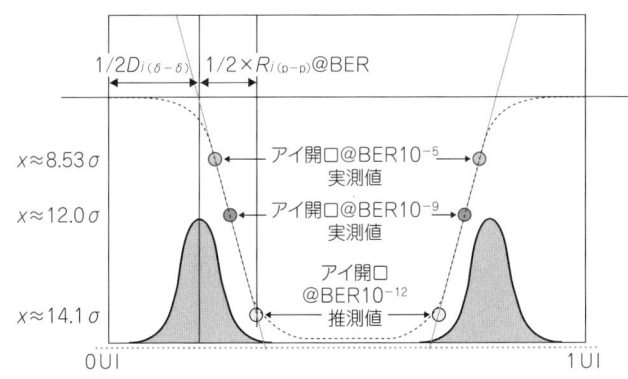

図A.8　バスタブ曲線からの$R_{j(\delta-\delta)}$ / $D_{j(\delta-\delta)}$分離
バスタブ曲線接線より$R_{j(p-p)}$@BER，$D_{j(\delta-\delta)}$を算出できる．

　実際のバスタブ曲線は，R_jやD_jなどのそれぞれのジッタ成分の累積分布関数が合わさったものとなります．このことから，オシロスコープでは現在のジッタ量(R_jとD_j)を算出し，バスタブ曲線を使って特定のBERにおけるジッタ量を推測する方法が広く用いられています．

　UI内の各点でのBERは，バスタブ曲線をとることが前述のように理論的に分かっているため，BERTでは図A.7のようにUI境界に近い，つまりBERが低いポイントを測定し，バスタブ曲線にフィッティングする外挿法(Extrapolation)で，測定時間を大幅に短縮しています．

　バスタブ曲線の性質を見てみましょう．バスタブ曲線の傾きを決めるのはR_jで，全体を内側へ狭めるのは$D_{j(\text{Dual-Dirac})}$です．つまり，バスタブ曲線を求める

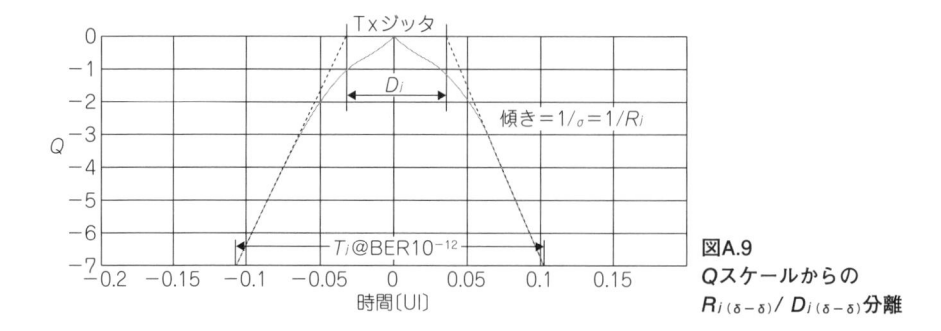

Appendix ランダム・ジッタとデターミニスティック・ジッタ

図A.9 Qスケールからの $R_{j(\delta-\delta)}/D_{j(\delta-\delta)}$ 分離

と R_j と $D_{j(\delta-\delta)}$ を算出することが可能になります(図A.8)．BERTはBERからバスタブ曲線を直接測定するため，デュアル-ディラック・モデルの R_j と $D_j(R_{j(\delta-\delta)}$ と $D_{j(\delta-\delta)})$ を求めることになります．一方，オシロスコープは，測定した真の R_j と D_j から求めたバスタブ曲線から $D_{j(\delta-\delta)}$ を算出します．

なお，PCI Express Rev.2.0では，Qスケールと呼ぶ Q_{BER} 軸を使ったグラフを使用します(図A.9)．縦軸が対数(BER)軸のバスタブ曲線に対し，Q_{BER} 軸はリニアなのでグラフの傾きがより直線的になります．その結果 $R_{j(\delta-\delta)}$ と $D_{j(\delta-\delta)}$ を求めるに当たって，接線の傾きが $1/\sigma(1/R_j)$ を表現し，接線と $Q=0$ との交点が $D_{j(\delta-\delta)}$ を表現，$Q=7$ での広がりが $T_j@BER10^{-12}$ を示します．

● BER測定と信頼度

BERは，所望の全ビットに対して検査する必要があります．例えば，$BER10^{-12}$ であるならば，1兆ビットを測定して1ビットの誤りの発生を確認します．しかしながら，BERを低下させる主な原因はランダム・ジッタであり，その結果，BERの変化はランダムとなります．例えば，1回目に1ビットの誤りが検出されたとしても，2回目には誤りがなかったり，3回目には2ビットの誤りがあったりするような具合です．

つまり，1兆ビット測定して1ビットの誤りを確認するだけでは不十分で，何度か測定して，平均した結果が $BER10^{-12}$ になることを確認します．回数が多ければ確度が高まりますが，当然それだけ測定時間がかかります．本文にあるように，5Gbpsでの1兆ビットは200秒(3分20秒)必要であり，もし10回測定するならば2,000秒(33分20秒)かかることになります．この10回という回数は，IEEE 802.3ae(Ethernet)で求められている測定回数です．

このように，BERは極めて時間を要する測定ですが，信頼度(Confidence

360

Value)という確率の概念を持ち込むことで測定時間を短縮できます．例えば，2.996×10^{12} ビット，つまり 10 分間誤りが生じないのであれば，95％の信頼度で BER10^{-12} が達成されていると見なします．

なぜ，2.996×10^{12} ビットで誤りが生じないのであれば，95％の信頼度で BER10^{-12} が達成されたことになるかというと，「BER10^{-12} の確率を持った信号が N ビットにわたり誤りが生じない」事象は，「N ビットで BER10^{-12}」の余事象であり，以下の関係が成り立ちます．

$$1 - \left[1 - \frac{1}{10^{12}}\right]^N = 0.95$$

$$\left[1 - \frac{1}{10^{12}}\right]^N = 0.05$$

ゆえに N は，

$$N = \frac{\log_{10}(0.05)}{\log_{10}\left(1 - \frac{1}{10^{12}}\right)}$$

$$= 2.996 E 12$$

となります．これはサイコロを 6 回振って，「少なくとも 1 回 1 の目が出る確率」を求める考え方と同じです．つまり，「少なくとも 1 回 1 の目が出る」事象 ＝「6 回とも 1 の目が出ない」の余事象であり，

$$1 - \left[1 - \frac{1}{6}\right]^6 = 1 - \left[\frac{5}{6}\right]^6 = 0.6651\ldots$$

となります．

この方法は，BERT で外挿でバスタブ曲線を求めるときの UI 境界に近い低 BER の測定，およびレシーバ・ジッタ耐性／マージン・テストでも利用されています．

はたけやま・ひとし
テクトロニクス社

第9章
USB ソフトウェアのしくみ

永尾 裕樹

9.1 USB のハードウェアとソフトウェア

　USB ホスト機能を実現する USB ホスト・コントローラは，さまざまな種類の USB デバイスが接続される可能性があるので，汎用性を意識して設計されます．一方，USB デバイス機能を実現する「USB デバイス・コントローラ」は，さまざまな USB 周辺機器向けに汎用的に設計されるものと，USB-シリアル ATA ブリッジ・コントローラなどのように特定の周辺機器向けに設計されるものがあります．これらのコントローラのハードウェア機能を動かして，ユーザから見た特定の USB 周辺機器機能（USB ストレージ，USB プリンタなど）を実現するには，ドライバ・ファームウェアによるソフトウェア機能が必須です．

　図 9.1 は，USB 機器のハードウェアとソフトウェアの各要素を階層別に記載した USB ハードウェア・ソフトウェア階層図です．

　この階層は機能レベルで三つのレイヤに分かれており，最下位層がバス・インタフェース・レイヤ，中間層がデバイス・レイヤ，最上位層がファンクション・レイヤと定義されています．

　バス・インタフェース・レイヤは，USB ホスト・コントローラ-USB デバイス・コントローラ間において，物理層の電気的・機械的なインタフェース通信を定義するレイヤです．

　デバイス・レイヤは，USB ホストのシステム・ソフトウェア階層と Default Endpoint（番号 0 のエンドポイント）間において，デフォルト・パイプ論理インタフェースを使った基本通信プロトコルを定義するレイヤです．

　ファンクション・レイヤは，クライアント・ソフトウェア（クラス・ドライバ）と USB Interface（一つまたは複数のエンドポイントが割り当てられたもの）間において，インタフェース・パイプ通信を定義するレイヤとなっています．

　最下層のバス・インタフェース・レイヤは主にハードウェアによって実現さ

第 9 章 USB ソフトウェアのしくみ

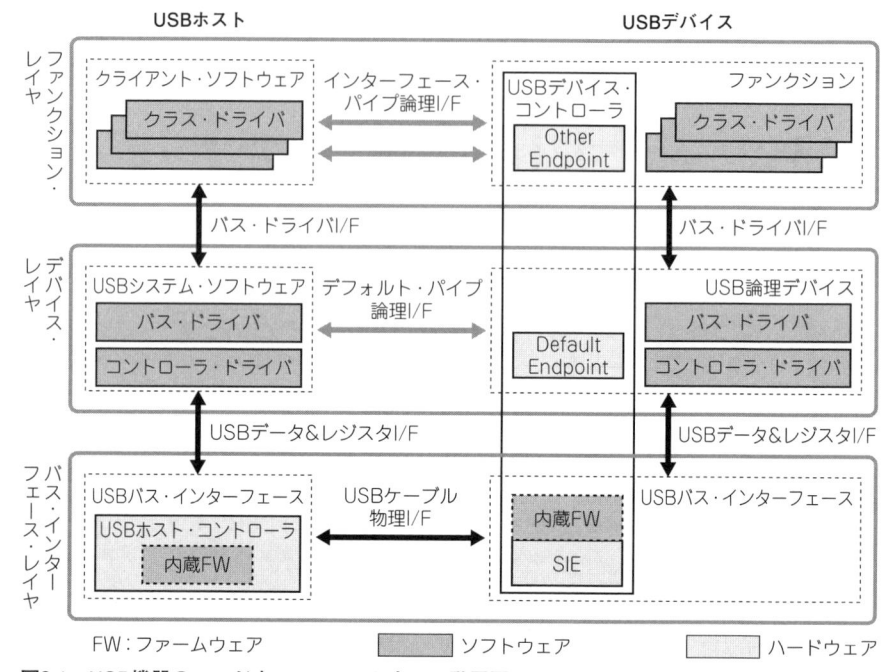

図9.1 USB機器のハードウェア・ソフトウェア階層図

れる階層，デバイス・レイヤとファンクション・レイヤは主にソフトウェアによって実現される階層になります．そこで本章では，デバイス・レイヤとファンクション・レイヤで定義されるUSBソフトウェアについて説明していきます．

9.2　USBのソフトウェア階層

　USB規格には三つの層（バス・インターフェース・レイヤ，デバイス・レイヤ，ファンクション・レイヤ）があることを説明しましたが，これら全ての階層にUSBソフトウェアが含まれています．

　バス・インターフェース・レイヤには，ホスト・コントローラとデバイス・コントローラ内部に搭載されるマイコン・ファームウェアなどがあります．デバイス・レイヤには，プラグ・アンド・プレイを実現するためのOS機能を含めたコントローラ・ドライバ/バス・ドライバ/ハブ・ドライバなどがあります．ファンクション・レイヤでは，ユーザから見たUSBデバイスのターゲット機能を実

9.2 USBのソフトウェア階層

```
USBホスト・ソフトウェア              USBデバイス・ソフトウェア

┌─────────────────┐                    ┌─────────────────┐
│  アプリケーション │   データ/ストリーム通信  │ 物理デバイス・ドライバ │
│                 │   クラス・リクエスト通信  │                 │
│ ミドルウェア, FS  │  ←── Interface通信 ──→  │ ブリッジ・ドライバ  │
│                 │                         │                 │
│  クラス・ドライバ │                    │  クラス・ドライバ │
└─────────────────┘                    └─────────────────┘
         ↕                                      ↕
┌─────────────────┐                    ┌─────────────────┐
│   バス・ドライバ  │     標準リクエスト通信   │   バス・ドライバ  │
│                 │  ←── Defaultパイプ通信 ──→│                 │
│ コントローラ・ドライバ │                │ コントローラ・ドライバ │
└─────────────────┘                    └─────────────────┘
         ↕                                      ↕
┌─────────────────┐                    ┌─────────────────┐
│ USBホスト・コントローラ │              │USB デバイス・コントローラ│
│  コントローラ内部  │  ←── USBケーブル ──→ │  コントローラ内部  │
│   ファームウェア   │                    │   ファームウェア   │
└─────────────────┘                    └─────────────────┘
```

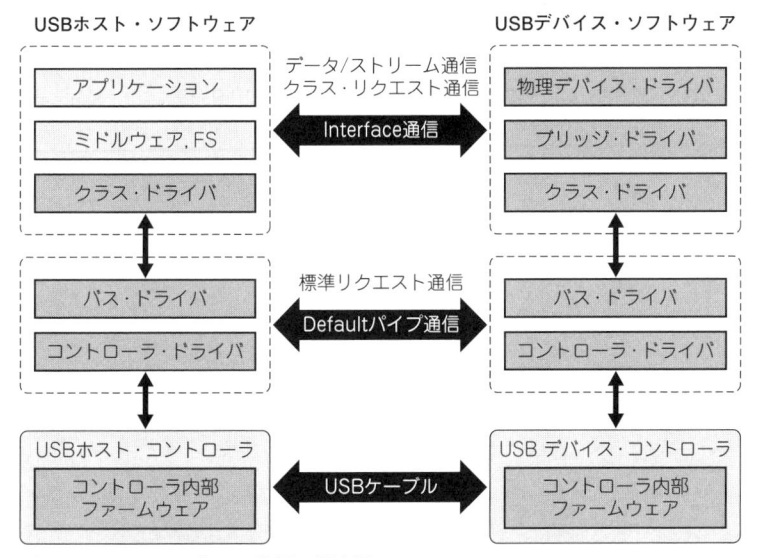

図9.2 USBソフトウェア階層の概念図

現するためのクラス・ドライバ / ブリッジ・ドライバ / 物理デバイス・ドライバ
があります．このように，各階層に個別の役割を持った USB ソフトウェアが存
在します．USB ソフトウェア階層の構成図を**図 9.2** に示します．

　USB ホスト・コントローラ /USB デバイス・コントローラを制御するのが，
コントローラ・ドライバです．ハードウェアの章で詳しく説明したように，USB
3.0 の物理的 / 電気的なインターフェース仕様は USB 2.0 から大きく変更されて
います．USB 3.0 のハードウェア・コントローラは新規に設計されているため，
それを制御するコントローラ・ドライバも新しく作る必要があります．

　USB デバイスの接続，切断，エニュメレーションなどのデバイス認識プロセ
スと USB バス状態管理は，「バス・ドライバ」と呼ばれるドライバ・ソフトウェ
アで実現します．バス・ドライバは，USB のデフォルト・パイプ機能を使った
通信を行います．デフォルト・パイプとは，コントロール転送というデバイス制
御用の通信プロトコルが流れる，全ての USB デバイスが持つ通信経路です．バス・
ドライバは，特定の USB 周辺機器機能やコントローラには依存しない設計方針
を採り，複数の USB デバイスを対象とした汎用的なデバイス管理を行います．
そして，上位階層に存在するクラス・ドライバへ API を提供をします．

　物理的に異なったデバイス機能を USB バス上で実現するために，USB 規格に

は「デバイス・クラス」仕様が定義されています．USB デバイス・クラスの通信プロトコルを実現するのは，「クラス・ドライバ」と呼ばれるドライバ・ソフトウェアです．このソフトウェアは，USB ホスト機器(パソコンなどの USB 機器のマスタとなるもの)と USB デバイス機器(USB メモリ，プリンタなど周辺機器)の双方に存在します．クラス・ドライバの通信は，一つまたは複数のエンドポイントによって構成される「インターフェース」を対象に動作します．

また，厳密には USB ソフトウェアには含まれませんが，USB 周辺機器を設計するに当たって意識しておかなければならないのが，USB 機器の利用目的となるデバイス機能(物理的デバイス機能)を制御するソフトウェア階層です．例えば，一般的な USB ハード・ディスクを分解すると，内部にシリアル ATA インターフェースを使ったハード・ディスク・ドライブが入っており，そのドライブに回路基板がケーブルもしくはコネクタでつながっています．

通常，これらの回路基板上には USB デバイス・コントローラ機能とシリアル ATA ホスト・コントローラ機能が LSI 化されたものが搭載されており，コントローラには USB とシリアル ATA を制御するドライバが内部ファームウェアとして書き込まれています．このシリアル ATA コントローラ・ドライバ(物理デバイス・ドライバ)や，USB デバイス機能の制御ファームウェアとの受け渡しをするブリッジ機能(ブリッジ・ドライバ)も，重要な USB ソフトウェア要素の一つといえます．

9.3 パソコン向け USB ホスト・ソフトウェア

米国 Intel 社は USB-IF(USB Implementers Forum)の中心メンバであり，USB 規格の策定に大きな影響を与えてきました．同社の CPU を使用したマザーボードをはじめとして，パソコン用に供給されるマザーボードには全て USB ホスト・コントローラが実装されています．また，パソコン向け USB ホスト・コントローラ仕様も同社を中心として規格化され，仕様が公開されています．USB 1.0/1.1 では UHCI(Universal Host Controller Interface：Intel 社)と OHCI(Open Host Controller Interface：他社)という二つの規格が存在します．そして，USB 2.0 では EHCI(Enhanced Host Controller Interface)コントローラ仕様が規格化され，一般に公開されました．

現時点(2011 年 8 月現在)でリリースされている多くのパソコン用 OS においては，UHCI/OHCI/EHCI コントローラは OS 標準機能として含まれるコントロー

ラ・ドライバでサポートされています．また，これらのコントローラ・ドライバを想定したバス・ドライバと，USB 仕様で規格化されている標準クラス・プロトコルをサポートする多数のクラス・ドライバも，パソコン OS の標準ドライバとして搭載されるようになりました．

USB 3.0 に関しては，xHCI(eXtensible Host Controller Interface for Universal Serial Bus)仕様が Intel 社より発表されています．ただし，xHCI 仕様のホスト・コントローラ(以降，xHC と記述)は，仕様設計者である同社自身がまだ製品を発表していません．USB 3.0 ホスト・コントローラがパソコン用マザーボードに標準搭載される割合が，現時点ではまだ低いため，パソコン用 OS でのサポートは限定的です．USB 3.0 ホスト・コントローラのデバイス供給メーカから，Windows 対応の xHCI コントローラ・ドライバとバス・ドライバ(ハブ・ドライバ)が供給されているのが現状です．

● Windows の USB サポート

米国 Microsoft 社は USB-IF のプロモータ・メンバであり，USB 規格の作成に大きな影響力を持つ会社の一つです．また，同社の OS である Windows では Windows 95 の OSR 2.1 (OEM Service Release 2.1)から USB のサポートが始まりました．その後，Windows 98, Me, 2000, XP とバージョン・アップされるのに伴い，USB のサポートも充実してきました．Windows 95 や 98 の時代は，OS が標準でサポートするデバイスも限定され，現在では最も一般的なマス・ストレージ・デバイスでさえも各デバイス・ベンダがドライバを供給していました．しかし，最新の Windows 7 では，ほとんどの標準クラス・ドライバが OS 標準ドライバとして提供されるようになりました．

ただし，本稿執筆時点では，Microsoft 社から USB 3.0 対応のドライバはまだリリースされていません．当初リリースが噂されていた Windows 7 Service Pack 1 にも xHC ドライバは含まれていないようです．しかし近い将来に，Windows は USB 3.0 ドライバを標準でサポートするようになるでしょう．

図 9.3 に，Windows XP 以降の USB ドライバ・スタック構成を示します．最下層に UHCI/OHCI/EHCI に対応したコントローラ・ドライバが存在します．Windows の場合は，USB ポート・ドライバ(usbport.sys)と各ホスト・コントローラに対応したミニポート・ドライバ(usbuhci.sys, usbohci.sys, usbehci.sys)を組み合わせてコントローラ・ドライバ階層を構成しています．

その上位に，USB バスのハブ管理とバス・ドライバ・インターフェース API

367

コラム 9.A　Intel チップセットの USB ポート・サポート

　現在販売されているマザーボードに搭載されている Intel 社の CPU チップセットには，CPU ファミリに合わせて複数の種類があります．CPU インターフェース以外の，メモリ・インターフェースや PCI Express などの高速インターフェースを担当するチップはノース・ブリッジ，シリアル ATA/USB などの I/O 関係のインターフェースを担当するチップはサウス・ブリッジと呼ばれています．

　マザーボードの構成には，「CPU ＋ノース・ブリッジ＋サウス・ブリッジ」と「CPU ＋サウス・ブリッジ」のみで構成されるパターンの 2 種類があります（CPU の種類によって決まる）．後者で採用されるサウス・ブリッジ・チップに，2009 年に PCH という新しいチップが登場しました（図 9.A）．

　従来のノース・ブリッジ（ICH シリーズ）と PCH では，USB コントローラの構成に大きな違いがあります．本文中で説明している動作例は ICH を使用したもので，このチップは EHCI コントローラを 2 個，UHCI コントローラを 6 個持っています．この構成で，最大 12 ポートの USB ポートに対応可能です（図 9.B）．しかし，PCH

（a）従来のチップセット構成（ICH）　　（b）新しいチップセット構成（PCH）

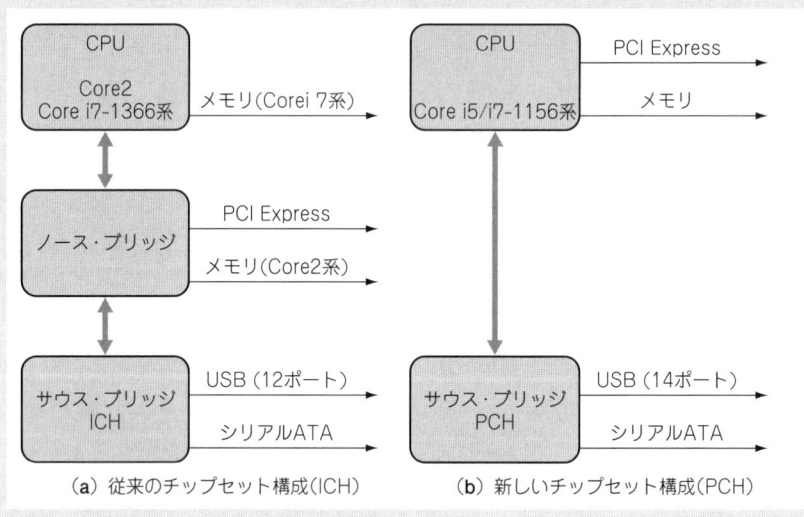

図9.A　CPUとチップセット

9.3 パソコン向け USB ホスト・ソフトウェア

の EHCI コントローラ数は変わりませんが，UHCI コントローラを内蔵していません．その代わりに，RMH（Rate Matching Hub）と呼ばれる USB ハブ機能を内蔵し，FullSpeed/LowSpeed デバイスに対応しています．また，USB ハブを搭載することで，USB ポート数も 12 → 14 ポートに拡張されています（**図9.C**）．

xHC は Low/Full/High/SuperSpeed に対応したコントローラですが，Intel 社のチップセットに搭載される際にはどのような構成になるのか興味のあるところです．

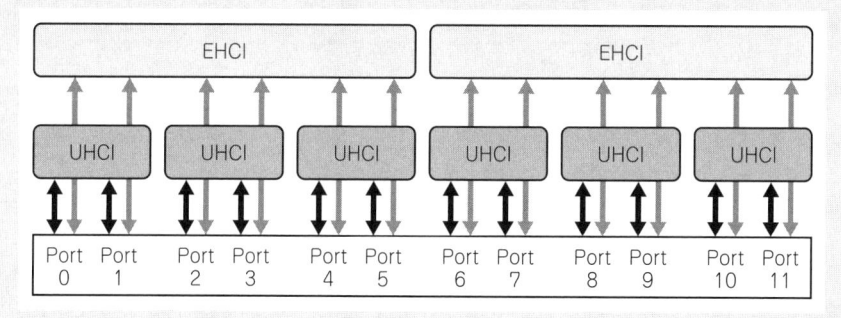

図9.B ICHのUSBポート構成

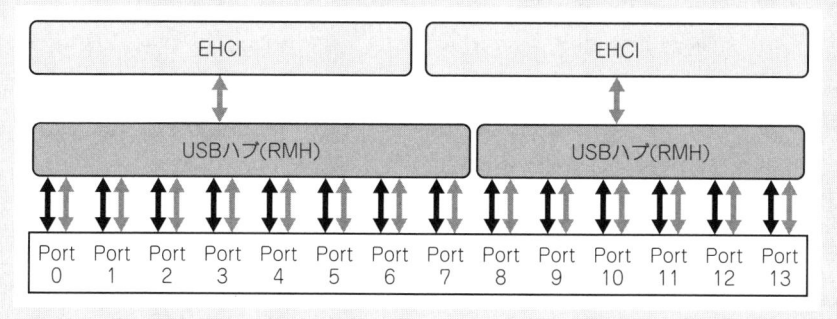

図9.C PCHのUSBポート構成

369

第9章 USBソフトウェアのしくみ

クラス・ドライバ・レイヤ	Mass Storage クラス・ドライバ (Usbstor.sys)	HID クラス・ドライバ (Hidclass.sys)	Audio クラス・ドライバ (usbaudio.sys)	...	ベンダ・クラス・ドライバ (製品添付)
バス・ドライバ・レイヤ	USB Generic Parentドライバ(usbccgp.sys) / USBハブ・ドライバ (usbhub.sys)				
コントローラ・ドライバ・レイヤ	USBポート・ドライバ(usbport.sys) / UHCI ミニポート・ドライバ (usbuhci.sys)	OHCI ミニポート・ドライバ (usbohci.sys)	EHCI ミニポート・ドライバ (usbehci.sys)		xHCI ミニポート・ドライバ (現状未サポート)

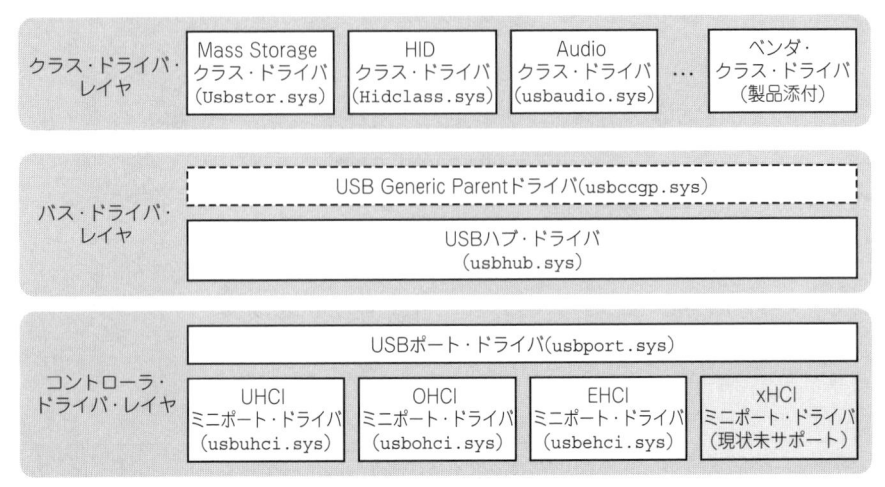

図9.3 WindowsのUSBドライバ・スタック構成(Windows XP以降)

を提供するUSBハブ・ドライバ(usbhub.sys)が存在します．また，USBデバイスにはコンポジット・デバイス(複合デバイス)と呼ばれる複数のインターフェース定義を持つものが存在します．

例えば，近年コンシューマ向けに発売されるプリンタの多くは，印刷機能以外にスキャナ機能やカード・スロット・インターフェースを持っています．MFP(Multi-Function Printer)とも呼ばれるこれらのプリンタは，USBケーブル1本で，複数の異なった機能を同時にハンドリングする必要があります．このようなデバイスをサポートするドライバとして，USB Generic Parentドライバ(usbccgp.sys)が存在します．USBハブ・ドライバとUSB Generic Parentドライバが，バス・トポロジにおけるバス・ドライバ階層を構成します．

バス・ドライバ階層の上位に，各USBデバイスに対応するクラス・ドライバ階層が存在します．クラス・ドライバ階層には，USB規格で定義された標準デバイス・クラス用のクラス・ドライバが存在し，多くのUSB周辺機器がプラグ・アンド・プレイで利用可能となっています．また，標準デバイス・クラスに対応していないUSB周辺機器ではデバイス・ドライバCDが添付されていますが，それらのCDに入っているデバイス・ドライバは，クラス・ドライバ階層のドライバとなります．

表9.1に，Windowsで標準サポートされるUSBデバイス・クラスの一覧を示します．USB規格で定義されている約16種類のデバイス・クラス(ベンダ・ク

表 9.1　Windows の USB デバイス・クラス・ドライバのサポート状況

| デバイス・クラス | クラス・ドライバ | \multicolumn{5}{c}{Windows OS サポート状況} |
		7	Vista	XP	2000	2008 Server	2003 Server
Audio Class	Usbaudio.sys	○	○	○	○	○	○
Bluetooth Class	Bthusb.sys	○	○	○	-	-	-
Communications Device Class（CDC）	Usb8023.sys	○	○	-	-	○	-
Content Security Class	None	-	-	-	-	-	-
Imaging Class	Usbscan.sys	○	○	○	○	○	○
Hub Device Class	Usbhub.sys Hidusb.sys	○	○	○	○	○	○
Human Interface Device (HID) Class	Hidclass.sys Hidusb.sys	○	○	○	○	○	○
Mass Storage Class	Usbstor.sys	○	○	○	○	○	○
Media Transfer Protocol Devices	Wpdusb.sys	○	○	○	-	○	○
Printer Class	Usbprint.sys	○	○	○	○	○	○
Smart Card Class	Usbccid.sys	○	○	○	○	○	○
Video Class	Usbvideo.sys	○	○	○	-	-	-

ラス，アプリケーション・クラス，診断デバイス・クラスなどを除く）のうち，Windows 7 では 11 種類のデバイス・クラスが OS 標準のドライバでサポートされています．以前は，周辺機器メーカの独自プロトコルであるベンダ・スペシフィック・クラスを使ったデバイスが多く見られました．Windows における USB デバイス・クラス・ドライバのサポートが拡大するに従い，ドライバを追加してインストールする必要がなくなり，USB バス仕様本来の「プラグ・アンド・プレイ対応」が進んでいます．

● Linux の USB サポート

Linux でもカーネル 2.2 のころから USB サポートが始まり，現時点では数多くの USB クラスが OS 標準でサポートされています．USB 3.0 対応については，標準カーネル・バージョン 2.6.31 より xHC ドライバおよび USB 3.0 に対応したバス・ドライバの提供が始まりました．本稿執筆時点における最新カーネル・バージョンは 2.6.38 ですが，xHC ドライバは頻繁にアップデートされています．

Linux の場合は，カーネル・コンフィグレーションによって，システムに組み込む USB ホスト・コントローラと USB クラス・ドライバを選択します．Linux は組み込み機器の OS として利用されることもあり，複数の組み込み用ホスト・

表9.2 Linux の USB デバイス・クラス・ドライバのサポート状況

デバイス・クラス	ドライバ	Linux サポート
Audio Class	snd-usb-audio.o	カーネル標準ドライバ・サポート
Bluetooth Class	btusb.o	カーネル標準ドライバ・サポート
Communications Device Class (CDC)	rndis_wlan.o/ cdc-acm.o/cdc_ether.o	カーネル標準ドライバ・サポート
Imaging Class	-	標準クラスとしては未サポート。一部特定のスキャナ・デバイスがサポートされている
Hub Device Class	hub.o	カーネル標準ドライバ・サポート
Human Interface Class (HID)	usbhid.o	カーネル標準ドライバ・サポート
Mass Storage Class	usb-storage.o	カーネル標準ドライバ・サポート
Media Transfer Protocol Devices	-	未サポート
Printer Class	usblp.o	カーネル標準ドライバ・サポート
Smart Card Class	-	未サポート
Video Class	usbvideo.o	カーネル標準ドライバ・サポート

表9.3 Linux の USB ホスト・コントローラ・ドライバのサポート状況

ホスト・コントローラ	ホスト・コントローラ・ドライバ
OHCI	ohci-hcd.o
UHCI	uhci-hcd.o
xHCI	xhci-hcd.o
EHCI	ehci-hcd.o
OXU210HP	oxu210hp-hcd.o
ISP116X	isp116x-hcd.o
ISP1760	isp1760.o
ISP1362	isp1362-hcd.o
Elan U132	u132-hcd.o
SL811HS	sl811-hcd.o
WHCI	whci-hcd.o
R8A66597	r8a66597-hcd.o

コントローラについても OS 標準でサポートされていることが Windows にはない特徴です(Windows の組み込み機器用 OS である Windows Embedded CE では,サポートされている USB ホスト・コントローラもある)(**表9.2**,**表9.3**).

Linux にも,多数の標準デバイス・クラス用クラス・ドライバがカーネルに含まれています(**図9.4**).また,Linux の特徴として,ベンダ・クラス・デバイス(標準デバイス・クラスにない独自仕様プロトコルで設計された USB デバイス)のドライバがカーネルに含まれていることも Windows にはない特徴です.世の中で普及している USB 製品で,製品には Linux ドライバが添付されていない場合も,

9.4 組み込み向け USB ホスト・ソフトウェア

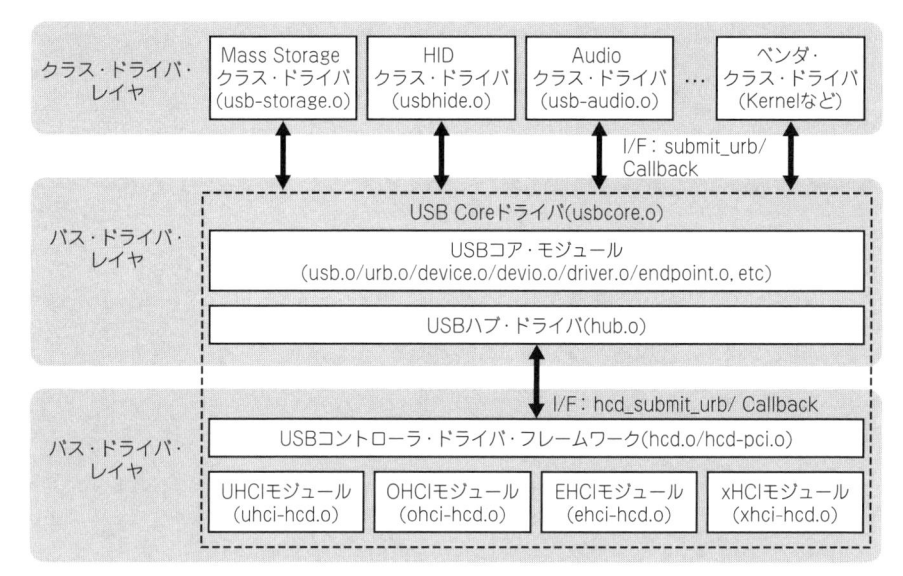

```
クラス・ドライバ・     Mass Storage      HID             Audio                    ベンダ・
レイヤ              クラス・ドライバ    クラス・ドライバ   クラス・ドライバ   ...    クラス・ドライバ
                   (usb-storage.o)   (usbhide.o)     (usb-audio.o)           (Kernelなど)

                                              I/F：submit_urb/
                                                   Callback

                          USB Coreドライバ(usbcore.o)
バス・ドライバ・
レイヤ                      USBコア・モジュール
                   (usb.o/urb.o/device.o/devio.o/driver.o/endpoint.o, etc)

                          USBハブ・ドライバ(hub.o)

                                    I/F：hcd_submit_urb/ Callback
                    USBコントローラ・ドライバ・フレームワーク(hcd.o/hcd-pci.o)
バス・ドライバ・
レイヤ               UHCIモジュール   OHCIモジュール   EHCIモジュール   xHCIモジュール
                    (uhci-hcd.o)   (ohci-hcd.o)   (ehci-hcd.o)   (xhci-hcd.o)
```

図9.4 LinuxにおけるUSBドライバ・スタック(Kernel 2.6.36)

Linux カーネルを調べてみればクラス・ドライバが含まれているかもしれません．

使用中のカーネルで，どのような USB デバイスがサポートされているかを確認したければ，Fedora ディストリビューションの場合は，/lib/modules/2.6.xx/modules.usbmap のファイルをチェックします(**図 9.5**)．一部の標準でカーネル組み込みとなっているドライバ(HID など)以外の，デバイス・クラスやベンダ・クラス・デバイス(idVendor/idProduct で示す)が列挙されます．

9.4 組み込み向け USB ホスト・ソフトウェア

USB は，パソコンの拡張インターフェースとして規格化され普及してきました．しかし，膨大な USB 周辺機器が普及するに伴い，組み込み機器向け拡張インターフェースとしても利用されるようになりました．AV 機器やゲーム機などの入力デバイスとして，テレビや DVD/BD レコーダの映像用ストレージとして，工業用機器の外部データ・デバイスとして，多くの用途や目的で使われています(**図 9.6**)．

組み込み機器の拡張インターフェースとしてみた場合，USB ホスト・コントローラとコネクタを搭載しておけば，わずか数10K バイトの USB ソフトウェア

373

第9章 USBソフトウェアのしくみ

```
# usb module    match_flags idVendor idProduct bcdDevice_lo bcdDevice_hi bDeviceClass bDeviceSubClass bDeviceProtocol
at76c50x-usb    0x0003      0x03eb   0x7603    0x0000       0x0000       0x00         0x00            0x00
at76c50x-usb    0x0003      0x066b   0x2211    0x0000       0x0000       0x00         0x00            0x00
at76c50x-usb    0x0003      0x0864   0x4100    0x0000       0x0000       0x00         0x00            0x00
at76c50x-usb    0x0003      0x0b3b   0x1612    0x0000       0x0000       0x00         0x00            0x00
at76c50x-usb    0x0003      0x03f0   0x011c    0x0000       0x0000       0x00         0x00            0x00
at76c50x-usb    0x0003      0x0cde   0x0001    0x0000       0x0000       0x00         0x00            0x00
at76c50x-usb    0x0003      0x069a   0x0320    0x0000       0x0000       0x00         0x00            0x00
at76c50x-usb    0x0003      0x0d5c   0xa001    0x0000       0x0000       0x00         0x00            0x00
at76c50x-usb    0x0003      0x04a5   0x9000    0x0000       0x0000       0x00         0x00            0x00
a
<中略>

usb-storage     0x0380      0x0000   0x0000    0x0000       0x0000       0x00         0x00            0x00
usb-storage     0x0380      0x0000   0x0000    0x0000       0x0000       0x00         0x00            0x00
usb-storage     0x0380      0x0000   0x0000    0x0000       0x0000       0x00         0x00            0x00
usb-storage     0x0380      0x0000   0x0000    0x0000       0x0000       0x00         0x00            0x00
usb-storage     0x0380      0x0000   0x0000    0x0000       0x0000       0x00         0x00            0x00
usb-storage     0x0380      0x0000   0x0000    0x0000       0x0000       0x00         0x00            0x00
usb-storage     0x0380      0x0000   0x0000    0x0000       0x0000       0x00         0x00            0x00
usb-storage     0x0380      0x0000   0x0000    0x0000       0x0000       0x00         0x00            0x00
usb-storage     0x0380      0x0000   0x0000    0x0000       0x0000       0x00         0x00            0x00
usb-storage     0x0380      0x0000   0x0000    0x0000       0x0000       0x00         0x00            0x00
usb-storage     0x0380      0x0000   0x0000    0x0000       0x0000       0x00         0x00            0x00
usb-storage     0x0380      0x0000   0x0000    0x0000       0x0000       0x00         0x00            0x00
usb-storage     0x0380      0x0000   0x0000    0x0000       0x0000       0x00         0x00            0x00
usb-storage     0x0380      0x0000   0x0000    0x0000       0x0000       0x00         0x00            0x00
usb-storage     0x0380      0x0000   0x0000    0x0000       0x0000       0x00         0x00            0x00
usb-storage     0x0380      0x0000   0x0000    0x0000       0x0000       0x00         0x00            0x00
usb-storage     0x0380      0x0000   0x0000    0x0000       0x0000       0x00         0x00            0x00
ums-alauda      0x000f      0x0584   0x0008    0x0102       0x0102       0x00         0x00            0x00
ums-alauda      0x000f      0x07b4   0x010a    0x0102       0x0102       0x00         0x00            0x00
```

図9.5 modules.usbmap ファイルの例

を追加することにより，簡単に機能を増やしていけます．部品実装面積の確保やコストアップが難しい組み込み機器ほど，これらのメリットを享受できます．

● USB ホスト・コントローラとデバイス・コントローラ

　組み込み機器では，パソコン用の OHCI/EHCI コントローラを使う場合もありますが，一般的には組み込み機器専用に作られた USB コントローラを利用します．その理由は，OHCI/EHCI が組み込み機器では標準的とはいえない PCI 拡張バスを前提として作られていることや，OHCI/EHCI コントローラ・ドライバの CPU 処理負荷が高くなることが挙げられます．USB 普及当初のパソコンでは，CPU のドライバ処理能力が USB 転送性能のボトルネックになることもありました．特に, USB 2.0/3.0 の 480Mbps/5Gbps といった高性能を発揮させるためには，組み込み機器向けの数 10 ～ 数 100MHz 程度のマイコンでは処理性能が十分でないことがあります．

　また，組み込みマイコンのシステム・バス / 外部拡張バスに関して，OHCI/EHCI/xHCI コントローラが必須としているバス・マスタ転送をサポートしていない場合が多いということもあり，デバイス・メーカ各社は効率の良い DMA コ

```
bInterfaceClass  bInterfaceSubClass  bInterfaceProtocol  driver_info
0x00             0x00                0x00                0x0
0x00             0x00                0x00                0x0
0x00             0x00                0x00                0x0
0x00             0x00                0x00                0x0
0x00             0x00                0x00                0x0
0x00             0x00                0x00                0x0
0x00             0x00                0x00                0x0
0x00             0x00                0x00                0x0
0x00             0x00                0x00                0x0

0x08             0x01                0x01                0x0
0x08             0x02                0x01                0x0
0x08             0x03                0x01                0x0
0x08             0x04                0x01                0x0
0x08             0x05                0x01                0x0
0x08             0x06                0x01                0x0
0x08             0x01                0x00                0x0
0x08             0x02                0x00                0x0
0x08             0x03                0x00                0x0
0x08             0x04                0x00                0x0
0x08             0x05                0x00                0x0
0x08             0x06                0x00                0x0
0x08             0x01                0x50                0x0
0x08             0x02                0x50                0x0
0x08             0x03                0x50                0x0
0x08             0x04                0x50                0x0
0x08             0x05                0x50                0x0
0x08             0x06                0x50                0x0
0x00             0x00                0x00                0x0
0x00
```

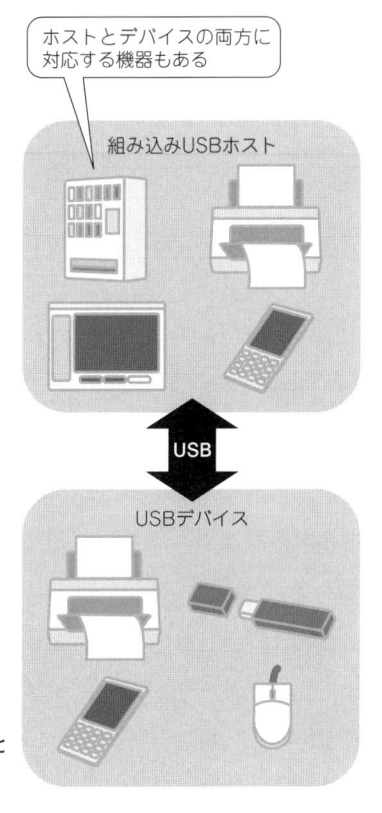

図9.6
組み込みUSBホストと
USBデバイスの関係

ントローラを組み合わせた独自アーキテクチャのUSBコントローラを開発し，販売しています．

● **組み込みOSのUSBホスト・サポート**

　組み込み機器には，組み込みOSと呼ばれるオペレーティング・システムを搭載するものと，搭載しないものがあります．USBホスト・コントローラを搭載するシステムの場合は，USBの特徴であるプラグ・アンド・プレイや機能拡張などを活かすために，組み込みOSを搭載することが多くなります．

　USBホスト・コントローラ・ドライバは，組み込みOSの持つ動的なメモリ・リソース管理，タスク管理などの機能を利用し，プラグ・アンド・プレイを実現します（特定のUSBデバイスのみをサポートすることを目的として，OSなしの環境にUSBホストを搭載する場合もある）．**表9.4**に，組み込みOSの種類と

表9.4 組み込みOSのUSBドライバのサポート状況

組み込みOSの種類	USB機能の標準サポート状況
μiTRON	サード・パーティ製のUSBスタック製品が多数販売されている
VxWorks	OS標準ドライバでサポート
T-Kernel	製品版ではUSBマネージャ機能により一部USBデバイスをサポート
組み込みLinux	OS標準ドライバでサポート
Windows Embedded	OS標準ドライバでサポート
Windows Embedded CE系	OS標準ドライバでサポート

USBドライバのサポート状況を示します.

　Windows系の組み込みOSであるWindows Embedded/Windows Mobileや組み込みLinux,VxWorksなどは,OS標準でUSBホスト・スタックを含んでいます.μiTRON系ではOSメーカがオプションとして提供している場合や,そのほかのサード・パーティがUSBホスト・スタック製品として販売している場合があります.いずれにしても,OS標準品とオプション品という違いはありますが,組み込みOSでもUSBホスト・ソフトウェアのサポートは標準的になっています.

　ただし,前述したように,組み込み機器向けのUSBホスト・コントローラは,標準仕様であるOHCI/EHCI仕様に沿っていないものが多数あります.組み込みOSのコントローラ・ドライバは,コントローラ仕様に合わせて新規に開発・購入しなければならないものが多く,注意が必要です

　USB 3.0でもxHCIという新しい規格のコントローラが採用されました.現時点で組み込みOS用のホスト・スタックでxHCIに対応したものはありません(2011年8月現在)が,近々対応されるでしょう.また,xHCI仕様以外のUSB 3.0用組み込みUSBホスト・コントローラもいずれ登場すると思います.

9.5 USBデバイス・ソフトウェア

　USBデバイス・ソフトウェアは,USBホスト・ソフトウェア階層と同様の階層構造を持ち,USB規格の各レイヤにおける通信パイプ機能を実現するために動作しています.USBバス・トポロジはUSBホストが転送マスタとなり,USBデバイスが転送スレーブとなります.USB 3.0では通信プロトコル上,双方向通信となっていますが,バス・トポロジではUSBホスト=マスタ,USBデバイス=スレーブという構造に変わりはありません.

9.5 USBデバイス・ソフトウェア

USBデバイス・ソフトウェアは，USBホスト・ソフトウェアが発行・要求したリクエストに応答するというのが主な仕事になります．

USBデバイスは，通常は「組み込み機器」として設計されます．一般的には，USBデバイス・コントローラ(ファンクション・コントローラ，エンドポイント・コントローラともいわれる)をシステム上に搭載し，マイコン上のUSBデバイス・ソフトウェアによりUSBデバイス・コントローラを制御し，エンド・ユーザの利用目的となるUSBデバイス機能を実現します．

USBデバイス・コントローラは，USB周辺機器の設計目的別に，数多くの製品が世の中に存在しています．特定のブリッジ機能(USB-SATAブリッジ，USBシリアル・ブリッジなど)を目的とした専用コントローラや，マイコンの外部バスに接続する汎用コントローラ，マイコン内蔵USBデバイス，ASIC/FPGA用IPコアとして提供されているものなどもあります．

USBデバイス・コントローラの特徴は，標準仕様というものが存在せず，各デバイス・メーカが独自の仕様で製品を出荷していることです．そのため，USBデバイス・ソフトウェアについても標準のUSBデバイス・ソフトウェアは存在しません．USBファームウェア設計を得意とするサード・パーティからスタック製品が幾つか出荷されていますが，これらはバス・ドライバ以上の階層のAPIを標準化し，コントローラ・ドライバのみを入れ替えられるような工夫を行っています．

一方，パソコンのハードウェア・ベースで動作するUSBデバイスは一般的ではなく，WindowsではUSBデバイス・ソフトウェアはサポートされていません．ただし，Linuxは組み込み機器OSとしても利用されるため，パソコン用LinuxにはUSBデバイス・ソフトウェアが含まれています．これは「USB Gadget」と

表9.5 LinuxのUSB Gadgetデバイス・クラス・ドライバのサポート状況

デバイス・クラス	クラス・ドライバ	Linuxサポート
Audio Gadget	usb/gadget/g_audio.o	カーネル標準ドライバ・サポート
Ethernet Gadget	usb/gadget/g_ether.o	カーネル標準ドライバ・サポート
Mass Storage Gadget	usb/gadget/g_mass_storage.o	カーネル標準ドライバ・サポート
Serial Gadget (with CDC ACM and CDC OBEX Support)	usb/gadget/g_serial.o	カーネル標準ドライバ・サポート
MIDI Gadget	usb/gadget/g_midi.o	カーネル標準ドライバ・サポート
Printer Gadget	usb/gadget/g_printer.o	カーネル標準ドライバ・サポート
HID Gadget	usb/gadget/g_hid.o	カーネル標準ドライバ・サポート
USB Webcam Gadget	usb/gadget/g_webcam.o	カーネル標準ドライバ・サポート

コラム 9.B　PCI Express バスへの対応

　OHCI/EHCI は PCI バス（32 ビット，33MHz）に接続されるコントローラでしたが，xHCI は PCI Express 2.0（1 レーン）バスに接続されます．USB 3.0 のバス転送速度は 5Gbps なので，PCI バスの 133M バイト／秒（約 1Gbps）ではシステム・バスがボトルネックとなってしまうため，xHCI では 5Gbps の転送速度を持つ PCI Express バスを利用しています．

　コントローラ・ドライバの仕事は，コントローラ・ハードウェアのレジスタの読み書きを行い，ハードウェアを機能させることです．そのために PCI Express バスを経由したアクセスを行います．xHC ドライバは PCI Express デバイス独自の幾つかの機能をサポートする必要があります．

　PCI Express デバイスは，PCI コンフィグレーションというしくみにより，レジ

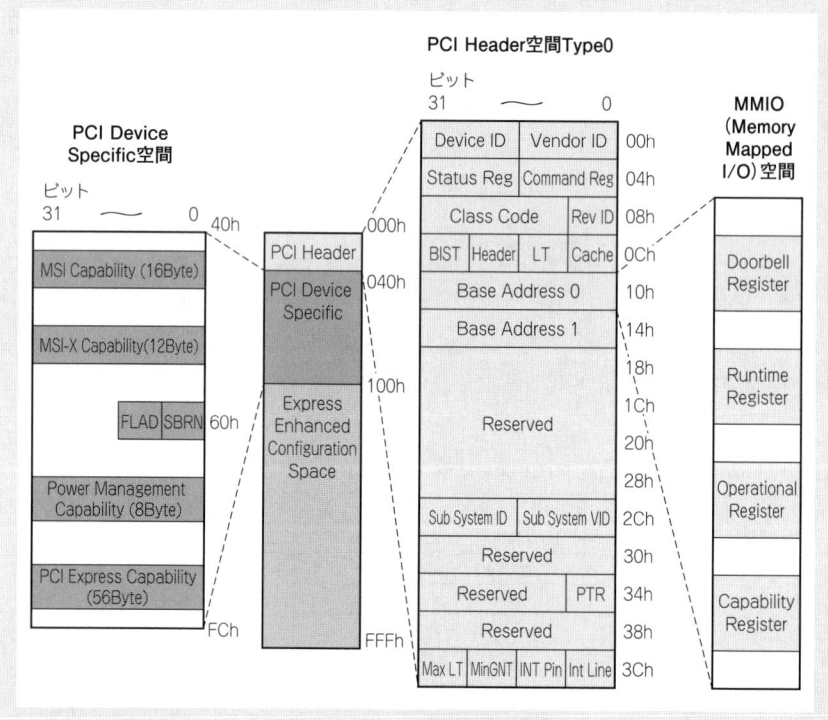

図9.D　xHCのPCIコンフィグレーション領域

スタやメモリ・バッファがCPUから見たメモリ空間(PCIメモリ空間)にマッピングされます(図9.D). また, xHCが使用する割り込みについても, PCIコンフィグレーションによってシステムに割り当てる必要があります. PCI Expressデバイスのコンフィグレーションは, 主にPCI Expressバス・ドライバによって実行され, Root Complexから発行されるコンフィグレーション・サイクルという, 専用のバス・サイクルにより設定が行われます.

xHCドライバは, コンフィグレーションでPCIメモリ空間にマッピングされたレジスタを使ってUSB 3.0バスを制御します. PCIメモリ空間にアクセスするためには, PCI Expressバス・ドライバによって提供されるAPI関数群を利用して制御を行います. Linuxドライバの例を**表9.A**に示します.

表9.A　Linux の PCI Express バス・ドライバ・インターフェース

関　数	機　能
【ドライバ制御関数】	
int pci_register_driver(struct pci_driver *drv)	PCIデバイス・ドライバをPCIサブシステムへ登録する
void pci_unregister_driver(struct pci_driver *drv)	PCIデバイス・ドライバをPCIサブシステムから削除する
【デバイス制御関数】	
void pci_enable_device(struct pci_dev *dev)	PCIデバイス有効化
void pci_disable_device(struct pci_dev *dev)	PCIデバイス無効化
int pci_enable_wake(struct pci_dev *dev, pci_power_t state, int enable)	PCI Wakeupイベントの有効化
int pci_set_power_state(struct pci_dev *dev, pci_power_t state)	デバイス・パワー・ステート設定
void pci_set_master(struct pci_dev *dev)	PCIバス・マスタ転送の有効化
【コンフィグレーション関数】	
int pci_read_config_byte(struct pci_dev *dev, int where, u8 *val)	PCIコンフィグレーション領域をリードする(1バイト)
int pci_read_config_word(struct pci_dev *dev, int where, u16 *val)	PCIコンフィグレーション領域をリードする(2バイト)
int pci_read_config_dword(struct pci_dev *dev, int where, u32 *val)	PCIコンフィグレーション領域をリードする(4バイト)
int pci_write_config_byte(struct pci_dev *dev, int where, u8 val)	PCIコンフィグレーション領域をライトする(1バイト)
int pci_write_config_word(struct pci_dev *dev, int where, u16 val)	PCIコンフィグレーション領域をライトする(2バイト)

int pci_write_config_dword(struct pci_dev *dev, int where, u32 val)	PCIコンフィグレーション領域をライトする(4バイト)
int pci_find_capability(struct pci_dev *dev, int cap)	PCIデバイスが持つCapabilityリストの情報を検索し，該当するCapabilityコードのアドレスとオフセットを戻す
【PCIリソース】	
int pci_request_regions(struct pci_dev *pdev, const char *res_name)	PCIデバイスが利用するMemory，I/Oリソースの取得
void pci_release_regions(struct pci_dev *pdev)	PCIデバイスが利用するMemory，I/Oリソースの解放
【割り込み制御関数】	
int pci_enable_msi(struct pci_dev *dev)	MSI割り込み有効化
void pci_disable_msi(struct pci_dev *dev)	MSI割り込み無効化
int pci_enable_msix(struct pci_dev *dev, struct msix_entry *entries, int nvec)	MSI-X割り込み有効化
void pci_disable_msix(struct pci_dev *dev)	MSI-X割り込み無効化
【DMA制御関数】	
dma_addr_t pci_map_single(struct pci_dev *hwdev, void *ptr, size_t size, int direction)	シングルDMAバッファ・マッピング
void pci_unmap_single(struct pci_dev *hwdev, dma_addr_t dma_addr, size_t size, int direction)	シングルDMAバッファ・アンマッピング
int pci_map_sg(struct pci_dev *hwdev, struct scatterlist *sg, int nents, int direction)	スキャッタ・アンド・ギャザ構造DMAバッファ・マッピング
void pci_unmap_sg(struct pci_dev *hwdev, struct scatterlist *sg, int nents, int direction)	スキャッタ・アンド・ギャザ構造DMAバッファ・アンマッピング

呼ばれ，Linuxソース・コード内に多数の標準USBデバイス・クラスのソフトウェアが存在します(**表9.5**)．USB GadgetもAPI仕様を標準化することにより，複数のUSBデバイス・コントローラに対応できるように工夫されています．

9.6 USBのソフトウェア階層と機能

● USB 3.0 ホスト・ソフトウェア
(1)ホスト・コントローラ・ドライバ(xHCドライバ)

　USBホスト・コントローラは，USB規格の世代ごとに標準規格が作られてきました．xHCI仕様ホスト・コントローラは，USB 3.0向けに設計された新しい

USB ホスト・コントローラです．現時点では，ルネサス エレクトロニクス製の μPD720200 というコントローラが搭載された製品が多数販売されています（高速 / 低消費電力版の μPD720201/μPD720202 もある）．コントローラ仕様として xHCI は，USB 2.0 の EHCI，USB 1.1 の OHCI/UHCI と互換性はありません．そのため，USB 3.0 仕様のコントローラ・ドライバは新規に開発する必要があります．

xHCI 仕様コントローラ・ドライバの主な仕事には，次のようなものがあります．

(1) コントローラ・ハードウェア，レジスタ，制御データ構造(Slot/Context/Ring/TRB)の初期化
(2) USB ホスト・ポート制御(ルート・ハブ制御，デバイス接続 / 切断制御，サスペンド / リジューム制御)
(3) 転送制御(コントロール転送，バルク転送，インタラプト転送，アイソクロナス転送)
(4) 割り込み / イベント処理
(5) コントローラ開始，停止，リセット処理
(6) 上記機能に関する USB バス・ドライバ，OS 機能，PCI Express バス・ドライバへのインターフェースの提供

また，xHC は単一のコントローラとして，Low/Full/High/SuperSpeed の全てに対応していることが大きな特徴の一つです．USB 2.0 対応ホスト・コントローラである EHCI コントローラは，USB 2.0 の HighSpeed(480Mbps)通信専用でした．USB 2.0 規格においては，USB 1.1 規格の通信速度である FullSpeed(12Mbps)や LowSpeed(1.5Mbps)についてもアッパ・コンパチビリティを保証する必要があるため，ほとんどの場合，EHCI 対応ホスト機器は EHCI コントローラのほかに OHCI または UHCI コントローラも搭載しています(**表 9.6**)．

図 9.7 に示したのは Windows のデバイスマネージャの例です．「USB Universal Host Controller(UHCI)」と「USB2 Enhanced Host Controller(EHCI)」が存在することが分かります．この例のパソコンの場合，UHCI コントローラが

表 9.6 USB 規格と USB ホスト・コントローラ

USB 規格	対応速度	OHCI/UHCI	EHCI	xHCI
1.0/1.1	LowSpeed/FullSpeed (1.5/12Mbps)	○	×	○
2.0	HighSpeed (480Mbps)	×	○	○
3.0	SuperSpeed (5Gbps)	×	×	○

第9章 USBソフトウェアのしくみ

4個とEHCIコントローラが1個あり，UCHIコントローラ1個当たり2ポート，EHCIコントローラ1個当たり8ポートのUSBポートを制御しています．

　USB拡張ポートにHighSpeedデバイスを接続した場合は，EHCIコントローラの配下のUSBルート・ハブにUSBデバイスが認識され(図9.7)，FullSpeedデバイスを接続した場合は，UHCIコントローラ配下のUSBルート・ハブにUSBデバイスが認識されます(図9.8)．また，デバイスマネージャでEHCIコントローラを無効に設定した場合は，HighSpeedデバイスを接続しても，UHCIコントローラに認識されます．このように，USB 2.0までのUSBホスト・コントローラは，LowSpeed/FullSpeedとHighSpeedで物理的に異なったコントローラが動作していたことが分かります．

　一方，USB 3.0対応のxHCは，一つのコントローラで全ての転送スピードをサポートしています．USB 3.0対応ホスト・コントローラを接続したパソコンのデバイスマネージャの情報を図9.9に示します．

(2)バス・ドライバ

　バス・ドライバは，USBデバイスの接続状態の管理やクラス・ドライバへの

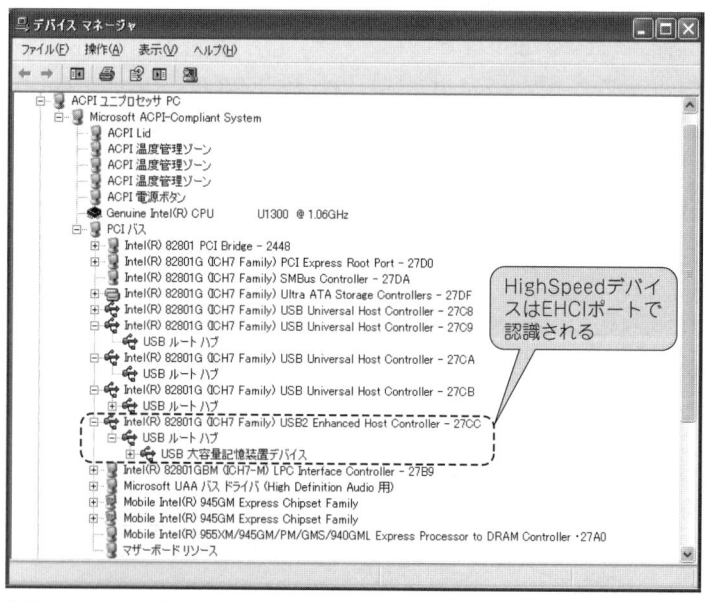

図9.7　USBハード・ディスク(HighSpeed対応)をUSBポートに接続したときのデバイス マネージャ

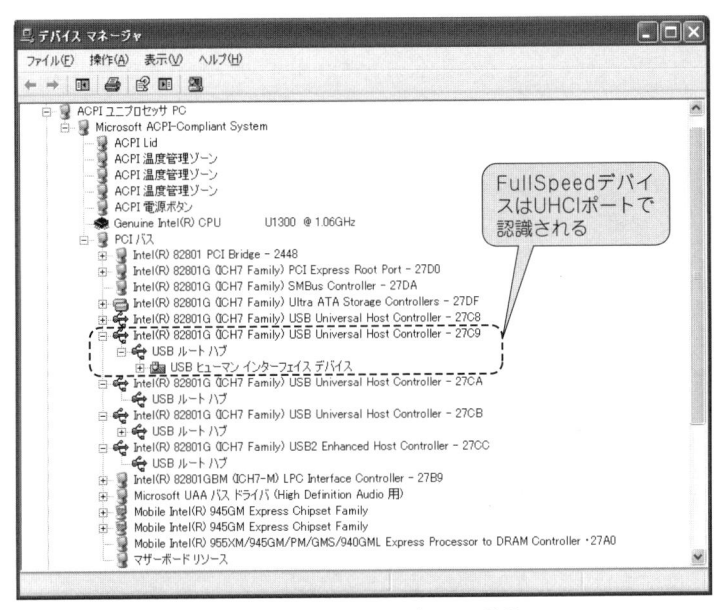

9.6 USBのソフトウェア階層と機能

図9.8　USBマウス（FullSpeed対応）をUSBポートに接続

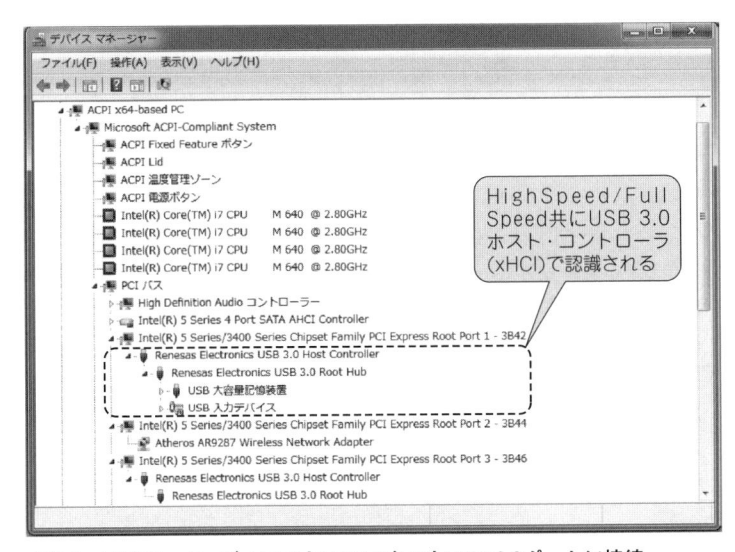

図9.9　USBハード・ディスクとUSBマウスをUSB 3.0ポートに接続

383

APIの提供などを行うドライバ階層です．USBにはハブという概念があります
が，ハブの状態管理などもこの階層に含まれます．バス・ドライバは，特定のコ
ントローラ・ドライバやクラス・ドライバに依存しない形で，全てのUSBコン
トローラおよびUSBデバイスに対応できるように拡張性を意識した設計をする
必要があります．

ただし，USB規格自体が大きく更新される（USB 2.0 → USB 3.0 など）場合には，
新しいディスクリプタやリクエスト，転送タイプへの対応や，デバイス管理方式
の変更などにより，やむを得ず修正が必要な場合もあります．Windows/Linux
においても，USB 3.0 対応としてバス・ドライバおよびハブ・ドライバのアップ
デートが必要となっています．

コラム 9.C　xHCI レジスタと MMIO 空間レジスタへのアクセス

xHCは，自らのファンクション機能をCPUから制御されるためのしくみとして，
制御レジスタやバッファ・メモリをハードウェア内に持っています．しかし，これら
のレジスタやメモリは，初期状態ではCPUからアクセスできる状態にはなってい
ません．PCI/PCI Express バスには多種類のボードが実装される可能性があるた
め，あらかじめ一意のアドレス空間を割り当てておくわけにはいかないからです．

PCI/PCI Express は，デバイス認識とアドレス空間割り当てを自動化するプラグ・
アンド・プレイ対応の機能として，PCI コンフィグレーションというしくみを持っ
ています．PCI コンフィグレーションのしくみについては，PCI-SIG の PCI 仕様書
でハードウェア / ソフトウェアでの実現方法について定義されています．

PCI/PCI Express の主な利用法に，パソコンの拡張バスとしての利用がありま
すが，パソコンの拡張バスにはさまざまなファンクション・デバイスがユーザの選
択により，自由に取り付けられます．また，ユーザが意識していなくても，最初か
らマザーボードに搭載されているデバイスが PCI Express バスに接続されている
場合もあります．これらのデバイスの存在をユーザが全て認識して，アドレス空間
マッピングや割り込み設定を手動で実行することは現実的ではありません．

PCI/PCI Express はプラグ・アンド・プレイに対応したバス規格なので，これ
らの設定はユーザが意識することなく PCI Express ソフトウェアが自動的に実現
します．PCI Express ソフトウェアの最も重要な役割は，メモリおよびI/O空間マッ
ピング，割り込みルーティング設定を自動的に実行し，ファンクション・デバイス

9.6 USB のソフトウェア階層と機能

【USB デバイス管理】
- デバイス・エニュメレーション管理
（アドレス割り当て，各種ディスクリプタ情報取得 / 保持）
- デバイス・ツリー構成，デバイス・アドレス管理
- USB ハブ・ポート制御 / 管理
- バス・ステート，リソース管理
- パワー・マネジメント管理

【クラス・ドライバ・インターフェース】
- デフォルト・パイプ(標準リクエスト)リクエストの生成 / 発行
- バルク，インタラプト，アイソクロナス / コントロール・パイプによる

に対応したデバイス・ドライバをロード，初期化，実行，終了し，ユーザが期待する機能を実行することになります(**図 9.E**)．

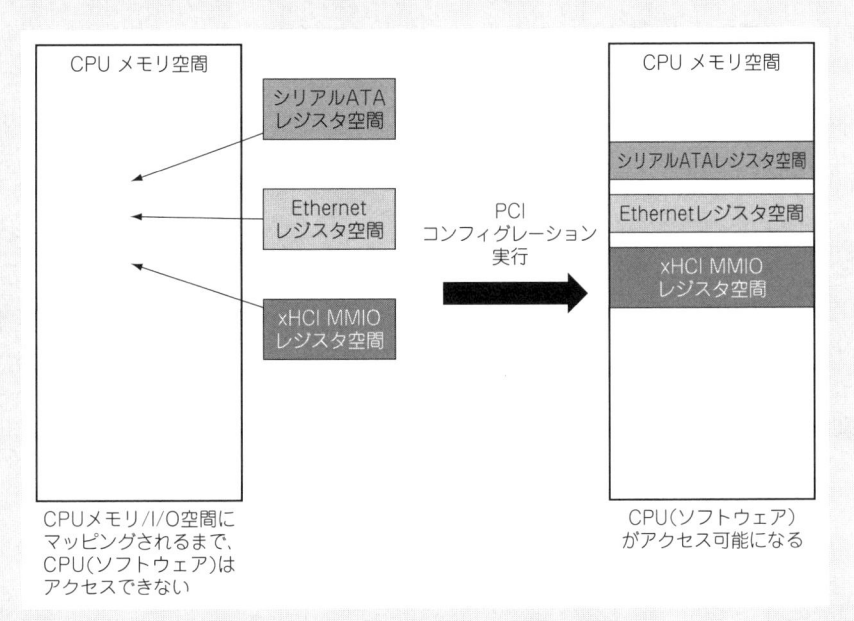

図9.E　PCIコンフィグレーションによるCPUメモリ空間の割り当て

385

リクエストの生成 / 発行
- デバイス・スロット有効化 / 無効化（USB 3.0）
- バルク・ストリーム転送（USB 3.0 固有）
- デバイス情報提供，アクセス，制御（標準ディスクリプタ取得 / 設定など）
- パイプ・ステート制御
- コンフィグレーション / インターフェース設定，オルターネート・セッティング
- クラス・リクエスト，ベンダ・リクエスト

【コントローラ・ドライバ・インターフェース】
- 接続 / 切断，サスペンド / レジューム検出
- エニュメレーションに関連する標準リクエスト・コール

(3) クラス・ドライバ

　クラス・ドライバはUSBファンクション・レイヤのソフトウェアに該当し，特定のUSBデバイスのターゲット機能を実現するドライバ階層となります．基本的にはUSBデバイス別に個別のクラス・ドライバが必要となるのですが，クラス・ドライバについてもUSB規格で数多くの「標準デバイス・クラス」仕様が定義されています（**表9.7**）．もちろん，メーカ独自の仕様のクラスを定義することも可能であり，このような独自のクラス・ドライバをベンダ・スペシフィック・クラス・ドライバといいます．

　USB 3.0においても，クラス・ドライバ階層はUSB 1.1/2.0と互換が保たれています．USB 3.0に適したデバイス・クラスとして，高速転送が必要となるマス・ストレージ・デバイス・クラスやビデオ・デバイス・クラスに採用されることが期待されます．マス・ストレージ・デバイスのプロトコルとしては，従来のBOT（Bulk Only Transport）に加えて，UASP（USB Attached SCSI Protocol）に対応したデバイスの普及が予測されています（**表9.8**）．

● USB 3.0 デバイス・ソフトウェア

　USBは，1本のケーブルでさまざまに異なった機能のデバイスを接続できるインターフェース仕様です．USBホストから見た場合，USBケーブルに流れるデータ・パケットが実現する通信プロトコル上の「仮想デバイス」が実体であり，USBデバイスそのものであるともいえます．

　USBホストは，電気的にUSBバスへデバイスが接続されたことを検出すると，エニュメレーションと呼ばれる接続プロセスを開始します．その際に，USBデ

9.6 USBのソフトウェア階層と機能

表9.7 デバイス・クラス・コード一覧

Base Class	Device/Interface	説　明
00h	Device	Use class code info from Interface Descriptors
01h	Interface	Audio Device Class
02h	Both	Communication Device Class
03h	Interface	HID Device Class
05h	Interface	Physical Device Class
06h	Interface	Still Imaging Device Class
07h	Interface	Printer Device Class
08h	Interface	Mass Storage Device Class
09h	Device	Hub Class
0Ah	Interface	CDC Data Device Class
0Bh	Interface	Smart Card Device Class
0Dh	Interface	Content Security Device Class
0Eh	Interface	Video Device Class
0Fh	Interface	Personal Healthcare Device Class
DCh	Both	Diagnostic Device Class
E0h	Interface	Wireless Controller Device Class
EFh	Both	Miscellaneous(Active Sync/Interface Association/Cable, etc)
FEh	Interface	Application Specific(FW upgrade/IRDA Bridge/USB Test, etc)
FFh	Both	Vendor Specific

表9.8 マス・ストレージ・クラスのプロトコル定義

プロトコル・コード	プロトコル	説　明
00h	CBI	Control/Bulk/Interrupt Transport Protocol
01h	CB	Control/Bulk Transport Protocol
50h	BBB	Bulk-Only Transport Protocol
62h	UASP	USB Attached SCSI Protocol

バイスはディスクリプタ(デバイス，コンフィグレーション，インターフェース，エンドポイント，SuperSpeed エンドポイント・コンパニオン，BOS)と呼ばれる USB デバイスの性質を決定するデバイス情報を，USB ホストに返却します(図9.10)．

このディスクリプタ情報を生成して USB ホストへ渡すのが，USB デバイス・ソフトウェアの重要な機能の一つです．USB ホスト・ソフトウェアは，ディスクリプタ情報を元に仮想デバイスをホスト OS 上に構築し，USB ホスト・ソフトウェア - デバイス・ソフトウェア間のバス・プロトコル通信を開始させます．USB デバイスの持つ物理インターフェースが同一でも，このディスクリプタ情報の作り方によって，USB ホストから見た USB デバイスの特性や機能を大きく

```
┌─────────────────────────────┐
│     Device Descriptor       │
└─┬───────────────────────────┘
  │ ┌─────────────────────────────┐
  ├─│  Configuration Descriptor   │
  │ └─┬───────────────────────────┘
  │   │ ┌─────────────────────────────────────┐  ┌ ─ ─ ─ ─ ─ ─ ─ ┐
  │   ├─│ Interface Descriptor - Mass Storage │   マス・ストレージ・クラス
  │   │ └─┬───────────────────────────────────┘  │               │
  │   │   │ ┌─────────────────────────────────┐
  │   │   ├─│ Endpoint Descriptor - Bulk In   │  │               │
  │   │   │ └─┬───────────────────────────────┘
  │   │   │   │ ┌──────────────────────────────────────────┐     │
  │   │   │   └─│ Super Speed Endpoint Companion Descriptor│
  │   │   │     └──────────────────────────────────────────┘     │
  │   │   │ ┌─────────────────────────────────┐
  │   │   └─│ Endpoint Descriptor - Bulk Out  │  │               │
  │   │     └─┬───────────────────────────────┘
  │   │       │ ┌──────────────────────────────────────────┐     │
  │   │       └─│ Super Speed Endpoint Companion Descriptor│
  │   │         └──────────────────────────────────────────┘     │
  │   │                                          └ ─ ─ ─ ─ ─ ─ ─ ┘
  │ ┌─────────────────────────────┐
  └─│      BOS Descriptor         │
    └─┬───────────────────────────┘
      │ ┌─────────────────────────────────────────┐
      ├─│ Device Capability - USB2.0 EXTENSION    │
      │ └─────────────────────────────────────────┘
      │ ┌─────────────────────────────────────────┐
      └─│ Device Capability - SUPERSPEED_USB      │
        └─────────────────────────────────────────┘
```

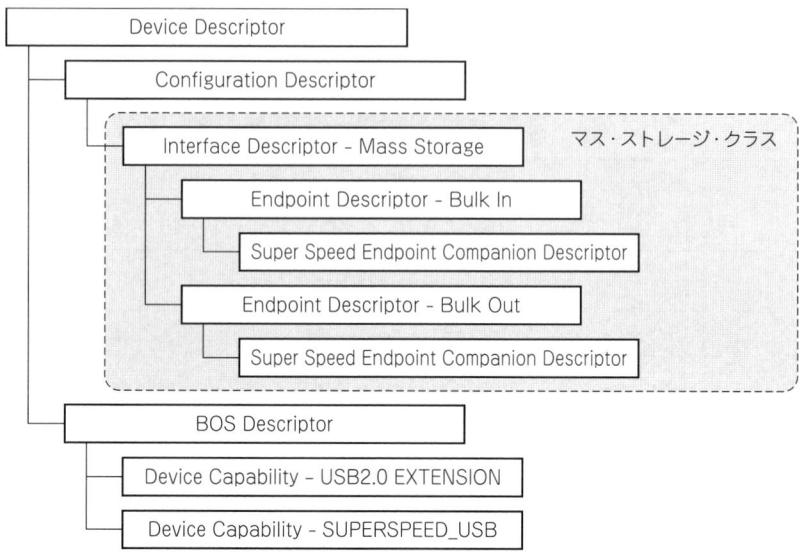

図9.10　USBデバイスのディスクリプタ構成例(マス・ストレージ・デバイスの場合)

変化させられます．極端な例を挙げれば，USB カメラの USB ファームウェアを修正し，見かけ上のマス・ストレージ・デバイスにもできます．

USB ホスト・ソフトウェアに階層構造があることを説明しましたが，USB デバイス側にもまた USB ホスト・ソフトウェア階層に対応する階層構造が存在します．

(1) コントローラ・ドライバ

コントローラ・ドライバは，USB デバイス・ソフトウェア階層の最下層で USB デバイス・コントローラのハードウェア制御を行うデバイス・ドライバです．通常，USB 3.0 デバイス・ハードウェアは，物理レイヤ HW，リンク・レイヤ HW，プロトコル・レイヤ HW，システム・バス・インターフェース，DMA などのブロックで構成されます．

コントローラ・ドライバ機能には，物理レイヤの USB デバイス接続 / 切断，リンク・レイヤのパワー・マネジメント制御，プロトコル・レイヤのエンドポイント設定 / 転送制御，データ転送に利用される DMA コントローラの設定，起動，システム・バス・インターフェースの設定および割り込み検出などがあります．

【コントローラ・ドライバの機能】
- USB デバイス接続 / 切断

VBUS 信号コントロール
- パワー・マネジメント
    サスペンド / レジューム制御
- エンドポイント設定
    パイプ設定
    転送タイプ / 転送方向
    MaxPacketSize，Interval 制御
    エンドポイント・バッファ制御(シングル / ダブル / トリプル)
- 転送制御
    コントロール転送
    バルク転送
    インタラプト転送
    アイソクロナス転送
- DMA コントローラ・ハードウェア制御
    USB EPC バッファ - メモリ間 DMA 転送
    USB EPC バッファ - 他デバイス間 DMA 転送
- 割り込み制御
    転送割り込み /DMA 終了割り込み
    接続 / 切断，サスペンド / レジューム割り込み

 USB デバイス・コントローラはハードウェア仕様の規格化が行われていないため，事実上全て独自仕様であり，さらにコントローラが接続されるマイコンやシステム・インターフェースも千差万別です．基本的には，そのシステムに依存してコントローラ・ドライバを作成する必要があります．

 (2) バス・ドライバ

 バス・ドライバは，USB デバイス・ソフトウェアの中心的な存在であり，バス・ドライバからコントローラ・ドライバやクラス・ドライバを管理します．また，コントローラ・ドライバ，クラス・ドライバのロードや起動処理，ほかのドライバから要求されるリクエストやイベントのハンドリング(適切なドライバへ要求を転送する)などについても，この階層で処理されます．

 USB デバイスにおけるバス・ドライバ機能は，デフォルト・エンドポイント(エンドポイント番号 0)を使って通信されるデバイス / コンフィグレーション・ディスクリプタ処理，標準リクエスト処理，接続 / 切断に伴うデバイス管理，コントローラ・ドライバやクラス・ドライバ階層とのインターフェースに関する制御に

なります．

【バス・ドライバの機能】
- ディスクリプタ管理
    デバイス・ディスクリプタ，コンフィグレーション・ディスクリプタ
    （バス・ドライバ内で処理）
    インターフェース・ディスクリプタ，エンドポイント・ディスクリプタ
    （各クラス・ドライバへのハンドリング．バス・ドライバ内で処理する場合もある）
- リクエスト処理
    標準リクエスト（バス・ドライバ内で処理）
    クラス・リクエスト，ベンダ・リクエスト
    （各クラス・ドライバへのハンドリング）

表 9.9　USB 3.0 デバイスの標準リクエスト

bRequest	Request Code	bmRequestType	説　明
CLEAR_FEATURE	1	0000 0000 b 0000 0001 b 0000 0010 b	指定機能のクリア，無効化
GET_CONFIGURATION	8	1000 0000 b	デバイス・コンフィグレーション値の取得
GET_DESCRIPTOR	6	1000 0000 b	指定ディスクリプタ情報の取得
GET_INTERFACE	10	1000 0001 b	インターフェースの代替セッティング情報の取得
GET_STATUS	0	1000 0000 b 1000 0001 b 1000 0010 b	指定機能のステータス取得
SET_ADDRESS	5	0000 0000 b	デバイス・アドレスの設定
SET_CONFIGURATION	9	0000 0000 b	デバイス・コンフィグレーション値の設定
SET_DESCRIPTOR	7	0000 0000 b	指定ディスクリプタ情報の設定
SET_FEATURE	3	0000 0000 b 0000 0001 b 0000 0010 b	指定機能のセット，有効化
SET_INTERFACE	11	0000 0001 b	インターフェースの代替セッティング情報の設定
SET_SEL	48	0000 0000 b	リンク状態（U1/U2 ステート）の遷移時間を設定
SET_ISOCH_DELAY	49	0000 0000 b	パケットのホスト送信からデバイス受信までのディレイ値の設定
SYNCH_FRAME	12	1000 0010 b	エンドポイントの同期フレーム情報

- USB デバイス管理

　接続 / 切断，イベント発生
- コントローラ・ドライバ・インターフェース

　エンドポイント制御 API(EP 構築，STALL 制御など)

　データ転送 API

　イベント・コールバック(接続 / 切断，リクエスト受信)
- クラス・ドライバ・インターフェース

　クラス・リクエスト API

　データ転送 API

　クラス・ドライバ登録，ロード / アンロード

バス・ドライバは USB 標準リクエスト処理やディスクリプタ転送処理を担当しますが，USB 3.0 仕様で幾つかのリクエストとディスクリプタ仕様の変更がありました．USB 3.0 で変更・追加となった標準リクエスト・ディスクリプタを表 9.9〜表 9.14 に示します．

(3) クラス・ドライバ

クラス・ドライバは，USB デバイスの製品仕様に合わせて，ユーザから見た USB デバイス機能を実現するソフトウェア階層になります．ホスト・ソフトウェアと同様，USB 3.0 仕様に依存する部分はバス・ドライバ階層・コントローラ・ドライバ階層で吸収されるため，クラス・ドライバ階層の機能面について USB 3.0 仕様を特に意識した設計の必要はありません．しかし，USB 3.0 の 5Gbps という高転送レートを発揮させるためには，最も重要な階層になります．

クラス・ドライバ，ブリッジ・ドライバは，USB デバイスの「物理インターフェース」に合わせて開発する必要があります．物理インターフェースとは，例えば

表 9.10　USB 2.0 Extension ディスクリプタ(BOS ディスクリプタ-デバイス Capability)

Offset	Field	サイズ	設定値(例)	説　明
0h	bLength	1 バイト	ディスクリプタ・サイズ	ディスクリプタの長さ
1h	bDescriptorType	1 バイト	10h	DEVICE_CAPABILITY ディスクリプタ・タイプ
2h	bDevCapability Type	1 バイト	02h	USB 2.0 EXTENSION キャパビリティ・タイプ
3h	bmAttributes	4 バイト	0000 0002h	Link Power Management Supported (bit 31 〜 2：Reserved，bit 1：LPM，bit 0：Reserved)

表 9.11　SUPERSPEED_USB ディスクリプタ（BOS ディスクリプタ-デバイス Capability）

Offset	Field	サイズ	設定値（例）	説　明
0h	bLength	1バイト	ディスクリプタ・サイズ	ディスクリプタの長さ
1h	bDescriptorType	1バイト	10h	DEVICE_CAPABILITY ディスクリプタ・タイプ
2h	bDevCapabilityType	1バイト	03h	SUPERSPEED_USB
3h	bmAttributes	1バイト	00h	Latency Tolerance Message Not Supported (bit7〜2：Reserved，bit 1：LTM，bit 0：Reserved)
4h	wSpeeds Supported	2バイト	000Eh	SuperSpeed/HighSpeed/FullSpeed Supported (bit 15〜4：Reserved，bit 3：SS，bit 2：HS，bit 1：FS，bit 0：LS)
6h	bFunctionality Support	1バイト	01h	全機能を使用するための最低速度：FullSpeed
7h	bU1DevExitLat	1バイト	0Ah	U1→U0 遷移最大時間（10μs 未満）
8h	wU2DevExitLat	2バイト	07FFh	U2→U0 遷移最大時間（2047μs 未満）

表 9.12　コンフィグレーション・ディスクリプタ

Offset	Field	サイズ	設定値（例）	説　明
0h	bLength	1バイト	09h	コンフィグレーション・ディスクリプタの長さ
1h	bDescriptorType	1バイト	02h	コンフィグレーション・ディスクリプタ・タイプ
2h	wTotalLength	2バイト	データ長	コンフィグレーション全データ長
4h	bNumInterfaces	1バイト	01h	インターフェース数
5h	bConfigurationValue	1バイト	01h	Set Configuration 値
6h	iConfiguration	1バイト	00h	ストリング・ディスクリプタなし
7h	bmAttributes	1バイト	C0h	セルフ・パワー・デバイス (bit 7：1 固定，bit 6：セルフ・パワー，bit 5：リモート・ウェイクアップ，bit 4〜0：Reserved)
8h	bMaxPower	1バイト	01h	8mA　USB 3.0：設定値×8mA　USB 2.0/1.1：設定値×2mA

　USB ハード・ディスク装置におけるハード・ディスク・ドライブを指します．現在市販されている USB ハード・ディスク装置は，シリアル ATA インターフェースを持つハード・ディスク・ドライブが搭載されており，USB to シリアル ATA ブリッジ機能を持つコントローラにより USB バスに接続されます．

表9.13 エンドポイント・ディスクリプタ(バルク・エンドポイント)

Offset	Field	サイズ	設定値(例)	説　明
0h	bLength	1バイト	07h	エンドポイント・ディスクリプタの長さ
1h	bDescriptorType	1バイト	05h	エンドポイント・ディスクリプタ・タイプ
2h	bEndpointAddress	1バイト	81h	エンドポイント番号1(IN) (bit 7：IN/OUT，bit 6～4：Reserved, bit 3～0：番号)
3h	bmAttributes	1バイト	02h	バルク・エンドポイント
4h	wMaxPacketSize	2バイト	0400h	バルク：1024バイト固定 - コントロール：512バイト固定 - インタラプト/アイソクロナス 　bMaxBurst＞0の場合，1024バイト固定 - インタラプト/アイソクロナス 　bMaxBurst＝0の場合，任意設定
6h	bInterval	1バイト	00h	0固定(バルク・コントロールの場合) - インタラプト，アイソクロナスの場合， 　0～16設定 - $2^{(bInterval-1)} \times 125\mu s$

表9.14 SuperSpeed エンドポイント・ディスクリプタ

Offset	Field	サイズ	設定値(例)	説　明
0h	bLength	1バイト	06h	エンドポイント・ディスクリプタの長さ
1h	bDescriptorType	1バイト	30h	SUPERSPEED_USB_ENDPOINT_ COMPANION ディスクリプタ・タイプ
2h	bMaxBurst	1バイト	0Fh	最大バースト・パケット数＝15 (0～15の範囲で設定) - 0→1バースト/15→最大16バースト - コントロールEPは0固定
3h	bmAttributes	1バイト	00h	最大ストリーム数＝0 (0～16の範囲で設定) - バルクEPの場合，bit 4～0：MaxStreams， 　bit 7～5：Reserved 　計算方法 → $2^{MaxStreams}$ - コントロールEPの場合，bit 7～0：Reserved - アイソクロナスEPの場合，bit 1～0：Mult 　計算方法 → 最大パケット数 　　　　　　　＝bMaxBurst×(Mult+1)
4h	wBytesPerInterval	2バイト	0000h	0固定(バルクの場合) - アイソクロナス，インタラプト転送のみで有効 - サービス・インターバル間隔(125μs)での合計 　バイト数

　USBハード・ディスクを実現するためのハードウェアとソフトウェアの構成図を，図9.11に示します．

　マス・ストレージ・クラス・ドライバは，コントローラ・バス・ドライバのドラ

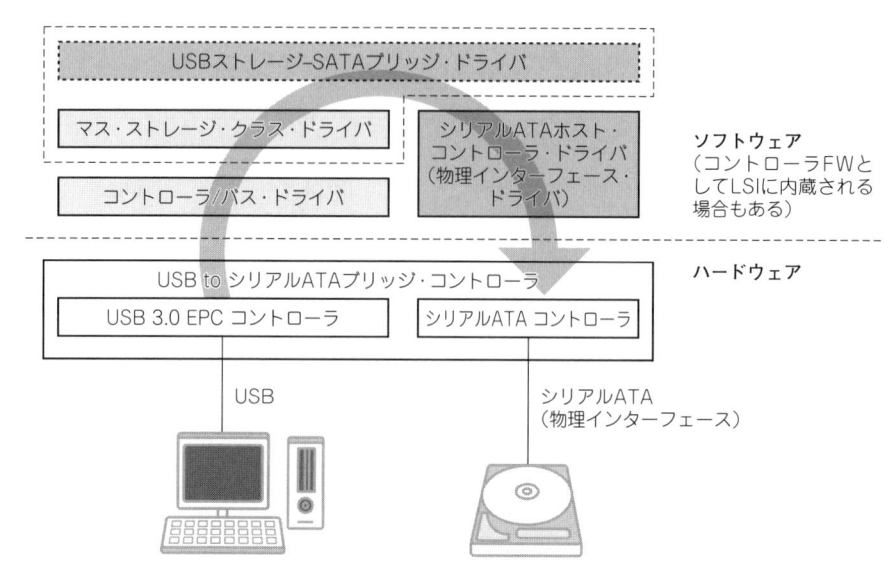

図9.11 クラス・ドライバとブリッジ・ドライバ(マス・ストレージ・クラス)

イバ・インターフェースを使って，USBバス上に流れるマス・ストレージ・クラス・プロトコルの通信に対応した機能を持ちます．マス・ストレージ・クラスには幾つかのサブプロトコルがありますが，最も一般的なBulk-Only Transportの場合は，MassStorageReset, GetMaxLUNなどのクラス・リクエストと，二つのバルク・エンドポイントを使った通信についてサポートします．ほかのクラスの場合も同様に，USB-IFで定義されたクラス・プロトコル仕様やユーザ定義のベンダ・クラス・プロトコル仕様に合わせて，クラス・ドライバ階層を実装します．

USB to シリアルATAブリッジには，シリアルATAホスト・コントローラが内蔵されており，シリアルATAホストを制御するためのドライバ(物理インターフェース・ドライバ)が存在します．物理インターフェース・ドライバとクラス・ドライバの階層間は直結させることも可能ですが，ブリッジ・ドライバをフィルタ・ドライバとして実装する場合もあります．ブリッジ・ドライバ部分でのバッファリングやパイプライン化など，直結よりもパフォーマンスを向上させることも可能になります．

また，USB 3.0インターフェースの利用方法として，マルチファンクション・デバイスとしての利用法も考えられます．USB仕様では，一つのUSBデバイス

に複数のインターフェース機能を持たせることが可能です(コンポジット・デバイス機能).特に USB 3.0 では，5Gbps という高速転送性能を有効に利用するために，コンポジット・デバイスへの採用が広まる可能性があります．MFP(マルチファンクション・プリンタ)では，プリンタ・クラス，イメージ・クラス，ストレージ・クラスなどが共存するため，個々の機能を同時に利用するために 5Gbps を有効に活用できるでしょう．

【クラス・ドライバの機能】
- クラス固有ディスクリプタ管理
- デバイス・クラス転送制御
    エンドポイント 0 以外のエンドポイントを使ったデータ転送
- クラス・リクエスト機能
- アプリケーション I/F(API)の提供
- ブリッジ・ドライバ I/F 機能

ながお・ひろき
NEC エンジニアリング(株)

第10章

永尾 裕樹

USB ホスト・コントローラの制御

本章では，ARM プロセッサを搭載したルネサス エレクトロニクスの ASIC 開発用評価ボードに USB 3.0 ホスト・コントローラを PCI Express バス経由で接続し，USB 3.0 マス・ストレージ・デバイスの制御を行った事例を元にして，USB 3.0 ホスト・コントローラ制御のしくみを説明します．

10.1 USB ホスト・コントローラ評価用のシステム構成

USB 3.0 ホスト・コントローラ・ドライバを評価するためのシステム構成を，図10.1 に示します．使用した評価ボードの外観を写真10.1 に，ブロック図を図10.2 に示します．本評価ボードは大規模 ASIC の開発用に使用する多機能ボードですが，ここでは ARM926CPU と，PCI Express，DDR2-SDRAM メモリ機能のみを使用しています．

また，USB 3.0 ホスト・コントローラを制御するしくみを説明するために，評価ボード上の PCI Express 拡張スロットに xHC 拡張ボード(PCI Express イン

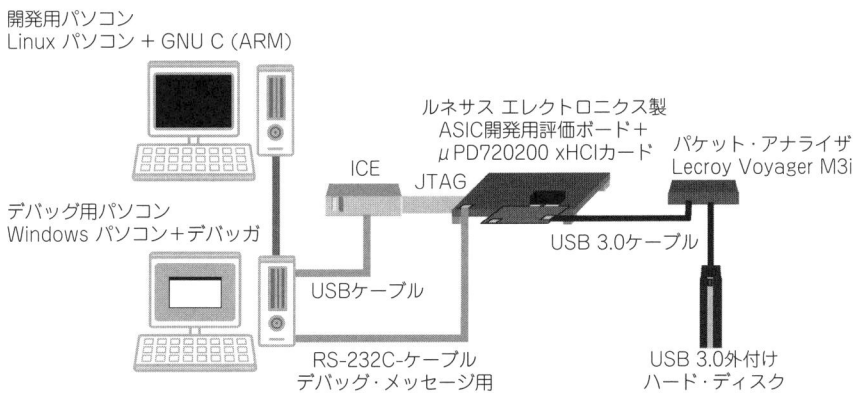

図10.1 USBホスト・コントローラの評価システムの構成

第10章 USBホスト・コントローラの制御

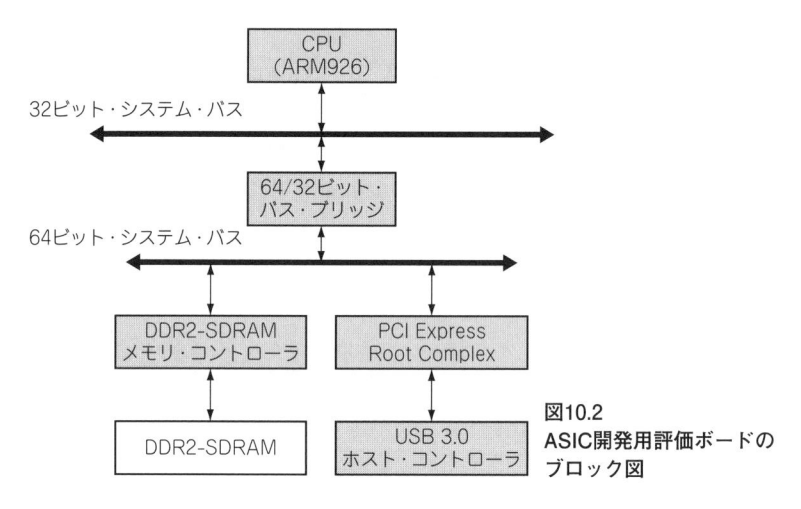

写真10.1
ASIC開発用評価ボードの外観

図10.2
ASIC開発用評価ボードの
ブロック図

ターフェース×1仕様)を搭載し，USB 3.0外付けハード・ディスクを接続しています．OSにはT-Kernelを使用し，T-Kernel上にホスト・コントローラ・ドライバ，バス・ドライバ，マス・ストレージ・クラス・ドライバを実装しました．ソフトウェアの構成とシーケンス制御のイメージを図10.3に示します．

10.2 システムの初期化

● PCI Expressバスの初期設定

前章で，xHCがPCI Expressコンフィグレーションによって，PCIメモリ空

10.2 システムの初期化

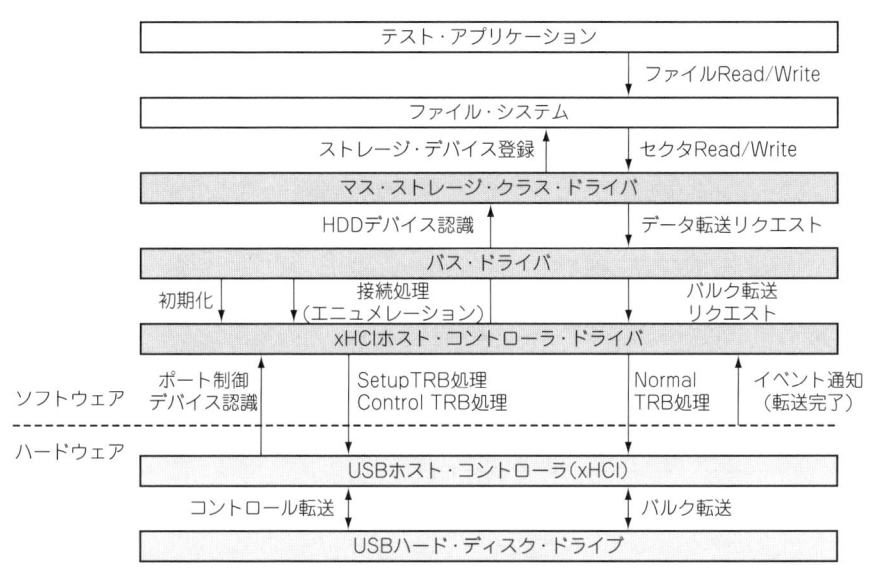

図10.3 評価ボード用USB 3.0ホスト・ソフトウェアの階層図

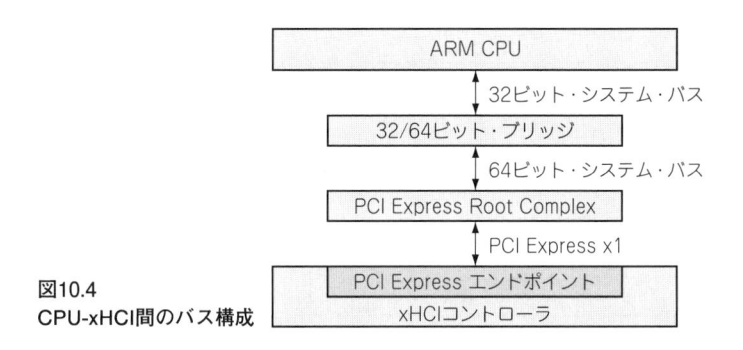

図10.4 CPU-xHCI間のバス構成

間にマッピングされるしくみについて説明しました．本環境でも，xHC を ARM CPU から見えるメモリ空間にマッピングし，レジスタ制御が可能な状態に初期設定する必要があります．本環境で使用する ARM CPU は 32 ビット・システム・バスに，PCI Express RC(Root Complex)は 64 ビット・システム・バスに接続されています．また，xHC は PCI Express RC の×1 レーンに接続されています（図10.4）．

(1) Root Complex の初期設定とリンクアップ

xHC は PCI Express バスに接続されているので，まず PCI Express の初期設

定から始めます(**図10.5**).Root Complex の初期設定を完了後,PCI Express バスのリンクアップ処理を行います.今回の評価ボードは PCI Express×1 ポートで1ポートしかないので,該当する1ポートだけのリンクアップを確認します.

(2) デバイス検索とコンフィグレーション領域の設定

Root Complex を初期化しリンクアップを確認できたら,PCI Express Endpoint

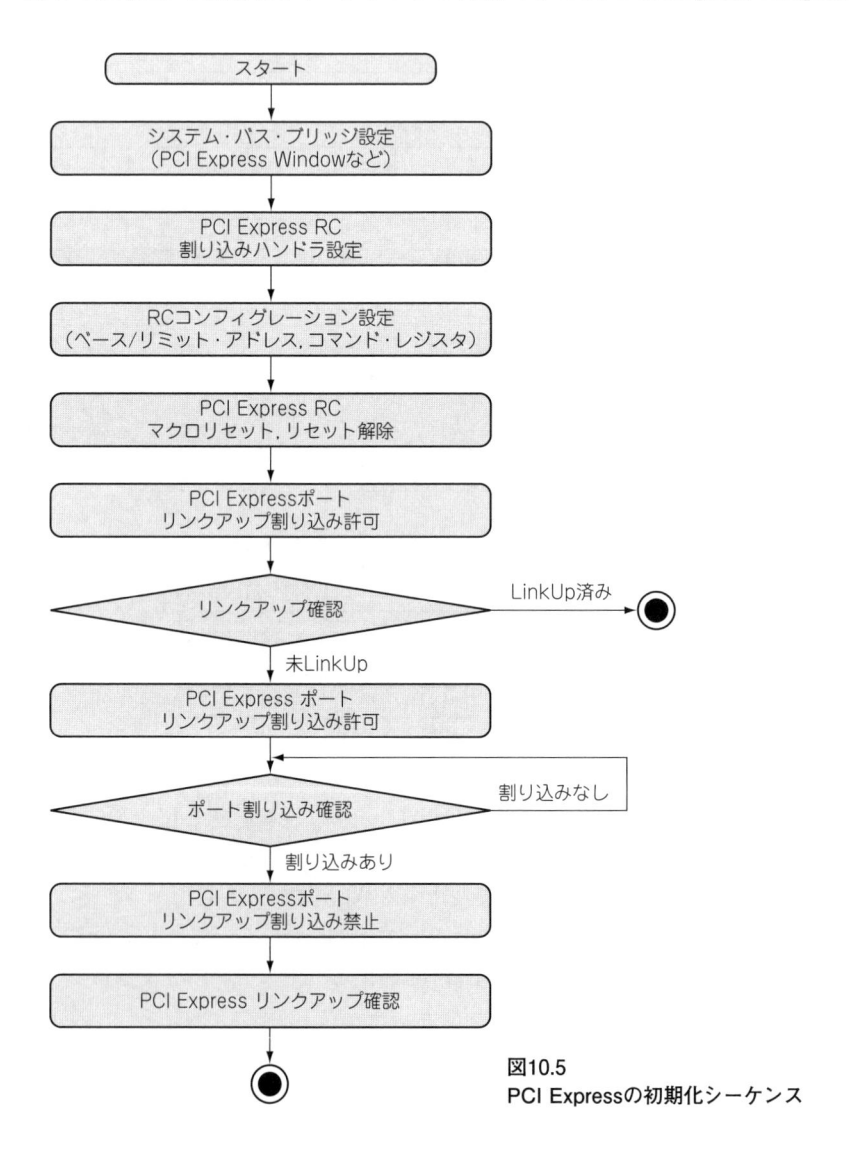

図10.5
PCI Expressの初期化シーケンス

(デバイス)の検索に移ります．PCI Express バス上にコンフィグレーション・サイクルを発生させて，xHC を検索します(図10.6)．デバイスが見つかれば，コンフィグレーション設定に移ります．

Offset 09h ～ 0Bh に PCI デバイスの Class Code が記載されますが，USB 3.0 xHC のクラス・コードは Base Class Code (BASEC) = 0Ch, Sub Class Code (SCC) = 03h, Program Interface (PI) = 30h と決められています．xHC ドライバは PCI Express 経由でこのクラス・コードを検出し，xHC を認識することができます(表10.1)．

ここでは，xHC のコンフィグレーション領域のうち，ベース・アドレス・コマンド・レジスタ領域の設定を行います．コンフィグレーション領域の詳細は xHC ドライバで設定されるので，PCI Express としての初期設定は図10.7 のフ

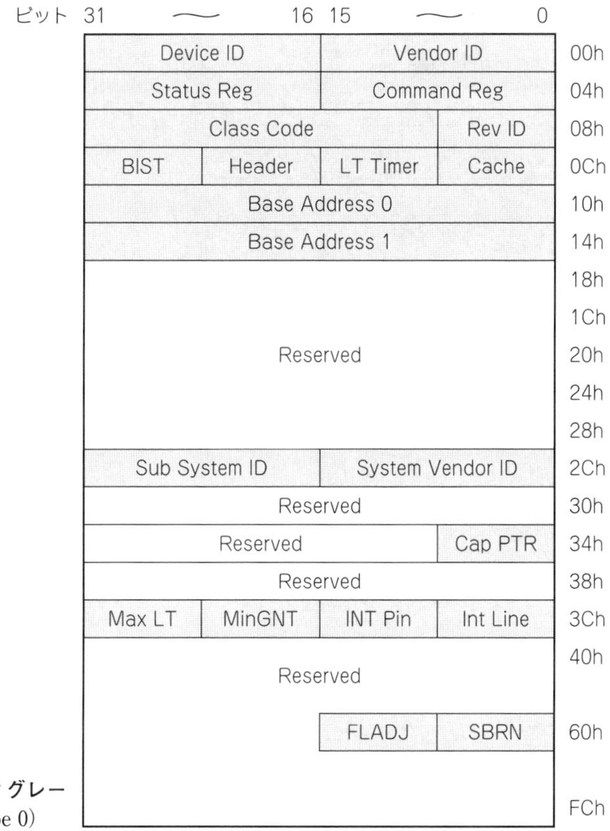

ビット 31 ～ 16	15 ～ 0	
Device ID	Vendor ID	00h
Status Reg	Command Reg	04h
Class Code	Rev ID	08h
BIST / Header / LT Timer	Cache	0Ch
Base Address 0		10h
Base Address 1		14h
Reserved		18h
		1Ch
		20h
		24h
		28h
Sub System ID	System Vendor ID	2Ch
Reserved		30h
Reserved	Cap PTR	34h
Reserved		38h
Max LT / MinGNT / INT Pin	Int Line	3Ch
Reserved		40h
	FLADJ / SBRN	60h
		FCh

図10.6
xHC の PCI コンフィグレーション・ヘッダ (Type 0)

第10章 USBホスト・コントローラの制御

表10.1 xHCのコンフィグレーション領域のクラス・コード (09〜0Bh)

ビット	名　称	設定値	説　明
23〜16	BASEC (Base Class Code)	0Ch	Serial Bus Controller
15〜08	SCC (Sub Class Code)	03h	Universal Serial Bus Host Controller
07〜00	PI (Programming Interface)	30h	USB 3.0 Host Controller

ローにおける設定のみになります．

● xHC制御レジスタと初期設定

xHCのレジスタ類は，MMIO (Memory Mapped I/O) 方式でメモリ空間にマッピングされるように設計されており，その領域はPCIコンフィグレーション空間のPCIヘッダ領域にあるベース・アドレス・レジスタによって示されます (図10.8)．先ほど説明したPCI Expressバスの初期設定とコンフィグレーション設

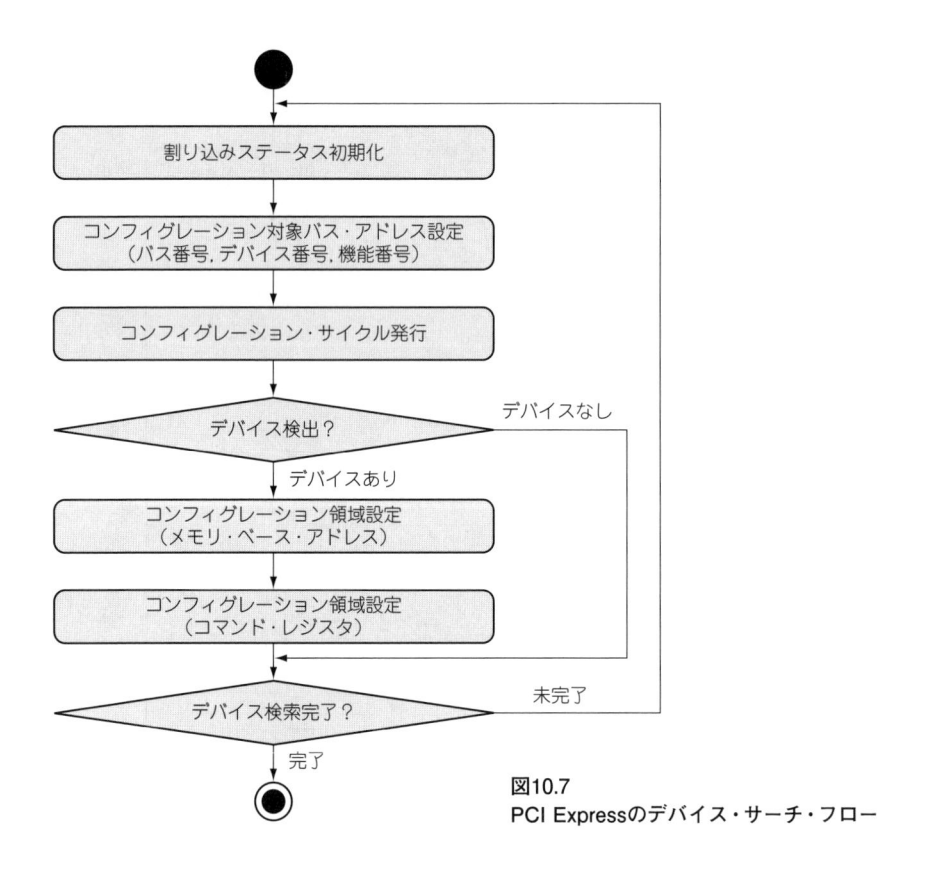

図10.7
PCI Expressのデバイス・サーチ・フロー

定が完了すると，ようやく xHC のレジスタ類が見えるようになります．

MMIO 空間には，主に次の四つの機能がマッピングされています．

- Capability Register
- Operational Register
- Runtime Register
- Doorbell Array

xHC の制御のために，この四つのレジスタ空間の定義を知っておく必要があります．

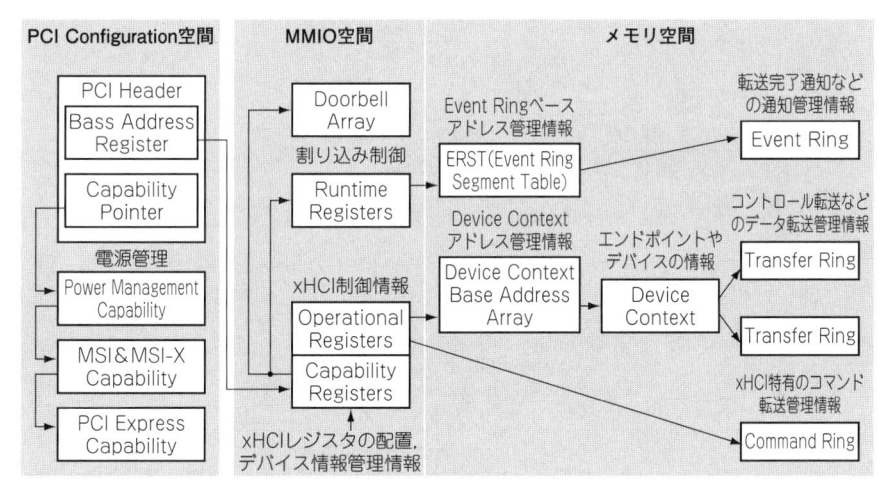

図10.8　xHCのメモリ・マップ・イメージ

ビット 31 ～ 16	15 ～ 8	7 ～ 0	
HCIVERSION	Reserved	CAPLENGTH	03-00h
HCSPARAMS 1			07-04h
HCSPARAMS 2			0B-08h
HCSPARAMS 3			0F-0Ch
HCCPARAMS			13-10h
DBOFF		RsvdZ	17-14h
RTSOFF		RsvdZ	1B-18h

図10.9　Capability レジスタ

(1) Capability レジスタ (図10.9, 表10.2)

Capability レジスタでは，主に xHCI ホスト・コントローラで管理するリソースの上限や処理能力について定義します．全てのレジスタはハードウェアにより定義されており，ソフトウェアで書き込みすることはできません．このレジスタでは，次に説明する Doorbell Array や Runtime Register のオフセット・アドレスも示されます．

表10.2 Capability レジスタの主要メンバ

バイト・オフセット	名 称	説 明
00h	CAPLENGTH	Capability レジスタ空間のサイズを定義する．Operational レジスタ空間の開始位置を見つけるために使用される．
03～02h	HCIVERSION	ホスト・コントローラ・インターフェースのバージョン番号．ホスト・コントローラがサポートする xHCI 仕様リビジョンを2バイトの BCD コードで表す． (例) 0100h → Revison1.0, 0090h → Revision0.9
07～04h	HCSPARAMS1	・Max Device Slots (bit 7～0) コントローラがサポートできる Device Context と Doorbell Array エントリの最大数 (1～255 の範囲) ・Max Interrupts (bit 18～8) コントローラにインプリメントされる Interrupter の数．各 Interrupter は MSI-X のベクタにアサインされる．Runtime レジスタ空間で幾つの Interrupter レジスタ・セットがアドレッシングされるかを定義づける．有効値は 1h～400h の範囲． ・Max Ports (bit 31～24) 最大ポート数．Operational レジスタ空間でアドレッシングされるポート・レジスタ・セットの数を表す．有効値は 1h～FFh の範囲．
0B～08h	HCSPARAMS2	・IST - Isochronous Scheduling Threshold (bit 3～0) スケジューリングされたアイソクロナス転送に対して，ソフトウェアが実行した TRB 追加が反映される最小時間．IST bit 3= '0' の場合は uFrame．'1' の場合は Frame 単位となる． ・ERST Max (bit 7～4) Event Ring Segment Table Entry の最大数．$2^{ERST\ Max}$ で計算される (例: ERST Max=7 のとき 128 エントリ，ERST Max=15 のとき 32K エントリ) ・SPR (bit 26) xHC が Save/Restore 操作のときに，ステート保持のためにスクラッチ・パッド・バッファを使用するかどうかを示す．'1' の場合は Power Event 中も Scratchpad が維持される必要がある． ・Max ScPad Bufs (bit 31～27) Scratchpad Buffer の最大数を示す．一つの Scratchpad バッファは PAGESIZE 単位でページ・バウンダリに沿って確保される
0F～0Ch	HCSPARAMS3	・U1 Device Exit Latency (bit 7～0) ルート・ハブ Port Link State (PLS) が U1 から U0 へ遷移するワースト・ケース・レイテンシ． (例: 01h → 1μs, 0Ah → 10μs, 0B～FFh は未定義) ・U2 Device Exit Latency (bit 31～16)

(2) Operational レジスタ (図10.10, 表10.3)

Operational レジスタは, xHC の主要な制御を司るレジスタ群です. ホスト・コントローラの起動 / 停止や割り込みの有効化 / 無効化, コントローラのステータス取得, ポート設定 / 状態取得, パワー・マネジメント設定, コントローラが扱うページ・サイズ設定などを行う制御レジスタが割り当てられています.

また, ここには xHC のデバイス管理を行う Device Context のベース・アドレ

バイト・オフセット	名称	説明
0F ~ 0Ch	HCSPARAMS3	U2 から U0 へ遷移するワースト・ケース・レイテンシ. (例: 01h → 1μs, 07FFh → 2047μs, 0800 ~ FFFFh は未定義)
13 ~ 10h	HCCPARAMS	• AC64 (bit 0) 32 ビット /64 ビット・アドレッシングの実装状態を示す. AC64= '0' の場合は 32 ビット・アドレッシング, AC64= '1' の場合は 64 ビット・アドレッシングでメモリ・ポインタ操作を行う. • BNC (bit 1) Bandwidth Negotiation(Negotiate Bandwidth Command TRB)機能の実装状態を示す. BNC= '0' の場合は実装なし, BNC= '1' の場合は実装あり. • CSZ (bit 2) コンテキスト・サイズの実装状態を示す. CSZ= '1' の場合は 64 バイト・サイズ, CSZ= '0' の場合は 32 バイト・サイズを示す. ただし, Stream Context について, このフラグは適用されない. • PPC (bit 3) ポート・パワー・コントロールの実装状態を示す. PPC= '1' の場合はポート・パワー・スイッチを持つが, PPC= '0' の場合は持たない. • PIND (bit 4) ルート・ハブ・ポートのポート・インジケータ・サポート状態を示す. PIND= '1' →サポート. • LHRC (bit 5) Light Host Controller Reset のサポート状態を示す. LHCR= '1' →サポート. • LTC (bit 6) Latency Tolerance Messaging(LTM)のサポート状態を示す. LTC= '1' →サポート. • NSS (bit 7) Secondary Stream IDs のサポート状態を示す. NSS= '1' →非サポート. • MaxPSASize (bit 15 ~ 12) Primary Stream Array の最大サイズを示す. $2^{MaxPSASize+1}$ で計算される • xHCI Extended Capabilities Pointer (bit 31 ~ 16) Base ポインタから最初の Extended Capability アドレスまでのオフセットを示す.
17 ~ 14h	Doorbell Array Offset	Base アドレス(xHCI Capability レジスタ空間のベース・アドレス)に対する Doorbell Array ベース・アドレスのオフセットを示す
1B ~ 18h	Runtime Register Space Offset	Base アドレスに対する xHCI Runtime レジスタ空間のオフセットを示す

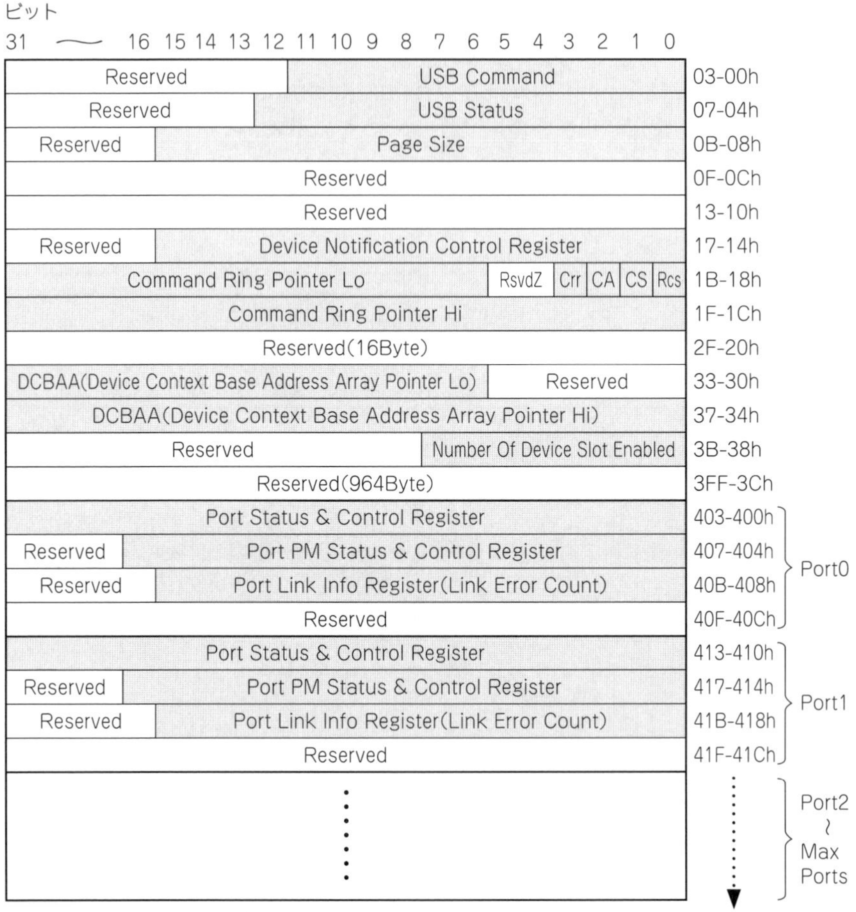

第10章　USBホスト・コントローラの制御

ビット

31 〜 16	15 14 13 12 11 10 9 8 7 6 5 4 3 2 1 0	オフセット
Reserved	USB Command	03-00h
Reserved	USB Status	07-04h
Reserved	Page Size	0B-08h
Reserved		0F-0Ch
Reserved		13-10h
Reserved	Device Notification Control Register	17-14h
Command Ring Pointer Lo	RsvdZ | Crr | CA | CS | Rcs	1B-18h
Command Ring Pointer Hi		1F-1Ch
Reserved(16Byte)		2F-20h
DCBAA(Device Context Base Address Array Pointer Lo)	Reserved	33-30h
DCBAA(Device Context Base Address Array Pointer Hi)		37-34h
Reserved	Number Of Device Slot Enabled	3B-38h
Reserved(964Byte)		3FF-3Ch
Port Status & Control Register		403-400h
Reserved	Port PM Status & Control Register	407-404h
Reserved	Port Link Info Register(Link Error Count)	40B-408h
Reserved		40F-40Ch
Port Status & Control Register		413-410h
Reserved	Port PM Status & Control Register	417-414h
Reserved	Port Link Info Register(Link Error Count)	41B-418h
Reserved		41F-41Ch

Port0 : 403-400h〜40F-40Ch
Port1 : 413-410h〜41F-41Ch
Port2〜Max Ports

図10.10　Operational レジスタ

スを示す．Device Context Base Address Array Pointer Register (DCBAAP) や，Command TRB を管理する Command Ring のベース・アドレスと制御を行う，Command Ring Control Register なども含まれています．オフセット 400h 以降が MaxPorts 番号までのポート・レジスタ・セット (6バイト) となり，各ポートの設定が記述されます．

(3) Runtime レジスタ (図10.11，表10.4)

Runtime レジスタは，実行中の Periodic フレーム値の取得や，割り込み関連の情報取得と設定を行うレジスタ群です．Microframe インデックスと各インタ

406

10.2 システムの初期化

表10.3 Operationalレジスタの主要メンバ

バイト・オフセット (ビット)	名称	説明
03 ~ 00h (11 ~ 00)	USB Command	ホスト・コントローラ制御レジスタ(コントローラ・リセット/割り込みイネーブル/ライト・リセット/ステータス・セーブ/リストア)
07 ~ 04h (12 ~ 00)	USB Status	ホスト・コントローラ状態取得レジスタ(ホスト・コントローラ HALT/ホスト・システム・エラー/割り込みペンディング/ポート・ステータス変化/セーブとリストア/コントローラ・レディ/エラー)
0B ~ 08h (15 ~ 00)	Page Size	xHCがサポートするページ・サイズを定義するレジスタ(ハードウェア固定).PAGESIZE=$2^{(n+12)}$で計算する
17 ~ 14h (15 ~ 00)	Device Notification Control Register	USBデバイスからのNotification Transactionパケットについて,Notification Type別に有効化するレジスタ. N1:FUNCTION_WAKE N2:LATENCY_TOLERANCE_MESSAGE N3:BUS_INTERVAL_ADJUSTMENT_MESSAGE
1F ~ 18h	Command Ring Control Register	Command Ring制御/ステータス取得/Command Ring Dequeueポインタ用レジスタ
37 ~ 30h	Device Context Base Address Array Pointer	Device Context Base Address Arrayのベース・アドレス用レジスタ
3B ~ 38h (07 ~ 00)	Configure Register	有効化するDevice Slotの最大数を定義するレジスタ
403 ~ 400h (31 ~ 00)	Port Status & Control Register 1	ポート状態取得・制御用レジスタ(接続状態/ポート有効・無効/オーバーカレント/ポート・リセット/ポート・リンク・ステート/ポート・パワー/ポート・スピード/ポート状態変化/WakeUp制御/リムーバブル・デバイス制御)
407 ~ 404h (16 ~ 00)	Port PM Status & Control Register 1	ポート・パワー・マネージメント状態取得・制御用レジスタ.USB 3.0デバイスの場合,U1タイムアウト時間/U2タイムアウト時間/Set Link Function LMP発行.USB 2.0デバイスの場合,L1ステータス/リモート・ウェイクアップ/テスト・モード制御.
40B ~ 408h (15 ~ 00)	Port Link Info Register(Link Error Count) 1	リンク・エラー・カウンタ・レジスタ (USB 3.0デバイスのみ)
400+ (10h×($n-1$)) (31 ~ 00)	Port Status & Control Register n	ポートn用 Port Status & Control Register
404+ (10h×($n-1$)) (16 ~ 00)	Port PM Status & Control Register n	ポートn用 Port PM Status & Control Register
408+ (10h×($n-1$)) (15 ~ 00)	Port Link Info Register(Link Error Count) n	ポートn用 Port Link Info Register

407

第10章　USBホスト・コントローラの制御

ビット

31 〜 16	15 〜 5	4	3	2	1	0		
MFINDEX(Micro Frame index)							03-00h	
Reserved							1F-04h	
Reserved						IE	IP	23-20h	
Interrupter Moderation Counter	Interrupter Moderation Interval						27-24h	
Reserved	ERSTSZ (Event Ring Segment Table Size)						2B-28h	
Reserved							2F-2Ch	Interrupter Register Set 0
ERSTBA (Event Ring Segment Table Base Address Lo)	Reserved						33-30h	
ERSTBA(Event Ring Segment Table Base Address Hi)							37-34h	
ERDP(Event Ring Dequeue Pointer Lo)	EHB	DESI					3B-38h	
ERDP(Event Ring Dequeue Pointer Hi)							3F-3Ch	
Reserved						IE	IP	**-**h	
Interrupter Moderation Counter	Interrupter Moderation Interval						**-**h	
Reserved	ERSTSZ (Event Ring Segment Table Size)						**-**h	
Reserved							**-**h	IR1
ERSTBA (Event Ring Segment Table Base Address Lo)	Reserved						**-**h	
ERSTBA(Event Ring Segment Table Base Address Hi)							**-**h	
ERDP(Event Ring Dequeue Pointer Lo)	EHB	DESI					**-**h	
ERDP(Event Ring Dequeue Pointer Lo)							**-**h	
⋮							⋮	IR2〜 IR1023

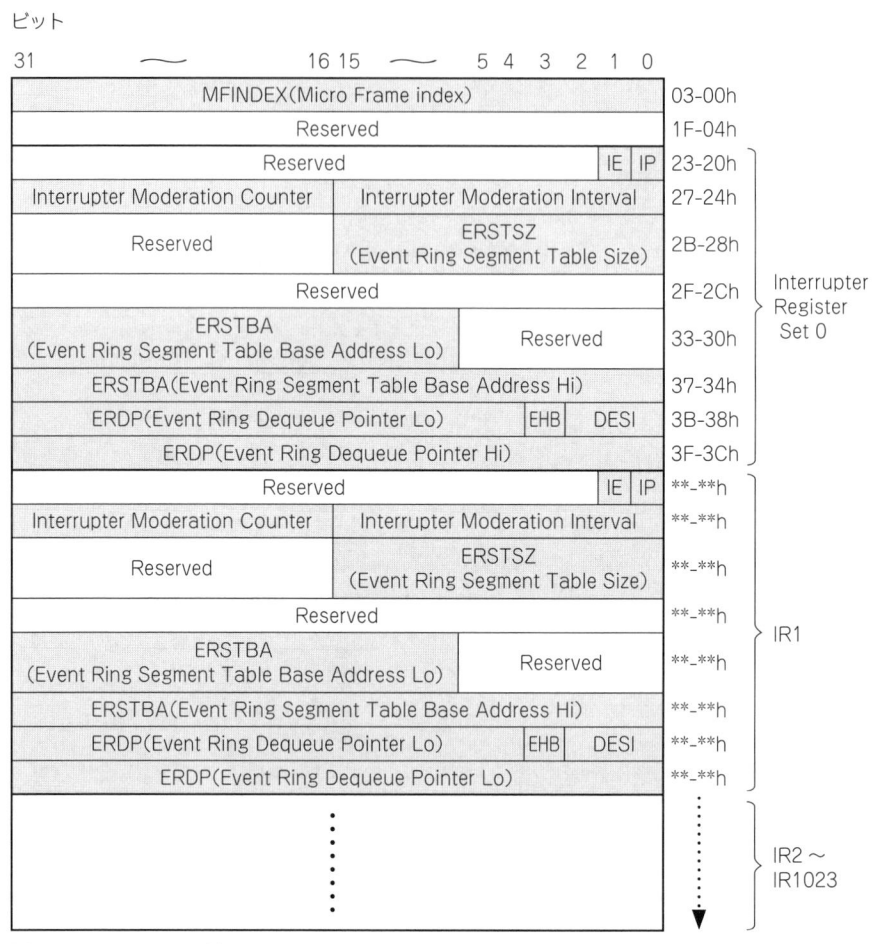

図10.11　Runtimeレジスタ

ラプタ・レジスタ・セットで構成されます．インタラプタ・レジスタ・セットには，ホスト・コントローラからドライバへ情報を通知するEvent Ring Segmentの情報を管理するERST Base AddressレジスタやERSTのサイズを示すERST Sizeレジスタ，Event Ringのカレント・ポインタを示すEvent Ring Dequeue Pointerなどが含まれます．20h以降が32バイトのサイズのインタラプタ・レジスタ・セットとなり，IR0〜最大IR1023までの設定が繰り返されます．

　RuntimeレジスタとEvent Ringのデータ構造を**図10.12**に示します．

10.2 システムの初期化

表10.4 Runtime レジスタの主要メンバ

バイト・オフセット（ビット）	名称	説明
03 ~ 00h (31 ~ 00)	MFINDEX	現在の周期フレーム値．Run/Stop=1 の場合，125μs ごとに増加する．
23 ~ 20h (00)	IP（Interrupt Pending）	割り込みの現在のステータスを表す．IP=1 の場合，このインタラプタの割り込みが保留中です．
23 ~ 20h (01)	IE（Interrupt Enable）	インタラプタが割り込み可能であることを表す．IE=0 かつ IP=1 の場合，インタラプタは Interrupter Moderation Counter が 0 に到達したときに，割り込みが発生する．
27 ~ 24h (15 ~ 00)	IMODI（Interrupter Moderation Interval）	インタラプタ・モデレーション機能（ソフトウェアによる CPU 割り込み発生レートの抑制コントロール機能）のインターバル値．インターバル間隔は下記の計算式が適用される． interrupts/sec = $1/(250 \times 10^{-9} \text{sec} \times \text{IMODI})$ （例）IMODI=500 の場合，125μs
27 ~ 24h (31 ~ 16)	IMODC（Interrupter Moderation Counter）	インタラプタ・モデレーション機能のダウン・カウンタ
2B ~ 28h (15 ~ 00)	ERSTSZ（Event Ring Segment Table Size）	Event Ring Segment Table のエントリ数．コントローラのサポート最大値は HCSPARAM2 レジスタの ERST Max 値で示される．'0' の場合，この Event Ring は無効となる．
37 ~ 30h (63 ~ 06)	ERSTBA（Event Ring Segment Table Base Address）	Event Ring Segment Table の開始アドレス
3B ~ 38h (02 ~ 00)	DESI（Dequeue ERST Segment Index）	xHC の Event Ring の状態チェックを最適化（Skip）させるために，ソフトウェアが参照中の Segment Index をセットする．
3B ~ 38h (03)	EHB（Event Handler Busy）	IP=1 の場合で，Dequeue ポインタ・レジスタが書かれて IP=0 にクリアされるとき，このフラグがセットされる．
3F ~ 38h (63 ~ 04)	ERDP（Event Ring Dequeue Pointer）	現在の Event Ring Dequeue Pointer を表す

Event TRB を格納する 1 ブロックは，ERS（Event Ring Segment）というセグメント構造で管理されます．ERS は複数定義可能であり，各セグメントのアドレスは，ERST（Event Ring Segment Table）によって参照可能です．ERST のアドレスとサイズは，Event Ring レジスタの ERSTBA（ERST Base Address）と ERSTSZ（ERST Size）で指定されます．

(4) Doorbell レジスタ（図10.13，表10.5）

Doorbell レジスタは，コントローラ・ドライバがホスト・コントローラに対して，Device Slot に関して実行するべき仕事があることを通知するために使用されます．

第10章　USBホスト・コントローラの制御

```
Runtimeレジスタ
┌─────────────────────────────┐
│ MFINDEX                     │
├─────────────────────────────┤
│ ERST Base Address           │──→ Event Ring Segment Table
├─────────────────────────────┤
│ ERST Size                   │
├─────────────────────────────┤
│ Event Ring Dequeue Pointer  │
├─────────────────────────────┤
│ ERST Base Address           │
├─────────────────────────────┤
│ ERST Size                   │
├─────────────────────────────┤
│ Event Ring Dequeue Pointer  │
├─────────────────────────────┤
│           ⋮                 │
├─────────────────────────────┤
│ ERST Base Address n         │
├─────────────────────────────┤
│ ERST Size n                 │
├─────────────────────────────┤
│ Event Ring Dequeue Pointer n│
└─────────────────────────────┘
```

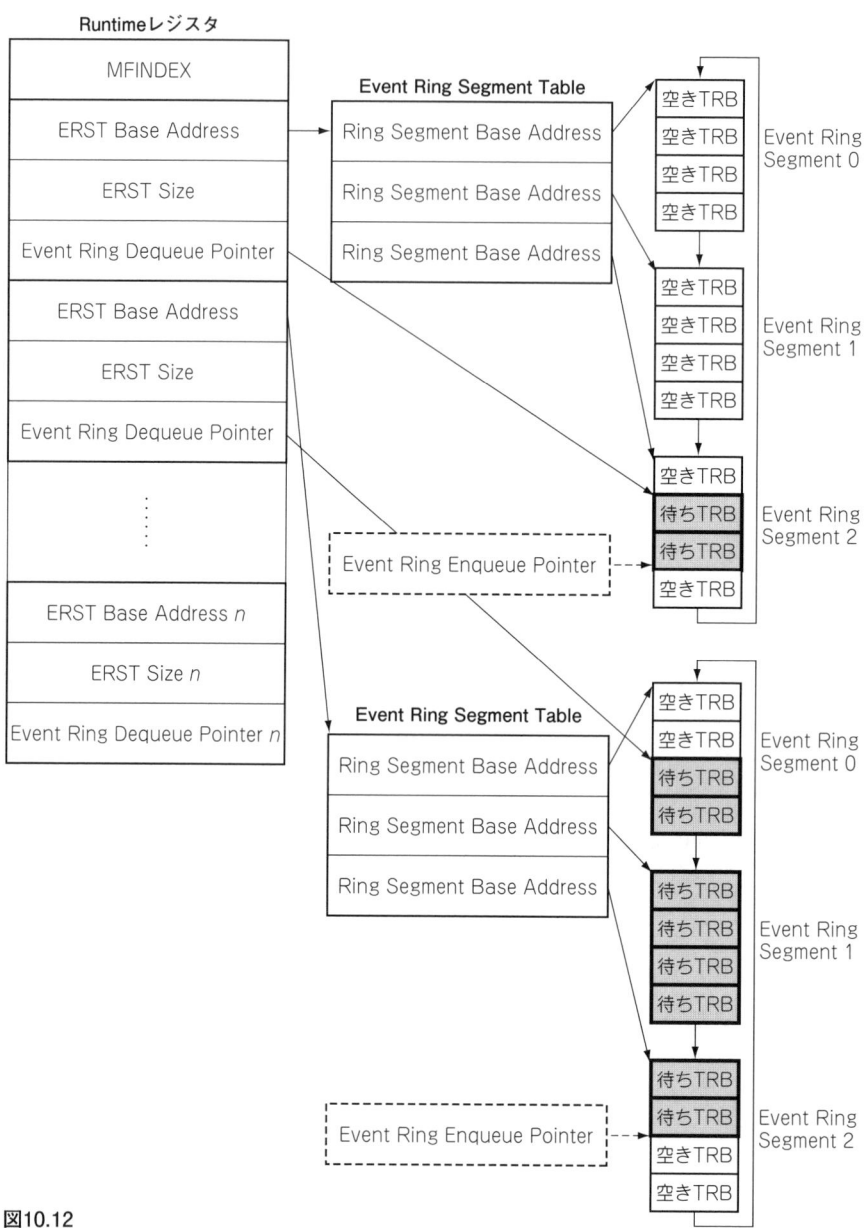

図10.12
RuntimeレジスタとEvent Ringのデータ構造

410

10.2 システムの初期化

ビット 31 〜 16	15 〜 8	7 〜 0
DB Stream ID	Reserved	DB Target（Host Controller）
DB Stream ID	Reserved	DB Target(Device Context 1)
DB Stream ID	Reserved	DB Target(Device Context 2)
DB Stream ID	Reserved	DB Target(Device Context 3)
⋮	⋮	⋮
DB Stream ID	Reserved	DB Target(Device Context n)

図10.13 Doorbell レジスタ

表10.5 Doorbell レジスタの主要メンバ

バイト・オフセット（ビット）	名 称	説 明
03〜00h (07〜00)	DB Target	Doorbell ターゲットを定義する．Doorbell レジスタ 0 はホスト・コントローラの Command Ring のために割り当てられ，Doorbell レジスタ 1〜255 の定義と異なった解釈となる． 【Doorbell レジスタ 0：ホスト・コントローラ Doorbell】 0：コマンド・ドア・ベル，1〜247：予約，248〜255：ベンダ定義 【Doorbell レジスタ 1〜255：デバイス・コンテキスト Doorbell】 0：予約 1：Control EP0 Enqueue ポインタ更新 2：EP1 OUT Enqueue ポインタ更新 3：EP1 IN Enqueue ポインタ更新 4：EP2 OUT Enqueue ポインタ更新 5：EP2 IN Enqueue ポインタ更新 ⋮ 30：EP15 OUT Enqueue ポインタ更新 31：EP15 IN Enqueue ポインタ更新 32〜247：予約 248〜255：ベンダ定義
03〜00h (31〜16)	DB Stream ID	Device Context Doorbell の指定するエンドポイントがストリーム転送をサポートしている時に，ターゲットとする Stream ID を指定する．

　Doorbell レジスタは，各 Device Slot 用に Array 構造で定義されます．また，Doorbell Array は最大 256 個の Doorbell レジスタで構成されます．Doorbell レジスタ数は HCSPARAMS1 レジスタの MaxSlots フィールドで決定されます．アドレスは，Capability レジスタ空間の DBOFF（Doorbell Offset）レジスタによって示されます．

● ホスト・コントローラの初期化シーケンス
　上記の PCI Express の初期化処理やレジスタ・マッピングといった前処理が

第10章 USBホスト・コントローラの制御

図10.14 ホスト・コントローラ初期化シーケンス

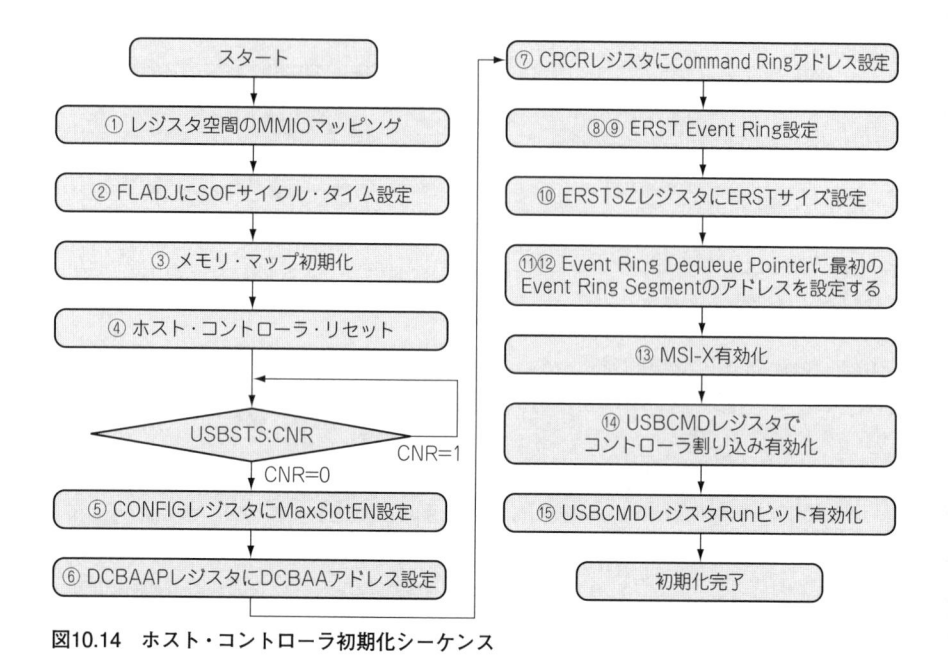

```
スタート
  ↓
① レジスタ空間のMMIOマッピング
  ↓
② FLADJにSOFサイクル・タイム設定
  ↓
③ メモリ・マップ初期化
  ↓
④ ホスト・コントローラ・リセット
  ↓
USBSTS:CNR ──CNR=1──┐
  │CNR=0            │
  ↓                 │
⑤ CONFIGレジスタにMaxSlotEN設定
  ↓
⑥ DCBAAPレジスタにDCBAAアドレス設定
  ↓
⑦ CRCRレジスタにCommand Ringアドレス設定
  ↓
⑧⑨ ERST Event Ring設定
  ↓
⑩ ERSTSZレジスタにERSTサイズ設定
  ↓
⑪⑫ Event Ring Dequeue Pointerに最初の
    Event Ring Segmentのアドレスを設定する
  ↓
⑬ MSI-X有効化
  ↓
⑭ USBCMDレジスタで
   コントローラ割り込み有効化
  ↓
⑮ USBCMDレジスタRunビット有効化
  ↓
初期化完了
```

完了し，ようやくxHCの初期化シーケンスを始められます．図10.14にxHCの初期化シーケンスを示します．

① xHCI各レジスタ空間のMMIO空間へのマッピング処理
② FLADJ(Frame Length Adjustment Register：PCI Type 0)にSOFサイクル・タイムの設定を行う
③ メモリ・マップの初期化
   - DCBAAP(Device Context Base Address Array)領域確保&初期化
   - Command Ring 領域確保&初期化
   - ERST(Event Ring Segment Table)領域確保&初期化
   - Event Ring 領域確保&初期化
④ コントローラ・リセットの後に，USBSTSレジスタ(USB Status Register：Operational Base+04h)のCNRビット(bit 11)が0になるまで待つ
⑤ CONFIGレジスタ(Configure Register：Operetional Base + 38h)のMaxSlotEnビット(bit 7〜0)にソフトウェアがサポートするDevice Slot数を設定する
⑥ DCBAAPレジスタ(Device Context Base Address Array Pointer：Operational Base+30h)に，Device Context Base Address Arrayのアドレス(64ビット・

10.2 システムの初期化

リスト10.1　xHCリセット処理

```
/*!
 * @brief     xHCIコントローラ・リセット
 *
 * @param     xHci                xHCIドライバ情報
 *
 * @return    エラー・コード
 */
LOCAL ER xHciReset( xHciInfo *xHci )
{
        ER              ercd = E_OK;

        /* Not Run */
        if( xHciReadReg( xHci->Operation + xHCI_USBSTS ) & STS_HCH ) {
                /* リセット */
                xHciWriteReg( xHci->Operation + xHCI_USBCMD, CMD_HCRST );
                xHciReadReg( xHci->Operation + xHCI_USBCMD );

                /* リセット確認 */
                ercd = xHciStatusClrCheck( xHci->Operation + xHCI_USBCMD, CMD_HCRST, xHCI_TIMEOUT_HALT );
                if( ercd < E_OK ) {
                        return ercd;
                }

                /* CNR監視 */
                ercd = xHciStatusClrCheck( xHci->Operation + xHCI_USBSTS, STS_CNR, 1000 );
        }
        return ercd;
}
```

　アドレス)を設定する
⑦ CRCR レジスタ(Command Ring Control Register：Operational Base+18h) に Command Ring のアドレス(64 ビット・アドレス)を設定する
⑧ ERST(メモリ領域)の Ring Segment Base Address に Event Ring のアドレス(ビット・アドレス)を設定する
⑨ ERST(メモリ領域)の Ring Segment Size に Event Ring のサイズを設定する
⑩ ERSTSZ レジスタ〔Event Ring Segment Table Size Register：Runtime Base + 028h + (32 ＊ Interrupter)〕に ERST のサイズを設定する
⑪ ERDP〔Event Ring Dequeue Pointer Register：Runtime Base + 38h + (32 ＊ Interrupter)〕の Event Ring Dequeue Pointer(bit 63 ～ 4)に，ERST によって定義された最初の Event Ring Segment アドレスを設定する
⑫ ERSTBA レジスタ〔Event Ring Segment Table Base Address Register：Runtime Base + 030h + (32 ＊ Interrupter)〕に ERST の開始アドレス(64 ビット・アドレス)を設定する
⑬ MSI Configuration Capability Structure(MSI Capability：PCI コンフィグレー

リスト10.2　xHC開始処理

```
/*!
 *  @brief    xHCIドライバの開始
 *
 *  @param    xHci                    xHCIドライバ情報
 *
 *  @return   エラー・コード
 */
LOCAL ER xHciStart( xHciInfo *xHci )
{
        UW       i;
        UL       ErstAddr;

        /* Device Slotの有効化 */
        xHciWriteReg( xHci->Operation + xHCI_CONFIG, xHci->MaxSlots );

        /* DCBAAPの設定 */
        if( xHci->dcArray != NULL ) {
                VP       phys;
                UL       addr = 0;
                CnvPhysicalAddr( xHci->dcArray, sizeof(xHciDevCtxBaseAddr), &phys );
                addr = (UL)phys;
                xHciWriteReg( xHci->Operation + xHCI_DCBAAP_L, (UW)(addr & 0xffffffff) );
                xHciWriteReg( xHci->Operation + xHCI_DCBAAP_H, (UW)(addr >> 32) );
        }

        /* Command Ring設定 */
        xHciRingSetCmdRing( xHci );

        /* Event Ring設定 */
        for( i=0; i<xHci->MaxIntrs; i++ ) {
                ErstAddr = xHci->Event[i].ErstPhys;

                /* ERSTBA(Interrupter Event Ring Segment Table Base Address)レジスタ設定 */
                xHciWriteReg( xHci->Runtime + xHCI_IR_ERB_L(i), (UW)ErstAddr );

                xHciWriteReg( xHci->Runtime + xHCI_IR_ERB_H(i), (UW)( ErstAddr >> 32 ) );

                /* Moderation設定 */
                xHciWriteReg( xHci->Runtime + xHCI_IR_MOD(i), IMOD_I(1000) );

                /* ERSTSZ(Interrupter Event Ring Segment Table Size)レジスタ設定 */
                xHciWriteReg( xHci->Runtime + xHCI_IR_ERSTSZ(i), xHci->Event[i].ErstSize );

                /* ERDP(Interrupter Event Ring Dequeue Pointer)レジスタ設定 */
                xHciWriteReg( xHci->Runtime + xHCI_IR_ERDQ_L(i), xHci->Event[i].Erst->RingAddr[0] );
                xHciWriteReg( xHci->Runtime + xHCI_IR_ERDQ_H(i), xHci->Event[i].Erst->RingAddr[1] );
        }

        /* Event Ring設定 */
        for( i=0; i<xHci->MaxIntrs; i++ ) {
                ErstAddr = xHci->Event[i].ErstPhys;

                /* ERSTBA(Interrupter Event Ring Segment Table Base Address)レジスタ設定 */
                xHciWriteReg( xHci->Runtime + xHCI_IR_ERB_L(i), (UW)ErstAddr );
                xHciWriteReg( xHci->Runtime + xHCI_IR_ERB_H(i), (UW)( ErstAddr >> 32 ) );
        }

        /* Event有効化 */
        xHciEnableEvent( xHci );

        /* 割り込み有効化 */
        xHciSetReg( xHci->Operation + xHCI_USBCMD, ( CMD_INTE | CMD_HSEE ) );

        /* 開始 */
        xHciSetReg( xHci->Operation + xHCI_USBCMD, CMD_RUN );
        xHciReadReg( xHci->Operation + xHCI_USBCMD );

        /* 開始待ち */
        if( xHciStatusClrCheck( xHci->Operation + xHCI_USBSTS, STS_HCH, 1000 ) < E_OK ) {
                return E_TMOUT;
        }

        return E_OK;
}
```

ション空間)のMSI Message Control Bit(bit 31 〜 16)内のMSI-X Enableフラグを有効化する

⑭ USBCMDレジスタ(USB Command Register：Operational Base+00h)のINTEビット(Interrupt Enable：bit 2)を有効化する

⑮ USBCMDレジスタのR/Sビット(Run/Stop：bit 0)を'1'にし，xHC動作を開始する

リスト10.1とリスト10.2に，初期化処理のプログラム例を示します．

10.3　xHCIのデータ制御構造

xHCは，TRB(Transfer Request Block)と呼ばれる16バイト単位の制御データ構造を利用し，USBバスのデータ転送やコマンド制御，イベントの通知などを行います．TRBには四つの大分類があり，用途別に30種類以上のTRBが存在します．表10.6に，評価環境で使用している主要なTRBを示します．

● リング・データ構造

TRBは，TRB Ringというリング配列のデータ構造により，メイン・メモリ領域を介してコントローラ・ドライバとホスト・コントローラ間でデータのやりとりをします．TRB RingにはTransfer Ring，Command Ring，Event Ringの3種類のリング・キューがあります(図10.15)．

Transfer RingはUSBデバイスとのデータ転送に使用するためのリング配列

表10.6　主要TRBの分類

TRBの分類	TRB名	用途
Transfer TRB (データ転送)	Setup/Data/Status Stage TRB	コントロール転送
	Normal TRB	バルク転送，インタラプト転送
	Isoch TRB	アイソクロナス転送
Event TRB (イベント受信)	Transfer Event TRB	Transfer TRB完了通知
	Command Completion TRB	Command TRB完了通知
	Port Status Change TRB	ポート・ステータス変化通知
Command TRB (コマンド発行)	Address Device Command TRB	デバイス・アドレス設定
	Enable Slot Command TRB	デバイス管理スロット有効化
	Disable Slot Command TRB	デバイス管理スロット無効化
Other TRB	Link TRB	非連続TRB Ringリンク用TRB
	Event Data TRB	定義イベント発生用TRB

第10章 USBホスト・コントローラの制御

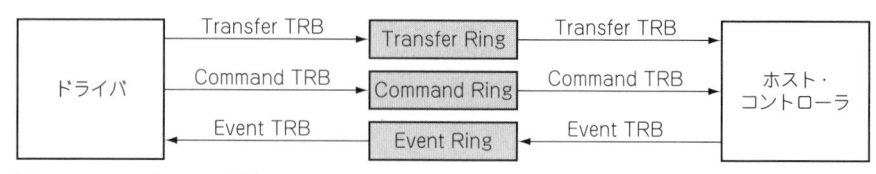

図10.15 RingとTRBの対応

表10.7 TRBとリング種別の対応

ID	TRB名	説明	Command Ring	Event Ring	Transfer Ring
0	予約		−	−	−
1	Normal TRB	バルク転送，インタラプト転送	−	−	○
2	Setup Stage TRB	コントロール転送	−	−	○
3	Data Stage TRB	コントロール転送	−	−	○
4	Status Stage TRB	コントロール転送	−	−	○
5	Isoch TRB	アイソクロナス転送	−	−	○
6	Link TRB	非連続TRB Ringリンク用TRB	○	−	○
7	Event Data TRB	SW定義イベント発生用TRB	−	−	○
8	No-Op TRB	No Operation用TRB	−	−	○
9	Enable Slot Command TRB	Device Slot有効化コマンドTRB	○	−	−
10	Disable Slot Command TRB	Device Slot無効化コマンドTRB	○	−	−
11	Address Device Command TRB	USBアドレス割り当てコマンドTRB	○	−	−
12	Configure Endpoint Command TRB	EP帯域/リソース定義コマンドTRB	○	−	−
13	Evaluate Context Command TRB	コンテキスト評価コマンドTRB	○	−	−
14	Reset Endpoint Command TRB	Transfer Ringリセット・コマンドTRB	○	−	−
15	Stop Endpoint Command TRB	TD実行停止コマンドTRB	○	−	−
16	Set TR Dequeue Pointer Command TRB	TR Dequeueポインタ更新TRB	○	−	−
17	Reset Device Command TRB	USBリセット状態通知コマンドTRB	○	−	−

10.3 xHCIのデータ制御構造

で，コントローラ・ドライバにより USB パイプごとに作成され，対応付けられます(表10.7)．このリングには Transfer TRB がコントローラ・ドライバによりキューイングされ，ホスト・コントローラにより順次取り出されて実行されます．

Command Ring は，USB デバイスの認識プロセスにおけるコマンドの発行やステート遷移などを制御する Command TRB を，コントローラ・ドライバが発行するために使われるリング・キューです．このリングも，コントローラ・ドライバにより各コマンドがキューイングされ，ホスト・コントローラにより順次取り出されて実行されます．Command Ring は，システムに一つだけ存在します．

ID	TRB 名	説明	Command Ring	Event Ring	Transfer Ring
18	Force Event Command TRB	VMM Event TRB 実行コマンド TRB	○	−	−
19	Negotiate Bandwidth Command TRB	バス帯域調整 Event コマンド TRB	○	−	−
20	Set Latency Tolerance Value Command TRB	BELT(Best Effort Latency Tolerance)値通知コマンド TRB	○	−	−
21	Get Port Bandwidth Command TRB	ポート・バス帯域取得コマンド TRB	○	−	−
22	Force Header Command TRB	LMP 発行コマンド TRB	○	−	−
23	No Op Command TRB	No Operation 用 TRB	○	−	−
24〜31	予約	リザーブ	−	−	−
32	Transfer Event TRB	Transfer TRB 完了用イベント TRB	−	○	−
33	Command Completion Event TRB	Command TRB 完了用イベント TRB	−	○	−
34	Port Status Change Event TRB	ポート・ステート変化イベント TRB	−	○	−
35	Bandwidth Request Event TRB	Negotiate Bandwidth コマンド完了イベント用 TRB	−	○	−
36	Doorbell Event TRB	Doorbell 処理完了用イベント TRB	−	○	−
37	Host Controller Event TRB	ホスト状態通知用イベント TRB	−	○	−
38	Device Notification Event TRB	デバイス状態通知用イベント TRB	−	○	−
39	MFINDEX Wrap Event TRB	MFINDEX 状態通知用イベント TRB	−	○	−
40〜47	予約	−	−	−	−
48〜63	Vendor Define TRB	ベンダ定義コマンド用 TRB	−	−	−

417

Event Ringはホスト・コントローラ側で発生した各種イベントを，コントローラ・ドライバに伝えるためのリング・キューです．転送処理，コマンド処理の完了やポート状態変化の通知など，USBバス・コントローラなどハードウェアの状態変化をUSBソフトウェアに伝えるために存在します．Event Ringもシステムに一つだけ存在します．

● リング・ポインタ制御
　各TRB Ringは，DequeueとEnqueueという二つのポインタにより管理されます．DequeueポインタがTRBデータの取り出し位置を，EnqueueポインタがTRBデータを追加する位置を示します．これらのポインタは，Event Ringに関してはxHCのレジスタとして割り当てられていますが，Transfer RingとCommand Ringについてはレジスタには割り当てられていません（xHCの内部レジスタとしてDequeueポインタは存在する）．後者のポインタについては，コントローラ・ドライバで独自に管理する必要があります（図10.16）．
　また，TRBにはCycle Bitという制御ビットが付加されています．Transfer Ring/Command Ringではコントローラ・ドライバがこの制御ビットを書き込みます（Event Ringではコントローラが書き込む）．コントローラ・ドライバはTransfer Ring管理用の内部情報として，PCS（Producer Cycle State）という情報を保有し，xHCはCCS（Consumer Cycle State）という情報を保有しています．通常，PCS/CCSの初期値は'1'に初期化されます．
　まず，コントローラ・ドライバがTransfer TRBを作成する際，Enqueueポインタの位置にTRBを追加します．同時にTRBのCycle Bitに現在保有してい

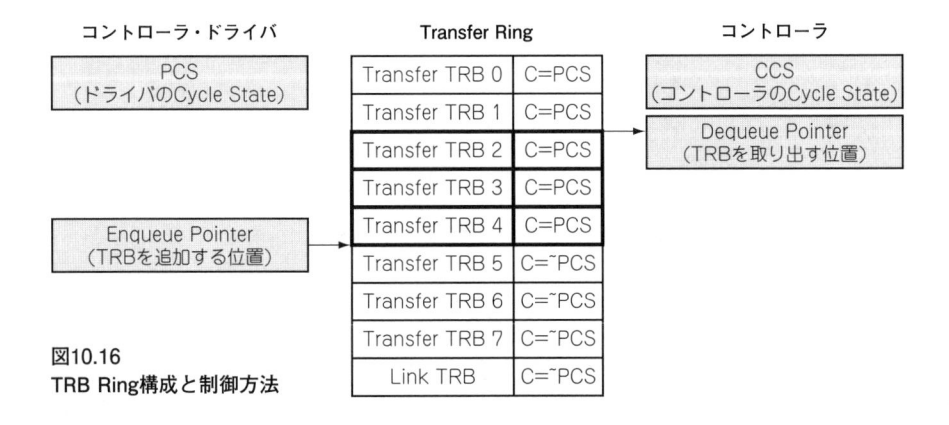

図10.16
TRB Ring構成と制御方法

10.3 xHCIのデータ制御構造

るPCSの値を書き込みます．TRBに書き込んだ後，Enqueueポインタを16バイト(Transfer TRBのサイズ分)進めて，次の処理に移ります．

コントローラは，Dequeueポインタの位置からTransfer TRBを取り出します．その際にTRBのCycle Bitの値とCCSの値を比較し，TRBの有効/無効を判断します．Cycle BitとCCSが同じであればTransfer TRBは有効であり，Cycle BitとCCSが異なるようであれば，そのTRBはまだコントローラ・ドライバによって書き込まれていないTRBということが分かります．

Transfer Ringの最後には，Link TRBという制御用TRBが存在します．Link TRBは，複数のTransfer Ringが存在する場合には次のTransfer Ringを指し示し，Transfer Ringが一つの場合は，自分自身のRingの先頭を示しています．Link TRBにはToggle Cycleビット(TC)という制御ビットがあり，複数または一つのTransfer Ringのつながりの中で，最後に存在するLink TRBのTCビッ

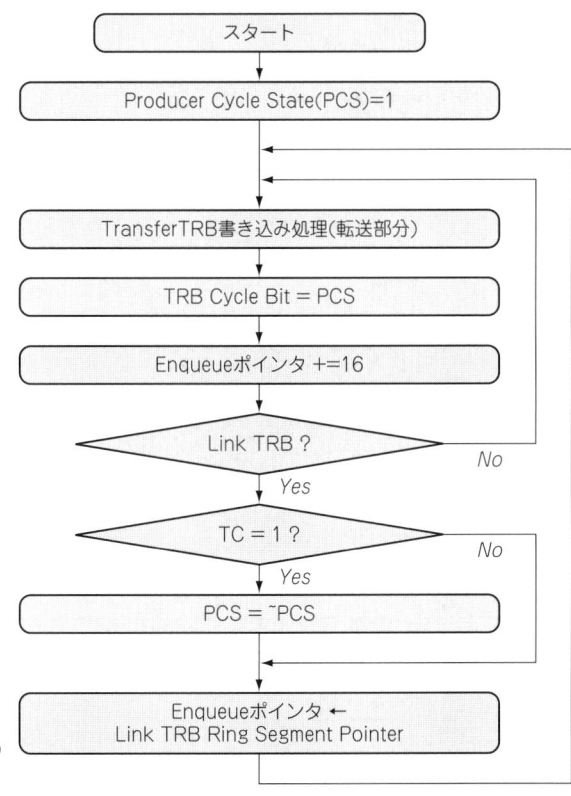

図10.17
PCS/Enqueueポインタの制御シーケンス図

トは '1' にセットされている必要があります．

コントローラ・ドライバと xHC は，Transfer TRB 処理を進めていく中で，Link TRB を処理する際に TC ビットをチェックします．そして，TC ビットが '1' の場合，PCS および CCS の値をトグルします．コントローラ・ドライバにおける PCS，Enqueue ポインタの制御フローを図10.17 に示します．

● データ転送用 TRB（Transfer TRB）

Transfer TRB は Transfer Ring で，データ転送に使用される TRB です．一つまたは複数の Transfer TRB を組み合わせたものを TD（Transfer Descriptor）と呼び，TD 単位でデータ転送が実行されます．Transfer TRB は 16 バイト・バウンダリにアラインし，参照されるデータ・バッファは 64K バイト・バウンダリにアラインするように配置する必要があります．データ・バッファが 64K バイト・バウンダリを挟む場合は，複数の TRB をつないで TD を作ることになります．

ここでは，本評価ボードのコントローラ・ドライバで使用する主要な Transfer TRB について解説します．

(1) Normal TRB（図10.18，表10.8）

バルク転送およびインタラプト転送で使用される TRB です．アイソクロナス転送における Scatter/Gather 対応や，コントロール転送のデータ・ステージに

ビット

31 〜 22	21 〜 17	16	15 〜 10	9	8	7	6	5	4	3	2	1	0	
Data Buffer Lo														03-00h
Data Buffer Hi														07-04h
Interrupter Target	TD Size		TRB Transfer Length											0B-08h
RsvdZ		TRB Type	BEI	RsvdZ	IDT	IOC	CH	NS	ISP	ENT	C	0F-0Ch

図10.18　Normal TRB

ビット

31 〜 22	21 〜 18	17	16	15 〜 10	9	8	7	6	5	4 〜 1	0	
wValue			bRequest			bmRequestType						03-00h
wLength			wIndex									07-04h
Interrupter Target	RsvdZ		TRB Transfer Length									0B-08h
RsvdZ		TRT	TRB Type	RsvdZ	IDT	IOC	RsvdZ		C	0F-0Ch

図10.19　Setup Stage TRB

10.3 xHCI のデータ制御構造

表10.8 Normal TRB の主要メンバ

バイト・オフセット (ビット)	名 称	説 明
03 ～ 00h (31 ～ 00)	Data Buffer Pointer Lo	IDT=0 の場合：データ・バッファ領域ポインタを指示する 64 ビット・アドレスの下位 32 ビット・アドレス IDT=1 の場合：8 バイト・データ領域の下位 4 バイト・データ
07 ～ 04h (31 ～ 00)	Data Buffer Pointer Hi	IDT=0 の場合：データ・バッファ領域ポインタを指示する 64 ビット・アドレスの上位 32 ビット・アドレス IDT=1 の場合：8 バイト・データ領域の上位 4 バイト・データ
0B ～ 08h (16 ～ 00)	TRB Transfer Length	OUT 転送では TRB で送信するデータ・バイト数を定義する．0 の場合，0 レングス転送を行って TD をリタイアさせる．0 レングス転送の場合，Data Buffer Pointer フィールドは無視される．IN 転送では Data Buffer Pointer によって指示するデータ・バッファ・サイズを指定する．このフィールドの有効値は 0 ～ 64K バイトとなる．
0B ～ 08h (21 ～ 17)	TD Size	TD に含まれる TRB で，xHC が残転送の TD パケット・サイズを予想するために使用する．この数値は TD 転送データ・サイズを MaxPacketSize で割ったものになる．
0B ～ 08h (31 ～ 22)	Interrupter Target	この TRB によって受信するイベントの Interrupter のインデックス定義を行う．
0F ～ 0Ch (00)	Cycle bit (C)	Transfer Ring の Enqueue/Dequeue ポインタの管理に使用される．コントローラとドライバでそれぞれ管理される Cycle State (PCS/CCS) と比較すれば，TRB の有効/無効を判別できる．
0F ～ 0Ch (01)	Evaluate Next TRB (ENT)	ENT=1 の場合，xHC が最後の TRB が完了してストリーム・ステートを保存する前に次の TRB を評価する．次の TRB が Event Data TRB である場合のみ設定するべきである．
0F ～ 0Ch (02)	Interrupt-on Short Packet (ISP)	ISP=1 の場合，ショート・パケット転送で，ショート・パケット・コンプリーション・コードの Transfer Event TRB が生成される． ※ IOC/ISP を両方 '1' に設定して，ショート・パケットを検知しても，Event Ring への Transfer Event TRB は一つしかキューイングされない．
0F ～ 0Ch (03)	No Snoop (NS)	NS=1 の場合，xHC は PCI Express トランザクションの No Snoop Bit をセットすることを許可される．
0F ～ 0Ch (04)	Chain bit (CH)	CH=1 の場合，リング上の次の TRB と関連付けられる．1TD は 1 もしくはそれ以上の TRB から定義されている．Chain ビットが使用されると TD が複数 TRB を含んでいることを示す．TD の最後の TRB に関して Chain ビットは常に 0 となる．
0F ～ 0Ch (05)	Interrupt-on-Completion (IOC)	IOC=1 の場合，ホスト・コントローラは Event Ring 上に Transfer Event TRB を置いて，完了を通知し，完了割り込みをアサートする．
0F ～ 0Ch (06)	Immediate Data (IDT)	IDT=1 の場合，Data Buffer Pointer フィールドの値を最大 8 バイトの即値データとして扱う．その場合 TRB Transfer Length フィールドは 0 ～ 8 までの値になる．
0F ～ 0Ch (09)	Block Event Interrupt (BEI)	BEI=1 で IOC=1 の場合，IOC によって生成される Transfer Event は CPU への割り込みに関してアサートしない．
0F ～ 0Ch (15 ～ 10)	TRB Type	TRB タイプ ID = 1（Normal TRB）

421

第10章 USBホスト・コントローラの制御

表10.9　Setup Stage TRB の主要メンバ

バイト・オフ セット(ビット)	名称	説明
03～00h (07～00)	bmRequestType	07：データ転送方向(0 = Host-to-device, 1 = Device-to-host) 06～05：データ転送タイプ(0 = Standard, 1 = Class, 2 = Vendor, 3 = Reserved) 04～00：送信先(0 = Device, 1 = Interface, 2 = Endpoint, 3 = そのほか) ※ USB 2.0 までの bmRequestType と同等の意味と役割
03～00h (15～08)	bRequest	標準，デバイス，ベンダ・クラスで定義されたリクエスト・コード ※ USB 2.0 までの bRequest と同等の意味と役割
03～00h (31～16)	wValue	ホスト-デバイス間で渡される情報．標準リクエストでは USB 仕様で定義されている． ※ USB 2.0 までの wValue と同等の意味と役割
07～04h (15～00)	wIndex	ホスト-デバイス間で渡される情報．標準リクエストでは USB 仕様で定義されている． ※ USB 2.0 までの wIndex と同等の意味と役割
07～04h (31～16)	wLength	ホスト-デバイス間で通信されるデータの長さ情報 ※ USB 2.0 までの wLength と同等の意味と役割
0B～08h (16～00)	TRB Transfer Length	Setup TRB では 8 固定
07～04h (31～22)	Interrupter Target	この TRB によって受信するイベントの Interrupter のインデックス定義を行う．
0F～0Ch (00)	Cycle bit(C)	Transfer Ring の Enqueue/Dequeue ポインタの管理に使用される．コントローラとドライバでそれぞれ管理される Cycle State(PCS/CCS)と比較すれば，TRB の有効／無効を判別できる．
0F～0Ch (05)	Interrupt-on-Completion(IOC)	IOC=1 の場合，ホスト・コントローラは Event Ring 上に Transfer Event TRB を置いて，完了を通知し，完了割り込みをアサートする．
0F～0Ch (06)	Immediate Data (IDT)	Setup TRB では 1 に設定しておくこと．
0F～0Ch (15～10)	TRB Type	TRB タイプ ID = 2（Setup Stage TRB）
0F～0Ch (17～16)	TRT (Transfer Type)	コントロール転送のタイプ / 方向を示す 0：データ・ステージなし　　2：Out データ・ステージ 1：Reserved　　　　　　　　3：In データ・ステージ

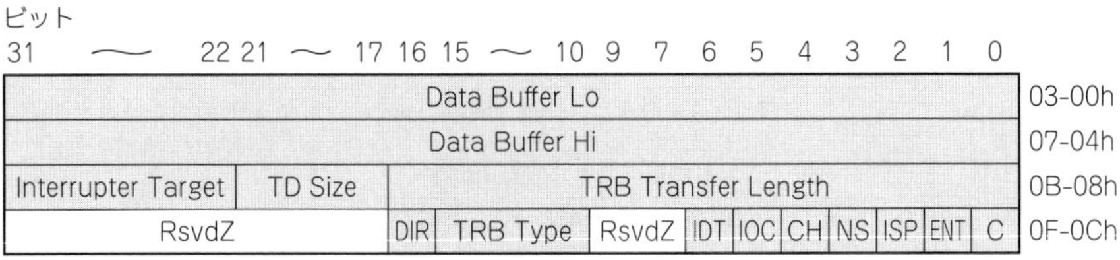

ビット

31 — 22	21 — 17	16 15 — 10	9	7	6	5	4	3	2	1	0	
Data Buffer Lo													03-00h
Data Buffer Hi													07-04h
Interrupter Target	TD Size		TRB Transfer Length									0B-08h
RsvdZ			DIR	TRB Type		RsvdZ	IDT	IOC	CH	NS	ISP	ENT	C	0F-0Ch

図10.20　Data Stage TRB

10.3 xHCIのデータ制御構造

表10.10　Data Stage TRBの主要メンバ

バイト・オフセット（ビット）	名　称	説　明
03〜00h (31〜00)	Data Buffer Pointer Lo	IDT=0の場合：データ・バッファ領域ポインタを指示する64ビット・アドレスの下位32ビット・アドレス IDT=1の場合：8バイト・データ領域の下位4バイト・データ
07〜04h (31〜00)	Data Buffer Pointer Hi	IDT=0の場合：データ・バッファ領域ポインタを指示する64ビット・アドレスの上位32ビット・アドレス IDT=1の場合：8バイト・データ領域の上位4バイト・データ
0B〜08h (16〜00)	TRB Transfer Length	OUT転送ではTRBで送信するデータ・バイト数を定義する．0の場合，0レングス転送を行ってTDをリタイアさせる．0レングス転送の場合，Data Buffer Pointerフィールドは無視される．IN転送ではData Buffer Pointerによって指示するデータ・バッファ・サイズを指定する．このフィールドの有効値は0〜64Kバイトとなる．
0B〜08h (21〜17)	TD Size	TDに含まれるTRBで，xHCが残転送のTDパケット・サイズを予想するために使用する．この数値はTD転送データ・サイズをMaxPacketSizeで割ったものになる．
0B〜08h (31〜22)	Interrupter Target	このTRBによって受信するイベントのInterrupterのインデックス定義を行う．
0F〜0Ch (00)	Cycle bit(C)	Transfer RingのEnqueue/Dequeueポインタの管理に使用される．コントローラとドライバでそれぞれ管理されるCycle State（PCS/CCS）と比較することにより，TRBの有効/無効を判別できる．
0F〜0Ch (01)	Evaluate Next TRB(ENT)	ENT=1の場合，xHCが最後のTRBが完了してストリーム・ステートを保存する前に次のTRBを評価する．次のTRBがEvent Data TRBである場合のみ設定するべきである．
0F〜0Ch (02)	Interrupt-on Short Packet (ISP)	ISP=1の場合，ショート・パケット転送で，ショート・パケット・コンプリーション・コードのTransfer Event TRBが生成される．※IOC/ISPを両方'1'に設定しても，ショート・パケットを検知しても，Event RingへのTransfer Event TRBは一つしかキューイングされない．
0F〜0Ch (03)	No Snoo(NS)	NS=1の場合，xHCはPCI ExpressトランザクションのNo Snoop Bitをセットすることを許可される．
0F〜0Ch (04)	Chain bi(CH)	CH=1の場合，リング上の次のTRBと関連付けられる．1TDは1もしくはそれ以上のTRBから定義されている．Chainビットが使用されるとTDが複数TRBを含んでいることを示す．TDの最後のTRBに関してChainビットは常に0となる．
0F〜0Ch (05)	Interrupt-on-Completion (IOC)	IOC=1の場合，ホスト・コントローラはEvent Ring上にTransfer Event TRBを置いて，完了を通知し，完了割り込みをアサートする．
0F〜0Ch (06)	Immediate Data(IDT)	IDT=1の場合，Data Buffer Pointerフィールドの値を最大8バイトの即値データとして扱う．その場合，TRB Transfer Lengthフィールドは0〜8までの値になる．
0F〜0Ch (15〜10)	TRB Type	TRBタイプID = 3（Data Stage TRB）
0F〜0Ch (16)	Direction (DIR)	データ・ステージのデータの方向を示す． 0の場合はOUT（Host → Device），1の場合はIN（Device → Host）

423

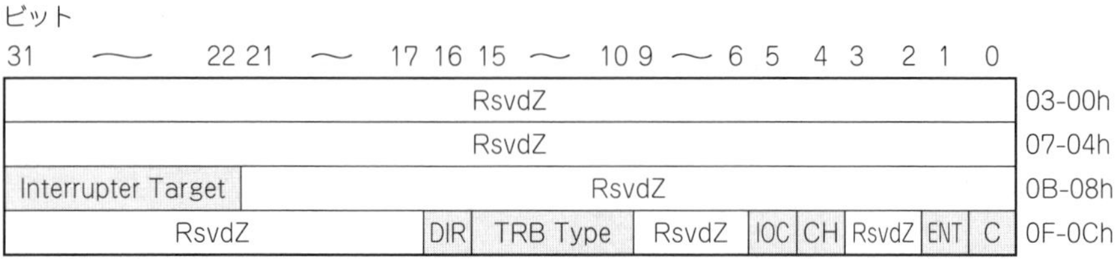

第10章 USB ホスト・コントローラの制御

```
ビット
31    〜   22 21  〜  17 16 15  〜  10 9  〜  6 5 4 3 2 1 0
```

RsvdZ		03-00h
RsvdZ		07-04h
Interrupter Target	RsvdZ	0B-08h
RsvdZ |DIR| TRB Type |RsvdZ|IOC|CH|RsvdZ|ENT|C| 0F-0Ch

図10.21 Status Stage TRB

表10.11 Status Stage TRB の主要メンバ

バイト・オフセット（ビット）	名称	説明
0B〜08h (31〜22)	Interrupter Target	この TRB によって受信するイベントの Interrupter のインデックス定義を行う．
0F〜0Ch (00)	Cycle bit (C)	Transfer Ring の Enqueue/Dequeue ポインタの管理に使用される．コントローラとドライバではそれぞれ管理される Cycle State (PCS/CCS) と比較すれば，TRB の有効/無効を判別できる．
0F〜0Ch (01)	Evaluate Next TRB (ENT)	ENT=1 の場合，xHC が最後の TRB が完了してストリーム・ステートを保存する前に，次の TRB を評価する．次の TRB が Event Data TRB である場合のみ設定するべきである．
0F〜0Ch (04)	Chain bit (CH)	CH=1 の場合，リング上の次の TRB と関連付けられる．1TD は 1 もしくはそれ以上の TRB から定義されている．Chain ビットが使用されると TD が複数 TRB を含んでいることを示す．TD の最後の TRB に関して Chain ビットは常に 0 となる．
0F〜0Ch (05)	Interrupt-on-Completion (IOC)	IOC=1 の場合，ホスト・コントローラは Event Ring 上に Transfer Event TRB を置いて，完了を通知し，完了割り込みをアサートする．
0F〜0Ch (15〜10)	TRB Type	TRB タイプ ID = 4（Status Stage TRB）
0F〜0Ch (16)	Direction (DIR)	ステータス・ステージのデータの方向を示す．0 の場合は OUT (Host → Device)，1 の場合は IN (Device → Host)

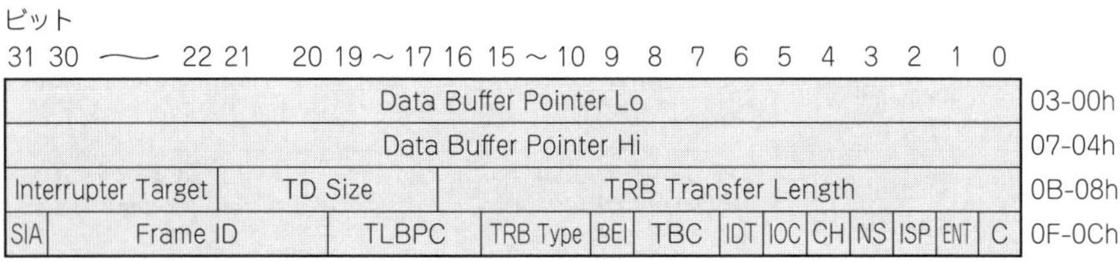

```
ビット
31 30  〜  22 21  20 19〜17 16 15〜10 9 8 7 6 5 4 3 2 1 0
```

Data Buffer Pointer Lo		03-00h
Data Buffer Pointer Hi		07-04h
Interrupter Target	TD Size	TRB Transfer Length	0B-08h
SIA| Frame ID |TLBPC| TRB Type |BEI| TBC |IDT|IOC|CH|NS|ISP|ENT|C| 0F-0Ch

図10.22 Isoch TRB

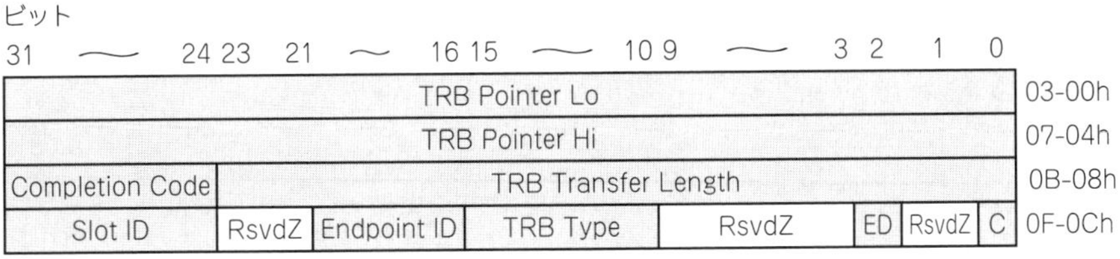

10.3 xHCIのデータ制御構造

```
ビット
31        24 23  21      16 15      10 9     3 2  1  0
```

TRB Pointer Lo		03-00h
TRB Pointer Hi		07-04h
Completion Code	TRB Transfer Length	0B-08h
Slot ID	RsvdZ	Endpoint ID	TRB Type	RsvdZ	ED	RsvdZ	C	0F-0Ch

図 10.23 Transfer Event TRB

表 10.13 Transfer Event TRB の主要メンバ

バイト・オフ セット(ビット)	名 称	説 明
03 〜 00h (31 〜 00)	TRB Pointer Lo	ED=1 の場合，Event Data TRB に関する 64 ビット・アドレス(下位 32 ビット)を示す． ED=0 の場合，Transfer TRB の 16 ビット・バウンダリにアラインされた物理メモリ・アドレスを示す．
07 〜 04h (31 〜 00)	TRB Pointer Hi	ED=1 の場合，Event Data TRB に関する TRB の 64 ビット・アドレス(上位 32 ビット)を示す． ED=0 の場合，Transfer TRB の 16 ビット・バウンダリにアラインされた物理メモリ・アドレスを示す．
0B 〜 08h (23 〜 00)	TRB Transfer Length	このフィールドは未転送のバイト数を示す． OUT 転送の場合は，Transfer TRB の Length フィールド値から正常に送信できたバイト数分を引いた値が示される．OUT 転送が正常完了した場合，このフィールドは '0' を示す． IN 転送の場合は，Transfer TRB の Length フィールド値から正常に受信できたバイト数分を引いた値が示される．ショート・パケットを受信した場合，Transfer TRB の Length フィールド値と実際に受信したバイト値の差分が示される．受信エラーが発生した場合，Transfer TRB の Length フィールド値と受信に成功したバイト値の差分が示される． ED=0 場合，0 〜 10000h までの値をとり，ED=1 の場合，Event Data Transfer Length Accumulator (EDTLA)の値にセットされる．
0B 〜 08h (31 〜 24)	Completion Code	TRB によって識別される完了コードを表す．
0F 〜 0Ch (00)	Cycle bit (C)	Event Ring の Enqueue/Dequeue ポインタの管理に使用される．コントローラとドライバでそれぞれ管理される Cycle State (PCS/CCS) と比較することにより，TRB の有効 / 無効を判別することができる．
0F 〜 0Ch (02)	Event Data (ED)	ED=1 の場合，Event Data TRB によって生成されたイベント・アドレス，または 64 ビット値が提供される． ED=0 の場合，Transfer TRB Pointer フィールドにイベントによって生成された TRB へのポインタが含まれる．
0F 〜 0Ch (15 〜 10)	TRB Type	TRB タイプ ID = 32 (Transfer Event TRB)
0F 〜 0Ch (20 〜 16)	Endpoint ID	イベントを発生させた Endpoint ID を示す．この値はこの Event に関連した Endpoint Context を選択するために Device Context のインデックスとして使用される．
0F 〜 0Ch (31 〜 24)	Slot ID	イベントを発生させた Device Slot ID を示す．この値は Device Context を選択するための Device Context Base Address Array のインデックスとして使用される．

第10章 USB ホスト・コントローラの制御

表10.12 Isoch TRB の主要メンバ

バイト・オフセット（ビット）	名 称	説 明
03～00h (31～00)	Data Buffer Pointer Lo	IDT=0 の場合：データ・バッファ領域ポインタを指示する64ビット・アドレスの下位32ビット・アドレス IDT=1 の場合：8バイト・データ領域の下位4バイト・データ
07～04h (31～00)	Data Buffer Pointer Hi	IDT=0 の場合：データ・バッファ領域ポインタを指示する64ビット・アドレスの上位32ビット・アドレス IDT=1 の場合：8バイト・データ領域の上位4バイト・データ
0B～08h (16～00)	TRB Transfer Length	OUT転送では TRB で送信するデータ・バイト数を定義する．0の場合，0レングス転送を行って TD をリタイアさせる．0レングス転送の場合，Data Buffer Pointer フィールドは無視される．IN転送では Data Buffer Pointer によって指示するデータ・バッファ・サイズを指定する．このフィールドの有効値は 0～64K バイトとなる．
0B～08h (21～17)	TD Size	TD に含まれる TRB で，xHC が残転送の TD パケット・サイズを予想するために使用する．この数値は TD 転送データ・サイズを MaxPacketSize で割ったものになる．
0B～08h (31～22)	Interrupter Target	この TRB によって受信するイベントの Interrupter のインデックス定義を行う．
0F～0Ch (00)	Cycle bit(C)	Transfer Ring の Enqueue/Dequeue ポインタの管理に使用される．コントローラとドライバでそれぞれ管理される Cycle State(PCS/CCS)と比較することにより，TRB の有効／無効を判別することができる．
0F～0Ch (01)	Evaluate Next TRB (ENT)	ENT=1 の場合，xHC が最後の TRB が完了してストリーム・ステートを保存する前に次の TRB を評価する．次の TRB が Event Data TRB である場合のみ設定するべきである．
0F～0Ch (02)	Interrupt-on Short Packet(ISP)	ISP=1 の場合，ショート・パケット転送で，ショート・パケット・コンプリーション・コードの Transfer Event TRB が生成される． ※ IOC/ISP を両方'1'に設定して，ショート・パケットを検知しても，Event Ring への Transfer Event TRB は一つしかキューイングされない．

おける追加データ・バッファ定義でも使用されます．

(2) Setup Stage TRB（図10.19，表10.9）

コントロール転送の Setup Stage で使用される TRB です．Setup パケットで指定されるリクエスト・タイプ(bmRequestType)，リクエスト・コード(bRequest)，wValue/wIndex/wLength などのパラメータについては，USB 2.0 と互換性が保たれています．

(3) Data Stage TRB（図10.20，表10.10）

コントロール転送の Data Stage で使用される TRB です．Data Stage のないコ

10.3 xHCIのデータ制御構造

バイト・オフセット（ビット）	名 称	説 明
0F〜0Ch (03)	No Snoop (NS)	NS=1 の場合，xHC は PCI Express トランザクションの No Snoop Bit をセットすることを許可される．
0F〜0Ch (04)	Chain bit (CH)	CH=1 の場合，リング上の次の TRB と関連付けられる．1TD は 1 もしくはそれ以上の TRB から定義されている．Chain ビットが使用されると TD が複数 TRB を含んでいることを示す．Isoch TD の最後の TRB に関して Chain ビットは常に 0 となる．
0F〜0Ch (05)	Interrupt-on-Completion (IOC)	IOC=1 の場合，ホスト・コントローラは Event Ring 上に Transfer Event TRB を置いて，完了を通知し，完了割り込みをアサートする．
0F〜0Ch (06)	Immediate Data (IDT)	IDT=1 の場合，Data Buffer Pointer フィールドの値を最大 8 バイトの即値データとして扱う．その場合，TRB Transfer Length フィールドは 0〜8 までの値になる．
0F〜0Ch (08〜07)	Transfer Burst Count (TBC)	Isoch TD で転送するバースト転送数 − 1 を表す．最終バースト転送を除く全てのバースト転送が Max Burst Packet 転送となる．最終バースト転送は TLBPC+1 パケットの転送となる．
0F〜0Ch (09)	Block Event Interrupt (BEI)	BEI=1 で IOC=1 の場合，IOC によって生成される Transfer Event は CPU への割り込みに関してアサートしない．
0F〜0Ch (15〜10)	TRB Type	TRB タイプ ID = 5（Isoch TRB）
0F〜0Ch (19〜16)	Transfer Last Burst Packet Count (TLBPC)	Isoch TD の最終バースト転送のパケット数 − 1 を表す．
0F〜0Ch (30〜20)	Frame ID	アイソクロナス転送を開始するターゲット・フレーム番号を示す．現在のフレーム番号は，Runtime レジスタ MFINDEX の bit 13〜03 で指定される．Isoch TRB の SIA (Start Isoch ASAP) ビット = '0' の場合のみ機能する．
0F〜0Ch (31)	Start Isoch ASAP (SIA)	SIA=1 に設定した場合，Frame ID フィールドは無視され，Isoch TD は今すぐスケジューリングされる．SIA=0 の場合，Frame ID は有効になり，IsochTD は Frame ID と MFINDEX 値が一致する次のタイミングにスケジューリングされる

ントロール転送ではこの TRB は必要ありません．Data Stage が複数の Transfer TRB で実現される場合は，この TRB の後に Normal TRB，Event Data TRB をつなぐ可能性があります．

(4) Status Stage TRB（図10.21，表10.11）

　コントロール転送の Status Stage で使用される TRB です．

(5) Isoch TRB（図10.22，表10.12）

　アイソクロナス転送で使用される TRB です．

427

表10.14 TRB の Completion Code

Completion Code	定義	説明
0	Invalid	未更新
1	Success	成功
2	Data Buffer Error	Overrun/Underrun エラー
3	Babble Detected Error	Babble エラー
4	USB Transaction Error	デバイスから有効レスポンスが得られない（Timeout/CRC/Bad PID/ 予測不能な NYET など）
5	TRB Error	TRB パラメータ・エラー（範囲外 / 無効パラメータ，ほか）
6	Stall Error	STALL 状態発生（デバイスからの STALL PID 受信）
7	Resource Error	Configure Endpoint Command に対する xHC リソースが準備できない
8	Bandwidth Error	Configure Endpoint Command に対する周期エンドポイントのための適切な帯域幅が割り当てられない
9	No slots Available Error	MaxSlots を超えたデバイスを割り当てようとした
10	Invalid Stream Type Error	不正なストリーム・タイプの実行
11	Slot Not Enable Error	Device Slot が Disable 状態
12	Endpoint Not Enabled Error	Endpoint が Disable 状態
13	Short Packet	受信バイト数が TD Transfer Size より小さい
14	Ring Underrun	データ送信用にスケジューリングされたアイソクロナス転送エンドポイント用の Transfer Ring が空になっている
15	Ring Overrun	データ受信用にスケジューリングされたアイソクロナス転送エンドポイント用の Transfer Ring が空になっている
16	VF Event Ring Full Error	Force Event Command の対象となる VF の Event Ring が Full になっている
17	Parameter Error	コンテキスト・パラメータが無効
18	Bandwidth Overrun Error	アイソクロナス・エンドポイントに割り当てられた帯域幅を TD が超えた
19	Context State Error	不正なコンテキスト・ステート
20	No Ping Response Error	xHC が IsochTD による周期データ転送を完了できなかった

● イベント通知用 TRB(Event TRB)

　Event TRB は，Event Ring でイベント通知に使用される TRB です．Event TRB は Command Ring, Transfer Ring, およびほかのホスト・コントローラに

10.3 xHCIのデータ制御構造

Completion Code	定義	説明
21	Event Ring Full Error	Event RingがFull状態のためxIICがイベントを投げられなかった
22	Incompatible Device Error	コンプライアンスまたは互換性問題について，デバイスに関する問題を検出した
23	Missed Service Error	インターバル時間中にアイソクロナス・エンドポイントをサービスできなかった
24	Command Ring Stopped	Command Ring ControlレジスタのCommand Stop Bit(CS)によるCommand Ring実行の停止
25	Command Aborted	Command Ring ControlレジスタのCommand Abort Bit(CA)によるコマンド実行の停止
26	Stopped	Stop Endpoint Commandによる転送停止(既にTRBが一部実行されているためTRB Transfer Lengthが有効)
27	Stopped Length invalid	Stop Endpoint Commandによる転送停止 (TRB Transfer Lengthが無効)
28	Reserved	予約
29	Max Exit Latency Too Large Error	Max Exit LatencyがDevice Slotの周期エンドポイントの許容を超えている
30	Reserved	予約
31	Isoch Buffer Overrun	INエンドポイントのIsoch TDがMax ESIT Payloadサイズ以下である
32	Event Lost Error	xHC内部イベントがOverrun状態にある
33	Undefined Error	未定義エラー(xHC実装依存)
34	Invalid Stream Error	無効なストリームIDの受信
35	Secondary Bandwidth Error	xHCがSecondary Bandwidth Domainのための帯域幅を割り当てることができない
36	Split Transaction Error	USB 2.0プロトコルのSplit転送に関するエラー
37 – 191	Reserved	予約
192 – 223	Vendor Defined Error	ベンダ定義エラー
224 – 255	Vendor Defined Info	ベンダ定義情報

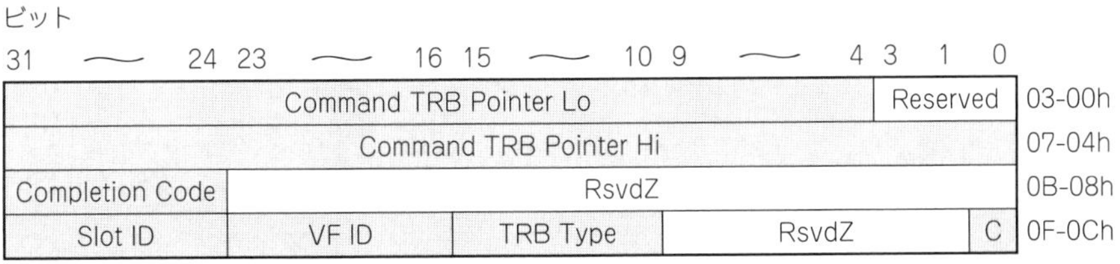

ビット
31 〜 24 23 〜 16 15 〜 10 9 〜 4 3 1 0

Command TRB Pointer Lo	Reserved	03-00h
Command TRB Pointer Hi		07-04h
Completion Code	RsvdZ	0B-08h
Slot ID	VF ID	TRB Type	RsvdZ	C	0F-0Ch

図10.24 Command Completion Event TRB

429

第10章 USBホスト・コントローラの制御

表10.15 Command Completion Event TRBの主要メンバ

バイト・オフセット(ビット)	名称	説明
03～00h (31～04)	Command TRB Pointer Lo	イベントを発生させたCommand TRBの64ビット・アドレスの下位32ビットを示す．幾つかのCompletion Code値においてこのフィールドは有効ではない．TRBが16バイト・バウンダリのため下位4ビットは0になる．
07～04h (31～00)	Command TRB Pointer Hi	イベントを発生させたCommand TRBの64ビット・アドレスの上位32ビットを示す．幾つかのCompletion Code値においてこのフィールドは有効ではない．
0B～08h (31～24)	Completion Code	イベントを発生させたコマンドの完了コード
0F～0Ch (00)	Cycle bit (C)	Event RingのEnqueue/Dequeueポインタの管理に使用される．コントローラとドライバでそれぞれ管理されるCycle State(PCS/CCS)と比較することにより，TRBの有効/無効を判別することができる．
0F～0Ch (15～10)	TRB Type	TRBタイプID = 33 (Command Completion Event TRB)
0F～0Ch (23～16)	VF ID	イベントを発生させたVF(Virtual Function) IDを示す．このフィールドはVFがイネーブルになっているときのみ有効である．VFが有効でない場合には，'0'が設定される．
0F～0Ch (31～24)	Slot ID	イベントを発生させたDevice Slot IDを示す．この値はDevice Contextを選択するためのDevice Context Base Address Arrayのインデックスとして使用される．

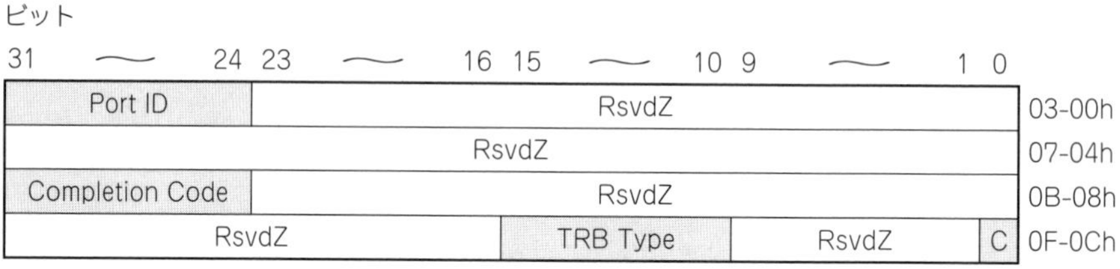

```
ビット
 31        24 23        16 15        10 9         1 0
┌──────────────┬─────────────────────────────────────┐
│   Port ID    │                RsvdZ                │ 03-00h
├──────────────┴─────────────────────────────────────┤
│                       RsvdZ                        │ 07-04h
├──────────────┬─────────────────────────────────────┤
│Completion Code│               RsvdZ                │ 0B-08h
├──────────────┬──────────────┬──────────────────┬──┤
│    RsvdZ     │   TRB Type   │      RsvdZ       │ C│ 0F-0Ch
└──────────────┴──────────────┴──────────────────┴──┘
```

図10.25 Port Status Change Event TRB

表10.16 Port Status Change Event TRBの主要メンバ

バイト・オフセット(ビット)	名称	説明
03～00h (31～24)	Port ID	イベントを発生させたRoot Hub Portのポート番号を示す
0B～08h (31～24)	Completion Code	イベントを発生させたコマンドの完了コード
0F～0Ch (00)	Cycle bit (C)	Event RingのEnqueue/Dequeueポインタの管理に使用される．コントローラとドライバでそれぞれ管理されるCycle State(PCS/CCS)と比較することにより，TRBの有効/無効を判別することができる．
0F～0Ch (15～10)	TRB Type	TRBタイプID = 34 (Port Status Change Event TRB)

関連する事象を通知するために使用されます．Event Ring の制御単位は，ED (Event Descriptor) と呼ばれます．ED は一つの Event TRB データ構造で構成されます．全ての Event TRB はコントローラが Producer となり，コントローラ・ドライバが Consumer となります．

ここでは，本評価ボードのコントローラ・ドライバで使用する主要な Event TRB について解説します．

(1) Transfer Event TRB (図10.23，表10.13)

Transfer TRB と関連した完了ステータスを提供する TRB です．

各 TRB の処理結果は，Event TRB の Completion Code ビットにより通知されます．表10.14 に Completion コードの定義一覧を示します．

(2) Command Completion Event TRB (図10.24，表10.15)

Command Ring 上で Command TRB が完了したときに，xHC によって生成される TRB です．

(3) Port Status Change Event TRB (図10.25，表10.16)

PORTSC レジスタのステータス (CSC：Connect Status Change，PEC：Port Enable/Disable Change，OCC：Over-current Change など) が，'0' から '1' に変化したときに xHC によって生成される TRB です．

ビット 31 ～ 16	15 ～ 10	9 ～ 1	0	
RsvdZ				03-00h
RsvdZ				07-04h
RsvdZ				0B-08h
RsvdZ	TRB Type	RsvdZ	C	0F-0Ch

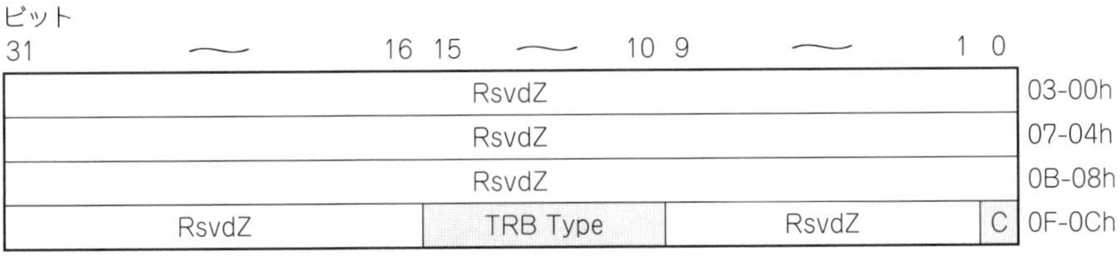

図10.26　Enable Slot Command TRB

表10.17　Enable Slot Command TRB の主要メンバ

バイト・オフセット（ビット）	名称	説明
0F ～ 0Ch (00)	Cycle bit (C)	Command Ring の Enqueue/Dequeue ポインタの管理に使用される．コントローラとドライバでそれぞれ管理される Cycle State (PCS/CCS) と比較することにより，TRB の有効/無効を判別することができる．
0F ～ 0Ch (15 ～ 10)	TRB Type	TRB タイプ ID = 9 (Enable Slot Command TRB)

● コマンド制御用 TRB(Command TRB)

Command TRB は，Command Ring で使用される TRB です．Command Ring 上の処理単位は CD(Command Descriptor)と呼ばれ，単独の Command TRB によって構成されます．Command TRB は，コントローラ・ドライバが xHC へ向けてコマンドを発行するために生成します．

ここでは，本評価ボードのコントローラ・ドライバで使用する主要な Command TRB について解説します．

(1) Enable Slot Command TRB(図10.26，表10.17)

Enable Slot Command TRB は，xHC によって有効な Device Slot を選択し，Command Completion Event TRB によって有効な Slot ID を受け取るために生

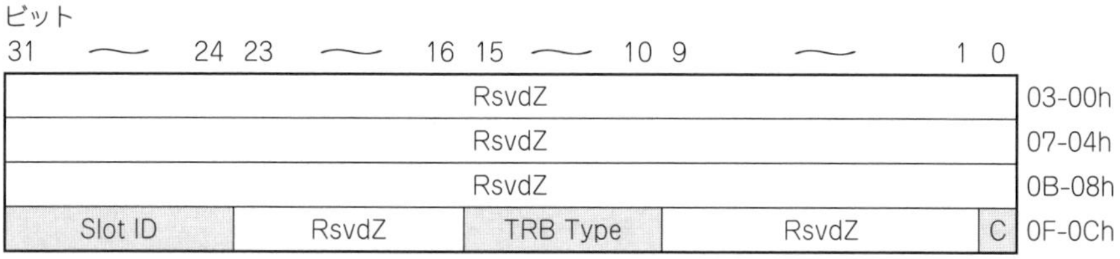

ビット

31 〜 24	23 〜 16	15 〜 10	9 〜 1	0	
RsvdZ					03-00h
RsvdZ					07-04h
RsvdZ					0B-08h
Slot ID	RsvdZ	TRB Type	RsvdZ	C	0F-0Ch

図10.27　Disable Slot Command TRB

表10.18　Disable Slot Command TRB の主要メンバ

バイト・オフセット(ビット)	名　称	説　明
0F 〜 0Ch (00)	Cycle bit (C)	Command Ring の Enqueue/Dequeue ポインタの管理に使用される．コントローラとドライバでそれぞれ管理される Cycle State(PCS/CCS)と比較することにより，TRB の有効/無効を判別することができる．
0F 〜 0Ch (15 〜 10)	TRB Type	TRB タイプ ID = 10 (Disable Slot Command TRB)
0F 〜 0Ch (31 〜 24)	Slot ID	コマンドのターゲットとなる Device Slot ID を設定する

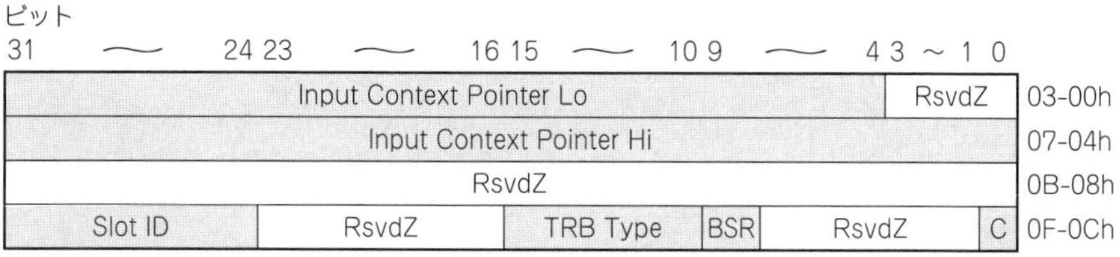

ビット

31 〜 24	23 〜 16	15 〜 10	9 〜 4	3 〜 1	0	
Input Context Pointer Lo				RsvdZ		03-00h
Input Context Pointer Hi						07-04h
RsvdZ						0B-08h
Slot ID	RsvdZ	TRB Type	BSR	RsvdZ	C	0F-0Ch

図10.28　Address Device Command TRB

10.3 xHCI のデータ制御構造

表10.19 Address Device Command TRB の主要メンバ

バイト・オフセット(ビット)	名称	説明
03～00h (31～04)	Input Context Pointer Lo	このコマンドに関連した Input Context データ構造の 64 ビット・アドレスの下位 32 ビットを示す。TRB が 16 バイト・バウンダリのため下位 4 ビットは 0 になる。
07～04h (31～00)	Input Context Pointer Hi	このコマンドに関連した Input Context データ構造の 64 ビット・アドレスの上位 32 ビットを示す。
0F～0Ch (00)	Cycle bit(C)	Command Ring の Enqueue/Dequeue ポインタの管理に使用される。コントローラとドライバでそれぞれ管理される Cycle State (PCS/CCS) と比較すれば、TRB の有効/無効を判別できる。
0F～0Ch (09)	BSR(Block Set Address Request)	BSR=0 の場合、USB バス上に SET_ADDRESS リクエストが発行される。BSR=1 の場合は発行されない。
0F～0Ch (15～10)	TRB Type	TRB タイプ ID = 11（Address Device Command TRB）
0F～0Ch (31～24)	Slot ID	コマンドのターゲットとなる Device Slot ID を設定する

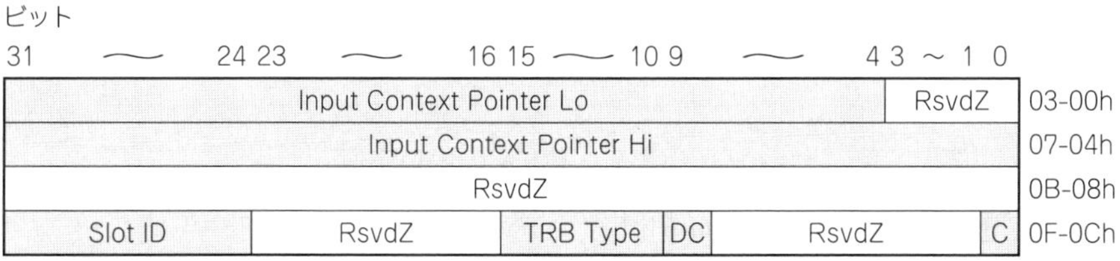

ビット

31 〜 24	23 〜 16	15 〜 10	9 〜 4	3 〜 1	0	
Input Context Pointer Lo					RsvdZ	03-00h
Input Context Pointer Hi						07-04h
RsvdZ						0B-08h
Slot ID	RsvdZ	TRB Type	DC	RsvdZ	C	0F-0Ch

図10.29 Configure Endpoint Command TRB

表10.20 Configure Endpoint Command TRB の主要メンバ

バイト・オフセット(ビット)	名称	説明
03～00h (31～04)	Input Context Pointer Lo	このコマンドに関連した Input Context データ構造の 64 ビット・アドレスの下位 32 ビットを示す。TRB が 16 バイト・バウンダリのため下位 4 ビットは 0 になる。
07～04h (31～00)	Input Context Pointer Hi	このコマンドに関連した Input Context データ構造の 64 ビット・アドレスの上位 32 ビットを示す。
0F～0Ch (00)	Cycle bit(C)	Command Ring の Enqueue/Dequeue ポインタの管理に使用される。コントローラとドライバでそれぞれ管理される Cycle State (PCS/CCS) と比較することにより、TRB の有効/無効を判別できる。
0F～0Ch (09)	Deconfigure (DC)	DC=1 の場合、Device Slot を 'Deconfigure' 状態にする。Input Context Pointer のフィールドは無視される。
0F～0Ch (15～10)	TRB Type	TRB タイプ ID = 12（Configure Endpoint Command TRB）
0F～0Ch (31～24)	Slot ID	コマンドのターゲットとなる Device Slot ID を示す

(2) Disable Slot Command TRB（図10.27，表10.18）

Disable Slot Command TRB は，指定した Slot ID の無効要求を発行する TRB です．xHC は Slot を Disable にし，割り当てられた転送帯域や内部リソースを開放します．

(3) Address Device Command TRB（図10.28，表10.19）

Address Device Command TRB は，選択した Device Context を Default ステートから Addressed ステートへ変化させる TRB です．xHC は Default ステート・デバイスに対して SET_ADDRESS リクエストのコントロール転送を発生させます（BSR = 0 の場合）．

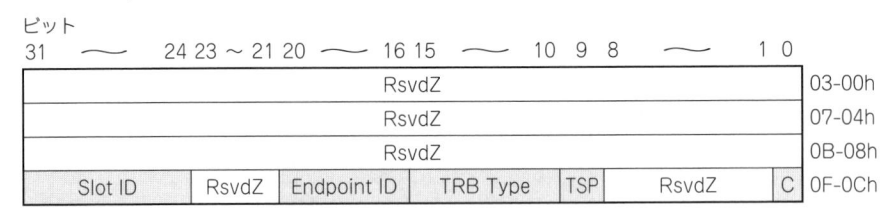

ビット 31 〜 24	23〜21	20 〜 16	15 〜 10	9 8 〜 1	0	
RsvdZ						03-00h
RsvdZ						07-04h
RsvdZ						0B-08h
Slot ID	RsvdZ	Endpoint ID	TRB Type	TSP	RsvdZ	C	0F-0Ch

図10.30　Reset Endpoint Command TRB

表10.21　Reset Endpoint Command TRB の主要メンバ

バイト・オフセット（ビット）	名称	説明
0F 〜 0Ch (00)	Cycle bit(C)	Command Ring の Enqueue/Dequeue ポインタの管理に使用される．コントローラとドライバでそれぞれ管理される Cycle State（PCS/CCS）と比較することにより，TRB の有効／無効を判別することができる．
0F 〜 0Ch (09)	Transfer State Preserve (TSP)	TSP=1 の場合，エンドポイントの現在の転送状態に影響を与えないリセット動作を行う．TSP=0 の場合，エンドポイントの現在の転送状態をリセットするリセット動作を行う．例えば USB 2.0 デバイスの Data Toggle や USB 3.0 デバイスの Sequence Number は '0' にクリアされる．
0F 〜 0Ch (15 〜 10)	TRB Type	TRB タイプ ID = 14（Reset Endpoint Command TRB）
0F 〜 0Ch (20 〜 16)	Endpoint ID	コマンドのターゲットとなる Endpoint ID を示す
0F 〜 0Ch (31 〜 24)	Slot ID	コマンドのターゲットとなる Device Slot ID を示す

10.3 xHCIのデータ制御構造

(4) Configure Endpoint Command TRB(図10.29, 表10.20)
Configure Endpoint Command TRB は，エンドポイントで必要な転送帯域とリソースの要求を実行する TRB です．

(5) Reset Endpoint Command TRB(図10.30, 表10.21)
Reset Endpoint Command TRB は，コントローラ・ドライバが Transfer Ring をリセットしたい場合に発行する TRB です．

(6) Reset Device Command TRB(図10.31, 表10.22)
Reset Device Command TRB は，USB デバイスがリセットされたことをコントローラ・ドライバが xHC に知らせるために使用する TRB です．リセット動作は Device Slot を Default State に，Device Address を '0' に設定して，デフォルト Control EP 以外の全ての EP を無効にします．

● そのほかの TRB

(1) Link TRB(図10.32, 表10.23)
Link TRB は，隣接しない Transfer Ring セグメントおよび Command Ring セグメントを連結するために使用する TRB です．Link TRB は Ring Segment

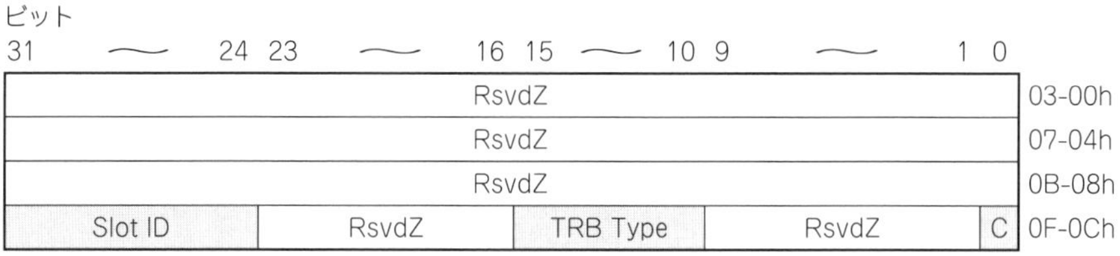

ビット 31 〜 24	23 〜	16 15 〜	10 9 〜	1 0	
RsvdZ					03-00h
RsvdZ					07-04h
RsvdZ					0B-08h
Slot ID	RsvdZ	TRB Type	RsvdZ	C	0F-0Ch

図10.31 Reset Device Command TRB

表10.22 Reset Device Command TRB の主要メンバ

バイト・オフセット(ビット)	名称	説明
0F 〜 0Ch (00)	Cycle bit (C)	Command Ring の Enqueue/Dequeue ポインタの管理に使用される．コントローラとドライバでそれぞれ管理される Cycle State(PCS/CCS)と比較することにより，TRB の有効/無効を判別できる．
0F 〜 0Ch (15 〜 10)	TRB Type	TRB タイプ ID = 17 (Reset Device Command TRB)
0F 〜 0Ch (31 〜 24)	Slot ID	コマンドのターゲットとなる Device Slot ID を示す

第10章 USBホスト・コントローラの制御

表10.23 Link TRBの主要メンバ

バイト・オフセット（ビット）	名称	説明
03〜00h (31〜04)	Ring Segment Pointer Lo	次のRing Segmentの先頭アドレスのポインタ（64ビット・アドレスの下位32ビット）を示す．16バイト・バウンダリのアライン（Transfer Ringは16バイト・バウンダリ，Command Ringは64バイト・バウンダリにアライン）なので下位4ビットはリザーブされる．
07〜04h (31〜00)	Ring Segment Pointer Hi	次のRing Segmentの先頭アドレスのポインタ（64ビット・アドレスの上位32ビット）を示す．
0B〜08h (31〜22)	Interrupter Target	このTRBによって受信するイベントのInterrupterのインデックス定義を行う．Command Ringではこのフィールドは無視される．
0F〜0Ch (00)	Cycle bit(C)	Command Ring/Transfer RingのEnqueue/Dequeueポインタの管理に使用される．コントローラとドライバでそれぞれ管理されるCycle State(PCS/CCS)と比較することにより，TRBの有効/無効を判別できる．
0F〜0Ch (01)	Toggle Cycle (TC)	TC=1の場合，xHCはCycle Bit(CCS)の値をトグルする．TC=0の場合，Cycle bitの現在の解釈で次のセグメントで使用され続ける．通常，最終Ring SegmentのLink TRBでのみTC=1に設定される
0F〜0Ch (04)	Chain bit(CH)	Transfer RingのLink TRBは，次のセグメントの最初のTRBにリンクするためにコントローラ・ドライバによってCH=1に設定する．Command Ring上ではこのビットはxHCによって無視される．
0F〜0Ch (05)	Interrupt-on-Completion (IOC)	IOC=1の場合，ホスト・コントローラはEvent Ring上にTransfer Event TRBを置いて，完了を通知し，完了割り込みをアサートする．
0F〜0Ch (15〜10)	TRB Type	TRBタイプID = 6（Link TRB）

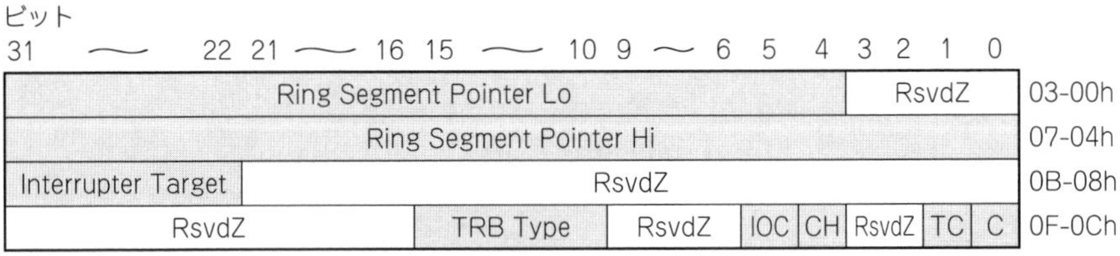

```
ビット
31        22 21     16 15       10 9    6 5  4 3 2 1 0
┌─────────────────────────────────┬──────────┐
│        Ring Segment Pointer Lo       │  RsvdZ   │ 03-00h
├─────────────────────────────────┴──────────┤
│              Ring Segment Pointer Hi                │ 07-04h
├──────────┬─────────────────────────────────┤
│Interrupter Target│              RsvdZ                 │ 0B-08h
├──────────┴──────┬──────┬─────┬───┬───┬───┬──┤
│      RsvdZ       │TRB Type│ RsvdZ │IOC│CH │RsvdZ│TC│C│ 0F-0Ch
```

図10.32 Link TRB

の終端に位置し，次のRing Segmentの最初のポインタを示します．最後のRing SegmentのLink TRBは，最初のRing Segmentの先頭を指します．

(2) Event Data TRB（図10.33，表10.24）

Event Data TRBは，コントローラ・ドライバが定義したEventを発生させ

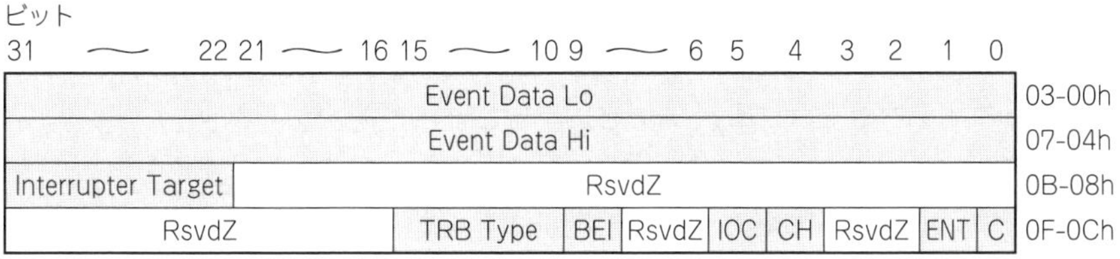

```
ビット
31       22 21     16 15     10 9     6  5  4  3  2  1  0
```

Event Data Lo	03-00h
Event Data Hi	07-04h
Interrupter Target | RsvdZ	0B-08h
RsvdZ | TRB Type | BEI | RsvdZ | IOC | CH | RsvdZ | ENT | C	0F-0Ch

図10.33　Event Data TRB

表10.24　Event Data TRB の主要メンバ

バイト・オフセット（ビット）	名称	説明
03～00h (31～00)	Event Data Lo	Transfer Event TRB の TRB Pointer フィールドにコピーされるべき 64 ビット・アドレスの下位 32 ビットを示す．
07～04h (31～00)	Event Data Hi	Transfer Event TRB の TRB Pointer フィールドにコピーされるべき 64 ビット・アドレスの上位 32 ビットを示す．
0B～08h (31～22)	Interrupter Target	この TRB によって受信するイベントの Interrupter のインデックス定義を行う．
0F～0Ch (00)	Cycle bit (C)	Transfer Ring の Enqueue/Dequeue ポインタの管理に使用される．コントローラとドライバでそれぞれ管理される Cycle State（PCS/CCS）と比較することにより，TRB の有効 / 無効を判別できる．
0F～0Ch (01)	Evaluate Next TRB (ENT)	1 に設定した場合，xHC が次の TRB のフェッチおよび評価を行う．
0F～0Ch (04)	Chain bit (CH)	CH=1 の場合，リング上の次の TRB と関連付けられる．1TD は 1 もしくはそれ以上の TRB から定義されている．Chain ビットが使用されると TD が複数 TRB を含んでいることを示す．TD の最後の TRB に関して Chain ビットは常に 0 となる．
0F～0Ch (05)	Interrupt-on-Completion (IOC)	IOC=1 の場合，ホスト・コントローラは Event Ring 上に Transfer Event TRB を置いて，完了を通知し，完了割り込みをアサートする．
0F～0Ch (09)	BEI	BEI=1 で IOC=1 の場合，IOC によって生成される Transfer Event は CPU への割り込みに関してアサートしない．
0F～0Ch (15～10)	TRB Type	TRB タイプ ID = 7（Event Data TRB）

るために使用します．

10.4　デバイス認識と転送準備

● USB デバイスの認識

　最初に xHC ドライバは，メイン・メモリ上に Event Ring Segment Table と Event Ring を確保します．確保した Event Ring の先頭アドレスは Event Ring

Segment Table に登録し，Event Ring Segment Table の先頭アドレスを Runtime Registers に登録します．これらの設定を行うと，xHC からメイン・メモリ上の各リングやテーブルにアクセスすることが可能となります．

USB デバイスが接続されると，xHC はポート・ステータスが変化したことを検出し，Event Ring に Port Status Change Event TRB が書き込まれます．その後，Event TRB を通知するための割り込みが発生し，コントローラ・ドライバがデバイス接続を認識します．

次に xHC ドライバは，Command Ring に Enable Slot Command TRB の書き込みを行い，該当デバイスに Device Slot の割り当てを行います．USB デバイスは Device Context というデータ構造で管理されます．

【認識シーケンス】
① xHC に USB デバイスが接続される
② PORTSC レジスタ〔Port Status and Control Register：Operational Base + (400h + (10h × (PortNumber - 1)))〕の CCS ビット（Current Connect Status：bit 0）と CSC ビット（Connect Status Change：bit 17）が '1' にセットされる
③ PORTSC レジスタの変化と一緒に xHCI は Port Status Change Event TRB を生成し Event Ring に書き込まれ，割り込みが発生する．Port ID ビット（bit 31 〜 24）により，Root ハブ・ポートのポート番号を読み取ることができる．

```
bootstrap Version 1.00.00                      [xHCI] :       TRB Type     =21
[xHCI] : xHCI Driver Start                     [xHCI] :       TRB Param0   =200b9000
[xHCI] GDI Accept                              [xHCI] :       TRB Param1   =0
                                               [xHCI] :       TRB Status   =1000000
[xHCI] : xHciTrbEvent                          [xHCI] :       TRB Control  =1008401
[xHCI] :       TRB Type     =22                [xHCI] : Address Device
[xHCI] :       TRB Param0   =2000000           [xHCI] : xHciXferCommand
[xHCI] :       TRB Param1   =0                 [xHCI] : xHciTrbEvent
[xHCI] :       TRB Status   =1000000           [xHCI] : xHciTrbEvent
[xHCI] :       TRB Control  =8801              [xHCI] :       TRB Type     =20
[xHCI] : Port Status =21203                    [xHCI] :       TRB Param0   =202bd020
[xHCI] : Enable Slot                           [xHCI] :       TRB Param1   =0
[xHCI] : xHciXferCommand                       [xHCI] :       TRB Status   =1000000
[xHCI] :       TRB Type     =9                 [xHCI] :       TRB Control  =1018001
[xHCI] :       TRB Param0   =0                 [xHCI] : xHciTrbEvent
[xHCI] :       TRB Param1   =0                 [xHCI] :       TRB Type     =20
[xHCI] :       TRB Status   =0                 [xHCI] :       TRB Param0   =202bd050
[xHCI] :       TRB Control  =2401              [xHCI] :       TRB Param1   =0
[xHCI] : xHciTrbEvent                          [xHCI] :       TRB Status   =1000000
                                               [xHCI] :       TRB Control  =1018001
```

図10.34 エニュメレーション動作時のTRB状態のログ

USB 3.0 SuperSpeed デバイスでは，自動的にポート状態が有効化される．
④ドライバは新しく接続されたデバイスのために，Enable Slot Command TRB を発行し，Device Slot をアサインする．ドライバは Command Completion Event TRB を受け取り，Device Slot の Slot ID を入手できる．
⑤ドライバは，Device Slot 管理用の Device Context の確保と初期化を行う．
⑥ Address Device Command TRB 用の Input Context の確保と初期化を行う
⑦ Address Device Command TRB を発行し，デバイス・アドレスの割り当てを行う．USB バス上では，SET_ADDRESS の Control 転送が xHC により自動実行される．この転送が成功すると，Device Slot のステータスは Enable ステートから Addressed ステートに移行する(BSR = 0 の場合)．
⑧ドライバは GET_DESCRIPTOR コントロール転送を発行し，USB デバイスのディスクリプタ情報(デバイス，コンフィグレーション，インターフェース，エンドポイント，SuperSpeed エンドポイント・コンパニオン，ストリング，BOS ディスクリプタ，ほか)を取得する．
⑨ Configure Endpoint Command TRB を発行し，デバイス・ステートを Configured ステートへ移行し，USB デバイスの認識シーケンスが完了する．
エニュメレーション動作時の TRB 状態のログを，**図10.34** に示します．

● ステート遷移

xHC は，各デバイス・スロット別に五つのステート状態を持ちます．USB デバイスとしては，規格の上で六つのステート状態(Attached/Powered/Default/Address/Configured/Suspended)を持ちますが，xHCI ホスト・コントローラのスロット・ステートはそのサブセットになります．xHCI スロット・ステートと USB デバイスの関係を**表10.25** に示します．

ステート遷移は，主に Command TRB の発行により変化します．基本的にこ

表10.25 各スロット・ステート時の状態

スロット・ステート	USB デバイス・ステート	EP0 ステート	EP1〜	デバイス・アドレス	DCBAA ポインタ	Slot State (Slot Context)
Disabled	N/A	無効	無効	N/A	無効	Disable
Enabled	Default	無効	無効	0	無効	Disable
Default	Default	有効	無効	0	有効	Default
Addressed	Address	有効	無効	Assigned	有効	Addressed
Configured	Configured	有効	有効	Assigned	有効	Configured

第10章 USBホスト・コントローラの制御

のステートは，ドライバ・ソフトウェアにより管理・維持されますが，xHCによるステート遷移はSlot ContextのSlot Stateフィールドで認識できます．Slot Stateは，xHCにより書き換えられます．図10.35に，Command TRBによるステート遷移を示します．

● デバイス管理用データ構造体
(1) Device Context（図10.36）

Device Contextは，デバイス・コンフィグレーションに関する情報をドライバ・

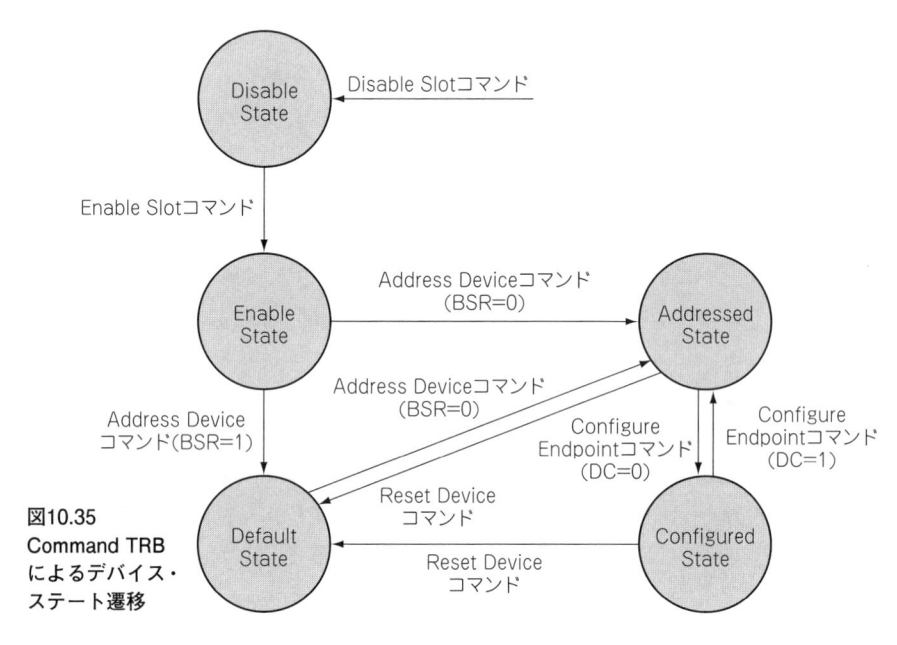

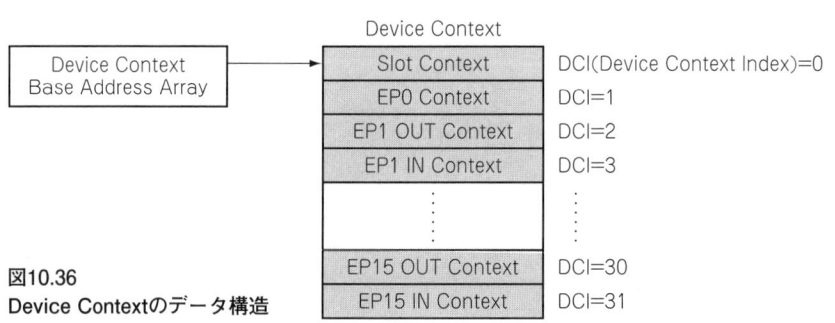

図10.35 Command TRBによるデバイス・ステート遷移

```
Disable State ← Disable Slotコマンド
  ↓ Enable Slotコマンド
Enable State
  ─ Address Deviceコマンド(BSR=0) → Addressed State
  ─ Address Deviceコマンド(BSR=1) → Default State
  Default State ← Address Deviceコマンド(BSR=0) ─ Addressed State
  Default State ← Reset Deviceコマンド
  Addressed State ─ Configure Endpointコマンド(DC=0) → Configured State
  Configured State ─ Configure Endpointコマンド(DC=1) → Addressed State
  Configured State ─ Reset Deviceコマンド → Default State
```

図10.36 Device Contextのデータ構造

Device Context	DCI
Slot Context	DCI(Device Context Index)=0
EP0 Context	DCI=1
EP1 OUT Context	DCI=2
EP1 IN Context	DCI=3
⋮	⋮
EP15 OUT Context	DCI=30
EP15 IN Context	DCI=31

Device Context Base Address Array

440

ソフトウェアへ伝達するために，xHC によって使われます．Device Context は，32 個のデータ・アレイ構造を持っています．最初のコンテキストは Slot Context で，残りの 31 個は Endpoint Context になります．

デバイスのエニュメレーション時に Device Context はドライバ・ソフトウェアによってメイン・メモリに確保され，初期化されます．USB デバイス・ステートが Addressed ステートに移行した後は，Device Context は xHC により管理され，ドライバ・ソフトウェアからは Read-Only になります．

(2) Input Context(図10.37)

Input Context は，3 種類の Command TRB(Address Command/Configure Endpoint/Evaluate Context Command)によって，ドライバ・ソフトウェアからホスト・コントローラへ渡す必要のあるデバイス情報を定義します．Input Context は先頭が Input Control Context で，その後ろに Slot Context と 31 個の Endpoint Context を持ちます．上記の Command TRB が完了した後は，Input Context は

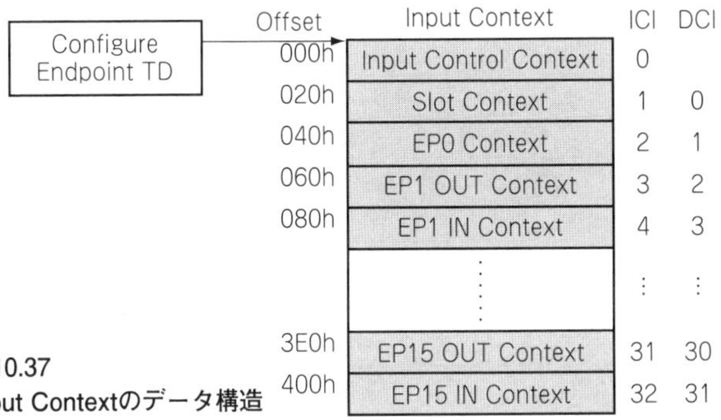
Configure Endpoint TD
Offset
Input Context
ICI
DCI
000h
Input Control Context
0
020h
Slot Context
1
0
040h
EP0 Context
2
1
060h
EP1 OUT Context
3
2
080h
EP1 IN Context
4
3
3E0h
EP15 OUT Context
31
30
400h
EP15 IN Context
32
31

図10.37
Input Contextのデータ構造

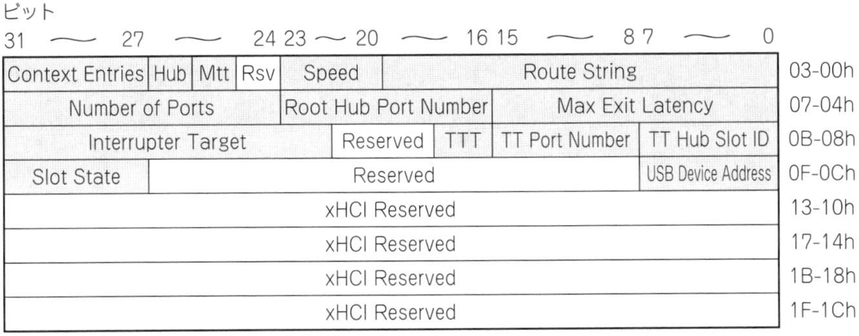
ビット
31
27
24 23
20
16 15
8 7
0
Context Entries
Hub
Mtt
Rsv
Speed
Route String
03-00h
Number of Ports
Root Hub Port Number
Max Exit Latency
07-04h
Interrupter Target
Reserved
TTT
TT Port Number
TT Hub Slot ID
0B-08h
Slot State
Reserved
USB Device Address
0F-0Ch
xHCI Reserved
13-10h
xHCI Reserved
17-14h
xHCI Reserved
1B-18h
xHCI Reserved
1F-1Ch

図10.38 Slot Context のデータ構造

(3) Slot Context(図10.38)

　Slot Contextは，デバイス情報や全てのエンドポイントに関連する情報を含むコンテキストです．Device Contextの一部として利用される場合は，デバイスのUSBアドレスやスロット・ステート，ハブ・ポート情報などをxHCからドライバ・ソフトウェアへ渡す目的に使用されます(Output Slot Context)．それとは逆に，Input Contextのメンバとして利用される場合は，ドライバ・ソフトウェアからホスト・コントローラへ情報を渡す目的で使用されます(Input Slot Context)．Input Slot Contextとしてドライバ・ソフトウェアに適切な値に初期化され，コマンド実行後はOutput Slot Contextとして，ホスト・コントローラが現在のステータスを反映します．

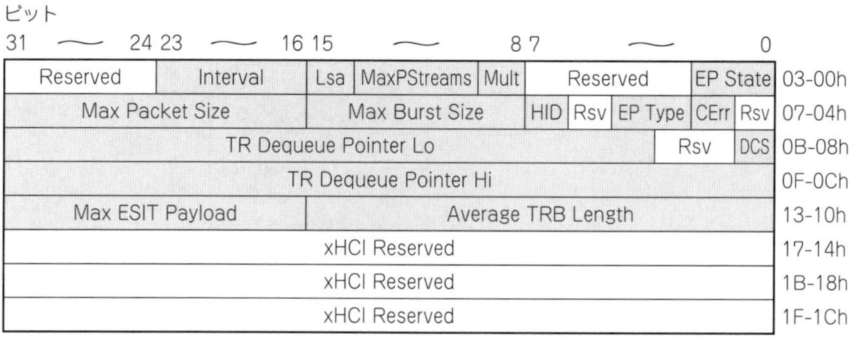

ビット 31 — 24 23 — 16 15 — 8 7 — 0	
Reserved | Interval | Lsa | MaxPStreams | Mult | Reserved | EP State	03-00h
Max Packet Size | Max Burst Size | HID | Rsv | EP Type | CErr | Rsv	07-04h
TR Dequeue Pointer Lo | Rsv | DCS	0B-08h
TR Dequeue Pointer Hi	0F-0Ch
Max ESIT Payload | Average TRB Length	13-10h
xHCI Reserved	17-14h
xHCI Reserved	1B-18h
xHCI Reserved	1F-1Ch

図10.39　Endpoint Context

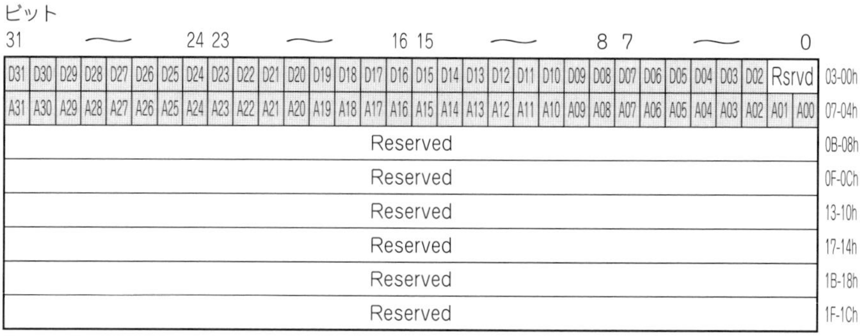

ビット 31 — 24 23 — 16 15 — 8 7 — 0	
D31 D30 D29 D28 D27 D26 D25 D24 D23 D22 D21 D20 D19 D18 D17 D16 D15 D14 D13 D12 D11 D10 D09 D08 D07 D06 D05 D04 D03 D02 Rsrvd	03-00h
A31 A30 A29 A28 A27 A26 A25 A24 A23 A22 A21 A20 A19 A18 A17 A16 A15 A14 A13 A12 A11 A10 A09 A08 A07 A06 A05 A04 A03 A02 A01 A00	07-04h
Reserved	0B-08h
Reserved	0F-0Ch
Reserved	13-10h
Reserved	17-14h
Reserved	1B-18h
Reserved	1F-1Ch

図10.40　Input Control Contextのデータ構造

(4) Endpoint Context(図10.39)

　Endpoint Context は，該当する USB エンドポイントの構成とステートを定義します．このコンテキストは，Device Context と Input Context の一部として使用されます．Endpoint Context は USB スペック上の最大構成(EP0 ～ 15)分の 31 個用意する必要がありますが，ほとんどの場合は全てが使用されることはありません．Input Endpoint Context(Input Context の一部として使用される場合)としてドライバ・ソフトウェアに適切な値に初期化され，Output Endpoint Context(Device Context の一部として使用される場合)の場合は，ホスト・コントローラが現在のステータスを反映します．

(5) Input Control Context(図10.40)

　Input Control Context は，Input Context 中の各コンテキストの有効化/無効

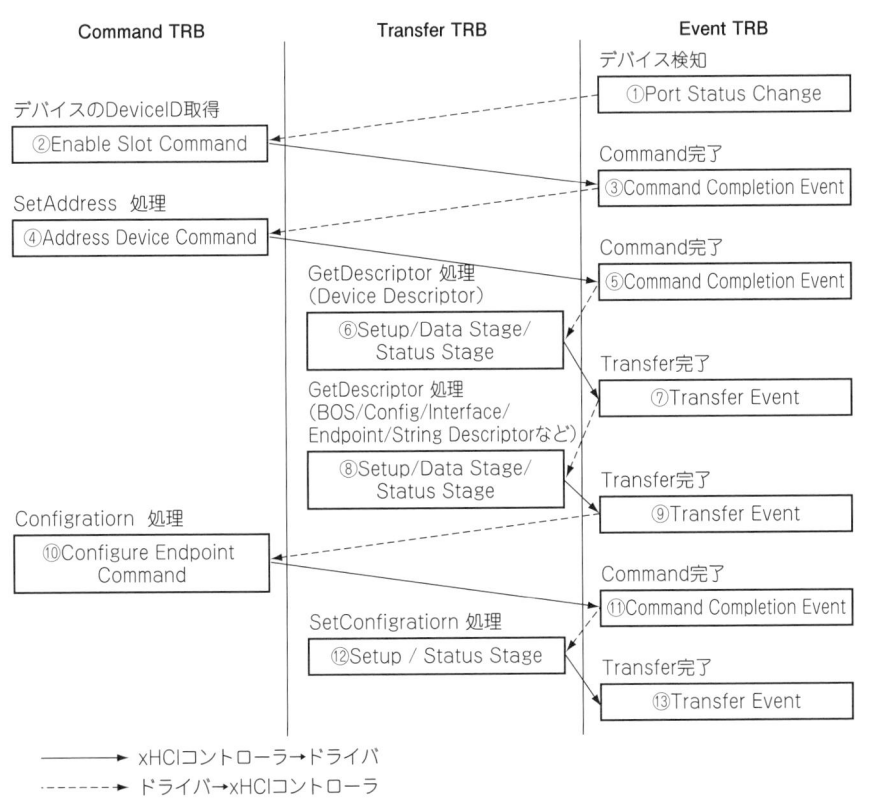

```
Command TRB              Transfer TRB              Event TRB
                                              デバイス検知
                                              ①Port Status Change
デバイスのDeviceID取得
②Enable Slot Command
                                              Command完了
                                              ③Command Completion Event
SetAddress 処理
④Address Device Command
                                              Command完了
                         GetDescriptor 処理    ⑤Command Completion Event
                         (Device Descriptor)
                         ⑥Setup/Data Stage/
                           Status Stage
                                              Transfer完了
                         GetDescriptor 処理    ⑦Transfer Event
                         (BOS/Config/Interface/
                         Endpoint/String Descriptorなど)
                         ⑧Setup/Data Stage/
                           Status Stage       Transfer完了
                                              ⑨Transfer Event
Configratiorn 処理
⑩Configure Endpoint
   Command
                                              Command完了
                                              ⑪Command Completion Event
                         SetConfigratiorn 処理
                         ⑫Setup / Status Stage
                                              Transfer完了
                                              ⑬Transfer Event
```

　───▶ xHCIコントローラ→ドライバ
　------▶ ドライバ→xHCIコントローラ

図10.41　エニュメレーション処理シーケンス

図10.42 エニュメレーション・パケット

化のために使用されます．Dxx は Drop Context Flag であり，'1' にセットされた場合，Input Context 中の各 Endpoint Context が無効になります．Axx は Add Context Flag であり，'1' にセットされた場合，各 Endpoint Context が有効となります．どちらの Flag も '0' の場合は，以前の状態が維持されます．この Context は，デバイスのアドレス・デバイス時，コンフィグレーション時，Alternate Setting の切り替え時などにも使用されます．

● エニュメレーション処理

xHC における USB デバイス・エニュメレーション時の各 TRB の流れを，図10.41 に示します．USB デバイスのエニュメレーションは，ホスト・コントローラによるデバイス検知から始まります．図10.42 に，エニュメレーション・パケットの例を示します．

10.5 データ転送

xHC のデータ転送には，大きく分けて二つの制御方法があります．一つは

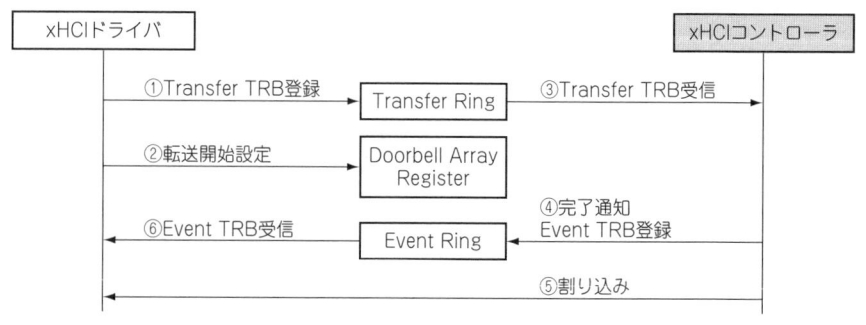

図10.43 Transfer Ringを使ったデータ転送

Transfer Ring を使ったコントロール転送，バルク転送，インタラプト転送，アイソクロナス転送，もう一つは Command Ring を使ったコントロール転送処理です．基本的に，通常のデータ転送は Transfer Ring を使った転送であり，Command Ring を使った転送は SET_ADDRESS などホスト・コントローラ側のデバイス管理に関連する一部のコントロール転送の発行にのみ使用されます．

両者の違いは主に使用する TRB と Ring の違いであり，基本的に処理シーケンスは同一です．ただし，複数の TRB を使った転送の場合，一部シーケンスが異なるので，詳細については個別の転送の項目で説明します．

【Transfer TRB 転送（図10.43）】
① 送信したい Transfer TRB を Transfer Ring に追加
② Doorbell Array レジスタに転送したいエンドポイントを設定することで転送開始
③ ①で登録した Transfer TRB を受信 → USB 転送処理
④ 完了通知 Event TRB（Transfer Event TRB）を Event Ring に追加
⑤ 割り込み発生
⑥ ⑤で追加した Event TRB を取得

【コマンド TRB 転送（図10.44）】
① 送信したい Command TRB を Command Ring に追加
② Doorbell Array レジスタに転送したいエンドポイントを設定することで転送開始
③ ①で登録した Command TRB を受信
④ 完了通知 Event TRB（Command Completion TRB）を Event Ring に追加
⑤ 割り込み発生

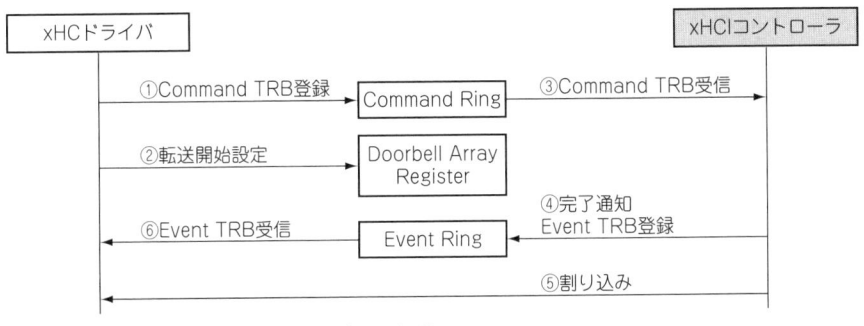

図10.44 コマンド・リングを使ったデータ転送

第10章 USBホスト・コントローラの制御

```
OtherTRB              Transfer TRB            Event TRB

Setupステージ          Setup処理
                      ①Setup Stage TRB

Dataステージ           DataStage処理
                      ② Data Stage TRB
                      DataStageが
                      複数のTRBを
                      必要とする場合          DataStageTRBのみ
全NormalTRB設定後      ③ Normal TRB          Transfer完了
④ Event Data TRB                            ⑤Transfer Event TRB

Statusステージ         StatusStage処理
                      ⑥ Status Stage TRB    Transfer完了
                                            ⑦Transfer Event TRB
```

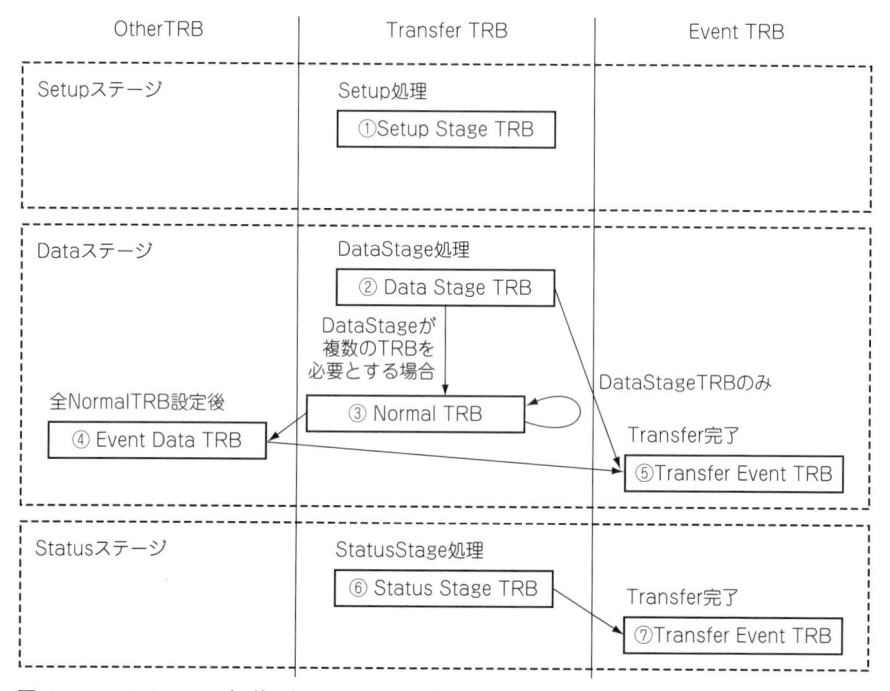

図10.45 コントロール転送の処理シーケンス（データ・ステージあり）

⑥ ④で追加した Event TRB を受信

● コントロール転送

コントロール転送は，基本的に Setup ステージ，Data ステージ，Status ステージの三つのステージで構成されます（**図10.45**）．一部のコントロール転送は Data ステージを持たないものもあり，その場合は Setup ステージと Status ステージの二つのステージで構成されます．

xHC では，Setup ステージ，Data ステージ，Status ステージのそれぞれに専用の TRB が準備されています（**図10.46**）．Setup ステージでは Setup Stage TRB，Data ステージでは Data Stage TRB，Status ステージでは Status Stage TRB を使用します．

コントロール転送では Max Packet Size を超える大きなデータ転送の場合は，複数の Data ステージに分かれる場合があります．その場合は，二つ目以降の Data ステージでは Normal TRB を使って Data ステージのデータ転送を行います．

図10.46 コントロール転送のTRB構成

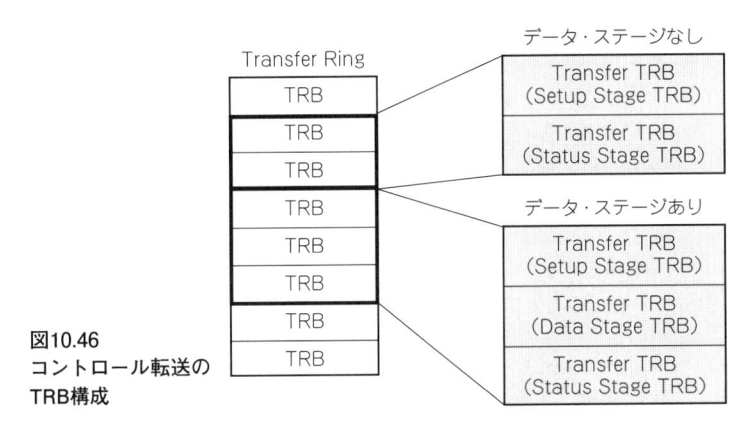

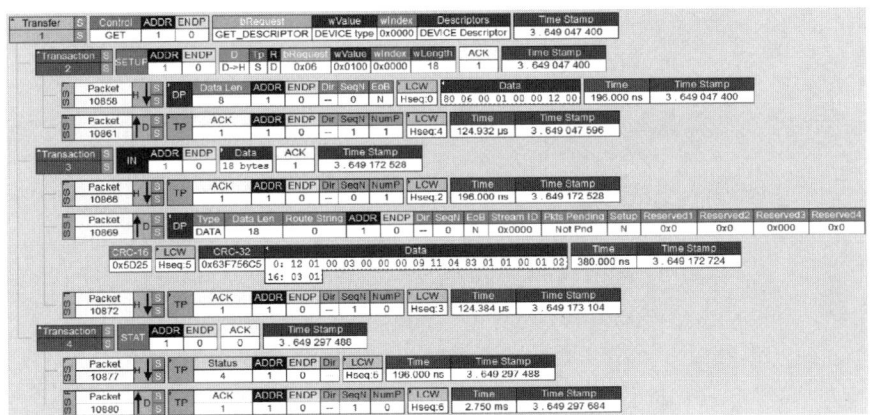

図10.47 コントロール転送パケット（GET_DESCRIPTOR：デバイス・ディスクリプタ）

図10.47にコントロール転送パケットの例を，リスト10.3にコントロール転送処理関数の例を示します．

● バルク転送とインタラプト転送

USBでは，大容量のデータ転送（ストレージ・データや印刷データ，静止画データなど）にはバルク転送を使用します．また，比較的小容量の間欠的なデータ転送（ステータス転送など）にはインタラプト転送を使用します（図10.48）．

xHCでは，どちらもNormal TRBを使ってデータ転送を行います（図10.49）．xHCの特徴として，複数のNormal TRBを使用する大きなサイズのデータ転送

リスト10.3　コントロール転送処理関数（Control TRBの生成）

```
/*!
 * @brief     コントロールTRB生成
 *
 * @param     xHci          xHCIドライバ情報
 * @param     Input         Inputコンテキスト
 * @param     xferReq       転送リクエスト
 *
 * @return    エラー・コード
 */
LOCAL ER xHciCreateCtrlTrb( xHciInfo *xHci, xHciInputCtx *Input, usbXferReq_t *xferReq )
{
        usbDeviceRequest        *pSetup;
        xHciTd                  *Td;
        xHciTrb                 *Trb, *SetupTrb;
        UB                      Cycle;
        UL                      Addr;
        UB                      IsInput;
        INT                     asize;

        //      SETUP Stage
        //----------------------------------------
        Td = xHciMemAllocTd( xHci, Input->EpRing[ EP0ID ] );
        if( Td == NULL ) {
                return E_BUSY;
        }

        pSetup = &xferReq->Setup;
        /* IN or OUT 転送 */
        IsInput = ( pSetup->bmRequestType & bmR_IN ) ? 1 : 0;

        /* SETUP TRB生成 */
        SetupTrb = Td->Trb;
        xHciFillSetupTrb( SetupTrb,
                        ( pSetup->wValue << 16) | ( pSetup->bRequest << 8) |
                        pSetup->bmRequestType,
                        ( pSetup->wLength << 16) | pSetup->wIndex,EP0_INT_TARGET );
        /* PCS取得 */
        Cycle = Input->EpRing[ EP0ID ]->Cycle & 0x1;

        xHciMemFreeTd( Td );


        //      DATA Stage
        //----------------------------------------
        /* DATA Stageが必要な場合のみ処理 */
        if( xferReq->xferLen != 0 ){
                Td = xHciMemAllocTd( xHci, Input->EpRing[ EP0ID ] );
                if( Td == NULL ) {
                        return E_NOMEM;
                }

                /* 転送用バッファの物理アドレス取得 */
                Addr = (UW)xHciGetPhyAddr( xferReq->xferBuf, sizeof(xferReq->xferLen) ,&asize );

                /* DATA TRB生成 */
                Trb = Td->Trb;
                xHciFillTrb( Trb, TRB_DAT_STAGE, Addr, xferReq->xferLen, EP0_INT_TARGET, IsInput,
                                Input->EpRing[ EP0ID ]->Cycle, TRB_NO_INTERRUPT , 0);

                xHciMemFreeTd( Td );
        }
```

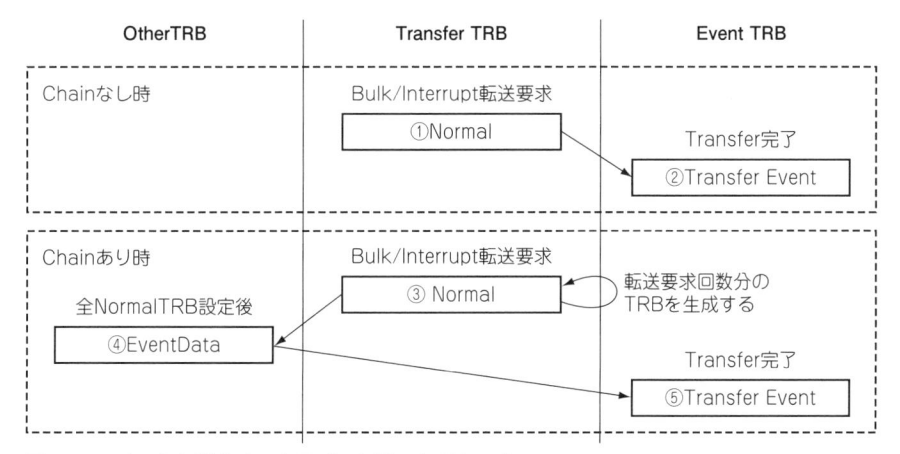

10.5 データ転送

図10.48　バルク転送とインタラプト転送の処理シーケンス

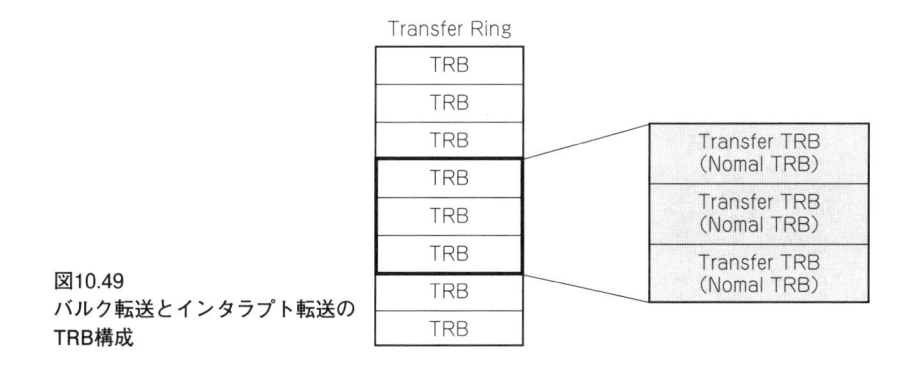

```
OtherTRB           Transfer TRB          Event TRB

Chainなし時
                   Bulk/Interrupt転送要求
                   ①Normal
                                         Transfer完了
                                         ②Transfer Event

Chainあり時
                   Bulk/Interrupt転送要求
全NormalTRB設定後   ③ Normal              転送要求回数分の
                                         TRBを生成する
④EventData
                                         Transfer完了
                                         ⑤Transfer Event
```

図10.49　バルク転送とインタラプト転送のTRB構成

```
Transfer Ring
TRB
TRB
TRB
TRB  ─── Transfer TRB (Nomal TRB)
TRB  ─── Transfer TRB (Nomal TRB)
TRB  ─── Transfer TRB (Nomal TRB)
TRB
TRB
```

には，Scatter/Gatherのしくみを使うことができます(**図10.50**)．

USB 2.0以前のEHCIやOHCIといったコントローラは，ページ・バウンダリ(CPUの仮想アドレス／物理アドレス変換の制御単位をページという．パソコンに使われるIntelアーキテクチャCPUでは4Kバイトに設定されている)に沿った連続データ転送のみサポートしていました．xHCでは，各データ転送を担当するTransfer TRBで任意に開始アドレスのポインタと，転送サイズ(0～64Kバイト)を任意に設定できるようになりました．そのため，非常に効率的にメモリを使ってデータ転送を行うことが可能になり，各ドライバ階層間のAPIについても設計しやすくなっています．

図10.51にコントロール転送パケットの例を，**リスト10.4**にコントロール転

図10.50
バルク転送とインタラプト転送のTRB構成
（Scatter＆Gather対応）

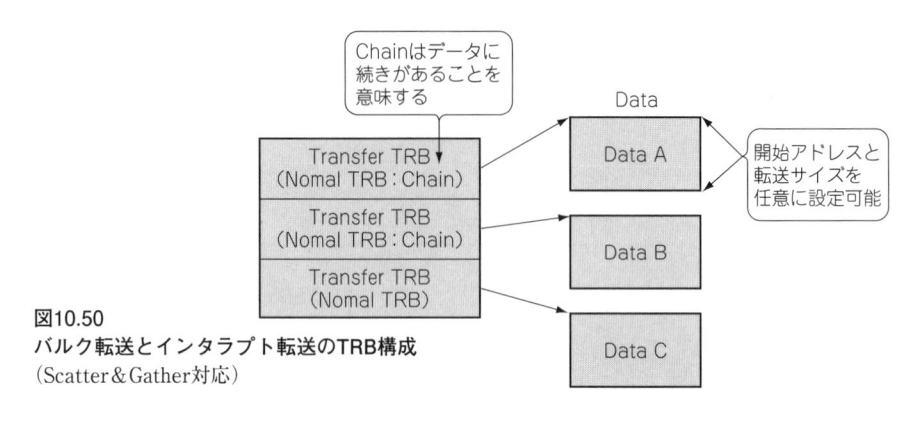

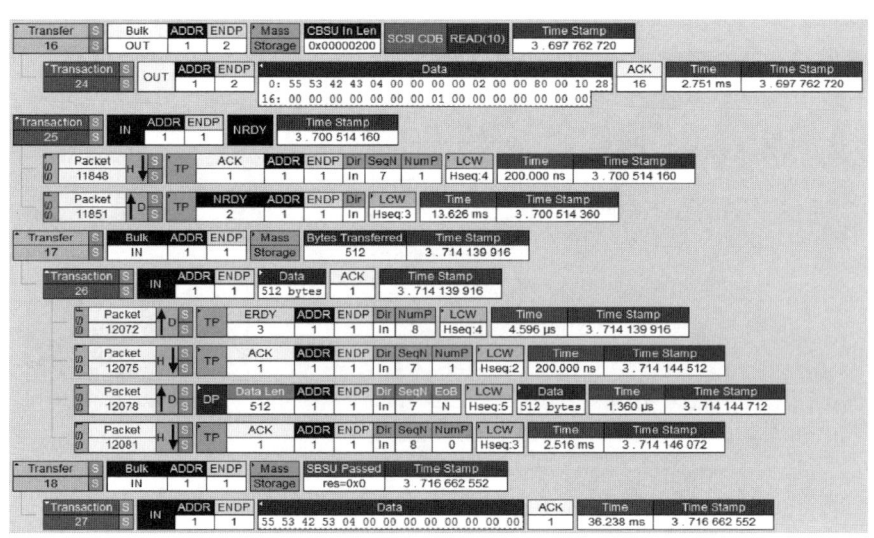

図10.51 バルク転送パケット（マス・ストレージ・クラス READ10 コマンド）

送処理関数の例を示します．

● アイソクロナス転送

　USBでは，動画データや音声データの転送にアイソクロナス転送を使います．アイソクロナス転送は，ハードウェア・ドライバが連携してUSBバスの転送帯域を管理するため，データ通信が一時的に途切れたり帯域不足になったりする心配がありません（**図10.52**）．

リスト10.4　バルク・インタラプト転送処理関数（Normal/Isoch TRBの生成）

```
/*!
 * @brief Bulk / Interrupt / Isochronous TRB生成
 *
 * @param xHci       xHCIドライバ情報
 * @param Input      Inputコンテキスト
 * @param xferReq    転送リクエスト
 *
 * @return    エラー・コード
 */
LOCAL ER xHciCreateXferTrb( xHciInfo *xHci, xHciInputCtx *Input, usbXferReq_t *xferReq )
{
        ER           ercd       = E_OK;

        xHciRingInfo*Ring;
        xHciTd       *Td, *PrevTd, *FirstTd = NULL;
        xHciTrb      *Trb;

        W            LeftLen;
        W            PhyMemLen;
        UW           PhyAddr, Addr;
        UW           Flag;
        UB           Epnum      = xferReq->Epnum;
        UB           IsIN       = xferReq->IsIN;
        UB           EpId       = (Epnum &0xf) * 2;
        UB           Cycle      = 0;
        UH           Mps        = 0x0;

        if( xferReq == NULL ) {
                       return E_NOMEM;
        }

        /* Max Packet Size取得 */
        if( IsIN ) {
                       Mps = GET_EPCTX_MPS(Input->DevCtx.Ep[(Epnum-1)].In.Params[1]);
        } else {
                       Mps = GET_EPCTX_MPS(Input->DevCtx.Ep[(Epnum-1)].Out.Params[1]);
        }

        /* 転送サイズ */
        LeftLen = xferReq->xferLen;
        /* 転送用バッファ */
        Addr = (UW)xferReq->xferBuf;

        /* IN転送の場合1を加算 */
        if( IsIN ) {
                       EpId += 1;
        }
        /* Transfer TRB Ring取得 */
        Ring = Input->EpRing[ EpId ];
        if( Ring == NULL ) {
                       return E_NOMEM;
        }

        Td = xHciMemAllocTd( xHci, Ring );
        if( Td == NULL ) {
                       return E_BUSY;
        }
        Td->Req   = xferReq;

        for( ;; ) {
                       /* 物理アドレス取得 */
                       PhyAddr   = (UW)xHciGetPhyAddr( Addr, LeftLen, &PhyMemLen);

                       if( (PhyMemLen > xHCI_CONF_MAXXFER) || (LeftLen > PhyMemLen) ) {
                                      /* 物理的に不連続 or 1度に転送可能なサイズより大 */
                                      if( PhyMemLen > xHCI_CONF_MAXXFER ) {
                                                     /* 1度に転送可能なサイズより大 */
                                                     Td->Length = xHCI_CONF_MAXXFER;
                                      }else {
```

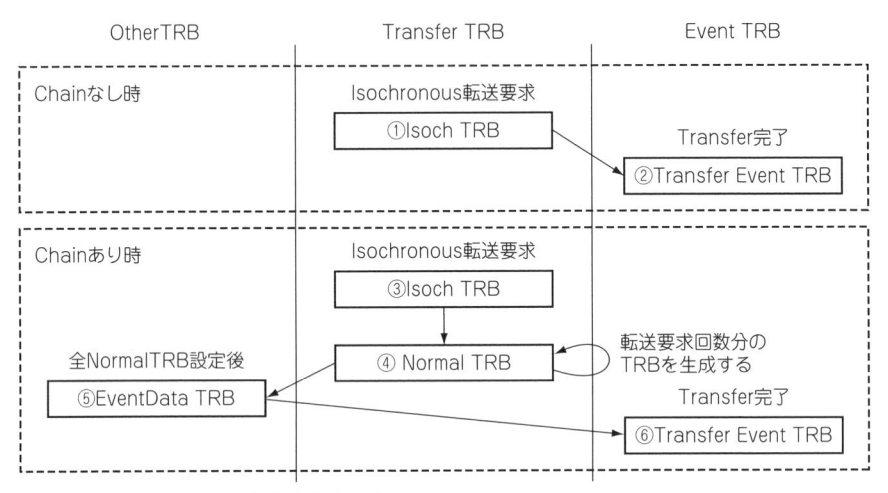

第10章 USBホスト・コントローラの制御

図10.52 アイソクロナス転送処理シーケンス

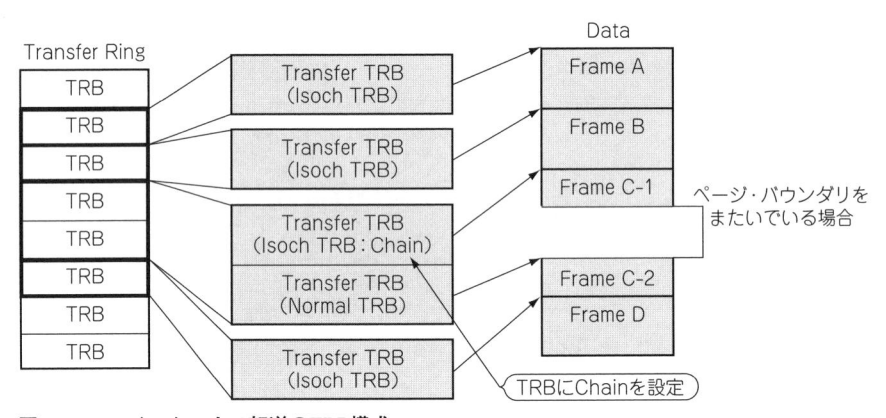

図10.53 アイソクロナス転送のTRB構成

xHCでは，アイソクロナス転送にはIsoch TRBを使用します．Isoch TRBにはNormal TRBにはない，Frame IDというフィールドがあり，そのフィールドとxHCのMFINDEX（Micro frame Index）が一致した時点でアイソクロナス転送が行われます（**図10.53**）．

アイソクロナス転送でもMax Packet Sizeを超える大きなデータ転送の場合は，2パケット目以降のデータ転送はNormal TRBを使ってデータ転送を行います．

10.6　マス・ストレージ・クラス・ドライバとファイル・システム

表10.26
T-Kernel Standard Extension FAT32 ファイル・システム API

API	機能
tkse_attach	ファイル・システムの接続
tkse_detach	ファイル・システムの切断
tkse_open	ファイル・システムのオープン
tkse_close	ファイル・システムのクローズ
tkse_lseek	ファイルの現在位置移動
tkse_read	ファイルの読み込み
tkse_write	ファイルの書き込み
tkse_getdents	ディレクトリ・エントリの取り出し
tkse_stat	ファイル情報の取得1
tkse_lstat	ファイル情報の取得2
tkse_fstat	ファイル情報の取得3
tkse_rename	ファイル名の変更
tkse_unlink	ディレクトリ・エントリの削除
tkse_mkdir	ディレクトリの作成
tkse_rmdir	ディレクトリの削除
tkse_dup	ファイル・ディスクリプタの複製1
tkse_dup2	ファイル・ディスクリプタの複製2
tkse_fsync	ファイルのディスク・キャッシュ内容とディスクの同期
tkse_chdir	カレント・ディレクトリの変更1
tkse_fchdir	カレント・ディレクトリの変更2
tkse_chmod	ファイル・モードの変更1
tkse_fchmod	ファイル・モードの変更2
tkse_creat	ファイルの作成
tkse_utimes	アクセス時間，修正時間の変更
tkse_umask	ファイル作成マスクの設定
tkse_truncate	ファイル・サイズを指定長に設定1
tkse_ftruncate	ファイル・サイズを指定長に設定2
tkse_sync	ディスク・キャッシュの内容とディスクの同期
tkse_getfsstat	ファイル・システムのリストの取得
tkse_getlink	標準ファイルの LINK の取得

10.6　マス・ストレージ・クラス・ドライバとファイル・システム

　クラス・ドライバ階層の設計は，USB ホスト・コントローラが搭載されるシステムの OS の影響を大きく受けます．一般的に，バス・ドライバの階層は OS のプラグ・アンド・プレイ機能による動的なデバイス検出に沿った実装となるため，そのインターフェースに合わせた実装にする必要があります．また，上位層についても，USB クラス・ドライバの上位に OS のアプリケーション・インター

453

第10章 USBホスト・コントローラの制御

図10.54 マス・ストレージ・クラス処理シーケンス

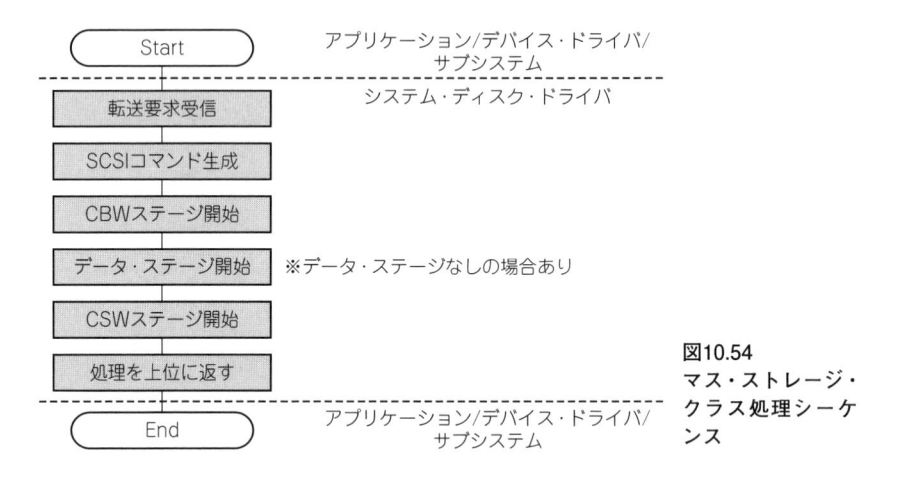

バイト＼ビット	7	6	5	4	3	2	1	0
0～3	dCBWSignature							
4～7	dCBWTag							
8～11	dCBWDataTransferLength							
12	bmCBWFlags							
13	Reserved(0)				dCBWLUN			
14	Reserved(0)				dCBWCBLength			
15～30	CBWCB							

図10.55 CBWフォーマット

表10.27 CBWの主要メンバ

フィールド名	説　明
dCBWSignature	データ・パケットがCBWであることを示す識別子であり，43425355hが設定される．
dCBWTag	ホストによって送信されるTag．この値とデバイスから送られる対応するCSWのdCSWTagが同じ値でなければならない．
dCBWDataTransferLength	データ・ステージで転送するデータ・サイズ
bmCBWFlags	データ転送方向． bit 0～6　Reserved(0) bit 7　　 0 = Bulk Out転送 　　　　　1 = Bulk In転送
dCBWLUN	デバイスのLUN(Logical Unit Number)
dCBWCBLength	CBWCBの有効バイト数．設定値は01h～10h
CBWCB	SCSIコマンドを設定

10.6 マス・ストレージ・クラス・ドライバとファイル・システム

フェース仕様に合わせ込むために，フィルタ・ドライバやライブラリが用意されることが多いです．

今回の評価ボード環境にはオープン・ソース OS T-Kernel を使用しており，その上位には T-Kernel 用の標準拡張機能 T-Kernel Standard Extension(TKSE)を搭載しています．TKSE は，プロセス API と FAT ファイル・システム機能を搭載しており，今回の USB 3.0 ドライバ実装でもこの機能を利用しています．

● ファイル・システム(TKSE FAT32 ファイル・システム)

TKSE のファイル・システム API 機能一覧を，**表10.26** に示します．この API が T-Kernel 用アプリケーションが USB 3.0 ストレージ・デバイスにアク

バイト ＼ ビット	7	6	5	4	3	2	1	0
0〜3	dCSWSignature							
4〜7	dCSWTag							
8〜11	dCSWDataResidue							
12	bmCSWStatus							

図10.56　CSW フォーマット

表10.28　CSW の主要メンバ

フィールド名	説　明
dCSWSignature	データ・パケットが CSW であることを示す識別子であり，53425355h が設定される．
dCSWTag	CBW で受け取った dCBWTag の値を設定
dCSWDataResidue	予想データ転送量と実データ転送量の差分
bmCSWStatus	コマンドの成否を示す 00h：成功 01h：コマンド失敗 02h：フェーズ・エラー

表10.29　マス・ストレージ・クラス・ドライバ 実装 SCSI コマンド

CBWCB SCSI コマンド	Op コード	対応する処理
Test Unit Ready	00h	論理ユニットの状態確認
Request Sense	03h	デバイスの詳細なステータス取得
Inquiry	12h	デバイス基本情報の取得
Read Capacity	25h	論理ユニット実容量の取得
Read 10	28h	データ Read
Write 10	2Ah	データ Write

ビット バイト	7	6	5	4	3	2	1	0
0	Operation Code = 00h							
1	Reserved							
2	Reserved							
3	Reserved							
4	Reserved							
5	Control							

図10.57 Test Unit Ready フォーマット

表10.30 Test Unit Ready の主要メンバ

フィールド名	説 明
Operation Code	コマンド識別子(00h)
Control	00h 固定 (bit 7-6：Vendor Specific，bit 5-3：Reserved，bit 2：Normal ACA，bit 1-0：Obsolete)

ビット バイト	7	6	5	4	3	2	1	0
0	Operation Code = 03h							
1	Reserved							DESC
2	Reserved							
3	Reserved							
4	Allocation Length							
5	Control							

図10.58 Request Sense フォーマット

表10.31 Request Sense の主要メンバ

フィールド名	説 明
Operation Code	コマンド識別子(03h)
DESC (Descriptor Format)	センス・データ・フォーマットの切り替えを行う． DESC=1 の場合，Descriptor format sense data(response codes 72h/73h)をサポートする DESC=0 の場合，Fixed format sense data(response codes 70h/71h)をサポートする
Allocation Length	センス・データ・バイト数
Control	00h 固定

10.6 マス・ストレージ・クラス・ドライバとファイル・システム

セスするためのインターフェースとなり，マス・ストレージ・クラス・ドライバはこのファイル・システム機能をサポートするための，クラス・ドライバ・インターフェースをサポートする必要があります．

● マス・ストレージ・クラス・ドライバ

マス・ストレージ・クラス・ドライバ・インターフェースは，TKSE FAT ファイル・システムをサポートするため，T-Engine フォーラムが公開しているシステム・ディスク・ドライバ仕様に則って実装しています．また，転送プロトコルは，市販の USB マス・ストレージ・クラスで最も一般的な，Bulk-Only-Transport（マス・ストレージ・プロトコル・コード 50h）に対応しています．

クラス・ドライバの処理シーケンスを図 10.54 に示します．ファイル・システムからの転送要求は，ストレージ・デバイスの LBA（Logical Block Address：論

表 10.32 Sense Key の例

Sense Key	説　明
00h	NO SENSE
01h	RECOVERED ERROR
02h	NOT READY
03h	MEDIUM ERROR
04h	HARDWARE ERROR
05h	ILLEGAL REQUEST
06h	UNIT ATTENTION
07h	DATA PROTECT
08h	BLANK CHECK
09h	VENDOR SPECIFIC
0Ah	COPY ABORTED
0Bh	ABORTED COMMAND
0Dh	VOLUME OVERFLOW
0Eh	MISCOMPARE

ビット バイト	7	6	5	4	3	2	1	0
0	Operation Code = 12h							
1	Reserved						Obsolete	EVPD
2	Page Code							
3	Reserved							
4	Allocation Length							
5	Control							

図 10.59　Inquiry フォーマット

第 10 章　USB ホスト・コントローラの制御

表10.33　Inquiry の主要メンバ

フィールド名	説　明
Operation Code	コマンド識別子(12h)
EVPD(Enable Vital Product Data)	1 の場合，Page Code で取得する Inquiry データを設定する
Page Code	EVPD が 1 のとき VPD の情報の種類を指定する
Allocation Length	Inquiry データのバイト数を設定
Control	コントロール・コード(SAM-5 仕様)．Inquiryry では 00h 固定

バイト＼ビット	7	6	5	4	3	2	1	0
0	Operation Code = 25h								
1〜6	Reserved								
8	Reserved									Obsolete
9	Control								

図10.60　Read Capacity フォーマット

表10.34　Read Capacity の主要メンバ

フィールド名	説　明
Operation Code	コマンド識別子(25h)
Reserved	予約
PMI(Partial Medium Indicator)	PMI=1 の場合，連続アクセス可能な LBA 最終アドレスを取得する
Control	00h 固定

バイト＼ビット	7	6	5	4	3	2	1	0
0	Operation Code = 28h							
1	LUN			DPO	FUA	Reserved		RelAdr
2〜5	Logical Block Address(LBA)							
6	Reserved							
7〜8	Transfer Length							
9	Control							

図10.61　Read10 フォーマット

理ブロック・アドレス)とブロック・サイズの情報が与えられ，クラス・ドライバはその情報に合わせてコマンド送信，データ送受信，ステータス受信の 3 フェーズを繰り返し実行します．

　CBW(Command Block Wrapper)フォーマットを**図10.55**に，CBW の主要メンバを**表10.27**に示します．また，CSW(Command Status Wrapper)フォーマッ

10.6 マス・ストレージ・クラス・ドライバとファイル・システム

表10.35 Read10 の主要メンバ

フィールド名	説 明
Operation Code	コマンド識別子(28h)
LUN	論理ユニット番号
DPO	コマンドの実行によってキャッシュのデータの置き換えを許可するかどうかを設定する． 0：キャッシュ・データの置き換え可 1：キャッシュ・データの置き換えは禁止
FUA	コマンド実行時に，キャッシュからではなく必ず媒体へアクセスする場合は1を設定する．
RelAdr	相対アドレッシング機能を使用する場合は1を設定する
Logical Block Address(LBA)	データを Read する開始アドレスを設定
Transfer Length	転送データ長
Control	00h 固定

バイト \ ビット	7	6	5	4	3	2	1	0
0	Operation Code = 2Ah							
1	LUN			DPO	FUA	Reserved		RelAdr
2〜5	Logical Block Address(LBA)							
6	Reserved							
7〜8	Transfer Length							
9	Control							

図10.62 Write10 フォーマット

表10.36 Write10 の主要メンバ

フィールド名	説 明
Operation Code	コマンド識別子(2Ah)
LUN	論理ユニット番号
DPO	コマンドの実行によってキャッシュのデータの置き換えを許可するかどうかを設定する． 0：キャッシュ・データの置き換え可 1：キャッシュ・データの置き換えは禁止
FUA	コマンド実行時に，キャッシュからではなく必ず媒体へアクセスする場合は1を設定する．
RelAdr	相対アドレッシング機能を使用する場合は1を設定する
Logical Block Address(LBA)	データを Write する開始アドレスを指定する
Transfer Length	転送データ長
Control	00h 固定

第10章　USBホスト・コントローラの制御

コラム 10.A　UASPプロトコル

　USB 3.0を利用する場合，外付けハード・ディスクやUSBメモリなどのストレージ・デバイスの性能向上が最も期待されています．しかし，USB 2.0までのストレージ・デバイスの中でも普及しているBulk-Only-Transportプロトコルは，物理デバイスの応答待ちがUSBバスの転送速度に大きく影響してしまう，転送オーバーヘッドの大きいものです．また，シリアルATAデバイスなどでは，NCQ(Native Command Queuing)という複数命令の非順列実行のしくみが取り入れられ，実行性能を向上させています．そこで，USBでも同様なしくみのものとして，UASP(USB Attached SCSI)プロトコルがあります．UASPプロトコルはUSB 2.0でも実現できますが，USB 3.0からサポートされたストリーム転送と相性のよい転送プロトコルです(図10.A)．

　UASPでは，コマンド・パイプとデータ・パイプ，ステータス・パイプの三つの論理パイプを定義し，これらが依存関係を持たずに非同期で複数の転送処理を同時

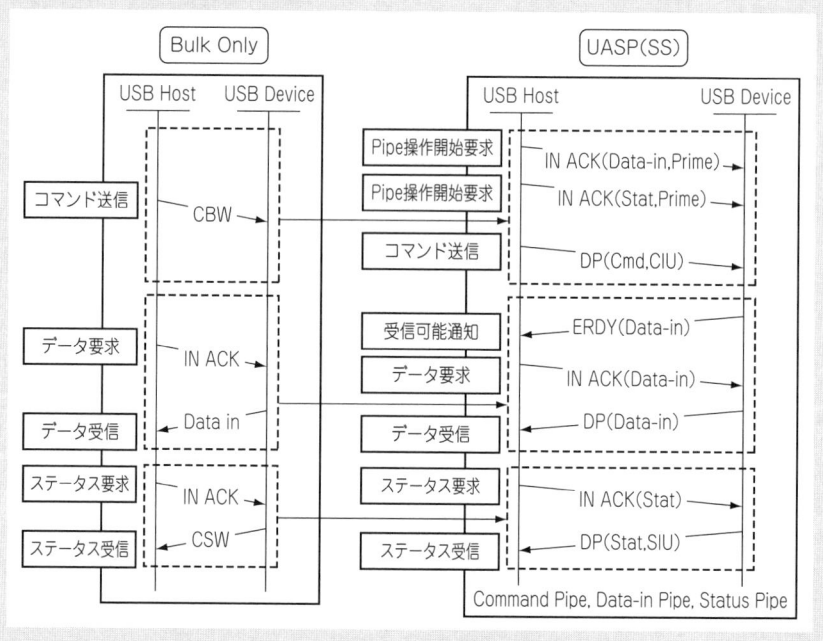

図10.A　マス・ストレージ・クラスUASPプロトコル処理シーケンス

進行できるしくみを持っています.ハード・ディスクの内外周でのアクセス速度差や,ドライブ・キャッシュへのヒット,ミス・ヒットなどでデータ準備が前後する場合にも,最適なデータ転送を実現できます.

図10.Bと図10.Cに,UASP プロトコルの COMMAND IU(Command Information

	7	6	5	4	3	2	1	0
0	IU ID (01h)							
1	Reserved							
2	TAG							
3								
4	R	COMMAND PRIORITY			TASK ATTRIBUTE		
5	Reserved							
6	ADDITIONAL CDB LENGTH(n dwords)					Reserved		
7	Reserved							
8	LOGICAL UNIT NUMBER							
15								
16	CDB							
31								
32	ADDITIONAL CDB BYTES							
31+n×4								

図10.B UASP プロトコルの COMMAND IU のデータ・フォーマット

	7	6	5	4	3	2	1	0
0	IU ID (03h)							
1	Reserved							
2	TAG							
3								
4	STATUS QUALIFIER							
5								
6	STATUS							
7	Reserved							
8	LENGTH(n-15)							
15								
16	SENSE DATA							
n								

図10.C UASP プロトコルの SENSE IU のデータ・フォーマット

第10章 USBホスト・コントローラの制御

表10.A IU ID一覧

IU ID	説　明
00h	Reserved
01h	COMMAND IU
02h	Reserved
03h	SENSE IU
04h	RESPONSE IU
05h	TASK MANEGEMENT IU
06h	READ READY IU
07h	WRITE READY IU
08h 〜 FFh	Reserved

Unit)とSENSE IU(Sense Information Unit)のデータ・フォーマットを示します．SAM-4（SCSI Architecture Model-4）規格のデータ構造を基本としており，先頭部分にIUヘッダ(Information Unit Header)が付加されています(**表10.A**)．IUヘッダにはTAGというフィールドがあり，このTAGに任意の数値を設定することにより，IUの対応付けがされます．

　USBホストが複数の転送コマンドを発行する際は，異なったTAG情報を設定したCOMMAND IUを生成し，USBバスに送信します．USBデバイスは任意の順序でCOMMAND IUを処理し，処理が完了した順序でSENSE IUを生成し，USBホストに送信できます．Bulk Only Transportプロトコルでは，何かオーバーヘッドの大きい処理(COMMAND IU①)が発生した場合に，それ以降の処理

トを**図10.56**に，CSWの主要メンバを**表10.28**に示します．
　今回作成したマス・ストレージ・クラス・ドライバは，USBハードディスクを使うために最低限必要な**表10.29**に示すSCSIコマンドのみを実装しています．
(1) Test Unit Readyコマンド(図10.57，表10.30)
　Test Unit Readyコマンドは，ストレージ・デバイスがReady状態にあるかどうかを確認するコマンドです．デバイスがメディア・アクセスのためのストレージ・コマンドが受信可能な状態にあれば，Goodステータスが返送されます．
(2) Request Senseコマンド(図10.58，表10.31)
　論理ユニットの状態を取得します．Request Senseの応答データはSense Dataと呼ばれ，18バイトのデータ構造を持っています．その中にSense Key(**表10.32**)，ASC(Additional Sense Code)，ASCQ(Additional Sense Code

10.6 マス・ストレージ・クラス・ドライバとファイル・システム

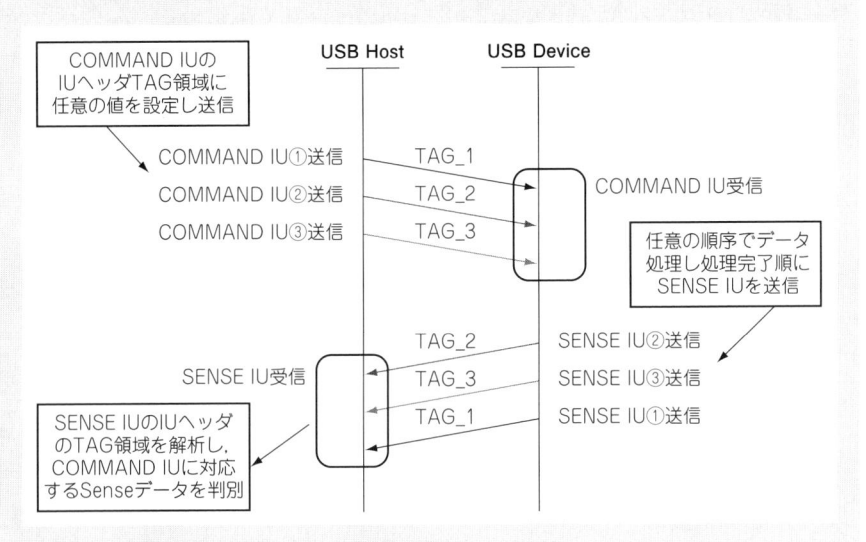

図10.D COMMAND IU/SENSE IUの送受信

（COMMAND IU ②③）が①の完了を待たされましたが，UASPの場合は処理②③が先に完了した場合，SENSE IU ②③を送信し，その後 SENSE IU ①を送信可能になります（図10.D）．

Qualifier）というフィールドがあり，論理ユニット状態を詳細に把握することができます．
(3) Inquiry コマンド（図10.59, 表10.33）
　論理ユニットの構成・属性を取得します．ストレージ・デバイスのデバイス種別や着脱機能の有無，ベンダ ID，プロダクト ID などの製品情報などを取得することができます．
(4) Read Capacity コマンド（図10.60, 表10.34）
　デバイスの論理ユニットの実容量（最大論理ブロック・アドレス）と論理ブロック・サイズの情報を取得します．
(5) Read10 コマンド（図10.61, 表10.35）
　指定した範囲の論理データ・ブロックのデータを取得します．

463

(6) Write10 コマンド（図10.62，表10.36）
データを指定した範囲の論理データ・ブロックに書き込みます．

ながお・ひろき
NEC エンジニアリング（株）

第11章

永尾 裕樹

USBデバイス・コントローラ制御

本章では，FPGA（米国 Altera 社の Cyclone Ⅲ）を搭載した USB 3.0 評価ボードを使用し，USB 3.0 インターフェース対応のマス・ストレージ・デバイスを設計する事例を元に，USB 3.0 デバイス側のソフトウェア制御のしくみを紹介します．

11.1 USB デバイス評価システムの構成

ここでは，USB 3.0 デバイス側としてアルティマ社製の USB 3.0 評価ボード（Cyclone Ⅲ USB3.0 Board）を利用します．このボード上には，Altera 社の低価格 FPGA Cyclone Ⅲ が実装されており，USB 3.0 デバイス IP としてインベンチュア製 Z-core USB 3.0 IP を使用します．そのほかに，FPGA には Nios Ⅱ（CPU），DDR2-SDRAM メモリ・コントローラ，Flash ROM/MRAM インターフェース，LCD コントローラなどが書き込まれています．また，評価ボード上には，米国

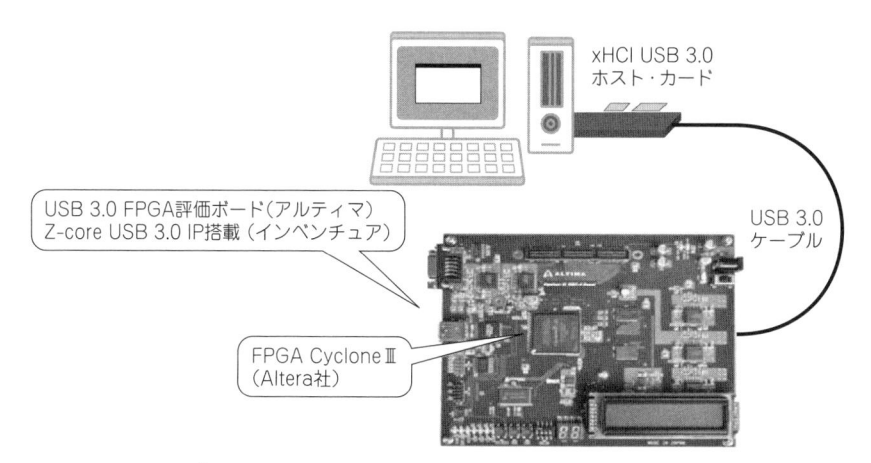

図11.1 USB 3.0デバイスの評価システムの構成

Texas Instruments社のUSB 3.0 PHYチップTUSB1310Aが搭載され，USB 3.0コネクタを介してUSB 3.0デバイスとして機能します．

ホスト側にはWindows 7を搭載したパソコンを使用し，PCI Express拡張スロットに市販のUSB 3.0ホスト・カードを装着し，USB 3.0評価ボードとUSBケーブルで接続しています．

評価ボードのファームウェアはFlash ROMに書き込まれ，Nios II CPUを起動/初期化した後にFPGA内部のRAMに展開され，マス・ストレージ・クラス対応USBデバイス・ソフトウェアとして機能します．USB 3.0インターフェースで接続する物理デバイスは，評価ボード上のDDR2-SDRAMをデータ格納領域としたRAMディスク構成とし，USBデバイス・ソフトウェア構成をシンプルに理解できるような構成にしています．図11.1にUSB 3.0デバイスの評価システムの構成を示します．

● 評価システムのハードウェア
(1) USB 3.0 FPGA評価ボード
USB 3.0 FPGA評価ボードのハードウェア構成ブロック図を，図11.2に示します．

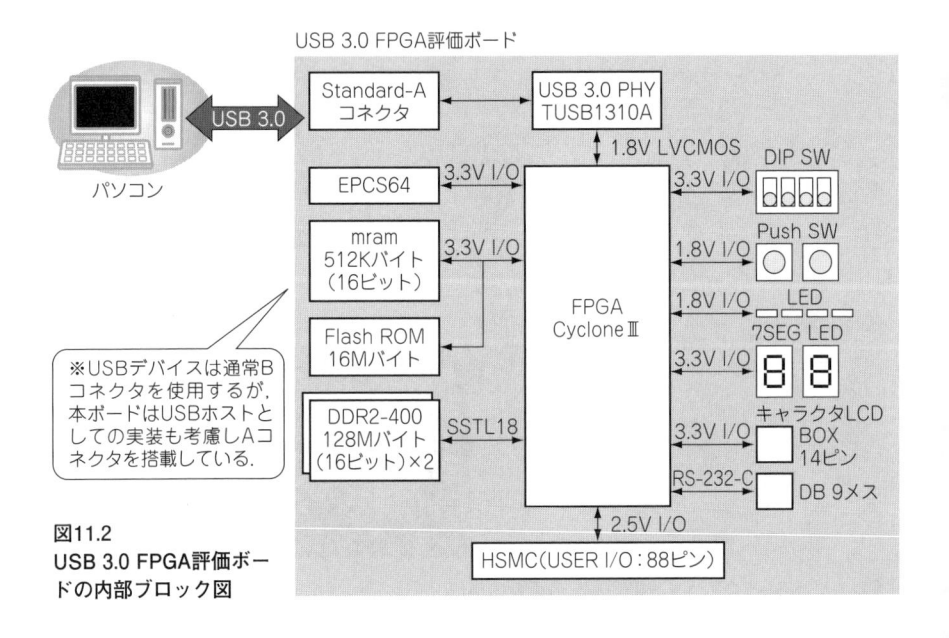

図11.2
USB 3.0 FPGA評価ボードの内部ブロック図

11.1 USBデバイス評価システムの構成

主要部品として，Altera 社の低価格 FPGA である Cyclone Ⅲ EP3C80F780C6（780 ピン FPGA パッケージ，80K ロジック・エレメント）を搭載し，USB 3.0 デバイス・コントローラ機能を実装しています（**表11.1**）．

現状では，Cyclone Ⅲ の入出力バッファでは USB 3.0 の全ての PHY 機能を実

表11.1 USB 3.0 FPGA 評価ボードの構成部品

FPGA ボード機能	構成部品
FPGA	Cyclone Ⅲ（EP3C80F780C6）
コンフィグレーション ROM	EPCS64
USB 3.0 PHY	TUSB1310A（Texas Instruments）
VBUS Current-Limiting IC	TPS2560DRC（Texas Instruments）
MRAM	EVERSPIN（MR2A16AYS35）512K バイト
DRAM	Micron DDR2 SDRAM MT47H64M16HR-3G 128M バイト×2
Flash ROM	Spansion S29GL128P10TFI010 16M バイト
拡張コネクタ	Altera HSMC 仕様
シリアル・コネクタ	RS-232-C DB9 ポート
そのほか	7SegLED×2，LED，DIP-SW，Push-SW，キャラクタ LCD

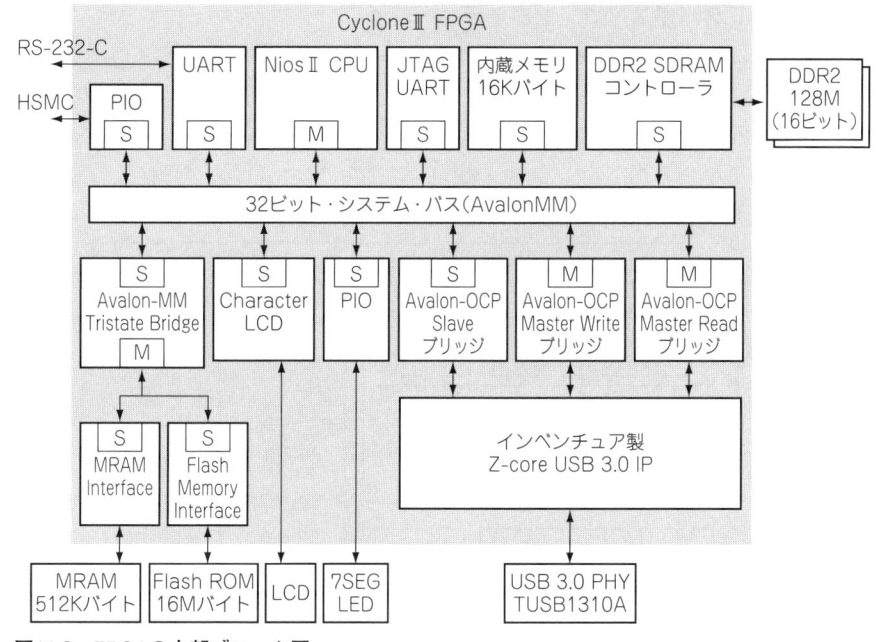

図11.3 FPGAの内部ブロック図

第11章 USBデバイス・コントローラ制御

装することができないため,ボード上には Texas Instruments 社の USB 3.0 PHY チップ TUSB1310A を使用しています.そのほか,256M バイトの DDR2 SDRAM(USB マス・ストレージ・バッファに使用),512K バイトの MRAM(ファームウェア処理に使用),HSMC 拡張コネクタ(物理デバイス追加に使用)などが搭載されています.

(2) FPGA 回路

FPGA の内部構成ブロック図を,図11.3 に示します.USB 3.0 デバイス・コントローラとして,インベンチュア製の Z-core USB 3.0 の IP コアを使用し,32 ビット幅の内部システム・バス(Avalon-MM バス)に3種類のブリッジ回路で接続しています.CPU は Altera 社の FPGA 内蔵 CPU コア Nios II を使用しており,USB デバイス・コントローラ制御に関するドライバ・ソフトウェアがこの CPU で動作しています.そのほかに,ソフトウェア起動/動作用 Flash ROM/MRAM インターフェース,ストレージ・データ用の DDR2 SDRAM をコントロールする DDR2 SDRAM コントローラ,デバッグ用の JTAG インターフェース,シリアル・インターフェース,ステータス表示用 LCD 制御回路などを搭載しています.

(3) USB 3.0 デバイス・コントローラ(IP コア)

FPGA には,USB 3.0 デバイス・コントローラ(IP コア)として,インベンチュア製の Z-core USB 3.0 IP を使用しています.この IP コアの特徴は,高い実効で転送性能(420M バイト/秒)と低消費電力を両立していることや,FIFO 構成/EP 構成/DMA 割り当てをレジスタ設定で柔軟にリマッピング可能な点が挙げ

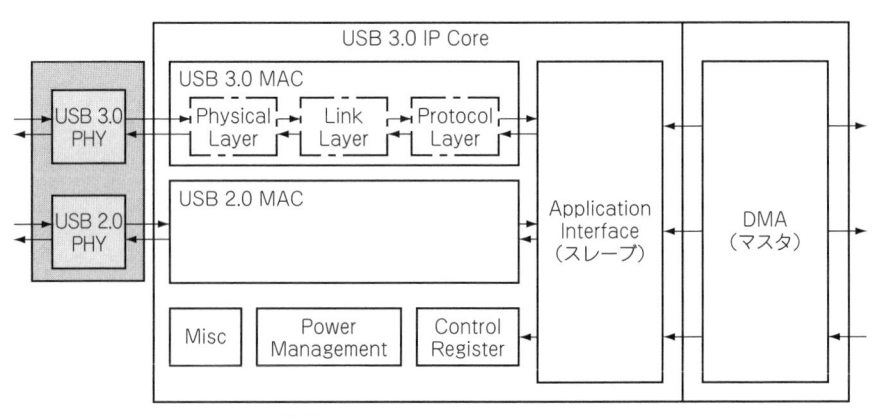

図11.4 Z-core USB 3.0 IP の構成

られます.ソフトウェアの制御フローも特殊なものはなくシンプルで扱いやすいコアです.図11.4にZ-core USB 3.0 IPの構成を,表11.2に仕様を示します.

● **評価システムのソフトウェア**

USB 3.0デバイスのソフトウェア構成を,図11.5に示します.

基本ソフトウェア部分では,CPU周辺回路の初期化,割り込みハンドラの設定などを実行し,その後USBデバイス・ソフトウェアが起動されます.USBデバイス・ソフトウェアは,コントローラ・ドライバ,バス・ドライバ,クラス・ドライバの階層構造に則って設計しており,クラス・ドライバ階層にはマス・ストレージ・クラス・ドライバを実装しています(図11.6).

また,今回はDDR2 SDRAMをストレージのデータ領域として使用するため,ブリッジ・ドライバ階層にはRAMディスク・ドライバに相当する機能を実装し

表11.2 Z-core USB 3.0 IPの仕様

仕 様	説 明
USB規格	USB 3.0/USB 2.0に対応
対応スピード	SuperSpeed(5Gbps),HighSpeed(480Mbps),FullSpeed(12Mbps)
エンドポイント構成	EP0,EP1-15(Rx),EP1-15(Tx)
PHY I/F(USB 3.0)	PIPE3.0-8ビット,PIPE3.0-16ビット,PIPE3.0-32ビット
PHY I/F(USB 2.0)	UTMI-8ビット,UTMI-16ビット,ULPI
Data Bus I/F	Slave I/F(DMAなし),Master I/F(DMAあり)

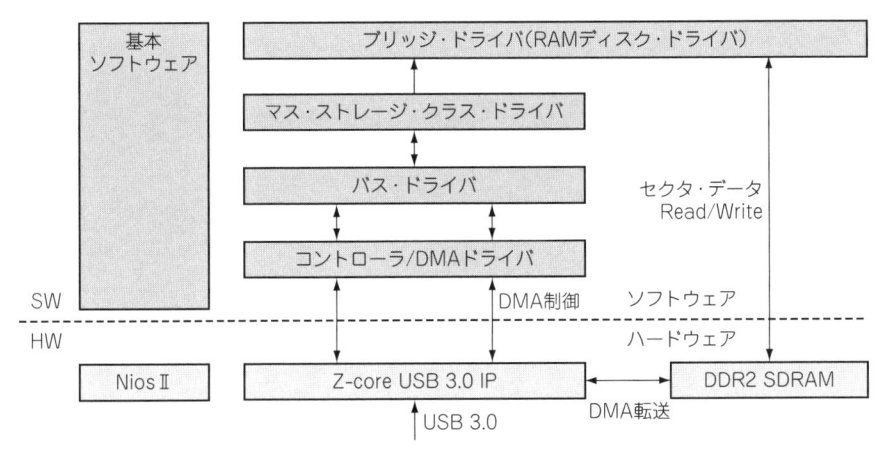

図11.5 USB 3.0デバイスのソフトウェア構成

第 11 章　USB デバイス・コントローラ制御

```
USB3_ZcoreDriver          // USB3.0 Zcoreドライバ・スタック
|-- bridge                // ブリッジ・ドライバ
|   |-- common            // ブリッジ・ドライバ共通部分
|   |   |-- usb_common.c
|   |   `-- usb_common.h
|   |-- hdmi              // ビデオ・クラス物理デバイス・ドライバ（HDMI I/F）
|   |   |-- hdmi.c
|   |   `-- hdmi.h
|   |-- printer           // プリンタ・クラス物理デバイス・ドライバ（プリンタ）
|   |   |-- prn_app.c
|   |   `-- prn_app.h
|   `-- ramdisk           // マス・ストレージ・クラス物理デバイス・ドライバ（RAMディスク）
|       |-- ramdisk.c
|       `-- ramdisk.h
|-- gpio                  // FPGA評価ボードGPIO
|   |-- 7seg.c            // 7セグLEDプログラム
|   `-- 7seg.h
|-- lcd                   // FPGA評価ボードLCDパネル
|   |-- lcd.c
|   `-- lcd.h
|-- main.c                // メイン・プログラム
|-- platform              // USBデバイス・スタック・プラットホーム共通部
|   |-- err.h
|   |-- platform.c
|   |-- platform.h
|   |-- reg.h
|   `-- types.h
`-- usbdrv                // USBデバイス・スタック
    |-- class             // クラス・ドライバ
    |   |-- msc           // マス・ストレージ・クラス
    |   |   |-- msc.c
    |   |   |-- msc.h
    |   |   |-- msc_scsi.c
    |   |   `-- msc_scsi.h
    |   |-- printer       // プリンタ・クラス
    |   |   |-- printer.c
    |   |   `-- printer.h
    |   `-- uvc           // USBビデオ・クラス
    |       |-- uvc.c
    |       `-- uvc.h
    |-- core              // バス・ドライバ
    |   |-- cntrl.c
    |   |-- core.c
    |   |-- core.h
    |   `-- desc.h
    |-- epc               // コントローラ・ドライバ（Zcore IP制御）
    |   |-- epc.c
    |   |-- epc.h
    |   |-- zcore.c
    |   |-- zcore.h
    |   |-- zcore_dma.c
    |   `-- zcore_dma.h
    |-- inc               // ヘッダ・ファイル
    |   |-- api_msc.h
    |   |-- api_prn.h
    |   |-- api_uvc.h
    |   |-- conf.h
    |   |-- err.h
    |   `-- usb3.h
    |-- usbfmgr.c         // USBファンクション・マネージャ
    `-- usbfmgr.h
```

図11.6　USBデバイス・ドライバのファイル構成の例

ています．基本ソフトウェア機能や USB ソフトウェア機能のコード領域およびスタック・ヒープ領域は FPGA 内部のメモリ・ブロックに確保するため，DDR2 SDRAM は全てストレージ・データ領域に割り当てています．RAM ディスク・ドライバは，RAM ブロックをセクタに見立ててリード／ライトを行うのみですので，複雑な制御は特にありません．本評価ボードのように，汎用 USB デバイスとして利用する可能性のある場合は，きちんとレイヤ構造を意識したドライバ・モジュールとして，汎用化を意識した設計にすることが重要です．

11.2　システムの初期化

　USB デバイス・コントローラの初期設定は，バス・ドライバの階層から始まります．バス・ドライバの階層でドライバ内部のデータ管理情報などを初期化し，その後コントローラ・ドライバでコントローラを初期化し，クラス・ドライバ登録などの処理が実行されます．図11.7 に，ドライバ初期化シーケンスを示します．

　USB デバイス・ソフトウェア階層における，コントローラ・ドライバ，バス・ドライバ，クラス・ドライバの主要機能を図11.8 に示します．基本的に，コントローラ・ドライバでは，USB 3.0 デバイス・コントローラ（Z-core USB 3.0 IP）

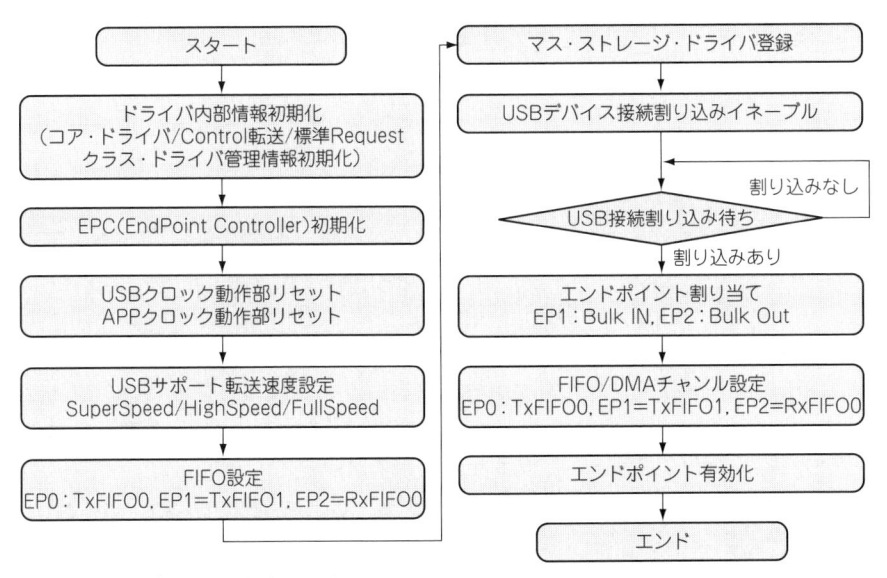

図11.7　USBデバイス初期化シーケンス

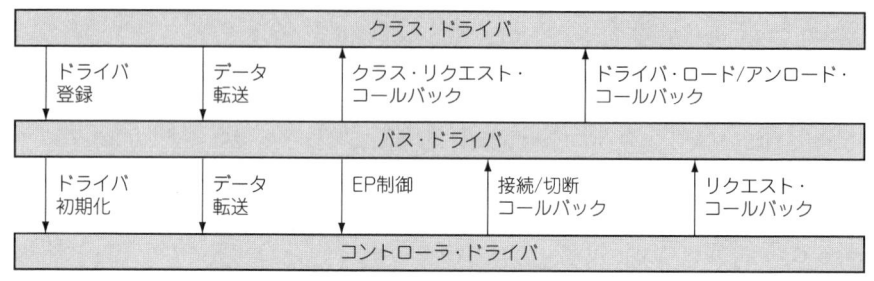

図11.8 USBデバイスのソフトウェアの機能

のハードウェア構成に依存した機能を実装し，バス・ドライバではエンドポイント番号0（デフォルト・エンドポイント）を使った標準リクエスト通信やディスクリプタ管理，接続切断管理などを実装します．

11.3 エニュメレーションのシーケンス

USBホストとUSBデバイス間がケーブルで接続されると，USBバス上ではエニュメレーションというシーケンスが開始されます．エニュメレーション時の主なUSBデバイス・ソフトウェアの処理は，下記のようになります．

A) USBバスの接続スピードに合わせて，ハードウェア（エンドポイント／FIFO/DMAなど）およびディスクリプタ情報の初期設定を行う（コントローラ・ドライバ，バス・ドライバ）
B) USBホストから指定されたUSBアドレス情報を設定する（コントローラ・ドライバ）
C) USBホストから要求されるディスクリプタ情報（デバイス・ディスクリプタ，コンフィグレーション，BOS，ストリングなど）の送信．（コントローラ・ドライバ，バス・ドライバ）
D) USBホストから指定されたコンフィグレーション情報に従ってコンフィグレーション設定を行い，クラス・ドライバへのインターフェース設定と初期化を行う（バス・ドライバ，クラス・ドライバ）

基本的に，USBバスのデータ転送シーケンスは必ずUSBホストから開始され，状態はUSBデバイス・コントローラからCPUへ割り込みで通知されます．CPU割り込み信号によって割り込みハンドラが起動され，そのときの割り込み

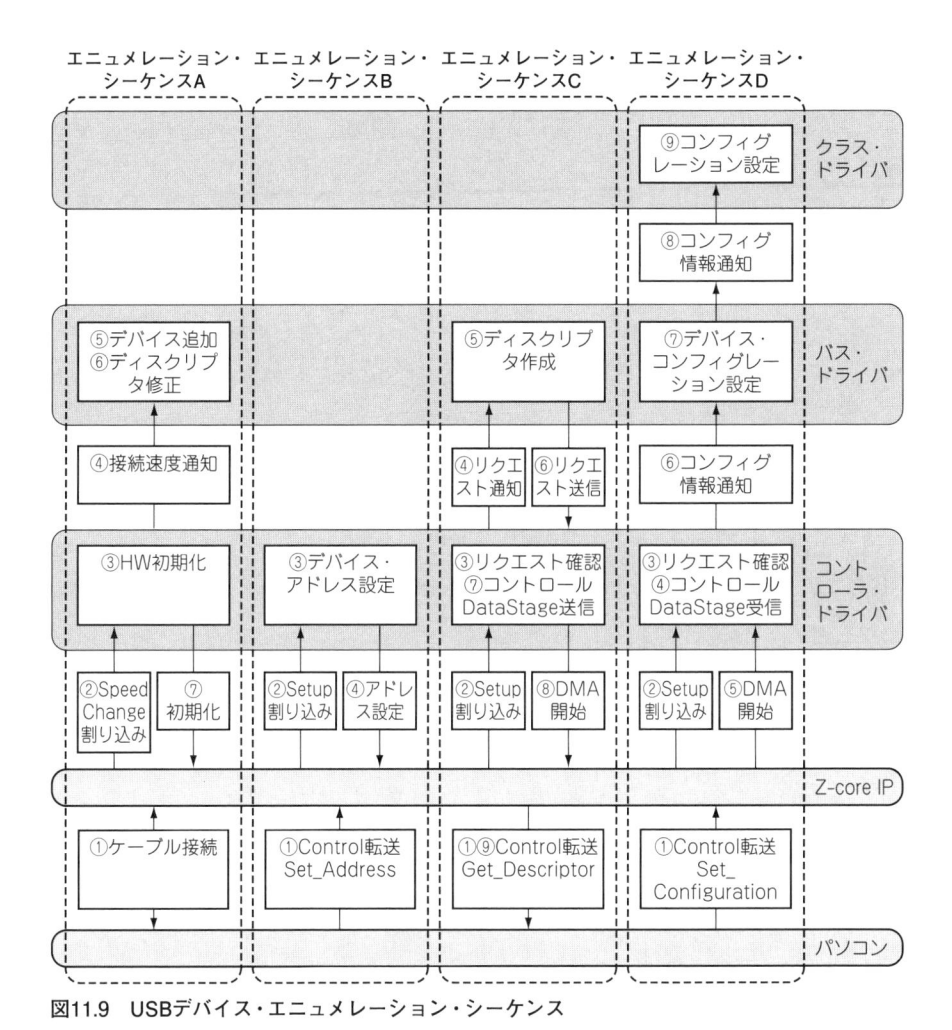

図11.9 USBデバイス・エニュメレーション・シーケンス

レジスタのステータスに応じて，ケーブル接続の認識や，USB アドレス設定 / ディスクリプタ要求 / コンフィグレーション設定のためのコントロール転送の開始を知ることができます．各 USB デバイス・ソフトウェア階層のエニュメレーション時の動作シーケンスを図11.9に示します．

第11章　USBデバイス・コントローラ制御

11.4　データ転送

● コントロール転送
(1) 標準リクエスト処理

　USB 3.0でも，コントロール転送はSetup/Data/Statusの3ステージで実行されます(データ・フェーズのないコントロール転送はSetup/Statusの2ステージ).例として，コントロールIN転送処理シーケンスを図11.10に示します.
　コントロール転送のSetupステージでは，USBホストから8バイトのSetup

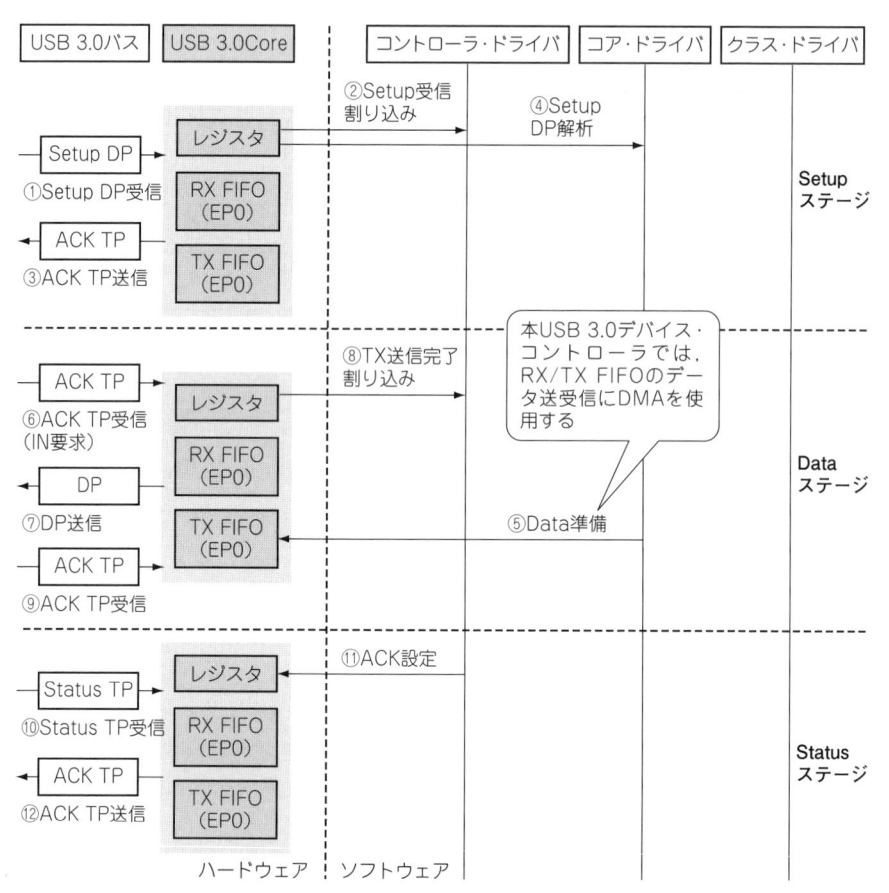

図11.10　コントロールIN転送処理シーケンス(標準リクエストの場合)

11.4 データ転送

DP(Data Packet)が送信されます(シーケンス①).Z-core USB 3.0 IP では Setup DP を受信すると CPU へ Setup 受信通知割り込み(Setup Packet Received Interrupt Status)を発生(シーケンス②)し,自動的に ACK TP を応答します (シーケンス③).コア・ドライバはコントローラ・ドライバより Setup DP を受信した通知を受け,レジスタ(Endpoint0 Setup Data Register 0/1)を Read し,

リスト11.1　コントロール転送受信ハンドリング

```c
/*!
 * @brief   コントロール転送のステージ・ハンドリング
 * @param   pEpc                    EPC情報
 * @param   Stage                   ステージ
 * @param   pSetup                  SETUPパケット情報
 * @return  エラーコード
 */
USBF_ERR UsbfEpcEp0Request(UsbfEpcInfo_t* pEpc,const UsbfEP0Stage_t Stage,UsbfSetup_t *pSetup )
{
        USBF_ERR             ret;
        UsbfCore_t*          pCore;

        if( pEpc == NULL ){
                return -USBF_ERR_OBJ;
        }

        pCore = (UsbfCore_t*)pEpc->pCoreInfo;
        if( pCore == NULL ){
                return -USBF_ERR_OBJ;
        }

        // ステージ・ハンドリング
        switch( Stage ){
        case USBF_STAGE_SETUP:                  /* Setup ステージ */
                ret = UsbfCtrlSetup( pCore, pSetup );
                break;

        case USBF_STAGE_DATAIN:                 /* Control In ステージ */
                ret = UsbfCtrlDataIn( pCore );
                break;

        case USBF_STAGE_DATAOUT:                /* Control Out ステージ(データ受信完了) */
                ret = UsbfCtrlDataOut( pCore );
                break;

        case USBF_STAGE_STSOUT:                 /* Status ステージ */
        case USBF_STAGE_STSIN:
                ret = UsbfCtrlStatus( pCore );
                break;

        case USBF_STAGE_SUCCESS:                /* Status ステージ完了 */
                ret = UsbfCtrlStatusSuccess( pCore );
                break;

        case USBF_STAGE_ABORT:                  /* Abort */
                ret = UsbfCtrlAbort( pCore );
                break;

        default:
                ret = -USBF_ERR_PARAM;
                break;
        }

        return ret;
}
```

Setupパケットのリクエスト・タイプなどを取得します(シーケンス④).

Dataステージでは，コア・ドライバはSetupステージで取得したリクエスト・タイプなどの情報を元に，転送データの準備を行います．本例では，コントロールIN転送処理のため，USBホストに送信するINデータをTX FIFO(EP0)に書き込む処理を行います(シーケンス⑤)．IN要求を意味するACK TP受信(シーケンス⑥)を受けると，USB 3.0のコアはTX FIFO(EP0)を確認し，送信データ

リスト11.2 セットアップ・パケット処理関数

```
/*!
 * @brief    SETUPパケット分解処理
 *
 * @param    pCore               USBコア・ドライバ管理情報
 * @param    Setup               SETUPパケット
 *
 * @return   エラー・コード
 */
USBF_ERR UsbfCtrlSetup( UsbfCore_t *pCore, UsbfSetup_t *Setup )
{
            UsbfCtrl_t *pCtrl;
            USBF_ERR ret;

            if( pCore == NULL ){
                        UsbfEpcEpControl( USBF_EPC_EP_STALL, USBF_EP_DEFAULT, NULL );
                        return -USBF_ERR_PARAM;
            }

            pCtrl = &pCore->Control;
            if( pCtrl == NULL ){
                        UsbfEpcEpControl( USBF_EPC_EP_STALL, USBF_EP_DEFAULT, NULL );
                        return -USBF_ERR_PARAM;
            }

            if( Setup == NULL ){
                        UsbfEpcEpControl( USBF_EPC_EP_STALL, USBF_EP_DEFAULT, NULL );
                        return -USBF_ERR_PARAM;
            }

            /* SETUPパケット解析 */
            memcpy( &pCtrl->Setup, Setup, sizeof(UsbfSetup_t) );

            /* リクエスト・タイプ取得 */
            pCtrl->Type = USBF_REQ_TYPE( pCtrl->Setup.bmRequestType );

            /* 転送方向取得 */
            pCtrl->Dir = USBF_REQ_DIR( pCtrl->Setup.bmRequestType );

            /* Stallフラグ・クリア */
            pCtrl->IsStall = FALSE;

            /* データ・サイズ初期化 */
            pCtrl->DataLen      = 0;
            pCtrl->ActLen       = 0;

            /* ステージをSETUPに設定 */
            UsbfEpcEp0NextStage( &pCtrl->NextStage, USBF_STAGE_SETUP );

            /* リクエスト処理 */
            ret = UsbfRequest( pCore );

            return ret;
}
```

リスト11.3　ディスクリプタ送信処理関数

```
/*!
 * @brief   GET_DESCRIPTORリクエスト処理
 *
 * @param   exinf           USBコア・ドライバ管理情報
 * @param
 *
 * @return  エラー・コード
 */
USBF_ERR UsbfReqGetDescriptor( VP exinf )
{
            UsbfCore_t *pCore = (UsbfCore_t*)exinf;
            UsbfCtrl_t *pCtrl;
            UsbfIntf_t *pIntf;
            USBF_ERR   ret = USBF_OK;
            UH                      type, index;
            UW                      i, size = 0, total = 0;
            UB                      *buf, speed;
            UB**                    desc;

            UsbfDescConfig_t        *pConfig;
            UsbfDescBos_t           *pBos;

            if( pCore == NULL ){
                    return -USBF_ERR_PARAM;
            }
            pCtrl = &pCore->Control;

            /* リクエスト情報チェック */
            if( pCtrl->NextStage != USBF_STAGE_SETUP ){
                    return -USBF_ERR_STATE;
            }
            type  = ( pCtrl->Setup.wValue >> 8) & 0x00ff;
            index = ( pCtrl->Setup.wValue ) & 0x00ff;
            buf = &pCtrl->DataBuf[0];

            /* リクエスト処理 */
            switch( type ){
            case USBF_DSC_DEV:                      /* Device Descriptor */
                    if( UsbfGetSpeed() != USBF_SPEED_SS ){
                            UsbfDeviceDescriptor.bMaxPacketSize0 = (1<<USBF_HS_MPS_EP0);
                    }
                    size = (UW)UsbfDeviceDescriptor.bLength;
                    memcpy( buf, &UsbfDeviceDescriptor, size );
                    break;

            case USBF_DSC_CFG:                      /* Configuration Descriptor */
            case USBF_DSC_OSCF:                     /* Other Speed Configuration Descriptor */
                    if( index != 0x00 ) {
                            ret = -USBF_ERR_REQ;
                            break;
                    }
                    speed = UsbfGetSpeed();
                    if( type == USBF_DSC_CFG ){
                            /* Configuration Descriptorコピー */
                            size = (UW)UsbfConfigDescriptor.bLength;
                            memcpy( buf, &UsbfConfigDescriptor, size );
                    } else {
                            /* Other Speed Configuration Descriptorコピー */
                            size = (UW)UsbfOtherSpeedConfigDescriptor.bLength;
                            memcpy( buf, &UsbfOtherSpeedConfigDescriptor, size );
                    }
                    total  = size;
                    buf   += size;

                    for( i=0; i<USBF_MAX_IF_NUM; i++ ){
                            pIntf = &pCore->Intf[i];

                            if( pIntf->Status != USBF_INTF_INVALID ) {
                                    /* Interface Descriptor以下取得 */
                                    if( type == USBF_DSC_CFG ) {
                                            /* Configuration Descriptor */
                                            switch( speed ) {
                                            case USBF_SPEED_SS:
                                                    desc = pIntf->SsDesc;
                                                    break;

                                            case USBF_SPEED_HS:
                                                    desc = pIntf->HsDesc;
                                                    break;
```

第 11 章　USB デバイス・コントローラ制御

が存在する場合はDPを送信します(シーケンス⑦)．まだTX FIFO(EP0)にデータが存在しない場合は，自動的にNRDY TPが送信されます．DP送信後，TX送信完了割り込み(シーケンス⑧)をコントローラ・ドライバが受け取り，その後USBホストからACK TPを受け取り(シーケンス⑨)，Dataステージは終了します．

　Statusステージでは，USBホストからStatus TPを受信します(シーケンス⑩)．Status TPへの応答のため，コントローラ・ドライバがレジスタ(Endpoint0 Control Register：Transmit ACK)を制御(シーケンス⑪)した後，ACK TPがホスト・コントローラに送信(シーケンス⑫)され，コントロール転送のサイクルが

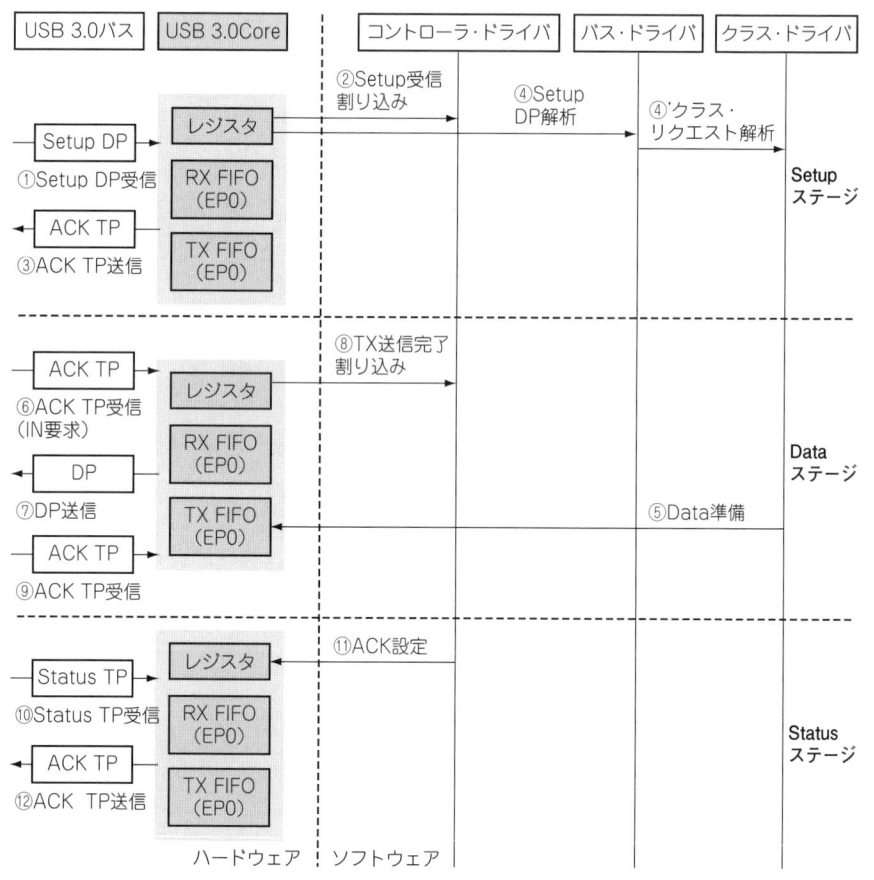

図11.11　コントロールIN転送処理シーケンス(クラス・リクエストの場合)

すべて終了します．

以上の処理のプログラム例を**リスト11.1～リスト11.3**に示します．

(2) クラス・リクエスト処理

クラス・リクエスト処理についても，大きなシーケンスの流れは標準リクエストとほぼ同様ですが，シーケンス④の Setup DP 解析以降が少し異なります．Setup DP を受け取ったバス・ドライバは，リクエストがクラス・リクエストであることを判別すると，その処理をクラス・ドライバ（シーケンス④'）へ渡します．クラス・ドライバはクラス・リクエストに応じたデータを準備し，データを TX FIFO（EP0）に格納します（シーケンス⑤）．以降は，標準リクエストの場合と同様です（図11.11）．

● バルク転送

(1) バルク・アウト転送

バルク・アウト転送は，ホストからデバイスに対する大容量のデータ転送に使用されます．マス・ストレージ・クラス（Bulk Only Transport サブクラス）のデータ・ライト（Write10 コマンド）や，プリンタ・クラスの印刷データ送信などで使われる転送です．

バルク・アウト転送は，ホスト・コントローラが発行する DP の受信から始まります（図11.12）．DP を受けた USB デバイスは ACK TP を応答すると同時に，コントローラ・ドライバに DP 受信通知の割り込みを発生します．Z-core USB 3.0 IP では，バルク転送のデータ送受信には DMA コントローラを使用します．コア・ドライバは DMA コントローラを制御し，バルク・アウト・データの受信を行います．

(2) バルク・イン転送

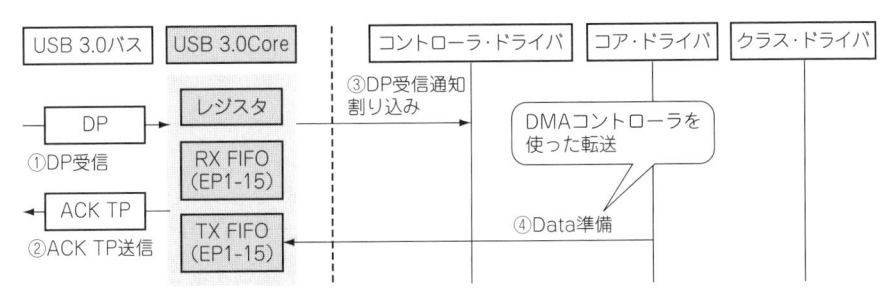

図11.12 バルク・アウト転送の処理シーケンス

第 11 章　USB デバイス・コントローラ制御

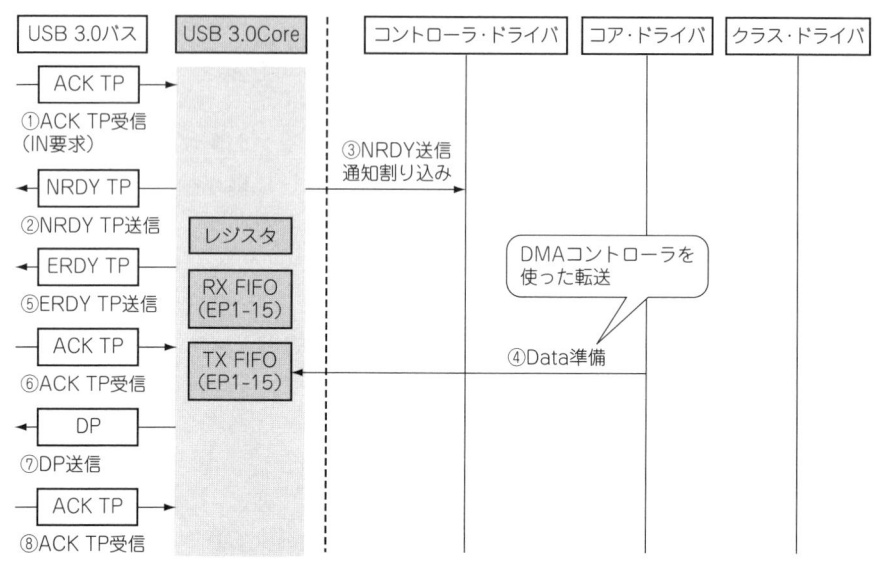

図11.13　バルク・イン転送処理シーケンス

バルク・イン転送は，デバイスからホストへ対する大容量のデータ転送に使用されます．マス・ストレージ・クラス（Bulk Only Transport サブクラス）のデータ・リード（Read10 コマンド）や，イメージ・クラスの画像データ受信などで使われる転送です．

バルク・イン転送は，ホスト・コントローラが発行する ACK TP 受信（IN 要求）から始まります（**図11.13**）．ACK TP を受けた USB デバイスは，すぐにデータが送れる状況でなければ NRDY TP を応答すると同時に，コントローラ・ドライバに NRDY TP 送信通知の割り込みを発生します．コア・ドライバは DMA コントローラを制御し，バルク・イン・データの送信を行います．**リスト11.4**に，バルク・イン転送処理の例を示します．

11.5　DMA の制御フロー

USB 3.0 バスは，5Gbps という速度で高速なデータ転送を実現します．当然，USB 3.0 バスにデータを供給する USB 3.0 デバイス・コントローラは，それ以上の速度でメモリまたは専用ハードウェアから転送データを読み書きできる必要があります．メモリ - ハードウェア間，ハードウェア - ハードウェア間でデータ転

11.5 DMAの制御フロー

リスト11.4　バルク・イン転送処理

```
/*!
 * @brief  Bulk/Interrupt/Isochronousデータ送信
 * @param  pEprb                    Endpoint Request Block情報
 * @return エラー・コード
 */
USBF_ERR UsbfSendData( UsbfEprb_t *pEprb )
{
            USBF_ERR                    ret;
            if( pEprb == NULL ){
                        return -USBF_ERR_OBJ;
            }
            /* 転送方向チェック */
            if( pEprb->bDir != USBF_IN ) {
                        return -USBF_ERR_PARAM;
            }
            /* EPRBチェック */
            ret = UsbfCheckEprb( pEprb );
            if( ret == USBF_OK ){
                        /* 転送開始 */
                        ret = UsbfEpcQueuePipe( pEprb );
            }
            return ret;
}

/*!
 * @brief  Bulk/Interrupt/Isochronousデータ受信
 * @param  pEprb                    Endpoint Request Block情報
 * @return エラー・コード
 */
USBF_ERR UsbfRecvData( UsbfEprb_t *pEprb )
{
            USBF_ERR                    ret;
            if( pEprb == NULL ){
                        return -USBF_ERR_OBJ;
            }
            /* 転送方向チェック */
            if( pEprb->bDir != USBF_OUT ){
                        return -USBF_ERR_PARAM;
            }
            /* EPRBチェック */
            ret = UsbfCheckEprb( pEprb );
            if( ret == USBF_OK ){
                        /* 転送開始 */
                        ret = UsbfEpcQueuePipe( pEprb );
            }
            return ret;
}

USBF_ERR UsbfEpcQueuePipe( UsbfEprb_t *pEprb )
{
            UsbfEpcInfo_t*              pEpc;
            UsbfPipe_t                  *pPipe;
            USBF_ERR                    ret;
            UB                          Epnum;
            if( pEprb == NULL ){
                        return -USBF_ERR_XMIT;
            }
            /* エンドポイント・コントローラ・ドライバ情報取得 */
            pEpc = __UsbfGetEpc();
            if( pEpc == NULL ){
                        return -USBF_ERR_SYSTEM;
            }
            /* ステート・チェック */
            if( pEpc->State != USBF_EPC_STS_ACTIVE ){
                        return -USBF_ERR_STATE;
            }

            /* PIPE情報の取得 */
            Epnum = pEprb->bEpnum;
            pPipe = UsbfEpcGetPipe( pEpc, Epnum );
            if( pPipe == NULL ){
                        return -USBF_ERR_PIPE;
            }
            /* 転送開始 */
            if( pEpc->Xmit == NULL ){
                        ret = -USBF_ERR_OBJ;
            } else {
                        ret = pEpc->Xmit( pPipe, pEprb );
            }
            return ret;
}
```

第11章　USBデバイス・コントローラ制御

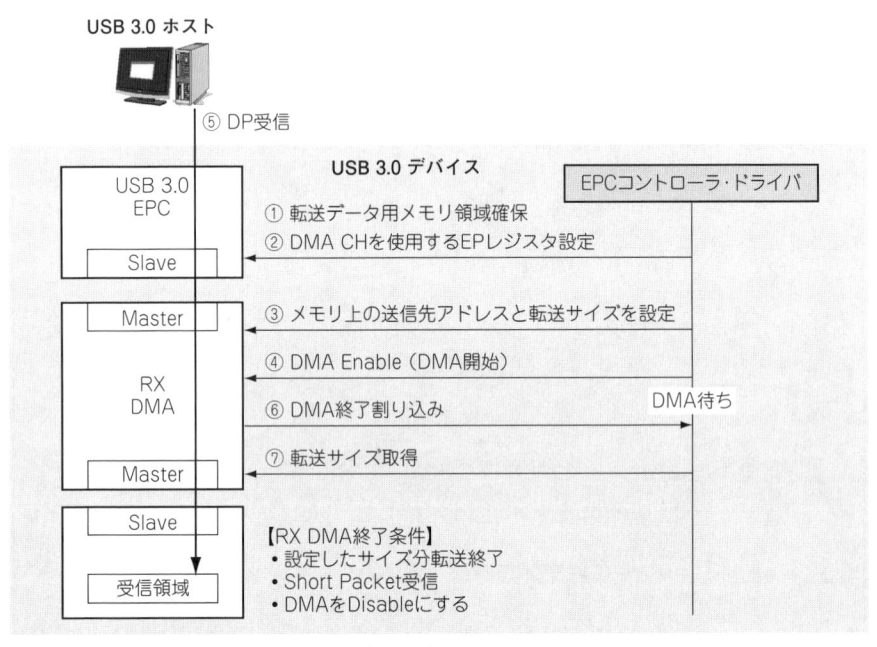

図11.14　DMAを使ったバルク・アウト転送の処理シーケンス

送する際の制御方法として，PIO方式とDMA方式の二つの方式があります．

PIO方式はデータ転送にCPUが介在し，CPU Read → CPU Writeを繰り返して，データ転送を行います．PIO方式は，データ転送のための前処理/完了処理のオーバーヘッドがないので，比較的小サイズのデータ転送を行うのに適しています．USBバス制御フローとしては，コントロール転送やインタラプト転送では，PIO方式を使用することが多いです．

一方，DMA方式はデータ転送に専用ハードウェアを用いて，CPUを介在せずにデータ転送を行います．ただし，専用ハードウェアを動かすために転送元/転送先アドレスなどのレジスタ設定や起動処理，またデータ転送完了を検出するためのインタラプト処理のオーバーヘッドがあるため，大サイズのデータ転送に適しています．USBバス制御フローとしては，バルク転送やアイソクロナス転送でDMA転送を使用します．

USB 3.0では，Max Packet Sizeの拡大やバースト転送対応など，1回のデータ転送サイズが大きくなっているため，USB 3.0の周辺機器におけるDMA制御は，性能面で非常に重要な要素になります．

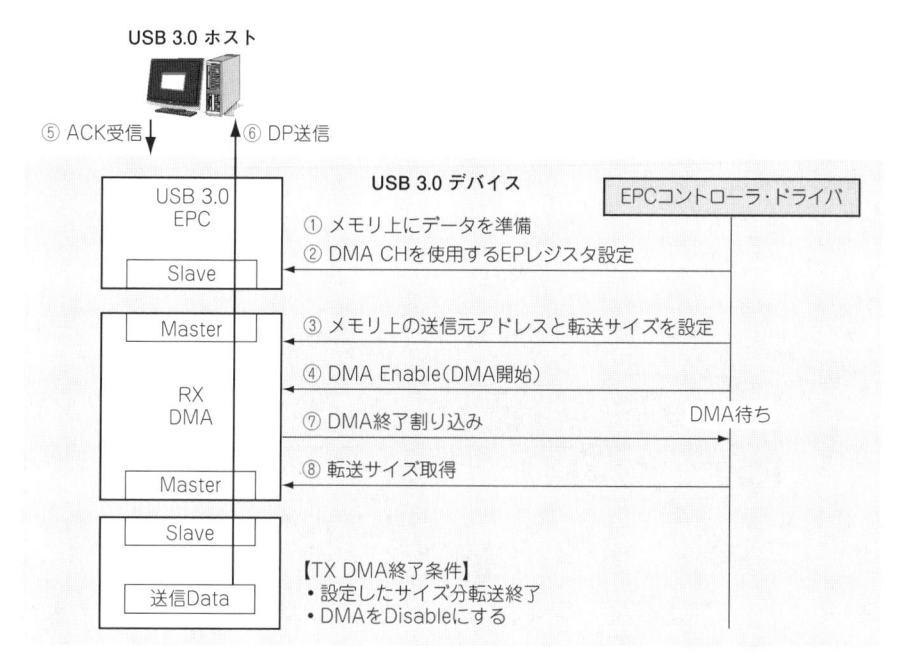

図11.15 DMAを使ったバルク・イン転送の処理シーケンス

　今回使用したFPGA評価ボードのZ-core USB 3.0 IPは，専用のDMAコントローラを搭載しており，USB 3.0の高速転送に対応する高機能なDMAコントローラを搭載しています．図11.14，図11.15にDMAコントローラを使用した制御シーケンスを示します．また，**リスト11.5**にDMA転送処理のプログラム例を示します．

11.6 バス・ドライバ制御

● ディスクリプタ設定
　USBデバイスにおけるディスクリプタとは，USBデバイスの機能や性質を決定づける重要な情報であり，これらのディスクリプタ情報は，通常USBデバイスに搭載されるソフトウェアが生成し保有するものです．特定用途に限定されたUSBデバイス・コントローラでは，ハードウェアで固定的に内蔵しているものもあります．今回使用したコントローラは，汎用ハードウェアとして設計されているため，ディスクリプタ情報はバス・ドライバで生成しています．USB 3.0マ

リスト11.5　DMA転送処理

```c
/*!
 * @brief  転送開始(EPRBキューイング完了通知)
 *
 * @param  pPipe              パイプ情報
 * @param  pEprb              Endpoint Request Block情報
 *
 * @return エラー・コード
 */
USBF_ERR ZCoreEpXmit( UsbfPipe_t *pPipe, UsbfEprb_t *pEprb )
{
        USBF_ERR        ret;
        UB              epnum = pPipe->Epnum;

        if( pPipe == NULL ) {
                return -USBF_ERR_OBJ;
        }

        if( pEprb == NULL ) {
                return -USBF_ERR_OBJ;
        }

        // データ送信( Device to Host )
        if( pEprb->bDir == USBF_IN ){
                // DMA転送開始
                ret = ZCoreDMAStartTx( ZCORE_CONFIG_EP_TX[ epnum ].DMACh,
                                       (UD)pEprb->ullPhyBuffer,
                                       pEprb->dwDatalen,
                                       UsbfEpcPipeCallback,
                                       pEprb );
        }
        // データ受信( Host to Device )
        else if( pEprb->bDir == USBF_OUT ){
                // DMA転送開始
                ret = ZCoreDMAStartRx( ZCORE_CONFIG_EP_RX[ epnum ].DMACh,
                                       (UD)pEprb->ullPhyBuffer,
                                       pEprb->dwBuflen,
                                       UsbfEpcPipeCallback,
                                       pEprb );
        }
        else {
                pEprb->Status        = -USBF_ERR_ABORT;
        }
        return ret;
}

USBF_ERR ZCoreDMAStartTx( UB ch, UD src, UW size, Complete_t Complete, VP exinf )
{
        if( ch > ZCORE_DMA_MAX_CH ) {
                return -USBF_ERR_PARAM;
        }

        if( Complete == NULL ) {
                return -USBF_ERR_PARAM;
        }

        /* Source Address 設定 */
        WriteReg32( ZCORE_DMA_TX_ADDR(ch),ZCORE_DMA_LADDR(src) );
        WriteReg32( ZCORE_DMA_TX_HADDR(ch),ZCORE_DMA_HADDR(src) );

        /* Transmit Size設定 */
        WriteReg32( ZCORE_DMA_TX_SIZE(ch),size );

        /* DMA開始 */
        SetReg32( ZCORE_DMA_TX_CTRL0(ch),ZCORE_DMA_ENABLE );

        /* コールバック関数追加 */
        ZCoreDMACallback[ ch ].TxComplete = Complete;
        ZCoreDMACallback[ ch ].TxExinf    = exinf;

        return USBF_OK;
}
```

11.6 バス・ドライバ制御

```
┌─ Device Descriptor
│  ┌─ Configuration Descriptor
│  │  ┌─ Interface Descriptor - Mass Storage      マス・ストレージ・クラス
│  │  │  ┌─ Endpoint Descriptor - Bulk In
│  │  │  │  └─ Super Speed Endpoint Companion Descriptor
│  │  │  └─ Endpoint Descriptor - Bulk Out
│  │  │     └─ Super Speed Endpoint Companion Descriptor
│  └─ BOS Descriptor
│     ├─ Device Capability - USB2.0 EXTENSION
│     └─ Device Capability - SUPERSPEED_USB
```

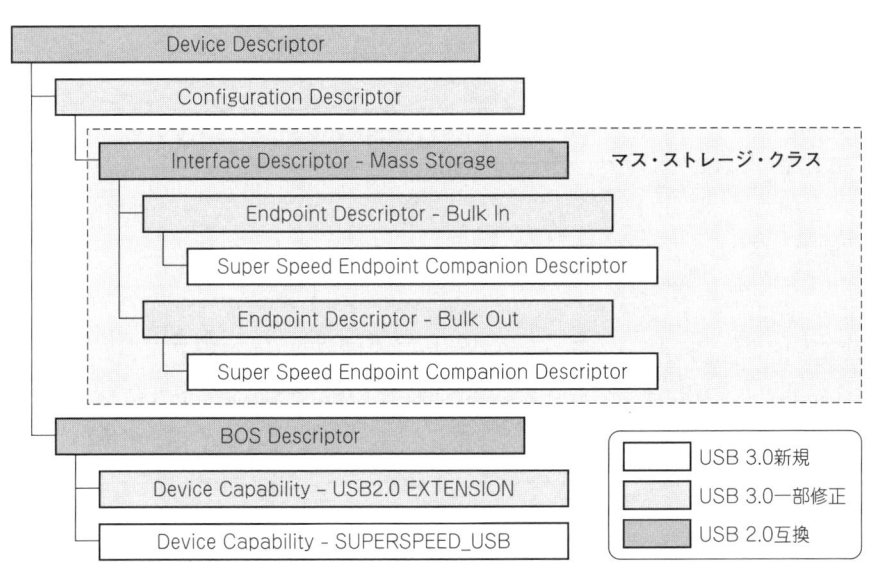

□ USB 3.0新規
▨ USB 3.0一部修正
▩ USB 2.0互換

図11.16 ディスクリプタの構成例(USB 3.0マス・ストレージ・デバイス)

表11.3 デバイス・ディスクリプタ(USB 3.0 FPGA 評価ボード)

フィールド名	サイズ (ビット)	オフセット (ビット)	設定値	説 明
bLength	8	0	0x12	ディスクリプタ・サイズ 18 バイト
bDescriptorType	8	8	0x01	デバイス・ディスクリプタ・タイプ
bcdUSB	16	16	0x0300	USB 仕様バージョン 3.00
bDeviceClass	8	32	0x00	USB デバイス・クラス・コード
bDeviceSubClass	8	40	0x00	USB デバイス・サブクラス・コード
bDeviceProtocol	8	48	0x00	USB デバイス・プロトコル・コード
bMaxPacketSize0	8	56	0x09	最大パケット・サイズ 512 バイト (Super Speed mode)
idVendor	16	64	0x0000	ベンダ ID
idProduct	16	80	0x0001	プロダクト ID
bcdDevice	16	96	0x0100	デバイス・リリース番号 1.00
iManufacturer	8	112	0x00	メーカ情報ストリング・ディスクリプタ・インデックス
iProduct	8	120	0x00	製品情報ストリング・ディスクリプタ・インデックス
iSerialNumber	8	128	0x01	シリアル・ナンバー・ストリング・ディスクリプタ・インデックス
bNumConfigurations	8	136	0x01	対応コンフィグレーション数

第11章 USBデバイス・コントローラ制御

表11.4 コンフィグレーション・ディスクリプタ（USB 3.0 FPGA 評価ボード）

フィールド名	サイズ（ビット）	オフセット（ビット）	設定値	説明
bLength	8	0	0x09	ディスクリプタ・サイズ9バイト
bDescriptorType	8	8	0x02	コンフィグレーション・ディスクリプタ・タイプ
wTotalLength	16	16	0x002C	コンフィグレーション・データ長44バイト
bNumInterfaces	8	32	0x01	インターフェース数1
bConfigurationValue	8	40	0x01	コンフィグレーション番号1
iConfiguration	8	48	0x00	コンフィグレーション・ストリング・ディスクリプタ・インデックス
bmAttributes	8	56	0xC0	コンフィグレーション・アトリビュート bit 7：Reserved（1固定） bit 6：セルフ・パワー対応 bit 5：リモート・ウェイクアップ非対応
bMaxPower	8	64	0x01	最大電流8 mA

表11.5 インターフェース・ディスクリプタ（USB 3.0 FPGA 評価ボード）

フィールド名	サイズ（ビット）	オフセット（ビット）	設定値	説明
bLength	8	72	0x09	ディスクリプタ・サイズ9バイト
bDescriptorType	8	80	0x04	インターフェース・ディスクリプタ・タイプ
bInterfaceNumber	8	88	0x00	インターフェース番号
bAlternateSetting	8	96	0x00	オルタネート・セッティング番号
bNumEndpoints	8	104	0x02	エンドポイント数2
bInterfaceClass	8	112	0x08	インターフェース・クラス・コード（マス・ストレージ・クラス）
bInterfaceSubClass	8	120	0x06	インターフェース・サブクラス・コード（USB-SCSI 標準）
bInterfaceProtocol	8	128	0x50	インターフェース・プロトコル・コード（Bulk-Only プロトコル）
iInterface	8	136	0x00	インターフェース・ストリング・ディスクリプタ・インデックス

ス・ストレージ・デバイスのディスクリプタの構成例を，**図11.16** に示します．また，**表11.3 〜表11.12** に各ディスクリプタの内容を示します．

　USBデバイスのケーブルが接続されると，最初にディスクリプタがUSBホストからコントロール転送で要求されます．USBホストはディスクリプタからメーカ，製品情報，デバイス・クラス，インターフェース/エンドポイント構成/デバイス拡張情報などを知ることができます．これらの情報を得たUSBホストは，適切なクラス・ドライバを検索/ロード/実行し，USB周辺機器として動作が

表11.6 エンドポイント・ディスクリプタ(バルク・イン)(USB 3.0 FPGA 評価ボード)

フィールド名	サイズ(ビット)	オフセット(ビット)	設定値	説明
bLength	8	144	0x07	ディスクリプタ・サイズ7バイト
bDescriptorType	8	152	0x05	エンドポイント・ディスクリプタ・タイプ
bEndpointAddress	8	160	0x81	エンドポイント・アドレス bit7：方向 0-OUT, 1=IN bit6-4：Reserved bit3-0：エンドポイント番号1
bmAttributes	8	168	0x02	バルク転送タイプ
wMaxPacketSize	16	176	0x0400	最大パケット・サイズ1024バイト
bInterval	8	192	0x00	インターバル値

表11.7 SUPERSPEED_USB_ENDPOINT_COMPANION ディスクリプタ(USB 3.0 FPGA 評価ボード)

フィールド名	サイズ(ビット)	オフセット(ビット)	設定値	説明
bLength	8	200	0x06	ディスクリプタ・サイズ6バイト
bDescriptorType	8	208	0x30	SuperSpeed エンドポイント・コンパニオン・ディスクリプタ・タイプ
bMaxBurst	8	216	0x0F	最大バースト・サイズ15
bmAttributes	8	224	0x00	ストリーム数
wBytesPerInterval	16	232	0x0000	インターバル値

表11.8 エンドポイント・ディスクリプタ(バルク・アウト)(USB 3.0 FPGA 評価ボード)

フィールド名	サイズ(ビット)	オフセット(ビット)	設定値	説明
bLength	8	248	0x07	ディスクリプタ・サイズ7バイト
bDescriptorType	8	256	0x05	エンドポイント・ディスクリプタ・タイプ
bEndpointAddress	8	264	0x02	エンドポイント・アドレス bit7：方向 0-OUT, 1=IN bit6-4：Reserved bit3-0：エンドポイント番号1
bmAttributes	8	272	0x02	バルク転送タイプ
wMaxPacketSize	16	280	0x0400	最大パケット・サイズ1024バイト
bInterval	8	296	0x00	インターバル値

開始できるようになります．

● 標準リクエスト処理

標準リクエストは，基本的に全ての USB デバイスが対応しなければならない

第11章 USBデバイス・コントローラ制御

表11.9 SUPERSPEED_USB_ENDPOINT_COMPANION ディスクリプタ(USB 3.0 FPGA 評価ボード)

フィールド名	サイズ (ビット)	オフセット (ビット)	設定値	説明
bLength	8	304	0x06	ディスクリプタ・サイズ6バイト
bDescriptorType	8	312	0x30	SuperSpeed エンドポイント・コンパニオン・ディスクリプタ・タイプ
bMaxBurst	8	320	0x0F	最大バースト・サイズ15
bmAttributes	8	328	0x00	ストリーム数
wBytesPerInterval	16	336	0x0000	インターバル値

表11.10 BOS ディスクリプタ(USB 3.0 FPGA 評価ボード)

フィールド名	サイズ (ビット)	オフセット (ビット)	設定値	説明
bLength	8	0	0x05	ディスクリプタ・サイズ5バイト
bDescriptorType	8	8	0x0F	BOSディスクリプタ・タイプ
wTotalLength	16	16	0x0016	ディスクリプタ長
bNumDeviceCaps	8	32	0x02	デバイス・キャパビリティ・ディスクリプタ数

表11.11 DEVICE_CAPABILITY ディスクリプタ(USB 3.0 FPGA 評価ボード)

フィールド名	サイズ (ビット)	オフセット (ビット)	設定値	説明
bLength	8	40	0x07	ディスクリプタ・サイズ7 bytes
bDescriptorType	8	48	0x10	デバイス・キャパビリティ・ディスクリプタ・タイプ
bDevCapabiltyType	8	56	0x02	USB 2.0 EXTENSION
bmAttributes	32	64	0x00000002	リンク・パワー・マネージメント・サポート

表11.12 DEVICE_CAPABILITY ディスクリプタ(USB 3.0 FPGA 評価ボード)

フィールド名	サイズ (ビット)	オフセット (ビット)	設定値	説明
bLength	8	96	0x0A	ディスクリプタ・サイズ10バイト
bDescriptorType	8	104	0x10	デバイス・キャパビリティ・ディスクリプタ・タイプ
bDevCapabiltyType	8	112	0x03	SUPERSPEED_USB
bmAttributes	8	120	0x00	Latency Tolerance Messages 非サポート
wSpeedsSupported	16	128	0x070E	対応速度 (bit3：SS, bit2：HS, bit1：FS, bit0：LS)
bFunctionalitySupport	8	144	0x01	最低対応速度
bU1DevExitLat	8	152	0x0A	U1 Device Exit Latency：10μ秒以下
wU2DevExitLat	16	160	0x07FF	U2 Device Exit Latency：2047μ秒以下

表11.13 USB 3.0 仕様標準リクエスト一覧

リクエスト	リクエスト・コード (bRequest)	bmRequestType	説 明
GET_STATUS	0	1000 0000 b 1000 0001 b 1000 0010 b	指定機能のステータス取得
CLEAR_FEATURE	1	0000 0000 b 0000 0001 b 0000 0010 b	指定機能のクリア，無効化
SET_FEATURE	3	0000 0000 b 0000 0001 b 0000 0010 b	指定機能のセット，有効化
SET_ADDRESS	5	0000 0000 b	デバイス・アドレスの設定
GET_DESCRIPTOR	6	1000 0000 b	指定ディスクリプタ情報の取得
SET_DESCRIPTOR	7	0000 0000 b	指定ディスクリプタ情報の設定
GET_CONFIGURATION	8	1000 0000 b	デバイス・コンフィグレーション値の取得
SET_CONFIGURATION	9	0000 0000 b	デバイス・コンフィグレーション値の設定
GET_INTERFACE	10	1000 0001 b	インターフェースの代替セッティング情報の取得
SET_INTERFACE	11	0000 0001 b	インターフェースの代替セッティング情報の設定
SYNCH_FRAME	12	1000 0010 b	エンドポイントの同期フレーム情報
SET_SEL	48	0000 0000 b	リンク状態(U1/U2ステート)の遷移時間を設定
SET_ISOCH_DELAY	49	0000 0000 b	パケットのホスト送信からデバイス受信までのディレイ値の設定

リクエストです．標準リクエストは，デフォルト・エンドポイント(エンドポイント番号0)と使ったコントロール転送として実行されます．標準リクエストは，コントロール転送Setupフェーズにおける Setup データ中の bmRequestType フィールド bit6〜5が'00'で指定されます(**表11.13**)．

一部の標準リクエストは有効な処理を実行できないかもしれませんが，USB周辺機器コントローラおよびドライバは，そのリクエスト・コードを受け取った場合のエラー処理を実装しておくべきです(例えば，アイソクロナス転送非サポートのデバイスにおける SET_ISOCH_DELAY の処理など)．

11.7 クラス・ドライバ制御

USB 規格には多くの標準デバイス・クラス仕様があり，その仕様に則って多くの周辺機器が設計されています．各デバイス・クラス仕様では，データ転送に使用するエンドポイント構成や，デフォルト・エンドポイントを使って通信されるクラス・リクエストが決められています．また，デバイス・クラス仕様依存の専用ディスクリプタを持つデバイス・クラスもあります．

周辺機器で動作する USB ソフトウェアでは，クラス・ドライバ階層でデバイス・

表11.14 マス・ストレージ・クラスのサブクラス・コード

サブクラス・コード	コマンド・ブロック仕様	説明
01h	RBC	Flash デバイス用コマンド
02h	MMC-5（ATAPI）	CD/DVD デバイス用コマンド
03h	QIC-157	テープ・デバイス用コマンド
04h	UFI(USB Floppy Interface)	フロッピーディスク用コマンド
05h	SFF-8070i	フロッピーディスク用コマンド
06h	SCSI transparent command set	USB-SCSI 標準デバイス用コマンド
07h	LSD FS(Lockable Storage Device FS)	セキュリティ・ロック機能付きストレージ・デバイス用コマンド
08h	IEEE 1667	認証プロトコル対応デバイス用コマンド
09h〜FEh	Reserved	予約
FFh	Specific to device vendor	ベンダ定義コマンド

表11.15 マス・ストレージ・クラスのプロトコル・コード

プロトコル・コード	プロトコル仕様	説明
00h	CBI (with command completion interrupt)	Control/Bulk/Interrupt プロトコル送信（コマンド完了コードをインタラプト Data Block で送信）
01h	CBI (with no command completion interrupt)	Control/Bulk/Interrupt プロトコル（インタラプト Data Block は未定義）
02h	Obsolete	未定義
03h, 04h	Reserved	予約
50h	BBB	Bulk Only Transport プロトコル
51h〜61h	Reserved	予約
62h	UAS	USB Attached SCSI プロトコル
63h〜FEh	Reserved	予約
FFh	Specific to device vendor	ベンダ定義プロトコル

クラス依存の処理を制御することになります．本章では，USB 3.0 での普及が予測されるマス・ストレージ・クラスとビデオ・クラスについて解説します．

● マス・ストレージ・クラス・ドライバ

USB マス・ストレージ・デバイスというと，USB メモリや USB ハード・ディスクが思い浮かびますが，それ以外にも USB 接続のストレージ系周辺機器には，DVD/CD/MO などの光学ドライブ，USB フロッピーディスク，テープ・ドライブなど多くの種類の周辺機器が存在します．そのため，マス・ストレージ・クラス仕様では，数多くのサブクラスと転送プロトコルが定義されています(表11.14，表11.15)．

マス・ストレージ・クラスの周辺機器を設計する際には，まずサブクラス・プロトコル・コードで最適なものを選択する必要があります．この選択により，各エンドポイント構成定義やクラス・リクエスト処理で必要な制御が決まります．

(1) クラス・リクエスト処理

クラス・ドライバの主要な仕事の一つがクラス・リクエストの処理です．クラス・リクエストは，デフォルト・エンドポイントを使ったコントロール転送として処理されます．コントロール転送の Setup データには bmRequestType というフィールドがあり，bmRequestType= '1' の場合はクラス・リクエストとなります(標準リクエストは bmRequestType= '0')．Setup データの bRequest フィールドを使って，クラス・リクエストのリクエスト・コードが指定されます(表11.16)．クラス・ドライバは bRequest フィールドを読み取り，各クラス・リクエスト処理を実行します．

(2) データ転送処理

マス・ストレージ・クラスには多くのサブクラス・プロトコルがあることを説明しましたが，現在最も普及しているプロトコルは Bulk-Only-Transport(BOT)プロトコルです．BOT プロトコルは，コマンド，データ，ステータスの三つの

表11.16 マス・ストレージ・クラス・リクエスト

リクエスト・コード	名　前	説　明
FCh	Get Requests	リクエスト受信(LSDFS サブクラス Lock Data など)
FDh	Put Requests	リクエスト送信 (LSDFS サブクラス・パス・フレーズ制御など)
FEh	Get Max LUN	最大論理ユニット数取得(Bulk Only Transport)
FFh	Bulk only Mass Storage Reset	ストレージ・リセット(Bulk Only Transport)

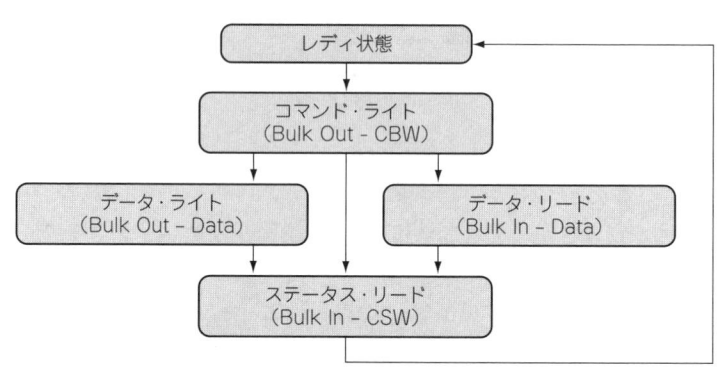

```
         ┌─────────────┐
         │  レディ状態  │◄──────────┐
         └──────┬──────┘           │
                ▼                  │
         ┌─────────────┐           │
         │ コマンド・ライト │           │
         │(Bulk Out - CBW)│          │
         └──┬───────┬──┘           │
            ▼       ▼              │
    ┌──────────┐ ┌──────────┐      │
    │データ・ライト│ │データ・リード│      │
    │(Bulk Out │ │(Bulk In  │      │
    │ - Data)  │ │ - Data)  │      │
    └────┬─────┘ └────┬─────┘      │
         ▼            ▼            │
         ┌─────────────┐           │
         │ステータス・リード│──────────┘
         │(Bulk In - CSW)│
         └─────────────┘
```

図11.17　Bulk Only Transportシーケンス

フェーズ(データがないコマンドの場合は二つのフェーズ)の繰り返しにより，データ転送が行われます．BOT プロトコルのシーケンスを図11.17 に示します．

● ビデオ・クラス・ドライバ

　USB 2.0 は最大 480Mbps(60M バイト / 秒)というスペックを持っていましたが，実際の転送速度は 35 ～ 40M バイト秒が上限でした．これは数 10M バイトくらいのサイズまでのデータを扱うには十分なスペックですが，数 100M バイト～ G バイトというオーダになると，転送のために数 10 秒以上の待ち時間が発生し，必ずしも十分な速度とはいえなくなってきます．

　近年，パソコンでも動画データを扱うようになってきました．一つはデジタル・カメラやポータブル・ビデオ・カメラなどで撮影した画像を加工し，DVD やブルーレイ・ディスクに保存・再生などをする用途があります．もう一つは，USB Web カメラを接続し，リアルタイムに動画像を取り込んで，Skype などのテレビ電話で利用する用途です．USB デバイス・クラスで分類すると，通常前者はマス・ストレージ・クラスや MTP クラスでの接続となり，後者は USB ビデオ・クラス(UVC)での接続となります．

　マス・ストレージ・クラスとビデオ・クラスの大きな違いは，「リアルタイムな転送能力」を必須とするかどうかです．ポータブル・ビデオ・カメラの動画は，既に機器内のストレージ(SD カードやハード・ディスク)に蓄えられており，仮に USB 転送速度が遅くても，時間をかければ最終的には転送が完了します．しかし，USB Web カメラの動画データは，USB Web カメラ内のごくわずかなバッファ・メモリが溢れると，データそのものが消失してしまいます．したがって，

表11.17 ビデオ・クラス・リクエスト

リクエスト・コード (bRequest)	名前	説明
01h	SET_CUR	SET Current setting attribute
81h	GET_CUR	GET Current setting attribute
82h	GET_MIN	GET Minimum setting attribute
83h	GET_MAX	GET Maximum setting attribute
84h	GET_RES	GET Resolution attribute
85h	GET_LEN	GET Data length attribute
86h	GET_INFO	GET Information attribute
87h	GET_DEF	GET Default setting attribute

表11.18 Selector Unit コントロール・セレクタ

Control Selector	説明
00h	SU_CONTROL_UNDEFINED
01h	SU_INPUT_SELECT_CONTROL

表11.19 Processing Unit コントロール・セレクタ

Control Selector	説明
00h	PU_CONTROL_UNDEFINED
01h	PU_BACKLIGHT_COMPENSATION_CONTROL
02h	PU_BRIGHTNESS_CONTROL
03h	PU_CONTRAST_CONTROL
04h	PU_GAIN_CONTROL
05h	PU_POWER_LINE_FREQUENCY_CONTROL
06h	PU_HUE_CONTROL
07h	PU_SATURATION_CONTROL
08h	PU_SHARPNESS_CONTROL
09h	PU_GAMMA_CONTROL
0Ah	PU_WHITE_BALANCE_TEMPERATURE_CONTROL
0Bh	PU_WHITE_BALANCE_TEMPERATURE_AUTO_CONTROL
0Ch	PU_WHITE_BALANCE_COMPONENT_CONTROL
0Dh	PU_WHITE_BALANCE_COMPONENT_AUTO_CONTROL
0Eh	PU_DIGITAL_MULTIPLIER_CONTROL
0Fh	PU_DIGITAL_MULTIPLIER_LIMIT_CONTROL
10h	PU_HUE_AUTO_CONTROL
11h	PU_ANALOG_VIDEO_STANDARD_CONTROL
12h	PU_ANALOG_LOCK_STATUS_CONTROL

表11.20 Extension Unit コントロール・セレクタ

コントロール・セレクタ	説　明
00h	XU_CONTROL_UNDEFINED

表11.21 Terminal コントロール・セレクタ

コントロール・セレクタ	説　明
00h	TE_CONTROL_UNDEFINED

表11.22 Camera Terminal コントロール・セレクタ

コントロール・セレクタ	説　明
00h	CT_CONTROL_UNDEFINED
01h	CT_SCANNING_MODE_CONTROL
02h	CT_AE_MODE_CONTROL
03h	CT_AE_PRIORITY_CONTROL
04h	CT_EXPOSURE_TIME_ABSOLUTE_CONTROL
05h	CT_EXPOSURE_TIME_RELATIVE_CONTROL
06h	CT_FOCUS_ABSOLUTE_CONTROL
07h	CT_FOCUS_RELATIVE_CONTROL
08h	CT_FOCUS_AUTO_CONTROL
09h	CT_IRIS_ABSOLUTE_CONTROL
0Ah	CT_IRIS_RELATIVE_CONTROL
0Bh	CT_ZOOM_ABSOLUTE_CONTROL
0Ch	CT_ZOOM_RELATIVE_CONTROL
0Dh	CT_PANTILT_ABSOLUTE_CONTROL
0Eh	CT_PANTILT_RELATIVE_CONTROL
0Fh	CT_ROLL_ABSOLUTE_CONTROL
10h	CT_ROLL_RELATIVE_CONTROL
11h	CT_PRIVACY_CONTROL

表11.23 Video Control Interface コントロール・セレクタ

コントロール・セレクタ	説　明
00h	VC_CONTROL_UNDEFINED
01h	VC_VIDEO_POWER_MODE_CONTROL
02h	VC_REQUEST_ERROR_CODE_CONTROL
03h	Reserved

ビデオ・クラスはリアルタイムな動画データ転送能力を要求されます．

　USB Web カメラも「フル HD 動画」対応をアピールするものが出てきました．仮に，フル HD1080/60i を非圧縮動画データで転送した場合，約187M バイト／

表11.24　Video Streaming Interface コントロール・セレクタ

コントロール・セレクタ	説　明
00h	VS_CONTROL_UNDEFINED
01h	VS_PROBE_CONTROL
02h	VS_COMMIT_CONTROL
03h	VS_STILL_PROBE_CONTROL
04h	VS_STILL_COMMIT_CONTROL
05h	VS_STILL_IMAGE_TRIGGER_CONTROL
06h	VS_STREAM_ERROR_CODE_CONTROL
07h	VS_GENERATE_KEY_FRAME_CONTROL
08h	VS_UPDATE_FRAME_SEGMENT_CONTROL
09h	VS_SYNCH_DELAY_CONTROL

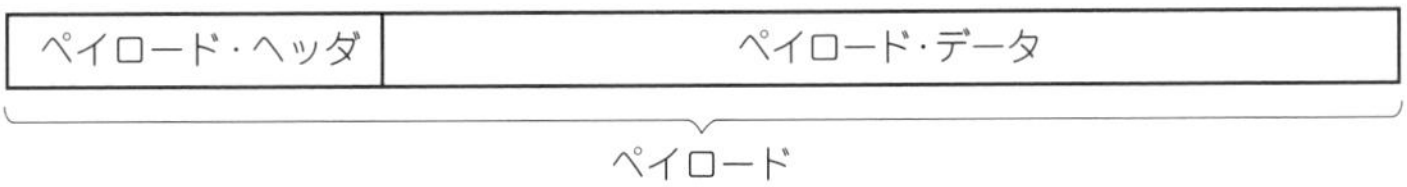

ペイロード・ヘッダ	ペイロード・データ

ペイロード

図10.18　ビデオ・クラスのペイロード

秒の転送レートが必要になります．少なくとも，非圧縮動画60フレーム/秒（インターレースで30フレーム/秒）をUSB 2.0で転送するのは不可能であり，USB 3.0の転送性能が必要となってきます．

(1) クラス・リクエスト処理

　ビデオ・クラスでは「Unit」と「Terminal」という二つの概念があります．Unitは全体のビデオ機能を構成する処理要素であり，セレクタUnit（SU：複数の入力ストリームを選択し，出力ストリームを生成する），プロセッシングUnit（PU：映像データ処理を行う），エクステンションUnit（XU：ベンダ固有の映像データ処理を行う）などがあります．TerminalはUnitおよび外部との接点となる要素であり，インプットTerminal（IT：外部機器からの入力端），アウトプットTerminal（OT：外部機器への出力端），カメラTerminal（CT：カメラ）などがあります．

　ビデオ・クラスのクラス・リクエストは，「Unit」，「Terminal」要素の制御を行います．各要素の制御のために，共通のクラス・リクエストが割り当てられています．ビデオ・クラスのクラス・リクエスト・コードを表11.17に示します．

　クラス・リクエストのwValueでCS（コントロール・セレクタ）を指定します．各Unit/Terminal/Control別のCSを表11.18～表11.24に示します．

495

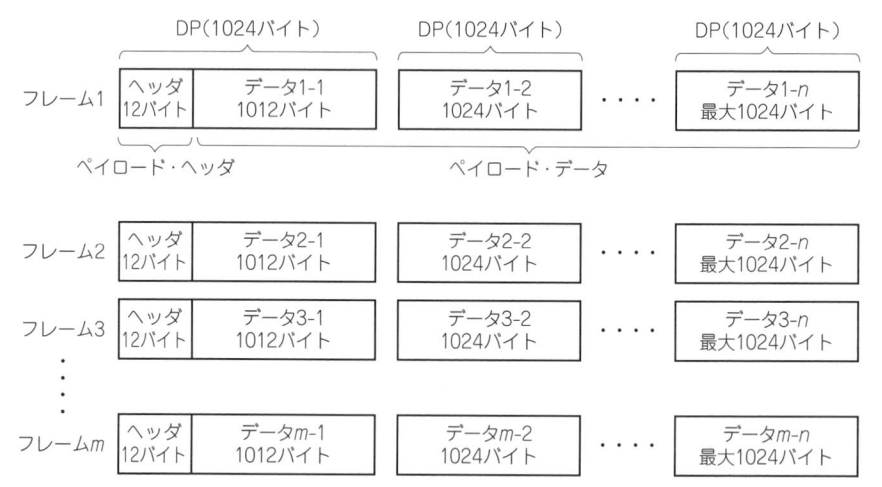

第11章 USBデバイス・コントローラ制御

```
            DP(1024バイト)          DP(1024バイト)          DP(1024バイト)
         ┌────────────────┐     ┌────────────────┐     ┌────────────────┐
フレーム1  │ヘッダ  データ1-1 │     │   データ1-2    │ ・・・│   データ1-n    │
         │12バイト 1012バイト│     │   1024バイト    │     │  最大1024バイト  │
         └────────────────┘     └────────────────┘     └────────────────┘
         ┌──┬─────┐       └──────────────────────────────────────┘
         ペイロード・ヘッダ                  ペイロード・データ

フレーム2  ヘッダ  データ2-1       データ2-2      ・・・   データ2-n
         12バイト 1012バイト      1024バイト            最大1024バイト

フレーム3  ヘッダ  データ3-1       データ3-2      ・・・   データ3-n
         12バイト 1012バイト      1024バイト            最大1024バイト
 ：
 ：
フレームm  ヘッダ  データm-1       データm-2      ・・・   データm-n
         12バイト 1012バイト      1024バイト            最大1024バイト
```

図11.19 バルク転送によるビデオ・クラス・データ転送

表11.25 ペイロード・フォーマットとUSBビデオ・クラス仕様書

ペイロード・フォーマット・ディスクリプタ	仕様書名
Uncompressed Video	USB_Video_Payload_Uncompressed
MJPEG Video	USB_Video_Payload_MJPEG
MPEG1-SS	USB_Video_Payload_Stream_Based
MPEG2-PS	USB_Video_Payload_Stream_Based
MPEG-2 TS	USB_Video_Payload_MPEG2-TS
H.264	USB_Video_Payload_MPEG2-TS
SMTPE VC1	USB_Video_Payload_MPEG2-TS
MPEG-4 SL	USB_Video_Payload_MPEG2-TS
DV	USB_Video_Payload_DV
Vendor Defined	USB_Video_Payload_Stream_Based or USB_Video_Payload_Frame_Based

(2) データ転送処理

　ビデオ・クラスのストリーム・データ転送は，アイソクロナス転送またはバルク転送のエンドポイントを使用して行われ，そのデータ転送単位を「ペイロード」と言います．ペイロードは，ペイロード・ヘッダとペイロード・データで構成されます(**図11.18**)．

　USB 3.0 FPGA評価ボードでは，USB 3.0のバルク転送を使ったビデオ・クラス・ドライバの実装を行いました．**図11.19**にUSB 3.0バルク転送によるビデオ・クラス・データ転送のデータ・フォーマットを示します．ビデオ・クラスのデータ

転送で難しいのが，ペイロード・ヘッダ，ペイロード・データの生成 / 転送になります．

ビデオ・クラスには，ビデオ・ストリーム・データ・フォーマット別に，複数のペイロード・フォーマットがあります．このフォーマットは，Payload Format Descriptor で定義されます．ペイロード・フォーマット定義については，ビデオ・クラス仕様書(Universal Serial Bus Device Class Definition for Video Devices)の下位に，動画フォーマット別にそれぞれサブ仕様書が定義されています．ペイロード・フォーマット定義を表11.25 に示します．

11.8 USB 1.1/2.0 規格との互換性

ハードウェア仕様から見た USB 3.0 (SuperSpeed) と USB 2.0 (HighSpeed)は，大きく異なります．物理層やリンク層の実装は，全く別のインターフェース仕様といえるほどの違いがあります．しかし，プロトコル層やソフトウェアについては，互換性を重視した設計になっており，結果的にユーザから見たコンパチビリティは，ほぼ完全に確保されています．

USB 3.0 仕様の周辺機器の制御ソフトウェアを設計するためには，幾つかの仕様の差分を意識しておく必要があります．また，当然 USB 2.0/1.1 ホスト・コントローラと接続されることも考慮して，設計しなければなりません．標準リクエストやディスクリプタの違いについては既に説明しましたが，そのほかの重要な要素として，Max Packet Size の変更があります．表11.26 に，各転送別の Max Packet Size の対応表を示します．

Max Packet Size は，周辺機器の USB ソフトウェア設計にとって，非常に重要なパラメータの一つです．一度に転送できるパケット・サイズが変化すると，転送の繰り返し回数を含めた処理シーケンスが変わる場合もあります．また，ショート・パケット(Max Packet Size に満たない半端なサイズの転送データ)や NULL パケットの扱いは，USB コントローラやソフトウェアの設計で，最も注

表11.26 各転送別 Max Packet Size

転送の種類	USB 3.0 (SS)	USB 2.0 (HS)	USB 1.1 (FS/LS)
コントロール転送	512	64	8/16/32/64
バルク転送	1024	512	8/16/32/64
インタラプト転送	0 ～ 1024	0 ～ 1024	0 ～ 64 (FS)
アイソクロナス転送	0 ～ 1024	0 ～ 1024	0 ～ 1023 (FS)

意しなければならない部分です．

　また，通常マス・ストレージ・クラス・デバイスの1転送単位であるセクタ・サイズは512バイトになっています．これは，USB 2.0バルク転送のMax Packet Sizeの512バイトと一致しています．このため，USBマス・ストレージにおけるリード/ライト転送コマンド(Read10コマンドとWrite10コマンド)のデータ・フェーズでは，理論上ショート・パケットが発生することがありませんでした．しかし，USB 3.0バルク転送では1024バイトに変更されたため，奇数サイズのセクタ・アクセスでショート・パケットが発生します．

　同様の対応は，USB 1.1からUSB 2.0への移行時にも必要でした．基本的に，ソフトウェアのコンパチビリティが強く意識されるUSB仕様のアップデートですが，このように規格が大きく変更される際には十分設計に配慮する必要があります．

　本書では，USBソフトウェアについて階層構造に沿って解説してきました．きちんとUSB規格の階層&モジュール構造に則って設計し，各モジュール間のインターフェース仕様を汎用化することにより，従来機器との高い互換性についても対応可能となるでしょう．

11.9　性能向上のポイント

　汎用的に使用される通信インターフェースでは，100%の転送効率を実現することは事実上不可能であり，必ず何らかの通信オーバーヘッドが発生します．特に，高速に動作するインターフェースほど，オーバーヘッドの影響が大きくなります．

　USB 2.0はインターフェース仕様では最大480Mビット/秒(60Mバイト/秒)ですが，まずUSBバス・ドライバ・レイヤでは，NRZI符号やプロトコル・オーバーヘッド(転送によって異なるがHighSpeedバルク転送の場合，転送当たり55バ

CBW転送 (31バイト)	データ転送 (64Kバイト)	CSW転送 (13バイト)	待ち時間 (ホスト)	CBW転送
34.336μs	220.832μs(296.77Mバイト/秒)	0.672μs	29.176μs	

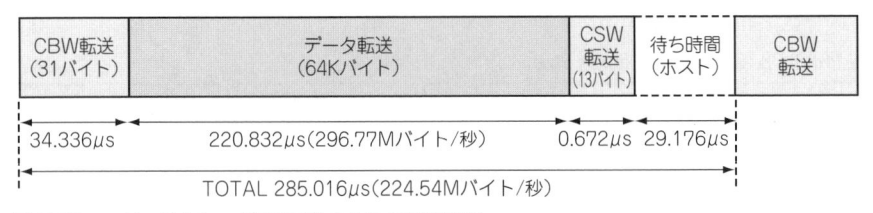

TOTAL 285.016μs(224.54Mバイト/秒)

図11.20　マス・ストレージBOTデバイスの処理時間

イトのオーバーヘッド）により，実転送レートは最大53.25Mバイト/秒までダウンします．さらに，クラス・ドライバ・レイヤで，クラス・プロトコル・レベルでのオーバーヘッドがさらに上乗せされます．現在，多く市販されている外付けUSBハード・ディスクの実転送レートは約30〜35Mバイト/秒程度です．

　USB 3.0 SuperSpeed仕様では8b/10b符号化やリンク・フロー制御，パケット・フレーミングにより約400Mバイト/秒が上限値といわれています．**図11.20** に，USB 3.0 マス・ストレージBulk Only Transportデバイスの処理時間実測データを示します．

　マス・ストレージBOTプロトコルは，コマンド，データ，ステータスの3フェーズで実行されることを説明しましたが，上記はBOT 1シーケンスの処理時間の測定結果です．CBWコマンドは31バイト，CSWコマンドは13バイトの小サイズのデータ転送ですので，USB 3.0のデータ転送レートで考えると，本来ナノ秒オーダの処理時間で完了する処理のはずです．しかし，実際にはCBW転送が始まってから，データ転送が始まるまで$34\mu s$以上の時間が掛かっています．これはUSBデバイス側のハードウェアとソフトウェアのCBWコマンド受信やコマンド解析にかかっている時間になります．また，CSW転送および次のCSW転送までの待ち時間も，それぞれ$0.672\mu s$, $29.176\mu s$の時間がかかります．本評価システムの場合，理論値400Mバイト/秒に対して，224.54Mバイト/秒ですので，約44%のオーバーヘッドを持っていることが分かります．

　一方，64Kバイトのデータ転送部分にのみ着目すると，この部分では296.77Mバイト/秒のデータ転送レートが出ていることが分かります．つまり，オーバーヘッドの影響を削減し転送速度を向上するためには，一度に送るデータ転送単位サイズの拡大が最も効果的であることが分かります．

　しかし，特にマス・ストレージ・デバイスの場合，USBホスト側の事情により，この対応策はそれほど簡単なことではありません．ファイル・システム側で一度に処理するセクタ・サイズを拡大するなどのOSのメモリ管理方法や，ドライバ・アプリケーション間のAPI仕様などを含めた対応が必要となります．

　USBバスはハードウェアとソフトウェアが密接に連携し，データ転送を実現している通信インターフェースです．ハードウェアの性能向上だけでは本質的なデータ転送レートは向上せず，ソフトウェアを含めた総合的な性能向上策を検討する必要があるのです．

▶システム全般
- CPU性能，システム・バスの転送性能の向上

- バッファ用メモリの高速化
- OSチューニング(メモリ確保,開放,割り込みレイテンシの高速化)
- 割り込み優先度設定の最適化
- 各ソフトウェア階層間インターフェースの最適化
  (ポインタによるバッファ受け渡しなど)
- 各種ハードウェアのDMAなどのメモリ・バウンダリ制限の事前把握と,ソフトウェア設計への早期フィードバック

▶クラス・ドライバ
- 通信プロトコルの見直し
    送受信するデータ・サイズを大きくする
    アウトオブオーダ実行による低速動作処理のオーバーヘッド回避(UASP)
- クラス・レベルのコマンド解析用ハードウェアの追加
- USB 3.0独自機能(バルク・ストリーム転送など)を使った新規転送プロトコルの採用

▶コントローラ・ドライバ
- PIO転送処理のDMA化
- Scatter & Gather 対応
- CPUキャッシュ/非キャッシュ領域の最適利用
- ドライバ処理パイプライン化
- ドライバ内メモリ・コピーの排除

ながお・ひろき
NEC エンジニアリング(株)

参 考 文 献

■ 全章共通

(1) USB-IF；Universal Serial Bus 3.0 Specification Revision 1.0
　　（including errata and ECNs through May 1, 2011），June 6, 2011.
(2) USB-IF；Universal Serial Bus 3.0 Specification Revision 1.0, November 12, 2008.
(3) USB-IF；Universal Serial Bus Specification Revision 2.0, April 27, 2000.

■ 第 5 章

(4) ガイロジック；USB 3.0 仕様書 Rev.1.0, 2008.11.12
(5) ガイロジック；Q1-09 USB3.0_Errata
(6) ガイロジック；USB3_Errata［June2010］
(7) Ellisys；EEN_SS01 - Link Layer and Protocol Layer Retransmission Mechanisms
(8) ガイロジック；USB3.0 Expert Note 1「リンク層とプロトコル層の再送メカニズム」

■ 第 6 章

(9) Altera；Avalon Interface Specifications version 1.3, August 2010.
(10) Altera；Video and Image Processing Suite User Guide version 11.0, May 2011.
(11) Inventure；USB3.0 Device Controller Core Specification.
(12) Intel；PHY Interface for the PCI Express and USB 3.0 Architectures Version 3.0.
(13) Altera；Nios II Processor Reference Handbook version 11.0, May 2011.
(14) Altera；DDR and DDR2 SDRAM Controllers with ALTMEMPHY IP User Guide Version 2.0, July 2010.
(15) Altera；High Speed Mezzanine Card(HSMC) Specification Version 1.7, June 2009.
(16) Altera；Quartus II ハンドブック Volume 4-3, ストリーミング・インターフェース用システム・インタコネクト・ファブリック, 2008 年 5 月.
(17) Altera；Quartus II ハンドブック Volume 4-12, Avalon Streaming インタコネクト・コンポーネント, 2008 年 5 月.
(18) Altera；Quartus II ハンドブック Volume 5-21, Scatter-Gather DMA Controller コア, 2008 年 5 月.
(19) Altera；Quartus II Handbook Version 9.1 Volume 5-13, Avalon-ST Single Clock Dual Clock FIFO Cores, November 2009

■ 第 7 章

(20) 畑山 仁 編著；PCI Express 設計の基礎と応用, CQ 出版社, 2010 年.
(21) P.G. Huray；The Foundations of Signal Integrity, John Wiley & sons, inc., 2010.
(22) D. Coleman 他；PCI Express Electrical Interconnect Design, Intel Press, 2004.

(23) Altera；High-Speed Channel Design and Layout, T-095-1.0, 2007.
(24) http://www.tdk.co.jp/seat/
(25) 村田製作所；DL チップコモンモードチョークコイルカタログ，2010 年．
(26) TDK；コモン・モード・フィルタ(SMD) USB LVDS 用 TCM シリーズ，2011 年．
(27) 太陽誘電；高速差動信号用コモンモードチョークコイル，2011 年．
(28) TDK；TCE1210 シリーズ ESD 保護素子内蔵薄膜コモン・モード・フィルタ，2010 年．
(29) D. Cheng；Field and Wave Electromagnetics, 2nd edition, 1992.

■ 第 9 章〜第 11 章

(30) Intel，eXtensible Host Controller Interface for Universal Serial Bus(xHCI) Revision1.0, 5/21/10.
(31) USB-IF，Universal Serial Bus Mass Storage Class Specification Overview Revision 1.4, February 19, 2010.
(32) USB-IF，Universal Serial Bus Mass Storage Class Bulk-Only Transport Revision 1.0, September 31, 1999.
(33) USB-IF，Universal Serial Bus Mass Storage Class USB Attached SCSI Protoco(UASP) Revision 1.0, June 24, 2009.
(34) Information technology，SCSI Architecture Model-5 (SAM-5) Revision 06, 17 January, 2011.
(35) Information technology，SCSI Block Commands-3 (SBC-3) Revision 26, 21 January, 2011.
(36) Information technology，SCSI Primary Commands-4 (SPC-4) Revision 29, 17 January, 2011.
(37) PCI Express Base Specification Revision 2.1, March 4, 2009.
(38) PCI Local Bus Specification Revision 3.0, February 3, 2004.
(39) Linux Kernel Source Code, http://www.kernel.org/
(40) Linux Kernel Source Code ドキュメント(Documentation/*)
(41) How To Write Linux PCI Drivers(Documentation/pci.txt)
(42) The PCI Express Port Bus Driver Guide HOWTO(Documentation/PCIEBUS-HOWTO.txt)
(43) The MSI Driver Guide HOWTO(Documentation/MSI-HOWTO.txt)
(44) MSDM ライブラリ(http://msdn.microsoft.com)
(45) T-Kernel Standard Extension 仕様書，T-Engine フォーラム
(46) USB-IF, Universal Serial Bus Device Class Defintion for Video Devices Revision.I June 1, 2005

索引

数字・記号

3次元電磁界シミュレーション ……… 256
3b/4b 変換 ……… 47
5Gbps ……… 374, 480
5b/6b 変換 ……… 47
8b/10b ……… 44
8b/10b 符号化 ……… 499
8b/10b 変換 ……… 47
480Mbps ……… 374
1080p ……… 214, 230, 248, 251

アルファベット

A
AC コンデンサ ……… 263, 266
ACK ……… 42
ACK TP ……… 88, 475, 476, 478
Active ……… 79
Address ……… 31
Address Device Command TRB ……… 434, 439
Alternate Setting ……… 444
API ……… 365
Application Specific Standard Products ……… 209
ARM926 ……… 397
ARM プロセッサ ……… 397
ASIC ……… 209, 210, 377, 397
ASSP ……… 209, 210
Attached ……… 31
Avalon-MM ……… 221, 222, 234, 240, 247, 248, 250
Avalon-MM ブリッジ ……… 247
Avalon-ST ……… 221, 223, 226, 234, 248
Avalon-ST Dual Clock FIFO ……… 227
Avalon-ST Timing Adapter ……… 226, 234

B
Base Class Code ……… 401
BERT ……… 292, 324
Bit Error Rate Tester ……… 292
BOS ……… 387
BOS ディスクリプタ ……… 139, 391, 392
BOT ……… 122, 386
BOT プロトコル ……… 499
Bulk Only Transfer ……… 122
Bulk Only Transport ……… 386, 394, 457, 462, 491
Bulk-Only-Transport プロトコル ……… 460

C
Capability Register ……… 403
Capability レジスタ ……… 404, 411
CBW ……… 122, 458
CBW コマンド ……… 499
CCS ……… 418, 420
CD ……… 432
CDR ……… 286
Class Code ……… 401
ClearFeature ……… 134
ClearPortFeature ……… 156
Clock Data Recovery ……… 286
Clocked Video Input ……… 220, 225, 229
Command Block Wrapper ……… 122, 458
Command Completion ……… 439
Command Completion Event TRB ……… 431, 432, 439
Command Completion TRB ……… 445
Command Descriptor ……… 432
Command IU ……… 127
COMMAND IU ……… 461, 462, 463
Command Ring ……… 406, 412, 415, 417, 418, 428, 432, 438, 445
Command Ring Control Register ……… 406
Command Ring セグメント ……… 435
Command Status Wrapper ……… 122, 458
Command TRB ……… 406, 417, 432, 439, 441, 445
Compliance ……… 77
Compliance Mode ……… 183
Compliance Workshop ……… 289
Composite Device ……… 30
Compound Device ……… 16, 30
COM シンボル ……… 78
Confidence Value ……… 360
CONFIG レジスタ ……… 412
Configured ……… 31
Configure Endpoint Command TRB ……… 435, 439
Consumer ……… 431
Consumer Cycle State ……… 418
Context ……… 381
CP0 ……… 298
CP1 ……… 298
CPU ……… 224, 368
CPU 処理負荷 ……… 374
CPU チップセット ……… 368
CRC-5 ……… 64
CRC-16 ……… 64
CRC エラー ……… 96
CRCR レジスタ ……… 413
CREDIT_HP_TIMER ……… 194
CSW ……… 122, 458
CSW コマンド ……… 499
Cumulative Distribution Function ……… 358

Cycle Bit ……… 418, 419
Cyclone III ……… 216, 238
Cyclone III USB 3.0 ボード ……… 215

D
D+ ……… 40
D- ……… 40
D シンボル ……… 182
Data Packet Payload ……… 243
Data Stage TRB ……… 426, 446
Data ステージ ……… 446, 476
dB ……… 296
DBOFF ……… 411
DCBAAP ……… 412
DCBAAP レジスタ ……… 412
DCFIFO ……… 227, 234, 251
DDR2 SDRAM ……… 216, 235, 397, 465, 466, 468, 469
DDR2 SDRAM Controller with ALTMEMPHY ……… 220, 225, 235
DDR2 SDRAM コントローラ ……… 250, 225
Default ……… 31
Default Endpoint ……… 363
Default State ……… 435
Dequeue ……… 418
Dequeue ポインタ ……… 418, 419
Device Context ……… 405, 434, 438, 439, 440, 442, 443
Device Context Base Address Array ……… 412
Device Context Base Address Array Pointer Register ……… 406
Device Initiated ……… 113
Device Slot ……… 409, 411, 432, 435, 438, 439
DF ……… 59
DF フラグ ……… 196
Differential Impedance ……… 169
Differential Insertion Loss ……… 167
Differential to Common Mode Conversion ……… 172
Disable Slot Command TRB ……… 434
Disabled ステート ……… 110
DL ……… 59
DL フラグ ……… 192, 195
DMA ……… 388, 468, 500
DMA コア ……… 244
DMA コントローラ ……… 227, 374, 388, 389, 483, 479
DMA 転送 ……… 482
DMA 転送処理 ……… 483
DMA 方式 ……… 482
Doorbell Array ……… 403, 404, 411
Doorbell Array レジスタ ……… 445
Doorbell Offset ……… 411
Doorbell レジスタ ……… 409, 411

索引

Doorbell レジスタ数 ············ 411
DP ································· 60
DP の再送 ························· 97
DPH ································ 60
DPP······················· 60, 243
DPPABORT ······················ 60
DPPEND ·························· 60
DPPSTART ······················· 60
Dual-Dirac ···················· 356
Dual Simplex ·················· 311
DVI ··················· 217, 248, 250
DVI データ・ボード ······ 215, 217
DVI ビデオ入力················· 229
DVI Input/Output Card ····· 217
E ED ································ 431
EDB ································ 61
EHCI ········ 37, 366, 367, 368, 374, 381, 382
Electro-Static Discharge = ESD
································· 275
Enable Slot Command TRB
························ 432, 438, 439
END ······························· 61
End Packet Framing ·········· 59
Endpoint Context ······ 441, 443, 444
Enhanced Host Controller
Interface ···················· 37
Enqueue ························· 418
Enqueue ポインタ··· 418, 419, 420
EOB ························· 94, 98
EPC ······························ 389
EPF ································ 59
ERDP ···························· 413
ERDY ···························· 197
ERDY TP ························ 89
ERS ······························ 409
ERST ········ 408, 409, 412, 413
ERST Base Address ········· 409
ERST Base Address レジスタ
································· 408
ERST Size ····················· 409
ERSTBA ························ 409
ERSTBA レジスタ ············ 413
ERSTSZ ························ 409
ERSTSZ レジスタ ············ 413
ESD ······························ 275
ESD デバイス ·················· 281
Event Data TRB ······ 427, 436
Event Descriptor ············· 431
Event Ring······ 408, 412, 415, 418, 428, 431, 437, 438, 445
Event Ring レジスタ ········ 409
Event Ring Segment ········ 408
Event Ring Segment Table
······················ 409, 412, 437
Event TRB
···409, 428, 438, 439, 445, 446
Extrapolation················· 359
F FAT32 ·························· 455

FAT ファイル・システム······ 455
Fedora ·························· 373
F/F ······························· 218
Field Programmable Gate Array
································· 210
FIFO ····························· 468
FLADJ ··························· 412
Flash ROM ··· 217, 465, 466, 468
Force_LinkPM_Accept ······· 82
FPGA ············ 210, 214, 377, 465
FR4 ······························ 305
Frame Length Adjustment
Register ···················· 412
FS ································· 24
FullSpeed ············ 13, 381, 382
G Gather········· ············ 420, 449
GetConfiguration ············· 135
GetDescriptor ········ 131, 135
GET_DESCRIPTOR ········· 439
GetInterface ··················· 135
GetStatus ············ 133, 135
H HCSPARAMS1 レジスタ ······· 411
HID ································ 36
HighSpeed ··········· 14, 381, 382
High-Speed Mezzanine Connector
································· 215
Host Initiated················· 112
Hot Reset ················· 77, 183
HPSTART ······················· 59
HS ································· 24
HSEQ# ·························· 193
HSMC·················· 215, 216, 217
HSMC 拡張コネクタ ········· 468
Hub Depth ······················· 59
Human Interface Device ······· 36
I ICH ······························ 368
Idle シンボル ···················· 78
Idle ステート ·················· 110
Information Unit ·············· 123
Informative ···················· 285
Input Context ···439, 441, 442, 443
Input Control Context ···· 441, 443
Input Endpoint Context ····· 443
Input Slot Context ··········· 442
Inquiry ·························· 463
Intellectual Property ········ 209
Inter Symbol Interference ··· 294
Interoperability ·············· 283
Interval ························· 389
IN エンドポイント············· 19
IN 転送 ··························· 97
IP ································ 209
IP コア ·························· 377
ISI ································ 294
Isoch TRB ····················· 452
Isochronous Delay ··········· 131
Isochronous Timestamp Packet
································· 24
ITP ································ 24

IU ································ 123
J Joint Test Action Group ······ 217
JTAG ···························· 217
JTAG インターフェース ········ 468
K K キャラクタ ···················· 50
K コード ·························· 46
K シンボル ····················· 182
L LAU ································ 62
LBA ······························ 457
LBAD ······················ 62, 193
LCRD_x ·························· 62
LCSTART ······················· 61
LCW ······················· 59, 191
LDN ································ 63
LFPS ················ 54, 180, 285
LFPS トランスミッタ・テスト ···· 330
LFPS レシーバ・テスト ······· 342
LGOOD_n ······················· 62
LGO_U1 ·························· 74
LGO_U2 ·························· 74
LGO_U3 ·························· 74
LGO_Ux ·························· 62
Link Training and Status State
Machine ··················· 182
Link Training Sequence State
Machine ····················· 76
Link TRB ················· 419, 435
Link Validation System ······ 199
LINK レイヤ
············· 209, 212, 218, 221, 242
Linux ···························· 371
Linux カーネル ················ 373
Linux ドライバ ················ 372
LMP ································ 82
Loopback ··················· 77, 183
Low Frequency Periodic Signaling
································· 54
LowSpeed ··············· 13, 381
LPMA ····························· 62
LRTY ····························· 62
LS ································· 24
LTM デバイス通知 ············· 92
LTSSM ··············· 58, 76, 182
LUP ································ 62
LVS ······························ 199
LXU ································ 62
M MAC ··············· 209, 240, 242
Magnetoresistive Random Access
Memory ···················· 217
Max Packet Size
················ 389, 446, 452, 497
Max Payload Size ············ 131
Media Access Control ······· 209
Memory Mapped I/O ········· 402
MFINDEX ······················ 452
Micro frame Index ··········· 452
Microframe インデックス ······ 406
MMIO ···························· 402
MMIO 空間 ····················· 403

505

MMU	224	
Move Data ステート	112	
MRAM	217, 465, 468	
MSI Capability	413	
MSI Configuration Capability Structure	413	
MSI-X	415	
MTP クラス	492	
N Native Command Queuing	460	
NCQ	460	
Nios II Processor	224	
Nios II プロセッサ	220	
Non-Burst	95, 97	
Non Return Zero	285	
Normal TRB	420, 427, 446, 452	
Normative	285	
NoStream	111	
NRDY	197	
NRDY TP	88, 478	
NRZ	285	
NRZI	44	
NULL パケット	497	
NumP	94, 98, 99	
O OCP	240, 247	
OHCI	37, 366, 367, 374, 381	
On-Chip Memory	225	
Open Core Protocol	240	
Open Host Controller Interface	37	
Operational Register	403	
Operational レジスタ	405	
Output Endpoint Context	443	
Output Slot Context	442	
OUT エンドポイント	19	
OUT 転送	95	
P Packet Deferring	155	
PCH	368	
PCI Express	384, 397	
PCI Express 2.0 バス	378	
PCI Express Endpoint	400	
PCI Express RC	399	
PCI Express ソフトウェア	384	
PCI Express バス	378	
PCI Express バス・ドライバ	379	
PCI/PCI Express	384	
PCI-SIG	384	
PCI コンフィグレーション	378, 379, 384	
PCI バス	378	
PCI メモリ空間	379	
PCS	418, 420	
PENDING_HP_TIMER	194	
PHY チップ	210	
PHY レイヤ	210, 212, 218, 221	
PIL	289	
PING TP	90	
Ping. LFPS	56	
PING レスポンス TP	90	
PIO 方式	482	

PIPE3	210, 212, 216, 218	
Platform Interoperability Lab	289	
Plug Festa	289	
Polling	77, 183	
Polling. Active	77	
Polling. Configuration	77	
Polling. Idle	77	
Polling. LFPS	56, 77, 298	
Polling. RxEQ	77	
Port Status Change Event TRB	431, 438	
Port Under Test	199	
PORTSC レジスタ	438	
Powered	31	
Prime	110	
Prime Pipe	110	
Prime Pipe ステート	110	
Probability Density Function	353	
Producer	431	
Producer Cycle State	418	
PROTOCOL レイヤ	209, 242	
PUT	199	
Q Qsys	221	
Quartus II	221	
Q スケール	360	
R RAM ディスク・ドライバ	469	
Rate Matching Hub	369	
Read Capacity	463	
Read10	463	
Recovery	77, 183	
Recovery. Active	78	
Recovery. Configuration	79	
Recovery. Idle	79	
Request Sense	462	
Reset Device Command TRB	435	
Reset Endpoint Command TRB	435	
RGB	226, 232, 236, 250	
RGB → YUV 変換	236	
Ring	381	
RMH	369	
Root Complex	399	
RTY	194	
Runtime Register	403, 404, 438	
Runtime レジスタ	406, 408	
Rx. Detect	77, 183	
S Scatter	420, 449	
Scatter & Gather	500	
Scatter-Gather DMA Controller	220, 227	
SDP	60	
SENSE IU	462, 463	
Sense Key	462	
SerDes	50	
Serialization/Deserialization	50	
SetAddress	22, 136	

SET_ADDRESS	434, 439, 445	
SetConfiguration	137	
SetDescriptor	138	
SetFeature	133, 134, 138	
SetInterface	138	
SetIsochronousDelay	131, 138	
SET_ISOCH_DELAY	489	
SetPortFeature	156	
SetSEL	131, 139	
Setup ステージ	446, 474, 476	
Setup パケット	476	
Setup DP	474	
Setup Stage TRB	426, 446	
SG-DMA	220, 233, 234	
SHP シンボル	59	
SIGTEST	315	
SKP オーダード・セット	302	
SLC	61	
Slot	381	
Slot Context	440, 441, 442	
Slot ID	432, 434	
Slot State	440	
SMA ペア・ケーブル	324	
SOF	24	
SOPC Builder	221	
Spectrum Spread Clock	44	
SS	24	
SS. Disable	183	
SS. Disabled	56, 77	
SS. Inactive	77, 183	
SSC	44, 51, 300	
SSC プロファイル測定	330	
SSRx+	40	
SSRx−	40	
SSTx+	40	
SSTx−	40	
SS デバイス・ケイパビリティ・ディスクリプタ	140	
Start Header Packet	59	
Start Link Command	61	
Start Of Frame	24	
Start Stream ステート	111	
Status ステージ	446, 478	
Status Stage TRB	427, 446	
Sub Class Code	401	
SuperSpeed	15, 381	
SuperSpeed エンドポイント・コンパニオン	387	
SuperSpeed エンドポイント・コンパニオン・ディスクリプタ	140	
SUPERSPEED_USB ディスクリプタ	392	
Suspend	31	
SYNC	42	
SynchFrame	139	
T *t* Burst	55	
t Repeat	55	
TD	420	

索引

TD. 1.1 330
TD. 1.4 330
TDR 330
T-Engine フォーラム 457
Terminal 495
Test Fixture 167
Test Specification 286
Test Unit Ready 462
TIE 290
Tier 151
Time Domain Reflectometry
.... 330
Timing Adapter 234
T-Kernel 398, 455
T-Kernel Standard Extension
.... 455
TKSE 455
Transfer Descriptor 420
Transfer Event TRB 431
Transfer Request Block 415
Transfer Ring
... 415, 418, 419, 428, 435, 445
Transfer Ring セグメント ... 435
Transfer TRB
... 417, 418, 420, 445, 449
Transfer TRB 転送 445
TRB 381, 415
TRB Ring 415, 418
TS1 オーダード・セット 78
TS2 オーダード・セット 78
TSEQ 307
TSEQ オーダード・セット ... 77
TX FIFO 476
U U0 .... 56, 72, 77, 183
U1 .... 56, 72, 77, 183
U1 Exit 56
U2 .... 72, 77, 183
U2 Exit 56
U2 インアクティビティ・タイマ
.... 83
U2 インアクティビティ・
タイムアウト LMP 83
U3 .... 72, 77, 183
U3 Wakeup 56
UAS 108
UASP 386, 460
UASP プロトコル 461
UHCI 37, 366, 367, 368, 381
UI 51
ULPI 210
Unit 495
Unit Interval 51
Universal Host Controller
Interface 37
USB 2.0 Extension
ディスクリプタ 391
USB 2.0 拡張ディスクリプタ... 140
USB 3.0 FPGA 評価ボード ... 466
USB 3.0 PHY 220, 466

USB 3.0 コア 242
USB 3.0 コントローラ
.... 209, 220, 229, 239
USB 3.0 デバイス 209
USB 3.0 デバイス IP 465
USB 3.0 トランシーバ
.... 209, 210, 220
USB 3.0 評価ボード ... 465, 466
USB 3.0 ボード 216
USB Attached SCSI ... 108, 460
USB Attached SCSI Protocol
.... 386
USBCMD レジスタ 415
USB Generic Parent ドライバ ... 370
USB-IF 366, 367
USB-SATA ブリッジ 377
USB to シリアル ATA ブリッジ
.... 394
USB to シリアル ATA ブリッジ
機能 392
USB ケーブル 466
USB シリアル・ブリッジ 377
USB ソフトウェア階層 365
USB デバイス 16, 27, 209
USB デバイス機器 366
USB デバイス・クラス 492
USB 転送性能 374
USB ハード・ディスク ... 366, 491
USB バス 22
USB ハブ・ドライバ 370
USB ハブ・ポート 385
USB ビデオ・クラス
.... 214, 229, 492
USB ビデオ・クラス・デバイス
.... 251
USB 標準リクエスト 391
USB ファームウェア 377
USB ポート・ドライバ 367
USB ホスト 16
USB ホスト機器 366
USB メモリ 491
USB ルート・ハブ 382
UTMI 210
UUID 146
V VBUS 31, 40, 389
VxWorks 376
W Warm Reset 56
Windows 367
Windows 7 .... 367, 371, 466
Windows 95 367
Windows 98 367
Windows 2000 367
Windows Embedded ... 372, 376
Windows Me 367
Windows Mobile 376
Windows XP 367
Write10 464
X xHCI 37, 367, 374, 380, 381
Y YUV 226, 232, 236

YUV422 .... 232, 233, 250, 251
Z Z-core USB 3.0 ... 220, 229, 240
μiTRON 376

あ・ア行

アイソクロナス 385
アイソクロナス・エンドポイント
.... 20
アイソクロナス・タイムスタンプ・
パケット 93
アイソクロナス転送
.... 26, 121, 128, 381, 389,
445, 450, 452, 482, 489, 496
アイ・ダイアグラム 287
アイ高さ 331
アイ・マスク 288
アウトプット Terminal 495
アッパ・スプレッド 302
アップ・ストリーム 305
アップストリーム・ポート
.... 56, 181
イコライザ 254, 296, 306
イコライズ 54
色空間 232
イメージ・クラス 480
インターフェース
.... 28, 366, 386, 387
インターフェース・アソシエーション・
ディスクリプタ 30, 140
インターフェース・ディスクリプタ
.... 29, 140, 390
インターフェース・パイプ ... 363
インタラプト 385
インタラプト・エンドポイント... 20
インタラプト処理 482
インタラプト転送
.... 26, 381, 389, 445, 447, 482
インテグレーターズ・リスト... 289
インフォーマティブ 285
インプット Terminal 495
エクステンション Unit 495
エッチング 258
エニュメレーション ... 20, 365,
385, 386, 444, 472, 473
エラー・チェック 58, 64
エラー・ディテクタ 323
エラスティック・バッファ ... 302
エンディアン変換 232
エンドポイント 18, 25, 29, 31,
363, 366, 387, 388, 472
エンド・ポイント 0 ... 25, 29, 31
エンドポイント・コントローラ
.... 377
エンドポイント・ディスクリプタ
.... 140, 390, 393
エンドポイント番号 ... 19, 22, 93
エンベデッド・クロック 44
オーダード・セット 59
オーバーヘッド 498

507

オルターネート・セッティング 386
音声データ 450

か・カ行

カーネル 371
外挿法 359
外部エラー・ディテクタ 310
ガウス分布 297, 353
カウンタ・ボーリング 271
確率密度関数 297, 353
過渡領域 291
カメラ Terminal 495
ガラス・エポキシ 305
ガラス繊維の影響 274
完了通知 445
貫通ビア 269
基板絶縁層 274
機能セレクタ 134
強制リンク PM 許可ビット 82
極性反転 78
組み込み Linux 376
組み込み OS 375, 376
組み込み機器 373, 377
クライアント・ドライバ 36
グラウンド層 259
クラス固有ディスクリプタ管理 395
クラス固有リクエスト 134
クラス・ドライバ 36, 365, 366, 370, 386, 391, 395, 469, 471, 472, 490, 500
クラス・ドライバ階層 386
クラス・プロトコル 394
クラス・リクエスト 386, 390, 394, 395, 479, 491
クリティカル・パス 250
クロストーク 170
クロック再生 50
クロック埋め込み型 286
クロック・スキュー 219
クロック・データ・リカバリ 50, 286
クロック・リカバリ 290
ゲート・アレイ 210
ケーブルの損失 254
コア・ドライバ 475, 476
高周波域 261
高周波成分 261
高周波損失 294
コネクタの構造 160
コネクタ・ピン 272
コマンド TRB 転送 445
コマンド・キューイング 108
コモン・モード電圧 42
コモン・モード・フィルタ 276
コンテナ ID 146
コンテナ ID ディスクリプタ 140
コントローラ・ドライバ

364, 365, 367, 388, 469, 471, 472, 475, 500
コントロール 385, 389
コントロール・エンドポイント 20
コントロール・セレクタ 495
コントロール転送 22, 25, 113, 381, 389, 445, 446, 474, 482, 491
コントロール・ビット 78
コンパウンド・デバイス 30
コンフィグレーション 28, 386, 387
コンフィグレーション・サイクル 379
コンフィグレーション・ディスクリプタ 28, 140, 390, 392
コンフィグレーション・ディスクリプタ処理 389
コンプライアンス・テスト 283
コンプライアンス・テスト・パターン 298
コンプライアンス・モード 298
コンプライアンス・ワークショップ 289
コンポジット・デバイス 30, 370

さ・サ行

サービス・インターバル 21, 121
サイクル・トゥ・サイクル・ジッタ 290
再送処理 58, 64
最大バースト長フィールド 99
サウス・ブリッジ 368
サスペンド 381, 386, 389
差動 D+/D − SuperSpeed ペア間近端クロストーク 350
差動インピーダンス 169
差動ビア 268
差動ペア線路の曲げ方 262
差動モードからコモン・モードへの変換 172
差動極性反転 312
差動信号パターン 255
差動信号ビア 269
差動信号線路の曲げ方 262
差動線路間の間隔 260
差動特性インピーダンス 255
サブクラス・プロトコル 491
サブタイプ・フィールド 82
サンプリング・オシロスコープ 313, 329
シーケンス番号 96
時間間隔エラー 290
システム・イグジット・レイテンシ 131
実効比誘電率 262
ジッタ耐性テスト 343
ジッタ・タイミング・リファレンス 290

ジッタ伝達関数 290
ジッタ配分 356
ジッタ・マージン・テスト 344
ジッタ見積り 356
実転送レート 499
周期ジッタ 290
周期性ジッタ 354
周波数偏差 302
周波数補正量補正 254
受信バッファ 66
受信ヘッダ・バッファ・クレジット・アドバタイズメント 188
ショート・パケット 94, 497, 498
シリアル ATA 366
シンボル間干渉 294, 354
信頼度 360
スーパ・スピード 39
スキュー 263
スクランブラ 300
スクランブル 44, 50
スタブ 271
スタブ・ビア 271
ステータス TP 89
ステータス・ステージ 116
ステータス・フェーズ 25
ステート遷移 439
ストール TP 90
ストリーム ID 109
ストリーム・プロトコル 108
ストリング・ディスクリプタ 140
スピード・グレード 235
スペクトラム拡散クロッキング 300, 301
スペクトル拡散クロック 44, 51
スルー・ホール 271
正規分布 297
制御キャラクタ 47
静電気放電 275
静電正接 294
セクタ・サイズ 498, 499
セット・リンク・ファンクション LMP 82
セットアップ DP 116
セットアップ・ステージ 116
セットアップ・トランザクション 25
セットアップ・フェーズ 25
セルフ・パワード・デバイス 32
セレクタ Unit 495
遷移ビット 295
センタ・スプレッド 302
線路の長さ 263
相互運用性 283
送信バッファ 66
双対単方向伝送 311
双方向エンドポイント 19
ソフトウェア階層図 363

508

索引

た・タ行

対向デバイス …………………… 56
耐静電気放電 ………………… 275
代替設定 ………………………… 28
タイプ・フィールド …………… 82
タイミング・アダプタ ……… 226
タイミング検証 ……………… 218
タイム・トレンド ……………… 51
ダウン・ストリーム ………… 305
ダウン・ストリーム・ポート … 56, 181
ダウン・スプレッド ………… 302
タグ情報 ……………………… 109
タスク管理 …………………… 375
治具 …………………………… 167
チャネル・アダプタ ………… 226
チャネル・トポロジ ………… 303
通過損失 ……………………… 268
データ・キャラクタ …………… 47
データ・ステージ …………… 116
データ・パケット ………… 60, 93
データ・パケット・ペイロード … 60
データ・パケット・ヘッダ …… 60
データ・フォーマット・アダプタ
　　　　　　　　　……… 226
データ・ペイロード …………… 59
データ依存性ジッタ ………… 354
データ遷移密度 ……………… 298
データ転送用 TRB …………… 420
ティア ………………………… 152
ディエンファシス …… 53, 260, 295
ディジタル差動線路 ………… 255
ディジタル・ループバック … 311
ディスクリプタ ……… 20, 228, 385,
　　　　　　　　387, 390, 439, 483
ディスクリプタ管理 ………… 472
ディスクリプタ情報 ………… 472
ディスクリプタ転送 ………… 391
ディスパリティ ………………… 48
ディファード・ビット ………… 59
ディレイド・ビット …………… 59
抵抗損 ………………………… 294
低周波周期信号 ……………… 285
テスト仕様 …………………… 286
デターミニスティック・ジッタ
　　　　　… 292, 297, 332, 354
デバイス ……………………… 387
デバイス Capability …… 391, 392
デバイス・アドレス
　　　　　……… 17, 22, 93, 385
デバイス・アドレス・フィールド
　　　　　　　　　………… 85
デバイス・エニュメレーション
　　　　　　　　　……… 444
デバイス管理 …………… 365, 445
デバイス・クラス …… 34, 366, 395
デバイス・コントローラ … 364, 377
デバイス・サスペンド ……… 133
デバイス・スロット ………… 386

デバイス通知 TP ……………… 90
デバイス・ツリー …………… 385
デバイス・ディスクリプタ
　　　　　……… 28, 139, 390
デバイス・テスト・フィクスチャ
　　　　　　　　　……… 325
デバイス・テスト CAL フィクスチャ
　　　　　　　　　……… 325
デバイス・ファミリ ………… 238
デバイス・ブレークアウト・
　フィクスチャ ……………… 325
デバイスマネージャ ………… 382
デバイス・レイヤ ……… 363, 364
デフォルト・アドレス ………… 22
デフォルト・エンドポイント
　　　　　… 18, 30, 389, 489, 490, 491
デフォルト設定 ………………… 28
デフォルト・パイプ …… 363, 385
デュアル・ディラック ……… 333
デュアル・ディラシ ………… 325
デューティ・サイクルひずみジッタ
　　　　　　　　　……… 354
デルタ関数 …………………… 356
転送 ……………………… 19, 23
転送エラー …………………… 101
転送タイプ ……………………… 19
転送方向 ………………… 19, 22
電圧レベル比 ………………… 296
電源層 ………………………… 259
電源パターン ………………… 259
トータル・ジッタ ……… 297, 333
動画データ …………………… 450
銅パターン幅 ………………… 258
特性インピーダンス …… 258, 266
トランザクション …… 21, 93, 106
トランザクション・トランスレータ
　　　　　　　　　……… 149
トランザクション・パケット … 85
トランスミッタ・テスト …… 283
トランスミット・タイマ …… 193
トランスファ ………………… 19

な・ナ行

ニュートラル …………………… 49
任意波形ジェネレータ ……… 322
認証試験 ……………………… 283
ネガティブ ……………………… 49
ノース・ブリッジ …………… 368
ノーマティブ ………………… 285

は・ハ行

バースト転送 …………… 44, 234
バースト・トランザクション … 95
ハイ・スピード ……………… 39
パイプ …………………… 19, 386
パケット遅延 ………………… 155
パケット・フレーミング …… 499
パケット・ヘッダ ……………… 59
パケット・ルーティング …… 152

バス ……………………………… 181
バス・インターバル …………… 24
バス・インターバル補正メッセージ・
　デバイス通知 ………………… 92
バス・インターフェース・レイヤ
　　　　　　　　　……… 363
バス・エニュメレーション … 131
バス・ステート ……………… 385
バスタブ曲線 ………………… 357
バス・トポロジ ……………… 376
バス・ドライバ
　　　　…… 364, 365, 367, 370, 382,
　　　　　389, 469, 471, 472, 483
バス幅変更 …………………… 232
バス・パワード・デバイス …… 32
バス・マスタ転送 …………… 374
バス・リセット ………………… 33
パターン依存性ジッタ ……… 354
パターン間隔 ………………… 258
パターン・ジェネレータ …… 320
ハブ …………………… 17, 149
ハブ・クラス・リクエスト … 156
ハブ深度 ……………………… 59
ハブ・ディスクリプタ ……… 156
ハブ・デバイス・クラス …… 156
ハブ・ドライバ ………… 36, 364
バルク ………………………… 385
バルク IN トランザクション … 97
バルク OUT トランザクション … 95
バルク・アウト転送 ………… 479
バルク・イン転送 …………… 479
バルク・エンドポイント ……… 20
バルク・ストリーム ………… 386
バルク転送 …………… 27, 381, 389,
　　　　　445, 447, 479, 482, 496
パルス幅ひずみジッタ ……… 354
パワー・バジェッティング … 133
パワー・マネジメント
　　　　　……… 385, 388, 389
ピーク・トゥ・ピーク・ジッタ
　　　　　　　　… 297, 355
ビッグ・エンディアン ……… 233
ビット・スタッフ ……………… 46
ビット誤り率試験器 ………… 292
ビット同期 ………………… 42, 78
ビデオ・クラス ………… 491, 495
ビデオ・クラス・ドライバ … 492
ビデオ・デバイス・クラス … 386
比誘電率 ……………………… 275
標準 I/O 規格 ………………… 235
標準クラス・プロトコル …… 367
標準ディスクリプタ …… 139, 390
標準デバイス・クラス仕様 … 490
標準偏差 ……………………… 353
標準リクエスト …… 134, 385,
　　　　　386, 389, 390, 472, 487
標準リクエスト処理 ………… 474
ファイル・システム …… 455, 499
ファンクション ………………… 29

509

ファンクション・ウェイク・デバイス	133	
ファンクション・ウェイク・デバイス通知	90	
ファンクション・コントローラ	377	
ファンクション・サスペンド	133	
ファンクション・ドライバ	36	
ファンクション・レイヤ	363, 364	
フィルタ・ドライバ	394	
符号化方式	44	
物理インターフェース	391	
物理インターフェース・ドライバ	394	
物理層	497	
物理デバイス・ドライバ	365	
物理レイヤ	388	
プラグ・アンド・プレイ	364, 370, 375, 384	
プラグ・フェスタ	289	
ブリッジ機能	366, 377	
ブリッジ・ドライバ	365, 366, 394, 395	
フリップ・フロップ	218	
プリンタ・クラス	479	
フル HD 動画	494	
フル・スピード	39	
フレーミング	58	
フレーム	22	
フレーム・バッファ	229, 235	
フレーム間引き機能	233	
フレーム・レート	233	
フロー・コントロール	58, 65	
フロー制御状態	22, 94	
プロセッシング Unit	495	
プロダクト ID	463	
プロトコル・アナライザ	324	
プロトコル層	81, 497	
プロトコル・レイヤ	388	
プロファイル	301	
ペイロード・データ	496	
ペイロード・ヘッダ	496	
ペイロード	496	
ページ・バウンダリ	449	
ヘッダ	59	
ヘッダ・シーケンス番号	59, 64	
ヘッダ・シーケンス番号アドバタイズメント	188	
ペリフェラル・デバイス	17	
ベンダ ID	463	
ベンダ・クラス	372	
ベンダ・クラス・プロトコル	394	
ベンダ固有リクエスト	134	
ベンダ・スペシフィック・クラス・ドライバ	386	
ベンダ・デバイス・テスト LMP	84	
ベンダ・リクエスト	386, 390

変調周波数	302	
変調プロファイル	301, 334	
ポート・ケイパビリティ LMP	84	
ポート・コンフィグレーション	188	
ポート・コンフィグレーション LMP	85	
ポート・コンフィグレーション・レスポンス LMP	85	
ポート・ステータス	438	
ポート・ドライバ	37	
ポジティブ	49	
ホスト・コントローラ	37, 364	
ホスト・コントローラ・ドライバ	37, 380	
ホスト・テスト・フィクスチャ	325	
ホスト・ブレークアウト・フィクスチャ	325	
ボトルネック	374	

■ ま・マ行

マイクロ SOF	24	
マイクロフレーム	24	
マイコン	374, 377	
マイコン・ファームウェア	364	
マス・ストレージ・クラス	479, 491, 492	
マス・ストレージ・クラス・ドライバ	393, 469	
マス・ストレージ・デバイス	483	
マス・ストレージ・デバイス・クラス	386	
マルチ	128	
マルチファンクション・デバイス	30, 394	
ミニポート・ドライバ	37, 367	
メモリ・バウンダリ	500	
メモリ・マネジメント・ユニット	224	
メモリ・リソース管理	375	

■ や・ヤ行

ユーザ・ロジック	209, 220	
誘電損	294	
要求仕様	285	
余事象	361	

■ ら・ラ行

ランダム・ジッタ	292, 333, 353	
ランニング・ディスパリティ	48	
リアルタイム・オシロスコープ	313	
リオーダ	109	
リクエスト	20, 25	
リクエスト処理	390	
リジューム	381	
リタイムド・ループバック	311	
リトライ・ビット	96, 194	

リトル・エンディアン	233	
リファレンス・クロック	301	
リファレンス・チャネル	324, 331	
両側確率	354	
リンク	181	
リンク・アドバタイズメント・トランザクション	188	
リンク・コマンド	58, 61, 180, 182	
リンク・コマンド・ワード	182	
リンク・コントロール・ワード	59, 191	
リンク・コンフィグレーション・フィールド	311	
リンク状態遷移図	311	
リンク層	58, 179, 497	
リンク・トレーニング	33, 58, 184	
リンク・パートナ	182	
リンク・パートナ 1	74	
リンク・パートナ 2	74	
リンク・パワー・マネジメント	58, 71	
リンク・フロー制御	499	
リンク・マネジメント・パケット	82	
リンク・レイヤ	388	
リング・キュー	417	
リング・ポインタ	418	
ルート・ストリング	151	
ルート・ストリング・フィールド	85	
ルート・ハブ	381	
ループバック BERT	349	
ループバック・モード	310	
累積分布関数	358	
レイテンシ・トレランス・メッセージ・デバイス通知	92	
レシーバ・イコライズ	44	
レシーバ・ジッタ耐性テスト	342	
レシーバ・テスト	284	
レジスタ	381	
レジューム	386, 389	
レセプタクル	271	
レディ・レイテンシ	226, 234	
ロー・スピード	39	
ロー・パワー状態	78	

■ わ・ワ行

ワード同期	42, 78	
割り込み	381	
割り込み転送	26, 121	
割り込みハンドラ	469, 472	
割り込みレイテンシ	500	

著者紹介

■ 野崎 原生(監修)：プロローグ，第1章～第3章
1988年　日本電気株式会社 入社
2003年　NEC Electronics America, Inc. 出向
2009年　NEC エレクトロニクス株式会社 復職
2010年　合併により，社名がルネサス エレクトロニクス株式会社に変わり，現在に至る

■ 近藤 快人：第4章
2005年　奈良先端科学技術大学院大学 卒業
2005年　ホシデン株式会社 入社
　　　　研究開発部に所属し，高速シリアル・インターフェースに携わる

■ 後藤 卓：第5章
福岡県出身，宮崎大学工学部応用物理学科 卒業．
日立コンピュータエンジニアリング株式会社でコンピュータ・ボードの診断業務に従事．その後，数社でソフトウェア開発や半導体のサポート業務を経験．現在はガイロジック株式会社 取締役として，計測装置の輸入・販売・サポートを行う．

■ 福嶋 謙吾，中村 英乙，平松 玄大：第6章
NEC エンジニアリング株式会社 基盤テクノロジー事業部でインターフェース設計に従事．特に USB，PCI Express などのインターフェースを搭載したシステム LSI/FPGA 設計を得意とする．

■ 志田 晟：第7章
上智大学理工学部 卒業，日本電子株式会社 入社．
理科学機器の開発設計(高周波・高速ディジタル混在回路)関連の業務に従事．2010年の分社化により所属会社が株式会社 JEOL RESONANCE に変更(引き続き同様の業務)．
現在，シグナルラボ(http://www.signal-lab.com)を主宰．

■ 畑山 仁(監修)：第8章，Appendix
1956年　東京生まれ
1978年　青山学院大学理工学部 卒業
1978年　ソニー・テクトロニクス株式会社(現テクトロニクス社)入社．広告宣伝部，営業，マーケティング部などを経て現職．営業技術統括部 シニア・テクニカル・エキスパートとして高速ディジタル，高速シリアル・インターフェース，特に PCI Express，USB 3.0 をサポート．CQ 出版社「PCI Express 設計の基礎と応用～プロトコルの基本から基板設計，機能実装まで」，2010年4月を編著．

■ 永尾 裕樹(監修)：第9章～第11章
NEC エンジニアリング株式会社 基盤テクノロジー事業部で技術エキスパートとしてインターフェース設計に従事．特に USB，PCI Express インターフェースのデバイス・ドライバ・ファームウェア設計を得意とする．

● 本書記載の社名，製品名について ── 本書に記載されている社名および製品名は，一般に開発メーカーの登録商標です．なお，本文中では ™, ®, © の各表示を明記していません．
● 本書掲載記事の利用についてのご注意 ── 本書掲載記事は著作権法により保護され，また産業財産権が確立されている場合があります．したがって，記事として掲載された技術情報をもとに製品化をするには，著作権者および産業財産権者の許可が必要です．また，掲載された技術情報を利用することにより発生した損害などに関して，CQ出版社および著作権者ならびに産業財産権者は責任を負いかねますのでご了承ください．
● 本書に関するご質問について ── 文章，数式などの記述上の不明点についてのご質問は，必ず往復はがきか返信用封筒を同封した封書でお願いいたします．ご質問は著者に回送し直接回答していただきますので，多少時間がかかります．また，本書の記載範囲を越えるご質問には応じられませんので，ご了承ください．
● 本書の複製等について ── 本書のコピー，スキャン，デジタル化等の無断複製は著作権法上での例外を除き禁じられています．本書を代行業者等の第三者に依頼してスキャンやデジタル化することは，たとえ個人や家庭内の利用でも認められておりません．

JCOPY 〈(社)出版者著作権管理機構委託出版物〉
本書の全部または一部を無断で複写複製(コピー)することは，著作権法上での例外を除き，禁じられています．
本書からの複製を希望される場合は，(社)出版者著作権管理機構(TEL：03-3513-6969)にご連絡ください．

USB 3.0 設計のすべて

2011年10月20日　初版発行　　© CQ出版社 2011
2019年5月1日　第4版発行
編著者　　野崎 原生，畑山 仁，永尾 裕樹
発行人　　寺前 裕司
発行所　　CQ出版株式会社
〒112-8619 東京都文京区千石 4-29-14
電話　編集　03-5395-2122
　　　販売　03-5395-2141

編集担当者　　高橋 舞
DTP　　株式会社マッドハウス
印刷・製本　　大日本印刷株式会社
乱丁・落丁本はお取り替えいたします
定価はカバーに表示してあります．
ISBN978-4-7898-4642-4
Printed in Japan